高等院校石油天然气类规划教材

普通地质学

(富媒体)

肖传桃　主编

石油工业出版社

内 容 提 要

本书共分为四篇,第一篇介绍地质学背景知识,第二篇介绍内动力地质作用,第三篇介绍外动力地质作用与沉积岩形成,第四篇介绍地质灾害与环境资源。全书内容涉及地质学、地球物理学、气象学、海洋学、水文学、环境与资源保护等方面的基础知识。本书以二维码为纽带,加入了富媒体教学材料,为读者提供更丰富的学习资源。

本书可作为国内高等院校油气、地质、矿产等本科生或专科生 60~80 学时的普通地质学教材,也可供相应学科的师生及科研人员参考。

图书在版编目(CIP)数据

普通地质学:富媒体/肖传桃主编. —北京:石油工业出版社,2016.1(2024.8 重印)

(高等院校石油天然气类规划教材)

ISBN 978 – 7 – 5183 – 1102 – 6

Ⅰ.①普… Ⅱ.①肖… Ⅲ.①地质学-高等学校-教材 Ⅳ.①P5

中国版本图书馆 CIP 数据核字(2016)第 004728 号

出版发行:石油工业出版社
（北京市朝阳区安华里 2 区 1 号楼　100011）
网　　址:www.petropub.com
编辑部:(010)64523693
图书营销中心:(010)64523633
经　　销:全国新华书店
排　　版:三河市燕郊三山科普发展有限公司
印　　刷:北京中石油彩色印刷有限责任公司

2016 年 1 月第 1 版　2024 年 8 月第 5 次印刷
787 毫米×1092 毫米　开本:1/16　印张:23
字数:580 千字

定价:56.00 元
(如发现印装质量问题,我社图书营销中心负责调换)
版权所有,翻印必究

前　　言

普通地质学是地质学、地质资源与地质工程等一级学科类各专业的入门课程，其课程内容涵盖了上述两大学科的专业基础知识。普通地质学诞生已有两百多年的历史，自从英国的 A. 盖基将地质作用划分为外动力地质作用和内动力地质作用以来，地质学的基本理论雏形已诞生，莱尔"将今论古"现实主义原理的提出，丰富了地质学的研究方法，使得普通地质学成为一门较为系统和成熟的课程。近十几年来，地质学各领域发展迅速，新理论、新技术、新发现不断涌现，地学知识和成果不断地更新，而且这些新成果不断地被修改、补充，并丰富了原有的地质学基础理论。这就要求学习该课程的学生具有进入国际科学前沿、适应最新进展的知识储备，同时更应该具有维持人类可持续发展和保护地球环境的强烈意识。因此，作为系统性介绍地质学原理的教材，必须满足当代地质学人才培养的需要。鉴于此，编者编写了普通地质学的教材。

本书具有如下特色：

首先，以系统论的思想介绍学习普通地质学所需的地质学背景知识，包括地球的起源、性质、内外圈层构成及各圈层的相互关系等，并引入地质作用和地质年代的含义。

其次，将本书的主体教学内容按照其内在联系即地球上地质作用发生的先后顺序为主线，正演了地质作用的发生过程及其产物，在章节编排上先内动力地质作用后外动力地质作用，构建了一个完整的知识体系。在外动力地质作用中，本书采用风化—剥蚀—搬运—沉积—成岩作用的地质作用过程体系，以避免过多的内容重复。

第三，在介绍普通地质学基本原理的基础上，为了让读者了解普通地质学的学习目的，把关注地质灾害与资源环境以及人类可持续发展等民生问题作为最后的学习内容。这样，既让学生学到地质学知识，又给学生普及了关注民生等知识。

第四，最后一章探讨人类与地球的关系，通过讲述人类社会在发展过程中对环境的改造、破坏从而引起的社会地质作用，使教学对象认识到人类只有一个地球，并对它的未来有一定的了解，从而树立环保意识，并负起保护地球、保护环境的责任。

第五，为了便于指导读者自学，本书在每章末尾编排了"复习思考题"与"拓展阅读"。

本教材由长江大学肖传桃主编。编写过程中反复论证并得到了长江大学教务处的大力支持。长江大学教务处专门组织多名教师对教材的提纲和主体内容进行了讨论。长江大学地质系全体教师多次讨论、反复论证该教材的教学大纲和内容,并提出了许多宝贵的建议。根据校内外专家的意见和建议,编者对教材的编写大纲进行了认真修改,并分工进行了编写。

本教材的编写分工如下:前言、绪论、第一篇第三章、第二篇第五章及第四篇第三章由肖传桃编写;第一篇第一章、第二章由王雅宁编写;第二篇第一章、第四章及第四篇第二章由李强编写;第二篇第二章由孙洋编写;第二篇第三章由严溶编写;第三篇第一章、第三章由胡光明编写;第三篇第二章、第五章由胡忠贵编写;第三篇第四章、第四篇第一章由罗进雄编写。在初稿编写过程中,硕士研究生梁文君和艾军帮助查阅了部分文献资料并绘制了部分插图。初稿完成之后,肖传桃对全书进行了认真审阅、修改并最终定稿。

鉴于编者水平有限,书中难免存在不妥或不足之处,敬请读者批评指正。

编 者

2015 年 9 月

目　　录

绪　论 ··· 1
 第一节　地质学的研究对象和研究内容 ·· 1
 第二节　地质学的研究特点 ·· 3
 第三节　地质学的研究方法 ·· 4
 第四节　地质学的研究任务 ·· 7
 复习思考题 ·· 8
 拓展阅读 ·· 8

第一篇　地质学背景知识

第一章　地球起源与演化 ·· 9
 第一节　宇宙起源与星系演化 ·· 9
 第二节　太阳系的起源 ·· 17
 第三节　地球的形成与早期演化 ·· 23
 复习思考题 ·· 27
 拓展阅读 ·· 28

第二章　地球的性质、结构及物质组成 ·· 29
 第一节　地球的形态 ·· 29
 第二节　地球物理性质 ·· 33
 第三节　地球的内部圈层结构 ·· 40
 第四节　地球的外部圈层结构 ·· 45
 第五节　地球的物质组成 ·· 54
 复习思考题 ·· 60
 拓展阅读 ·· 60

第三章　地质作用与地质年代 ·· 61
 第一节　地质作用概述 ·· 61
 第二节　地质年代 ·· 66
 第三节　地层单位 ·· 79
 复习思考题 ·· 80
 拓展阅读 ·· 80

第二篇　内动力地质作用及产物

第一章　构造作用与地质构造 …… 81
第一节　构造作用的方式 …… 81
第二节　构造作用的证据 …… 82
第三节　岩层产状 …… 89
第四节　地质构造 …… 93
第五节　地史时期构造事件 …… 104
复习思考题 …… 106
拓展阅读 …… 106

第二章　岩浆作用与岩浆岩 …… 107
第一节　喷出作用与喷出岩 …… 107
第二节　侵入作用与侵入岩 …… 118
第三节　岩浆岩的成因 …… 125
复习思考题 …… 131
拓展阅读 …… 132

第三章　变质作用与变质岩 …… 133
第一节　变质作用的影响因素 …… 133
第二节　变质作用的方式 …… 137
第三节　变质作用类型及常见岩石 …… 140
复习思考题 …… 152
拓展阅读 …… 152

第四章　地震作用 …… 153
第一节　地震作用概述 …… 153
第二节　地震的成因类型 …… 155
第三节　地震的强度 …… 157
第四节　地震带的分布 …… 158
第五节　地震的预报与预防 …… 161
复习思考题 …… 164
拓展阅读 …… 164

第五章　岩石圈板块地质作用 …… 165
第一节　大陆漂移说 …… 165
第二节　古地磁和海底扩张说 …… 170
第三节　岩石圈板块构造学说 …… 179
第四节　全球动力地质学发展现状 …… 192

复习思考题 193
　　拓展阅读 194

第三篇　外动力地质作用与沉积岩形成

第一章　风化作用 195
第一节　风化作用的类型 195
第二节　风化作用的影响因素 199
第三节　风化作用的产物 202
　　复习思考题 206
　　拓展阅读 206

第二章　剥蚀作用 207
第一节　地面流水的剥蚀作用 207
第二节　地下水的剥蚀作用 211
第三节　冰川的剥蚀作用 215
第四节　风的剥蚀作用 217
第五节　海洋（湖泊）的剥蚀作用 219
　　复习思考题 224
　　拓展阅读 225

第三章　搬运作用 226
第一节　搬运作用的方式 226
第二节　不同介质的搬运作用 228
第三节　碎屑物质在搬运过程中的变化 235
　　复习思考题 236
　　拓展阅读 236

第四章　沉积作用 237
第一节　地面流水的沉积作用 237
第二节　地下水的沉积作用 241
第三节　冰川的沉积作用 243
第四节　风的沉积作用 245
第五节　海洋的沉积作用 248
第六节　湖泊的沉积作用 262
第七节　沼泽的沉积作用 268
　　复习思考题 269
　　拓展阅读 269

第五章 成岩作用与沉积岩 ... 270
第一节 成岩作用 ... 270
第二节 沉积岩的特征 ... 271
第三节 沉积岩的常见类型 ... 279
复习思考题 ... 282
拓展阅读 ... 282

第四篇 地质灾害与资源环境

第一章 地质灾害 ... 283
第一节 地质灾害类型与防治 ... 283
第二节 发生地质灾害的影响因素 ... 298
复习思考题 ... 303
拓展阅读 ... 303

第二章 地质资源 ... 305
第一节 资源的类型 ... 305
第二节 资源的开发与利用 ... 315
复习思考题 ... 316
拓展阅读 ... 317

第三章 地质环境与社会地质作用 ... 318
第一节 环境地质学概述 ... 318
第二节 城市兴衰与地质环境 ... 321
第三节 废物处置的地质环境 ... 324
第四节 社会地质作用 ... 326
复习思考题 ... 329
拓展阅读 ... 330

参考文献 ... 331

富媒体资源目录

序号	名称	页码
1	动态图1　波浪波动过程	48
2	动态图2　潮汐的形成	49
3	动态图3　河谷形态	49
4	动态图4　河谷横剖面	49
5	动态图5　层流与紊流	50
6	动态图6　冰川地貌	52
7	动态图7　水的循环	53
8	动态图8　全国年降水量	53
9	动态图9　岩层产状	90
10	动态图10　张节理与剪节理	99
11	动态图11　正断层	100
12	动态图12　逆断层	100
13	动态图13　平移断层	100
14	动态图14　地垒	101
15	动态图15　地堑与地垒	101
16	动态图16　火山热液矿床成矿模式	124
17	动态图17　浅成热液矿床成矿模式	124
18	动态图18　早期岩浆矿床（铬铁矿）形成模式	124
19	动态图19　晚期岩浆分结矿床成矿作用理想模式	124
20	动态图20　岩浆热液充填交代矿床成矿模式	124
21	动态图21　金刚石矿床形成模式	124
22	动态图22　火山块状硫化物成矿模式	124
23	动态图23　围岩矽卡岩化分带	142
24	动态图24　矽卡岩型铜矿床形成模式	142
25	动态图25　矽卡岩型锡矿床形成模式	142
26	动态图26　我国主要地震带及火山分布	160

续表

序号	名称	页码
27	动态图 27 大陆漂移历程	165
28	动态图 28 大陆漂移动画	165
29	动态图 29 地幔对流	174
30	动态图 30 转换断层	179
31	动态图 31 风化成因铝土矿的形成模式	203
32	动态图 32 风化型铁锰矿床形成模式	203
33	动态图 33 向源侵蚀作用	209
34	动态图 34 河流袭夺	209
35	动态图 35 牛轭湖的形成	211
36	动态图 36 河流的搬运方式	227
37	视频 1 辫状河沉积过程模拟实验	238
38	视频 2 浊流	258
39	视频 3 重力流扇体的形成	258
40	视频 4 中等碎屑流过程	258
41	视频 5 低密度浊流的缓慢移动	258
42	动态图 37 油气生成过程	266

绪　　论

地球是人类在宇宙中生存、发展的唯一家园,地球上的大气、水、岩石、土壤和生物的综合作用哺育着人类,我们的衣食住行等一切活动也离不开它们。如人们要靠山川大地获取生活资料以维持生命,要从地球中开采矿产资源以制造生产和生活工具,要了解地球上的自然地理和气候条件以便发展生产,要与地球上发生的各种自然灾害作斗争。因此,在人类长期实践中诞生了一门以地球为研究对象的学科——地球科学(geoscience)。这是一门研究地球结构、组成、演化和运动规律的全球性科学。它与数学、物理学、化学、生物学、天文学一同并称六大基础自然科学,是众多科学技术的理论基础,也是探索自然界发展规律的根基。而地质学(geology)以其研究领域广博、分支学科较多,并且以研究地球的本质特征为目的,成为地球科学的主要组成部分。

"地质学"一词来源于两个希腊文词汇,分别表示地球与知识、科学的意思,也可称作地球科学。地球科学涵盖了地质学、地理学、地球物理学和气象学等学科。狭义的地质学主要研究地球的岩石圈、大气圈、水圈与生物圈及其相互作用和产物的学科。地质学除了认识地球的理论意义外,更重要的实际意义在于提供发现对工业、农业和建筑业及人类生活有用矿产的理论和方法,研究人类社会发展的地质条件,预报灾害性地质的作用等。

人类对地球的认识有着十分悠久的历史,与人类诞生几乎是同步的。早期,人类对很多自然现象无法理解,一直到19世纪初,真正对地球的探索才从自然哲学的领域出发。经过人类不懈的努力,从最初的资料和事实的收集,地质学已成为一门建立了较为完善理论基础的综合性学科。尤其是在近几十年,由于世界各国科技的飞速发展,地质学不断地吸收和借鉴其他学科的先进理论、方法和技术,逐渐形成了一系列边缘学科,如数学地质、同位素地质学、天文地质、海洋地质学、遥感地质、环境地质等,这些边缘学科在现代地质学各领域的研究中发挥着极其重要的作用。

总而言之,地球形成今天独具一格的物质世界经历了众多不同的演化阶段,因此要想更好地预测地球的未来发展而为人类服务,充分了解地质学知识十分重要。

第一节　地质学的研究对象和研究内容

一、地质学的研究对象

地质学研究的对象是固体地球,其范围包括从地核到外部大气圈的整个地球系统。随着地质学的发展,其研究对象也在不断发生改变:从最初的大陆地壳到大洋地壳,再到现在深部的地幔、地核及外部空间的宇宙星体。尽管研究对象已经发生巨大变化,但目前研究的主体内容还是集中在固体地球部分。

固体地球(solid earth)外部由覆盖其上的水圈(hydrosphere)、生物圈(biosphere)和大气圈(aerosphere)共同构成,其内部又可分为地壳(crust)、地幔(mantle)(上地幔和下地幔)和地核(core)(外核和内核)三大层圈(图1)。地壳是厚度很薄(平均30~40km)的固体外壳。地壳

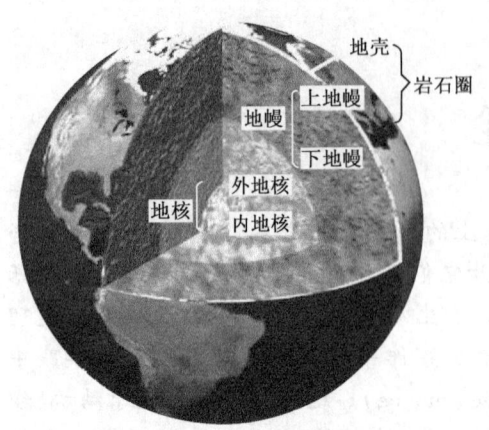

图 1　地球三大圈层空间结构

之下是厚约 2900km 的地幔,除上地幔内有一厚约 200km 的软流圈是固体与少量(1%~10%)液态物质的混合体外,地幔的其他部分皆为固体。地壳和软流圈之上的固体地幔部分合称岩石圈(lithosphere)。具有一定规模的岩石圈块体,称为板块,可分为大洋板块和大陆板块。地核厚约 3470km,外核为液态,内核为固态。

构成地球的各个层圈是彼此独立又相互联系的。圈层间的相互作用使地球逐渐演化成一个具有强大活力而又复杂的系统。例如,当大量热物质从地幔或者核幔边界上涌,并以火山活动的方式喷出时,喷出的物质就参与到地壳、水圈、生物圈以及大气圈之中;另一方面,一些堆积在海底且富含水、生物以及气体的物质通过俯冲作用可沉入地幔之中。地球不同圈层的物质就这样在不停地运动和循环着。本书后面的内容将对此进行详细阐述。

二、地质学的研究内容与分支学科

地质学研究的内容较为广泛,涉及地球的各个圈层,就目前的技术方法来看,其研究范围主要为地球的表层部分,具体包括以下四个方面:

(1)地球表层的物质组成:在地质学中,对地球物质组成的研究分为三个层次进行,分别是矿物、岩石和化学组成。就三者的关系来看,矿物的集合体就是岩石;不同类型岩石的组成、分布和相互转换,决定了地球的整体化学组成。只要从这三个层次出发,对地球上的物质组成就能够有一个大概的了解和把握。研究这方面的分支学科有结晶学、矿物学、岩石学、地球化学等。

(2)地球内外圈层间的相互作用:岩石圈板块的运动决定了陆、洋的分布,也形成了地震、火山以及构造作用等,并产生了各类地质构造,这些作用控制着各类矿产的形成并影响生命的演化。相关的分支学科有构造地质学、大地构造学、地球动力学与地震地质学等。地球外部圈层与地球表层的作用不仅导致了地貌形态变化,而且产生了风化作用、剥蚀作用、搬运作用与沉积作用等外动力地质作用。与此相关的分支学科有现代沉积学、海洋地质学、沉积岩石学和地貌学等。

(3)地球表层的演化历史:地球形成至今已有 46 亿年,其中 36 亿年以来的形成演化历史是在地球表层发生的,是地质学的重点研究对象,具体包括地球各圈层的形成、生命起源以及它们宏观、微观的发展、变化过程等。研究这方面的分支学科有古生物学、地史学、地层学、古地理学与第四纪地质学等。

(4)地球表层的资源、环境与人类可持续发展:主要研究地球表层的资源与环境的种类、特征、分布规律及其综合利用和人类可持续发展间的关系。相关学科包括矿床学、煤田地质学、石油地质学、铀矿地质学、环境地质学、灾害地质学、水文地质学、工程地质学、地震地质学等应用学科。

此外,地质学的研究内容还包括地质学的研究方法与手段以及地质学综合研究等。随着科学技术、方法的发展以及与地质学的不断结合,产生了同位素地质学、遥感地质学、数学地质学和实验地质学等方法地质学分支。现代科学发展的一个趋势是由分科走向综合,许多重大科学问题只有通过综合性地质学的研究才能解决。如地球动力学、地球生物学以及构造地貌学是这一方向的突出体现,并在近年成为国际研究领域的热点问题。其中,地球生物学(Geobiology)主要研究地球系统的生命运动,涉及地球环境与生命系统的相互作用;它的形成与发展既是当今科学技术发展的结果,也是当今世界对所面临重大人类—环境—资源问题的响应。构造地貌学(Tectonic geomorphology)主要是根据地貌形态分析构造,了解地貌内的动力机制,研究构造运动的性质和幅度,反过来,从构造的角度来解释地貌形态,将构造学与地貌学两者融为一体进行综合地质研究。

地质学形成至今不过200余年,其发展进程十分迅速,知识更新速度很快。如生命大爆发与生物大灭绝、高原隆升机制、大陆深俯冲、玄武岩浆底侵、陨石撞击、地球核幔边界的矿物成分、内外核之间旋转角速度差异、臭氧层空洞等研究成果,拓宽了地质学的研究内涵,促进了地质学理论的发展。当前,地质学研究的内容和所涉及的范围已经今非昔比,地质学与数学、物理、化学以及信息科学等学科相互渗透、综合发展,许多边缘学科正在成长。多学科交叉、跨学科联合、整合集成研究已经成为当今科学取得重大突破的重要途径。现代科学发展要求打破人为的学科界限,科学的进步永远需要合作。

第二节 地质学的研究特点

地质学的研究范围涉及地球各个圈层的方方面面,其特殊性和复杂性等也决定了该学科的一系列特点。

一、漫长的时间跨度

从时间上讲,地球形成至今已有46亿年的历史了,现已测得地壳上最古老的岩石年龄为41亿年,地球上生物大量出现仅在5.4亿年前左右,而人类历史约2~3Ma,有文字记载的仅5000多年。人类漫长的文明历史与地球历史相比仅仅是一瞬间。在地球演化的漫长时间里,曾发生过许多重要的自然事件,诸如海陆变迁、山脉形成、生物进化等等。这些事件的发生过程多数是极其缓慢的,往往要经过数百万年甚至数千万年才能完成。这充分显示了地质学研究对象在时间上的漫长性特点。地质历史的研究是以百万年(Ma)为单位,而人类历史是以年(a)为单位。人生短暂,虽然我们无法目睹和准确模拟漫长的地质历史过程,但是可以根据一系列科学方法与基本原理对地质现象进行分析、研究。同时,有些地质作用过程时间极其短促,如地震作用、火山喷发等,地震作用往往在数秒至数十秒内完成,仅持续十几秒,但发震前的能量聚集过程时间很长。因而,人们难以对正在进行的地质作用全过程进行完整的观察,对于地质历史中发生的地质作用更不可能直接去了解;绝大多数地质作用也难以用物理或化学方法加以重现。因此,在进行地质学研究的时候,只有把长期性和短期性地质作用结果结合起来,才能获得正确的和规律性的认识。

二、巨大的空间范围

从空间上讲,人类能触及的范围与地球的庞大空间有相当大的差距。地球表面积约为$5.1\times10^8 km^2$,体积约为$10832\times10^8 km^3$,平均半径约为$6371 km$,大陆地壳的平均厚度为$33 km$。目前人类通过超深钻探,了解到的地壳的深度也不超过$13 km$,因此,地质学中考虑的范围往往超过人们的习惯尺度。如研究地壳运动时,必须将地球或地球的某一部分作为一个整体加以研究。由于空间宏大,加之地球又是一个非均质体,因此在同一时期,地壳的运动和演化在世界各地是不相同的。如3亿—2.5亿年前的石炭纪—二叠纪,我国华北地区已上升为陆地环境,而华南地区仍然为海洋环境。另一方面,地质学研究对象又具有微观结构,如矿物的晶体就是由不同离子排列组合而成。因此,在进行地质学研究的时候,只有把宏观现象和微观现象结合起来,才能获得正确的和规律性的认识。

三、地质过程的复杂性与差异性

从研究对象上说,地球是一个复杂的地质体,其演化包括无机界和有机界的演化。地质过程是一个包括了物理、化学、生物作用的复杂过程,而且是不可逆的。同时,从地表到地下深处,地球的温度、压力、物质状态和运动方式都存在巨大差异,表现出分异性。例如,不同地区的地理环境、气候环境具有明显的差异,不同地区的水文条件具有明显差异。固体地球特别是地壳的不同地区或不同组成部分的差异性更为强烈,如大陆、海洋、山系、平原等。这种差异性不仅表现在空间和组成上,也表现在它们的运动、变化与形成、发展上。因此在研究时要充分考虑各种差异性,尽量较为完善地还原地史本来面貌。

尽管如此,这些复杂的自然过程并不是杂乱无章的,它们都具有其发生、发展的条件和过程,都具有一定的规律可循,表现出地球的有序性。上述的复杂性、差异性与有序性正是地质学工作的重要研究任务。

四、结论的不确定性

地质学所研究的问题大部分是反演问题,通常是以现在的观测结果去推断地质历史中发生过的事件,问题的多解性是显而易见的,这种特点造成了结论的不确定性。解决这一问题的途径有两种:一是进行多角度、多学科的综合研究,以获得最合理的结论;二是依靠资料的不断积累和更新,依靠科学技术的发展去获得更精确的资料,使结论越来越接近事实。了解地质学的这一特点对今后的学习和工作是很有帮助的。

第三节 地质学的研究方法

地质学的研究方法和其他自然科学既相似又有区别。与其他自然科学相似的地方就是它的严谨性,所有的自然科学都必须遵循严谨的科学态度,才可能获得准确的科研成果。由于地质科学本身的复杂性,地质学与其他自然科学的研究方法也有所区别。科学的论证方法有三段式的逻辑推理,也有归纳的综合推理。地质学更多的科学结论来源于归纳法的应用。基于这种方式所获得的结论就需要有大量证据支持,这就需要地质工作者付出更大的努力。地质学在长期发展过程中形成了一套独特的研究方法和思考方式。

一、野外调查

研究内容上的特点和研究者面临的困难,决定了地质学的大多数研究都需要从野外开始,这使地质学的本质接近博物学。只有到野外去,先认识基本而典型的地质现象,对它们进行正确的观察、分类、分析和判断,才会慢慢地集腋成裘,熟能生巧,最终产生质的飞跃。

野外地质工作的主要任务有三项:确定地质体之间的空间关系;确定地质事件发生的时间

关系;采集典型的野外标本。时空关系的确定只能在野外进行,尤其是地质事件的相对时间关系。因为通过野外确定的地质体的相互接触关系而确定的地质事件发生的先后顺序是地质学研究的基础,离开野外地质工作,地质学研究将成为无米之炊。

传统的野外地质调查所使用的工具是被地质工作者称为"老三件"的地质锤、罗盘和放大镜。今天的野外地质装备已经发生了巨大改变,笔记本电脑、数码相机、GPS已经成为"新三件",甚至更先进的卫星电话、现场成像系统等也在被运用。

但是,野外地质观察的一个重要特点是,很多情况下"眼见"都不一定"为实"。因为许多年代久远的地质现象随着时间的流逝早已面目全非。即使部分保存完好的景观,也有可能产生视觉和感觉上的多解性,使人们作出错误的解释。因此野外获得的印象、资料和标本,还需要转到室内作进一步的实验测试和理论研究,再通过逻辑分析,在确信"物理上合理,地质上可能"的前提下,才能作出正确判断。

二、实验分析与科学实验

完成野外工作以后,大部分地质学分支学科还需要进行室内的分析研究工作,分析岩石样品各种物理、化学指标。各分支学科分析、测试的内容有比较大的差异,如构造地质学通常要测定地质事件发生时间、构造环境的物理化学条件等;岩石学通常要分析岩石中各种元素的含量及其同位素特征等;石油地质学通常要分析孔隙度、渗透率、有机质含量和种类等。样品分析的精确程度会影响到研究结果的可靠性,因此地质学研究所使用的通常是世界最先进的分析仪器。现在地质学研究中常用的仪器有等离子质谱仪、X射线衍射仪、电子探针(图2)等。

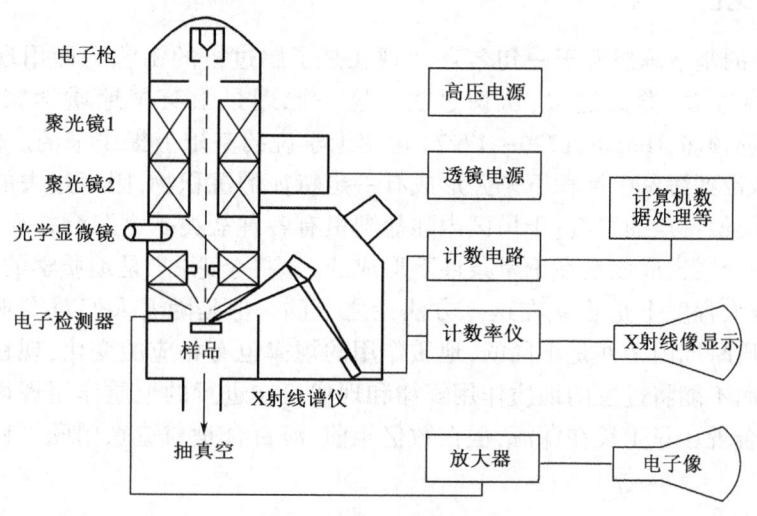

图2 电子探针结构示意图

在实验室分析、测试物质成分、结构、物理与化学性质以及形成历史等方面定性和定量资料之后,还要通过科学实验分析和推断其形成、演变过程、发展趋势等。随着科学的发展,地质学中的实验科学已有相当的进步,但由于自然过程的影响因素复杂,加之时间的漫长性与空间的广泛性以及现代实验技术水平的限制,在地质学中有时很难进行与自然界一致的真实实验。因此,地质学上常简化影响因素,创造一些特定的物理、化学环境,模拟自然现象的成因、过程和发展规律,这种方法称为模拟实验。模拟实验只能是近似的,实验结果往往与自然过程有一定差距,但它在再造自然现象的过程、验证和探索地质学规律方面发挥着重要作用。

三、大地测量与遥感技术

大地测量是地质学中既古老而又发展迅速的一种重要研究方法,它在推动地质学的发展中起了重要作用。早在远古时代的古埃及和古中国,人们就借助步测及其他一些简单的测量工具,进行土地规划、地形与地理制图、水利与工程建设等。到了近代,随着测量仪器的进步,大地测量逐渐发展成为传统的大地水准测量和大地三角测量。20世纪中叶发展起来的海洋测探技术(声呐)对海洋学的发展和地质学的革命曾起了决定性的作用。近些年发展起来的激光测距、人造卫星定位系统(GPS)又给地球科学带来了深刻影响。大地测量的方法对于地理学、地质学、海洋学、水文学及土壤学等的研究十分重要。

现代航空、航天和遥感技术极大地推动了地质学的发展,成为现代地质学不可缺少或不可忽视的重要研究方法。由于地球空间巨大,要在短时间内获取大区域的资料,特别是大区域的动态变化状况,就必须充分利用航空、航天和遥感技术,如卫星云图、卫星遥感影像、航空照片等。航空、航天和遥感技术对现代气象学的发展和进步起了决定性作用,成为其重要支柱。它们也是现代海洋学、地理学的主要研究手段,而且对现代地质学、土壤学、水文学、环境地学等也发挥着重要作用。

四、历史比较法

时间的漫长性决定了地质学必须用历史的、辩证的方法来进行地质学研究。

(一)将今论古

这一方法论的基本思想源于一句名言:"现在是了解过去的钥匙",即用现在正在发生的地质作用去推测过去、类比过去、认识过去。这一原理是由英国地质学家莱尔(C. Lyell,1791—1875)在郝顿(J. Hutton,1726—1797)均变论学说的基础上提出来的。例如,现在的河流将大量的泥沙带到海盆中沉积下来并形成有一定特征的沉积物,因而过去的河流也应有类似的作用,形成类似特点的岩石;干旱区内陆盐湖里有各种盐类矿物沉淀并形成盐层,因而古代岩石中所见的盐层也应该是在干旱条件下形成的。"将今论古"是地质学的传统思维方法。地质学成果在很大程度上是建立在这一方法论之上的。但是随着人们对客观现象认识的深入,发现不同地质时期内条件是不同的,地质作用的规律也有相应的变化,现在并不是简单地重复着过去,因而不能将过去的地质作用规律和现代正在进行的地质作用规律机械地等同起来。例如,海百合现在只生长在深海,但在数亿年前,海百合是与造礁珊瑚等典型的浅海生物生活在一起的。

(二)以古论今

这是地质思维中另一个重要的方法论。因为人们今天能够直接加以观察的地质作用往往只是漫长的地质作用过程中的一个片段,而过去的地质记录往往保留了某一地质作用的全部过程。因此,认识了过去,就能够帮助我们更好地了解现在并且预测未来。譬如,最近地质时期气候的冷暖变化是有周期性的,这在深海海底沉积物中留下了清楚的记录,研究这些沉积记录就能够帮助我们去预测未来气候变化的趋势。

五、电子计算机技术应用

有人说20世纪后半叶以来人类社会已步入电子计算机的时代。电子计算机技术的应用已给各门自然科学带来了深刻的影响和革命性的变化，对地球科学也是一样。例如，在现代气象学、地理学、地质学、地球物理学、海洋学、环境地学等领域中，计算机技术已发挥出了巨大作用，成为不可缺少的研究手段和方法。而且计算机技术正在向地球科学的各个领域中渗透。计算机技术的应用，为解决地球科学研究对象的空间广阔、观测处理资料量大、模拟形成演变过程复杂等等问题带来了无限前景。因此，要想提高地球科学的研究水平，必须充分地重视、加强和进一步开拓电子计算机这一方法技术在地质学中的应用。

总之，普通地质学是一门实践性很强的科学。人们通过不断地科学实践，结合地质作用的一系列特殊性，运用唯物辩证法的思想方法作指导，确定了正确合理的学习研究方法。国民经济和科学技术的发展，对地质学的研究方法提出了新的要求，人们的思维模式发生重大变化，地质学的研究领域也不断宽广和深入。

第四节　地质学的研究任务

地质学是人类在实践和应用中逐渐发展起来的，其研究具体任务可以概括如下。

(1)地质学是一门理论性很强的自然科学，承担着揭示整个地球的形成及其演变规律的科学使命。它的研究对人类正确地认识自然界、建立辩证唯物主义世界观起着重要作用，对整个自然科学的发展也具有促进和推动作用。尤其在解决当代自然科学的一些重大基本理论问题，如天体和生命起源上，地质学的研究不可或缺。

(2)指导人们寻找、开发和利用自然资源。自然资源尤其是能源在整个国民经济中居于首要位置，而现阶段的能源还主要是依靠石油、天然气和煤等，这些都必须从地下寻找和开采；发展工业需要充足的矿产资源作为原料保证，发展农业所需要的磷、钾等肥料的原料也是来自于地下矿产资源；水资源对人类社会的重要性更是不言而喻，无论工业、农业及民用都离不开水，而地下水是目前水资源的重要来源，也需要用科学的理论寻找与开发。自新中国成立以来，我国地质工作者以自己的艰苦劳动为祖国的繁荣富强作出了重大贡献。世界上已知的162种矿产在我国均已发现，已探明储量的矿产达148种；一批又一批大型油田的发现，为我国的社会主义现代化工业进程奠定了基础。

(3)有效地指导人类利用和改造自然环境，为人类社会发展服务。人类在发展生产和建设的过程中，常常需要修建一些大型的工程设施，如公路、铁路、港口、水坝、核电站等，为了确保这些工程在建成后能安全运转，就必须事先应用地质学的研究进行详细的地基选址与场地稳定性评价，弄清场地的地质条件，尽量避开各种不利的因素，为人类正常生活和社会发展服务。

(4)指导人们解决人类面临的地质环境并抵御自然灾害。环境是影响人类生存和发展的重要因素，地质环境是环境中一个极为重要的方面。现在海平面每年上升1cm，100年后我们住在哪里？地质环境又与人体健康密切相关。一些地方性疾病，或某些地区的高发性疾病，如四川的克山病及大骨节病，就与该区岩石和土壤中某种元素缺乏或过多有关。地质环境对人体健康也有有利的一面，如温泉水往往含有某些对人体有益的元素，可用于治疗一些疾病。因而，地质学在直接服务于人类的身体健康方面也具有重要的意义。有些正在发生的地质作用常给人类生活的环境带来不良后果,如水土流失、沙漠化等,这时,人类可以运用地球科学知识来设法保护和治理自然环境。此外,一些突发性的地质事件往往给人类造成巨大灾害,如地震、火山、滑坡、泥石流等,这时,人们可以根据它们产生的机理和发展规律,预测、预报或采取有效的措施防止灾害的发生。

地质学家也不应只关心地球上已经发生过的各种地质作用,不再只是向地球索取,而应更加关心正在发生和将来可能发生的各种事件和过程,解决好人口、资源、环境协调发展的问题。因此,在资源短缺、环境恶化、灾害频发不断向人们提出严峻挑战的时代背景下,我们更应该在社会主义核心价值观的领导下,科学地发展地质学科,走可持续发展之路。

复习思考题

1. 地质学的研究对象是什么?它承担着哪些使命?
2. 地质学的研究内容是什么?形成的分科主要有哪些?
3. 地质学的研究方法存在着哪些特殊性?原因何在?
4. 普通地质学与其他学科存在着怎样的关系?
5. 人与自然的关系面临哪些现状?地质学应该对此有何作为?

拓展阅读

柳成志,冀国盛,许延浪.2010.地球科学概论.2版.北京:石油工业出版社.
舒良树.2010.普通地质学.3版.北京:地质出版社.
吴泰然,何国琦,等.2003.普通地质学.北京:北京大学出版社.
夏邦栋.1995.普通地质学.2版.北京:地质出版社.
中国地球科学发展战略研究组.1999.中国地球科学发展战略的若干问题:从地学大国走向地学强国.地球科学进展,14(2):105-109.

第一篇 地质学背景知识

> 普通地质学的主要精髓是介绍地质作用的基本原理及其产物,而地质作用的过程是在地球上发生的,因此,在了解地质作用基本原理和产物之前,有必要了解地质学背景知识。首先要了解地球的起源与演化特征,以及地球的形态和物质组成特征;其次要了解地球的物理性质以及内外圈结构特征,在此基础上,了解地质作用和地质年代的含义,了解什么是地层单位等,从而建立起有关地质学的基础知识体系。

第一章 地球起源与演化

地球,这颗不可思议的美丽星球,无处不在散发着她那令人窒息的魅力。地球之美、之魅,在于她内部的热情注定要将自己的一生演绎到极致;地球之美、之魅,在于她自形成伊始便倾尽其力,勾勒出自己迷人的外部身躯——千里冰封的两极世界、绵延万里的雄伟高山、幽深隐秘的洞穴迷宫、令人望而却步的静谧沙漠、五彩缤纷的多样浅海、光怪陆离的无垠深海;地球之美、之魅,在于她拥有丰饶却暗藏玄机的物质世界;地球之美、之魅,在于她宽广的胸怀容纳了神奇、别致的生命世界,特别是出色地孕育出辉煌灿烂的人类社会与文明;地球之美、之魅,更在于她极力隐藏自己的未知与神秘。

第一节 宇宙起源与星系演化

"我们是谁?来自哪里?"这似乎是人类史上最古老的话题。千百年来,人类从未放弃对此的探索,从哲学家、诗人到数学家、物理学家、天文学家都提出各自的观点,而真相却似乎需要去宇宙深处寻找答案。目前,人类能够捕到宇宙大爆炸的余辉,进而越发清晰地勾绘出与宇宙起源有关的故事——经过大约在137亿~138亿年前的一次大爆炸,宇宙诞生了。

一、宇宙的起源

"四方上下曰宇,往古来今曰宙。"这是战国中后期尸佼提出的宇宙时空观命题。宇宙中的宇代表空间维度,宙代表时间维度,这几乎代表了中国古代贤哲对于宇宙结构和内涵的充满智慧的设想。后来"宇宙"一词便被用来指整个客观实在世界。与宇宙相当的概念有"天地""乾坤""六合"等。

相对于古人对宇宙的空间—时间的理解,近代科学家从物质—运动的角度建立了关于宇宙的新定论,即宇宙(universe)是广袤的空间和其中存在的各种天体以及弥漫物质与能量的总和。

(一)人类朴素的宇宙观

1. 中国的萌芽宇宙观

远古时代,人们对宇宙结构的认识条件不够成熟,他们只能按照自己的生活环境对宇宙作出稚嫩的推测。在中国早期,便有两种极具影响力的宇宙观点——"盖天说"与"浑天说"。

"盖天说"早在西周时期便已出现,认为天尊地卑、天圆地方,认为"天圆如张盖,地方如棋局"。显然,此观点为古人以简单观察为基础所得到的推论,经不起推敲。然而,值得一提的是,盖天说在其发展历程中,总结出一张很有趣的说明太阳运行规律的示意图——七衡六间图(图1-1-1)。图中天地之间距离八万里,天穹中央是北极,七个同心圆每圆为一衡,衡与衡为一间,衡间相去一万九千八百三十三里一百步,每年冬至,太阳沿最外一个圆,即"外衡"运行;每年夏至,太阳沿最内一圆,即"内衡"运行;春分、秋分时,太阳沿当中一个圆,即"中衡"运行,这对日后的天文学产生了巨大的影响。

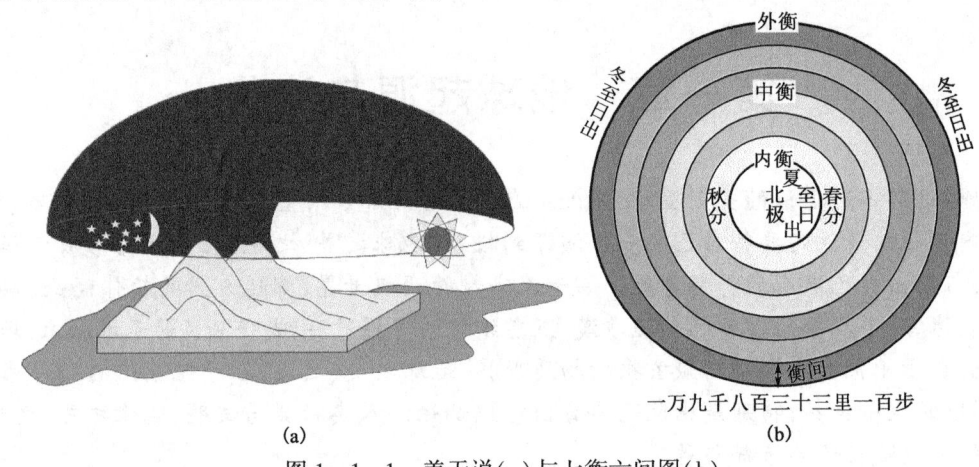

图1-1-1　盖天说(a)与七衡六间图(b)

"浑天说"为天文学家张衡所倡导,认为"天之包地,犹壳之裹黄"。该观点强调地球并非悬在空中,是浮在水上(早期)或气中(后期),全天恒星都分布于"天球"内,日月五星于"天球"上运行。事实上,中国古代的浑天家并不排斥宇宙无限观。汉代浑天说的代表人物张衡就主张"宇之表无极,宙之端无穷",认为"天球"并不是宇宙的界限,"天球"之外还有别的世界,即宇宙在时间上和空间上都是无穷无尽的,这在当时可以说是非常进步的。

2. 西方的萌芽宇宙观

同中国古代贤哲类似,其他古文明的智者对于宇宙最初都有过类似的错觉,如巴比伦人阐述天、地均为拱形,地被海所环,高山于其中央;古埃及人则认为天为盒盖、地为盒底,地中央则是尼罗河;古印度人更是想象出圆盘形大地负在几只大象上,象则站在巨大的龟背上[图1-1-2(a)];古犹太人推断地球像一脸盆,四周有地极,尚有海洋、深渊,地极之周围有天框罩护着大地[图1-1-2(b)],天框上则环绕着天水,天框罩下则为空气与云层,日、月、星辰皆在其中,而天空正中央则有天窗与道路通往天水之上的天堂……

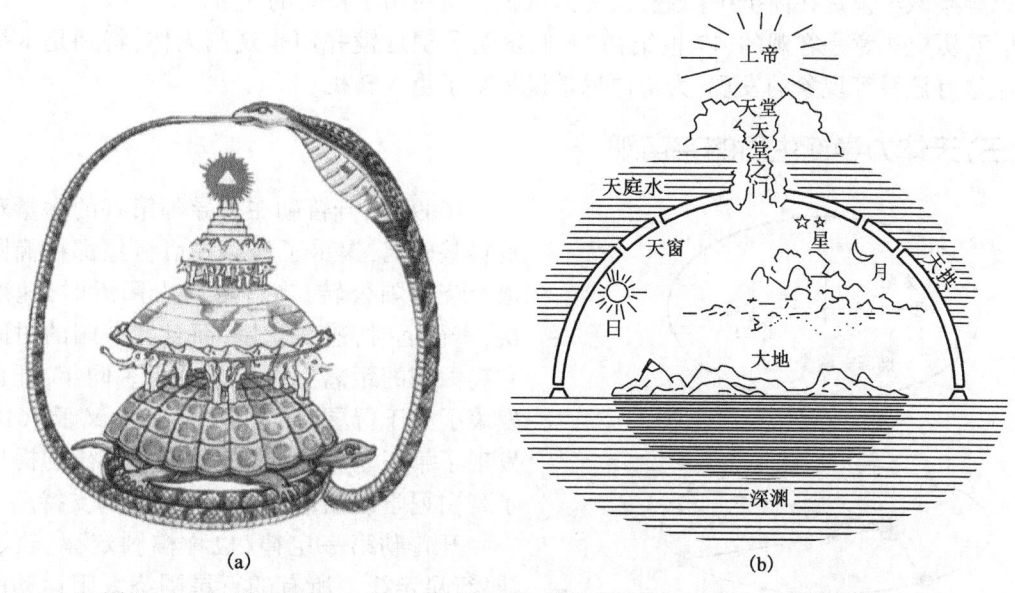

图1-1-2 古印度人(a)与古犹太人(b)想象中的宇宙[(a)引自吴泰然,2003]

应该承认,西方人对于宇宙的早期认识似乎更善于运用逻辑方法思维。公元前6世纪,古希腊人毕达哥拉斯从美学观念出发,主张天体和大地都是球形的,这应该是关于大地为球形的最早认识。这一观念最终被葡萄牙人麦哲伦1519—1522年完成的首次环球航行所证实。

(二)从"地心说"到"日心说"

今天,大家仍然难以忘却昔日地心说与日心说的辩论。正是这些看似遥不可及的话题,为人们认识宇宙打下了坚实的理论基础。

地心说,即天动说(Geocentric model),公元140年前后托勒密将该学说发展,并建立了较为完备的地心说理论体系,成为古代教会信仰的学说。此观点认为地球在宇宙的中央安然不动,日、月、行星及最外层的恒星都在以不同速度绕着地球旋转,其中行星在本轮上绕其中心转动,而本轮中心则沿均轮绕地球转动(图1-1-3)。从某种意义上讲,地心说是人类历史上首个行星体系模型,尽管我们现在清楚地知道地球并非宇宙中心,然而我们仍不应该抹杀其历史功绩。

日心说(heliocentric theory),即地动说。在地心说广泛流传的1000多年后,1543年哥白尼提出更为科学的日心说。该理论体系日益补充完善,认为太阳

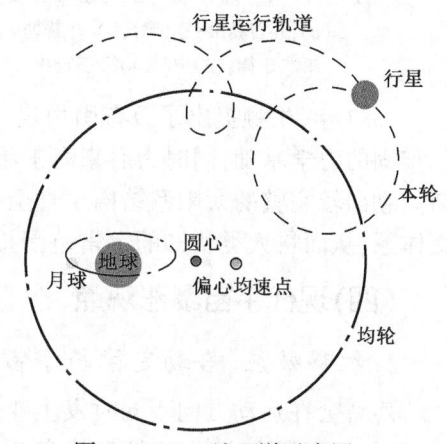

图1-1-3 地心说示意图

位于宇宙中心;地球在围绕自己的轴心旋转的同时,和其他行星一起围绕太阳运行;月球是地球的卫星;行星以太阳为中心由近及远的排列顺序是:水星、金星、地球、火星、木星、土星,最外层是"恒星天球"(彩图1)。在哥白尼的宇宙图像中,恒星只是位于最外层恒星天球上的光点。1584年,布鲁诺大胆取消了这层恒星天球,认为恒星都是遥远的太阳。日心说的提出,一方面毫无疑问是人类认识宇宙论中具有划时代意义的转折,另一方面也对教会权威进行了挑

战,可以想象该学说是在曲折中前进,人类为认识宇宙付出了极大的代价。

然而,历史毕竟是客观的,17世纪初,人们发明了望远镜并用来观测天体,特别是木星有卫星、金星有盈亏等现象的发现,为哥白尼学说带来了重大转机。

(三)天体力学诞生后的宇宙观

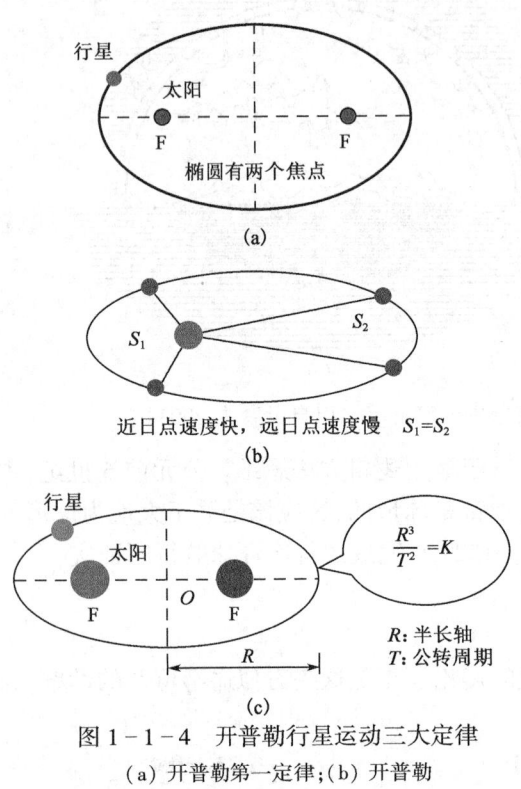

图1-1-4 开普勒行星运动三大定律
(a)开普勒第一定律;(b)开普勒第二定律;(c)开普勒第三定律

1609年,开普勒在其导师第谷的大量观测资料基础上,揭示了地球和诸行星都在椭圆轨道上绕太阳公转,当行星离太阳近时,速度就快,离得远时,速度就慢,而且转一圈的时间和它离太阳的距离有一定的关系。同年,开普勒发表了关于行星运动的两条定律,又于1618年发现了第三条定律,开普勒三大定律的提出给了哥白尼学说以重要检验和有力的支持。

开普勒第一定律,也称椭圆定律、轨道定律、行星定律。所有的行星围绕太阳运动的轨道都是椭圆,太阳处在所有椭圆的一个焦点上[图1-1-4(a)]。

开普勒第二定律,也称面积定律,认为太阳和行星的连线在相等的时间内扫过的面积相等[图1-1-4(b)]。

开普勒第三定律也叫行星运动定律,可简述为:所有行星的轨道半长轴的三次方跟公转周期的二次方的比值都相等[图1-1-4(c)]。

同样,在1609年,伽利略率先用望远镜观测天空,以大量观测事实证实了日心说的正确性。1687年,牛顿提出了万有引力定律,深刻揭示了行星绕太阳运动的力学原因,使日心说有了牢固的力学基础,同时为后来海王星、冥王星的发现作出了巨大的贡献。在这以后,人们逐渐勾勒出较完整的太阳系结构。直至18世纪,英国天文学家赫歇尔观测并建立了银河系的天文体系,从而将人类认知的宇宙范围拓展到星系级别。

(四)现代宇宙暴涨观点

1. 红移效应、哈勃定律与宇宙膨胀

声音会在运动方向不同时发生变化,高亢代表靠近,低沉就是离远。奥地利科学家多普勒于1842年在研究音调、声源和观察者之间相对运动关系后指出:波源和观察者之间有相对运动,使观察者感到频率发生变化的现象,具有波动性的光也会出现这种效应,这便是多普勒效应(Doppler Effect)。或许,这位科学家的名字注定将与宇宙永远地联系在一起。

红移效应是多普勒效应的一个方面。当一个波源离你远去时,你接收到它的波长变长的现象叫红移(彩图2)。相反,当它向你靠近时,接收到的波长变短的现象叫蓝移。大自然七色光中波长最长的光是红光,波长较短的光是蓝光(紫光最短),所以叫"红移"和"蓝移"。

早在1912年,美国天文学家斯莱弗就得到了"星云"的光谱,结果表明许多光谱都具有多普勒红移现象,表明这些"星云"在朝远离我们的方向运动。现在我们知道,这些"星云"实际上是与银河系类似的星系。

在红移定律基础上,1929年哈勃对河外星系的视向速度与距离的关系进行了研究。当时只有46个河外星系的视向速度可以利用,而其中仅有24个有推算出的距离,哈勃得出了视向速度与距离之间大致的线性正比关系,这就是著名的哈勃定律(Hubble's law)。

现代精确观测已证实这种线性正比关系:

$$v = H \cdot r$$

式中　v——退行速度;
　　　r——星系距离;
　　　H——比例常数,称为哈勃常数。

哈勃定律揭示相互远离是宇宙的基本运动,宇宙像气球一样在膨胀(图1-1-5)。这种膨胀是一种全空间的均匀膨胀。因此,在任何一点的观测者都会看到完全一样的膨胀,从任何一个星系来看,一切星系都以它为中心向四面散开,越远的星系间彼此散开的速度越大。

至此,人类已经相信宇宙在长时间内一直在膨胀,密度一直在变小,那么宇宙结构在某一时刻前是不存在的,它只能是演化的产物,这就带来了一种全新的宇宙观——宇宙大爆炸理论。

2. 宇宙大爆炸

宇宙为何会膨胀?比利时天文学家勒梅特1927年曾大胆猜想整个宇宙最初聚集在一个"原始原子"

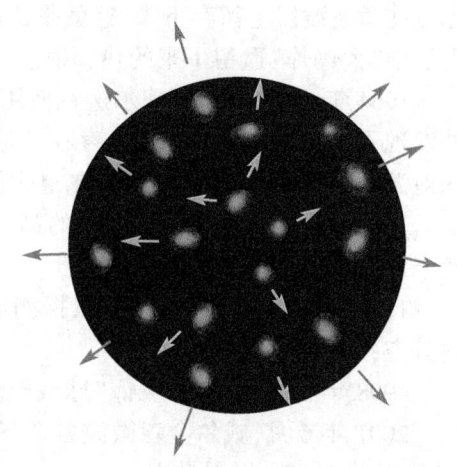

图1-1-5　哈勃定律揭示的宇宙膨胀
(据徐士进,2009)

中,后来发生了大爆炸,碎片向四面八方散开,形成了我们的宇宙。这大概是现代宇宙大爆炸理论(Big bang theory)的雏形。

1948年前后,美籍俄国天体物理学家伽莫夫将广义相对论融入宇宙理论中,第一个建立了热大爆炸宇宙学模型:现在分布在广袤的宇宙空间里的物质是在大爆炸后最初的几千分之几秒内合成的。早期的宇宙是一大片由微观粒子构成的均匀气体,温度极高,密度极大,且以很大的速率膨胀着,原子是不存在的,因为热噪声阻止电子与原子核结合。随后,当等离子体冷却后,电子便开始围绕原子核旋转并出现原子气体。这时,星系在等离子体中凝结起来,星球则在星系中凝结起来。随着进一步的冷却,各种原子形成分子。再进一步的冷却又形成了复杂的分子,使物质从气态转变成液态,然后进一步转变成我们所熟悉的固态结晶体,直至恒星系统得以相继出现(彩图3)。

从1948年伽莫夫建立热大爆炸的观念以来,通过几十年的努力,宇宙学家们为我们勾画出这样一部宇宙历史:

大爆炸开始时(奇点):约137亿年前,极小体积,极高密度,极高温度。

大爆炸后 10^{-43} s: 10^{32} K,宇宙从量子背景出现。

大爆炸后 10^{-35} s: 10^{27} K,引力分离,夸克、玻色子、轻子形成。

大爆炸后 5^{-10} s: 10^{15} K,质子和中子形成。

大爆炸后 0.1s：300×10⁸K，中子质子比从 1.0 下降到 0.61。

大爆炸后 1s：100×10⁸K，中微子向外逃逸，正负电子湮没反应出现，核力尚不足束缚中子和质子。

大爆炸后 13.8s：30×10⁸K，氢、氦类稳定原子核（化学元素）形成。

大爆炸后 35min：3×10⁸K，原初核反应过程停止，尚不能形成中性原子。

大爆炸后 30 万年：3000K，化学结合作用使中性原子形成，宇宙主要成分为气态物质，并逐步在自引力作用下凝聚成密度较高的气体云块，直至形成恒星和恒星系统。

3. 现代望远镜与微波背景辐射

宇宙的诞生是否真的起源于爆炸？寻找宇宙极早期所留下的信息成为科学家证实大爆炸的关键线索。宇宙大爆炸后整个宇宙中充斥着令人难以置信的辐射，随着宇宙不断膨胀，这些光可在微波波段上留存下来，这就是微波背景辐射（CMB，Cosmic Microwave Background），是宇宙学中"大爆炸"遗留下来的热辐射。

1964 年，彭齐亚斯和威尔逊在使用贝尔实验室的一台微波接收器进行诊断性测量时，意外发现了宇宙微波背景辐射的存在。他们发现微波背景辐射是各向同性的，并且对应的黑体辐射温度为 3K。彭齐亚斯和威尔逊也因为这项发现获得了 1978 年的诺贝尔物理学奖。

为了更清晰地获取宇宙留下的第一缕光，科学家们准备了许多"微波照相机"，实际上得益于愈发先进的现代望远镜技术：

1989 年 11 月，宇宙微波背景探测器（Cosmic Background Explorer，简称 COBE）由 NASA 发射升空；

1998 年和 2003 年，"飞镖"球载望远镜（Boomerang）乘坐热气球两次在南极洲升空；

2001 年 6 月，威尔金森微波各向异性探测器（Wilkinson Microwave Anisotropy Probe，简称 WMAP）由 NASA 发射升空；

2009 年 5 月，普朗克巡天者（Planck）由欧洲空间局和 NASA 共同发射升空；

欧洲空间局（ESA）和美国宇航局（NASA）计划 2018 年发射詹姆斯·韦伯太空望远镜，它将于第二拉格朗日点拍摄宇宙的婴儿照，了解第一批星系如何形成（彩图 4）。

是上述现代望远镜的发射对人类认识宇宙起到了至关重要的作用。其中 1989 年 NASA 发射的 COBE 卫星在 1990 年取得初步测量结果，显示大爆炸理论对微波背景辐射所做的预言和实验观测相符合。COBE 测得的微波背景辐射余温为 2.726K，并在 1992 年首次测量了微波背景辐射的涨落（各向异性），结果显示这种各向异性在十万分之一的数量级（彩图 5）。2006 年瑞典皇家科学院将诺贝尔物理学奖授予马瑟和斯穆特，以表彰他们为有关宇宙起源的大爆炸理论提供的支持，认为他们的工作使宇宙学进入了"精确研究"时代。总而言之，COBE 卫星不仅为人类确立了大爆炸理论的模型，它也是人类在宇宙学道路中的里程碑。

随后，微波背景辐射的各向异性被多个地面探测器以及气球实验进一步研究。2000 年至 2001 年间，以毫米波段气球观天计划为代表的多个实验通过测量这种各向异性的典型角度大小，发现宇宙在空间上是近乎平直的。2003 年初，威尔金森微波各向异性探测器（WMAP）给出了它的首次探测结果，其中包括了在当时人们所能获得的最精确的某些宇宙学参数。航天器的探测结果还否定了某些具体的宇宙暴涨模型，但总体而言仍然符合广义的暴涨理论（彩图 6）。探测结果显示，宇宙微波背景辐射大约在"大爆炸"后 38 万年产生（彩图 7），其中的光子在宇宙中穿行时会经历一系列物理过程，特别是在经过质量较大的星系时，这些光子将遭遇"引力陷阱"。值得注意的是，此时宇宙年龄测算结果约为 137 亿年，宇宙由 23% 的暗物质、73%的暗能量、4%的普通物质组成。宇宙中所占比例最多的东西反而是人类最迟也是最难了解的，至今仅知道它们存在着，但还不清楚它们的性质。

2009年5月，普朗克卫星作为用于测量微波背景各向异性的新一代探测器发射升空，它被寄希望于能够对微波背景的各向异性进行更精确的测量。2013年3月21日，欧洲空间局和NASA共同发射的普朗克巡天者（Planck卫星）终于结出了硕果（彩图8）。根据当天新闻发布会的数据，宇宙年龄为138.1亿年，比WMAP过去的测量大了8千万年；暗能量的组分占68.3%（彩图9），比WMAP过去的测量明显小了；特别是暗物质提高了近1/5，占26.8%；普通物质也提高了，占4.9%。

二、星系的演化

（一）宇宙中的天体和物质

恒星（fixed star）由炽热的气体组成的、能自身发光的球形或类似球形的天体。构成恒星的气体主要是氢，其次是氦。

弥漫于星际空间的极其稀薄的物质称为星际物质（ISM），由星际气体和星际尘埃组成的云雾状天体称星云（nebula）。星系（galaxy）是一个包含恒星、气体的星际物质、宇宙尘和暗物质并且受到引力束缚的大质量系统，是构成可观测宇宙的基本成员。星系大小相差悬殊，我们所在的银河系是一个较大的星系。

银河系（milky way galaxy）是太阳系所在的星系，在晴夜、透明度好的地方，能看到横跨天际的银白色光带，因此称银河（又称天河），包括1000亿到4000亿颗恒星和大量的星团、星云，还有各种类型的星际气体和星际尘埃。银河系侧面看呈中间厚边缘薄的扁饼形，正面看呈旋涡形（彩图10）。它的直径约为10万光年，中心部分称为银核，厚度约为1.2万光年，银核外侧称为银盘；银盘的中心平面称为银道面。银盘一个非常引人注目的结构是有旋涡状的旋臂，太阳就位于其中的猎户座臂上。银核有一个超大质量的黑洞，因此银河系是一个比较活跃的星系。

2003年1月，英国科学家发现，银河系外围可能镶嵌着一个由数十亿颗恒星组成的巨大的环。2015年3月，科学家发现银河系体积比之前认为的要大50%。

河外星系（extragalactic system）指在银河系以外的星系，由大量恒星组成，但因为距离遥远，在外表上都表现为模糊的光点。星系的结构和外观是多样的，可分为旋涡星系、棒旋星系、椭圆星系和不规则星系。星系也是成双或成团存在的，银河系和它周围30多个星系组成一个集团，叫本星系团。

仙女座星系是离我们所在的银河系较近的一个星系，她是一个典型的螺旋星系，但规模比银河系大（彩图11），其在遥远模糊天体列表中排在第31位，故又称M31；麦哲伦环球航行到南半球，曾在南天空肉眼发现了两个大河外星系，命名为大麦哲伦星系和小麦哲伦星系，它们是距银河系最近的河外星系（彩图11）。

（二）星系演化

宇宙爆炸理论揭示了星系为由宇宙早期由初始气云形成，其演化经历为：（1）初始气云的形成，宇宙中的大量原子在引力作用下开始聚集密度高处吸引周围的物质，从而形成原星系；（2）气云塌缩为致密星系；（3）分裂产生大量宇宙的第一代恒星，这些恒星的质量很大，但寿命很短;(4)第一代恒星终结时,通过爆发将富含重元素的气体和尘埃抛向星际空间,形成新一代恒星的原料,并进入第二代、第三代恒星的形成和演化的循环……

1. 主序星

主序星(main sequence star)是指处于主序阶段的恒星。主序阶段是恒星的青壮年期,恒星在这一阶段停留的时间占整个寿命的90%以上。恒星以内部氢核聚变为主要能源的发展阶段就是恒星的主序阶段。这是一个相对稳定的阶段。恒星停留在主序阶段的时间随着质量的不同而相差很多。质量越大,光度越大,能量消耗也越快,停留在主序阶段的时间就越短。绝大多数主序星都分布在赫罗图(彩图12)上从左上角到右下角的狭窄带内,形成一个明显的序列,从O型到M型都有,光度随表面温度的增高而增大,质量可相当于太阳质量的百分之几到几十倍。与其他恒星相比,太阳的质量、温度和光度都大概居中,是一颗相当典型的主序星,这个阶段的时间可长达100亿年。目前,太阳已经稳定地燃烧50亿年了。

2. 红巨星

红巨星(red giant star)是恒星燃烧到后期所经历的一个较短的不稳定阶段,是"中老年"的恒星,根据恒星质量的不同,历时只有数百万年不等。红巨星体积不断膨胀,温度将随之降低,发出的光也就越来越偏红,不过,虽然温度降低了一些,可体积如此之大,光度也变得很大,极为明亮。肉眼看到的最亮的星中,许多都是红巨星。同时,由于外层气体密度变低,星球的引力变弱,红巨星表层脱落,从而导致恒星风暴的形成。在赫罗图上,红巨星是巨大的非主序星,光谱属于K型或M型(彩图12)。随着太阳年龄的增长,它不断将氢聚变为氦。当太阳燃尽氢之后,会逐渐变得越来越热,最终它会膨胀成为一颗红巨星,逐渐吞噬掉水星、金星和地球(彩图13)。

3. 白矮星

白矮星(White Dwarf)是一种低光度、高密度、高温度的恒星,是走到生命的最后阶段的恒星。因为它的颜色呈白色,体积比较矮小,因此被命名为白矮星。白矮星是在红巨星的中心形成的(彩图14),当红巨星的外部区域迅速膨胀时,氦核受反作用力却强烈向内收缩,被压缩的物质不断变热,最终内核温度将超过1亿摄氏度,于是氦开始聚变成碳。当它把内部一切可以燃烧的东西都燃烧掉时,它就会轰然倒塌,转变成一颗白矮星,主要由碳构成,外部覆盖一层氢气与氦气。

白矮星致密的球体拥有几乎像太阳一样的质量,但是体积只有地球那么大。由于白矮星体内已经没有什么燃料可以燃烧,因此它们通常只通过发射本身储藏的热量,发出非常微弱的光。白矮星被认为是一颗恒星的生命终点,银河邻域的大部分恒星正在一步步迈进这个阶段,其中包括太阳。

4. 超新星

超新星(Supernova)是某些恒星在演化接近末期时经历的一种剧烈爆炸。恒星从中心开始冷却,它没有足够的热量平衡中心引力,结构上的失衡就使整个星体向中心坍缩,造成外部冷却而红色的层面变热。如果恒星足够大,这些层面就会发生剧烈的爆炸,产生超新星。比太阳大8倍以上的恒星,它们的死亡是爆炸。大质量恒星爆炸时光度可突增到太阳光度的上百亿倍,相当于整个银河系的总光度(彩图15)。恒星爆发的结果:(1)恒星解体为一团向四周膨胀扩散的气体和尘埃的混合物,最后弥散为星际物质,结束恒星的演化史;(2)外层解体为向外膨胀的星云,中心遗留下部分物质坍缩为一颗高密度天体,从而进入恒星演化的晚期和终了阶段。

从恒星演化的脚步来看,恒星或许将塌缩为黑洞奇点,而奇点又或再次膨胀为星云进而转为恒星(彩图16)。循环的奥秘已经被人类无数次地思考,也许宇宙的奥妙也正在于此。

生命的进化是不可能托付给大恒星的。但是,从丰富物质角度来说,大恒星是宇宙中的精品,其粉碎性的爆炸,能量的狂飙扫荡天庭,在这个超能量的瞬间,元素便可被聚变出来。此外,由于恒星越大,寿命越短,因此周期也短。所以,恒星的巨无霸是宇宙制造元素效率最高的工厂。目前人类已知体积最大的恒星是大犬座VY星(VY Canis Majoris),是一颗位于大犬座的红色特超巨星,半径约为太阳半径的1420倍(彩图17)。

第二节 太阳系的起源

人类总是对太阳有着特殊的感情,光明似乎就是指引我们前行的动力。太阳是地球上光、热的源泉,生命的源泉,气象、气候变化的源泉,能量的源泉,食物的源泉,以及昼夜交替、四季变化的本源。太阳作为太阳系的中心天体,也是距地球最近的一颗能够自身发光、发热的恒星,她的运动和活动,都将深深影响着整个地球以及人类的生存。

一、太阳系的构成

(一)太阳与太阳系

对地球上的人类来说,太阳是最重要的天体。我们对太阳的研究,主要是探明它对地球的影响,此外,以它作为一个典型来认识恒星的一般特征。人们似乎很早就注意到天上大多天体的相对位置并不改变,但有5颗亮星却在众星之间不断地移动,这就是人们肉眼能看见的五大行星,中国古代统称它们为"五星",再加上太阳、月亮总称为"七曜",这似乎是人类对太阳系最初的认识。

太阳(Sun)是银河系一颗炙热的气体球,表面温度约为6000K,是赫罗图上的主序星,并位于主序星带的中央部分。太阳内部进行的热核聚变,是4个氢原子核结合成1个氦原子核的过程,她还要燃烧约50亿年氢燃料才会逐渐匮乏。那时太阳将会逐渐变成红巨星而吞没大部分太阳系,地球将不能幸免。

太阳的外层大气因太阳磁场而处于激烈运动中,太阳表层各种扰动现象的总称,称为太阳活动,包括太阳黑子、耀斑、光斑、日珥等。太阳活动使得太阳辐射在紫外线和X射线波段,有大幅度的起落。

太阳质量占太阳系总质量的99.8%,其他主要基本参数如下:

半径:约700000km(约为地球半径的109倍)

表面积:$6.087×10^{12}km^2$(约为地球表面积的12000倍)

体积:$1.412×10^{18}km^3$(约为地球体积的1300000倍)

质量:$1.989×10^{30}kg$(约为地球质量的33万倍)

平均密度:$1.41g/cm^3$

常数平均值:$8.161725J/(cm^2·min)$

表面有效温度:5770K

活动周期的平均长度:11.04a

太阳系(Solar System)以太阳为中心,是太阳和所有受到太阳引力约束的天体的集合体。同时,太阳又作为一颗普通恒星,带领它的成员,万古不息地徜徉于银河系中。太阳系有8颗行星(表1-1-1)以及至少183颗已知的卫星、5颗已经辨认出来的矮行星和数以亿计的太阳系小天体(彩图18)。

表1-1-1 太阳系行星列表

国际命名	中文名称	距离太阳 km	直径,km	密度,g/m³	卫星颗数	公转周期	表面温度,℃	主要大气成分
Mercury	水星	5791×10⁴	4880	5.427	0	87.7d	427(昼)	微量氦和氢
Venus	金星	1.08×10⁸	12103	5.24	0	224.7d	485	二氧化碳、氮
Earth	地球	1.49×10⁸	12756	5.516	1	365d	15	氮、氧
Mars	火星	2.27×10⁸	6794	3.94	2	687d	-33	二氧化碳
Jupiter	木星	7.78×10⁸	142984	1.33	68	11.86a	-140	氢和氦
Saturn	土星	14.29×10⁸	120536	0.7	62	29.5a	-140	氢和氦
Uranus	天王星	28.70×10⁸	51118	1.29	27	84a	-214	氢和甲烷
Neptune	海王星	45.04×10⁸	49532	1.19	13	164.8a	-220	氢和甲烷

太阳系的8颗行星,从其组分看,可以分为截然不同的两类:

类地行星(terrestrial planet)以硅酸盐石作为主要成分(图1-1-6),多具有主要是铁的金属中心,外层则被硅酸盐地幔所包围,表面可发育有峡谷、陨石坑、山和火山等。在太阳系中,类地行星包括水星、地球、火星、金星。

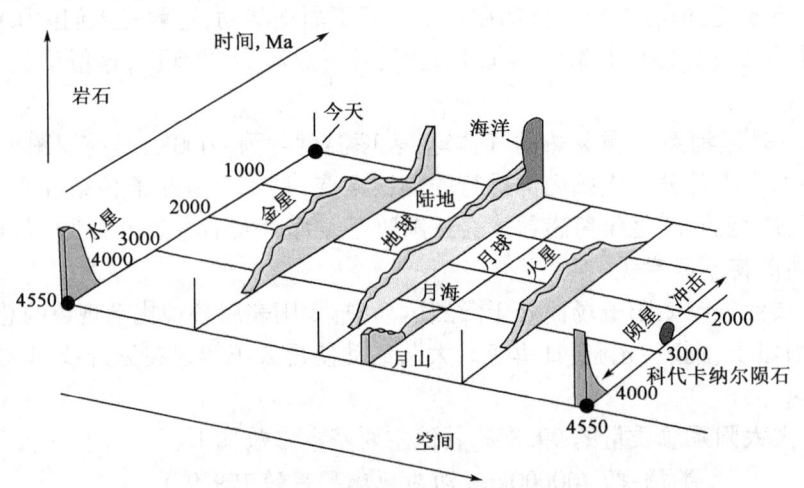

图1-1-6 太阳系类地行星岩石发育时期(据徐士进,2009)

类木行星(Jovian planet)主要由氢、氦、冰、甲烷、氨等气体构成,石质和铁质只占极小的比例,其质量和半径均远大于地球,但密度却较低,不一定有固体的表面。结构上,由内而外,中心有岩石核心、液态金属氢、液态分子氢、充满气体的大气层,表面有旋涡状的云层;可发育行星环;可被众多卫星所环绕。在太阳系中,类木行星包括木星、土星、天王星以及海王星。

（二）太阳系行星

1. 水星——火和冰之间的世界

水星（Mercury）为太阳系中最小行星，由于其非常靠近太阳，所以只会出现在凌晨或黄昏。水星内部很像地球，分为壳、幔、核三层，由大约70%的金属和30%的硅酸盐材料组成。水星的密度是5.427g/cm^3，在太阳系中是第二高的，仅次于地球。

水星的大气非常稀薄。因为没有大气的调节，距离太阳又非常近，所以水星向阳面的温度最高时可达430℃，而背阳面温度可降达零下173℃，可谓一个处于火和冰之间的世界。

水星表面遍布为数众多、大小不等的环形山和小陨石坑，其中一个直径约1400km的盆地，叫卡洛里盆地，可能由巨型陨星撞击而成，是诸行星中温度最高的地方，盆地内填满了后期喷发的火山熔岩。在信使号所建构的色彩强化影像中（彩图19），橘色区域因岩浆充填坑底造成，泛蓝的结构或许为原始的坑底物质，散布在盆地边缘的橘色斑块则可能是火山喷口。水星上的另一类地貌是其地壳下沉形成的峭壁式大尺度褶皱。

水星围绕太阳公转，从地球上可以看到它常常穿过太阳表面，那时我们会在太阳圆面上看到一个小黑圆点穿过，这种现象称为水星凌日。水星凌日平均每世纪发生13次。观测水星凌日现象能更精确地测定水星的轨道。

2. 金星——明亮的地球的"姊妹星"

金星（Venus）是夜空中除了月亮我们所看到的最明亮的星，犹如一颗耀眼的钻石，寄语着爱情与美丽，罗马称它为维纳斯。而在中国古代，则将其晨星称为"启明"，其昏星为"长庚"，抑或称之为"太白"。

金星和地球有着相似的体积和质量（体积是地球的0.88倍，质量为地球的4/5），因此有人称其为地球的"姊妹星"。人类也将行星探测的第一步迈向了金星。

令人遗憾的是，我们的"姊妹星"是火山的天堂，金星表面布满了火山，散乱地点缀在这个星球的表面。从火山中喷出的熔岩流产生了长长的沟渠，范围大至几百千米，其中一条的范围超过7000km（彩图20）。

金星大气的主要成分为二氧化碳，由其造成的"温室效应"使得金星地表温度高达482℃左右，不存在液态水。而硫酸微滴组成的云层，时常导致降落巨大的具有腐蚀性的酸雨。在金星地表，大气压相当于在地球海平面上的92倍。更为严峻的是，金星虽有足够的热核，但自转太慢，因此几乎没有磁场，无法抵御太阳风侵入表面。

金星极为苛刻且残酷的自然条件，使得其有生命存在的可能性微乎其微，金星和地球只是一对"貌合神离"的姐妹。

3. 火星——与日俱增的神秘与期望

火星（Mars）半径约是地球的一半，质量约为地球的11%，表面积与地球大陆面积相当，密度则远小于其他三颗类地行星。

火星在许多方面与地球较为相像：有两颗天然的小卫星；自转周期和自转轴的倾角几乎与地球相当，因而也有四季变化。值得注意的是，火星南北两极会出现白色极冠，主要成分是冷冻的二氧化碳（干冰），随着寒暑更迭，干冰凝结或融化，极冠面积也随之变化。

空间探测显示，火星上至今仍保留着大洪水冲刷的痕迹[彩图21（a）]。这一切似乎都预示着也许火星曾比现在更温暖潮湿，因而其被认为是太阳系中最有可能存在地外生命的行星。

火星基本上是沙漠行星,地表沙丘、砾石遍布,没有稳定的液态水体,以二氧化碳为主的大气既稀薄又寒冷,沙尘悬浮其中,每年常有沙暴发生[彩图21(b)]。火星地表地貌大部分于远古较活跃的时期形成密布的陨石坑、火山与峡谷,包括太阳系最高的火山——奥林帕斯山和最大的峡谷——水手号峡谷[彩图21(c)]。

应该说,火星是除地球以外人类了解最多的行星,超过40枚探测器到达过曾带着人类期望的火星,并发回了大量数据。然而,火星探测却并非易事,约三分之二的探测器,特别是早期发射的探测器,并未顺利完成使命。火星在被探测的同时似乎更增添了其神秘色彩,人类对它的期望也与日俱增。

4. 木星——太阳系中的一个小家族

木星(Jupiter)为太阳系中体积最大、自转最快的行星,主要由氢和氦组成,质量是地球的318倍,也是其他行星质量总和的2.5倍。木星的丰沛内热在它的大气层造成一些近似永久性的特征,例如云带和正在持续缩减的大红斑(彩图22)。目前为止,木星已经被发现的卫星累计达68颗,其中一颗名为甘尼米德的卫星比水星还要大。毫无疑问,木星及其繁杂的卫星构成了太阳系中一个重要家族。

5. 土星——美丽而斑斓的云带

土星(Saturn)因为被一条美丽的光环围绕而格外引人关注(彩图23),土星环主要的成分是冰的微粒和较少数的岩石残骸以及尘土。土星大气层结构与木星非常相似,以氢、氦为主,并含有甲烷和其他气体,大气中飘浮着由稠密的氨晶体组成的云。快速自转导致土星呈扁球形,其平均密度只有 $0.70g/cm^3$,是大行星中密度最小的。

土星有较多的卫星,已确定轨道的天然卫星有62个,其中52颗已被命名,泰坦和恩塞拉都斯拥有巨大的冰火山,显示出地质活动的标志。泰坦比水星大,而且是太阳系中唯一实际拥有大气层的卫星。

6. 天王星——"颠倒的行星世界"

天王星(Uranus)是我们所知最平滑的行星,它由岩石与各种成分不同的水冰物质所组成,其组成主要元素为氢(83%),其次为氦(15%)。由于天王星大气成分中的甲烷吸收红光,令天王星变成蓝绿色。值得一提的是,天王星的自转轴对黄道倾斜达到90°,是横躺着绕着太阳公转,在行星中非常独特。

7. 海王星——遥远的那抹蓝色

海王星(Neptune)星是目前所知距离太阳最远的气态行星,虽然直径比天王星略小,但由于海王星的密度较天王星大,质量也较大。海王星有着和天王星类似的结构,核心由岩石组成,核心外是水、氨和甲烷的混合物。由于海王星离太阳很远,它的表面温度很低,只有零下230℃。

"旅行者"2号空间探测器经过海王星时,在其南半球观测到一巨大的风暴系统,即所谓的"大暗斑"(彩图24),其中的风速达到每秒500多米。

二、太阳系形成假说

太阳系起源包含两个基本问题:一是太阳系中行星物质从何而来,二是行星又是怎样形成的。围绕上述谜题,近三百年以来,诸多著名的科学家和哲学家已提出不少于40种太阳系起源学说,如康德、拉普拉斯、阿尔文、沙兹曼等。他们各抒己见,都对太阳系起源的研究作出了重要贡献,但尚未有任何一种学说能够系统地证实太阳系各类天体的起源。

1755年,德国哲学家康德首先提出了太阳系起源的星云假说。他认为,太阳系是由原始星云按照万有引力定律演化而成的。41年后,法国著名的数学家和天文学家拉普拉斯也独立提出了关于太阳系起源的星云假说。特别之处在于,他认为太阳系是由炽热气体组成的星云形成的。

多种灾变说观点也曾经风靡,它们共同之处体现在对关于太阳自身物质来源的认识,无一例外地都归因于某个事件的分离,从而形成了行星。

俘获说观点则猜想太阳曾经从它经过的一个星际云俘获部分物质,并于太阳周围形成星云盘,而星云盘中质点随后经凝聚与碰撞便形成行星和卫星。

随着现代天体物理学和物理学的发展,特别是恒星演化理论的建立,现代星云逐渐占了主导地位。根据观测资料和理论计算,其主要观点可表述为:太阳系原始星云是巨大的星际云瓦解的一个小云,并开始自转,随后在自身引力作用下收缩,中心部分形成太阳,外部演化成星云盘,后者逐步形成行星。

在20世纪70年代,人们根据空间探测所获得的有关行星和陨石所有特征,建立了"原始太阳星云凝聚论"。原始太阳呈一团中央呈隆起的圆盘状星云,它不停自转。星云团由炽热气体组成,其化学成分大致接近今天的太阳(图1-1-7)。

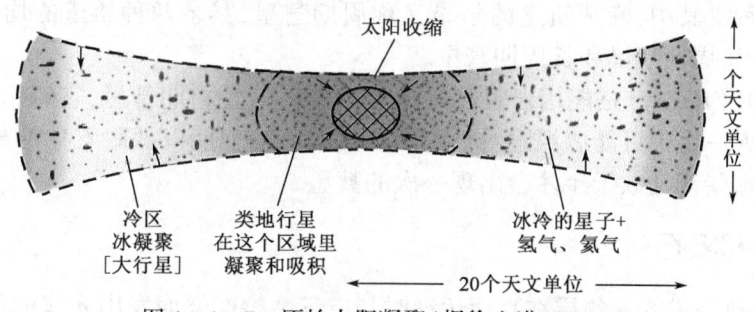

图1-1-7 原始太阳凝聚(据徐士进,2009)

圆盘状星云的中心到边缘有一很大的热梯度。星云由于发光而损失能量冷却,达到冷凝程度则形成固体颗粒,进一步聚集形成星子。温度下降,一系列固体按顺序相继产生。

当热核能量不再能平衡引力时,便是弥留之际的太阳(彩图25),太阳变成了一个巨大的红色火球,吞噬了火星、金星,还有我们的地球。下一个阶段,太阳再一次缺少热核反应的能量,紧缩为一个密度极高的白矮星。这就是我们和太阳光线永别的时刻(彩图25下部)。

三、太阳系其他天体

(一)小行星

小行星(asteroid)是太阳系内类似行星环绕太阳运动,但体积和质量比行星小得多的天体。已被观测到的小行星数目超过7000颗,其中已测定精确轨道并正式编号的有5000多颗。太阳系中大部分小行星的运行轨道在火星和木星之间,称为小行星带。

(二)矮行星

矮行星(dwarf planet)体积介于行星和小行星之间,围绕太阳运转,质量足以克服固体引力以达到流体静力平衡(近于圆球)形状,没有清空所在轨道上的其他天体,同时不是卫星。

冥王星曾经是太阳系九大行星之一。根据2006年8月24日国际天文学民间联合会大会的决议,冥王星被视为太阳系的"矮行星",不再被视为大行星。

除冥王星之外,太阳系内还有四颗矮行星,它们分别是:

谷神星(Ceres)是第一颗被发现的小行星,也是一颗最小的矮行星。它的表面被冰和石块所覆盖,或许在地表之下隐藏着液态的海洋。

妊神星(Haumea)的质量大约是冥王星的三分之一,勉强能产生足够的引力使自己变为椭球体。

鸟神星(Makemake)是相对较大的一颗柯伊伯带天体,直径相当于冥王星的三分之二,它是由Mike Brown及其科研小组于2005年发现的。

阋神星(Eris)是质量最大的矮行星,比冥王星还要大27%,也正是由于它,人们才对行星的定义作了重新修订。

(三)彗星

彗星(comet)是进入太阳系内亮度和形状会随日距变化而变化的绕日运动的天体。彗星物质蒸发,在冰核周围形成朦胧的彗发和一条稀薄物质流构成的彗尾。彗星的轨道有椭圆、抛物线、双曲线三种。其中,椭圆轨道的彗星又称周期彗星,其余两种轨道的均为非周期彗星。周期彗星又分为短周期彗星和长周期彗星。

哈雷彗星(1P/Halley)是能用裸眼直接从地球看见的短周期彗星,它每76.1年环绕太阳一周,因此也是人一生中可能以裸眼看见两次的彗星。其他能以裸眼看见的彗星可能会更壮观和更美丽,但那些都是数千年才会出现一次的彗星。

(四)流星和陨石

流星(meteor)是进入大气层在高速运动时与空气摩擦燃烧而发出光线的物体。若许多流星来自相同的方向,并在一段时间内相继出现,则称为流星雨。

陨石(meteorite)是地球以外未燃尽的宇宙流星脱离原有运行轨道或成碎块飞快散落到地球或其他行星表面的石质的、铁质的或是石铁混合物质,也称"陨星"。

(五)卫星

卫星(Satellite)是环绕一颗行星按闭合轨道作周期性运行的天体。在太阳系里,除水星和金星外,其他行星都有卫星。

地球拥有的唯一卫星便是月球,它离地球只有$38×10^4$km,因此人类很早就可以看到它的表面轮廓。早期的天文学家在观察它时,以为发暗的地区都有海水覆盖,因此把它们称为"海",而明亮的部分是山脉。现在我们知道,月球上环形山星罗棋布,最大的环形山是南极附近的贝利环形山,直径295km,比海南岛还大。

中国人以自己对月球的特殊感情及想象,拜托"嫦娥"再次奔月,为大家描述获得更清晰、更详细的月球(图1-1-8)。

我们运气很好,月球除了留给我们温馨长夜,更赠给人类有史以来最稳定的地壳。由月球造成的海洋潮汐,似乎是给地球安置的无形刹车,亿万次的摩擦至少使地球自转速度减慢了一半,而月球也随着地球的转速减慢放松了对它的束缚,逐渐地离地球远去。

图 1-1-8 中国发布嫦娥二号 7m 分辨率全月球影像图(据中国国防科工局,2012)

地球和月球一起构成地月系统,对人类影响是重大的。当月球运行到与太阳同处于地球一侧的同一方向上时(称日月相合),月球被太阳照射而反光的一面正好背着地球,地球上看不见月球,这时称为朔月或新月(图 1-1-9);与此相对,当月球受光面正好向着地球时,称为望月或满月;从朔月到望月,当到达一半时称为上弦月;而从望月到朔月的一半时称为下弦月。这种月亮圆缺的各种形状叫月相。

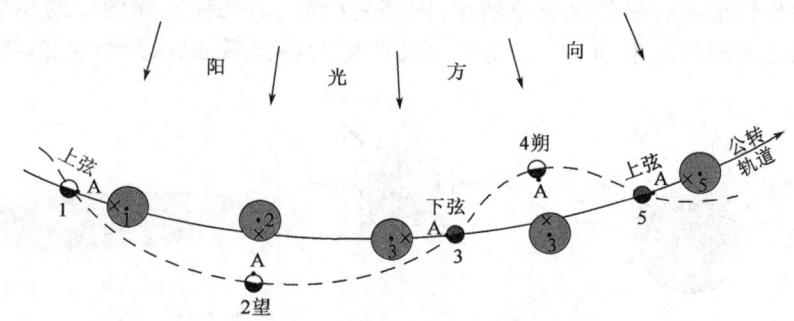

图 1-1-9 地月系统的运动(据汪新文,1999)

木卫三是太阳系中最大的卫星,其直径为 5262km,大于水星,质量约为水星的一半。木卫三主要由硅酸盐岩石和冰体构成,星体分层明显,拥有一个富铁的、流动性的内核,并使它成为一颗拥有磁圈的卫星。

而同样受控于木星的木卫一火山喷发极为剧烈,使其遍布硫黄坑、沐浴强辐射,犹如太阳系中的炼狱。

土卫六也许更为惊艳,因为它是如此地让人觉得似曾相识:湖泊、丘陵、洼地、河谷以及泥泞的平原。在它厚厚的氮大气中则还拥有雾、霾和雨云。事实上,人类看到的雨、河流和湖泊实则是液态烃,它们在温暖的地球上会变成气体。

第三节 地球的形成与早期演化

暴涨的宇宙,为我们书写出一部伟大的物质演化史诗;人类的出现,更突破了物质向精神的飞跃。生命咨啬地选择了在地球上诞生,而地球也因为有了人类成为一颗文明星球。今天,地球虽有 40 多亿岁高龄,却依然在内、外两部发动机的联合驱动下,迸发出沧海桑田的生机,而其形成与演化,更是深邃宇宙中所发生的科学传奇。

一、地球的形成

(一)原始地球形成

大约在 50 亿年前,银河系里弥漫着大量的星云物质,它们因引力作用收缩并破裂。通过凝聚形成太阳、太阳系内天体的气团和弥散的固体物质,称为太阳星云(solar nebula)。

原始的太阳星云不是炽热的,而是冷的气体和尘埃。在形成地球的这团冷星云里,由于引力的作用,这些尘粒相互结合,形成小的团块,称为星子(planetesimal)。

46 亿年前,星子的不断聚集使其体积日益增大,逐渐形成了地球星胚,然后再增生而形成原始地球。原始地球温度较低,轻重元素浑然一体,是一个相对均匀、尚无分层结构的行星。

原始地球一旦形成,即捕获周围的星云物质(或在旋转中甩出自身的部分物质),形成自己的卫星——月球(彩图26)。

(二)原始地球分异

虽然地球所获得的星子比较冷,但其具有很高的运动能量,这种能量因冲击转化为热能;同时,星子的堆积使地球行星外部重量增加,内部受压缩,消耗在压缩内部的能量转化为热被保存下来;再加之放射性元素铀、钍、钾等的衰变产生的热积累,地球开始变热(图 1-1-10)。

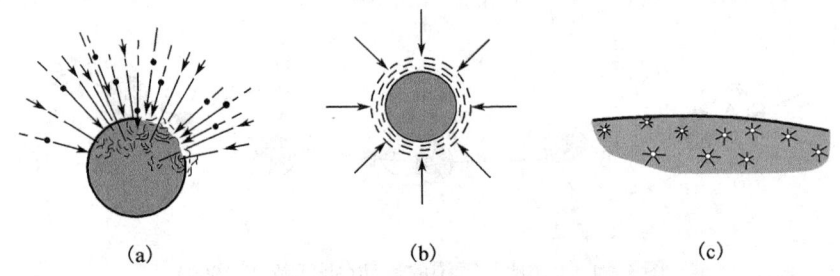

图 1-1-10　地球增热的三种机制(据 Press,1982)
(a)星子动能冲击;(b)重力压缩;(c)放射性元素蜕变

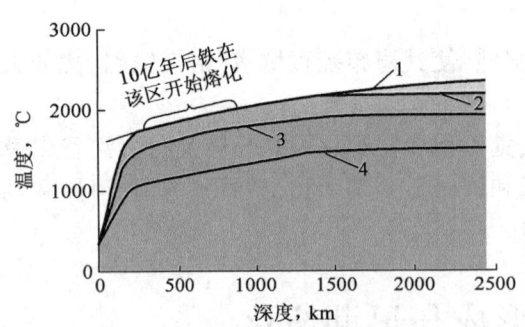

图 1-1-11　不同时期的地球内部温度
(据 Hankesi、Anderson,1983)
1—铁熔化曲线;2—10 亿年的地球温度;
3—5 亿年的地球温度;4—现今地球温度

在地球形成初期,由碰撞、压缩和放射性而产生的热量使地球温度达到 1000℃ 或更高。地球形成的最初 10 亿年内,在深度 400~800km 范围内,温度已上升达到铁的熔点(图1-1-11)。由于铁和镍的熔点较硅酸盐低,这时达到熔点首先熔化,形成熔融的金属层。同时硅酸盐开始软化,为重力分异作用创造了有利条件,于是密度大的铁、镍形成大的熔滴向地心下沉。降落过程中将释放出来的重力能转变为热能,使地球出现局部熔融状态。铁、镍最后向地心集结成为地核,与此同时,硅铝、硅镁等较轻物质上浮,冷却而成为原始地壳,两者之间的铁镁硅酸盐组成地幔(图 1-1-12)。在长期分异作用下,地核不断加大,地核内热不再散失,致使外核保持液体状态。此外,更轻的液态和气态成分,通过火山喷发溢出地表,形成原始的水圈和大气圈。

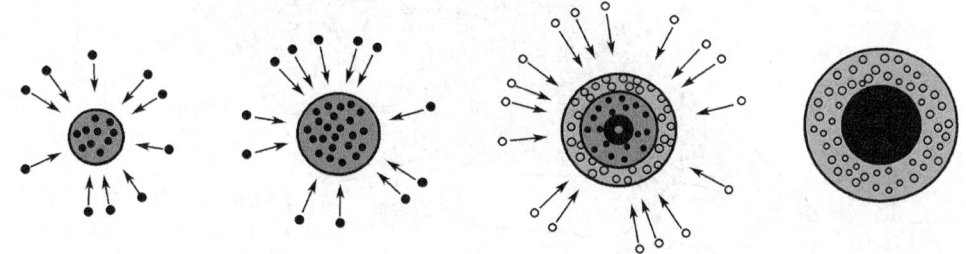

图 1-1-12　地球内部圈层形成示意图(据李叔达,1983)
黑点与箭头表示铁镍,白点表示硅酸盐

二、地球的早期演化

行星地球形成以后,地球在内、外两部发动机的联合驱动下,才得以开始不懈的运动与演化过程。这两部发动机联合驱动,又各司其职,将地球系统的运动和演化过程从性质上划分为外动力作用过程和内动力作用过程(图 1-1-13),从时间上划分为短期过程(天至几百年)和长期过程(百万年至几十亿年)。

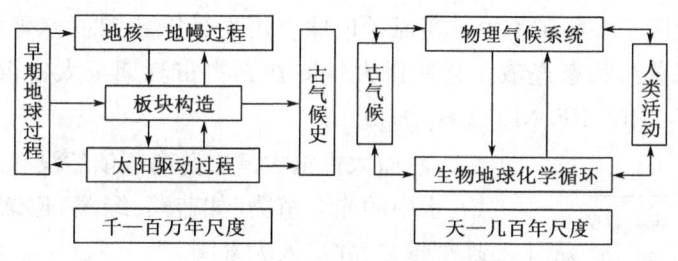

图 1-1-13　地球演化过程划分(据黄定华,2004)

(一)地壳的演化

目前地球上最古老的岩石为加拿大的阿卡斯达片麻岩(40亿年),这说明最晚在距今40亿年已经存在由分异作用形成的地壳。

早期(46亿—38亿年)地壳特点是从与月球对比获知的。在月球上,46亿—44亿年间,熔融深度达到1000km附近,形成了岩浆海,随着它的冷却,形成了大约60km厚的以基性岩为主的岩石圈。地球在早期比月球更强烈地遭受到陨石的轰击,被岩浆海覆盖(图 1-1-14)。在岩浆海冷却固结时,地壳以基性岩为主,经分异在局部形成了花岗岩质的原始地壳。

地球有一个造山的发动机,这就是转动的热核。随着岩浆向上传导热量,由它引发的造山运动从来没有停止。在随后的漫长岁月里,长英质岩浆上升、生成的沉积岩开始褶皱;继后,部分熔融的中性和长英质岩浆上升,形成原始大陆地壳,并开始生成变质岩,现代壳幔结构形成(彩图 27)。

地壳上的大陆总体上经历一个分裂—聚合—再分裂的历史。这种板块的运动及伴随的造山运动几乎每隔1亿年就把地球的面貌彻底地修改一次。最近的一次最大规模的造山运动,离我们只有4000万年,它造就了地球上最高的喜马拉雅山脉和辽阔的青藏高原,同

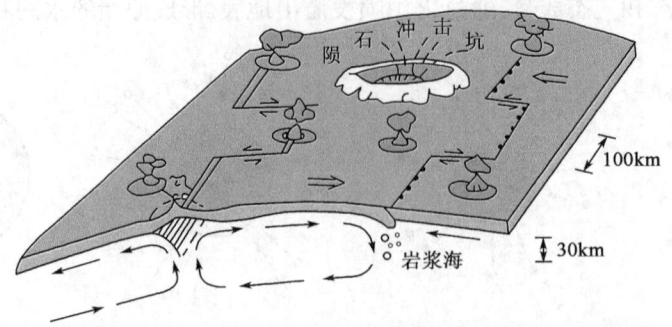

图1-1-14 早期地球板块构造(据丸山茂德等,1990)

时也影响了至少半个地球的生态和人类文明的布局。

地球上的山脉和河流都是年轻的,如果没有造山的机制,那么地球上有过的山脉早就被磨平了,平地就意味着没有河流。而没有河流的陆地,生命是不可能深入的。从这个意义上讲,我们的地球尽管已经有着40多亿岁的高龄,却依旧蕴藏着沧海桑田的生机。

(二)地球外部圈层演化与生命发展

大气圈在地球形成的最初阶段就可能存在,可能比较稀薄,主要由 H、He 等组成。氢和氧结合成的水,原先潜藏于一些矿物中。当原始地球变热并部分熔融时,水释放出来并随熔岩运移到地表,大部分以蒸汽状态逸散。它使得大气圈在冥古宙晚期至太古宙以 H_2O(水汽)和 CO_2 为主,其次为 N_2、HCl、HF、NH_3、CH_4、H_2S。

然而太古宙大气中游离氧依然没有或很少。该时期开始,水中的光合植物(如蓝藻、绿藻)逐渐增加,氧的生产量越来越多,并进入大气圈。

随着有机界的发展,氧的积累又逐渐增加,而 CO_2 则逐渐进入水体中,含量逐渐降低到现在的水平。在这个过程中,还会形成大量的碳酸盐岩。

Schopf 认为地球上的大部分水在地质历史的早期阶段便已积聚形成,距今25亿年前海水的体积已颇具规模。海洋动物的古老性证明了大洋具有久远的历史。

大气圈和水圈的形成与发展使得地球表层动力系统逐渐完善。在太阳能的作用下,出现各种气候、水文和地质现象。Knaut 和 Epstein 估计地表年均温度在太古宙约为70℃,元古宙晚期约为52℃,古生代末约为20℃,中生代约为35℃,现在为15℃(图1-1-15)。

大气圈和水圈的形成与发展同样为生命的演化提供了转机,但这个进程进展得似乎并不顺利。Ediacara 动物群在混浊的环境中探索向前,它们的演化失败为我们诠释了"适者生存,否则淘汰"的自然界基本法则。

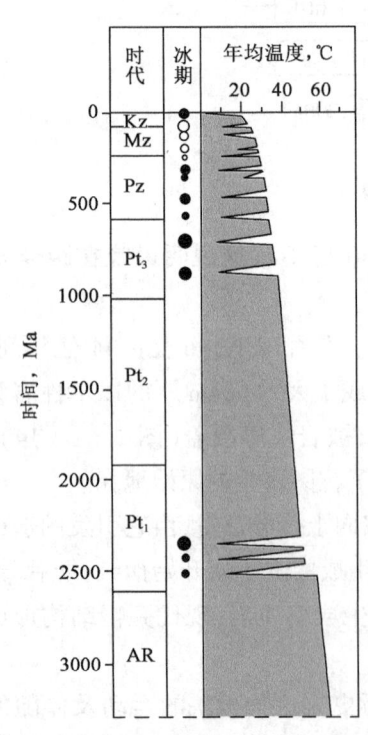

图1-1-15 地球演化历史中的气温变化趋势及冰期(据Salop,1977)

直到一个突然出现的机遇,生命的旅程才发生了翻天覆地的变化。在地球广袤然而贫瘠的大洋中,仿佛一夜之间,出现了几乎所有的门类,这便是距今 5 亿多年前的"寒武纪生命大爆炸"。

生物界在前进的脚步中,也并非一帆风顺。许多生物门类突然发生全球性绝灭,使生物界几乎遭受灭顶之灾,这就是生命史中著名的大绝灭事件。在地史时期的 6 次大绝灭中,古生代与中生代之交的大绝灭规模最大。关于大灭绝众多可能的诱发性,今天我们依然无法准确说清,然而似乎又可以肯定它是地球演化到一定阶段后要出现的一个必然性结果(图 1-1-16)。

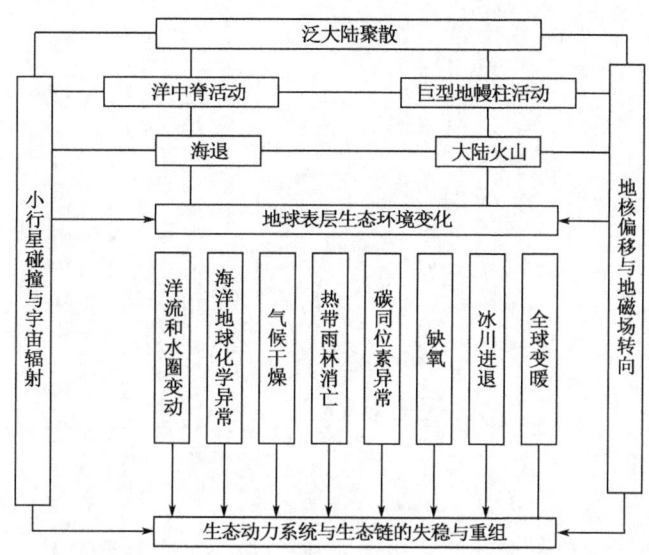

图 1-1-16　地球演化过程中多诱因下的生态灭绝与复苏(据黄定华,2004)

复习思考题

1. 为何我们能够判断宇宙是在膨胀的?人类为此做过哪些工作?
2. 宇宙大爆炸理论的基本观点是什么?是否存在缺陷?能给我们哪些启示?
3. 哈勃望远镜对于人类作出了何种杰出的贡献?人类为何又要耗费巨大财力去发射詹姆斯·韦伯太空望远镜?
4. 以星系演化的观点试分析太阳的一生。
5. 分析太阳系的构成对于人类寻找类地行星有何种意义?
6. 对比太阳系各天体特征。
7. 我们为何能了解到地球的演化历史?
8. 生命为何会选择诞生在地球?
9. 太阳、月球对于地球上生命的演化有何种意义?
10. 地球演化中的各种地质作用对于生命演化有何种意义?

拓展阅读

阿莱格尔 C J. 1989. 陨石、行星、太阳系. 北京:地质出版社.

柴之芳. 1998. 从宇宙大爆炸谈起:元素的起源与合成. 长沙:湖南教育出版社.

戴文赛. 1976. 天体的演化. 北京:科学出版社.

史蒂芬·霍金. 2001. 时间简史. 长沙:湖南科技技术出版社.

苏宜. 2009. 天文学新概论. 北京:科学出版社.

第二章 地球的性质、结构及物质组成

伴随着地球演化的进程,无数人类的文明曾书写出壮丽的史诗,显然,今天文明代表着高度发达的文明。然而,相对于宇宙,人们对于自己脚下的星球内部的认知并没有走在前面,这似乎是不可思议的。两次世界大战的结束给人类重新梳理对地球特别是对广阔海洋的认识提供了契机。当"挑战者"号等深水探测设备把新鲜、神奇的信息传递出来,当人类被地球的不为人知激发起无限兴致,当我们准备放手去勾绘更清晰的地球身躯之际,我们却发现自己对于更深入地球万分无助。的确,今天人类已经将自己的步伐迈向无垠的太空,却依然难以钻穿几十千米的陆壳。我们真的无法把握地球更深入的结构及性质么?

第一节 地球的形态

尽管地球的外部形态直接呈现在我们眼前,个体生命的渺小却让人类领悟其真谛的过程异常缓慢。当海上的船身、船帆并非一起进入、退出我们的视野时,人们才开始认识到我们脚踏实地的本来面目。愈发先进的航空手段能让我们轻易地俯瞰我们的家园,我们应该庆幸自己能站在这颗云蒸霞蔚、生机勃勃的星球上。

一、地球的形态与大小

地球形状是指大地水准面所圈闭的形状。大地水准面(geoid)是指由平均海平面所构成并延伸通过陆地的封闭曲面(图1-2-1),为假想的重力等位面。

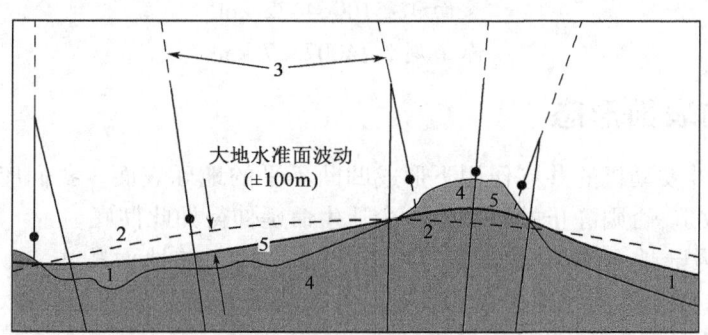

图1-2-1 地球形状参数示意图(据地球空间环境与大地测量教育部重点实验室,有修改)
1—海水表面;2—参考椭球面;3—地方铅垂线;4—地球表面;5—大地水准面

参考椭球体(reference ellipsoid)也称为"参考扁球体",为椭圆绕其短轴旋转所成的形体,并近似于地球大地水准面。大地水准面波动用其相对于参考椭球体的偏离来表示(彩图28)。

地球的整体形状并非正球体,而是一个两极稍扁、赤道略鼓的不规则球体(图1-2-2)。这也许是地球绕着太阳公转的同时还要自转,地球表面的陆地和水为了保持内部的引力平衡而争斗的结果。

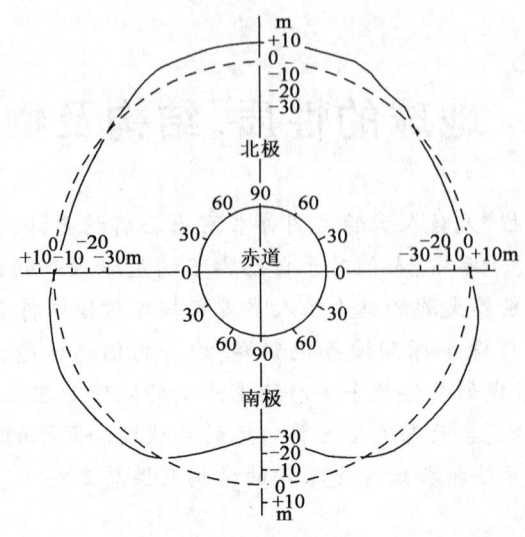

图 1-2-2 地球形状示意图（据 King-Hele 等,1969）
实线—大地水准面圈团的形状（比例夸大）；虚线—地球理想扁球体

1975 年第 16 届国际大地测量和地球物理协会公布的地球主要形状参数如下：

赤道半径：6378.137 km

平均半径：6371.004 km

扁平率：1/298.257

体积：$10832×10^8$ km³

子午线周长：40008.08 km

两极半径：6356.752 km

长短半径差：21.385 km

表面积：510064472 km²

赤道周长：40075.7 km

二、地球的表面形态

地球在其内、外发动机的共同作用下形成凹凸不平的地球表面。我们应该感谢地球乐此不疲的这种自我改造，否则静止的地球绝不会让生命延伸得如此彻底。

地球表面分为陆地和海洋两大部分（图 1-2-3）。陆地面积占 29.2%；海洋面积占 70.8%。其中 65% 以上的陆地集中在北半球。各大陆的轮廓有某些相似性，所有大陆的北端宽、南端窄，大致呈倒三角形，并多在北端与其他大陆相连。三大洋则在南纬 50°~60° 间相互沟通。

（一）大陆地形特征

陆地地形可分为山地、丘陵、平原、高原和盆地等类型。

山地（mountains）包括海拔高度在 500 m 以上的低山、1000 m 以上的中山和 3500 m 以上的高山。线状延伸的山体称山脉，成因上相联系的若干相邻的山脉称山系。大陆上现代最高、最雄伟的山系主要有两条：阿尔卑斯山—喜马拉雅山系、环太平洋山系。

丘陵（hills）指海拔小于 500 m、顶部浑圆、坡度较缓、坡脚不明显的低矮山丘群，如我国的

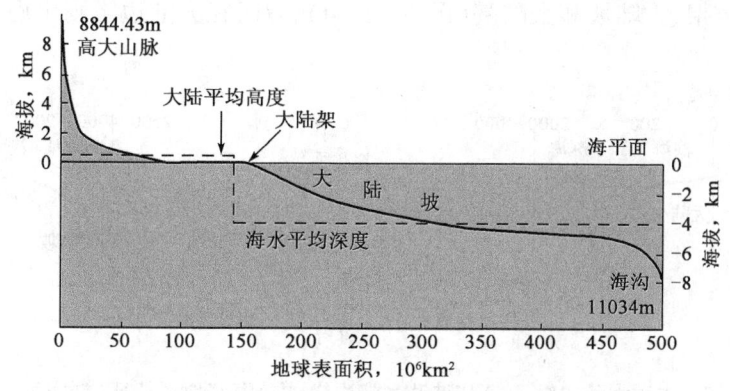

图1-2-3 地球表面海陆起伏曲线(据汪新文,1999)

胶东丘陵、川中丘陵和俄罗斯西部的东欧平原丘陵等。

平原(plain)为海拔一般低于500m、宽广平坦或略有起伏的地区,主要分布在大河两岸和濒临海洋的地区,是人口集中分布的地方。海拔0~200m的平原叫低平原,海拔200~500m的平原叫高平原。

高原(plateau)是海拔高程在500m以上、面积大、顶面较为平坦或略有起伏的地区。

盆地(basin)是四周为山地或高原、中央低平的地区。一些中小型盆地中积水便成为湖泊或洼地。

(二)海底地形特征

由于海水的掩盖,人们对于海底地形特征的认识要晚得多。直到20世纪20年代特别是50年代以后发展的大洋回声测深技术,才帮我们揭示出海底地形真相。海洋调查表明:海底地形一样复杂多样,既有高山深谷,也有平原丘陵,而且规模非常庞大。根据海底地形的总体特征,海底大致可分为大陆边缘、大洋中脊和大洋盆地三个大型地形单元。其中大洋盆地的面积约占海洋面积的1/2,大洋中脊则约占1/3(表1-2-1、图1-2-4)。

表1-2-1 海底地形单元统计

名称	面积,$10^6 km^2$	占海洋面积比例,%	占地球表面积比例,%
大陆边缘	80.1	22.3	15.8
大洋盆地	162.6	44.9	31.8
大洋中脊	118.6	32.8	23.2

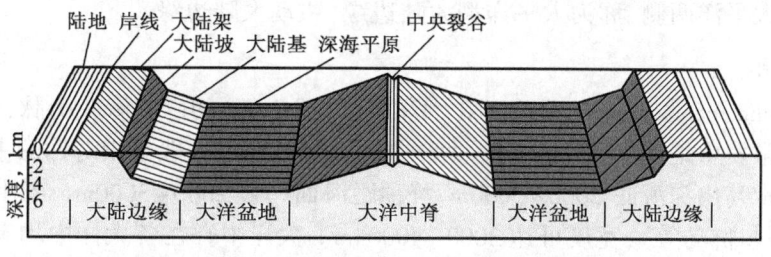

图1-2-4 海底地形单元划分(据Strahler,1977)

1.大陆边缘

大陆边缘(continental margin)是大陆与大洋盆地之间的过渡地带。由海岸向深海方向,大陆边缘常包括大陆架、大陆坡和大陆基(图1-2-4),有时在大陆边缘则出现岛弧与海沟地形(图1-2-5)。

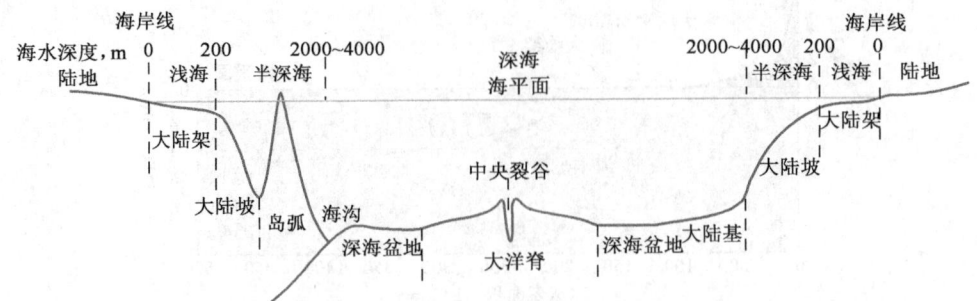

图1-2-5 主动大陆边缘(左)与被动大陆边缘(右)海底地形特征(据陶世龙,1999)

(1)大陆架(continental shelf)是海与陆地接壤的浅海平台,相当于浅海陆棚环境分区,其范围是由海岸线向外海延伸至海底坡度显著增大的转折处。大陆架部分的海底坡度平缓,一般小于0.3°,平均约0.1°;水深一般不超过200m,最深可达550m,平均为130m。大陆架的宽度差别很大,平均为75km,欧亚大陆的北冰洋沿岸可达1000km以上。

(2)大陆坡(continental slope)是大陆架外侧坡度明显变陡的部分,相当于半深海环境分区;平均坡度为4.3°,最大坡度可达20°以上;水深一般200~2000m;平均宽度为20~40km。大陆坡上常发育有海底峡谷,峡谷的下切深度可以达数百米乃至千米以上,两壁陡峭,有些海底峡谷可切过整个大陆架与现代大河河口相接。

(3)大陆基(continental rise)是大陆坡与大洋盆地之间的缓倾斜坡地,相当于深海环境分区靠陆的部分,坡度通常为5′~35′,水深一般2000~4000m,展布宽度可达1000km。大陆基主要分布于大西洋和印度洋边缘,在海沟发育的太平洋边缘不发育。

(4)岛弧(island arc)与海沟(trench)。岛弧是大洋边缘延伸距离很长、呈弧形展布的岛群,如在太平洋北部和西部边缘有阿留申、千岛、日本、琉球、菲律宾、马里亚纳、汤加—克马德克等群岛。海沟是大洋边缘的巨型带状深渊,其长度常达1000km以上,宽度近100km,深度多在6000m以上。海沟常与岛弧平行伴生,发育在岛弧靠大洋一侧的边缘,与岛弧组成一个统一的海沟—岛弧系。如在前述太平洋西侧的各岛弧东侧边缘,都存在海沟。海沟也可以与大陆海岸的弧形山脉相邻,这种情况可以看成是岛弧与大陆连接在一起的情形,如太平洋东侧南美大陆边缘的秘鲁—智利海沟等。

通常把大陆边缘分为两类,一类由大陆架、大陆坡和大陆基组成,这类大陆边缘主要分布于大西洋两侧,称为大西洋型大陆边缘(被动大陆边缘);另一类由大陆架、大陆坡和海沟组成,主要分布于太平洋两侧,称为太平洋型大陆边缘(主动大陆边缘)。

2. 大洋中脊

大洋中脊(mid-oceanic ridge)是绵延在大洋中部(或内部)的巨型海底山脉,它具有很强的构造活动性,经常发生地震和火山活动。大洋中脊在横剖面上一般呈较对称的中间高、两侧低的形态;中部通常高出深海底2000~3000m;峰顶距海面一般2000~3000m(个别地点可露出海面,如冰岛、亚速尔群岛等);宽度可达2000~4000km。大洋中脊在各大洋中均有分布,且互相连接,全长近65000km,堪称全球规模最大的"山系"。大洋中脊轴部常有一条纵向延伸的裂隙状深谷,称中央裂谷。该裂谷一般宽数十千米,深可达1000~2000m。

3. 大洋盆地

大洋盆地(oceanic basin)是介于大陆边缘与大洋中脊之间的较平坦地带,相当于深海环境分区大部分地区,平均水深4000~5000m。大洋盆地主要可分为深海丘陵和深海平原两类次级地形。深海丘陵是由高度几十至几百米的海底山丘组成的起伏高地,深海平原是坡度很小(平均小于0.001°)的洋底平缓地形。此外,大洋盆地中常可见规模不大、地势比较突出的孤立高地,称为海山。顶部平坦的海山称为平顶海山,一般认为是海山顶部接近海面时被海浪作用夷平而成。有些海山呈链状分布,延伸可达上千千米,称为海岭。海山顶部如露出海面以上,即成为大洋中的岛屿。

第二节　地球物理性质

地球真的是让人赞叹的!我们赞叹她对人类的厚爱——将无数宝贵的资源置身其中,无私地赠予我们;我们更赞叹她总是将这些财富的信息高明地传达出来,检验着人类的高级智能。而地球传递给我们的高级信息之一便是她的物理性质。虽然人们尚无法深入于地球之中,但智能生命的优越性正体现在我们可以依据深部地震、地表探测、高温高压试验模拟及星外物质对比等方法来推断、论证地球的性质。

一、地球的弹塑性

2015年4月25日14时11分,尼泊尔发生8.1级地震,地震造成近万人死亡。天然地震在给人类带来巨大灾难的同时,也让我们明白:地震波作为一种弹性波能在地球内部传播,因此,我们的地球具弹性。

在日月引潮力的作用下,海洋和湖泊有潮汐涨落。与之类似,固体地球表面在日月引力作用下也有周期性交替涨落现象,其幅度为7~15cm,这种现象称为固体潮。实际上,固体潮便是地球发生的弹性变形(图1-2-6),它的存在说明固体地球具有一定的弹性。

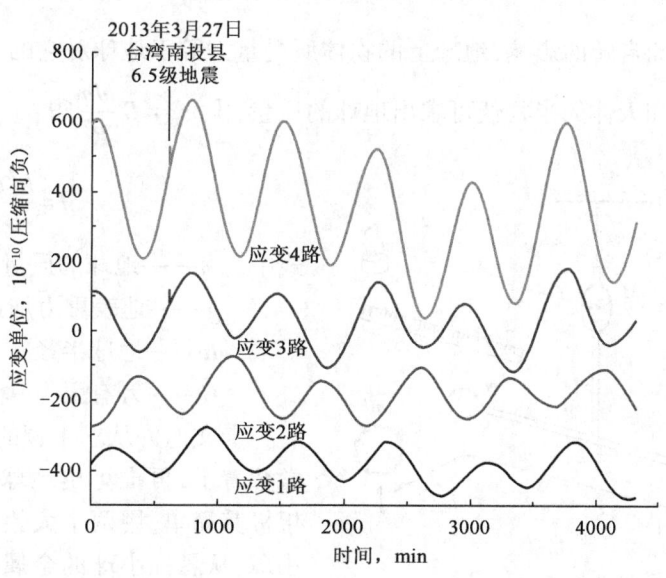

图1-2-6　芦山地震前20多天姑咱地震台仪器记录的固体潮曲线(据池顺良,2013)

此外，地球自转的惯性离心力能使地球赤道半径加大而成为椭球体，这在一定程度上表明地球具有塑性。我们经常在野外见到不同类型的岩层弯曲成褶皱的现象，这种岩石能弯曲的现象也表明地球具塑性。

地球具弹塑性是地内物质能发生变形、运动和移位的重要原因。也正因此，地球能将其演化中形成的油气藏于其中，这似乎是地球对人类的特殊恩赐。由地层发生弯曲所致的背斜油气藏是其中杰出的代表（图1-2-7）。

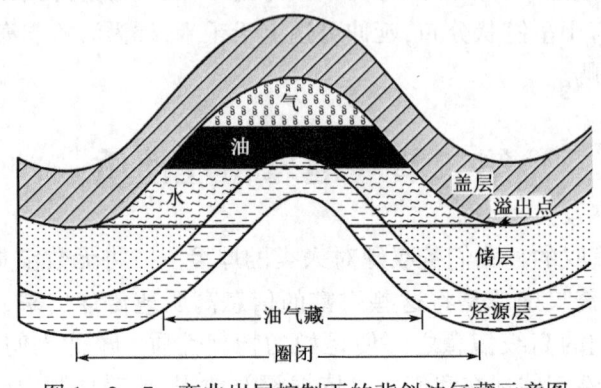

图1-2-7 弯曲岩层控制下的背斜油气藏示意图

二、地球的密度与压力

（一）地球的质量和密度

1. 地球的质量

要知道地球的密度，先要知道地球的质量。

阿基米德用一句"给我一个支点，我能撬动地球"自信地展现出这位贤哲的过人之处。显然，撬动地球的杠杆并不能轻易找到，但我们依然可以计算出地球的质量，这就要用到引力定律。

如果不考虑地球自转的影响，地球上的物体所受重力等于地球对它的万有引力，由天体表面上的重力加速度和天体的半径便可求出地球的质量，由 $mg = G\dfrac{Mm}{R^2}$ 得：

$$M = \dfrac{R^2 g}{G}$$

式中　M——地球的质量；
　　　g——地表重力加速度；
　　　R——地球半径；
　　　G——万有引力常量。

卡文迪许从求牛顿的万有引力定律中的常数着手，再推算出地球质量。他的指导思想极其简单，用两个大铅球使它们接近两个小球，从悬挂小球的金属丝的扭转角度测出这些球之间的相互引力（图1-2-8）。

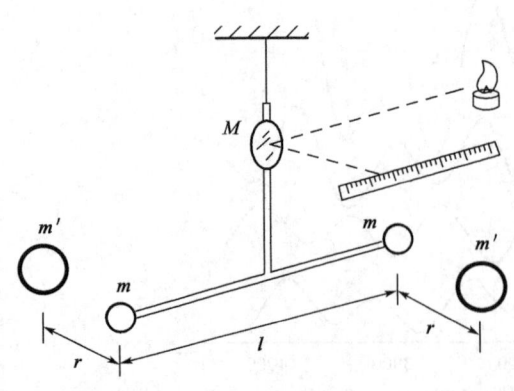

图1-2-8 卡文迪许扭秤实验示意图

1798年,根据多次实验,卡文迪许利用"扭秤"确定了万有引力常数,他测得的引力常数 G 是 $(6.754\pm0.041)\times10^{-11}\mathrm{N\cdot m^2/kg^2}$。人类终于称出地球的质量,是 $5.977\times10^{24}\mathrm{kg}$。终身未婚的卡文迪许和他设计的"扭秤"一同载入史册,被誉为"第一个称量地球的人"。

现代计算地球质量时,是以旋转椭球作为地球模型,并进一步考虑了地球内部温度、压力的变化和物质分布等因素,结合了动力学分析。

2000年4月30日,美国物理协会宣布:华盛顿大学的物理学家默科维茨和贡德拉克历时4年、耗资数十万美元,精确分析了对影响每个星球的引力常数,计算出地球的质量为 $5.972\times10^{24}\mathrm{kg}$,这是迄今最精确的计算结果。

2. 地球的密度

将计算得到的地球质量除以地球体积,可算得地球的平均密度为 $5.516\mathrm{g/cm^3}$。事实上,在地表出露的岩石中,砂岩和石灰岩等沉积岩的平均密度为 $2.6\mathrm{g/cm^3}$,花岗岩的密度为 $2.85\mathrm{g/cm^3}$,都远小于地球的平均密度。显然,地球内部大部分物质的密度大于地球的平均密度,地球的密度分布是不均匀的。

目前对地球内部各圈层物质密度大小与分布的计算,主要是依靠地球的平均密度、地震波传播速度、地球的转动惯量及万有引力等方面的数据与公式综合求解。

计算结果表明,地球内部的密度由表层的 $2.7\sim2.8\mathrm{g/cm^3}$ 向下逐渐增加到地心处的 $12.51\mathrm{g/cm^3}$,并且在一些不连续面处有明显的跳跃,其中大致位于地球中部的跳跃幅度最大,从 $5.56\mathrm{g/cm^3}$ 剧增到 $9.98\mathrm{g/cm^3}$(图1-2-9)。这在一定程度上体现出地球内部不同的圈层结构特征,关于此点,本书将在下一节展开说明。

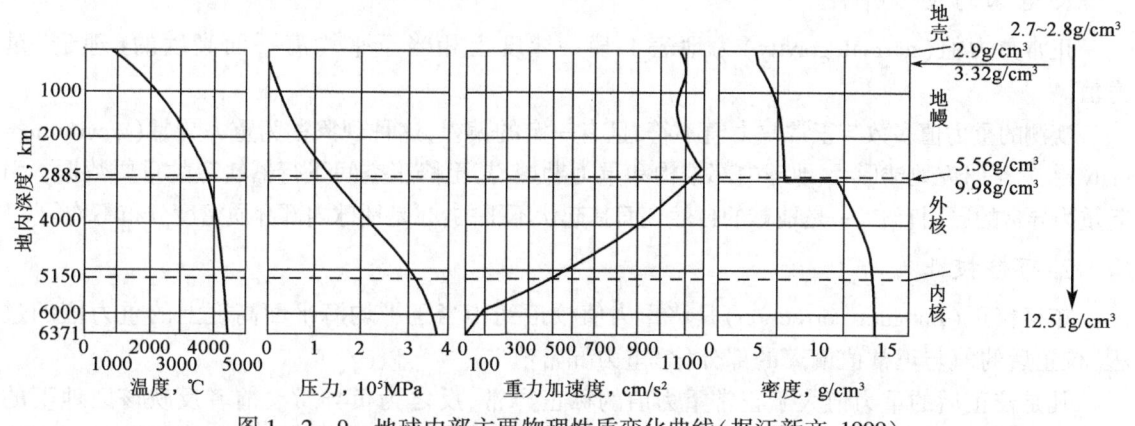

图1-2-9 地球内部主要物理性质变化曲线(据汪新文,1999)

(二)地球的压力

地球的压力是一个与重力直接相关的地球物理性质。地球某处的压力是由上覆地球物质的重量产生的静压力,其大小可表述为 $p=h\rho g$。

显然,静压力的大小与所处的深度、上覆物质的平均密度及重力加速度呈正相关关系。但由于物质的密度随深度的增加是一种非线性递增的关系,因而图1-2-9中反映的压力—深度关系也并非一条直线,而是一条曲线:在地球表层、地壳和接近地心附近时,压力增长较平稳,在下地幔和外核部分增长得较快。地壳深度每增加1km,压力增加27.5MPa,而至地心处可达361700MPa,相当于360万个大气压力。

三、地球的重力

(一)重力和重力场

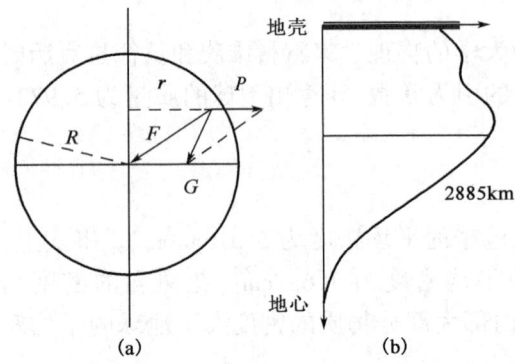

图1-2-10 地球重力作用方向及分布
示意图(据刘本培,2000)
G—重力;F—引力;P—离心力;
R—地球半径;r—纬圆半径

重力(gravity)是指地球质量对物体产生的引力和该物体随着地球自转而引起的惯性离心力的合力(图1-2-10)。地球的离心力相对吸引力来说是非常微弱的,其最大值不超过引力的1/288,因此重力的方向仍大致指向地心。

重力场(earth's gravity field)指地球内部及其附近存在的受重力作用的空间。重力场的强度用重力加速度来衡量,并简称为重力(单位为伽或毫伽):

$$1Gal = 1cm/s^2 = 10^3 mGal$$

地球表面各点的重力值具有随纬度增高而增加的规律,如赤道处重力值为978.0318Gal,两极为983.2177Gal,两极比赤道增加5.1859Gal。

(二)重力异常

1. 地球的重力异常

正常重力值(normal gravity)为地表上某一纬度上相当于平均海平面高度的(理论)重力值。

实测的重力值多数与正常重力值不符,且有一定的偏差,这种现象称为重力异常(gravity anomaly)。它是研究地球形状、地球内部结构和重力勘探,甚至修正空间飞行器轨道的重要数据。引起重力异常的原因有二:一是地球的自然表面是起伏不平的;二是地球内部介质密度分布不均匀。

2. 布格校正

布格校正(Bouguer correction)是将重力值校正到相当于平均海平面高度上的重力值的过程,校正后的值与正常值偏离的部分称"重力异常值"。

凡是校正后的重力值大于正常重力值的称正异常,反之为负异常。前者反映该区地下的物质密度偏大,或许意味着地下埋藏着铁、铜、铅等金属矿产;后者则说明该区地下物质密度偏小,可能埋藏着石油、煤层、盐类等资源。

人类似乎正逐渐享受于解密地球,竭尽所能地展示出自己的发达文明,例如地球物理勘探中的重力勘探方法(彩图29),就是利用发现各地的局部重力异常来进行找矿和勘查地下地质构造的。

四、地球的磁场

(一)地磁场和地磁要素

沈括曾在《梦溪笔谈》中写道:"方家(术士)以磁石磨针锋,则能指南,然常微偏东,不全南也",这或许是人类关于地磁偏现象的最早发现。

地磁场(geomagnetic field)意指地球周围存在的受磁力作用的空间。地球可视为一个磁偶极(magnetic dipole),地磁场近似于一个放置于地心的磁棒所产生的磁偶极子磁场,它的南极位于地理北极附近,北极位于地理南极附近(图1-2-11),有11.5°的夹角,并围绕地理极附近进行缓慢迁移。

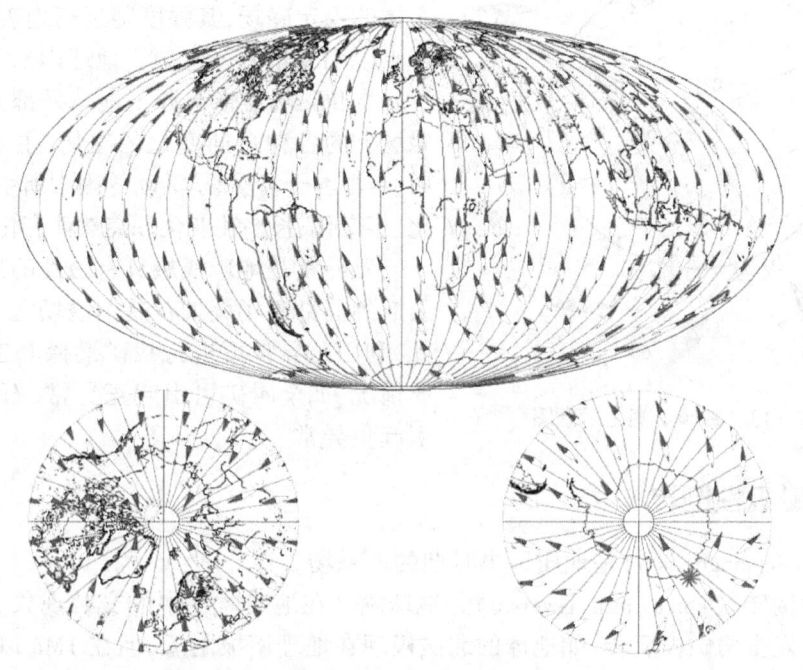

图1-2-11 地磁场分布(据geomao.org,2010)

磁偏角、磁倾角、磁场强度称为地磁三要素。

磁偏角(geomagnetic declination)是磁子午线与地理子午线的夹角,也就是磁场强度矢量的水平投影与正北方向的夹角(图1-2-12)。在野外地质观测中,常常要用罗盘测量地形方位,需要事先根据各地不同的磁偏角调整好罗盘后,才能正确地测定地理方位。我国大部分地区为西偏,须将罗盘指针向西调一定的角度才能使用;而我国甘肃酒泉以西多为东偏。

磁倾角(geomagnetic inclination)是磁场强度矢量与水平面间的夹角。通常以磁场强度矢量指向下为正值,指向上为负值。地球表面磁倾角为0°的各点的连线称为地磁赤道。由

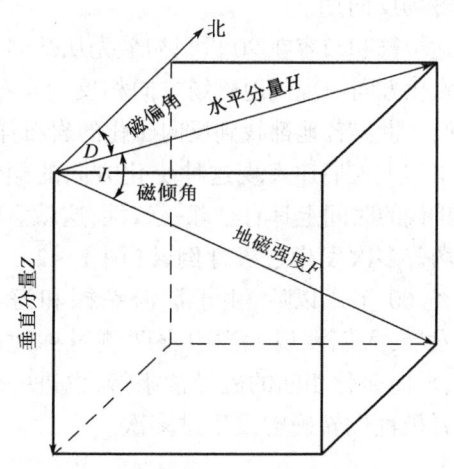

图1-2-12 地磁场要素示意图(据汪新文,1999)

地磁赤道到地磁北极,磁倾角由0°逐渐变为+90°;由地磁赤道到地磁南极,磁倾角由0°变成-90°(图1-2-13)。

磁场强度(geomagnetic field strength)是指磁场强度矢量的绝对值。地球平均磁场强度为50μT(微特斯拉),在赤道附近最小,为30μT。

(二)地磁场的组成

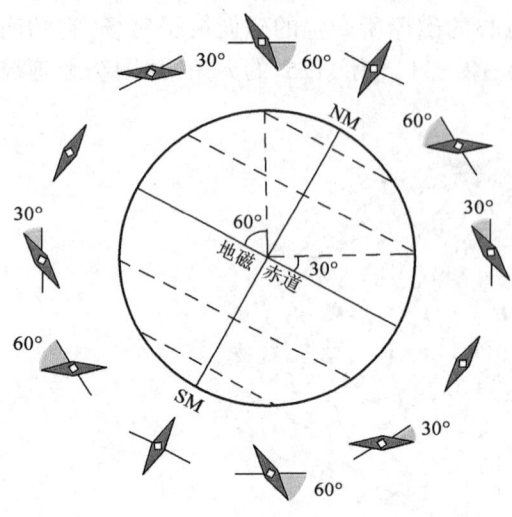

图1-2-13 磁倾角变化示意图

地磁场由基本磁场、变化磁场和磁异常三个部分组成。

基本磁场占地磁场99%以上,是构成地磁场主体的稳定磁场,其强度随远离地表而减弱,这一特点说明基本磁场起源于地球内部。

变化磁场是指起源于地球外部并叠加在基本磁场上的各种短期变化的磁场,主要是由太阳辐射、带电粒子流、黑子活动等因素所引起的,有日变化、年变化、长期性变化和突然性变化以及磁暴等。

磁异常是地球浅层具有磁性的矿物和岩石所引起的局部磁场叠加在基本磁场之上的部分。因此,利用磁异常可进行找矿勘探和了解地下的地质情况,如金属矿可引起正异常,石油、天然气则引起负异常。

(三)地磁极性倒转

古地磁(paleomagnetism)是地质历史时期的地磁场。

地磁极性倒转(Geomagnetic reversal)是地球磁极在地质时期中的交替现象。地球过去的历史中曾多次发生两磁极反转,如地球的北磁极现在地理南极附近,但在1Ma以前却是北极。我们把与现代地磁场方向一致的时期称为地磁场正向期,而将与现代地磁场方向相反的时期称地磁场反向期。

达维德和布容在20世纪初最先从熔岩中发现了磁化方向与现代地磁场方向相反的岩石,后来人们在世界各地都找到反向磁化的岩石样本。

事实上人们还发现这种磁化方向的颠倒在地质年代的时间上具有全球一致性,这就意味着地磁场曾多次发生过极性倒转(图1-2-14)。20世纪60年代以后,由于深海钻探和海洋磁测的发展,人们发现大洋中脊两侧对称地排列着正、反向磁化相间的磁异常条带,也进一步证实地磁极性倒转确曾发生过多次。

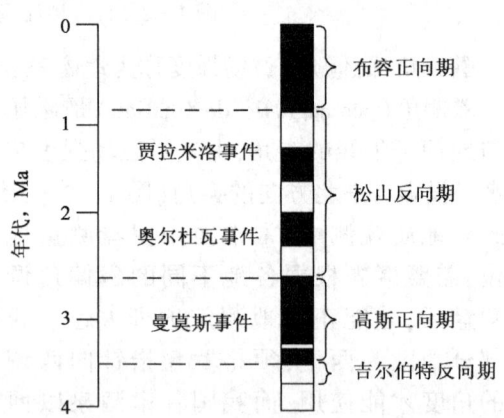

图1-2-14 距今4Ma以来的磁场变化
(据刘本培,2000)

五、地球的温度

(一)地温场及地球的温度

火山、温泉以及成矿热流体均反映出地球内是热的,地热是客观存在的。然而地热的分布是不均匀的,不同地区、不同深度的温度存在明显差异。

1. 地温场

地温场(geothermal field)是指地球内部各层中温度的分布状态,是地球内部空间各点在某一瞬间的温度总和。

2. 地壳浅层温度分层

地壳浅层温度由表至内大致可分为三层。

变温层(heterothermozone)又称外热层,距地表平均厚度为15m,主要受太阳辐射热的影响,其温度有昼夜变化、季节变化和年周期变化等。

常温层(normal temperature zone)一般在变温层的下界面处,其温度常年保持不变,等于或略高于当地年平均气温,这一深度带称为常温层。

增温层(internal geothermozone)指在常温层以下完全受控于地球的内热活动、温度随深度的增加而增加的地带。一般来说,温度是稳定地向着地球中心的方向递增的。一般每增加100m,温度升高3℃。但到一定的深度后,增温的速度减缓。

3. 地温梯度

地温梯度(geothermal gradient)又称地热增温率,指地球深度每向下加深100m所增加的温度。地壳表层为地热梯度为3℃/100m。地热梯度的方向一般指向温度增加的方向,称正梯度;如果温度随深度的增加反而降低,称负梯度。

值得注意的是,地温梯度异常可以用来研究地质构造的特征,同时对研究石油等矿产的形成与分布也有重要作用。

袁玉松等分析了中国南方地热情况,其结论表明:地温梯度不仅与区域热构造背景有关,还显著地受地下水热活动、断裂以及地层热导率影响(彩图30)。

(二)地热流及地热异常

1. 地热流

地热流(geothermal heat flow)又可称为大地热流密度,是指单位时间单位面积内通过地球表面所散失的热流量,其单位为mW/m^2,实质为地球表面的散热功率,具有深刻的深部地质和地球物理内涵。

在地表不同地区,地热流值不同,一般在构造活动的地区偏高,而在构造稳定地区则偏低。

袁玉松等总结出中国南方大地热流具有东部、西南部高,中部低的明显分区特征,其中的异常高值点主要沿板块边界缝合带、深大断裂活动带分布(彩图31)。

2. 地热异常

地热异常(geothermal anomaly)指地表热流值或地温梯度明显高于平均值或背景值的现象,这样的地区为地热异常区,主要受地质构造、岩性、地下水运动特征、古气候、岩浆活动等的影响而形成。显然,地壳内部地温的分布是不均匀的,地下的等温面也随地区或地带的不同而起伏不平。

地热异常同样值得关注,因为诸如石油、天然气、盐丘及地热等资源的形成都与特殊的地热条件密切相关,这使得地热异常便可成为寻找地球留给我们财富的又一标志。

第三节 地球的内部圈层结构

人们或许越来越体会到"上天容易入地难"。尽管铁人王进喜一声"石油工人一声吼,地球也要抖三抖"豪迈地诉说了我们对于征服地球的渴望,然而人类最深的钻孔仍难以突破地壳的极限。地球,似乎并不愿意完全打开自己的心扉,以至于千百年来,人类更愿意相信步入它的深渊意味着惩罚;而地球似乎也不愿意陷入缺乏理解的孤独,事实上她也确实给我们传递了自己的心声。到目前为止,地震波是唯一能打开地球内部的钥匙。很幸运,我们抓住了,人类似乎更坚定了解密地球内部的信心。

一、地球内部圈层的划分

随着对地球内部物理性质认识的逐步深入,我们明白地球并非一个均质体。它具有明显的圈层结构,而且各圈层之间的物理、化学性质和物质运动状态差异较大。

地震,这种因地球内部的运动而引起的地壳剧烈变化,很早就引起了古代中国人的注意。当然,这种印象是作为一种极具破坏性的自然灾害,是苦涩而恐惧的,如《后汉书·五行志四》记载:"建光元年九月己丑,郡国三十五地震,或地坼裂,坏城郭室屋,压杀人。"

然而,今天的我们更发现解密地球的关键也正蕴藏在地球的巨大撼动中。由于地球具有弹性,因而地震产生的地震波能够在通过地球内部后反射回地面,并被接收。了解地球内部的信息就在其中。

(一)地震波

地震波(seismic waves)是地震所激发出的弹性波在地球中传播的结果,包括纵波(P)、横波(S)和面波(L),其中前两者称为体波,对地球内部构造研究最有意义。

纵波(primary wave)即为原波,是质点振动方向与地震波传播方向一致的波。其主要特征为能在固、液和气态中传播,速度比横波快,是横波的1.73倍[图1-2-15(a)]。

横波(secondary wave)为次波,是指质点振动方向与地震波传播方向垂直的波。其特征尤其体现在只能在固态中传播[图1-2-15(b)]。

面波(L wave)为最后到达的地震波,沿地球表面像波浪起伏式传播,是破坏性最强的地震波。作为表面波,L波只能在地壳中传播。

地震波的传播速度与介质的密度和弹性性质有关,理论上应为:

$$v_P = [(k+4/3\ m)/\rho]^{1/2}, \quad v_S = (m/\rho)^{1/2}$$

式中　k——介质的体变模量;

　　　m——介质的切变模量;

　　　ρ——介质的密度。

随深度增加,地球介质的常数k和m的增加快于物质密度的增加。测试结果表明,密度和波速两者的经验相关实际为:

$$\rho = 0.27 v_P + 1.07$$

(二)波速不连续界面

当遇到不同介质的突变界面时,地震波射线就会发生反射和折射,而且其传播速度也会发

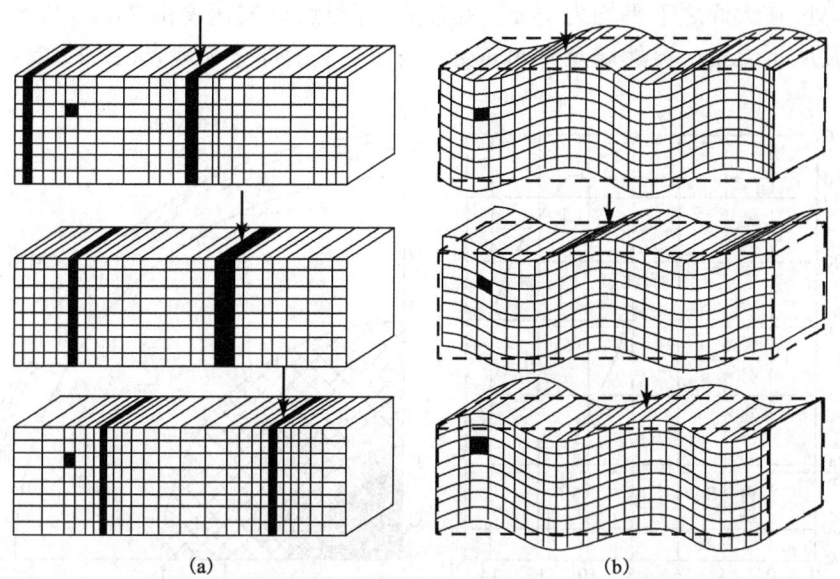

图1-2-15 纵波(a)和横波(b)的振动方向与传播方向(据袁玉松等,2006)

生变化,这些界面称为波速不连续界面。

根据地震波传播速度的突然变化,先后发现地球内部存在着7个显著的地震波速不连续界面(表1-2-2)。但其中出现2个明显的一级波速不连续界面(莫霍洛维奇不连续面和古登堡不连续面)和1个明显的低速带(图1-2-16)。

表1-2-2 地球内部主要物理性质和圈层划分表(据黄定华,2004)

圈层名称		代号		深度,km	v_P,km/s	v_S,km/s	密度 g/cm³	特征	其他	
地壳	上地壳	A	A_1	陆 洋 壳 壳 15 0~2	5.8	3.2	2.65	固态,陆壳区横向变化大,许多地区夹有中间低速层	岩石圈	构造圈
	下地壳		A_2		6.8	3.9	2.90	固态		
地幔	上地幔	B	B_1 盖层	33 12 60~200	8.1	4.5	3.37	固态 ——莫霍面——		
			B_2 低速层	220	8.0	4.4	3.36	塑性为主	软流圈	
			B_3 均匀层	400	8.7	4.7	3.48	固态,波速较均匀		
	过渡层	C		670	9.1 10.3	4.9 5.6	3.72 3.99	固态,波速梯度大	中间圈	
	下地幔	D	D'	2891	11.7	6.5	4.73	固态,下部波速梯度大		
			D''		13.7	7.3	5.55	——古登堡面——		
地核	外核	E		4771	8.0 10.0	0 0	9.90 11.87	液态	内圈	
	过渡层	F		5150	10.2	0	12.06	液态,波速梯度小		
	内核	G		6371	11.0 11.3	3.5 3.7	12.77 13.09	固态		

注:据"初步地球参考模型(PREM)"改编。

(三)莫霍洛维奇不连续面

莫霍洛维奇不连续面常称为莫霍面(Moho),1909年由莫霍洛维奇发现,其深度在大陆之下平均33km处,在大洋之下平均为7km。在该界面附近,纵波速度由7km/s左右突然增加到8.1km/s,横波从4.2km/s突然增至4.4km/s。该面之上的部分为地壳(图1-2-16)。

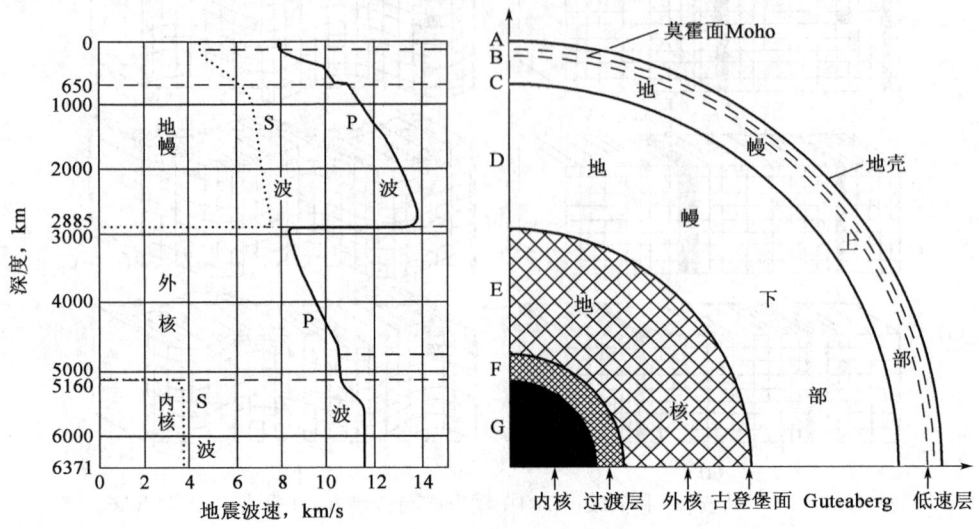

图1-2-16 地震波波速变化与地球内部结构(据陶世龙,1999)

(四)古登堡不连续面

古登堡不连续面(Gutenberg)又称古登堡面,1914年由美国的古登堡首次发现,位于地下2885km的深处。在该面上下,纵波速度由13.64km/s突然降低为7.98km/s,而横波由7.23km/s向下突然消失,到了5155km处又重新出现。通常把古登堡面以上至莫霍面之间部分称为地幔,古登堡面以下至地心的部分称为地核(图1-2-16)。

(五)软流圈

此外,在地下60~250km深度带内,地震波速降低5%~10%,但其上下无明显变化,我们把这一地震波的低速带所构成的圈层称为软流圈(asthenosphere),软流圈之上的部分由岩石构成(图1-2-17),统称为岩石圈(lithosphere)。

二、地壳

地壳(crust)即A层,是莫霍面以上的地球表层,主要由硅酸盐类岩石组成,是一个刚性的外壳。地壳厚度在5~70km之间变化,占地球总体积的1.55%,占地球总质量的0.8%,密度一般为2.6~2.9g/cm³。

地壳是不均匀的,根据组成地壳的物质成分的差异、地壳的厚度和结构的不同,可将地壳划分成大陆地壳和大洋地壳。

(一)大陆地壳

大陆地壳(continental crust)简称陆壳,主要分布于大陆及其毗邻的大陆架、大陆坡地区。

陆壳具有双层结构,即上部硅铝层和下部硅镁层(图1-2-18)。硅铝层与花岗岩成分相近,也称为花岗质层;而硅镁层则与玄武岩成分相近,也称为玄武岩层。硅铝层与硅镁层之间的界面称为康拉德面。

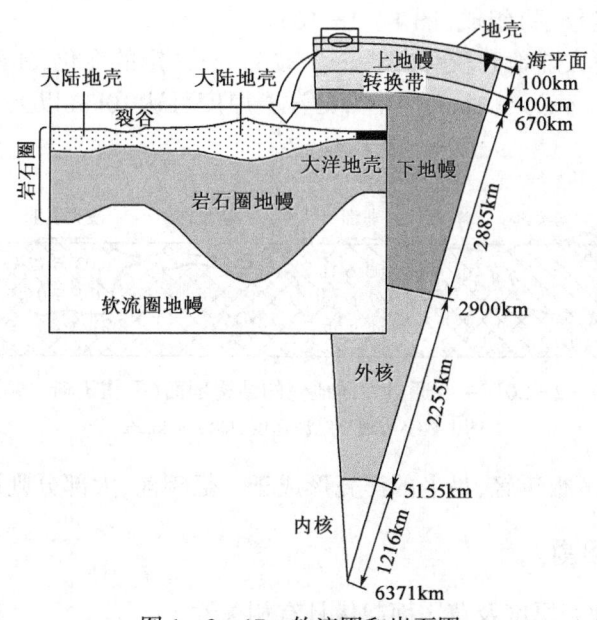

图 1-2-17 软流圈和岩石圈

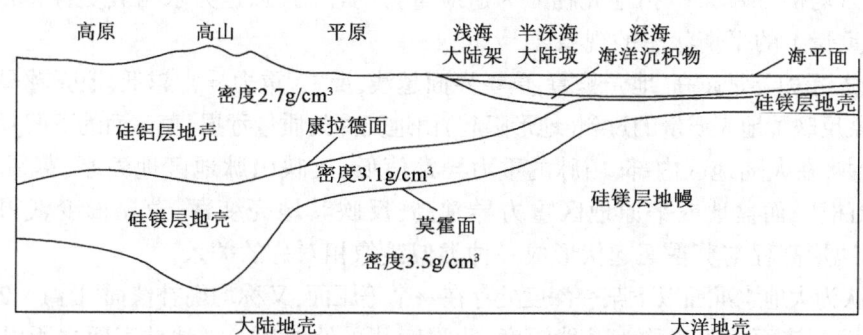

图 1-2-18 大陆地壳和大洋地壳结构示意图

大陆地壳厚度较大,平均为33km,但其变化极大(图1-2-19),最厚可达70km以上。由于经历多次地壳运动,大部分岩石发生变形(如褶皱、断裂)。此外,陆壳形成年代老,一般形成于46亿年前。

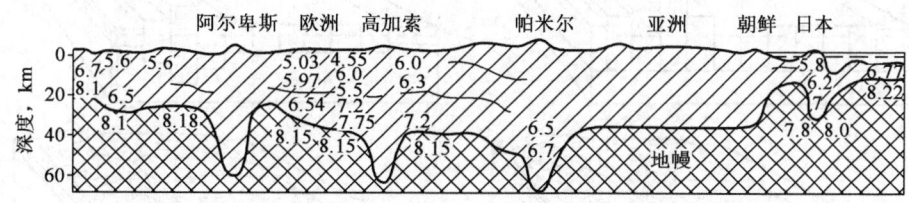

图 1-2-19 主要通过大陆地壳的结构剖面(据霍姆斯,1965)
图中数字为地震纵波速度,单位为 km/s

(二)大洋地壳

大洋地壳(oceanic crust)简称洋壳,主要分布在大陆坡以外的海水较深的大洋地区。洋壳只具单层结构,由硅镁层组成,缺失硅铝层。除上覆极薄沉积物之外,洋壳几乎由富含 Fe、Mg

的火山岩、橄榄岩(即硅镁层)组成(图1-2-18)。

大洋地壳厚度相对大陆地壳较薄(图1-2-20),有一定的变化,如西太平洋洋壳较厚,平均为8.3km,东太平洋洋壳为5.8km,洋中脊处洋壳厚度可达10km以上,全球洋壳平均厚度为6~8km。

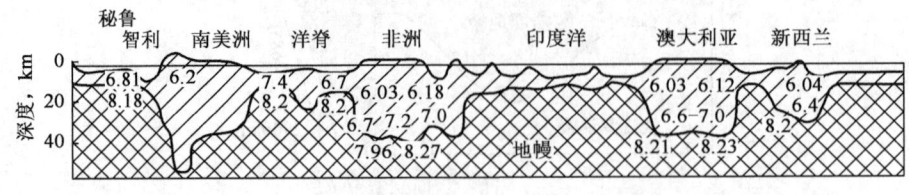

图1-2-20　主要通过大洋地壳的结构剖面(据霍姆斯,1965)

图中数字为地震纵波速度,单位为km/s

此外,洋壳岩石一般很年轻,最老的洋壳形成于2亿年前,大部分则形成于1亿年以来。

(三)地壳重力均衡

区域重力异常与地壳厚度及莫霍面起伏具有相关性。

地壳重力均衡(isostasy)指地壳物质为适应重力的作用,总是力求与其更深部的物质之间达到质量或重量上的平衡状态的现象。

一般来说,重力异常越高,地壳越薄,莫霍界面越浅;反之,重力异常越低,地壳越厚,莫霍面越深。这种现象反映了地表质量的过剩(地形隆起)由地壳深处质量亏损(莫霍面的下凹)所补偿。

通常来讲,在大陆地区内部,山脉的重力异常值低,反映山脉地区地壳厚,莫霍面下凹,仿佛存在着"山根";而盆地或平原地区重力异常高,反映其地壳变薄,莫霍面变浅,形成"反山根"。因此,地形高程与莫霍面起伏形成一种类似镜像相对称的关系。

普拉特认为大地水准面以下某一深度处存在一个等压面,又称均衡补偿面[图1-2-21(a)]。从大地水准面到该面的距离称为补偿深度,此深度几乎处处相等。地球表面之所以出现高山、平原和海洋,是由地壳冷凝时不均匀收缩所致。

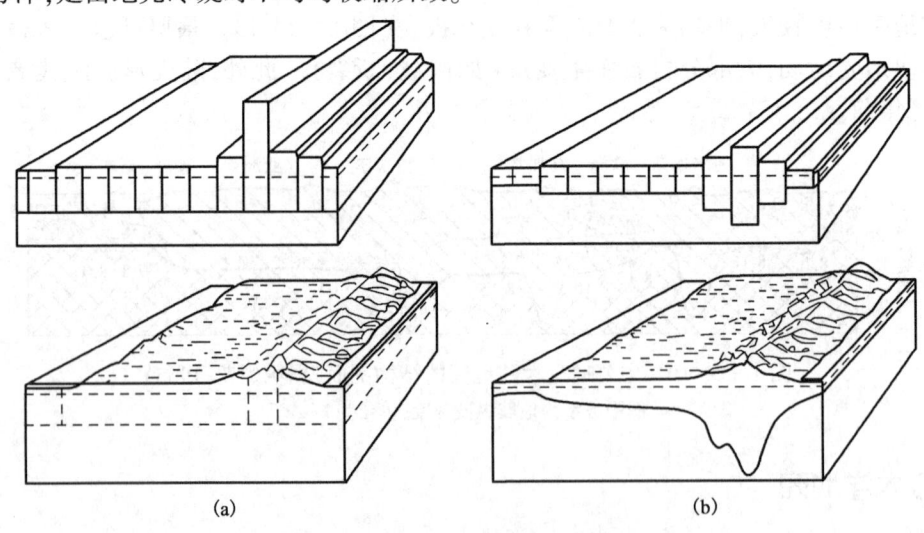

图1-2-21　重力均衡补偿假说

(a)普拉特假设;(b)艾里假设据霍姆斯

艾里把地壳视为密度较小的硅铝层漂浮在密度较大的均硅镁层上,处于平衡状态[图1-2-21(b)],由密度较小的山根补偿山体的质量过剩,密度较大的反山根补偿海水的质量不足,均衡补偿面通过山根的底部。

地壳均衡现象在自然界中是经常发生的,例如岛屿会因冰雪消融上升,同样也会因冰雪覆盖而下沉。

此外,凡坝高大于100m、库容大于10^8m^3的水库,几乎都在其附近发生过地震。长江三峡水库总库容$393×10^8m^3$,坝高181m。随着蓄水水位逐步升高,库容加大,发生诱发地震的可能性也将加大。因此,有必要加强对三峡水库诱发地震的监测、预报与探讨。

三、地幔

地幔(mantle)是位于莫霍面以下、古登堡面以上的地球中间一个圈层,其厚度约2650~2850km,占地球体积的82.3%、质量的67.8%,是地球的主体部分。

地幔密度约为3.5~5.1g/cm³,由于地震波中的横波可以穿过整个地幔,可以推断其应由固态物质组成,主要为铁镁硅酸盐矿物(彩图32),在其顶部60~250km为软流圈。此外,以650km深度为界,可将地幔进一步分为上地幔和下地幔两个次级圈层。

四、地核

地核(core)是位于古登堡面至地心的部分,其体积约为地球的16.2%,质量约占地球的31.3%,地核的密度达9.98~12.5g/cm³。

地核成分以铁镍合金为主,现在一般认为地核可能还含有10%~15%的氢、硫化物或硅酸盐(彩图32)。

1936年,丹麦女地震学家莱曼在"阴影"中辨认出地球的固态内核的形象,即在液态的地核之中还有一个固态的地球内核(图1-2-22)。

根据地震波的传播特点,地核结构可分为三层:

外核(E层,深度2885~4170km),根据横波不能通过、纵波发生衰减的事实推测其为液态,平均密度为10.4g/cm³。

过渡层(F层,4170~5155km),为液体—固体的过渡状态。

内核(G层,5155km至地心),横波又重新出现,说明其又变为固态,平均密度12.9g/cm³。

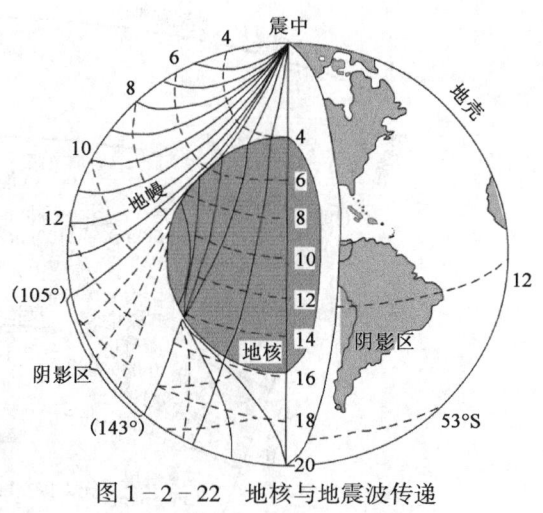

图1-2-22 地核与地震波传递阴影区分布(据汪新文,1999)

第四节 地球的外部圈层结构

也许,地球更乐于展示她的仙姿玉色与绰约多姿。当人类的视野能够定位于太空之时,才发现唯有地球秀丽清新,犹如晶莹的蓝色玛瑙,艳压群芳,那是大气的存在使然;当人类开始回溯自己文明的脚步之时,才发现我们的文化无一例外地被河流延伸,那是水的存在使然;当人类解密生命的演化之时,才发现构成地球的生态系统缺一不可,环环相扣,共同营造着宜居的家园,那是多样性生物存在的使然。

一、大气圈

大气圈(atmosphere)是因地球引力而聚集在地表周围的气体圈层(图1-2-23)。大气是人类和生物赖以生存、必不可少的物质条件,也是使地表保持恒温和水分的保护层,同时更是促进地表形态变化的重要动力和媒介。

大气圈的总质量约$5×10^{18}$kg,其中绝大部分分布在大气圈的下层。

自然状态下的大气是多种气体的混合物,主要由氮、氧、二氧化碳、水及一些微量惰性气体组成。就大气的组成成分而言,可分为恒定组分、可变组分和不定组分3种。

恒定组分包括氮、氧、氩。

可变组分包括二氧化碳、臭氧、水蒸气。

不定组分包括粉尘、硫氧化物、氮氧化物。

大气圈的下界通常是指地表,但在地面以下的松散堆积物及某些岩石中也含有少量空气,它们是大气圈的地下部分,其深度一般小于3km;其上界并无明确的界限,一般认为在2000~3000km的高空向行星际尘埃的密度过渡。

大气圈在垂直方向上的物理性质有显著的差异,根据温度、成分、电荷等物理性质,以及大气的运动特点,可将大气圈自地面向上依次分为对流层、平流层、中间层、暖层及散逸层(图1-2-23)。

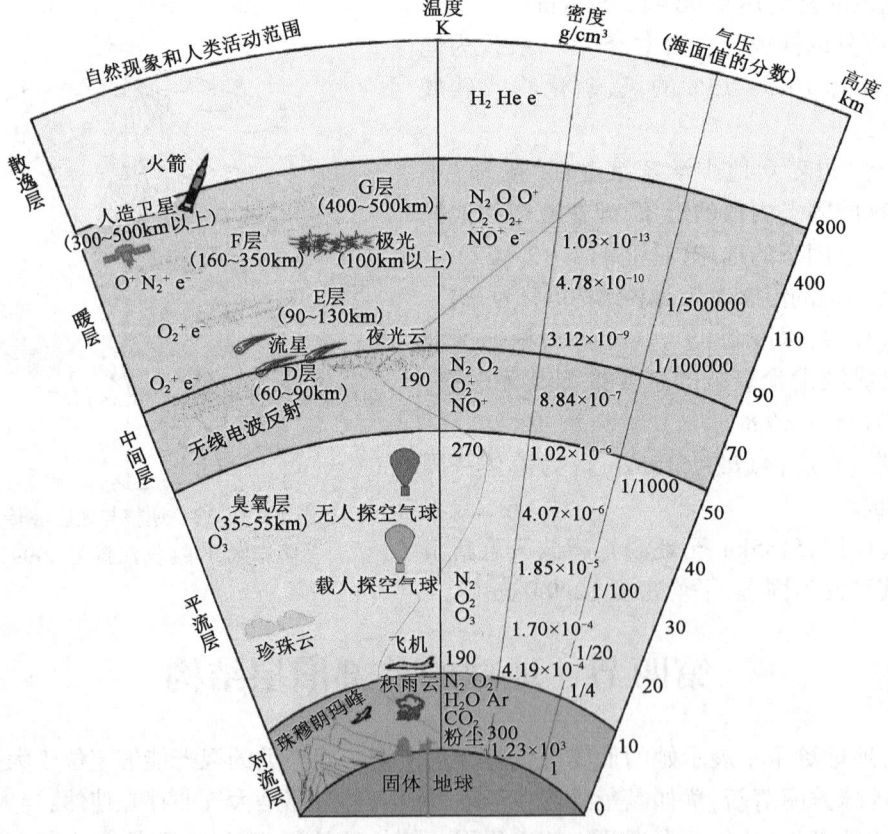

图1-2-23 大气圈分层结构及特征结构(据陶世龙,2010)

对流层(troposphere)为大气圈最下面的一层,厚度随纬度而异,赤道附近厚17~18km,两极仅8~9km,其质量占大气圈的75%。在对流层中,有强烈的空气对流运动。因为其主要热量的直接来源是地面辐射,所以气温随高度升高而降低,温度随高度增加而降低,高度每上升100m,气温下降0.65℃。此外,该层温度、湿度、气压等水平分布不均匀,可形成复杂的天气现象。

平流层(stratosphere)为从对流层顶至35~55km高空的大气层,气流以水平方向运动为主,其质量占大气圈的20%。该层的上部(30~55km)存在多层臭氧层,能吸收紫外线。下部温度随高度增加保持不变或略升高,但升至30km以上时,由于臭氧层吸收了大量紫外线,温度升高。平流层大气无垂直对流,以水平方向运动为主,飞机一般在该层飞行。

中间层(mesosphere)为平流层顶至85km左右高空的大气层,由于没有臭氧吸收太阳辐射的紫外线,气温随高度增大而迅速下降,至中间层顶界气温降至-83~-113℃。该层有强烈空气对流运动,在其顶部出现弱电离现象。

热层(thermosphere)指从中间层顶到800km高空的大气层。在太阳辐射和宇宙高能粒子作用下,热层温度迅速升高,再次出现温度随高度增加而升高的现象,到500km高空处温度高达1201℃。此外,由于紫外线和宇宙射线的作用,氧、氮被分解成为原子,处于电离状态,能反射不同波长的无线电波。

散逸层(exosphere)位于800km以上至2000~3000km的高空,是大气圈与星际空间的过渡地带;因离地球太远,地球引力作用弱,空气粒子运动速度快,气体质点不断向星际空间扩散。

二、水圈

水圈(hydrosphere)是指地球表层的水体所构成的连续圈层,是外动力地质作用的主要介质,因而对地球表层环境的形成和改造起到重要作用。同时,水圈与大气圈、生物圈和地球内圈的相互作用,直接关系到影响人类活动的表层系统的演化。

(一)水圈类型

自然界中的水以液体、固体、气体三种状态分布于大气圈、生物圈和大陆表层之中,包括海水、陆地水和大气水等类型。

1. 海水

海洋是地球表面最大的积水盆地,海水(sea water)是水圈的主体。

1)海水的性质

(1)海水的物理性质。海水的物理性质主要包括海水的温度、密度、压力和透明度。海水的温度常随纬度和水深的变化而变化,低纬度地区的海水温度较高;深部的海水温度较稳定,常在-1~4℃之间,而表层的海水温度变化较大。海水的密度取决于海水的盐度和温度,0℃时,正常盐度(35‰)的海水密度为$1.02g/cm^3$,密度随盐度的增加而增加但随温度的增高而降低。通常深部海水的密度较大,而浅处较小;近岸边的较大,而海洋中心的较小。海水的压力是指海水自重产生的静压力,海水每加深10m约增加10^5Pa。海水的透明度是指海水透过光线的能力,一般近岸带的海水透明度低,而远岸的海水透明度高。

(2)海水的化学性质。海水中含有多种化学元素,目前已知的有72种,但常见和含量较高的有 12 种(除 H、O 以外),它们是 Cl、Na、Mg、S、Ca、K、Br、C、Sr、B、Si、F。这 12 种元素的含量约占海水中除 O、H 以外的所有元素含量的 99.8%。海水中常见的盐类是 NaCl,其次是 $MgCl$、$MgSO_4$、$CaSO_4$、K_2SO_4 和 $CaCO_3$。海水中溶解的全部盐类物质的质量与海水质量之比称为盐度,以千分率(‰)表示。海水的盐度介于 33‰~37‰ 之间,通常以 35‰ 代表海洋的标准盐度。盐度明显高于 35‰ 的海洋称咸化海,如红海的盐度大于 40‰;盐度低于这个数值的称淡化海,如波罗的海的盐度小于 10‰。海水中溶解的气体有 O_2、N_2、CO_2、H_2S 等。O_2 主要分布于海水的表层和近岸地带;H_2S 通常聚集在海水流动不畅的海域,如海湾或海底;CO_2 在海水中分布较广。

2) 海水的运动

海水在风、日月(天体)引力、地震、火山爆发、太阳能等种种因素的影响下,处于不停地运动之中。海水的运动有波浪、潮汐、海流(洋流)和浊流等几种形式。

(1) 波浪(sea wave)。波浪是海水最基本的运动形式。当风刮过海面时,风与海水面之间产生摩擦力,使海水产生运动形成波浪。海水运动时,水质点基本上绕某个平衡位置作圆周运动,只是向前移动很小的距离(图 1-2-24)。波浪可进一步分为深水波和浅水波。前者水深大于 1/2 波长,作圆周运动,对称;后者则水深小于 1/2 波长,作椭圆运动,不对称。波浪波动过程见动态图 1。

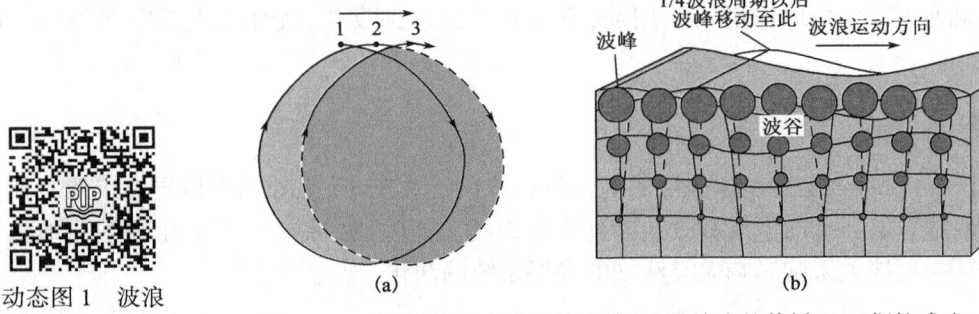

动态图 1 波浪波动过程

图 1-2-24 波浪中水质点的运动(a)及波浪的传播(b)(据柳成志,2005)

水质点的运动圆周随水深增加变得越来越小,当水深达 1/2 波长时,水质点的运动圆周直径仅为 0.04 波高,一般把此深度认为是波浪作用的下限。地震、火山喷发可释放出巨大的能量,使海水强烈运动,产生汹涌的海浪,称海啸。

(2) 潮汐(tide)。全球性海水周期性涨落现象叫潮汐。潮汐是海水在引潮力作用下形成的。引潮力主要是月球、太阳对地球的引力和地球绕地月系质心旋转、绕太阳公转的惯性离心力的合力,所以引潮力主要包括太阳与地球间的引潮力和地球与月球间的引潮力两部分。月球距地球较近,是引潮力的主体部分;太阳的质量虽然很大,但由于距离地球太远,其引潮力仅为月球的 46.6%。以地球与月球间的引潮力为例(图 1-2-25),月球对地球上每一点的引力大小是各不相同的,以地月质心连线上的对月点为最大、背月点为最小,地心处为平均值,方向总是指向月心;而地球绕地月系质心绕转产生的惯性离心力,在地球上各点大小相等(等于月球对地心处的平均引力值),方向相同,但与月球对地心的引力方向相反;引力与离心力的合力构成引潮力。该合力在对月点和背月点最大,且方向垂直指向球面外空间,因而可使海面上升凸起,发生涨潮,当海面达到最高点时称高潮;而在距对月点、背月点方位角为 90°的地区,合力最小,形成落潮,当海面达最低点时称为低潮。由于地球的自转,地球上同一地点一天内可出现两次涨潮和落潮。潮汐的形成见动态图2。

(3)海流(洋流)(ocean current)。大洋中沿一定方向有规律移动的海水称海流(洋流)。它好像大洋中的一条河流,宽度从几十千米到100km以上,涉及的水层厚度可达数百米,流程长达几千甚至上万千米,流速一般每小时数千米,流径一般不易改变。洋流又可分表层洋流和深层洋流。表层洋流主要由信风及海水密度差引起,以水平运动为主,根据流动水体的温度与周围水体的温度差异又可分为暖流和寒流。暖流一般由低纬度流向高纬度,寒流一般由高纬度流向低纬度。深层洋流主要由海水温度和

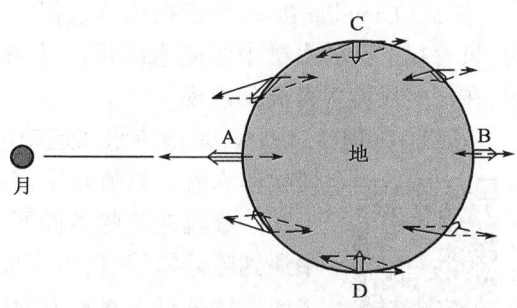

图1-2-25 潮汐形成示意图
实线箭头示月球对地球表面各点的引力,虚线箭头示地月系统惯性离心力,双线箭头示引潮力;A点因引力大于离心力而涨潮,B点因离心力大于引力而涨潮,C、D两点引潮力向地心而落潮

盐度差异引起,有水平运动和垂直运动。例如,在大西洋,海水由格陵兰附近下沉,沿海底穿过赤道,至阿根廷东部上升,再由表层流回北方。

(4)浊流(turbidity current)。浊流是海洋(或湖泊)中载有大量悬浮物质的高密度水下重力流,其密度介于$1.2\sim2.0\text{g/cm}^3$之间,常携带大量黏土、砂及砾石。浊流一般形成于大陆架外缘、大陆坡上部或河口三角洲前缘。

动态图2 潮汐的形成

2. 陆地水

陆地水(continental water)主要包括地面流水、地下水、湖泊与沼泽水及冰川水。

1)地面流水

地面流水是指沿陆地表面流动的水体,其水源主要有大气降水、冰雪融水、地下水和湖泊等。地面流水根据水源补给特点可分为常年性流水(河流)和暂时性流水(片流、洪流)。

暂时性流水是指补给水源不稳定(时有时无)的地面流水,这种流水的水源一般都是大气降水。暂时性流水包括片流和洪流。片流(sheet flow)是指沿山体斜坡无固定水道的面状流水,它发生在大气降水刚降落到地面之后,其特点是水层薄、速度慢、呈网状。洪流(flood flow)是指大气降水后沿沟谷的水流,它是由片流汇集到沟谷形成的,其特点是流速快,有固定的水道。

河流(river)是地表面具有固定河道的线状常年性流水。河流有稳定的补给水源,它的水源一般以地下水、冰雪融水为主。在一定集水区域内,由大大小小的若干条河流所组成的水流系统称为水系。水系中长度最大或水量最大且直接注入海洋或湖泊的河流称为干流,直接或间接注入干流的河流称为支流。支流依水量大小和彼此归并关系又可分为一级、二级等多级支流。理想的河流水系常呈"树枝状",但也有些水系呈格子状、向心状和放射状等。一个水系所占据的区域称为流域,水系与水系之间以分水岭相隔。河谷形态见动态图3,河谷横剖面见动态图4。

动态图3 河谷形态

从宏观上来说,地面流水总是从地势高的地方流向地势低的地方。而从微观上来看,地面流水的水质点运动状态可分为层流、紊流、环流和涡流四种形式。

动态图4 河谷横剖面

层流(Lamellar flow)是指在水流过程中,水质点保持相互平行而不相混合的水流。实验表明,只有在平滑的水槽中或流水缓慢时才可能出现这种水流,所以层流在自然界中是不常见的,在某些片流中可局部出现。

紊流(Thurbuent flow)是指流水在运动过程中,水质点的运动速度和方向随时都发生任意变化的水流。紊流几乎存在于所有地面流水之中,是地面流水最主要的运动形式。紊流在某些条件下,如河道弯曲、洪水期和枯水期、在向前流动的过程中遇到障碍物等等,可形成两种特殊的水流形式,即环流和涡流。环流是指水质点绕平行于水流方向的轴作螺旋状有规则运动;而涡流是指水质点绕垂直于水流方向的轴作螺旋状运动。层流与紊流见动态图5。

动态图5　层流与紊流

环流(Circular current)的水质点作螺旋状运动,在过水横切面上的投影为环状,故名。水质点的运动轨迹在过水横断面上的投影为单向的环时,称单向环流。单向环流普遍存在于自然界河流和洪流的转弯处。当水流循弯道转弯时,产生惯性离心力,水质点在惯性离心力作用下,朝弯道的凹岸方向偏离,即水质点从弯道的凸岸流向凹岸。结果,凹岸处水面涨高,水面高出平均水面,而凸岸处的水面相对低于平均水面,从而在凹凸岸之间产生水位差。在此水位差作用下,凹岸处水体被迫下沉,水从河底流向凸岸,于是出现了单向环流。双向环流水质点的运动轨迹在过水横断面上的投影为两个环,它们是旋转方向相反的两股螺旋流。当水位上涨时,河心出现涨水现象,表流从两侧流向中央,底流从中心汇聚,横剖面上河面呈上凸形;当水位下落时流向相反。

涡流(Eddy current)是河流中水质点绕轴旋转的现象。涡流的旋转轴有竖直的和水平的两种。河流中出现涡流的原因是水体具黏滞力。河湾中的水、河中障碍物下游的水或河底凸起物下游的水,因受阻流速变小。水体黏滞力紧靠水流快的一侧,被水流带动而跟着流动起来,压力变小;而另一侧的流速小、压力大,水向一侧流动,于是形成绕轴旋转的涡流。

2) 地下水

地下水(ground water)是埋藏在地表以下岩石和松散堆积物孔隙中的水体。水源主要来自地面流水和大气降水,通过岩石或松散堆积物的孔隙下渗而保存在地表以下。常见的泉、水井就是地下水在地表的露头。

岩石中孔隙的体积与岩石的总体积之比称为孔隙度。孔隙的连通性越好,越利于地下水的运动。岩石或堆积物能透过地下水的能力称岩石的透水性。透水性较好的岩石组成的岩层称为透水层;储存有地下水的透水层称含水层。相反,地下水不易透过的岩层称不透水层或隔水层。

地下水的存在形式有吸着水、薄膜水、毛细水、重力水,前两者吸附在岩石的表面,一般不运动。毛细水充填于毛细管中,水受表面张力作用逆重力方向运动。重力水在重力的影响下作垂直向下或水平运动。

地下水按运动特征和埋藏条件可分为包气带水、潜水、承压水三种基本类型。

包气带水是指埋藏在包气带中的地下水(图1-2-26)。包气带指岩石孔隙未被地下水充满的地带。包气带中的地下水以吸着水、薄膜水、毛细水为主,而重力水较少。包气带水主要作垂直方向上的运动,如重力水常由上向下运动,毛细水由下向上运动。

潜水是埋藏在地表以下第一个稳定隔水层以上、具有自由表面的重力水,也称饱水带水(图1-2-26),其自由表面称潜水面。饱水带水与包气带水的分界面就是潜水面,如水井水面、泉水面。潜水面不是一个平面,而是一个凹凸不平的起伏面,常随地形的起伏而形成相应起伏。它还会随季节性发生变化,在雨季时,下渗水较多,潜水面升高,而旱季时则降低。潜水在重力的作用下一般从高处往低处流,以近水平方向流动为主。

承压水是指埋藏在两个稳定隔水层之间的透水层内的重力水,故又称层间水。承压水受两隔水层所限,位置低的水体受位置高的水体的静压力,这种压力常称水头压力。如果在适当的位置钻通上隔水层,承压水在水头压力的驱使下,可沿钻孔自流上升(图1-2-27)。承压水的运动一般为从补给区流向排泄区。

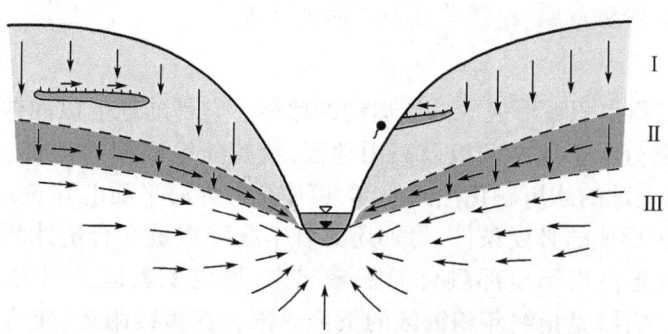

图1-2-26 包气带水与潜水的分布(据柳成志,2005)
Ⅰ—包气带;Ⅱ—季节变动带;Ⅲ—潜水带(饱水带)

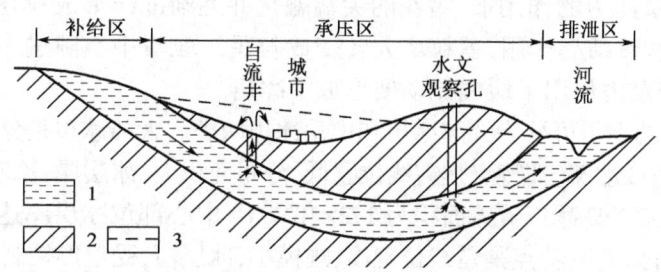

图1-2-27 承压水的分布与补给(据柳成志,2005)
1—含水层;2—不透水层;3—承压不层

地下水因受阻力较大,运动速度较慢,一般为每日数米,很少超过每日10m。地下水保存于岩石的孔隙中,而且具有一定的压力、温度,与岩石有较大的接触面积,运动速度慢,又有较长的接触时间,所以地下水能溶解部分岩石,常常含有较复杂的化学成分,常见的有O_2、CO_2、H_2S、Na^+、Mg^{2+}、Ca^{2+}、SO_4^{2-}和HCO_3^-等。这种成分对地下水的化学性质有重要影响。

3)湖泊与沼泽水

湖泊(lake)是陆地上较大的集水洼地。全世界湖泊的总面积约$27×10^5 km^2$,占陆地面积的1.8%。湖泊的规模不等,世界上最大的湖泊是西亚的里海,为咸水湖,面积达$43×10^4 km^2$;第二大湖是北美的苏必利尔湖,为淡水湖,面积达$8×10^4 km^2$。世界上最深的湖泊是俄罗斯的贝加尔湖,水深达1741m。湖泊所处位置的高低相差悬殊,最高的是我国西藏高原的纳木错湖,湖面海拔4718m;最低的是中东的死海,其水面比海平面低395m。湖水主要来自大气降水、地面流水和地下水,其次是冰川融水和残留海水。据湖水中含盐量的多少,可把湖泊分为含盐量低于0.3‰的淡水湖、含盐量为0.3‰~24.7‰的半咸水湖及含盐量高于24.7‰的咸水湖。潮湿气候区的泄水湖通常为淡水湖,干旱气候区的不泄水湖则常为咸水湖。湖泊的水体也处在不停的运动之中。湖水的运动方式有波浪、潮汐、湖流和浊流等,其运动特点与海水的运动相似,只是规模小一些而已(参见上述海水运动特点)。

沼泽(marsh)是陆地上潮湿积水、喜湿性植物大量生长并有泥炭堆积的地方。沼泽主要分布在湿润气候区,不论热带、温带和寒带都可产生。沼泽的形成原因有多种,它可以是浅水湖泊的逐渐沼泽化、河流泛滥地的沼泽化、平坦海岸的积水沼泽化、地下水位极浅的广阔平地的逐渐积水沼泽化、森林和草地的沼泽化等。世界上沼泽总面积达 $35 \times 10^5 km^2$,占陆地面积的2.3%。我国沼泽分布很广,面积达 $11 \times 10^4 km^2$,占全国总面积的1.15%,主要分布在东北三江平原、松辽平原北部、青藏草原、松潘草地及沿海地区等。

4) 冰川水

冰川(glacier)是指由积雪形成的并能运动的冰体。它是陆地上以固体形式存在的水。现在陆地上的冰川主要分布于地球两极及高山地区,覆盖陆地面积的10%,集中了全球85%的淡水。据估计,如果全球的冰川融化注入海洋,可使全世界海平面上升66m。

气候寒冷是冰川形成的必要条件,另外还要有丰富降雪量和合适冰雪堆积的场所。在气候寒冷地区,降雪不能在当年全部融化而积聚起来,形成积雪区。积雪区的分布常受雪线(snow line)的控制。雪线是指终年积雪区的下部界限。在雪线附近,年降雪量与消融量大致相等;在雪线以上,降雪量大于消融量;而在雪线以下,消融量大于积雪量。在雪线以上的地区,如果地形合适,雪就不断积聚起来。随着积雪的增加,刚降下的雪(即新雪,六边形、空隙大)在地表热力及雪层压力的作用下,雪花的尖端融化并逐渐冻结形成粒径较小的雪粒,经过一系列的压实、冻结和重结晶作用,雪粒增大转变成粒雪。粒雪中空隙进一步减少,形成冰川冰。冰川冰在压力和重力作用下缓慢流动便形成了冰川。

分布于陆地表面的冰川可分为大陆冰川和山岳冰川两类。大陆冰川是分布在高纬度和极地地区的冰川,又称冰盾或冰盖,其特点是雪线位置低,分布面积大,冰层厚,流动速度稍快,并由中间向四周流动。如格陵兰岛冰川覆盖面积为 $172 \times 10^4 km^2$,中心部位冰层厚达3411m。山岳冰川是分布于高山地带的冰川,其特点是雪线位置高,规模小,冰层薄,受地形控制,呈线状分布。

冰川的运动是一种固体流。据研究,冰川上部冰层具脆性;但下部冰层因承受较大压力而具可塑性,可产生塑性变形和塑性流动,并承托上部冰层的运动。冰层越厚,可塑性也越大,越易产生塑性流动。冰川移动时,底层冰因摩擦生热和压溶作用产生冰融水,也是促使底部冰层滑动的重要因素。一般地,山岳冰川主要因重力作用由高处向低处流动;大陆冰川因中部比边缘冰层厚、压力大,冰川由中部向边缘流动。冰川地貌见动态图6。

动态图6 冰川地貌

冰川冰的运动速度很慢,在很短的时间内不易被人察觉,常用标志物来测量它的运动速度,如我国祁连山、天山一带冰川的流速为 $30 \sim 100 m/a$。冰层很厚的极地冰川的流速稍快一些,如格陵兰的冰川流速最快可达1700m/a。

3. 大气水

大气水(atmospheric water)是指存在于大气圈中的水,它以气态的形式存在。据估算,大气中水的总量约为 $1.3 \times 10^{13} m^3$,而绝大多数分布于大气圈的对流层中。我们通常用湿度(humidify)来表示大气中的水含量。大气水来源于海水和陆地水体的蒸发、植物叶面的蒸腾作用以及火山活动,其中以海洋蒸发的水量最大。据研究,每年从海洋蒸发的水约 $342835 km^3$,而来自陆地水体及植物叶片的蒸发量约 $65440 km^3$。大气中的水会随着大气运动被运送到对流层的不同部分,当它们遇到冷空气时,又会以雨、雪、雹等形式降回到地球表面。据观测,全球每年从大气中降落的雨水达 $423000 km^3$。

由于现代人口的剧增和工业的快速发展以及地表生态系统严重破坏,大气水中的粉尘、有毒和有害气体的含量也不断增加,以致影响人们的正常生活。大气水中的粉尘主要有烟尘、矿物微粒、金属微粒等,有害气体主要为SO_2、NO_2、HCl、H_2S等。这些气体被大气水所吸收可形成气溶胶或酸雨,严重危害人体健康和动植物的正常生长。

大气水对地球的温度能起到"温室效应",使地球的表面温度保持恒定。水汽与CO_2一样,能吸收大量来自地面的长波热辐射,把太阳辐射的能量截留住,使大气升温。据研究,如果大气圈的水分含量降低50%,气温将降低5℃左右。

(二)水的循环

水的循环(water cycle)是自然水体运动的最基本特征,它还可分为大循环和小循环。海洋表层水体经蒸发作用,一部分水进入大气圈,并运动到陆地的上空,当气温降低时,水蒸气又凝结成雨、雪降到陆地(彩图33)。降落到陆地上的水一部分进入地下成为地下水,另一部分又蒸发回到大气圈,其余部分则以地面流水的形式又回到海洋。这样水就从海洋到陆地再回到海洋完成一个完整的水循环过程,这称为水圈的大循环(动态图7)。水圈的小循环是指陆地内部或海洋内部的水循环,当然水圈的小循环还可以进一步划分为更次一级的水循环。全国年降水量见动态图8。

动态图7 水的循环

动态图8 全国年降水量

三、生物圈

生物圈(biosphere)是指地球表层由生物及其生命活动的地带所构成的连续圈层,是地球上所有生物及其生存环境的总称。

从地表以下3km到地表以上10多千米的高空以及深海的海底都属于生物圈的范围,但是生物圈中90%以上的生物都活动在地表到200m高空以及从水面到水下200m的水域空间内,所以这部分是生物圈的主体。

据统计,已被认识和分类定名的生物近200万种,而现生的生物可能有1千万种,如果把已灭绝的生物也算上,至少有上亿种之多。在生物的分类中,最大的一级单位是界,其次是门,门以下依次是纲、目、科、属、种。其中,种即物种的概念,是生物分类的基本单位。它不是人们任意规定的,而是生物发展过程中在一定阶段客观存在的生物类别。目前对种的定义是具有共同的起源、相同的形态特征、能相互交配繁殖后代的一类生物群体。

根据如何获取食物及性状等特点,将生物圈分为原核生物界、原生生物界、真菌界、植物界和动物界。

原核生物界是一类起源古老、结构简单的原始生物,其细胞为原核细胞,细胞内只有核物质,没有明显的核膜,可以说是没有真正的细胞核。这类生物基本上是单细胞,也有多细胞集合而成的个体。原核生物主要包括细菌和蓝绿藻。

真菌界是一类低等的真核生物(真菌、植物、动物均为真核生物)。它没有叶绿素,不能进行光合作用,主要营养方式为腐生、寄生的共生。真菌分布广泛,与人类关系十分密切,许多种类可供食用或医用等,如酵母菌、青霉、蘑菇、木耳等。

植物界是生物中较大的一个类群,现已知约有30万种,遍布全球。其特点是可进行光合作用,为自养生物。植物根据有无根、茎、叶的分化以及有无胚,分低等植物和高等植物。藻类植物无根、茎、叶的分化,无胚,为低等植物;苔藓植物、蕨类植物、裸子植物和被子植物为高等植物。

动物界是种类最多的生物,目前已知约 100 多万种,遍布自然界。动物以植物、动物或微生物为食,为异养生物。动物按有无脊椎分为无脊椎动物和脊椎动物两类,无脊椎动物包括原生动物、海绵动物、腔肠动物、扁形动物、线形动物、环节动物、软体动物、节肢动物、棘皮动物等,脊椎动物包括鱼类、两栖类、爬行类、鸟类、哺乳类等。

人类可以说是目前主宰世界的最高级的动物,人类创造了现代辉煌的文明。从生物学上来说,人是一种动物,是高等哺乳动物中灵长类的一种。具体在生物分类中,人属于动物界脊椎动物门哺乳动物纲灵长目人科人属人种。这里的人种是物种的概念,我们现在世界各地的人都属于一个物种,即现代人(modern homo erectus)。它不同于我们通常所说的黄种人、白种人、黑人和棕色人等,后者一般是指种族的概念。

可以说,在地球 46 亿年漫长的演化岁月中,正是大气圈、生物圈、水圈、岩石圈、地幔和地核系统的相互作用,才让地球逐渐成为一个动态行星、生态星球。

第五节　地球的物质组成

地球的本质是物质的世界,她从物质的宇宙而来,也许还将以物质的形式还原至宇宙。然而,地球毕竟诞生出丰饶的物质世界,与她孕育的文明世界交互生辉。

一、元素

元素(element)是构成地球物质的基本单位。在元素周期表中的 112 种元素中,地球拥有其中的 92 种。地球不同层圈能量的交换,导致组成地球的物质总是在不断循环变化着。

19 世纪末期,美国学者克拉克(Clark)等人经过 35 年的研究,在对采自全球的 5159 个岩石样品进行精确分析的基础上,用算术平均法求得地壳 16km 深度内 50 种元素的平均含量,并于 1889 年首次发表。

我们将某种元素在地壳中的平均百分含量称为克拉克值。

地球中,含量大于 10% 的元素有 Fe、O、Si、Mg,含量大于 1% 的元素有 Ni、S、Ca、Al。这八种元素约占地球总元素的 98.5%。

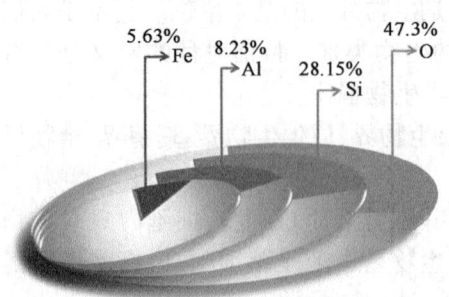

图 1-2-28　地壳种元素含量分布示意图

地壳物质的丰富程度在地球在是最高的,包括了元素周期表中的绝大部分元素,但其含量极不均匀。其中 O、Si、Al、Fe、Ca、Mg、Na、K 八种元素占了地壳物质重量的 98% 以上(图 1-2-28)。

若将视线转向地球的其他圈层,那么元素分布情况则体现着更大的差异:

地幔主要由以 O、Si、Al、Fe、Mg 组成,地核主要由 Fe、Ni、S 及少量硅酸盐组成,水圈主要由 O、H、Cl、Na 组成,生物圈主要由 O、C、H、N、S 组成,大气圈主要由 N_2、O_2、Ar 组成。

二、矿物

矿物是元素的物质体现,更是组成地球的基本物质。对于解密地球的物质世界而言,解读矿物的性质及特征是基础。

(一) 矿物的基本概念

1. 矿物的定义

矿物(mineral)指天然(地质作用)形成的固体化合物或单质,具有一定的化学成分和物理性质,是组成地球的基本物质。我们已发现的矿物有5000多种,基本上都产自地壳中,但目前的研究已经扩大到地幔和宇宙中的其他天体。

2. 晶体

晶体(crystal)为天然产生的具有几何多面体形态、内部质点在三维空间作有规律的重复排列的固体(图1-2-29)。

晶体格架(crystal lattice)指晶体中原子、离子等重复排列的几何图形,也称为晶体结构,一般用晶面、晶棱、角顶等来描述。晶体由于具有相对固定的晶体格架,因而具有明显的特性:

自限性:自发形成几何多面体外形的性质。

均一性:晶体各个部位的物理化学性质相同。

异向性:不同方向质点排列不一样,性质随方向有差异。

对称性:晶体中相同的部分或性质有规律地重复。

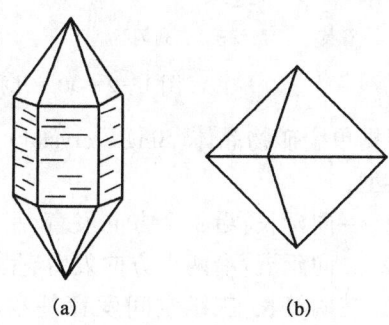

图1-2-29 石英(a)和磁铁矿(b)的晶体外形

稳定性:晶体最为稳定、最小内能的结果。

定熔性:晶体熔解具有一定的熔点。

正因为自然界的晶体结构相当丰富,所以造就了数千种特征各异的矿物,因此晶体结构就是矿物的DNA(彩图34)。

面网晶体矿物是内部质点(原子、离子和分子)在三维空间中有序排列的固体矿物,具有平整的晶面、平直的晶棱、尖锐的顶角等特点,占绝大多数;而内部质点无序排列则为非晶体矿物,如火山玻璃、胶体矿物等。事实上,非晶质矿物随时间增长可以转变为结晶质矿物。

3. 同质多象和类质同象

同质多象(polymorphism)是指化学成分相同,但质点的排列方式不同(结构不同)的现象,将形成不同的矿物,如金刚石与石墨(彩图35)。

类质同象(isomorphism)意为矿物结构中某种原子或离子部分被他种原子或离子取代,但不破坏其晶体结构的现象,如镁橄榄石与铁橄榄石。

(二) 矿物的主要性质

1. 矿物的形态

矿物形态(morphology of minerals)是指矿物单体及集合体的外形特征,取决于其内部结构和生成环境。所以研究矿物形态具有重要的鉴定意义,更可以了解矿物的成因意义。

一般把按矿物自有规律成长的矿物形态称自形。没按自有规律生长的矿物形态称他形。介于两者之间的为半自形。

同一种矿物晶体,在一定的外界条件下,趋向于某一种形态的特性,称为晶体习性。有一些矿物的晶体习性是相当稳定的,如石榴子石、黄铁矿等(图 1-2-30),但多数矿物具有多种习性,如方解石、磷灰石、绿柱石等。

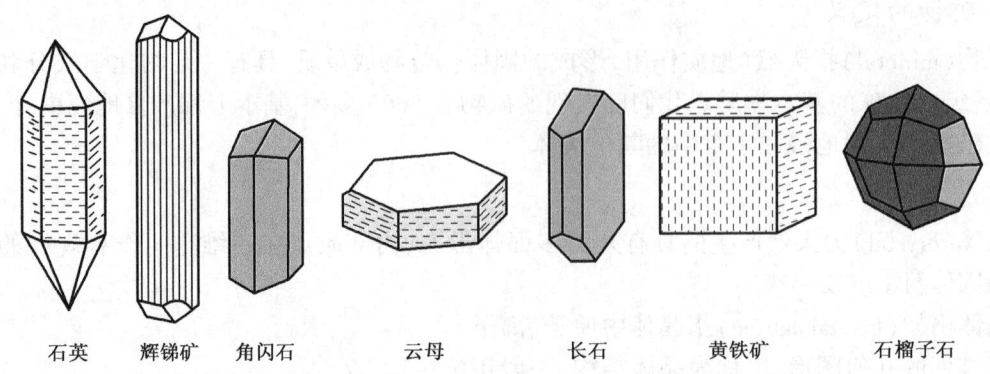

  石英 辉锑矿 角闪石 云母   长石   黄铁矿 石榴子石

图 1-2-30 几种矿物的晶体形态(据汪新文,1999)

根据单个矿物晶体(Single crystal)在空间内的生长发育情况来看,可将晶体习性分为三种基本类型:

(1)一向延长:沿一个方向发育,呈柱状、针状等,如红柱石、电气石等(彩图36左)。

(2)二向延展:沿两个方向发育,呈板状、片状,如重晶石、云母等(彩图36右上)。

(3)三向等长:三维空间发育基本相等,呈菱面体、八面体、立方体、复合体等,如石榴子石、橄榄石、黄铁矿、磁铁矿等(彩图36右下)。

矿物集合体的形态通常是指同种矿物集合在一起所构成的形态,它取决于矿物单体的形状及其排列的方式,有以下三种:

(1)颗粒大小肉眼能识别的,为显晶集合体形态,主要类型有:

①柱状、针状、纤维状集合体,主要由一向等长型矿物颗粒组成。

②片状、板状集合体,主要由二向等长型矿物颗粒组成。

③粒状集合体,主要由三向等长型矿物颗粒组成。

④晶簇状集合体,以岩石孔洞壁或裂隙壁为基底生长的矿物颗粒集合体。

(2)颗粒大小肉眼不能识别,但显微镜能识别的,为隐晶集合体形态。

(3)颗粒大小显微镜不能识别的为,胶体集合体形态,常见类型有:

①分泌体:在球状空洞中由胶体或晶质从洞壁逐渐向中心沉淀填充而形成的集合体,分泌体中心经常留有空隙,有些还长有晶簇,按分泌体直径大小划分为[彩图37(a)]。

②结核体:与分泌体形成过程相反(从中心向两边生长)[彩图37(b)]。

③钟乳状集合体:内部具同心层状、放射状等[彩图37(c)]。

2. 矿物的光学性质

矿物的光学性质主要有颜色、条痕、透明度和光泽。

颜色是矿物对不同波长可见光吸收、反射的结果,根据矿物颜色的成因,可将其分为三种类型(彩图38):自色为矿物本身固有的颜色,取决于矿物固有的成分和结构;他色是由矿物中的杂质所引起的颜色;假色是由物理光学效应或氧化作用引起的颜色。

条痕(Streak of hematite)指矿物粉末的颜色。条痕色去掉了假色,减轻了他色,突出了自色,是鉴定矿物的可靠依据。

矿物透明度指其透过可见光的能力,分透明、半透明、不透明三级(彩图39),取决于晶体中阳离子类型和键性。

光泽指矿物新鲜面反射光线的能力。折光率越大,反射率越高,光泽越强。光泽按弱强分玻璃光泽、金刚光泽、半金属和金属光泽四级(彩图40)。光泽主要受离子类型、原子质量和键性影响。重元素矿物光泽较强。此外,金属光泽的矿物不透明。

光泽强度以晶面或解理面等平面为准。反射面不平时可出现珍珠、丝绢、油脂、松脂、土状光泽和沥青光泽等。

3. 矿物的力学性质

矿物的力学性质中以其解理、断口和硬度最有鉴定意义。

矿物的解理(cleavage)指矿物受力后沿一定的方向裂开成光滑平面的习性,光滑的平面则称为解理面。

矿物解理受晶体结构和化学键结合程度的控制,不同矿物具有不同组数(沿同一方向裂开成一系列平面称一组解理)、不同程度的解理,有以下四种:

(1)极完全解理:云母,易被揭开。

(2)完全解理:方解石,受外力打击,沿解理面裂开。

(3)中等解理:长石。

(4)极不完全解理:石英,无解理。

断口(fracture)为外力下解理不发育矿物的不规则裂开,如贝壳状(石英)、锯齿状(石膏)、参差状(黄铁矿)、平坦状(高岭土)。

矿物硬度指对外力(如刻画、研磨等)的抵抗能力,包括刻画硬度、研磨硬度等。德国矿物学家 Friedrich Mohs 提出用 10 种矿物来衡量物体相对硬度,即摩氏硬度,由软至硬分为十级:滑石(talc)、石膏(gypsum)、方解石(calcite)、萤石(fluorite)、磷灰石(apatite)、正长石(orthoclase)、石英(quartz)、黄玉(topaz)、刚玉(corundum)、金刚石(diamond)(彩图41)。

(三)常见矿物

1. 长石

长石(feldspar)是地壳最主要的矿物(彩图42),分为两大亚族:碱长石为钾长石 $K[AlSi_3O_8]$ 与钠长石 $Na[AlSi_3O_8]$ 的类质同象系列,一般以钾长石或含一定量钠长石分子的钾长石较为常见;斜长石为钠长石 $Na[AlSi_3O_8]$ 与钙长石 $Ca[Al_2Si_2O_8]$ 的类质同象系列。

长石以 2 组解理及特征双晶区别于石英(无解理)、方解石(3 组解理),透明度较石英差,硬度为 6~6.5。

2. 云母

云母(mica)是含钾和氢氧根的层状硅酸盐,其硅酸根为 $[Si_4O_{10}]$,一般为 $[AlSi_3O_{10}]$,最大特征是有一组极完全解理,硬度 2~3。云母(mica)按其阳离子分为:

(1)黑云母(biotite):$K(Mg,Fe)_3[AlSi_3O_{10}][OH]_2$,棕褐—黑色或绿—黑色,见彩图43(a)。

(2)金云母(flogopite):$KMg_3[AlSi_3O_{10}][OH]_2$,各种褐色,薄片近无色,见彩图43(b)。

(3)白云母(muscovite):$KAl_2[AlSi_3O_{10}][OH]_2$,白色或微带绿色,见彩图43(c)。

3. 石英

石英(quartz),SiO_2,无色,含杂质可有各种颜色,无解理,硬度高,透明度高,晶形可为六方柱状、锥状。

4. 角闪石

角闪石(amphibole)是具[Si_4O_{10}]型硅酸根的硅酸盐，阳离子多以 Mg、Fe 为主，一般分子式为$(Ca,Na)_{2\sim3}(Mg,Fe,Al)_5[(Si,Al)\ Si_3O_{11}][OH]_2$。

角闪石按阳离子分为许多亚种，如透闪石、阳起石、普通闪石、蓝闪石等。

角闪石的特征：长柱状、针状等拉长的晶形，平行于延长方向有两组柱面解理，交角56°。根据铁的含量多寡，角闪石的颜色由黑绿色、黑褐色、深褐色、深绿色、浅绿色至近无色，硬度为5.5~6.0。

5. 辉石

辉石(pyroxene)的一般化学式为$R^{4+}[Si_2O_6]$，Si 可部分被 Al 置换；R 为 Mg、Fe、Ca、Al 和 Na；不含[OH]。辉石按阳离子分为若干亚种，如透辉石($CaMg[SiO_6]$)、硬玉($NaAl[SiO_6]$)、顽火辉石($Mg_2[SiO_6]$)、紫苏辉石$(Mg,Fe)_2[SiO_6]$等。

辉石的特征：多呈短柱状或粒状，横断面呈八边形或方形，有两组近直交的解理，绿—黑色，少数褐—黑色。

6. 橄榄石

橄榄石(olivine)化学式一般为$(Mg,Fe)_2[SiO_4]$，常呈粒状，有时可见很不完整的解理，一般断口贝壳状，在岩石中多为棕—黄绿—橄榄绿色(彩图44)，硬度为7。

7. 绿泥石

绿泥石(chlorite)是 Mg、Fe、Al 的含[OH]硅酸盐，硅酸根为[Si_4O_{10}]型，分子式较复杂。

绿泥石一般呈各种绿色，片状或不规则状，极完全解理一组，捻之成微细的绿色小片，硬度为2左右，用指甲可刻画。

8. 蛇纹石

蛇纹石(serpentine)分子式为$Mg_3[Si_2O_5][OH]_4$，常因含一定量的 Fe 而呈绿色，形状多不规则，硬度为2.5~3。

9. 石榴子石

石榴子石(garnet)分子式为$A_3B_2[SiO_4]$，$A=Fe^{2+}$、Mg^{2+}、Ca^{2+}等，$B=Fe^{3+}$、Al^{3+}等，晶形良好者似石榴子(彩图45)，故名。石榴子石具强玻璃或油脂光泽，无解理，硬度的7，常见的为铁铝榴石($Fe_3Al_2[SiO_4]_3$，红褐—黑色)、钙铝榴石($Ca_2Al_2[SiO_4]_3$，黄色、绿—褐色、红色)、钙铁榴石($Ca_3Fe_2[SiO_4]_3$，黄色、绿—黑色)、镁铝榴石($Mg_3Al_2[SiO_4]_3$，浅紫色、玫瑰色)。

10. 方解石

方解石(calcite)分子式为$CaCO_3$，晶形呈菱面体或六方柱，以白色最常见，因含杂质而呈黄、红、灰等多种颜色，以具三组互相斜交的完全解理和低硬度(3)为特征，遇稀盐酸剧烈起泡，见彩图46(a)。

11. 白云石

白云石(dolomite)分子式为$CaMg[CO_3]_2$，与方解石类似，但硬度稍高(3.5~4)，粉末遇稀盐酸起泡，见彩图46(b)。

12. 黄铁矿

黄铁矿（pyrite）分子式为 $Fe^{2+}[S_2]$，常呈立方体或五角十二面体，有时无自形，晶面有平直条纹，浅黄色，见彩图47(a)，条痕绿黑色，金属光泽，硬度为6~6.5。黄铁矿富集时可作制硫或硫酸原料。

13. 黄铜矿

黄铜矿（chalcopyrite）分子式为 $CuFeS_2$，多呈块状，晶形罕见，深黄铜色[彩图47(b)]，条痕绿黑色，金属光泽，以色较深和硬度较低(3.5~4)区别于晶形不好的黄铁矿，为最重要的铜矿石矿物。

14. 方铅矿

方铅矿（ganela）分子式为 PbS，常呈粒状、块状，铅灰色，条痕灰黑色，金属光泽，硬度为3，密度大，以有三组相直交的完全解理为特征，是最重要的铅矿物。

15. 闪锌矿

闪锌矿（sphalerite）分子式为 ZnS，常呈粒状、块状，松脂黄—褐黑色，金刚光泽，以浅色（黄白—褐）条痕及多组（六组）完全解理为特征，硬度为3.4~4。

16. 石膏

石膏（gypsum）分子式为 $CaSO_4 \cdot 2H_2O$，良好自形者少见，呈板状，常见粒块状、纤维状、玫瑰状（彩图48），无色、白色、灰色，玻璃光泽，以低硬度(2)为特征。

地球制造的矿物种类繁杂、形态各异，以至于很难将其列举出哪怕是一小部分。然而，地球的矿物却又是神奇美丽的，这就不难理解由其组成的固体地球更是色彩斑斓的原因了。

三、岩石

岩石（rock）为一种或多种矿物或岩屑组成的集合体，是地质作用的产物，更是地壳岩石圈的直接组成部分。

按照岩石的成因，通常把岩石分为岩浆岩、沉积岩、变质岩三大类。

沉积岩（sedimentary rock）是由各种外动力地质作力形成的沉积物在地表或近地表条件下，经过固结成岩作用形成的岩石，或者可将其概括为"水成岩"。沉积岩主要包括碎屑岩、碳酸盐岩和黏土岩等。

岩浆岩（igneous rock）是熔融状态的岩浆冷凝而成的岩石，显然其为火成岩。

变质岩（metamorphic rock）是地壳中已形成的岩石（岩浆岩、沉积岩等）在高温、高压及化学活动性流体的作用下，原来的成分、结构、构造等发生改变而形成的岩石。也许地球并不满足只有"水""火"不变的岩石，这便有了这种重换容颜的岩石。

要认识三大类岩石的联系、转换，必须将自己置身于整个地球系统之中（彩图49）。地球的内部能量推动了地球形态的更迭，也带来货真价实的物质，包括直接形成岩浆岩的硅酸盐矿物等，更包括形成大气、水圈，以及孕育生命的挥发组分；而整个地球外部圈层也并没有置身于外，在创造并改造物质世界的同时，也影响着地球的内部运动。也许，我们割裂地研究地球某个圈层对于岩石成因的意义会让我们迷失方向。

总之，地球上每一块岩石的形成过程，想必都藏着撼动人心的传说，说写故事的正是前文所述的地球各个圈层,不仅有地壳、地幔、地核的直接参与,更有大气、水、生物的精心雕刻。这其中她们或许发生着无数次的碰撞与争执,然而最后总是协调统一,这种协调或许意味着各圈层的物质交换、能量交换、作用交换甚至是生命的交换。否则,我们很难想象充满排斥的粒子会统一成元素,格格不入的元素会凝聚成矿物,而姿态万千的矿物又构建成岩石,从而让固体地球达成完美。

复习思考题

1. 为何我们能够确定地球的质量和密度?怎样确定地球的质量和密度?地球的形状体现出其何种物理性质?
2. 何谓重力均衡?地学家是怎样解释重力均衡现象的?
3. 我们为何能划分地球内部圈层?划分的依据和划分方案是什么?
4. 哪些地球物理信息可供人类利用寻找矿产资源?地球内部热异常是否反映出地球的活动特点,如何反映?
5. 地壳和岩石圈的差异、联系是什么?组成地壳的主量元素有哪些?它与矿物、岩石的组成有何关系?生命为何会选择诞生在地球?
6. 地球外部圈层对于地球的形成、人类的进程有何种意义?
7. 矿物的物理性质有哪些,对我们鉴定矿物能有何种帮助?
8. 岩石圈的岩石有哪几大类?它们成因的差异和联系是什么?

拓展阅读

毕思文,许强. 2002. 地球系统科学. 北京:科学出版社.
弗兰克·普内斯,等. 1990. 地球. 中译本. 重庆:重庆出版社.
何高义,等. 2001. 西太平洋富钴结壳资源. 北京:地质出版社.
李金斯,等. 1982. 地球的演化. 中译本. 北京:地震出版社.
李亚美,陈国勋,等. 1994. 地质学基础. 北京:地质出版社.
刘本培,蔡运龙. 2000. 地球科学导论. 北京:高等教育出版社.
美国国家航空和宇航管理局地球系统科学委员会. 1992. 地球系统科学. 陈泮勤,马振华,王庚辰,译. 北京:地震出版社.
宋青春,张振春. 1996. 地质学基础. 3版. 北京:高等教育出版社.

第三章 地质作用与地质年代

地质学的一个重要任务就是阐述地球上所发生的地质作用以及地球的发展演化历史。在长达46亿年的漫长地质历史中,地球经历了一系列的地质作用事件,如构造运动、岩浆活动、变质作用、地震作用、海陆变迁、生物的大规模兴盛与灭绝等。地球的发展演变历史正是由这些地质事件所构成的。所以,研究地球的发展历史和发展阶段,其中最重要、最基础的工作就是查明各种地质事件发生的时代和先后顺序。本章将重点介绍地质作用的能量来源、类型与方式、地质年代的确定及地质年代表的建立。

第一节 地质作用概述

在地质学习与研究过程中,要始终坚持物质是处于运动、变化和发展的观点。地壳本身充满各种不同形式的物质运动,并且贯穿地球发展的始终。地球自形成以来,经历了漫长的地质发展过程,形成了现今的面貌。例如,地表形态和景观会发生"沧海桑田"的变化;裸露地表的岩石会变得破碎、松散;火山活动喷发出大量的高温熔融物质;地震产生山崩地裂等。这些现象均表明:由于受到某些能量的作用,地球表面形态、内部物质组成及结构、构造等会不断发生变化。

地质学上,把这种由自然界引起地壳或岩石圈的物质组成、结构、构造及地表形态等不断发生变化的各种作用称为地质作用(geological process),把引起这些变化的所有自然动力统称为地质营力,而传播能量的媒介称为介质。地质作用可以是物理作用或化学作用,也可以是生物作用;既可以发生在地壳的内部,改变着地壳的结构和物质成分,也可以发生在地表或表现于地表,形成各种地貌形态。

地质作用一方面不停息地对地壳或岩石圈中原有的物质成分、结构、构造和地表形态进行破坏,另一方面又不断形成新的物质成分、结构、构造和地表形态。地质作用既有破坏性,又有再造性,是在破坏中再造,在再造中破坏。这对矛盾的统一体在其发展过程中不断改造着地壳或岩石圈,使其总是处于一种新的状态。

一、地质作用的能量来源

地质作用之所以不断地进行,都是因为能量的作用,引起地质作用的能量主要包括地球的外部能源和内部能源。

(一)外部能源

来自地球以外的能源为外部能源,主要包括太阳辐射能、日月引力能和生物能。

太阳以辐射的形式把热量传送到地球表面,使地表的温度发生变化。但由于不同纬度地区所接收的太阳辐射量不同,空气的温度、压力出现差异,从而产生空气对流、大气环流和水的循环。太阳能是地球生物活动的主要能源,也是地貌不断发展变化的重要动力。

日月引力能与地球旋转能共同作用可产生潮汐现象,导致海平面周期性涨落,同时,也会引起固体地球表面的周期性涨落,即固体潮。固体潮的长期作用,也会引发地壳内部的物质变形。

生物能不是生物本身所固有的,而是在其生活和演化过程中来自太阳的辐射能。生物能主要表现为生物的新陈代谢和光合作用,这些是维持生命生存和促使生物生长演化的基本动力。通过新陈代谢,生物与环境不断进行着物质和能量的交换,维系着生物的生长、运动和繁殖;通过光合作用,二氧化碳和水等转化为生物直接或间接依赖的物质和能量。生物能对地表岩石的破坏、土壤的形成、煤和石油等矿产的形成具有重要作用。

此外,其他星体作用及陨石的撞击等也起着一定的作用。

(二)内部能源

来自地球以内的能源为内部能源,主要包括重力能、地热能、地球旋转能及化学能、结晶能等。

重力能(gravitational energy)是由地球内部物质的引力产生的一种能量。在重力的作用下,物质具有从高位能的地方向低位能的地方运动的趋势。重力能是地表流水、冰川、块体等运动的动力,也是促使地球内部物质圈层分异的重要动力。由于现今地球基本上已经按物质的密度分层,重力能的变化在现今地质作用中已经不起主导作用。

地热能(thermal energy)由地球内部散发出来,是地球内部物质圈层演化最根本的动力,也是岩浆活动、变质作用的重要动力。这种热量一般认为有以下几个来源:(1)上地幔中放射性元素蜕变产生的热能;(2)地球体积在逐渐收缩过程中,一部分重力能转变而来的热能;(3)地球形成时一部分动能转变而来并保留在地球内部的热能;(4)地壳运动过程中,动能转变而来的热能。

结晶能(crystallizing energy)和化学能(chemical energy)是在地壳及地幔内部化学成分的转变以及结晶过程中产生的,常以热能或其他形式表现出来。在地球内部,化学反应和结晶作用是普遍存在的。熔融的岩浆在冷凝结晶时,岩浆内部和高温下的岩石内部进行的化学反应都有化学能和结晶能形成。

地球旋转能(rotational energy)是由地球绕地轴自转和绕太阳公转而产生的能量,但由于自转的角速度大于公转的角速度,故自转产生的旋转能远大于公转所产生的能量。据估算,地球自转产生的旋转能为1×10^{29}J。组成地壳内部物质是不均一的,势必会引起地壳内部物质的变形。旋转能不仅促使高纬度地区物质流向低纬度地区,也可导致物质发生东西方向的运动。

二、地质作用的类型

根据能量来源和发生部位,地质作用可分为外动力地质作用和内动力地质作用两大类。

(一)外动力地质作用

外动力地质作用是指由地球外部的能源引起的、发生在地球表层的地质作用(又称表层地质作用)。

这种作用的能量主要来自地球以外的太阳辐射能和日月引力能等。外动力地质作用于地球的外圈和表层系统,如大气圈、水圈、生物圈。它们的运动与循环成为改造地壳表面或表层的直接动力(即地质营力)。在地球外部圈层的运动过程中,地球内部的重力能与旋转能等也起着重要作用。

地质营力总是通过一定的介质来起作用的。表层地质作用的地质营力按介质的物理状态（液、固、气）分为3种情况：介质为液态（即水）的营力主要有地面流水、地下水、湖泊和海洋；介质为固态的营力主要有冰川；介质为气态的营力主要为大气和风。故表层地质作用的营力有多种类型，介质条件差异甚大，以不同的表现形式对地球的表层系统进行改造。按其先后顺序，外动力地质作用的类型包括风化作用、剥蚀作用、搬运作用、沉积作用和成岩作用等（图1-3-1）。

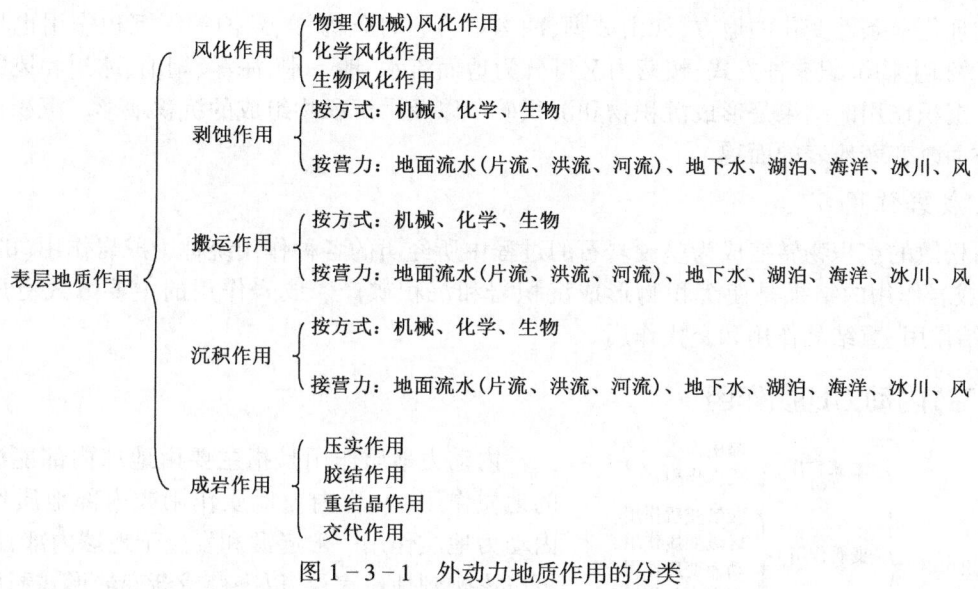

图1-3-1 外动力地质作用的分类

1. 风化作用

风化作用（weathering）是指在地表或近地表的环境中，由于温度变化、大气、水和水溶液及生物作用等因素的影响，地壳或岩石圈的岩石、矿物在原地遭受分解和破坏的作用。岩石遭受风化作用的结果是：(1)单纯的机械破碎，岩石由大块变成小块；(2)岩石矿物的分解，一部分被水溶液带走，一部分变成新的化合物残留在原地。风化作用按其性质分为三大类：物理风化作用、化学风化作用、生物风化作用。风化作用使地表岩石变得松软，为剥蚀作用创造条件，是外动力地质作用的前导。

2. 剥蚀作用

剥蚀作用（denudation）是指各种地质营力（如风、水、冰川等）在其运动过程中对地表岩石、矿物产生破坏并将破坏物剥离原地的作用。剥蚀作用不断破坏和剥离地表物质，使地表形态发生改变，形成新的地貌景观。同时，风化作用与剥蚀作用相辅相成，互相促进。风化作用的结果是使矿物岩石变得疏松，有利于剥蚀作用的发生；而剥蚀作用可以将风化作用的产物剥离开来，让新鲜的岩石裸露出来，使得风化作用更加强烈。剥蚀作用按方式可分为机械剥蚀作用、化学剥蚀作用和生物剥蚀作用，按地质营力类型又可分为地面流水、地下水、海洋、湖泊、冰川及风的剥蚀作用等。

3. 搬运作用

搬运作用（transportation）是将风化作用、剥蚀作用的产物搬离原地、移到他处的过程。

搬运作用与剥蚀作用是紧密联系在一起的,物质剥离原地的同时也是其进入搬运状态的时刻。按搬运方式的不同,可将搬运作用分机械、化学和生物搬运3种方式。不同营力(地面流水、地下水、海洋、冰川、风等)搬运作用的方式、特点也不尽相同,搬运作用是一种中间作用过程。

4. 沉积作用

沉积作用(sedimentation)是指在搬运介质动能减小或物理化学条件发生改变以及生物作用下,被搬运的物质在适当的环境中堆积下来的过程。沉积作用的场所常是能使介质动能减小或物理化学条件变化的地方,如山坡脚、冲沟口、河口区、海洋、湖泊等。沉积作用也具有机械、化学和生物沉积3种方式,按营力又可分为地面流水、地下水、海洋、湖泊、冰川和风的沉积作用。沉积作用的结果是形成沉积物和沉积矿产以及由沉积物组成的沉积地形。沉积作用从建造方面改变着地表的面貌。

5. 成岩作用

由松散的沉积物转变成为坚硬岩石的过程中所经历的各种作用统称为成岩作用(diagenesis)。成岩作用的结果是使沉积物形成沉积岩和沉积矿产。成岩作用的主要方式有压实作用、胶结作用、重结晶作用和交代作用。

(二)内动力地质作用

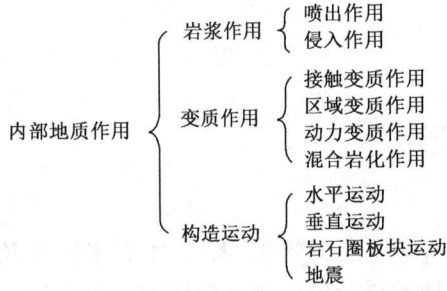

图1-3-2 内动力地质作用间的分类

内动力地质作用是指主要由地球内部能源引起的地质作用(又称内力地质作用或内部地质作用)。内动力地质作用一般起源和发生于地球内部,但常常可以影响到地球表层,以突变或渐变的形式释放地球内部积蓄的能量。

内动力地质作用的主要表现形式包括岩浆作用、变质作用和构造作用等(图1-3-2),其中构造作用是最普遍的。

1. 岩浆作用

岩浆作用(magmatism)是指在岩浆的形成、运动直到冷凝、结晶成岩石的过程中,岩浆本身及其对围岩所产生的一系列变化。岩浆是地下深处主要由硅酸盐组成的高温熔融体,并在巨大的压力驱使下向地壳的薄弱地带运移,在其运移过程中,由于物理、化学条件的变化,岩浆除自身发生变化外,还对围岩产生机械挤压并使围岩的物质成分和物理性状发生改变。

岩浆作用的方式可分为两种:一种是岩浆从深部发源地活动并上升,当其还没有到达地表就冷凝结晶形成岩石的作用过程,称为侵入作用,冷凝结晶形成的岩石称为侵入岩;另一种是岩浆穿过上覆岩层并喷出地面的作用过程,称为喷出作用或火山活动,岩浆冷凝后所形成的岩石称为喷出岩。

2. 变质作用

变质作用(metamorphism)是指在地下特定的地质环境中,由于物理、化学条件的改变,原来的岩石(包括沉积岩、岩浆岩及变质岩)基本上在固体状态下发生物质成分与结构、构造变化,从而形成新的岩石的地质作用。新形成的岩石称变质岩。变质作用通常是在地表以下较高的温度和压力条件下进行的,并且常常有化学活动性流体参加作用。

引起变质作用的温度、压力等因素,主要来自地球内部。但是在特殊情况下,变质作用不一定由地球内部的因素所引起,也可以发生在地表。如陨石的猛烈撞击可以使地表岩石变质;洋脊附近大洋底部的玄武岩因受地下巨大热流的影响,也能在地表发生变质作用。

3. 构造作用

构造作用(tectonism)又称为构造运动,是指主要由地球内部能源引起的地壳或岩石圈物质的机械运动,常以岩石变形、变位、地表形态的变化等形式表现出来。通常,构造作用速度缓慢,不易被人直接察觉;有时却极为快速而激烈,如引起地震的构造作用。它是引起各种规模和类型的地质构造与沉积作用发生、导致岩浆活动与变质作用的基本因素。因此,构造作用在地壳演变过程中具有特别重要的意义。

构造运动按物质的运动方向可分为水平运动(horizontal movement)和垂直运动(vertical movement)。水平运动是指组成地壳的物质发生沿地球切线方向的运动。水平运动主要引起地壳的拉张挤压、平移或旋转等,有时可使岩石发生强烈变形和变位,形成高大的褶皱山系。垂直运动是指地壳物质沿地球半径方向上升和下降的运动。它可以造成地表地势高差的改变,引起海陆变迁等。岩石圈的大规模构造运动常常表现为岩石圈的一些大型板块的相互作用与相对运动。

地震是构造运动的一种特殊表现形式,是地壳的一种快速运动。当地表下的岩石受力产生变形,在变形的过程中,机械能就不断地累积,当累积到一定的限度时(岩石的破裂极限),岩石就会发生破裂,在破裂的同时,大量的机械能就会释放出来,地壳受到猛烈冲击而发生震动,从而产生地震。

最近时期的构造运动对于人类的关系最为直接。如进行水利工程及城市工程建设,地震的预测和预防等,都要求对最近时期构造作用的性质和特征进行详细研究。因此将第四纪以来所发生的构造作用,称为新构造作用(newtectonism),并列为专门的研究对象。

(三)内动力地质作用与外动力地质作用的关系

内动力地质作用和外动力地质作用以及它们本身的各种作用是密切联系、相互促进和相互制约的。总的说来,内动力地质作用的总趋势是使地球表面产生高低起伏,诸如山脉、盆地、陆地和海域;而外动力地质作用的总趋势是向着与内动力地质作用相反的方向进行,即要夷平地面,将破坏产物搬到低洼之处堆积起来,使总的地势趋于平坦化,平原得以发展和形成。内动力地质作用进行得越强烈,外动力地质作用也进行得越强。当前者表现为上升时,后者就以破坏的方式进行;当前者表现为相反方向的运动时,沉积作用就取代破坏作用而占优势。整个作用的发展表现是在破坏、改造和沉积建造中进行的。在地壳中和地壳表面,内部的变化主要是建造性的;而外部的变化在大陆上主要是破坏性的,在海洋里主要是建造性的。

在整个地壳发展历史中,内动力地质作用和外动力地质作用相互联系和相互影响,使旧的破坏,新的产生,这就促使地壳不断地、逐步地得到发展,形成今天的地貌。但在整个发展中,内动力地质作用占主导地位。各种地质作用的关系及其结果如图1-3-3所示。

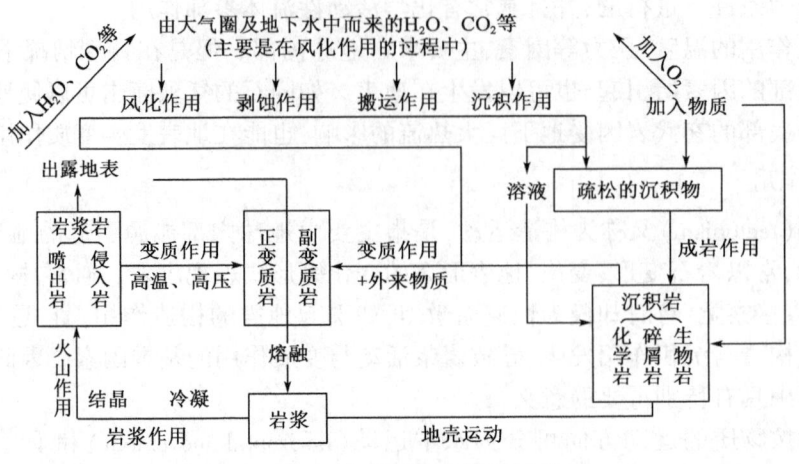

图 1-3-3 各种地质作用间的关系

第二节 地质年代

地球自形成以来,在 4600Ma 的漫长历史中经历了种种发展和演化,确定其发展阶段及各种地质事件的时间是地质学研究的重要任务之一。为了便于全球对比,必须要有统一的时间系统,包括统一的方法和标准。在地质学中,地质年代(geological time)有两层含义:地质体形成或地质事件发生的先后顺序及地质体形成或事件发生距今的年龄。前者称为相对年代(relative age),主要是根据生物界的发展与演化(以化石为依据),把整个地质历史划分为一些不同的历史阶段,借以展示岩石的新老关系;后者称为绝对年代(absolute age),主要是通过岩石矿物中所含的放射性同位素的自然衰变规律来测定,故又称为同位素年龄(isotopic age)。在描述地质体或地质事件的年代时,两者都是不可缺少的。只有将两者结合,才能全面地认识地质事件及地球、地壳演变时代,地质年代表正是在此基础上建立起来的。

一、相对地质年代的确定

岩石是地质历史演化的产物,也是地质历史的记录者,无论是生物演变历史,还是构造运动历史、古地理变迁历史等都会在岩石中留下各自的烙印。因此,研究地质年代必须研究岩石中所包含的年代信息。确定岩石的相对地质年代主要是依据岩层的沉积顺序、生物演化和地质体之间的相互关系,即所谓的地层层序律、生物演化律和地质体之间的切割律。

(一)地层层序律

我们把野外见到的成层岩石(沉积岩、火山岩及其变质岩)泛称为岩层,当涉及探讨它们的先后顺序、地质年代和组成填图单位时,就称为地层(stratum)。所以,地层除了具有一定的形体和岩石内容外,还具有时间顺序的含义。

地层形成时的状态是水平或近于水平的,且二维延展直至变薄、尖灭。原始产出的地层具有年代较老的地层在下、年代较新的地层叠覆在上的规律。这就是后来著名的地层层序律(Law of Superposition)或地层叠覆律。它是丹麦医生斯坦诺(N. Steno,1638—1686)根据意大利北部山脉的野外观察,于 1669 年提出的[图 1-3-4(a)]。斯坦诺将医学上学到的生物学

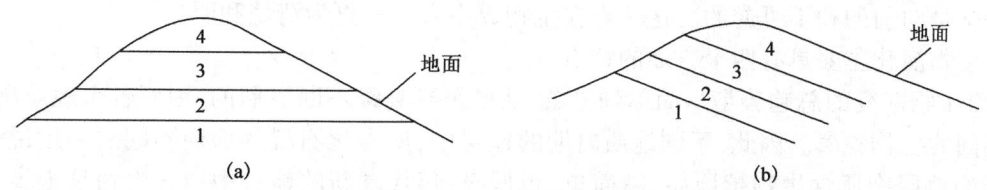

图1-3-4 地层相对年代的确定(地层层序正常时)(据夏邦栋,1995)
(a)地面水平;(b)地面倾斜;数字1、2、3、4表示从老到新的地层

知识来研究化石,创立了生物地层学的原理,从而奠定了相对地质年代研究的基础。

德国萨克森矿业学院教授维尔纳(A. C. Werner,1749—1817)是地球科学研究史中水成论学派的创始人,首先总结出研究地层顺序的方法,建立起萨克森地区的地层系统,实际上提出了建立全球性地层系统的概念。地层层序律是确定同一地区地层相对地质年代的基本方法。当地层因构造运动发生倾斜但未倒转时,地层层序律仍然适用,这时顺倾斜方向的地层新,反倾斜方向的地层老[图1-3-4(b)]。当地层经剧烈的构造运动、层序发生倒转时,上下关系则正好颠倒。此时,必须利用沉积岩的沉积构造(泥裂、波痕、粒序层、交错层等)来判断岩层的顶面和底面,恢复其原始层序,以确定新老关系(图1-3-5)。但是,地层学方法只适用于空间上相邻而且相互接触的地层,不适用于不同地区不相接触的地层。

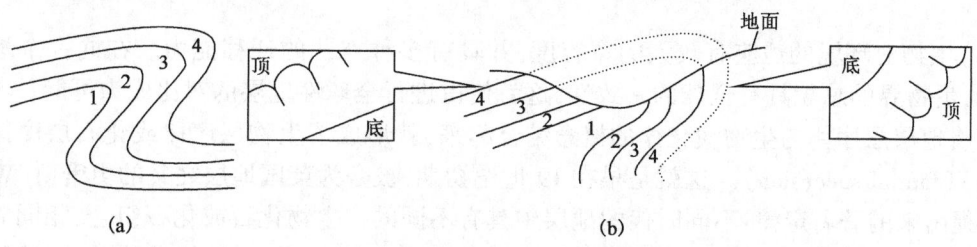

图1-3-5 地层相对年代的确定(地层层序倒转时)(据夏邦栋,1995)
(a)原始褶皱时的情况;(b)遭受剥蚀以后的情况

但是,一个地区在地质历史上不可能永远处于能接受沉积的环境中,常常是一个时期接受沉积,而另一个时期遭受剥蚀。因此,现在保留的地层剖面中常常缺失某些时代的地层,造成地层记录不完整。同时,强烈的地壳运动还可能使地层褶皱、断裂甚至倒转,也可以使地层缺失而发育不完全。因此,为了建立广大区域乃至全球性的地层系统,就需要将各地的地层剖面加以综合研究、对比,从而建立一个大体统一的地层剖面作为标准。在此项研究中,对地层中所含化石的研究和对比极为重要,这就需要掌握地质历史演化过程中的生物演化规律。

(二)生物层序律

地质历史时期的生物被称为古生物。埋藏在岩层中的古代生物遗体或遗迹称为化石(fossil)。动物的骨骼、甲壳、足迹、蛋、粪便,以及植物的根、茎、叶或其痕迹均可成为化石,而对地质历史上的生物的研究主要是依据化石。一般来说,保存为化石的生物实体,都已不同程度地受到地质作用改造,如被某种矿物质(如碳酸钙、二氧化硅、黄铁矿等)充填或交代而石化,或生物遗体中所含不稳定成分挥发逸去,仅留下碳质薄膜等。尽管如此,生物遗体的结构可以保持不变。

无数的事实证明,一切事物——包括无机界和有机界,都在不断地变化和发展,这种变化和发展又是向前的和不可逆的。这一点在生物界中表现得更为清楚和明显。

古生物演化主要具有四个方面的特点：

(1)生物演变的总趋势是从简单到复杂、从低级到高级不断发展的,因而各个地质历史时期有不同的生物种属。因此,不同地质时期的地层中,所含化石群的面貌不同。一般说来,年代越老的地层中所含生物越原始、越简单、越低级;年代越新的地层中所含生物越进步、越复杂、越高级。世界上发现的最古老化石是简单的菌类化石,较新且复杂的化石则是被子植物和哺乳动物化石。

(2)古生物的演化过程不是均一的和等速的,而是缓慢的量变和急速的质变交替出现,在质变中生物的大量绝灭和突发演化,形成了生物演化的阶段性。这种阶段性的存在与岩石圈发展演变具有阶段性和周期性密切相关。岩石圈演变的激烈时期,往往伴随着强烈的构造运动和岩浆活动,从而引起自然环境的巨大变化,这必然会促使生物界面貌发生巨大的变化,导致有些古生物种属绝灭,有些古生物种属出现。地球上的古植物演变大致经历了菌藻类、藻类、孢子植物、裸子植物、被子植物几个演化阶段,古动物也经历了无脊椎动物、鱼、两栖动物、古爬行动物、爬行动物(恐龙)、哺乳动物的几个演化阶段。

(3)古生物演化具有不可逆性,即以往出现过的生物种属灭绝后,在以后的演化过程中绝不会重复出现;以往某种生物的某些器官或内部结构消失后,在以后的演化过程中也绝不会再出现。

(4)生物对环境的适应有较大的宽容度,并具有多种方式的迁移能力。在同一个地质历史时期,生物界的总貌具有全球的一致性,这就使得进行全球性地层的对比成为可能。

若将地层层序律与生物演化律的概念结合起来,就形成了生物层序律或化石层序律的概念(law of faunal succesion)。这就是早在19世纪初期,被誉为英国地层之父的史密斯(William Smith)提出来的著名定律:不同时代的地层中具有不同的古生物化石或化石组合,相同时代的地层中具有相同或相似的古生物化石组合;古生物化石组合的形态、结构越简单,则地层的时代越老,反之则越新。它不仅可以确定地层的先后顺序,还可以确定地层形成的大致时代。

综合地层层序律与生物层序律的规律并加以运用,就成为系统地划分和对比不同地区的地层、恢复地层形成顺序的基本方法,从而为研究生物的演化阶段和全过程奠定了基础。图1-3-6表示了根据岩性、化石和地层层序等特征,划分和对比甲、乙、丙三地区地层的情况,以及在地层划分和对比的基础上,通过恢复该三地区完整的地层形成顺序而建立起来的综合地层柱状图(composite columnar section)。

应该指出,有些生物对环境变化的适应能力很强,虽经过漫长的地质历史,它们的特征仍没有明显变化。如舌形贝(*Lingula*)在5亿多年前就已在海洋中出现,至今仍然存在。因而这种化石对于确定地层年代意义不大。对于确定地质年代有决定意义的化石,应该在地质历史中具有演化快、延续时间短、特征显著、数量多、分布广等特点,这种化石称为标准化石(index fossil)。

(三)切割律或穿插关系

构造运动或岩浆活动可能导致不同时代的岩层与岩层之间、岩层与岩体之间、岩体与岩体之间出现彼此切割穿插关系,依据这些关系推断岩体或岩层的相对地质年代的方法叫构造地质学方法,具体推断方法是切割者新,被切割者老,故又叫地质体切割律(law of dissection)(图1-3-7)。这一原理还可以用来确定有侵入关系或包裹关系的任何两地质体或地质界面

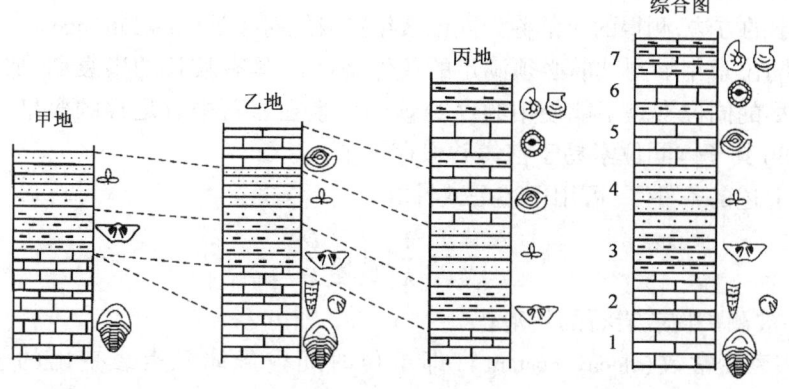

图 1-3-6　地层综合对比及综合柱状图(据夏邦栋,1984)
柱状图右侧标出的不同符号代表不同的化石及其组合,相同时代的地层用虚线相连

的新老关系,即侵入者年代新,被侵入者年代老;包裹者新,被包裹者老。如侵入岩中捕虏体的形成年代比侵入体的形成年代老;砾岩中砾石形成的年代比砾岩的形成年代老。

二、同位素年代(绝对年代)的确定

相对地质年代只表示了地质事件或地层的先后顺序,即使是利用古生物化石组合的方法,也只能了解它们的大致时代。在探索地质发展历史的过程中,人们除知道各种地质事件的先后顺序及大致时代外,迫切地需要知道矿物、岩石或地质事件所发生的确切时间。所以,以年为单位来测定绝对地质年龄长期以来深受地球科学界的重视。

1896 年,具有天然放射性的铀被法国物理学家贝克勒尔(H. Becquel,1852—1908)发现,随后英国物理学家卢瑟福(L. Rutherford,1871—1937)于 1903 年提出放射性元素的原子会蜕变,

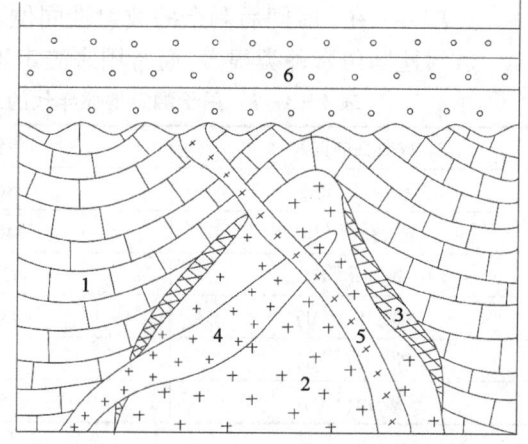

图 1-3-7　运用切割律确定各种岩石形成顺序示意图(据舒良树,2010)
1—石灰岩,形成最早;2—花岗岩,形成晚于石灰岩;3—矽卡岩,形成时代同花岗岩;4—闪长岩,形成晚于花岗岩;5—辉绿岩,形成晚于闪长岩;6—砾岩,形成最晚

即自行分裂为另外的原子,并在以后的实验中得到证实。例如,相对原子质量为 238 的铀(^{238}U),蜕变的最后结果是产生氦和相对原子质量为 206 的铅(这种铅比相对原子质量为 207 的普通铅轻,但都在元素周期表上的同一位置,为铅的同位素)。人们后来总结出规律,放射性元素在自然界可自动地放射出 α(粒子)、β(电子)或 γ(电磁辐射量子)射线而蜕变成另一种新元素,并且各种放射性元素均有自己恒定的蜕变速度以及产物。例如,^{238}U 经过 45.1 亿年就蜕变掉一半,这个时间被称为铀 238 的半衰期,用 $T_{1/2}$ 表示。因此,自然界的矿物和岩石一经形成,其中所含有的放射性同位素就开始以恒定的速度蜕变,如同天然时钟一样,记录着它们自身形成的年龄。当知道了某一放射元素的蜕变速度($T_{1/2}$)后,那么含有这一元素的矿物晶体自形成以来所经历的时间(t),就可根据这种矿物晶体所剩下的放射性元素(母体同位素)的总量(N)和蜕变

产物(子体同位素)的总量(D)的比例计算出来。这就为测定矿物、岩石或地质事件所发生的时间找到了科学的方法,测得的年龄称为同位素年龄或绝对年龄(absolute age)。

但进行同位素年龄测试前必须满足的条件是:(1)具有较长的半衰期,那些在几天或几年内就蜕变殆尽的同位素是不能使用的;(2)该同位素在岩石中有足够的含量,可以分离出来并加以测定;(3)其子体同位素易于富集并保存下来。

在满足上述的条件下,可用下述公式计算:

$$t=\frac{1}{\lambda}\ln\left(1+\frac{D}{P}\right)$$

式中　t——被测矿物或岩石的年龄;
　　　λ——衰变常数(decay costant),即单位时间内母体元素衰变出的子体同位素的原子数;
　　　D——t时间内母体同位素(parent isotope)所产生的子体同位素(daughter isotope)原子数;
　　　P——在t时间后剩余的放射性同位素(母体同位素原子数)总量。

放射性同位素种类很多,通常用来测定地质年代的放射性同位素见表1-3-1。

表1-3-1　用于测定地质年代的放射性元素(据 Steven M. Stanley,1989)

放射性同位素	半衰期,a	衰变产物
铷87(^{87}Rb)	486×10^8	锶87(^{87}Sr)
钍232(^{232}Th)	140×10^8	铅208(^{208}Pb)
钾40(^{40}K)	13×10^8	氩40(^{40}Ar)
铀238(^{238}U)	45×10^8	铅206(^{206}Pb)
铀235(^{235}U)	7×10^8	铅207(^{207}Pb)
碳14(^{14}C)	5730	氮14(^{14}N)

在上述放射性同位素中,铷—锶(Rb—Sr)法、铀—铅(U—Pb)法、钾—氩(K—Ar)法和^{14}C法较为常用。其中,前两种方法主要用以测定较古老岩石的年龄;而钾—氩(K—Ar)法的有效范围大,几乎可以适用于绝大部分地质时间,由于钾元素是常见元素,许多常见矿物中都富含钾,因而钾—氩(K—Ar)法的测定难度降低、精确度提高,所以钾—氩(K—Ar)法应用最为广泛;^{14}C法由于其同位素的半衰期短,主要用以测定最新的地质事件和大部分考古材料的年龄中(中国科学院地球化学研究所)。另外,近年来开发的钐—铷(Sm—Rb)法和^{40}Ar—^{39}Ar法准确度提高,分辨率强,显示了其优越性,可以用来补充上述方法的一些不足。

同位素年龄测定方法的应用使地质年代学取得了巨大进展。随着测试成果的不断积累,地质历史的演化面貌逐渐清晰地展现出来。首先,人们着手于对地球表面最古老的岩石进行了年龄测定,获得了地球形成年龄的下限值为40亿年左右,如南美洲圭亚那的古老角闪岩的年龄为(41.30±1.7)亿年,格陵兰的古老片麻岩的年龄为(36~40)亿年,非洲阿扎尼亚的片麻岩的年龄为(38.7±1.1)亿年,等等,这些都说明地球的真正年龄应在40亿年以上。其次,人们通过对地球上所发现的各种陨石的年龄测定,惊奇地发现各种陨石(无论是石陨石还是铁陨石,无论它们是何时落到地球上的)都具有相同的年龄,大致在46亿年左右。从太阳系内天体形成的统一性考虑,可以认为地球的年龄应与陨石相同。最后,取自月球表面的岩石的年龄测定,又进一步为地球的年龄提供了佐证,月球上岩石的年龄值一般为(31~46)亿年。综上所述,现在一般认为地球的形成年龄约为46亿年。

目前,同位素年龄测定方法应用最广的是在火成岩领域。对火成岩(侵入岩、熔岩等)中某些矿物如锆石U—Pb法、Pb—Pb法等方法进行测年,可以确定火成岩的形成年龄。对变质岩中某些变质矿物(如白云母、黑云母、角闪石)用^{40}Ar—^{39}Ar方法进行测年,也可获得变质岩的形成年龄。一般来说,碎屑沉积岩的沉积和成岩年龄不能直接用此方法获得,但可以通过对碎屑沉积岩所含某些碎屑矿物的测年,如对足量碎屑锆石颗粒的U—Pb法测年,了解物源区(锆石原生的产出地)曾经发生过的古构造事件的时间、古构造演化以及物源区构造属性等重要信息(Griffin 等,2000)。

同位素年龄测定方法的原理是科学的,但是在运用中存在若干问题。如母体同位素含量与子体同位素含量有时不易精确测定,因为子体同位素可能因后来的地质作用而部分丢失,母体同位素也可能因各种地质作用而被混杂。另外,在一般矿物中,上述放射性同位素的含量很低,对测定的精度要求很高,故测定难度大,测量时可能产生人为的误差。此外,有些沉积岩不含有与沉积作用同时形成的放射性同位素,因而这种方法无法加以运用。

裂变径迹法是被广泛应用的另一种同位素地质测年方法。在含放射性元素的矿物(如磷灰石、榍石、锆石、白云母)中,U、Th等同位素的原子核能自发地裂变成碎片。裂变释放出的能量会使周围介质受到损伤而留下痕迹,此痕迹称裂变径迹。裂变径迹的数量和长度与时间成正比,所以可以通过测定矿物中裂变径迹的数量和长度来计算样品年龄。只要样品中产生的自发裂变径迹密度大于10^{-2}cm均可选用。该方法所需的样品量少,可供测量的岩石种类多,用途广泛,目前多用于山体隆升、盆地沉降、热演化史以及考古学等研究领域。

利用古地磁方法测年是新近发展起来的技术。地质历史中地磁场的南北极是不断变换的,而且每一磁性时期的延续时间也不相同。因此,测定岩石的极性,确定该极性的延续时间,并通过与已知的标准对比,就可以推算该岩石的形成年代,这就是古地磁测年法的基本原理。这一方法目前只限于测定中生代以来的岩石年代,因为尚未对更老年代的岩石建立起可资比较的"标准"。有关古地磁法原理还将在其他教材中作较详细介绍。

三、地质年代表

(一)地质年代表的建立

按年代先后把地质历史进行系统性编年列表,称为地质年代表(geologic time scale)。地质年代表的建立是19世纪晚期地球科学发展史中的里程碑,地球科学从此才走向系统化、科学化。早期的地质年代表主要是依据生物演化的先后顺序获得相对年龄早晚概念,而整个地球历史演化持续的绝对年龄长短无法知晓。以后通过全球性地层划分与对比,以及随着同位素年代学、事件地层学、古地磁学的发展及层型剖面的研究,结合生物演化和地球构造演化的阶段性,使地质年代表内容日益丰富和精确。地质年代表的建立,是对世界各地的地层进行系统划分与对比的结果。它的内容包括各个地质年代单位、名称和同位素年龄值等。它反映了地壳中无机界(矿物、岩石)与有机界(动物、植物)演化的顺序、过程和阶段。

地质年代表中具有不同级别的地质年代单位。最大一级的地质年代单位为"宙"(Aeon),次一级单位为"代"(Era),第三级单位为"纪"(Period),第四级单位为"世"(Epoch)。

表1-3-2列出了由国际地层委员会推荐的2014年版的国际地质年代表,与此前一直使用的国际地质年代表的内容基本相同(Boggs,2005),仅在若干部分有些变化,其要点是:原先

的老第三纪、新第三纪分别改名为古近纪（Paleogene）和新近纪（Neogene）；二叠纪原为二分，现改为三分；石炭纪原三分，新表将其早世和中世的下部称密西西比亚纪，将其中世的上部和晚世合称为宾夕法尼亚亚纪；先志留纪和寒武纪原为三分，现均为四分。

表 1-3-2　国际地质年代表（据国际地层委员会，2014，修改）

相对年代				绝对年龄，Ma	生物开始出现时间		构造阶段	
宙(宇)	代(界)	纪(系)	世(统)		植物	动物	大阶段	阶段
显生宙(宇) PH	新生代(界) Cz	第四纪(系) Q	全新世(统) Qh 更新世(统) Qp	2.58		←现代人	联合古陆解体	喜马拉雅阶段
		新近纪(系) N	上新世(统) N_2 中新世(统) N_1	23.03		←古猿		
		古近纪(系) E	渐新世(统) E_3 始新世(统) E_2 古新世(统) E_1	66.0	被子植物			
	中生代(界) Mz	白垩纪(系) K	晚(上)白垩世(统) K_2 早(下)白垩世(统) K_1	145.0				燕山阶段
		侏罗纪(系) J	晚(上)侏罗世(统) J_3 中侏罗世(统) J_2 早(下)侏罗世(统) J_1	201.3±0.2		←哺乳类		
		三叠纪(系) T	晚(上)三叠世(统) T_3 中三叠世(统) T_2 早(下)三叠世(统) T_1	252.17±0.06				印支阶段
	古生代(界) Pz	晚古生代(界) Pz_2	二叠纪(系) P	乐平世(统) P_3 瓜德鲁普世(统) P_2 乌拉尔世(统) P_1	298.9±0.15	裸子植物	←爬行类	印支-海西阶段
			石炭纪(系) C	宾夕法尼亚纪(亚统) C_2 密西西比亚纪(亚统) C_1	358.9±0.4		←两栖类		海西阶段
			泥盆纪(系) D	晚(上)泥盆世(统) D_3 中泥盆世(统) D_2 早(下)泥盆世(统) D_1	419.2±3.2	蕨类植物	←鱼类	联合古陆形成	
		早古生代(界) Pz_1	志留纪(系) S	普里道利世(统) S_4 罗德洛世(统) S_3 温洛克世(统) S_2 兰多维利世(统) S_1	443.4±1.5		←无颌类		加里东阶段
			奥陶纪(系) O	晚(上)奥陶世(统) O_3 中奥陶世(统) O_2 早(下)奥陶世(统) O_1	485.4±1.9				
			寒武纪(系) Є	芙蓉世(统) $Є_4$ 第三世(统) $Є_3$ 第二世(统) $Є_2$ 纽芬兰世(统) $Є_1$	541.0±1.0		←无脊椎动物		
元古宙(宇) PT [分为古、中、新元古代(界)]				2500	菌藻类		地台形成	晋宁阶段 吕梁阶段
太古宙(宇) AR [分为始、古、中、新太古代(界)]					原始菌藻类			陆核形成

应当指出,现有的地质年代表仍有待进一步完善和发展。例如,显生宙开始的年龄需精确厘定,太古宙的划分尚显粗略,显生宙各系适用于全球精确对比的可操作性界线方案实际上仍未获得公认。宙、代和纪的数值今后还可能发生一定调整,如第四纪开始的年龄存在 2.6Ma(陆相地层)和 1.6Ma(海相地层)的差异,都需要今后进一步验证。

地球历史长达 4600Ma,距今 541Ma(即寒武纪)以来的历史研究得最详细,已取得全世界公认的划分方案。541Ma 以前的古老岩石由于经历了复杂的构造破坏和变质,而且生物化石资料很少,到目前为止,全球范围内尚无统一的划分方案,表 1-3-3 为其中的一种划分方案。而我国寒武纪晚期地层极其发育,剖面好,研究程度高。

表 1-3-3 前寒武纪地层的划分(据国际地层委员会,2014)

宇	界	系	年龄值,Ma
元古宇	新元古界(Pt_3)	埃迪卡拉系	541.0±1.0
		成冰系	635
		拉伸系	850
	中元古界(Pt_2)	狭带系	1000
		延展系	1200
		盖层系	1400
	古元古界(Pt_1)	固结系	1600
		造山系	1800
		层侵系	2050
		成铁系	2300
太古宇	新太古界		2500
	中太古界		2800
	古太古界		3200
	始太古界		3600
冥古宇			4000
			4600

(二)地质年代名称的来源与含义

了解地质年代表中各地质时代名称的来源和含义,对于深刻理解地质年代表的性质是有益的。

太古宙(Archaeozoic Eon):是已有大量岩石记录的最古老的地质年代,这一时期的岩石一般是变质程度很高的变质岩,仅有原核生物界的菌藻生物等(图 1-3-8)。

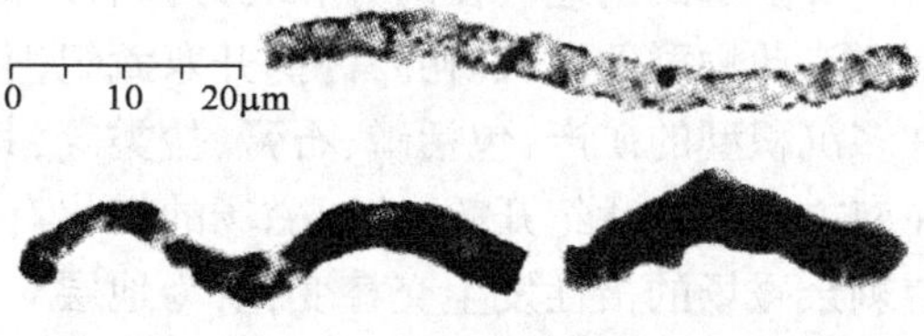

图 1-3-8 澳大利亚西部地球上最古老的原核生物化石(据 Schopf,1993)

元古宙(Proterozoic Eon):为较古老的地质年代,这一时期的岩石记录已十分普遍。元古宙包括古元古代、中元古代和新元古代 3 个代。生物主要为原生生物界及少量后山动物,如原始的菌藻类,包括蓝藻、绿藻、红藻及一些细菌,此外还有少量海绵动物、水母及蠕虫等。在我国,古元古代主要为滹沱纪,中元古代分为长城纪和蓟县纪,新元古代分为青白口纪、南华纪和震旦纪。

滹沱纪(Hutuo Period):最初命名地点在山西五台山西南滹沱河岸的东冶镇附近,故名。该纪地层分布面积较小,轻微变质。

长城纪(Changcheng Period):名称来自于我国的万里长城。

蓟县纪(Jixian Period):名称来自于我国天津市的蓟县。

青白口纪(Qingbaikou Period):名称来自于我国北京市附近的青白口镇。

南华纪(Nanhua Period):取意于"南华大冰期",层型区位于华南地层区,分下、上两统。

埃迪卡拉纪(Ediacaran Period)(我国称震旦纪):埃迪卡拉纪是2004年国际地层委员会投票通过的名称,但近年来在我国一直使用震旦纪,本书采用了国际正式名称。"震旦"是我国的古称,该纪地层在我国极为发育,而且发现早、研究细,这一名称目前仅在国内通用,其他国家还有不同的名称。我国著名地质学家李四光等在长江三峡建立起完整的震旦纪地质剖面,这就是有名的峡东剖面。它向全世界提供了地层对比的依据。震旦纪已有了明确的生物证据:在动物界出现了低等的小型具硬壳的物种,以及大量裸露的高级动物。后者就是发现于澳大利亚的埃迪卡拉动物群;在植物方面表现为高级藻类的进一步繁盛(彩图50)。

这几个纪的地层在我国比较发育,研究较详细,因此我国地质学家用我国的名称给予了命名,但仅在国内通用,尚未得到国际公认,其他国家还有不同的名称。

显生宙(Phanerozoic Eon):是开始出现大量较高等动物以来的阶段,包括古生代、中生代和新生代。

古生代(Palaeozoic Era):意为"古老生物"的时代。它标志着生物已开始大量发育,主要为原始海生无脊椎动物。原始的鱼类、两栖类、蕨类等孢子植物。其中,寒武纪、奥陶纪和志留纪为早古生代,泥盆纪、石炭纪和二叠纪为晚古生代。

寒武纪(Cambrian Period):"寒武"是英国威尔士地区寒武山的名称,在这里首先建立了该地质时代的地层。它代表地球上有大量生物开始出现的新时期开始,在此之前,由于地球上的生物极其稀少,人们统称为前寒武纪。进入寒武纪后,地球上出现了广泛的海侵现象,海洋的面积进一步扩大,为海洋生物的生长创造了条件,一些原始无脊椎动物逐渐演化发展成具有硬壳的无脊椎动物。作为一个远古的时代,寒武纪最显著的特点就是具有硬壳的不同门类的无脊椎动物如雨后春笋般地出现。这些动物,包括节肢动物、软体动物、腕足动物、古杯动物,以及笔石、牙形刺等。它们的飞速涌现形成了生物大爆炸的壮观局面,带来了生物从无壳到有壳这一进化历程中的重大飞跃(彩图51)。

我国寒武纪地层在南方和北方都有广泛的分布,并产有丰富的古生物化石。尤其是对云南澄江动物群的深入研究,为揭开寒武纪生命大爆发的奥秘提供大量的信息。寒武纪形成了许多沉积型的矿产,包括磷、石膏、盐类等,其中磷矿最为重要。我国这一时期的磷矿主要分布在南方。从寒武纪开始,地球磁场的变化有了记录,为板块漂移的研究提供了证据,磁场反转使剩余磁场的极性发生交替变化,为地层对比提供了另一条研究途径。

奥陶纪(Ordovician Period):奥陶纪来自于英国威尔士一个古代族名"奥陶",是早古生代海侵最广泛的时期,这为无脊椎动物的进一步发展创造了有利的条件。这一时期,海生无脊椎动物不仅门类和属种丰富(彩图52)。在生态习性上也有重要的分异。主要生物种类除三叶虫外,还有笔石、海绵、鹦鹉螺、牙形刺动物、腕足类、腹足类等,奥陶纪还出现了原始的鱼类。

志留纪(Silurian Period):最早研究该时代的地层出露于威尔士边境,这里生活过一个不列颠部族叫"志留"。由于强烈的造山运动,志留纪的地球表面出现了较大的变化,海洋面积缩小,陆地面积扩大。因此原始的高等植物作为植物界的先驱者登上了大陆。海洋中,各种无脊椎动物并不理会领地的萎缩而继续繁盛。毕竟海洋的面积着实很大,更何况随之而来的又将是一次新的海进。

在志留纪的海洋中,珊瑚出现了较多种类,它们为晚古生代(主要是泥盆纪和石炭纪)珊瑚的空前繁荣奠定了基础。志留纪的主要珊瑚类型是床板珊瑚和四射珊瑚。尽管当时的珊瑚中许多是单体而不是群体,但由于数量丰富,海洋中已经形成了珊瑚礁。层孔虫是另一类海洋生物,它们可以分泌钙质的骨骼,也具有造礁能力。腕足类是一种固着生物,具有两瓣硬壳,死后容易保存成为化石,形成壳相地层。此外,志留纪的重要生物还有苔藓虫、三叶虫、鹦鹉螺类和笔石类。其中,笔石是一种非常重要的生物,其化石通常保存在岩层面上,很像用笔书写的痕迹,故称之为笔石。笔石是一种脊索动物,在生物进化史上有其重要的意义,即出现了中枢神经。分布于我国东南沿海的文昌鱼就是脊索动物的孑遗动物。

泥盆纪(Devonian Period):是晚古生代的第一个纪,该时期海相腕足类比较发育(图1-3-9),最早研究该时代的地层出露于英格兰的泥盆郡。由于早古生代的造山作用(加里东运动)影响,地球经历了漫长的构造运动,全球陆地面积继续扩大。与此同时,地球的大气成分也发生了明显的改变,可能是臭氧层的出现,使生物可以暴露在大气中而免遭紫外线的伤害。从这一时期起,生物才开始从海洋向陆地进军。

图1-3-9 泥盆纪颠石燕

在当时,鱼类首先从无脊椎动物中分化出来,形成生物界的新族。由于泥盆纪的鱼类空前繁盛,泥盆纪又称"鱼类的时代"。与此同时,植物中的先驱者已经向陆地上扩展。在这个新的环境中,它们沐浴着和煦的阳光,逐渐占据了辽阔的大地,地球开始披上了绿装。在泥盆纪早期,气候变得干燥炎热,适宜这种环境的裸蕨植物获得了迅速发展。泥盆纪晚期,石松类和直蕨类形成了成片的森林,为陆生生物的发展准备了条件。

另一方面,海洋中的无脊椎动物仍然统治着那里的世界。腕足类、珊瑚、层孔虫、苔藓虫、双壳类、牙形刺等生物在大洋中竞相发展。其中,腕足类是非常引人注目的一类生物。腕足类属于底栖固着型生物,软体由两瓣壳所保护,此外,还有一个用于支撑和固定身体的肉茎。它们喜欢固定生活在安静的海底,与世无争。腕足类品种繁多,在我国南方这一时期的地层中保存着丰富的腕足动物化石。

石炭纪(Carboniferous Period):该时代地层中富含煤层,该名创始于英国。石炭纪的气候温暖湿润,有利于植物的生长。随着陆地面积的扩大,陆生植物逐渐向大陆内部延伸,并得到空前发展,形成大规模的森林和沼泽,陆地表面到处是绿色的世界,给煤炭的形成提供了有利条件。所以,石炭纪成为地史时期最重要的成煤期之一,因而得名"石炭纪"。据统计,属于这一时期的煤炭储量约占全世界总储量的50%以上。在石炭纪的森林中,既有高大的乔木,也有茂密的灌木。早期的裸子植物(如苏铁、松柏、银杏等)非常引人注目,但蕨类植物的数量最为丰富。蕨类植物是灌木林中的旺族,它们虽然低矮,但大量占据了森林的下层空间,紧簇拥挤,蒸蒸日上。可以这样说,今天地球上之所以蕴藏有如此丰富的煤炭资源,与石炭纪的植物界的繁盛密切相关。中国是煤炭资源大国,山西的煤层应该是最好的证据。石炭纪森林的广袤和茂密可以从中国所产煤层的厚度上看出来,有的煤层厚度竟然超过120cm,这相当于2440m的原始植物质的厚度。此外,石炭纪也是地壳运动繁盛的时期,许多地区这时褶皱上升,形成山系和陆地,地形高差起伏,使地球上产生明显的气候分异。按照地理环境的不同,科学家们根据石炭纪的植物分布特点划分出各具特色的植物地理区,每一植物地理区都有自己的特色植物群和一定的生态特征。

二叠纪(Permian Period):最早研究的该纪地层出露于乌拉尔山西坡彼尔姆城,按音译应为彼尔姆纪,是地球发展史上重要的成礁期(彩图53)。二叠纪以海退为主要特征,陆地占主导地位,北半球气候干燥炎热,因此大部分地区以红色的含盐或石膏的潟湖、陆相沉积为主。赤道地区较为湿润,海水温暖而又清澈,喜欢生活在浅海的各种钙藻和海绵动物大量繁殖,大陆则非常适合植物生长,因此二叠纪也是重要的成煤时期和生油时期。全世界已经发现了许多二叠纪的礁型油气田,例如,在美国得克萨斯、新墨西哥州等地就发现和开发了二叠纪礁型油气田100多个,其中斯克雷油田分布长40km,宽3~15km,产油面积295km^2,可采储量1.62×10^{8}t;俄罗斯的乌拉尔地区,开发了与礁有关的油气田30余个,产量也极为可视。

脊椎动物由水到陆必须解决适应陆地生活环境的三大课题,其一是支撑和运动,鱼形动物是靠水的浮力,不存在支撑体重问题,尾和鳍则是其运动器官,为了适应陆地生活,必须把鳍改造为四肢来完成支撑体重和运动的双重任务;其二是从腮呼吸改为肺呼吸;其三为生活在陆地上,还必须防止体内水分的蒸发。两栖动物在克服水分蒸发方面并不十分成功,所以它们只能生活在河、湖岸边和沼泽区等潮湿地带。两栖动物在二叠纪的发展可谓一日千里,无数种两栖动物匍匐爬行在水边。到二叠纪末期,逐渐演化为真正的陆生脊椎动物——原始爬行动物。

二叠纪末期发生了生物大量绝灭事件,可能与晚古生代末出现的地壳运动有关(海西运动)。经过这次运动,北半球的许多活动海槽都已先后转化为褶皱山系,环境也发生了巨变,造成了大量的生物灭绝。

中生代(Mesozoic Era):意为"中期生物"的时代,以陆上爬行动物繁盛为特征,在这以前主要为水生动物。

三叠纪(Triassic Period):是中生代的第一个纪,该纪地层在德国南部研究最早。岩层具有明显的三分性:下部为陆相杂色砂页岩,中部为海相灰白色石灰岩,上部是陆相红色岩层,故此被称作"三叠系"。

三叠纪的生物界面貌与晚古生代的二叠纪大大不同。在海洋中,随着二叠纪末大量生物门类的绝灭,代之而起的是软体动物(菊石、双壳类等)、六射珊瑚、海绵类、海百合、有孔虫、苔藓虫等。微体化石牙形刺在三叠纪十分常见,它们处在演化史上的关键时期,属种更替显得极其频繁,至三叠纪末它们全部绝灭。在陆地上,裸子植物继续保持着优势,苏铁类占据主要地位,真蕨和木贼类也逐渐繁盛。陆生脊椎动物出现了水龙兽、犬颌兽等,它们是接近于哺乳类祖先的似哺乳爬行动物。三叠纪晚期,爬行动物向各方面分化,种类繁多,如适宜于陆地环境的我国云南禄丰龙、喜爱在湖泊游泳的安徽巢湖龙、回返到海洋中生活的喜马拉雅鱼龙等。

三叠纪末,在我国广大地区发生了"印支运动",扬子板块和华北板块连为一体,结束了我国东部地区"南海北陆"的局面。与此同时,一个新的构造格局开始出现,我国大陆东西分异的沉积特点逐渐表现出来,这也是我国整个中生代的沉积特点。我国三叠纪以沉积矿产较为丰富,重要的有煤、石油、油页岩和菱镁矿等。

侏罗纪(Jurassic Period):在法国和瑞士交界的阿尔卑斯山区的侏罗山,首先研究了这一时代的地层。从19世纪初开始就有许多人来这里从事科学考察活动。今天在地质学上应用的一些理论或概念都得益于当时对侏罗山区的认识,如古生物学中的"化石层序律"、化石代的建立和划分、地层学中"阶"的概念等。由于这一地区的地层发育特别完整,经过测定形成于地质历史中的中生代中期,于是称为侏罗系。这个时期是爬行动物大繁盛的时期。

在中生代,哺乳动物还没有真正出现,恐龙等爬行动物因此遇不到生存竞争的对手,它们理所当然地成为生物界的霸主。侏罗纪到处都是恐龙的家族(图1-3-10),天空中滑翔掠过的是翼手龙,在海洋中搏击风浪的是鱼龙和蛇颈龙,陆地上四处觅食的是梁龙、剑龙和雷龙,地球真正成了恐龙主宰的世界。

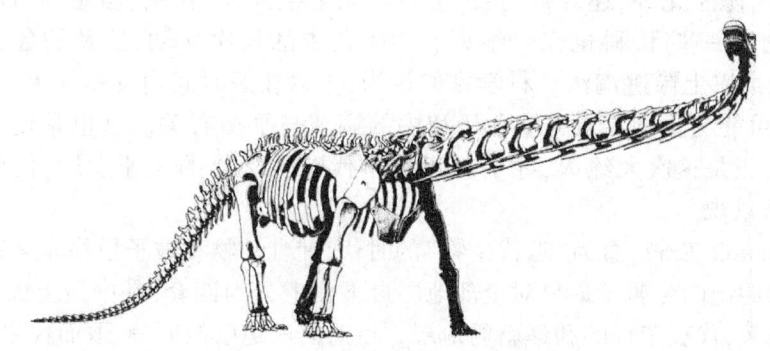

图1-3-10　中生代的马门溪龙

恐龙等爬行动物之所以能够得到飞速发展。特别是陆生恐龙之所以能够占据地球的表面,主要取决于陆地植物的存在。当时,温暖的气候十分有益于陆地植物的生存和繁衍,低矮的蕨类植物长成茂密的灌木林;高大的裸子植物则是苏铁、银杏和松柏类,它们一棵棵巍峨、挺拔,形成了郁郁葱葱的乔木林。乔木与灌木相互混合,整个地球都被陆生植物所覆盖,侏罗纪成了名副其实的绿色公园。在辽宁北票地区,我国的古生物学家发现了侏罗纪晚期被子植物果实的化石,这一发现表明,侏罗纪时被子植物已经出现了。爬行动物的另一支开始向鸟类方向进化,出现了始祖鸟等新的动物类型(彩图54)。侏罗纪多种植物形成的茂密森林为草食恐龙提供丰富的食源,为它们也为小型肉食或杂食恐龙提供了藏身之地。草食恐龙的数量增多无疑又对肉食恐龙有利,这一完整的食物链的构成正是侏罗纪为什么成为恐龙世界的秘密。由于侏罗纪植物茂盛,非常益于煤炭的形成,因此侏罗纪也是主要的成煤期,全球许多大煤田都形成于这一时期。

白垩纪(Cretaceous Period):是中生代的最后一个纪,最早在英吉利海峡北岸研究该时代地层,由于这一时代的地层中常产出白色细粒的碳酸钙,拉丁文称之为 Creta,意为白垩。白垩纪是地质年代表中唯一一个以岩性命名的纪。

白垩纪是地球发展史上的重要时期,这一时期是动植物新生门类蓬勃发展和迅速演变的时期,也是又一次出现生物大绝灭的时期。著名的霸王龙就生活在白垩纪,它是当时最强悍的肉食动物。以霸王龙为代表的蜥臀类恐龙大多数具有捕杀猎物的高度适应性,在世界各地都有它们的踪迹。鸟臀类的演化也在这一时期十分醒目,出现了甲龙、角龙、鸟脚龙类等。鸭嘴龙就是十分常见的鸟脚龙类。白垩纪,除了陆地上的恐龙,向空中发展的爬行动物有了更完善的适应。它们不仅个体硕大,飞翔能力也可以同某些鸟类相媲美;海洋中的爬行动物以沧龙类和蛇颈龙类为代表。但整个白垩纪鸟类、哺乳类和鱼类的崛起已对恐龙构成威胁,从侏罗纪延续下来的由恐龙主宰世界的格局正面临崩溃。

白垩纪出现了真正的鸟类,这在生物进化史上是一个重要的事件。在辽宁北票地区发现的中华龙鸟等化石为鸟类的演化和发展提供了最有利的说明。鱼类中真骨鱼得到迅速发展并分布于全球各地。节肢动物中的介形虫、叶肢介等成为重要的化石,特别是介形虫,它们个体微小,既可以生活在淡水中,又能生活在海水、半咸水中,有很强的适应能力。海生无脊椎动物中,菊石、有孔虫、双壳类具有一定的代表性。

白垩纪后,最重要的事件就是各种恐龙的相继绝灭,使中生代生物界的霸主全部退出了历史舞台,从而结束了长达1亿多年的恐龙时代。科学家们进一步指出,灾难并不仅仅只是降临在恐龙身上,在白垩纪末,出现了一次遍及整个生物界的大劫难。研究表明,中生代末以恐龙为代表的生物大绝灭,是继古生代末二叠纪的生物大绝灭后又一次引人瞩目的事件。这次事件,除恐龙外,还导致菊石、箭石类完全绝灭,有孔虫、珊瑚、海百合、双壳类及许多微体古生物的一些目、科也完全绝灭。中生代末的这次活动,殃及的各种生物总计达3000个属,有一半以上惨遭淘汰。科学家们认为,生物在短时间内突然绝灭,可能与地球的环境变迁有关,可能与生物界自身演化历程中的调节与平衡有关。这也是促进生物继续发展的重要因素。正是这次大绝灭,才引起了新生代哺乳动物的飞速发展,使地球生物呈现了千姿百态的新景观。

新生代(Cenozoic Era):意为"近代生物"的时代,哺乳动物和被子植物非常繁盛。

第三纪和第四纪两名源于最早对全部地层自下而上分为四套,其中最上面的两套分别称为第三系和第四系,代表年轻的和最新的地层。目前第三纪已被取消,取而代之的是古近纪和新近纪(Gradstein等,2004)。

古近纪(Paleogene)、新近纪(Neogene),地球上已相继形成阿尔卑斯山、喜马拉雅山、落基山和安第斯山等一系列巨大的山系,地表高差十分显著,气候也有过几次大范围的波动。这首先影响了植物界的发展,被子植物在此时期占据主要地位并获得了迅速演化,裸子植物和蕨类植物退居次要地位。古近纪基本上是木本植物大发展阶段,新近纪草本植物也加快了演化速度,植物组分越来越复杂。受地形、土壤和气候等各种因素的影响,古近纪和新近纪相继出现了明显的植物分区,热带植物区的植物与温带植物区的植物在组合面貌上截然不同。同时,哺乳动物也得到了飞速地发展,虽不如植物的种类繁多,个体的演化却加快了,如当时的三趾马个头只有现在的狐狸那么大,始祖象的个头也和现在猪的个头相当。

在我国,古近纪的古地理轮廓基本上是中生代白垩纪的延续,海区分布在喜马拉雅山、台湾及塔里木盆地西缘,海水的范围与中生代相比已明显缩小。与此相反,陆地面积扩大了。在陆区内,西部的大型盆地包括准噶尔、塔里木、柴达木等盆地仍继续沉降接受沉积。中部的几个大型盆地,如鄂尔多斯盆地、四川盆地沉积范围逐步缩小,直至消失已不再接受沉积。东部也有较大的变化,华北地区东西两侧上升,中部逐渐下沉,形成巨型的华北盆地。华南的江汉盆地、苏北盆地仍然继承者前期的沉降条件。

古近纪中后期发生了对全球有巨大影响的造山运动,即喜马拉雅运动,到新近纪后期加速隆升,逐渐形成今日世界屋脊——喜马拉雅山,青藏高原地区在此时也不断上升,当时的古地理面貌与现代很接近,只有台湾地区仍然沉没在大海中。

根据古近纪、新近纪古地理面貌得知,我国这一时期陆相地层非常发育,海相地层仅见于台湾、喜马拉雅及塔里木盆地西南缘;陆相大致可以沿着贺兰山—龙门山一线为界划分东西两大部分,它们在古地理格局、沉积类型以及地史发展过程有其各自的特点。

古近纪、新近纪形成了许多重要的矿产,在我国,有经济价值的是石油、天然气资源。此外,褐煤等沉积矿产也很重要。在西北地区,与干燥气候条件有关的盐类矿藏如石膏、岩盐、芒硝等储量丰富,也具有重要的意义。

第四纪(Quaternary)是最后一个纪,至今尚未结束。第四纪的重要事件是北半球出现了多次的冰期,发育了大面积的冰川。第四纪最重要的事件是人类的出现。长期以来,科学家们认为人来大约在100万年前出现(图1-3-11),并从这时开始命名为第四纪。随着研究的不断深入,古人类出现的时间被一再推前,现在的第四纪已经不再和人类的出现直接关联,而成为真正的地质年代。

1974年在埃塞俄比亚阿法地区发现了16岁的"Lucy"少女,距今300多万年,显示了直立行走的特点,但上肢仍保留攀缘的功能,称为"阿法南猿";1992年在非洲阿拉米斯地区发现距今440万年的南猿化石;从分子生物学的研究推测,人与猿"分道扬镳"的时间应大约在500万年前。

图1-3-11 森林古猿复原图

地质年代表中代(界)、纪(系)的代号取自其英文名称的第一个字母或第一个加上后面的某一个字母,仅寒武纪用 $\in$、白垩纪用 K,比较特殊,这是为了与石炭纪的 C 相区别。此外,世的代号是在该世所属纪的代号右下角注以 1、2、3 或 1、2 分别代表,三分为早世、中世、晚世或二分为早世、晚世等,如中石炭世以 C_2 表示。

第三节 地层单位

地层是地质学研究的基础,因此,在进行地质研究之前,首先要搞清地层发育情况。通常使用的地层单位包括三种类型,即岩石地层单位、年代地层单位和生物地层单位。

一、岩石地层单位

在一个新的地区进行地层工作时,首先应根据地层的岩性特征在垂向上的差异和横向上的分布特征,将其组织成大小不同的单位。这样划分出来的地层单位,称为岩石地层单位(Lithostratigraphic unit),又称地方性地层单位,它可分为群、组、段等不同的级别。

群(Group)是岩石地层的最大单位,群与群之间常有明显的地层不整合面分开。它包括厚度大、成分不尽相同总体外貌一致的一套岩层,如长城群、青白口群等。

组(Formation)是岩石地层的基本单位,是仅次于群的岩石地层单位。它一般是岩性较均一或几种岩性有规律地组合在一起。建立新组一般要求有一定的厚度和分布范围,以及顶底界线较清晰等条件,如太原组、山西组等。

段(Member)是最小的岩石地层单位,通常反映一个组中具有相同岩性特征的某个特殊层位,代表组内岩性相当均一的一段地层,如五峰组内分出页岩段、观音桥段等。

应该指出,岩石地层单位的划分不是以化石为依据,它与年代地层单位之间没有对应的关系,具有穿时性。只有在岩石地层单位中找到了可以确定时代的化石时,岩石地层单位的年代才可以确定。

二、年代地层单位

在特定地质年代内形成的全部地层称为年代地层,与地质年代单位相对应的年代地层单位为:宇(Eonochem)、界(Erathern)、系(System)、统(Series),它们代表在各级地质年代(时代)单位内形成的地层。

兹将两者的级别和对应关系表示如下：

    地质年代单位   年代地层单位
      宙..宇
       代...界
        纪..系
         世...统

由上述对应关系可知，宇是在宙的地质时间内形成的地层单位，界是在代的地质时间内形成的地层单位，系是在纪的地质时间内形成的地层单位，统是在世的地质时间内形成的地层单位。年代地层单位是全球性等时的。

三、生物地层单位

根据标准化石或化石组合特征为依据而划分的地层单位称为生物地层单位，常用生物地层单位的术语有组合带、延伸带、顶峰带。

（1）组合带：利用地层内所含化石或其中某一类化石的自然组合建立的化石带。

（2）延限带：指任一生物分类单元在其整个延续范围内所代表的地层体。

（3）顶峰带：指某些化石种、属最繁盛的一段地层。它既不包括前期这些化石虽已出现但数量不多时的地层，也不包括后期数量较少时的地层。

需要指出的是，上述各类生物带之间没有大小级别之分，只是建立的依据不同，因此，使用时需要注意。

复习思考题

1. 地质作用的概念是什么？其能量来源有哪些？
2. 内动力地质作用与外动力地质作用有何区别，又有何联系？
3. 什么是地质年代、相对地质年代和绝对地质年代？
4. 确定地层相对地质年代的方法有哪些？
5. 矿物、岩石的绝对地质年代是如何确定的？
6. 地质年代表是怎样建立的？请默写出各个代、纪的名称及符号。
7. 地质年代与年代地层有何不同点？
8. 地层单位有哪些类型？它们建立的依据是什么？

拓展阅读

柳成志，赵荣，赵利华. 2006. 地球科学概论. 北京：石油工业出版社.

柳成志，冀国盛，许延浪. 2010. 地球科学概论. 2版. 北京：石油工业出版社.

陶晓风，吴德超. 2007. 普通地质学. 北京：科学出版社.

汪新文. 1999. 地球科学概论. 北京：地质出版社.

吴泰然. 2011. 普通地质学. 北京：北京大学出版社.

肖传桃. 2007. 古生物学与地史学概论. 北京：石油工业出版社.

殷鸿福，徐道一，吴瑞堂. 1988. 地质演化突变观. 武汉：中国地质大学出版社.

第二篇
内动力地质作用及产物

内动力地质作用是指由地球的内部能源引起的各种地质作用,如构造作用、岩浆作用、变质作用、地震作用和岩石圈板块作用等。在地球的演化过程中,一般先发生内动力地质作用,之后发生外动力地质作用,因此本篇先介绍内动力地质作用。

第一章 构造作用与地质构造

在山区高速公路两侧的峭壁上,在基岩出露的地方或在水库旁的悬崖上,我们总可以看到很多自然界的岩石具有成层性,而且这些岩层经常发生变形、弯曲或破裂,构成奇异的自然景观。每当这时,我们都会惊叹自然界的鬼斧神工,但同时心中又充满了疑问——究竟是什么样的力量和过程才能使坚硬的岩石发生如此神奇的变化呢?那就是构造作用。

构造作用(tectonism)是指主要由地球内部能量引起的地壳或岩石圈物质的机械运动的作用。它通过岩石的变形或变位两种方式不断地塑造着地球的形貌。通常,构造作用速度缓慢而平静,不易被人直接察觉;有时却极为快速而激烈(如地震作用)。该作用是引起各种规模和类型的其他内动力地质作用(如岩浆作用、变质作用)和外动力地质作用(如风化作用、沉积作用)的根源。因此,构造作用在地壳演化过程中具有特别重要的意义。

第一节 构造作用的方式

构造作用又称为构造运动,根据其作用方向的不同,构造作用可分为水平运动(horizontal movement)和垂直运动(vertical movement)两种。

一、水平运动

水平运动指组成地壳的岩层沿平行于地球表面方向的运动,也称造山运动(orogeny)或褶皱运动(fold movement)。该种运动常常可以形成巨大的褶皱山系,以及巨型凹陷、岛弧、海沟等。现代发生的水平运动可以美国西部圣安德烈亚斯断层两盘的水平滑动为例,近年来利用卫星测量资料监测断层两侧的昆西与奥泰山两个测点之间平均年水平位移量达8.9mm。世界上许多地方在坚硬岩层中出现的复杂褶皱和断层,表明其为原始水平的岩层受到水平方向的长期挤压或拉张作用的结果,这是地质历史时期中水平方向构造运动的证据。

二、垂直运动

地壳或岩石圈的物质沿地球半径方向的运动称为垂直运动,也称升降运动或造陆运动(epeirogeny)。它可引起地表的隆起和下降,形成高原、断块山及坳陷、盆地和平原,还可引起海侵和海退,造成海陆变迁。多年来对喜马拉雅山脉进行的大地测量发现,山区北坡以 3.3~12.7mm/a 的速度不断上升,南坡的恒河谷地则持续下降。此外,在喜马拉雅山的岩层里找到了许多古海洋生物化石,如三叶虫、笔石、珊瑚等,说明这里曾经是汪洋大海。这都是升降运动的有力证据。

三、水平运动与垂直运动的关系

水平运动和升降运动不会是绝对地、孤立地发生的,两者经常相伴或相继发生。

首先,同一地区构造作用的方向随着时间的推移是不断变化的,某一时期以水平运动为主,另一时期以垂直运动为主,水平运动和垂直运动方式是可以改变的。

其次,不同地区出现不同方向的构造作用往往是有因果关系的。从两种运动相互关系看,水平运动必然引起垂直运动,而垂直运动也会引起水平运动。例如,一个地区块体受到强烈水平运动的挤压作用而产生大规模的褶皱作用时,必然导致这一地区的上升和另一些地区的下降;当一个地区强烈上升和相邻地区相应下降时,两者之间的岩层常被拉张而产生断层,断层两侧岩块不仅发生相对的升降,往往还伴随水平方向的位移。

最后,在大范围内,水平运动与垂直运动常常兼而有之。但对于一定时期、一定地区而言,是以某种方向的运动为主,另一种方向的运动为辅。

关于地球的演化,有相互对立的两种观点,一是固定论,一是活动论。

固定论者认为,大陆自形成以来,其基底位置是固定不变的,这种观点也称为大陆固定论或大洋永恒论。从这种观点出发,他们自然主张地壳构造是垂直运动的产物。他们也承认有水平运动,但认为水平运动是由垂直运动派生出来的。

活动论者认为,在地球历史演变过程中,大陆在地球表面的位置曾发生过显著的水平移动。说得更确切些,这种水平运动不是一般的原地附近的水平位移和变形,而是整个岩石圈分成许多"板块",这些"板块"在软流圈上进行"漂移"。这种观点由于"海底扩张"和"板块构造理论"的提出为越来越多的人所接受,因此,当今活动论比固定论占有更大的优势。

第二节 构造作用的证据

一、测量证据

对于现代构造运动,在短期或瞬息间还不可能在地貌上留下可以观察到的痕迹,因此必须借助于三角测量、水准测量、远程测量(激光测距)、天文测量等手段,即定期观测一点(线)高程和纬度的变化,以测出构造运动的方向和速度。现代水平构造运动最典型的例证就是美国西部圣安德烈亚斯断层,人们通过跨越断层布置的三角测量网(图 2-1-1),在 1946—1982 年的 65 年间作了四次定时测量,发现断层移动速度为 1cm/a;近年来,美国使用轨道卫星和激光速新技术测量,发现断层两侧在四年内靠拢了 35.6cm,每年位移量达 8.9cm,说明近几年运动速度在加快(图 2-1-2)。

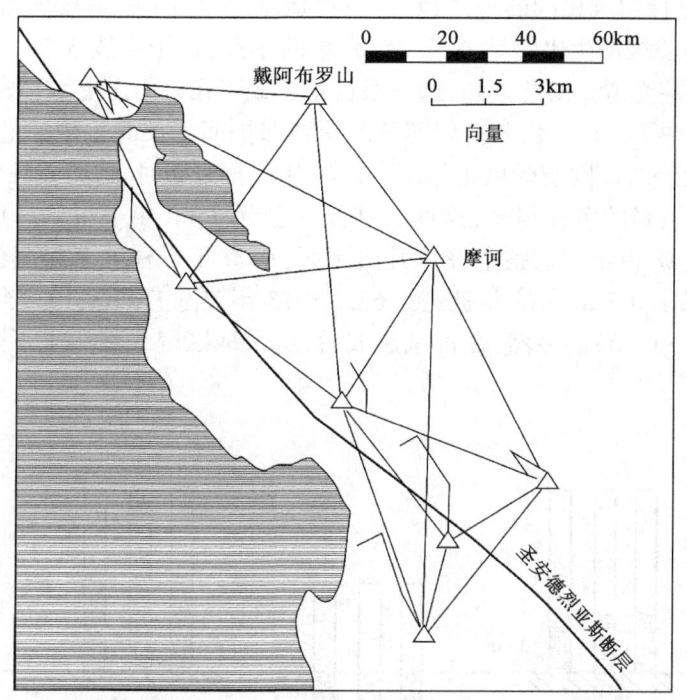

图 2-1-1 旧金山附近三角测量站的相对位移(据 C. A. 怀滕,1948)

又如,1972—1974 年间,法、英两国科学家曾用三只深海潜水器对亚速尔群岛西南方的大西洋中脊进行详细考察,发现中脊裂谷深 2800m,底宽 3000m,由裂谷溢出奇形怪状的熔岩,形成新生的海底。研究证明,海底不断向两侧扩张。通过磁异常条带的宽度计算,探知裂谷东侧海底扩张速度是 13.4mm/a,西侧是 7mm/a。用同样方法,测知太平洋中脊在赤道附近的扩张速度平均为 10mm/a。

二、地物证据

尽管岩石圈的构造运动速率极其缓慢,但是长期积累就可以造成大规模的位移。地物是指人类在地面上所建造的建筑物。地物建成后,如果地面发生构造运动,地物便成为记录运动的良好标志,再结合对地物的考古资料,我们便可了解构造运动的特征。

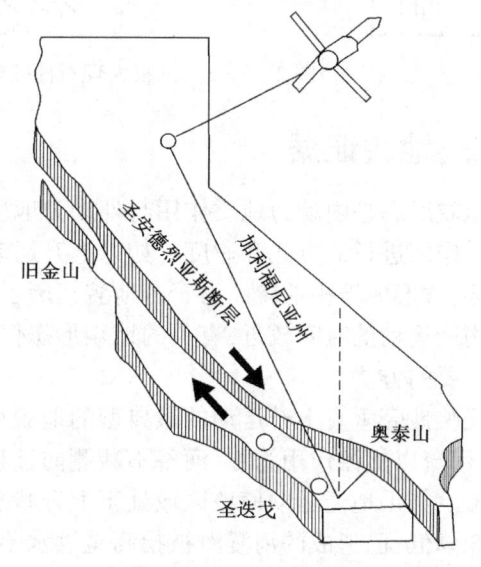

图 2-1-2 美国圣安德烈亚斯断层示意图(据李叔达,1983)

地物记录地壳垂直运动的一个典型实例是意大利那不勒斯湾海岸的塞拉比斯城镇的遗迹(彩图 55)。据考证,这个城镇建于公元前 105 年的古罗马时代,当时城镇虽临近海岸,但无疑应在海面以上。后来,该城镇逐渐下沉到海面以下,并被火山灰所掩埋,以后又上升到海面以上。1749 年,人们从火山灰中将该古镇废墟挖掘出来。在城镇废墟中耸立着三根高 12m 的大理石柱,每根石柱上保留着相同的地质遗迹,石柱地基之上3.6m是被火山灰掩埋部分,柱面光滑;其上2.7m一段被海生生物钻蚀了无数密集的小孔;柱子上段5.7m一直未被海水淹没过,但遭受风化,不甚光滑。由此可知,这三根柱子建成时在海面之上,后来逐渐下沉以致被海水淹没了6.3m,其中下部被火山灰掩埋部分因受到保护而未被海生生物蛀蚀,而未掩埋部分则被蛀蚀,海面以上5.7m则遭受风化作用。1749年挖掘废墟时,这些石柱已经整体上升到海面以上。结合历史资料的考证得知,这些石柱是在公元1500年下沉到海面之下6.3m,公元1600年开始上升。18世纪中期整个柱体升出海面,1800年石柱处于最高位置;以后又下降,1826年石柱被淹没了0.3m,1878年被淹0.65m,1913年被淹1.53m,1933年被淹2.05m,1954年被淹2.5m(图2-1-3)。显然,在古城建成后,这个地区曾经经历了下降、上升、再下降的过程。

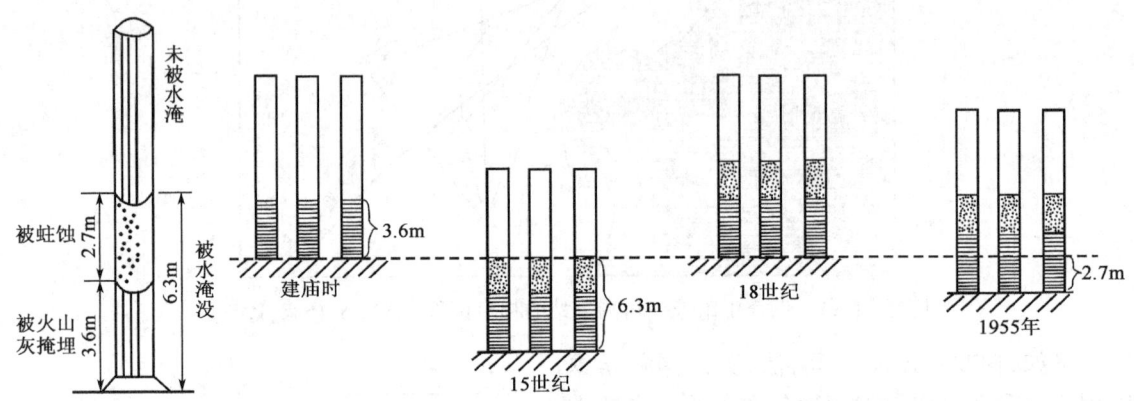

图2-1-3 三根大理石柱的升降变化示意图(据宋青春,1978)

三、地貌证据

地貌形态是内动力地质作用与外动力地质作用相互制约的产物。而构造运动常控制外动力地质作用进行的方式和速度。如以上升运动为主的地区,常形成剥蚀地貌;以下降运动为主的地区,常形成堆积地貌。由于古地貌经历了长期的构造运动而剥蚀殆尽,不易被保存下来,而新构造运动的时间较近,有关的地貌形态保留得较好,因此用地貌方法研究新构造运动,是特别重要的方法。

反映地壳垂直上升运动的最典型的地貌是河流阶地及深切河曲。在地壳运动相对稳定的时期,河流以侧蚀作用为主,河谷不断侧向迁移,形成宽阔的河谷,河谷中形成由冲积物组成的河漫滩。如果地壳运动使该区域处于上升状态,则河流侵蚀基准面下降,河流下蚀作用加强,使河床降低,已形成的河漫滩被抬高至洪水不能达到的高度,形成河流阶地。如该区域构造运动表现为多次的上升—稳定—上升的过程,地貌上就会出现多级阶地,其位置越高,形成时间越早。因此,河流阶地可看作地壳垂直运动的标志之一。各阶地的相对高差大致反映了地壳上升的幅度。在地壳上升形成阶地的同时,河流下蚀作用也在加强,河床降低,并深切至基岩,形成在河谷横剖面形态上的"V"形谷,而与河流平面上的蛇曲形态极不协调,它也反映了地壳由稳定转为上升运动的特征。

反映地壳垂直下降的地貌也是存在的。例如,在大陆河口以外的海底可以发现溺谷(submerged valley)。所谓溺谷,是海滨因陆地下沉或海面上升而被海水所淹没了的河谷。非洲刚果河口外有一段溺谷延伸130km,沉没于海面以下达2000m。我国海河也有一段河道伸入渤海7000m。此外,有时在海面以下发现有被淹没的三角洲、阶地以及建筑物等,这些都是或可能是地壳下降的标志。

与上述情况相反,有时候在距海面几十米甚至几百米高的地方发现珊瑚礁,如我国台湾高雄附近,在距今海面200~350m高的地方发现有下更新统的珊瑚灰岩。广州七星岗的海蚀崖(图2-1-4)距现今海岸线已有数十米远。有时候在距海面相当高的地点发现海蚀穴、海蚀阶地、海蚀崖以及蘑菇石等。如在山东荣成、福建厦门一带,海滩高出海面20~40m。近年在江苏连云港南云台山主峰——玉女峰(625.3m)及周围山地也发现了大量海蚀阶地、海蚀穴等。在陆地上河流两岸,常会发现像台阶一样的地貌,这就是河流阶地,有的地方只有2~3级阶地,有的地方则可有5~6级阶地。越是高位阶地,时间越长,阶地保存的形态越不完整;越是低位阶地,时间越新,保存的形态也越完整。此外,在山地河流出口处,常有好几个洪积扇依次叠置。这些标志都是或可能是地壳上升的证据。

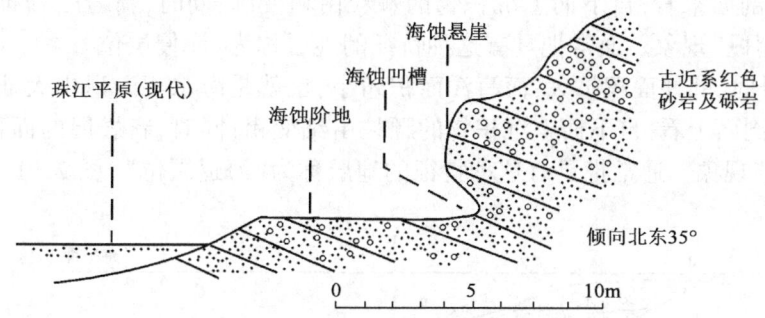

图2-1-4 广州七星岗海蚀崖示意图(据徐成彦;转引自陈国达,1988)

但有一点应该说明,地壳升降运动常和第四纪海面升降运动叠加在一起,增加了研究问题的难度。地壳升降运动可以引起海面的升降运动,称为地动型海面升降运动。另外,由于陆源堆积物填充于海水之中,引起海盆容量的变化,可以导致海面升降;海水温度的变化,也可引起海面变化(有人计算海水温度变化1℃,海面可变化1~2m);此外,海水负荷变化引起海盆补偿性升降,也可能导致海面升降的变化。但人们认为大陆上冰川的停积、消融是第四纪海面升降运动更重要的原因。在第四纪大冰川时代,冰期时大陆上冰川面积增加,海面下降;间冰期气候较暖,冰川缩小和消融,海面上升。由上述各种原因所产生的海面变化,称为水动型海面升降运动。地动型海平面升降运动和水动型海平面升降运动的区别,主要是前者往往具有区域性,而后者则往往具有全球性。1842年,C.马克拉雷首先认识到冰川进退影响海面高度问题。据他估计,更新世冰期中海面高度变化达107~203m,1972年A.泰勒估计海面高度变化为180m。

这里提到这一问题,是为了提醒人们:在研究地貌标志时,它可以是构造运动引起的,也可能是海面升降运动引起的,或者是两者叠加在一起所产生的结果,不可一概而论。

四、地层证据

(一)岩相变化

地层是在一定地质历史时期形成的一定厚度的层状岩石。沉积地层往往是在一定的地表沉积环境中形成的,不同类型的沉积岩及其所含生物化石代表了不同的沉积环境;反之,不同的沉积环境表现为不同的沉积岩石组合特征。我们把这种能反映沉积岩形成环境的岩石及所含生物化石的各种特征称为岩相(lithofacies)。因此,岩相的变化就代表了沉积环境的改变,而沉积环境的变化又与地壳运动紧密相关。

岩相一般可以分为海相、陆相和海陆过渡相(如入海处的三角洲相)三大类。其中每大类又可细分成若干种相类型,如海相组可分为滨海相、浅海相、半深海相、深海相等,陆相组可分为坡积、冲积、洪积、湖泊、沼泽、冰川、风成等相。

岩相是随着时间的推移和空间条件的改变而变化的。在同一时间的不同地点,或在同一地点的不同时间,岩相常有不同。同一岩层的横向(水平方向)岩相变化,反映在同一时期不同地区的沉积环境的差异;同一岩层的纵向(垂直层面方向)岩相变化,反映同一地区不同时期的沉积环境的改变,而这种改变常常是构造运动的结果。

当地壳下降时,陆地面积缩小,而海洋面积扩大,也就是海水逐渐侵入大陆。这时所形成的地层,从垂直剖面来看,自下而上沉积物的颗粒由粗变细;同时,新岩层分布面积大于老岩层,形成所谓"超覆"现象。通常把具有这种特征的地层称为"海侵层位"。

当地壳上升时,陆地面积扩大,而海洋面积缩小,也就是海水逐渐退出大陆。这时所形成的地层,从垂直剖面上看,自下而上沉积物的颗粒由细变粗;同时,新岩层的面积小于老岩层,形成所谓"退覆"现象。通常把具有这种特征的地层称为"海退层位"(图2-1-5)。

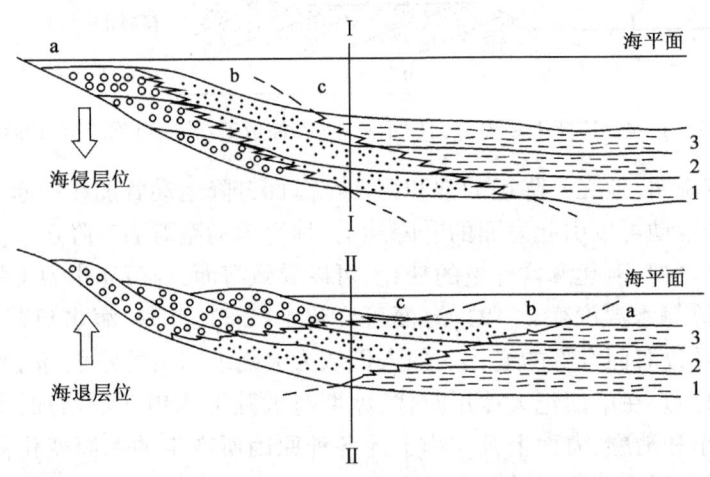

图2-1-5 海侵层位和海退层位示意图(据李叔达,1994)
1,2,3—海平面变化位置;Ⅰ—Ⅰ,Ⅱ—Ⅱ—同一地点的垂直剖面位置;a—泥;b—砂;c—砾

在同一地层剖面上,有时可以看到海侵层位和海退层位交替变化,即沉积物颗粒由粗变细,又由细变粗,呈现有节奏的、有韵律的变化,表明该区地壳曾经经历了由下降到上升的过程,称为一个沉积旋回。大多数情况下,海侵层位厚度较大,保存较好;而海退层位则相反,厚度较小,不易完全保存,有时甚至缺失,出现沉积间断。在地层剖面中可以见到几套海侵层位,而缺失海退层位,说明缓慢的下降运动常为迅速的上升运动所代替,海底上升到海面以上,自然只有剥蚀,而无沉积作用了;也可以看到几次沉积旋回,但海退层位保存得较好,未见有侵蚀面介于地层之间,表明该区多次由下降转为上升,但海底始终未升出海面,遭受侵蚀。自然环境变化多端,反映在岩相上也极复杂。每一沉积旋回中可以包括若干次一级旋回或更次一级旋回。

(二)地层厚度

对沉积地层厚度的分析,可在很大程度上得出升降幅度的定量结论。对浅海沉积而言,浅海深度通常只有200m左右,但从许多地方的地层剖面看,地层厚度可以达到几千到几万米。如天津蓟县、河北兴隆一带的中—新元古界厚度近10000m。如何解释在几百米深的浅海中堆积了上千上万米厚的地层呢?假如海底稳定不动,则沉积物的厚度不会超过海水深度;假如海底不断上升,则沉积物的厚度也不会大于海水的深度;如果海底边下沉边接受沉积,且沉积速度、沉积幅度与海底的下降速度、幅度相适应,则沉积物必然越来越厚,但却始终保持浅海环境。又如,中国中生代地层许多是在大陆盆地中沉积的,其厚度也常达六七千米,肯定也是盆地边下沉、边堆积形成的。由此可以得出这样解释,即沉积物的厚度并不取决于沉积时海水的深度或盆地的深度,而主要取决于地壳下降的幅度。由于构造运动常常交替进行,下降运动引起相应的沉积,而上升运动则引起沉积中断或沉积物的剥蚀,所以在一定时间内形成的岩层总厚度乃是升降幅度的代数和,在一定程度上代表该地区下降的总幅度。如果在一定地区范围内进行地层厚度对比,即可了解当时下降幅度及古地理基本情况。

如图2-1-6所示,Ⅰ—Ⅰ为沉积开始前的海底位置,假定此时海水深度为h_0,如果地壳稳定,其可能沉积的最大深度为A。如果在沉积过程中,地壳下降使海底下降到Ⅱ—Ⅱ的位置,下降深度为a,则可能沉积的最大深度为$A+a=B$。如果地壳下降速度与沉积速度基本相等,即边下降边沉积,沉积物深度m及时补偿了地壳下降的空间,那么,海水可始终保持着和地壳下降开始时的相似深度,即$h_1=h_0$,沉积环境没有变化,但沉积物厚度却不断增大。因此,沉积物的厚度基本代表了地壳下降的幅度。

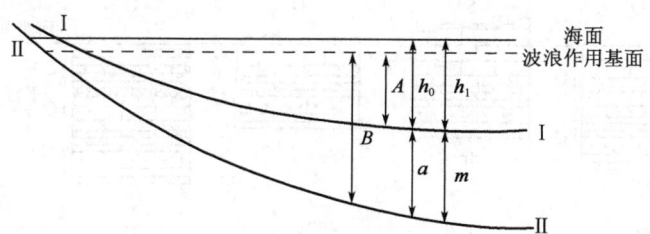

图2-1-6 地壳下降幅度和沉积物厚度的关系(据宋青春,1996)

h_0—下降开始时的海水深度;h_1—下降结束时的海水深度;a—地壳下降幅度;m—沉积物深度;
A—地壳稳定时的可能沉积空间;B—地壳下降时的可能沉积空间

(三)地层接触关系

一个地区的地层之间的接触关系,从另一个侧面记录了该地区地壳运动的演化历史。因此,通过地层接触关系的研究,可以追索地壳运动的性质、特点和演化历史,确定地质构造的形成时期和岩浆活动的时期;此外,地层接触关系对研究古地理演化、寻找某些矿床以及解决其他有关地质问题都具有重要意义。

地层接触关系是指新老地层(岩石)在空间上的相互叠置状态。由于地壳运动十分复杂,因而反映地壳运动的地层接触关系也多种多样,但是,最基本的地层接触关系有整合(conformity)和不整合(unconformity)两种类型。

1. 整合接触

整合接触(conformable contact)是指同一地区的上下两套地层,在沉积层序上没有间断,岩性或所含化石都是一致的或递变的,且其产状一致,它们是连续沉积形成的,则这种关系称为整合接触。整合接触关系反映了该区域的地壳运动以相对下降为主,所以发生在上、下两套地层之间的沉积过程是连续的,其间没有发生足以引起较长时间沉积间断的构造运动。整合接触的特点是:岩层是相互平行的,形成时代是连续的,岩性、古生物特征是递变的。

2. 不整合接触

由于地壳运动的影响,同一个地区的上、下两套岩层间有一个明显的沉积间断,且在古生物演化顺序上也不连续,这种接触关系称为不整合接触(unconformable contact)。不整合接触的上下两套岩层的产状可以是一致的,也可以是不一致的,由此产生了不整合接触的两种类型——平行不整合和角度不整合。

1) 平行不整合

平行不整合(disconformity)又称为假整合,是指上、下两套岩层间虽然产状一致,但在两套地层之间缺失了某些时代的地层,表明在这段时期发生过沉积间断。两套岩层的岩性和其中的化石群也有显著的不同,不整合面上往往保存着古剥蚀面的痕迹。

平行不整合的形成过程可表示为:地壳下降,接受沉积→地壳抬升,遭受剥蚀→地壳再次下降,重新接受沉积[图2-1-7(a)、图2-1-8]。所以,平行不整合的出现,反映了地壳一次显著的升降运动。

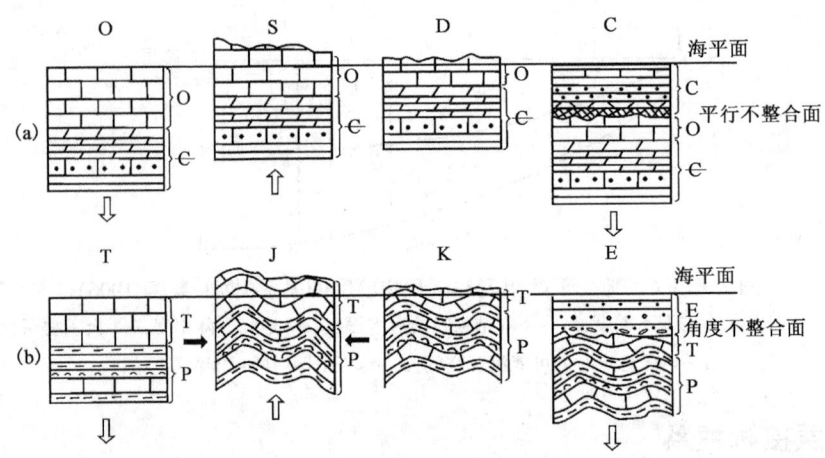

图2-1-7 平行不整合和角度不整合接触关系形成过程示意图
Є—寒武系;O—奥陶系;S—志留系;D—泥盆系;C—石炭系;P—二叠系;T—三叠系;E—古近系

2) 角度不整合

角度不整合(angular unconformity)是指上、下两套岩层间有明显的沉积间断,且两套地层以一定的角度相交。两套地层的时代不连续,两者之间有代表长期风化剥蚀与沉积间断的古剥蚀面存在。

角度不整合的形成过程可表示为:地壳下降,接受沉积→岩层褶皱隆起,遭受剥蚀→地壳再次下降,接受新的沉积[图2-1-7(b)]。角度不整合说明在一段时间内,地壳有过升降运动和褶皱运动,古地理环境发生过极大的变化。

无论是平行不整合还是角度不整合,通常都具有以下共同特点:

(1)有明显的侵蚀面存在,侵蚀面上往往有底砾岩、古风化壳等。所谓底砾岩,是指位于不整合面上的砾岩(有时横向变为砂岩)。

(2)有明显的地层缺失现象,代表长期间断。

(3)不整合面上下的岩性、古生物等有显著的差异。

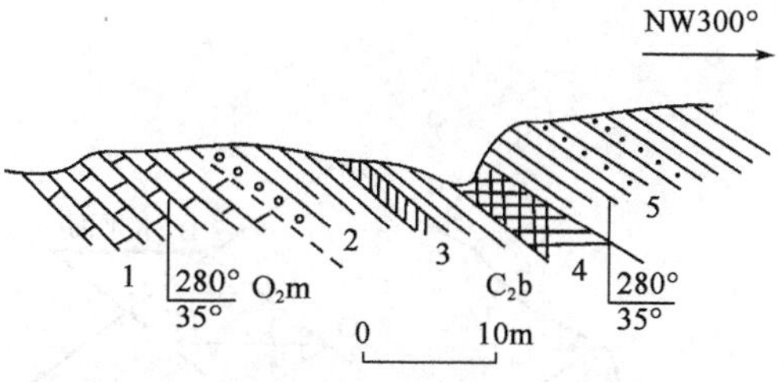

图 2-1-8 北戴河石门寨剖面奥陶系马家沟组与石炭系本溪组间平行不整合接触示意图
1—中奥陶统马家沟组灰岩;2—平行不整合接触面上的底砾岩;3—褐铁矿层;4—铝土矿层;5—中石炭统本溪组页岩、砂岩

不整合面的上覆地层中最老一层(底层)的时代之前,与下伏地层中最新一层(顶层)的时代之后,代表不整合形成的时代,同时也是形成不整合的构造运动的时间间隔。

五、岩石变形证据

岩石变形是构造运动的表现和结果。沉积岩形成时,除局部地段具有原始倾斜外,基本上是水平产出的,而且在一定范围内是连续的;岩浆岩则具有原生的整体性。但是,经过构造运动,岩层可由水平变为倾斜或弯曲,连续的岩层被断开或错动,完整的岩体被破碎等。根据岩石变形的特征,可以分析构造运动的性质、强度及时代等。岩石变形的产物称地质构造。最常见的地质构造为褶皱和断裂。

岩石之所以能发生变形,是因为它受到了构造运动所施加的力的作用。这种力一般来自于相邻岩块的挤压、拉张与剪切作用。在近地表的环境下,坚硬的岩石通常表现为脆性,它在强烈的构造应力作用下容易发生破裂变形,这是可以理解的。但是,在自然界我们常看到岩石发生复杂的弯曲变形,这说明岩石在变形时表现出明显的韧性。地表看来坚硬的岩石之所以能发生明显的韧性变形,主要是因为有许多因素影响着岩石本身的力学性质,其中主要有围压、温度、溶液及构造作用力的快慢等。一般来说,当岩石处于地下一定深度的较高围压与温度环境下,或者岩石含流体丰富、固结较差,并且施加的构造作用力比较缓慢时,岩石表现出较强的韧性,易发生连续的弯曲或褶皱变形。

第三节 岩层产状

一、岩层产状要素

岩层的产状即岩层在空间的位置,是以岩层面在三维空间中的延伸方向和其倾斜程度来表示的,即采用岩层面的走向、倾向和倾角三个要素的数值来表示(俗称产状三要素)。任何面状构造或地质体界面的产状,都可以用产状三要素表示(图2-1-9)。岩层的产状要素常用地质罗盘进行测量(图2-1-10)。

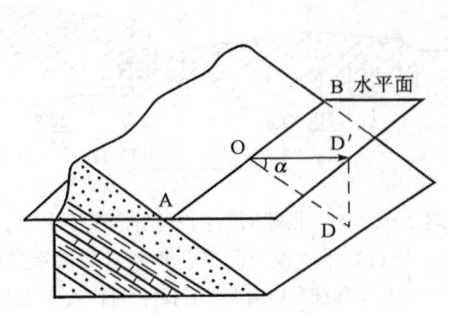
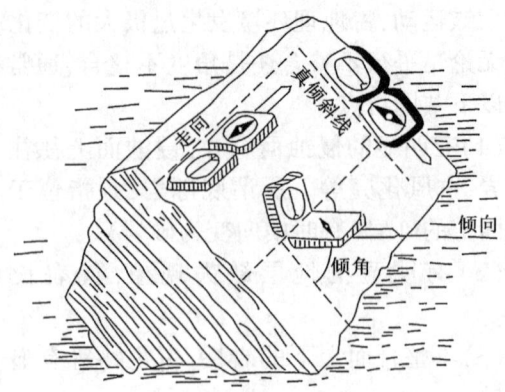

图 2-1-9 岩层产状示意图(据曹成润,1992)
AB—岩层走向;OD—真倾斜线;
OD′—倾向;α—真倾角

图 2-1-10 岩层产状测量示意图
(据汪新文,1999)

(一)走向

倾斜岩层的岩层面与任一水平面相交的线(或同一岩层面相同高度的两点连线)称为走向线。走向线所指的地理方位角称岩层的走向(strike)。它有两个方向(两者相差180°)。走向表示岩层在空间的延长方向。

(二)倾向

沿着岩层面倾斜方向向下引出垂直走向线的直线,称真倾斜线。真倾斜线在水平面的投影线为真倾向线,真倾向线所指的地理方位叫真倾向,简称倾向(dip)。如果岩层面上所引的任一直线不与走向线垂直,则称假倾斜线或视倾斜线。视倾斜线在水平面上的投影叫视倾向。真倾向只有一个,而视倾向有无数个。

动态图9 岩层产状

(三)倾角

岩层面上的倾斜线与其在水平面上投影线之间夹角或层面与水平面最大锐角叫岩层的真倾角,简称倾角(dip angle)。视倾斜线与其水平投影线的夹角为视倾角或假倾角,所有的视倾角都小于真倾角,且有无数个。岩层产状见动态图9。

二、岩层产状的表示方法

产状的表示方法主要有两种,即数字法和符号法。

数字法以罗盘的刻度指示的地理方位表示产状要素,可以用象限角或方位角表示。

象限角:以北(N,0°)或南(S,180°)为准,用3个基本要素表示,即用"走向/倾角、倾斜象限"或"走向/倾斜象限∠倾角"表示岩层产状。例如,野外测量岩层走向为25°,倾向为295°,倾角为30°,则记录为 N25°E/30°NW 或 N25°E/ NW∠30°。又如,N70°W/45°SW 或 N70°W/SW∠45°表示岩层走向为北偏西70°,倾角为45°,倾向南西(图2-1-11)。

方位角:将方位分为360°,以正北方向为0(或360°),与正北方向顺时针所夹的角度即为方位角,角度变化范围为0°~360°。由于倾向±90°即为走向,故一般只测量和记录岩层的倾向和倾角,用"倾向方位角∠倾角"表示岩层产状。例如,野外测量岩层走向为295°,倾向为205°,倾角25°,记录为205°∠25°[图2-1-12(a)]。又如,330°∠35°或NW330°∠35°表示岩层的倾向为330°,岩层的倾角为35°[图2-1-12(b)]。

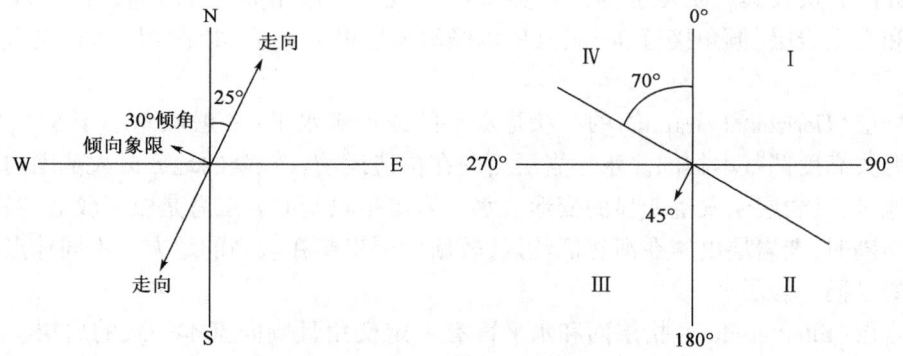

图2-1-11 象限角表示岩层产状(据柳成志,2010,有修改)

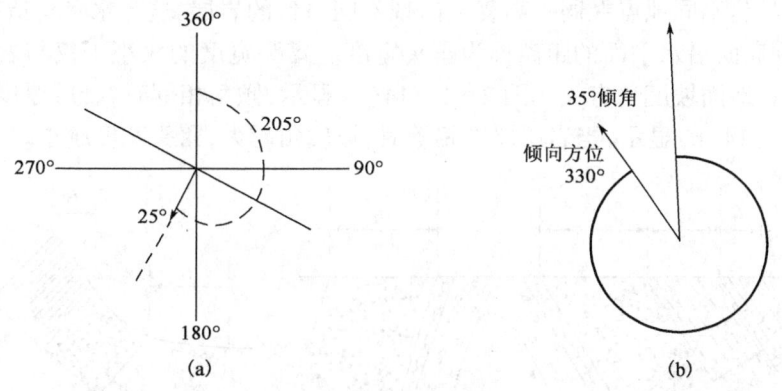

图2-1-12 方位角表示岩层产状(据柳成志,2010,有修改)

比较两种产状记录方法可以看出,方位角表示法更加简便直观,所以是我国目前通常采用的方法。

用符号表示产状要素,一般是在绘制地质图或构造图时表示面状构造的产状。不同性质的面状构造所采用的符号将有所不同。这些在今后的学习中要注意不断积累。

岩层是具有三维空间的板状地质体。为了真正确定岩层或地质构造的空间位置,还应同时实测岩层的厚度(thickness of stratum)。岩层的厚度是指同一岩层在垂直岩层走向方向上从顶面(superface)到底面(subface)的垂直距离(图2-1-13)。测量线必须同时垂直于顶面和底面,才能量得岩层的真厚度。若测量线与顶面和底面斜交,测量得的是假厚度。显然,假厚度恒大于真厚度。倾斜岩层铅直厚度是指岩层顶底面之间的铅直距离(图2-1-13)。

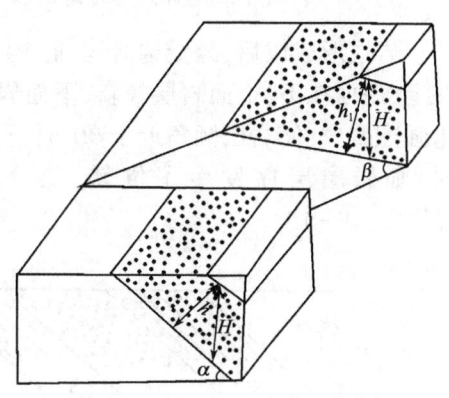

图2-1-13 岩层真厚度、铅直厚度和视厚度(据徐开礼、朱志澄,1989)

h—真厚度;H—铅直厚度;h_1—视厚度;

α—岩层真倾角;β—岩层视倾角

需要注意的是,当岩层水平产出时,没有倾向,倾角为零,其走向可以是任意方向。它的空间位置受岩层厚度控制。似层状地质体(如岩脉、岩饼和面状分布的火山岩等),可以通过测量其延展面的走向、倾向、倾角和平均厚度来确定其在空间的位置。

自然界的岩层按其产状可分为三种类型:水平岩层(倾角0°左右)、倾斜岩层(倾角0°~90°之间)和直立岩层(倾角接近90°),其中以倾斜岩层最为常见,水平岩层和直立岩层仅见于局部地区。

水平岩层(Horizontal stratum)的产状是水平的或近于水平(一般倾角小于5°),即同一层面上各点海拔高度都基本相同。水平岩层出现在构造运动较轻微的地区或大范围内均匀抬升或下降的地区,其岩层未发生明显的变形。水平岩层中较新的岩层总是位于较老的岩层之上,当岩层受切割时,老岩层出露在河谷低洼区,较新岩层出露在较高的地方。不同地点在同一高程上出现的是同一岩层。

倾斜岩层(tilted stratum)指层面和水平面有一定交角且倾向基本一致的岩层。若一个地区内的一系列岩层的倾向、倾角大致相同,则称为单斜岩层或单斜构造。倾斜构造常常是褶曲的一翼或断层的一盘,也可以是大区域内的地壳不均匀抬升或下降所形成的区域性倾斜。具有倾斜构造的岩层,不同地点在同一高程上出现不同时代的岩层,这与水平构造有区别。

同一岩层顶底面沿水平面的距离称为露头宽度。露头宽度的大小不仅与岩层厚度有关,而且与岩层倾角、地面坡度角有关。图2-1-14(a)显示,倾角相等时,岩层厚度越大,露头宽度越大;图2-1-14(b)显示,当岩层厚度相等时,坡度角越大,露头宽度越小。

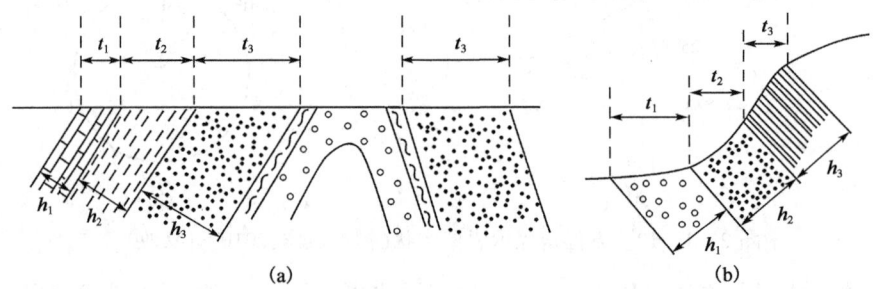

图2-1-14　岩层出露宽度与岩层厚度、倾角及地面坡度关系(据李德伦,2001)
(a)倾角和坡度相同,厚度越大,出露宽度越大;(b)倾角和厚度相同,坡度越小,出露宽度越大

岩层形成以后,经受构造运动产生变位、变形,改变了原始沉积时的状态,但仍然保持顶面在上、底面在下,上面岩层较新,下面岩层较老,称为正常层序(normal succession);倘若岩层产生强烈变位,使岩层倾角近于90°时,称直立岩层(vertical stratum);当岩层顶面在下、底面在上时,则岩层层序发生了倒转,层序是下新上老,称为倒转层序(reversed succession),见图2-1-15。

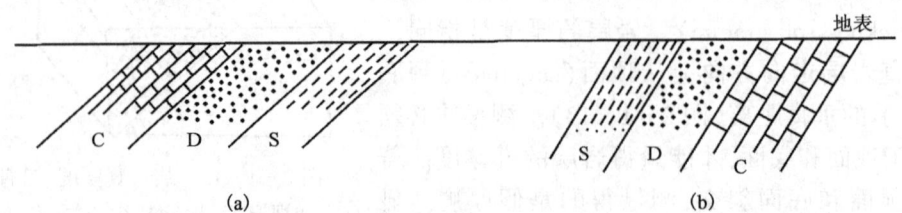

图2-1-15　正常层序(a)和倒转层序(b)剖面示意图
(a)顺岩层倾向,地层时代越来越新,为正常层序;(b)顺岩层倾向,地层时代越来越老,为倒转层序

第四节 地质构造

在山区高速公路两侧的峭壁上、在基岩出露的地方或在水库旁的悬崖上,我们总可以看到很多自然界的岩石具有成层性(层理、片理或劈理等),而且这些岩层经常发生变形、弯曲(褶皱)或破裂(断层或节理),构成奇异的自然景观。自然力(或地应力)作用下的地质体,有的发生空间位置的变化(变位),如平移和平稳的升降;有的出现形体改变(形变和体变)和方位扭转。这些变化后的产物统称为地质构造。常见的地质构造有水平构造(horizontal structure)、倾斜构造(dipping structure)、褶皱(fold)、断裂(fracture)等。

一、褶皱构造

褶皱构造是常见的岩石或地层的弯曲现象,岩石中原来近于平直的面变成了曲面。它作为一种基本构造型式在地壳岩石中普遍存在,在层状岩石中表现最为明显(彩图56),形象地给予人们关于岩层发生塑形变形的概念。

自然界的褶皱千姿百态、复杂多样。褶皱规模也变化极大,小至手标本或显微镜下的微观褶皱,大至卫星相片上的区域性或地壳规模褶皱。褶皱构造的研究对于揭示一个地质构造及其形成发展具有重要意义,另一方面,许多矿产,包括金属、非金属、煤、石油、地下水等都受褶皱构造的影响和控制。因此,褶皱构造的研究具有重要理论和实际意义。

(一)褶皱与褶皱要素

1. 褶皱的基本类型

褶皱(fold)是指岩层受力而产生的一系列连续弯曲。其形态是各种各样的,而其基本类型有两种(图2-1-16),一种是岩层向上弯曲,核心部位的岩层较老,而外侧岩层较新,称为背斜(anticline);另一种是岩层向下弯曲,核心部位的岩层较新,而外侧岩层较老,称为向斜(syncline)。如果组成褶皱岩层的新老关系不清,可用背形和向形来描述,凡是褶皱面向上拱曲的称背形,褶皱面向下弯曲的为向形。一般情况下,在剖面上,背斜表现为地层向上拱起的弯曲,两翼地层自核部向两翼倾斜,形成山脊;而向斜表现为向下拗的弯曲,两翼地层自两侧向核部倾斜,形成谷地;但是,岩层遭受风化剥蚀后,背斜隆起部分可能被削低,甚至遭受强烈剥蚀而形成谷地;而向斜中部可能因处于挤压状态,岩石不易被剥蚀而形成山脊。因此,地形地貌并不等同于构造形态,两者不可混淆。这就是所谓的"背斜成谷,向斜成山"的道理。

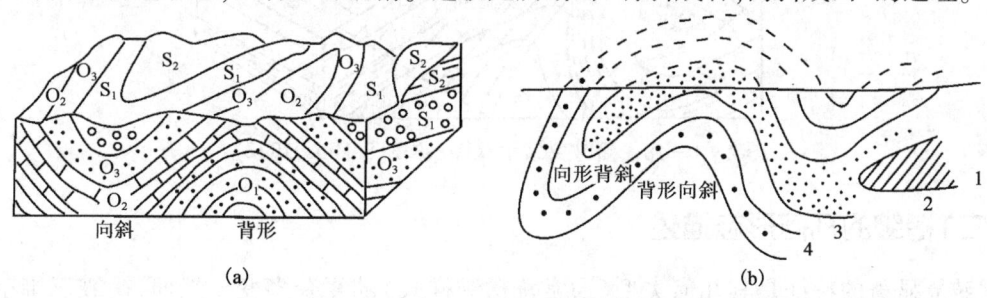

图2-1-16 褶皱的基本类型(据李德伦,2001)
1~4岩层由老到新

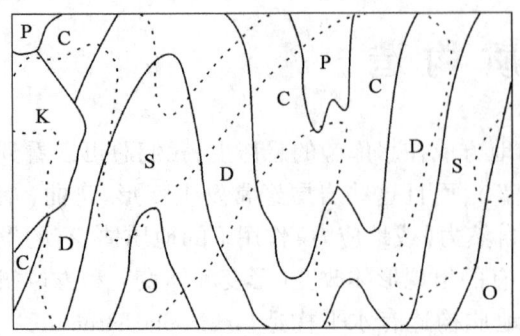

图 2-1-17 褶皱区平面地质图(据徐开礼,1989)

背斜和向斜遭受风化剥蚀之后,地表可见到不同时代的地层出露。在平面上,背斜和向斜是根据岩层的新老关系的分布规律来确定的:如中间为老地层,两侧依次对称出现新地层,则为背斜构造;如中间为新地层,两侧依次对称出现老地层,则为向斜构造(图2-1-17)。

2. 褶皱要素

为了分析研究自然界千姿百态的褶皱构造,首先需要对组成褶皱的某些特定部位及其几何上的点、线、面等要素进行定义,通称其为褶皱要素(图2-1-18)。

(1)核部(core):简称核,指褶皱中心部位的岩层,它的范围是相对的,一般只把位于褶皱内的某一地层定为核。

(2)翼部(limb):简称翼,指褶皱核部两侧的地层。当背斜与向斜相间出现时,翼是公用的。

(3)转折端(hinge zone):指褶皱从一翼向另一翼过渡的位置。

(4)枢纽(hinge of fold):指褶皱同一褶皱面的各最大弯曲点的连线。枢纽可以是直线,也可以是曲线;可以是水平线,也可以是倾斜线。

(5)轴面(axial plane):同一褶皱中各相邻褶皱枢纽连成的面为轴面。轴面是一假想的面,可以是平面,也可以是曲面。

(6)脊线(crest line)和槽线(trough line):同一褶皱面上沿背形最高点的连线为脊线,沿向形最低点的连线称为槽线。

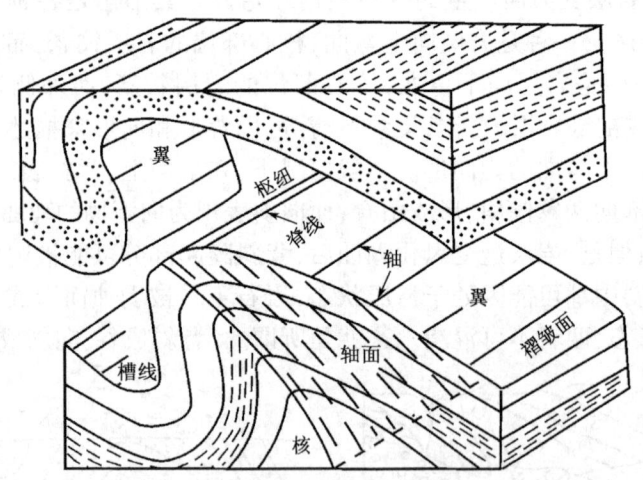

图 2-1-18 褶皱要素示意图(据 E. S. Hills,1972)

(二)褶皱的几何形态描述

褶皱最显著的特征是其几何类型(通常称褶皱样式)的复杂多变。然而,褶皱三维空间上的几何形态又很难直观地观察到(小型褶皱除外),因此,在对褶皱的研究过程中,地质学家们常常根据褶皱的某些形态要素进行分类,从而出现了大量的褶皱名称和术语。

1. 根据轴面产状和两翼岩层产状分类

褶皱根据轴面产状和两翼岩层产状可分为4种类型(图2-1-19)：

(1)直立褶皱(upright fold)：褶皱轴面直立或近于直立，两翼岩层产状倾向相反，倾角相等或近于相等。直立褶皱也称为对称褶皱。

(2)斜歪褶皱(inclined fold)：褶皱轴面倾斜，两翼岩层倾向相反但倾角不等，一翼稍陡，另一翼稍缓，也称为不对称褶皱。

(3)倒转褶皱(overturned fold)：褶皱轴面倾斜，两翼岩层向同一方向倾斜，一翼岩层正常，另一翼岩层倒转，时代较老的岩层在较新岩层之上。

(4)平卧褶皱(recumbend fold)：褶皱轴面水平或近于水平，一翼岩层正常，另一翼岩层倒转。

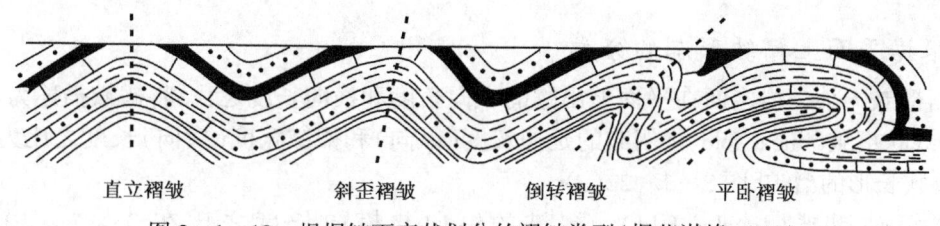

图2-1-19　根据皱面产状划分的褶皱类型(据蓝淇峰，1979)

2. 根据转折端形态分类

根据转折端弯曲形态，可将褶皱分为5种类型(图2-1-20)：

(1)圆弧褶皱(arcual fold)：褶皱面呈圆弧形弯曲。

(2)箱状褶皱(bod fold)：褶皱两翼陡，转折端平直，呈箱状，常具一对共轭轴面。

(3)尖棱褶皱(chevron fold)：两翼褶皱面平直相交，转折端呈尖角状，且两翼等长。两翼不等长的尖棱褶皱叫膝褶褶皱。

(4)扇状褶皱(fan fold)：褶皱两翼岩层均倒转，褶皱面呈扇状弯曲。

(5)挠曲褶皱(flexure)：缓倾斜岩层中一段突然变陡，呈台阶状弯曲。

图2-1-20　根据转折端形态划分的褶皱类型(据李忠权，2009)

3. 根据枢纽产状分类

根据枢纽产状，可将褶皱分为3种类型：

(1)水平褶皱(horizontal fold)：褶皱枢纽产状水平，在平面地质图上表现为褶皱两翼岩层沿走向平行延伸[图2-1-21(a)]。

(2)倾伏褶皱(plunging fold)：褶皱枢纽产状倾斜，在平面地质图上表现为褶皱两翼相应岩层的走向线不平行延伸，并在延伸一定距离后，走向线相交于一点，形成岩层走向线圈闭[图2-1-21(b)]。

(3)倾竖褶皱(plunging vertical fold)：倾竖褶曲在自然界比较少见，其岩层、枢纽、轴面都近于直立[图2-1-21(c)]。

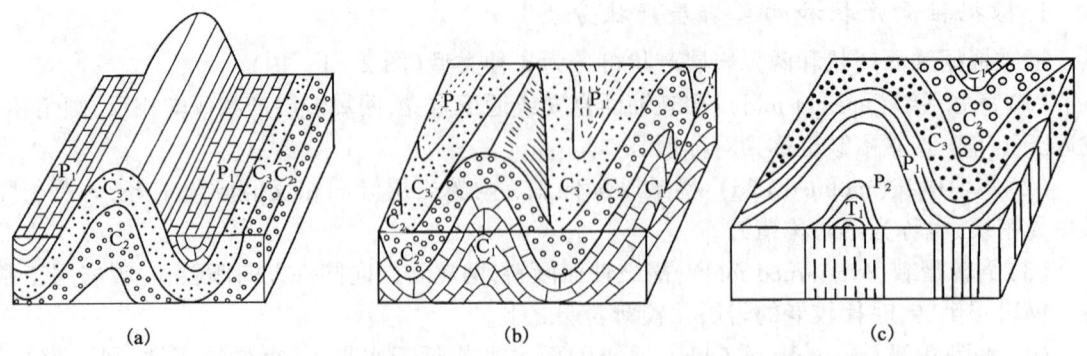

图 2-1-21 根据褶皱枢纽产状划分的褶皱类型立体示意图(据谢仁海,2007)
(a)水平褶皱;(b)倾伏褶皱;(c)倾竖褶皱

4. 根据平面上褶皱形态的分类

根据褶皱的某一岩层面在平面上出露的纵向长度和横向长度之比,将褶皱描述为:

(1)线状褶皱(linear fold):褶皱的延伸长度(纵向)和褶皱宽度(横向)长度之比为10:1,这是一种狭长形的褶皱[图2-1-22(a)]。

(2)短轴褶皱(brachy fold):褶皱的纵向与横向长度之比在3:1~10:1之间[图2-1-22(b)]。

(3)穹隆构造(dome structure):一种隆起或背斜型构造,轮廓呈圆形或椭圆形,长宽之比小于3:1,且其中的地层都平缓地向各个方向倾斜[图2-1-22(c)]。

(4)构造盆地(structural basin):平面上近于浑圆形或椭圆形的向斜构造,其长宽比小于3:1[图2-1-22(c)]。

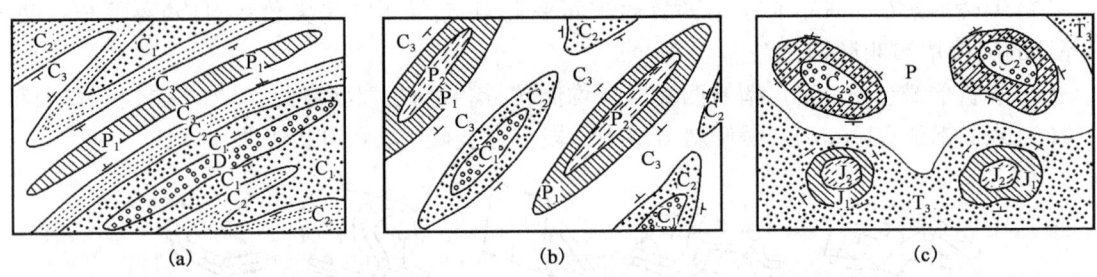

图 2-1-22 根据褶皱露头形态划分的褶皱类型平面示意图(据谢仁海,2007)
(a)线状褶皱;(b)短轴褶皱;(c)穹隆构造和构造盆地

(三)褶皱的组合形式

在地壳的一定范围内,褶皱都不是孤立存在的,它们多是以不同形态、不同规模、不同级次以一定的组合形式展布。在成因上有联系的一系列背斜和向斜组成的具有一定几何规律的褶皱的总体样式,称为褶皱的组合形式。褶皱的组合形式可分为雁行褶皱、隔档式褶皱和隔槽式褶皱、复式褶皱。

1. 雁行褶皱

雁行褶皱(echelon folds)又称斜列褶皱,平面上为一系列呈平行斜列(雁行状)的短轴背斜或向斜的褶皱群。它可以由不同规模和级次的背斜或向斜所组成,是褶皱构造常见的一种组合形式。

2. 隔档式褶皱和隔槽式褶皱

隔档式褶皱(ejective folds),又称梳状褶皱,由一系列平行的背斜向斜相间组成,其中背斜是窄而紧闭的,形态完整清楚,平面上呈线状延伸,而两个背斜之间的向斜则开阔平缓。如我国四川东部的北北东向褶皱就是这类褶皱的典型实例(图2-1-23)。

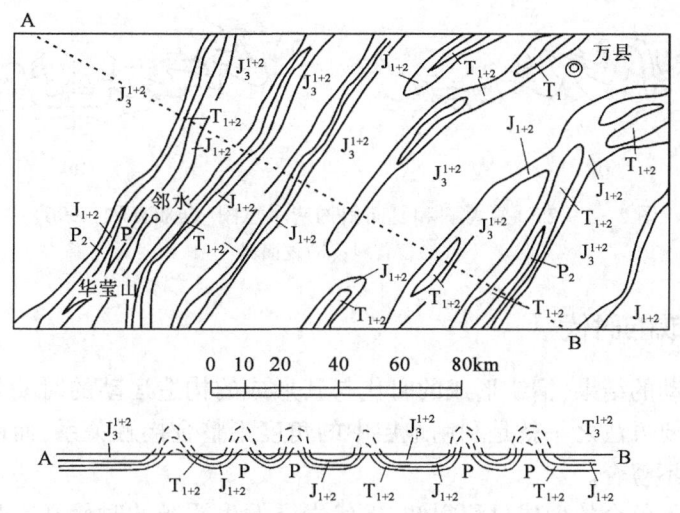

图2-1-23 四川盆地东部隔档式褶皱(据陆克政,1996)

隔槽式褶皱(trough-like folds)也是由一系列平行的背斜、向斜相间排列的褶皱组成的,但是其中背斜和向斜形态正好与隔档式褶皱相反,其向斜窄而紧闭,形态完整,呈线状排列,而两向斜之间的背斜则平缓开阔成箱状。如我国黔北—湘西一带北北东向褶皱就是这类褶皱的典型实例(图2-1-24)。

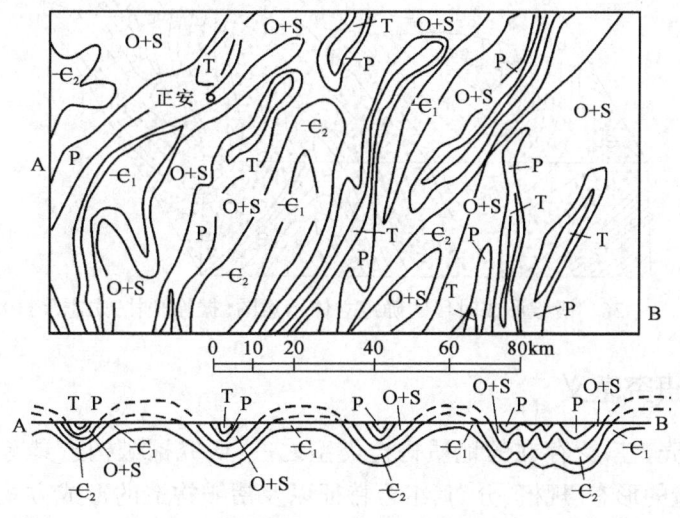

图2-1-24 贵州正安以东地区隔槽式褶皱(据陆克政,1996)

这两种褶皱组合形式的共同特点是较紧闭的褶皱与较开阔的褶皱相间并列,背斜和向斜的变形强度各不相同。

3. 复式褶皱

复式褶皱(compound folds)是指两翼被一系列次一级褶皱所复杂化了的巨型背斜或向斜,分别称为复背斜(anticlinorium)或复向斜(synclinorium)(图2-1-25)。复式褶皱各次级褶皱与总体背斜和向斜常有一定的几何关系,一般认为,典型复式褶皱的次级褶皱轴面常向该复背斜或复向斜的核部收敛。

图2-1-25 复背斜和复向斜构造示意图(据陆克政,1996)
(a)复背斜;(b)复向斜

(四)褶皱形成的时代

褶皱是构造运动的结果,褶皱形成的时代与其形成的构造运动的时期是一致的。确定构造运动时期的最主要方法之一就是利用地层中的角度不整合接触关系,而确定褶皱形成时代的重要依据是角度不整合。

从前述的角度不整合的形成过程得知,下伏岩层发生褶皱的时代必定是在不整合面下伏最新岩层形成以后,不整合面上覆的最老岩层之前。如图2-1-26所示,不整合形成于S_2(中志留世)之后,D_2(中泥盆世)之前。

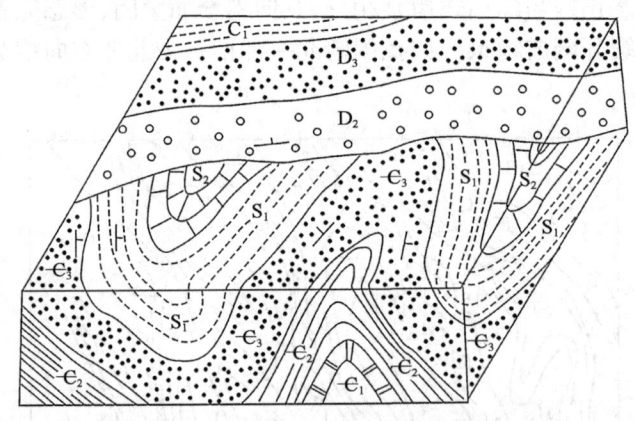

图2-1-26 褶皱形成时代的确定立体示意图(据徐开礼、朱志澄,1989)

(五)褶皱的研究意义

褶皱构造是地壳上广泛存在的地质构造类型之一,研究褶皱构造具有重要的理论意义。首先,研究褶皱构造的形态、规模、分布、组合特征以及褶皱构造的形成方式和时代,对揭示一个地区地质构造的形成规律和发展历史具有重要意义。其次,褶皱的研究对找矿有很大的意义。沉积矿床本身就是沉积岩层的组成部分,岩层发生褶皱,矿层也随之弯曲。褶皱对内生矿床的形成和分布也起着控制作用,如背斜轴部的裂隙常是岩浆或热液上升的良好通道和储集场所,有利于金属矿产的形成。再次,褶皱构造对寻找石油具有特殊的意义。世界上许多大油田都聚集在背斜中。完整的背斜构造,尤其是短轴背斜和穹窿构造,是良好的储油构造。此外,褶皱构造也是地下水储存的良好构造。例如,储有丰富地下水的构造盆地有时可形成自流盆地,在自流盆地中打井,地下水就可源源不断地流出地面。另外,褶皱变形时,在褶皱某些部位出现的裂隙也常是地下水储存的良好空间。

二、断裂构造

地壳中岩石或岩体受地应力作用,当应力达到或超过岩石的强度极限时,岩石的完整性或连续性就会被破坏,产生破裂面,从而形成断裂构造。断裂构造是地壳上部岩石中最广泛发育的一种构造样式,包括节理和断层两种基本类型。

(一)节理

节理(joint)是岩层受力破裂后破裂面两侧岩块没有发生显著位移的裂缝。节理的规模大小不一,在岩石中常成群出现。节理面可以是平整的,也可以是参差不齐的;其产状可以是直立的、倾斜的或水平的。按成因不同,节理可分为原生节理和次生节理两类。原生节理是指岩石在成岩过程中形成的节理,如玄武岩中发育的柱状节理。次生节理是指岩石成岩后经次生变化形成的节理。次生节理又可分为构造节理和非构造节理两类。

构造节理按其形成的力学性质不同可分为张节理和剪节理两类(动态图10)。

张节理是在张应力作用下形成的节理。张节理的特征是产状不稳定,延伸不远,单条节理多短而曲折;节理面粗糙不平;节理多开口,常被矿脉充填,脉宽变化较大,脉壁不平直;在砾岩或砂岩中的张节理常常绕过砾石和粗砂粒。

动态图10 张节理与剪节理

剪节理在剪应力作用下形成的节理。剪节理的一般特征为:节理产状较稳定,沿走向和倾向延伸较远;节理面平直光滑,较为紧闭;发育于砾岩和砂岩等岩石中的剪节理,一般都穿切砾石和砂粒等粒状物体;剪节理常常组成共轭X型成对出现。

节理常常为成矿热液的分散、渗透、迁移和储存提供了通道和空间。节理也是石油、天然气和地下水的运移通道和储集场所,具有重要的研究价值。

(二)断层

断层(fault)是岩层受力破裂后破裂面两侧岩块发生显著位移的断裂构造。断层是地壳中广泛发育的一种地质构造,其种类很多,形态各异,规模不一。小的断层在一块手标本上即可见到,大的断层可延伸数百甚至上千千米。断层位移小的仅几厘米,大的错动距离可达数百千米。断层的深度也不一致,有的很浅,有的很深,甚至切穿了岩石圈,这样的断层称为深大断裂。

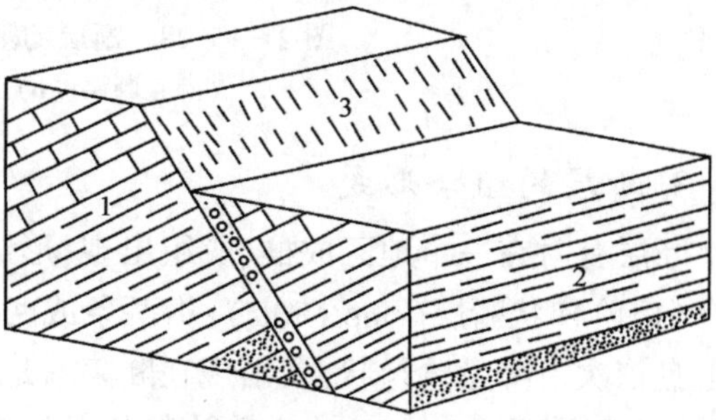

1. 断层要素

断层的基本组成部分称断层要素,可根据各断层要素的特征来描述和研究断层。最基本的断层要素是断层面和断盘(图2-1-27)。

图2-1-27 断层要素立体示意图(据汪新文,1999)
1,2—断盘(1为下盘,2为上盘);3—断层面

(1)断层面(fault surface),是指把地质体断开成两部分并沿之滑动的破裂面。断层面一般为稍有起伏的不规则面。断层面的产状同岩层层面一样用走向、倾向和倾角来测定。大断层的断层面通常不是一个单一的几何面,而是由一系列大致平行的次级断层面组成断层带,其宽度达几十米至几千米。

(2)断层线(fault trace),指断层面和断层带在地面的出露线。由于地面的起伏和断层面自身的曲折,断层线通常也是曲折的。大的断层带及其两侧岩石甚为破碎,其露出地面的部位较易风化和剥蚀,地貌上常成为低洼地带,有些断裂带上有泉水溢出。

(3)断盘(fault wall),指断层面两侧相互错开的岩块。当断层面倾斜时,断层面上的岩块称上盘(hang wall),断层面下的岩块称下盘(foot wall)。当断层面直立时,则用方位命名,如断层面走向东西延伸,则称北盘和南盘。此外,也可按断盘相对运动方向命名,将相对上升的一盘称上升盘(upthrown side),相对下降的一盘称下降盘(downthrown side)。

2. 断层的分类

按断层两盘相对位移的方向可将断层分为正断层(动态图11)、逆断层(动态图12)和平移断层(动态图13)3种类型(图2-1-28)。

动态图11　正断层　　　动态图12　逆断层　　　动态图13　平移断层

(1)正断层(normal fault)是上盘相对下降、下盘相对上升的断层,断层面倾角一般较陡,通常在45°以上,主要由引张力和重力作用形成。

(2)逆断层(reverse fault)是上盘相对上升、下盘相对下降的断层,逆断层的倾角有陡有缓,断层面倾角小于45°的低角度逆断层常称为逆掩断层,逆断层主要由水平挤压作用形成。

(3)平移断层(strikeslip fault)是两盘沿断层面走向方向相对错动的断层,断层面常较陡或近于直立,断层线较平直,主要由水平剪切作用形成。

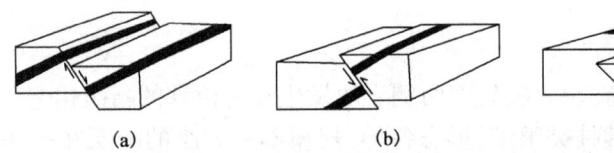

图2-1-28　断层的基本类型(据汪新文,1999)
(a)正断层;(b)逆断层;(c)平移断层

3. 断层的组合形式

断层有时在一个地区成群、成组出现,形成一定的组合形式,常见的组合形式有:

(1)阶梯状断层(step faults):由两条或两条以上的倾向相同而又互相平行的正断层组成,其上盘依次下降呈阶梯状,多出现在断陷盆地的边缘(图2-1-29)。

(2)环状断层(ring faults)和放射状断层(radial faults):若干弧形或半环状断层围绕一个中心呈圆环状排列的断层组合叫环状断层[图2-1-30(a)],若干条断层自一个中心呈辐射状排列时的断层组合称放射状断层[图2-1-30(b)]。

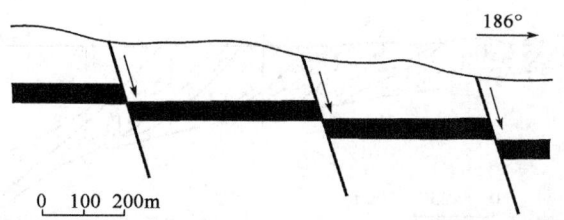

图 2-1-29 阶梯状断层剖面示意图(据李叔达,1983,有修改)

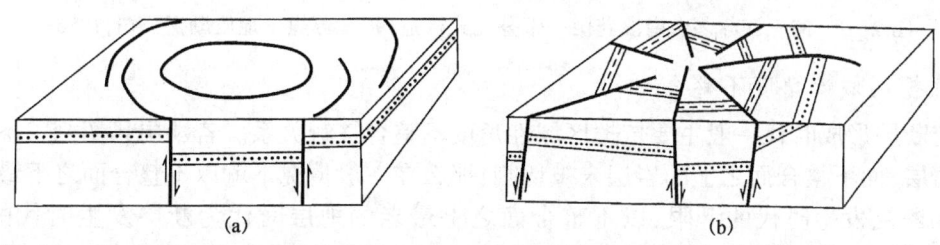

图 2-1-30 环状断层(a)和放射状断层(b)构造(据徐开礼,1988)

(3)地堑(graben):由两条或两组走向大致平行但倾向相反、性质相同的断层组合而成,其中间断块相对下降,两边断块相对上升。现今的一些狭长形断陷盆地往往是地堑构造[图2-1-31(a)]。

(4)地垒(horst):由两条或两组走向大致平行但倾向相反、性质相同的断层组合而成,其中间断块相对上升,两侧断块相对下降[图2-1-31(b)]。地垒见动态图14,地堑与地垒见动态图15。

动态图14 地垒　　动态图15 地堑与地垒

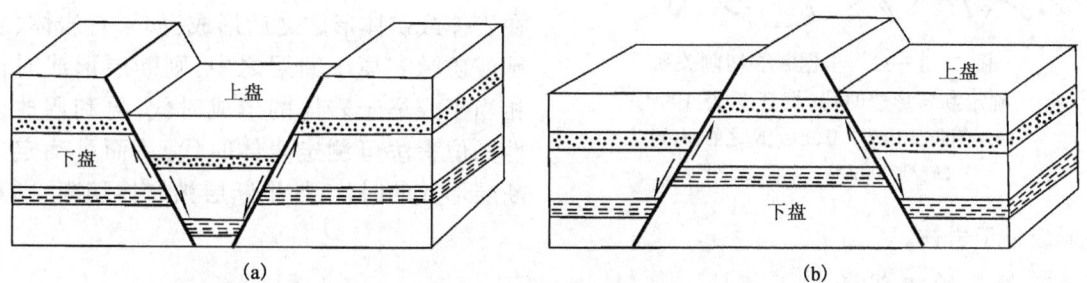

图 2-1-31 地堑(a)和地垒(b)构造(据徐开礼、朱志澄,1989,有修改)

(5)叠瓦状构造(imbricate structure):由一系列产状大致平行的逆断层所组成,其老地层依次逆冲于新岩层之上,形状如叠瓦,故称为叠瓦状构造。它常同剧烈的褶皱作用伴生,说明曾经历了强烈的水平挤压作用,多出现于褶皱山系的两侧边缘(图2-1-32)。

4. 断层形成时代的确定

断层不是一个孤立的地质现象,而是某一地质时期构造运动的产物,它同褶皱构造的形成、岩浆作用、变质作用、沉积作用以及矿产的形成等综合反映了某一阶段构造运动的性质和特点。

目前,一般采用对如下几个方面进行综合分析来确定断层形成的相对时期。

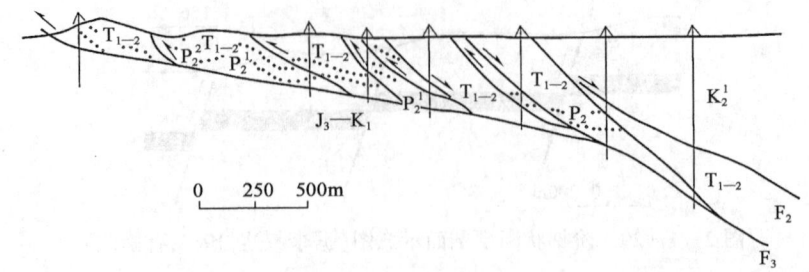

图2-1-32 江苏茅山南段花山一带叠瓦式构造(据江苏煤田地质勘探公司,1986)

1) 根据区域性角度不整合

确定断层形成时代一般主要依据区域性角度不整合接触关系。若断层只切割了不整合面之下的岩层,而不整合面之上的岩层未被切割,那么在一般情况下就以不整合面之下最新的地层时代为断层发生时代的下限,以不整合面之上最老的地层时代为断层发生时代的上限,上下限之间的时间距离即为断层形成的时期。这同不整合及其代表的构造运动时间是一致的。

2) 根据断层的切割关系

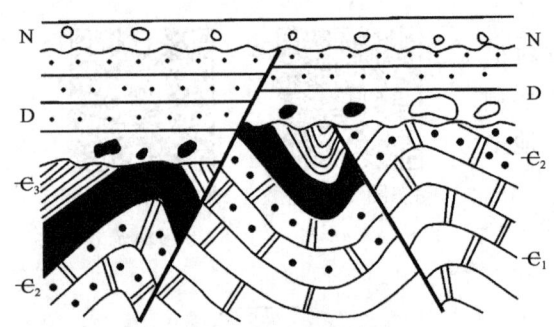

图2-1-33 根据断层切割关系
确定断层形成时代(据汪新文,1999)
左侧断层形成于D之后,N之前;右侧
断层形成于ϵ_3之后,D之前

若一条断层切割和错断另一条断层或褶皱,则该断层形成于被切割、错断的断层或褶皱之后。另一方面,早已存在的断层能够限制和中止后来断层的发展,即老的断层能够限制新断层的延伸(图2-1-33)。

3) 利用断层与岩体、岩脉的关系

如果断层切割岩体、岩脉或矿脉,则断层在岩体或矿体形成之后形成;如果有岩体、岩脉或矿脉充填于断层之中,则断层形成时代相当于或早于岩体的形成时代,再利用放射性同位素法可测定岩体时代,从而可确定出断层形成的时代;如果断层被岩体切断,则层形成早于岩体。

5. 断层的识别标志

在野外进行地质调查时,可根据以下几方面的标志去识别断层及判断断层的运动:

1) 构造线和地质体的不连续

岩层、含矿层、岩体、褶皱轴等地质体或地质界线等在平面和剖面上突然中断、错开的现象,说明可能有断层存在。但要注意与不整合界面、岩体侵入接触界面等造成的不连续现象加以区别。

2) 地层的重复与缺失

在一区域内,按正常的地层层序,如果出现有某些地层的不对称重复,某些地层的突然缺失或加厚、变薄等现象,说明可能有断层存在。

3) 擦痕、摩擦镜面、阶步及断层岩

断层面上平行而密集的沟纹称为擦痕(图2-1-34),局部平滑而光亮的表面称为摩擦镜面。断层面上往往还有与擦痕方向垂直的小陡坎,其陡坡与缓坡呈连续过渡,称为阶步。它往往是断层间歇性活动或因断层运动受到某种阻力而形成的。擦痕、摩擦镜面及阶步均是断层滑动的直接证据。此外,擦痕的方向指示断层的相对运动方向,其中手摸擦痕面时感到光滑的方向即为对盘运动的方向;阶步的陡坡倾斜方向也指示断层对盘的运动方向。断层带中因断层而形成的动力变质岩类称断层岩或构造岩。如断层角砾岩(图2-1-35)、糜棱岩、断层泥等。断层岩不仅是断层存在的岩石标志,而且断层岩的特征还能反映断层的性质、运动方向及形成的物理环境等。

4) 地貌及水文标志

较大规模的断层,在山前往往形成平直的陡崖,称断层崖。断层崖如被沟谷切割,便形成一系列三角形的陡崖,称断层三角面(图2-1-36)。此外,山脊、谷地的互相错开,洪积扇的

图2-1-34 擦痕
(据汪新文等,1985)

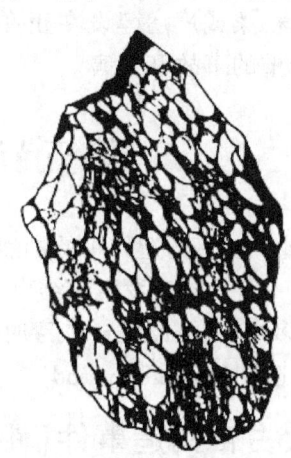

图2-1-35 断层角砾岩
(据孙岩等,1985)

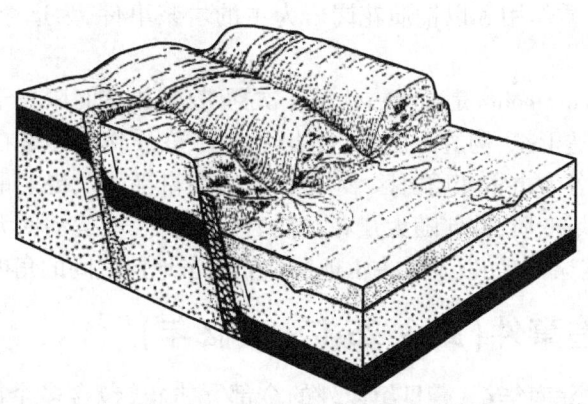

图2-1-36 断层崖与断层三角面示意图(据徐成彦,1988)

错断与偏转,水系突然直角拐弯,泉水沿一定方向呈线状分布,湖泊、沼泽呈条带状断续分布等,都可能是存在断层的间接标志。

6. 断层的研究意义

断裂构造的研究对于国民经济建设和解决地质理论方面的一些问题都具有十分重要的意义。首先,研究断层的空间展布规律和时间演化规律,对于了解区域构造的发育和演变历史具有重要的理论意义,尤其是大型断层的研究,对大地构造单元的划分以及全球构造及其演化的探讨都具有很重要的意义。其次,断层是许多内生金属矿床的运移通道和富集场所。断层两盘的移动使得原来成层和连续的矿床(如煤层、矿脉等)改变原来的形状和位置,使得完整的矿层被断开,在矿井中可使矿层重复或中断等。再次,某些断层能控制盆地内次级构造带及油气圈闭构造的形成、发育和分布,控制盆地内沉积作用和沉积相带的展布以及油气生成、运移、聚集和保存。此外,断层的活动是诱发地震的重要因素,可形成地震活动的震源带。研究断层对工程建筑也具有非常重要的意义。如果没有搞清地质情况,将水坝、桥梁或厂房建设在正在活动的断层上,就会影响建筑物的质量和使用年限,甚至会造成严重的事故和灾害。

第五节 地史时期构造事件

在地质历史中,构造作用的剧烈期与平静期是交替并重复出现的。同时,一次构造作用在不同地方不一定是同时发生或结束,而是有一定时间跨度的。因而构造作用的演化具有旋回性(cycle)、多期性(polyphase)、穿时性(spanning age)的特点。我国的构造演化大致可以分为以下七大构造期(tectonic period)。

一、太古宙构造事件(距今38亿—25亿年)

由于研究程度不够,该构造事件未作详细划分。此构造期形成多个太古宙深变质岩组成的古老核心——陆核(continental)。东北、华北和塔里木地区,出露成岩年龄值为28亿—26亿年前的古陆碎块,其中携带有38亿—37亿年最古老基底信息。

迁西运动(Qianxi movement)是发生于中国北方中太古代末的一次构造运动,是以角闪岩相—麻粒岩相为主的变质作用和以钠质花岗岩为主的岩浆事件,为迄今中国境内确定的最早的构造运动。

阜平运动(Fuping movement)是新太古代的一次褶皱运动,其时限置于26亿年,造成了五台群与阜平群无论是在构造形态、构造方向、混合岩化作用、变质作用还是在沉积建造上都有明显差异。阜平运动在华北各太古宙变质岩区影响较广,它使阜平群及更老地层普遍发生变形和产生以角闪岩相为主的区域变质,并伴随大量花岗质岩浆侵位。该运动使太古宙地层发生强烈的变质和变形,伴随强烈岩浆活动,以及太古宙地层与元古宙地层之间的角度不整合接触。

二、元古宙构造事件(距今25亿—8亿年)

该构造事件跨越了除南华纪、震旦纪以外的全部元古宙,包含多个次一级构造期,每一个次一级构造期的末期都出现了重要的构造—岩浆事件。

例如,华北的五台运动(Wutai orogeny),为太古宙末的一次褶皱运动,是根据山西五台山地区命名的,是以新太古界五台群与古元古界滹沱群之间的角度不整合确定的。它和中条运动(Zhongtiao orogeny)、四堡运动(Sibao orogeny)、晋宁运动(Jinning movement)促使古—中元古代地层发生区域变质、变形,产生强烈岩浆活动并造成相应地层之间的角度不整合接触关系。

三、新元古代晚期—志留纪构造事件(距今8亿—4.16亿年)

该构造事件经历了南华纪、震旦纪以及寒武纪到志留纪末的漫长时间。大陆地壳快速增长。晚奥陶世—早泥盆世期间,在华南以及秦岭—祁连山、天山等地区发生了一次强烈的构造—岩浆事件,使所有前泥盆纪岩层卷入强烈褶皱变形,发生区域变质作用,伴随大规模花岗岩浆活动,泥盆纪地层不整合覆盖在志留系或更老地层之上。

加里东运动(Caledonian orogeny)就是泛指早古生代志留纪与泥盆纪之间发生的地壳运动,属早古生代的主造山幕,以英国苏格兰的加里东山命名。这次构造运动具有全球意义,美国的阿巴拉契亚山、西伯利亚南缘、东澳大利亚等地区都发生了同样的造山事件。

四、晚古生代构造事件(距今4.16亿—2.54亿年)

该构造事件时间相当于泥盆纪初到二叠纪末,对应于德国的海西期(海西运动)(Hercynian orogeny)和法国的华力西期(华力西运动)(Variscan orogeny),泛指晚古生代发生于欧洲的造山运动。在此构造期末,相当于3.0亿—2.54亿年,发生强烈的构造—岩浆活动,使下古生界及更古老岩层褶皱变形、逆冲推覆,伴随着大规模的玄武岩浆喷发和花岗岩浆侵入活动,以及二叠系不整合覆盖在老地层之上。该构造事件在我国主要见于新疆、内蒙古、昆仑山、峨眉山等地区,华南地区表现不明显。

五、早中生代构造事件(距今2.54亿—2亿年)

早—中三叠世,发生了强烈构造作用,表现为三叠系以及更古老地层的褶皱变形、逆冲推覆和变质作用,伴随着花岗岩浆活动,上三叠统—下侏罗统不整合覆盖在中三叠统及更古老地层之上。该构造事件在我国见于青海东南部、四川西部和东北部、大别山以及华南等许多地区,促使海水从我大多数地区撤退,开创了大陆沉积作用为主的新时期。大别山地区,发生了超高压变质作用,形成含金刚石柯石英榴辉岩和蓝闪石片岩。南岭则形成大规模花岗岩带,同位素年龄2.1亿~2.4亿年。

印支运动(Indosinian movement)是中国中生代初期的地壳运动,分为2~5个造山幕,主褶皱运动发生在晚三叠世晚期。一般认为,印支运动应包括整个三叠纪到早侏罗世之前的地壳运动,其主要时限为2.50亿~2.05亿年。印支期不仅是中国重要的形变期及岩浆期,以及其中若干地段的变质期和成矿期,也是中国构造格局发生明显转折的时期,在构造发展中起着承前启后的重要作用。

六、燕山构造事件(距今2亿—0.65亿年)

从侏罗纪到白垩纪末,发生了穿时的、强烈的构造—岩浆作用,以地壳—岩石圈大规模伸展减薄、陆内成盆、巨量花岗岩浆活动为特征,导致白垩系与侏罗系之间、古近系与白垩系之间出现不整合接触关系。该构造事件在我国见于东部地区,形成走向近南北、宽400~800km、延伸4000km花岗质火山—侵入杂岩带。

燕山期为中国重要的形变期与成岩、成矿期,也是中国基本构造格架的形成期与改造期。

该构造事件不仅是中国的重要地壳运动,而且对整个环太平洋带乃至部分特提斯带等都有重要影响,因而燕山运动(Yanshanian movement)应属洲际性的重要构造运动。

七、喜马拉雅构造事件(距今0.65亿年至今)

该构造事件时间跨度包括整个新生代,主要表现是新生界的强烈褶皱变形与隆升造山,伴随岩浆活动、变质作用以及古近系—新近系内部及其与第四系之间的不整合接触。该构造事件在我国主要见于青藏高原、三江地区、天山、昆仑山、阿尔金山和台湾等地,东部沿海地区也有一定响应,以碱性玄武岩喷发为特征。

喜马拉雅运动(Himalaya movement)是新生代以来的造山运动。因最先在喜马拉雅山区确定。这一运动在亚洲大陆广泛发育,使中生代的特提斯海变成巨大山脉,更新统的湖泊、河流堆积物隆起高度达4000多米。一般认为包括3个主要造山幕:第一幕在始新世末期至渐新世初期,海水从青藏高原全部退出,并伴随强烈褶皱、断裂及中酸性岩浆侵入,同位素年龄值为30~40Ma;第二幕开始于中新世初期,有强烈褶皱、断裂、岩浆侵入、变质作用等,形成大规模逆冲断裂和推覆构造,导致地壳大幅度隆起,其侵入岩同位素年龄为10~20Ma;第三幕从更新世至今,主要表现为高原急剧隆升、周围盆地大幅度沉降以及老断裂继续活动,部分地区有第四纪火山喷发活动。喜马拉雅运动使中国现今构造地貌景观得以形成,且延续至今正在发生的地壳运动和地质作用,对自然环境演变、地质灾害发生及区域地壳稳定性均有重大影响,形成地壳上最新的褶皱山系。

复习思考题

1. 构造运动对外动力地质作用的发展和结果有什么影响?
2. 古构造运动留下的主要标志有哪些?这些标志如何反映构造运动的特点?
3. 沉积岩的厚度在什么情况下能大致反映升降运动的幅度,什么情况下则不能反映?
4. 地层的角度不整合接触关系在地质研究上有何意义?
5. 如何确定褶皱构造的存在及褶皱的基本类型?
6. 确定断层的类型需要哪些资料?
7. 如何确定褶皱和断层的形成时代?
8. 褶皱的基本组合形式有哪些?各组合形式的基本特征是什么?
9. 断层的基本组合形式有哪些?各组合形式有何基本特征?

拓展阅读

安德森 D L. 1993. 地球的理论. 北京:地震出版社.
毕思文,许强. 2000. 地球系统科学. 北京:科学出版社.
斯宾塞 E W. 1981. 地球构造导论. 朱志澄,将荫昌,单文琅,等译. 北京:地质出版社.
上田诚也. 1970. 新地球观. 中译本. 北京:科学出版社.
舒良树. 2010. 普通地质学. 3版. 北京:地质出版社.
徐开礼,朱志澄. 1989. 构造地质学. 北京:地质出版社.
朱志澄,宋鸿林. 1990. 构造地质学. 武汉:中国地质大学出版社.

第二章 岩浆作用与岩浆岩

在科学不发达的古代,人类只能根据一些表面现象去猜想。人们见到火山喷发、地震等地质灾害,认为地下是地狱,是魔鬼生活的世界。今天我们知道,火山喷发实际上是岩浆喷发到地表的结果。

地球上原来已形成的岩石一旦被埋藏在地下深处,由于高温的作用而变为一种炽热、熔融状态的岩浆。岩浆从源区产生后,到分凝、上升、侵位于地下深处或喷出到地表,最后固结、冷凝形成岩浆岩(magmatic rock)的全过程,称为岩浆作用(magmatism),它包括喷出作用与侵入作用。根据地球物理资料和高温高压实验,地壳深处和地幔主要是由岩浆岩构成。整个地壳中,火成岩体积占66%,变质岩占20%,沉积岩仅占8%。岩浆作用的历史和所形成的火成岩体特征是由地质环境和岩浆性质共同控制的。今天我们在地表看到的火成岩,是地质历史时期岩浆作用的产物。

第一节 喷出作用与喷出岩

地下深处的岩浆沿着断层或裂隙直接喷出地表的作用称为喷出作用,由喷出作用的产物形成的岩石称为喷出岩。

一、岩浆的概念

岩浆(magma)是在地壳深部或地幔经部分熔融形成的一种炽热、黏稠的熔融体。其成分除硅酸盐外,可含少量碳酸盐、氧化物等,并溶解有1%~8%以水为主的挥发性物质。岩浆可以全部由液相的熔体组成,也可以是熔体、固态物质(晶体或岩石碎块)和挥发分的混合物。

岩浆能够流动,具有流体的性质,而岩浆的流动能力主要受到自身的黏度(viscosity)制约。岩浆的黏度主要取决于岩浆的成分、温度、溶解于岩浆中的挥发组分含量及岩浆中所含固态物质的数量。岩浆中 SiO_2、Al_2O_3、Cr_2O_3 的含量对岩浆的黏度影响较大,特别是岩浆中 SiO_2 含量越高,岩浆的黏度越大。实验证明,随着岩浆中 SiO_2 含量的增加,硅氧四面体角顶连接数目增多,硅氧所组成的络阴离子团体积也增大,使岩浆的活动性减少,从而增大岩浆的黏度。

影响岩浆黏度的另一个因素是温度。岩浆的温度越高,其黏度越小;岩浆温度越低,其黏度越大,因此,同种化学成分的岩浆温度不同,其黏度也有明显差异。岩浆中挥发组分的含量也影响岩浆的黏度,岩浆所含的挥发组分越多,岩浆的黏度越小,岩浆的流动性也随着增大。岩浆的温度可以用三种方法确定。第一种方法是借助光学测温器或热电偶测温器,直接测定火山口附近熔岩流的温度,这一温度通常高于该岩浆开始结晶的温度。第二种方法是在实验室内测定熔融火山岩(全部熔融)时的熔化温度,从而确定相应成分岩浆的大致温度,一般情况下它略高于天然岩浆开始结晶的温度。第三种估测岩浆温度的方法是肉眼观察熔岩流或熔岩丝(指溅出的丝条状熔岩)的颜色。各类熔岩喷出温度的估算值见表2-2-1。从中可以看出,玄武质岩浆温度最高,其次为安山质岩浆,流纹质岩浆温度最低,即从贫硅富镁铁质的基性岩浆到富硅的酸性岩浆,岩浆温度降低。

表 2-2-1 各类熔岩喷出温度的估算值(据 Carmichael,1974)

产　　地	岩石类型	喷出温度的估算值,℃
夏威夷基拉韦厄	拉斑玄武岩	1150~1225
墨西哥帕里库廷	玄武安山岩	1020~1110
刚果尼腊贡戈	霞石岩	980
刚果尼亚木拉基	白榴玄武岩	1095
新西兰陶波	辉石流纹岩	860~890
新西兰陶波	熔岩,熔结凝灰岩	735~780
加利福尼亚蒙诺火山口	流纹质熔岩	780~790
冰岛	流纹英安质黑曜岩	900~925
新不列颠(南西太平洋)	安山质浮岩	940~990
新不列颠(南西太平洋)	英安质熔岩、浮岩	925
新不列颠(南西太平洋)	流纹英安质浮岩	880

此外,岩浆的黏度还受到岩浆中固态物质如斑晶、晶屑和外来岩石碎块的影响,它们增多会增加岩浆的黏度。岩浆黏度的大小和挥发物的含量决定了火山喷发的猛烈程度。

二、喷出作用与喷发产物

喷出作用(eruption)即岩浆喷出地表、冷凝固结的过程,又称火山作用(volcanism)。火山喷发物包括气体喷发物、固体喷发物和液体喷发物,喷出物与火山的活动形式有关。

(一)气体喷发物

气体喷发物的成分非常复杂,以水蒸气为主,其含量常达60%以上,此外还有CO_2、硫化物(H_2S、硫的氧化物),以及少量CO、H_2、HCl、NH_3、NH_4Cl、HF等。有时火山会喷出大量有毒气体,造成人员伤亡,如1986年喀麦隆尼尔斯火山喷出的有毒气体(主要是CO)造成1700多人死亡。火山的气体喷发物可以在火山活动的整个过程中出现,大量的气体喷发物出现在火山喷发的最初阶段,即火山作用主阶段早期,从火山锥的中心火口、侧面火口或裂隙喷发;其次是来自熔岩的析出气体,使熔岩表现出"冒烟"现象,并在熔岩内部留下气孔;火山期后的喷气过程也是火山气体产物的主要作用阶段,有时可以延续很长时间。

气体逸出状况的变化预示着火山活动的进程。如果气体逸出量越来越多,气体中的硫质成分越来越浓,气体的温度就会越来越高,这是大规模火山喷发来临的预兆。如果气体逸出量逐渐减少,气体中CO_2成分逐渐增多而硫质成分逐渐减少,且气体温度逐渐降低,则意味着火山活动在减弱。大规模火山喷发结束以后,在相当长的时间内还可能有少量温度较低的气体徐徐逸出。

(二)固体喷发物

大多数的陆上火山喷发都会有大量的固体喷发物。气体的膨胀力、冲击力与喷射力将地下已经冷凝或半冷凝的岩浆物质炸碎并抛射出来;未冷凝的岩浆则成为团块、细滴或微末被击溅出来,在空中冷凝成为固体。此外,火山通道周围的岩石也可以被炸碎并抛出来。所有这些喷出地表的岩浆冷凝物质及围岩碎块构成了火山爆发的固体产物,统称为火山碎屑物(pyroclast)。

火山碎屑物按其性质与大小可以分为：

(1) 火山灰(volcanic ash)：粒径小于 2 mm 的火山碎屑物，依碎屑物粒径大小可进一步划分为粗火山灰、细火山灰和火山尘三种，其间的界线分别是 1/4 mm 和 1/16 mm。火山灰中含有大量 SO_2、CO_2、氧化物、CH_4 等气体，若这些气体进入人或动物肺部，会使人或动物窒息。它们也会使对流层紫外线的辐射增加，加速光化学烟雾形成，使环境恶化，破坏臭氧层。火山灰长时间遮挡太阳光，会使地球气温下降、变冷。

(2) 火山砾(lapillus)：粒径介于 2~50 mm 的塑性或刚性火山碎屑物，形状不规则，常具棱角。在岩浆喷发时，火山砾可以是液态，也可以是固态。若火山砾为液态，则是新生的火山碎屑；若火山砾为固态，则既可能是同源的火山碎屑，也有可能是外来的碎屑。

(3) 火山渣(volcanic cinder)：粒径数厘米至数十厘米，外形不规则，多孔洞，似炉渣，其中色浅、质轻、能浮于水者称浮岩。

(4) 火山弹(volcanic bomb)：粒径大于 50mm，由喷出的岩浆滴在空中冷凝而成。火山弹外形多样，常见纺锤状(图 2-2-1)、球状、次圆状。火山弹多数为玻璃质，可含少量斑晶和微晶。火山弹普遍具有气孔构造，核部气孔比边部大而少，边部气孔则小而多，并随火山弹轮廓呈同心状排列。

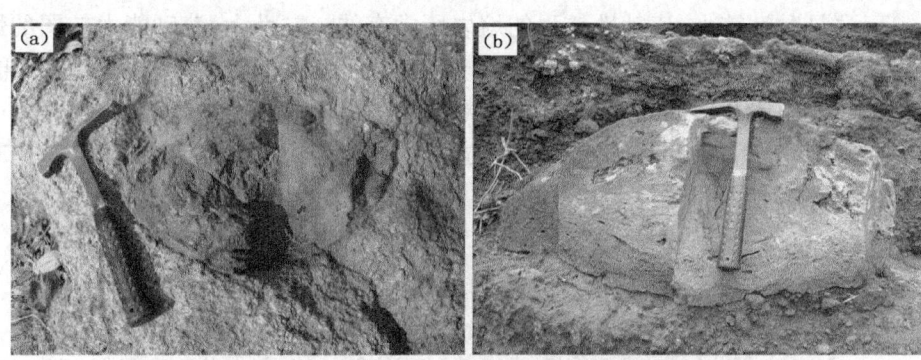

图 2-2-1 纺锤状火山弹(据徐夕生、邱检生，2010)
(a)来自南京六合方山；(b)来自广西涠洲岛

(5) 火山块(volcanic block)：粒径大于 50 mm，与火山弹相当。火山块[图 2-2-2(a)]自

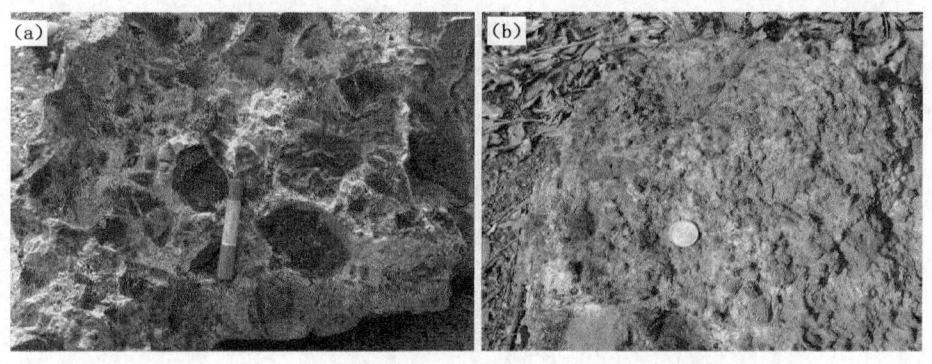

图 2-2-2 火山块和火山角砾的形态(据徐夕生、邱检生，2010)
(a)火山集块岩，灰黑色火山块为玄武质；(b)火山角砾岩

喷发到着地都是固态的岩石碎块,形态一般呈次棱角状至棱角状,有时也呈圆状或次圆状。火山块成分复杂,主要是火山通道附近早先形成的同源火山岩/次火山岩的碎块,有时还有外源的基底岩石碎块。

火山碎屑物被抛入空中后,细小的火山灰随大气环流漂浮到很远的地方,但大多数还是重新降落到火山口附近,经沉积、压实、固结等成岩作用后成为火山碎屑岩(pyroclastic rock)。其中,由火山灰组成者,称凝灰岩(volcanic tuff);由火山砾及火山渣组成者,称火山角砾岩(volcanic breccia)[图2-2-2(b)];由火山块组成者,称为火山集块岩(volcanic agglomerate);不同粒径的火山碎屑物混杂者,则采用复杂命名,如火山角砾凝灰岩、火山角砾集块岩。

(三)液体喷发物

液体喷发物称为熔岩(lava),它是喷出地表而丧失了气体的岩浆。熔浆流出火山口之后,沿着山坡或沟谷形成舌状及各种形状的熔岩流(lava flow),形态十分奇特,有熔岩河、熔岩瀑布、熔岩湖等。熔岩因黏度不同,其流动能力不同。

由于岩石的导热性差,熔岩的外壳虽已冷凝或基本冷凝,而其内部仍可保持熔融状态并继续流动。在内部熔体流动的推挤力以及因外壳冷凝而产生的压缩力作用下,熔岩表面常常发生变形。表面比较光滑、呈波状起伏或扭曲似绳索状者,称为波状熔岩或绳状熔岩(pahoehoe)(图2-2-3),这是黏性较小、流动性较强的熔岩所常有的。黏性大、流动能力较弱的熔浆,表层迅速冷却后形成脆性薄壳,而下部熔浆中析出的气体逐渐聚集可引起硬壳的爆裂,再由仍在继续流动的熔浆推挤,形成大小不等呈棱角状块体并散乱堆积的块状熔岩(massive lava)。黏性较小的岩浆喷出地表后,在接近喷出口的地方常形成波状或绳状熔岩,在远离喷出口的地方因熔岩温度降低、黏性增大可过渡为块状熔岩。

图2-2-3 绳状熔岩
(a),(c)黑龙江五大连池绳状玄武岩(据徐夕生、邱检生,2010);
(b)夏威夷Kalapana地区的绳状玄武岩(据Winter,2001)

熔岩冷却过程中,在其内部可以形成各种构造,如流纹构造(rhyotaxitic)[图2-2-4(a)]、气孔构造(vesicular)[图2-2-4(b)]和柱状节理(columnar joint)等。流纹构造是熔岩在流动过程中由相对集中的矿物成分相间排列造成色带和细纹等形成。流纹构造反映的是岩浆喷出地表以后在流动过程中迅速冷却下来的特征。气孔构造是岩浆中的成分在喷溢过程中逐渐向大气逸散而在熔岩中产生大小不同的空洞,其拉长方向一般指示熔岩流的流动方向。柱状节理构造是熔岩在冷却过程中体积收缩形成节理,理想状态的体积收缩从地面开始形成裂纹,并逐渐向下发展形成垂直地面的六方柱。

图2-2-4　流纹构造(a)与气孔构造(b)

火山喷出的细微火山灰可扩散到高空,长期悬浮,甚至随风飘移到数千千米之外才逐渐堆积下来。在空中大量悬浮的火山灰能吸收太阳的辐射,使地面的气温降低。较粗的固体喷发物及熔岩一般就地堆积,在地面构筑起一定规模的山体,称火山(volcano)。火山喷发物围绕火山口堆积而成的锥状体,称火山锥(volcanic cone)。根据喷发物的不同,火山锥可分为火山碎屑岩锥、熔岩火山锥和复合火山锥。火山锥顶部火山物质出口的地方,常呈圆形凹陷,称火山口(crater)。火山熄灭后,往往积水而成火山口湖。我国东北长白山主峰白头山天池即为典型的火山口湖。火山口下有管状通道与地下岩浆的源区——岩浆房相连,称火山通道(volcanic vent)。充填于火山通道上部已冷凝的岩浆称火山颈(volcanic neck),可作为恢复古火山机构的一个重要标志。

三、火山喷发的类型及特征

火山活动的类型多种多样,主要取决于三种因素:岩浆成分、水及其他挥发分的含量、温度及黏度;地下岩浆房和火山通道中的压力以及喷溢地表的通道形状;岩浆喷出时的环境。主要的火山喷发方式有熔透式喷发、裂隙式喷发和中心式喷发三种。

(一)熔透式喷发

熔透式喷发(deroofing eruption)指在地壳发展的初期,岩浆熔透地壳而形成大面积的熔岩流。在各大陆太古宙岩石中见到地下冷凝的岩浆岩体与上面的喷出岩呈直接过渡的现象,有些学者认为是由熔透式火山作用形成的。熔透式喷发在现代很少见。

(二)裂隙式喷发

裂隙式喷发(fissure eruption)指岩浆沿线状的大断裂或裂隙群通道上升喷出地表,也可以由沿断裂带密集排列的多个火山口近同时喷发。这种喷发作用主要发育在大陆裂谷、洋中脊等大型伸展构造带中,喷发物多为黏度较小的超基性到基性的岩浆,以玄武岩为主,中酸性者少见。由于黏度较小,这些溢出的岩浆似洪水泛滥,可沿地面各方向流动而形成面积达几十万平方千米的岩被,厚达几百米,甚至超过 1000 m,因此又被称为泛流玄武岩(flood basalt)。如美国哥伦比亚河的玄武岩由 60 多个熔岩流组成,部分地段厚度超过 2000 m。这种厚度很大且由多次基性岩浆喷溢所构成的熔岩台地(lava plateau)称为玄武岩高原。除上述的哥伦比亚河玄武岩高原外,世界上其他一些著名的玄武岩高原还有加拿大的克威纳望(Keewee-nawan)、印度的德干(Deccan)、巴西的巴拉那(Paraná)和南非的卡鲁(Karroo)等(表 2-2-2)。广泛分布在我国西南川、黔、滇诸省的二叠纪"峨眉玄武岩",面积达 $26×10^4 km^2$,也是裂隙式喷发的产物。据研究,这种大面积玄武岩的产出常与地幔柱(mantle plume)活动有关。

表 2-2-2　世界上一些著名的玄武岩高原(据徐夕生、邱检生,2010)

名　称	国家	形成时代	最大厚度,m	面积,$10^5 km^2$	体积,$10^5 km^3$
哥伦比亚河(Columbia River)	美国	中新世	>4000	1.6	1.7
克威纳望(Keewee-nawan)	加拿大	前寒武	5000	>20	13
德干(Deccan)	印度	白垩纪—始新世	2000	>15	26
巴拉那(Paraná)	巴西	早白垩世	1700	12	15
卡鲁(Karroo)	南非	早侏罗世	9000	20	25
埃塞俄比亚	埃塞俄比亚	渐新世	3000	7.5	3.5

从火山口溢出的岩浆沿山坡或河谷顺流而下,其范围及形态视流经的地形和岩浆黏度而定,有的呈狭长的带状,有的呈宽阔、平缓的舌状,它们经冷凝固结而成的地质体称为熔岩流。自太古代一直到新近纪,岩浆喷发的主要方式即裂隙式喷发。现代裂隙式喷发主要分布于大洋底的洋中脊处,在陆上现在这类火山喷发活动只见于冰岛,故又称为冰岛型火山。

(三)中心式喷发

中心式喷发(central eruption)指来自同一岩浆房中的岩浆沿颈状火山通道上升经火山口喷发。这种喷发常常伴随有强烈的爆发作用,除喷出大量气体外,还从火山口喷出大量的碎屑物质,如火山弹、火山砾、火山灰及火山渣等,最后才喷出熔岩。火山喷发物的特征和就位后的产状与岩浆的成分密切相关。玄武质岩浆因岩浆黏度小,多以平静溢流方式的夏威夷型(Hawaiian-type)喷发为主,形成大面积分布的熔岩台地或沿低洼地形(沟谷、河流)流动形成线状的熔岩流,熔岩流汇集可形成熔岩湖,在溢出口周围可形成坡角缓倾的盾形火山(shield volcano),火山碎屑含量小于 10%,且主要为塑变的火山弹、熔岩饼或塑变岩屑,可在火山口周围堆积形成小型的火山碎屑锥(图 2-2-5),这是确定古火山口的重要标志。中性岩浆黏度大于玄武岩,以斯通博利型(Strombolian-type)喷发为主,除喷溢外兼有爆发,熔岩流厚而短,可形成由火山碎屑和熔岩交砌形成的高大、坡角陡倾(可达 40°)的混合火山锥[图 2-2-6(a)]。爆发最强烈者,称为卡特曼型(Katmain-type),火山碎屑的含量达 100%;其次为普林尼型(Poinian-type),火山碎屑含量达 90% 以上;再次为乌尔加诺型(Vuocanian-type),火山碎屑含量为 60%~80%。前两种类型由于大量火山物质的抛出,常形成塌陷破火山口(caldera)[图 2-2-6(b)]。

图 2-2-5 内蒙古锡林浩特市的新生代火山碎屑锥

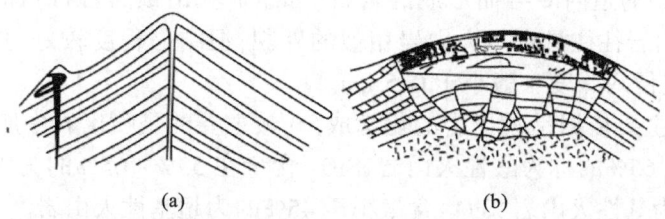

图 2-2-6 由火山碎屑和熔岩组成的混合锥(a)与破火山口(b)(据 Raymond,1995)

中心式喷发的中心也常沿断裂带分布,或位于两组断裂的交会部位,在地表上往往表现为凹陷盆地或锥状地貌。现代火山喷发多属于这种类型,如我国黑龙江的五大连池火山和山西的大同火山等均为中心式喷发。按照中心式喷发的剧烈程度可将中心式喷发分为宁静式、爆裂式和递变式三种。

四、火山喷发的间歇性

火山喷发是火山快速释放物质的过程,而地下岩浆物质与能量的储集需要一定的时间。因此火山喷发表现出间歇性和阶段性,喷发间歇期长短不一,有的数年,有的数十年,有的数百年甚至更长。如圣海伦斯火山是经过了 123 年的间歇后于 1980 年再次活动的;意大利埃特纳火山是欧洲最大的活火山,它平均不到四年喷发一次,2007 年初以来,其活动更趋频繁;维苏威火山未见公元 79 年前的喷发记录,但从公元 79 年活动以来,至今已多次喷发。但无论间隙期多长,凡是在人类历史时期中有过活动的火山,称活火山(active volcano);在人类历史中未曾喷发过的火山,称死火山(extinct volcano)。

火山经过连续多次喷发以后,其岩浆房空虚,火山锥体因失去支撑而发生崩塌与陷落,后继的喷发活动也可将原有火山锥上部炸毁,能造成比原有火山口大得多的洼地,称为破火山口(caldera)。洼地常积水成湖,称火山口湖(crater lake)。此外,在火山活动的不同阶段,岩浆的成分及其喷发性质会发生变化,早期多喷发基性岩浆,后期可喷发中性甚至酸性岩浆,有时情况相反。

五、火山喷发对气候和环境的影响

火山喷发对气候和环境能产生显著的影响。气象学研究表明,在处于 15~30 km 高空的平流层内,存在一个长期而稳定的气胶溶层(aerosol)。它是由直径小于 1 μm 的质点或微滴构成的霾雾层。这些极细微粒的成分就是硅酸盐矿物、硫酸、海盐等。新的观测数据表明,大气层中入射太阳光的减少事件正好与地球上大规模火山喷发事件相对应。火山喷出的巨量气体和灰尘进入到平流层,导致新的气胶溶数量急剧增加。平流层中的霾雾遮挡住了入射的太阳光,使平流层增温,而大气层和地球表面降温。

此外,火山喷发出的大量 CO_2 导致大气中 CO_2 的增加,使地球表面反射出去的红外辐射又折回到大气中,从而使气温升高,即温室效应。但与人类活动(燃煤、汽车尾气等)导致大气中 CO_2 量的增加相比,火山活动作用次之,是导致温室效应的次要因素。

六、喷出岩类型与特征

由火山喷发物形成的岩石统称喷出岩(eruptive rock)或火山岩(volcanic rock),包括火山碎屑岩和熔岩。熔岩从火山口喷溢经冷凝固结而成,一般由斑晶及周围玻璃质两部分组成。岩浆在地壳浅部火山通道内冷凝而形成的岩石(如组成火山颈的岩石)称次火山岩(sub-volcanic rock)。次火山岩往往具有与火山岩相似的外貌,但结晶程度较好,具有侵入岩的产状,常与火山岩共生,其侵入深度一般小于 0.5 km。

喷出岩分类的主要依据是喷出岩的化学成分,最主要的是喷出岩中所含的 SiO_2 的比例,通常 SiO_2 含量大于 65% 的称为酸性火山岩;SiO_2 含量在 53%~65% 的为中性火山岩;SiO_2 含量在 45%~53% 的为基性火山岩;SiO_2 含量小于 45% 的为超基性火山岩。

(一)超基性喷出岩

超基性喷出岩 SiO_2 含量低于 45%,非常少见,富含镁铁质矿物,常与拉斑玄武岩或碱性玄武岩共生。超基性喷出岩一般具斑状结构,由橄榄石、辉石斑晶和微晶以及基性玻璃组成。主要的超基性喷出岩种属有科马提岩、苦橄岩和麦美奇岩,其中科马提岩是超基性喷出岩的代表。

1. 科马提岩

科马提岩(komatiite)一般指前寒武纪绿岩中枕状岩流顶部的、具鬣刺构造的超镁铁质熔岩,因 1969 年首次发现于南非巴伯顿山地的科马提河流域而得名。科马提岩以成分特别富镁为特征,MgO 含量大于 18%。科马提岩由富镁的橄榄石、辉石及少量金属矿物和基性玻璃组成。科马提岩常见枕状构造,具独特的鬣刺构造(spinifex texture)。鬣刺构造是橄榄石(或辉石)呈细长的锯齿状晶体(或骸晶),以树枝状、放射状、交织状、蘑菇状、花瓣状或近于平行丛生,状如鬣刺草(图 2-2-7),是高镁熔体快速结晶的产物。

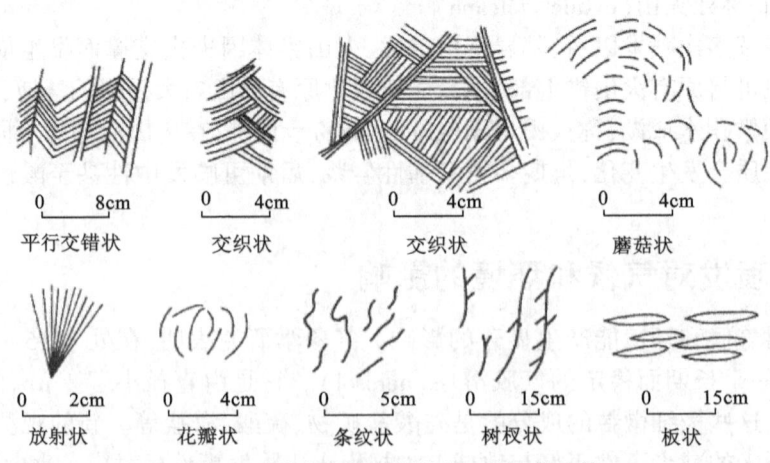

图 2-2-7 不同形状的鬣刺结构(据张荣隋等,2001)

科马提岩的产地非常少,主要分布在南非、澳大利亚西部、芬兰、美国、加拿大的太古宙绿岩中。我国近年在山东的新泰、蒙阴以及吉林的夹皮沟等地的太古宙—元古宙绿岩带中也发现少量科马提岩。

2. 苦橄岩

苦橄岩(picrite)往往产于玄武岩系的底部,含镁高,成分接近于辉石橄榄岩。苦橄岩呈淡绿至黑色,多为斑状结构,斑晶多为橄榄石,也有少量的辉石。此外,苦橄岩中可含少量的斜长石、角闪石、金属矿物等。苦橄岩化学成分与富含橄榄石斑晶的大洋玄武岩相近,但SiO_2较低,Al_2O_3、K_2O、Na_2O含量相对超基性喷出岩较高,表现在矿物组成上含有一定的斜长石。

苦橄岩一般分布在与地幔柱(或热点)活动有关的大火成岩省(large igneous provinces),如印度的德干高原、俄罗斯的西伯利亚、夏威夷以及我国的峨眉山等地。苦橄岩在大火成岩省中一般位于火山岩的底部或下部,与玄武岩呈渐变过渡关系,代表原始岩浆,是地幔在异常高温下高程度部分熔融的产物。

3. 麦美奇岩

麦美奇岩(meymechite)又称玻基纯橄岩,首次发现于西伯利来的麦美奇河流域。麦美奇岩具玻基斑状结构,橄榄石是唯一的斑晶,基质为黑色的火山玻璃,有时含少量的钛普通辉石微晶。麦美奇岩常出现蛇纹石化或碳酸盐化。麦美奇岩体积小,常与苦橄岩和橄榄岩伴生。

(二)基性喷出岩

基性喷出岩SiO_2含量为45%~53%。玄武岩(basalt)是基性喷出岩的代表性岩石,主要由辉石和基性斜长石组成,有些种属(如苦橄玄武岩、碱性玄武岩)含丰富的橄榄石。少数玄武岩中可含少量褐色角闪石和黑云母,但只出现在斑晶中,并往往具有暗化边和熔蚀现象,这是由于角闪石和黑云母首先在地下深处结晶,喷至地表后经强烈的氧化和熔蚀而成。新鲜的玄武岩为黑色、黑灰色,风化后为灰绿色,氧化强的为紫红色。玄武岩一般为斑状结构,少量为无斑隐晶质结构或玻璃质结构,基质往往具间隐结构[图2-2-8(a)]、间粒结构[图2-2-8(b)]、间粒间隐结构(拉斑玄武结构)。在更快速的冷却条件下,斜长石微晶来不及晶出,基质完全由火山玻璃组成,称玻基斑状结构[图2-2-8(c)],如岩石中无斑晶或斑晶含量小于5%,则为玻璃质结构。由于玄武岩中含大量的挥发分,因此在玄武岩中普遍发育气孔构造和杏仁构造。在大陆上喷发的玄武岩常具绳状构造、碎块构造和柱状节理,在海底及水下喷发的玄武岩常具有特殊的枕状构造。绳状构造或枕状构造的枕状体弧面可以指示岩流的顶面。

基性喷出岩由于晶粒细小,多为细粒、隐晶质甚至玻璃质,一般不用定量矿物作种属划分,通常根据碱性程度分为钙碱性(里特曼指数$\sigma \leqslant 9$)和碱性($\sigma > 9$)两大系列。以玄武岩为代表的基性喷出岩。钙碱性种属有拉斑玄武岩和高铝玄武岩,是玄武岩中分布最广、数量最多的一种;而碱性种属主要为碱性玄武岩,分布比较局限。基性喷出岩在热水作用下极易发生次生蚀变,主要的蚀变类型有斜长石钠黝帘石化、绢云母化;辉石纤闪石化、绿泥石化;橄榄石除蛇纹石化、鳞石化外,还广泛发育伊丁石化。

玄武岩是分布最广泛的火山岩,主要分布在大洋洋底和大陆上一些著名的大火成岩省。玄武岩主要呈熔岩产出,并经常伴生一些玄武质火山碎屑岩。少数玄武岩呈岩墙、岩床、岩株或其他形式的浅成侵入体。玄武岩主要有两种喷发方式:裂隙式喷发和中心式喷发。裂隙式

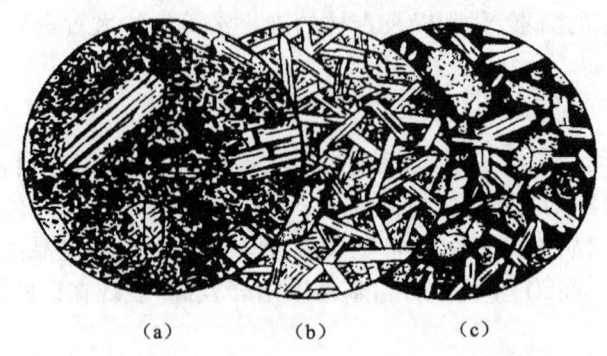

图2-2-8 不同冷却条件下玄武岩的结构
(a)间隐结构;(b)间粒结构;(c)玻基斑状结构

喷发往往构成大面积的泛流玄武岩,与大型的裂谷有关。中心式喷发则构成玄武岩火山锥及其邻近的熔岩流和火山碎屑岩。

(三)中性喷出岩

中性喷出岩SiO_2含量为53%~65%,矿物成分的主要特点包括:浅色矿物与暗色矿物之比约等于2∶1,浅色矿物以长石为主,石英没有或很少。中性喷出岩的代表性岩石是安山岩(andesite)[图2-2-9(a)]、粗面安山岩(trachyandesite)[图2-2-9(b)]和粗面岩(trachyte)[图2-2-9(c)]。

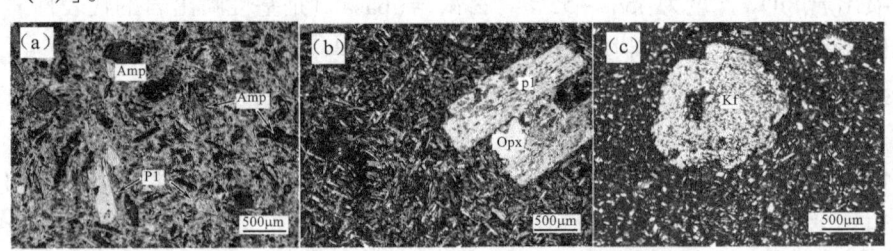

图2-2-9 安山岩(a)、粗面安山岩(b)和粗面岩(c)(据徐夕生、邱检生,2010)
(a)斑状结构,基质具玻基交织结构;(b)斑状结构,基质具玻基交织结构;
(c)斑状结构,斑晶有熔蚀现象,基质为玻基微晶结构

安山岩是相当于闪长岩成分的喷出岩,常具斑状结构。斑晶为中长石—拉长石,以及辉石、角闪石、黑云母等一种或数种铁镁矿物,角闪石和黑云母斑晶常具熔蚀现象和暗化边。基质主要由更长石—中长石及辉石等矿物组成,有时可见玻璃质。

粗面安山岩是介于安山岩和粗面岩之间的过渡岩石,成分相当于二长岩。粗面安山岩呈斑状结构或无斑隐晶质结构。斑晶主要为斜长石(更长石—中长石),少量为角闪石、黑云母或辉石等暗色矿物。斑晶不出现碱性长石,有时碱性长石构成斜长石斑晶的"外壳"或充填斜长石微晶的间隙,该特点可作为鉴定粗面安山岩的重要标志。基质中常见玻璃质,矿物主要为斜长石(更长石)、碱性长石(透长石)和普通辉石。

粗面岩是成分相当于正长岩的喷出岩,常具斑状结构,斑晶常见碱性长石,其次是斜长石,暗色矿物主要是角闪石和黑云母。

中性喷出岩一般为斑状结构,基质的结晶程度比玄武岩差,结构种类较多,如在安山岩和粗面安山岩中常见交织结构、玻基交织结构;粗面岩中常见粗面结构、球粒结构和霏细结构。在中性喷出岩基质中,有时还可见玻璃质和隐晶质结构。本类喷出岩常见气孔构造和杏仁构造,小的气孔和杏仁体多为圆—椭圆形,大的为云朵状、不规则状。

安山岩在热液作用下,常发生青盘岩化形成绿色的青盘岩,其矿物组合为钠长石、绿泥石、绿帘石、黝帘石、绢云母、方解石和黄铁矿等;此外也可发生高岭土化和叶蜡石化等次生蚀变。粗面安山岩和粗面岩常见的次生变化有绢云母化、高岭土化、明矾石化及沸石化。

在中性喷出岩中,安山岩是分布最广的一种熔岩,其分布面积在火山岩中仅次于玄武岩,常常形成典型的火山锥或呈岩流、岩穹、岩钟产出,主要分布在俯冲带上的岛弧和大陆弧地区,最著名的是环太平洋带,被称为安山岩线(andesite line),包括西太平洋岛弧环境及太平洋东岸的大陆弧环境,在其他构造背景下也有少量分布,如大洋扩张中心、大陆裂谷及弧后盆地等环境。粗面岩和粗面安山岩的分布远不如安山岩广泛,主要分布在大洋内部岛屿以及大陆内部的深大断裂附近。

(四)酸性喷出岩

酸性喷出岩 SiO_2 含量高,大于65%,矿物成分以浅色矿物为主,石英、碱性长石和斜长石三类矿物总量超过90%。由于喷出岩形成于高温氧化条件下,其在矿物成分上也表现出高温氧化的特点。酸性喷出岩的代表性岩石是流纹岩(rhyolite)和英安岩(dacite)。

流纹岩[图2-2-10(a)]指成分与花岗岩相当的酸性喷出岩,通常为一种呈灰色、灰红色的岩石,具斑状结构。斑晶成分主要为透长石及石英,常具熔蚀边,有时含少量黑云母或角闪石斑晶,多具暗化边。基质成分为长石、石英隐晶质混合体,有的为玻璃质。

英安岩相当于花岗闪长岩的酸性喷出岩,颜色比流纹岩略深,多呈灰红、灰绿或浅紫红等色。英安岩具斑状结构,斑晶为斜长石、石英和少量透长石或正长石。

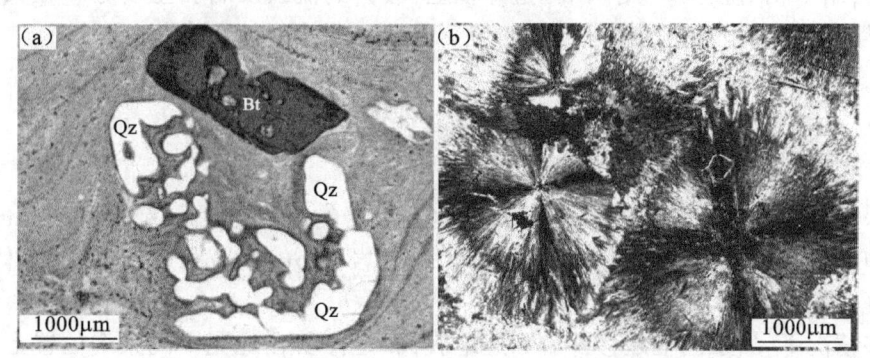

图2-2-10 流纹岩显微照片(据徐夕生、邱检生,2010)
(a)斑状结构,石英斑晶因高温被熔蚀,黑云母斑晶因高温氧化而暗化,基质发育流纹构造;
(b)球粒流纹岩,具球粒结构,呈典型的十字消光

酸性喷出岩主要呈斑状构造,基质多发育玻璃质结构、球粒结构[图2-2-10(b)]和霏细结构等。霏细结构由细小的长石、石英集合体和分散的玻璃组成。酸性喷出岩中较典型的构造为流纹构造,由黏度较大的岩浆在流动过程中经冷凝固结形成,此外,还可见珍珠构造[图2-2-11(a)]、石泡构造[图2-2-11(b)]等。酸性喷出岩也常出现气孔构造,但其气孔多不规则,主要由酸性岩浆黏度较大的气体不易逸出所致。

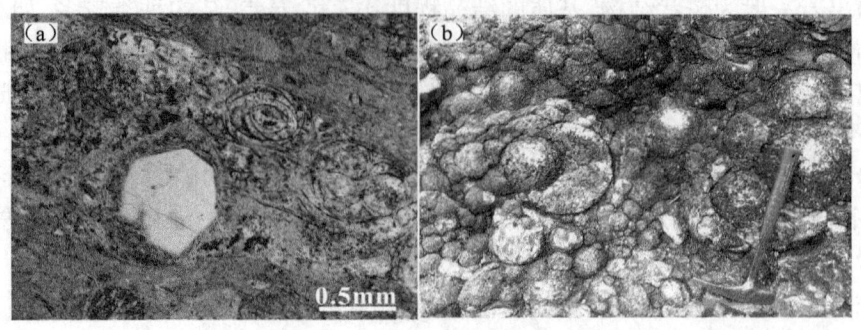

图 2-2-11 流纹岩照片
(a)珍珠构造(据常丽华等,2006);(b)石泡构造(据徐夕生、邱检生,2010)

玻璃质的酸性喷出岩,其成分相当于流纹岩。按含水量高低及物理性质的不同,玻璃质酸性喷出岩可分为松脂岩(pitchstone)、珍珠岩(pearlite)、黑曜岩(obsidian)和浮岩(pumice)。其中,松脂岩以具松脂光泽、贝壳状断口、含水量较高为特征,主体为酸性玻璃,有时可有少量斑晶;珍珠岩以发育珍珠状裂纹构造、呈玻璃光泽、含水量中等为特征,可含少量透长石和石英斑晶;黑曜岩以具玻璃光泽、发育贝壳状断口、含水量低为特征,常含磁铁矿、辉石成分的微晶和雏晶,并常见因脱玻化作用形成的球粒;浮岩岩石气孔十分发育,似蜂窝状,质轻,可浮于水面,多呈皮壳状覆盖于较致密的熔岩之上,一般产于火山口附近。

酸性喷出岩在岩浆期后热水溶液作用下易发生蚀变,常形成次生石英岩。次生石英岩常可指示寻找斑岩铜—钼矿和叶蜡石、明矾石、刚玉等矿产。此外,酸性喷出岩也可产生绢云母化和高岭石化。在外生作用条件下,酸性喷出岩可变为高岭土等。

酸性岩浆主要通过中心式火山喷发方式喷出地表,常见产状为岩钟、岩流。由于酸性岩浆黏度大、挥发组分含量高,火山喷发时伴随有强烈的爆炸作用,因此酸性喷出岩主要形成各类火山碎屑岩,熔岩相对较少。从产出构造环境上,酸性的流纹质岩石主要分布在大陆弧地区,其次为大洋弧地区,此外,在地幔柱(热点)地区和裂谷带也有流纹岩分布。

第二节 侵入作用与侵入岩

地下深处的岩浆沿着断层或裂隙侵入到地下围岩的过程称为侵入作用(intrusion),由侵入到围岩中的岩浆冷凝结晶而形成的岩石称为侵入岩(intrusive rock)。包围侵入体的原有岩石,称围岩(country rock)。

在许多情况下,岩浆向上运移并未到达地表,而是停留在地壳中的某个位置上,并逐渐冷却,这种作用过程称为侵入作用。岩浆侵入作用包括两种形式,即以机械力挤入围岩为主的浅成侵入作用和以热力熔化围岩为主的深成侵入作用。根据侵入体与围岩的接触关系,可分为整合侵入体和不整合侵入体两种类型。

一、侵入作用的类型及特征

(一)浅成侵入作用

在地壳浅部(深度3~6 km以上),岩层承受的静压力较小、脆性大。在断裂发育的部位,由于层间结合较松散,岩浆可以机械力为主挤入围岩。这种侵入作用形成的岩体一般较浅,称浅成侵入作用,其所形成的岩体称浅成侵入岩。浅成侵入岩又分为整合侵入体和不整合侵入体两种类型。

1. 整合侵入体

当岩浆以巨大的机械力主,沿围岩层面、片理面挤入并占据一定空间,冷凝后形成与围岩产状协调一致的关系时,称整合侵入体。

常见的整合侵入体有:

(1)岩床(sill):岩浆侵入到围岩的层面之间呈板状的浅成侵入岩体(图2-2-12),其上、下两面和围岩的层面近于平行,厚薄比较均匀。岩浆的成分常为基性,其规模差别很大。某些较厚的岩床,由于岩浆分异作用,上下成分不完全相同,一般下部偏基性,上部偏酸性。岩床有时单独出现,有时成群出现。

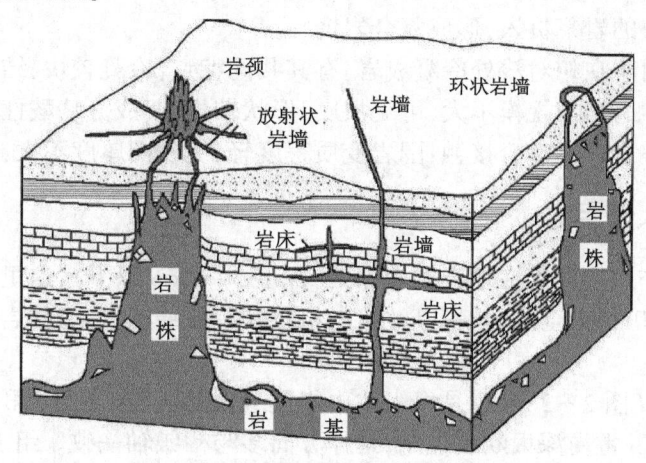

图2-2-12 侵入体产状综合示意图(据Winter, 2001)

(2)岩脊(phacolith):又称岩鞍,指位于背斜顶部或向斜槽部的整合侵入体。它们主要产于强烈褶皱区,由岩浆同时沿背斜顶部和向斜槽部的软弱带侵入形成。岩脊在平面或剖面上多为新月形,其成因与强烈褶皱作用有关,常成组出现,单个岩体一般都不大,最厚可达数百米。

(3)岩盘(laccolith)与岩盆(lopolith):岩浆顺层面挤入将上覆岩层拱起,形成上凸下平的透镜状侵入体,称岩盘[图2-2-13(a)]。岩盘一般规模较小。岩浆侵入到构造盆地中,其中间部分受岩层的静压力作用使底板下沉,形成中央微凹的盆状侵入体,称岩盆[图2-2-13(b)]。岩盆规模可很大,达数百千米,多由中性到基性岩石组成。如南非的布什维尔特岩盆,东西延伸400 km,南北宽为240 km,总面积达6600 km^2,厚达9 km,是世界上规模最大的岩盆,被誉为岩浆矿床的最大宝库。

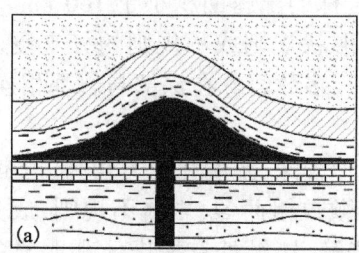 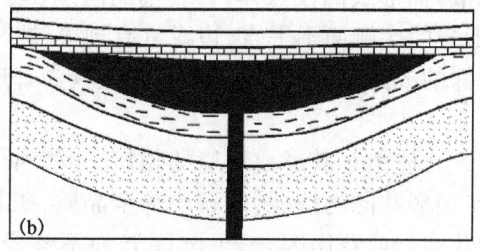

图2-2-13 岩盘(a)和岩盆(b)示意图(据Winter, 2001)

2. 不整合侵入体

岩浆沿断裂机械挤入并占据一定的空间,形成与围岩产状不一致的侵入体,称不整合侵入体。不整合侵入体的特征是截穿围岩层理或片理,它是岩浆沿斜交层理或片理的裂隙贯入而成。

不整合侵入体最常见的是岩墙(dike)(图2-2-12)或岩脉(vein),其厚度变化较大,从几厘米至几百米,长度从数十米至数百千米。如著名的津巴布韦大岩墙,厚3~4 km,长500 km。通常将厚而较规则的称岩墙,薄而较复杂的称岩脉,其间并无严格界线。无论岩墙还是岩脉均是常见的小型侵入岩体。岩墙是岩浆沿张裂隙贯入而形成的,在同一个地区常形成若干条岩墙平行分布或呈放射状分布的岩墙群,在洋中脊扩张的环境下,密集的基性岩墙群是形成新生大洋地壳的主要组成之一,基性岩墙群在大陆裂谷区也很常见。厚的岩墙是岩浆多次脉动侵入的结果,晚贯入的岩浆成分可以与先侵入的岩浆成分一致,也可以存在差别,如在基性的岩墙中央可能有花岗质的岩浆贯入,形成复合岩墙。

浅成侵入岩体由于在相对浅处冷凝成岩,有其共同特点:冷凝较快,结晶迅速,岩石虽为全晶质,但矿物颗粒较细;岩体规模不大,可见根底,形状较规则;成分从酸性岩到基性岩全有;与围岩的接触关系有整合和不整合接触;围岩变质程度轻,变质圈厚度不大,捕虏体也少见。

(二)深成侵入作用

由于深成侵入作用多发生在地壳的较深处(深度3~6 km以下),这里压力和温度均较高,岩浆冷却缓慢,因而矿物为全晶质,呈等粒状的粗粒和中粒结构,形成的岩体称深成侵入体,主要呈岩基、岩株产出。

岩基(batholith)(图2-2-12)是侵入体中规模最大的一类,出露面积大于100 km^2,主要分布在褶皱带隆起区,常受深大断裂控制,延伸方向多与褶皱轴一致。组成岩基的岩石主要为花岗岩类岩石,如花岗岩和花岗闪长岩等。由于岩基规模巨大,因此它们一般不是由一次岩浆侵入作用形成,而是多期多阶段岩浆作用的产物。岩基的顶不规则,有不同形状的突出部分,其边缘部分常有围岩的碎块,称捕虏体。岩基在地面出露的面积取决于剥蚀深度,它的边界与围岩产状在局部地方可以是平行的,但从整体看不平行,因此叫不平行侵入体。此外,大的岩基并不是一次岩浆侵位形成的,而是由数个至100多个较小的岩体组成,它们可以是同一期岩浆事件中从深部岩浆房或岩浆源区多次上升的岩浆侵位于同一位置形成的,也可以是不同时期岩浆作用形成的复式岩体。秘鲁海岸岩基是由在100—37 Ma期间先后侵入的1000多个深成岩体组成的。在野外,可以根据岩体之间的穿插关系、冷凝边和烘烤边的有无、捕虏体的出现、面状和线状组构之间的切割关系等来判断侵位的先后顺序。

岩株(stock)(图2-2-12)是地下深处的岩浆穿入地壳薄弱地带(如大断裂的深部以及褶皱轴部地带)而形成的侵入体,与岩基的区别在于岩株的出露面积小于100 km^2。岩株形态不规则,与围岩的接触面不平直,边缘常有规模较小,形状规则或不规则的分支侵入体贯入围岩之中。岩株的成分多样,但以酸性和中性较为普遍。多数岩株在深部与岩基相连,是岩基的突出部分。

深成侵入岩体由于其形成环境的相似,如相对位置较深、温度和压力较高、范围大、冷凝较慢等,因此有很多共同的特征:岩石均为全晶质,矿物颗粒粗而匀,岩体不规则,成分多为酸性或中酸性的花岗岩或花岗闪长岩,与围岩为不整合接触,接触处有捕虏体和明显的接触变质现象。

二、侵入岩类型与特征

侵入岩的分类与火山岩相似,主要是根据侵入岩中所含 SiO_2 的比例,通常,SiO_2 含量大于 65% 的称为酸性侵入岩;SiO_2 含量在 53%~65% 的为中性侵入岩;SiO_2 含量在 45%~53% 的为基性侵入岩;SiO_2 含量小于 45% 的为超基性侵入岩。

(一)超基性侵入岩

超基性侵入岩 SiO_2 含量低于 45%,很少以单独的岩体出现,一般与基性岩伴生,构成基性—超基性杂岩体。如在岩床或岩盆的底部为超基性岩,向上则过渡到基性岩。超基性侵入岩色率高(大于 90),密度大,主要由橄榄石、斜方辉石和单斜辉石组成,次要矿物有角闪石、黑云母和斜长石,副矿物有尖晶石、铬铁矿、钛铁矿、磁铁矿和磷灰石等。代表性的超基性侵入岩有纯橄榄岩(dunite)、橄榄岩(peridotite)和辉石岩(pyroxenite)等。纯橄榄岩全部或几乎全部由橄榄石组成,可含 10% 以下的斜方辉石、单斜辉石,以及少量铬铁矿、磁铁矿、钛铁矿、磁黄铁矿、尖晶石等副矿物。橄榄岩主要由橄榄石和辉石组成,橄榄石占 40%~90%,还可有少量角闪石、黑云母、钛铁矿、磁铁矿等。辉石岩主要由辉石组成,单斜辉石和斜方辉石总量可占 90%~100%,可含少量橄榄石、角闪石、黑云母、铬铁矿物、磁铁矿、钛铁矿等。

超基性侵入岩的结构主要为自形或半自形粒状结构,常见包含结构、反应边结构和堆晶结构(图 2-2-14)。某些富含金属氧化物的岩石具有海绵陨铁结构。蛇纹石化蚀变的橄榄岩具网状结构。超基性侵入岩常见的构造有块状构造、层状构造(图 2-2-15)或条带状构造及流动状构造等。超基性侵入岩在岩浆期后或外来热液的影响下,极易发生次生变化,主要有橄榄石或斜方辉石的蛇纹石化、单斜辉石的假象纤闪石化及紫苏辉石的铁鳞石化等。

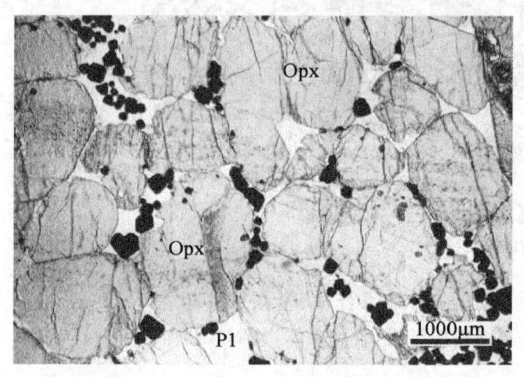

图 2-2-14 具堆晶结构的斜方辉石岩　　　　图 2-2-15 超基性岩的层状构造

超基性侵入岩根据产出的构造环境、产状和共生组合,一般可以划分为阿尔卑斯型、层状侵入体、环状侵入体、与碱性岩和金伯利岩相伴生的超基性岩包裹体四种类型。阿尔卑斯型岩体产于地槽褶皱带或岛弧区,常呈透镜状、似层状或不规则状,沿构造线方向断续延伸数百至上千千米,以纯橄榄岩和方辉橄榄岩为主。层状侵入体产于较稳定的地台区,多呈岩盆、岩床产出,并与其他侵入岩相互共生,规模大小不等,这类岩体自下而上常见从纯橄榄岩—辉石橄榄岩—辉石岩—苏长岩—辉长岩—斜长岩—闪长岩—花岗岩连续过渡的分带现象。环状侵入体常产于造山带,并沿构造线成群分布,岩体大致呈同心圆状,各类岩石围绕岩体中心呈同心环状分布,一般中心部位为超基性侵入岩,外围常被辉长岩类包围。与碱性岩和金伯利岩相伴生的超基性岩包裹体大小不一，呈浑圆状、棱角状产出，矿物成分主要为橄榄石、斜方辉石、单斜辉石、铬尖晶石，具粒状或碎斑结构，一般认为它们可能是上地幔的碎块，代表上地幔的物质组成。

（二）基性侵入岩

基性侵入岩 SiO_2 含量为 45%~53%。主要矿物组成是斜长石、单斜辉石或斜方辉石，次要矿物组成有橄榄石、角闪石、黑云母、碱性长石、石英或似长石中的一种或几种。基性岩类代表性侵入岩是辉长岩(gabbro)，在浅成条件下形成的代表性岩石是辉绿岩(diabase)。辉长岩和辉绿岩常呈中粒至粗粒状，较少斑状，典型的结构是辉长结构[图2-2-16(a)]和辉绿结构[图2-2-16(c)]，也可见辉长辉绿结构[图2-2-16(b)]、嵌晶含长结构、反应边结构和包含结构等。辉长结构是辉长岩的典型结构，表现为基性斜长石和辉石的自形程度相近，均呈现半自形—他形粒状，反映它们是近于同时结晶形成。辉绿结构是辉绿岩的典型结构，斜长石和辉石颗粒大小相差不多，单个他形辉石颗粒填充于较自形板条状斜长石晶体形成的近三角形空隙中，反映斜长石早于辉石晶出。辉长辉绿结构是介于辉长结构和辉绿结构之间的过渡类型，特征是斜长石自形程度较好，辉石自形程度稍差。基性侵入岩构造主要为块状构造，也常见带状构造和球状构造。球状构造指岩石中基性斜长石、辉石或角闪石等矿物构成同心圆状球体，在岩体的某些部位均匀分布。

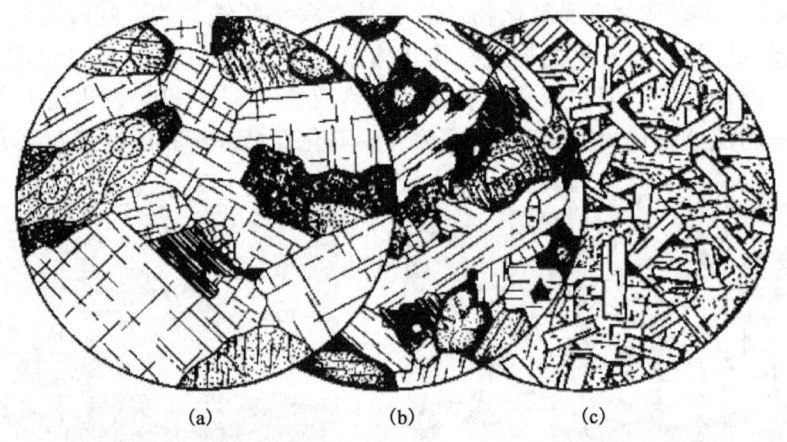

图2-2-16　辉长岩和辉绿岩镜下素描(据路凤香、桑隆康，2003)
(a)橄榄辉长岩(辉长结构)；(b)辉长岩(辉长辉绿结构)；(c)辉绿岩(辉绿结构)

基性侵入岩在岩浆期后气化热液的影响下，常发生钠黝帘石化和次闪石化。钠黝帘石化是基性斜长石经常发生的一种蚀变现象，其特征是基性斜长石被极细粒的钠长石、黝帘石、绿帘石、绿泥石、绢云母等集合体交代。次闪石化是纤维状次生角闪石集合体交代辉石的现象，有时保留辉石的假象，又称假象纤闪石化。

基性侵入岩的产状可依据岩石类型分为两类：辉绿岩通常以厚度较小的岩墙和岩床为主；辉长岩可呈现厚层的岩墙和岩床，但主要以岩株、岩盖、岩盆等独立岩体产出，还可与超基性侵入岩共同组成层状侵入体，也有少量以基性包裹体形式产于花岗岩类侵入岩中，有的可作为岩浆混合的证据。

(三)中性侵入岩

中性侵入岩 SiO_2 含量为 53%~65%，矿物成分的主要特点为：浅色矿物含量多，主要组成矿物为斜长石和碱性长石，可含少量石英；有一种或几种暗色矿物，常见暗色矿物为角闪石、黑云母和辉石。中性侵入岩的代表性岩石是闪长岩(diorite)、二长岩(monzonite)和正长岩(syenite)。闪长岩类岩石一般呈灰色、深灰色及灰绿色，主要由斜长石和角闪石等一种或几种暗色矿物组成，斜长石占长石总量的 2/3 以上，有时可出现少量碱性长石和石英。二长岩主要矿物成分为碱性长石、斜长石和一种或数种暗色矿物。其中，碱性长石和斜长石含量大致相等，有时可出现少量石英和似长石类矿物，暗色矿物含量稍高，约占 30%左右。正长岩颜色一般较浅，为灰、灰白、肉红或灰绿等色。中性侵入岩中碱性长石占长石总量的 2/3 以上，浅色矿物还有少量斜长石和石英，暗色矿物约占 20%，主要为黑云母、角闪石和少量辉石等，均为次要矿物。

中性侵入岩以半自形粒状结构(彩图 57、彩图 58)为主，通常暗色矿物先结晶，斜长石次之，钾长石与石英结晶最晚。在偏基性的种属中，斜长石自形程度更高，近似基性侵入岩结构，如辉长结构、辉绿结构。在正长岩中，有时可见板状自形—半自形长石晶体半定向排列而呈似粗面结构(彩图 59)。正长岩向闪长岩过渡的二长岩，常见二长结构(彩图 60)，即斜长石自形程度高于碱性长石，他形的钾长石嵌在自形板状的斜长石中。中性侵入岩以块状构造为主，有时可见片麻状构造。因同化混染的影响，还可能形成斑杂构造。此外，有时可见暗色矿物和浅色矿物分层而形成条带状构造，部分闪长岩还具有球状构造。

闪长岩类岩石在后期热水溶液作用影响下，其中的暗色矿物常发生次生蚀变，如角闪石、黑云母发生绿泥石化或绿帘石化；辉石发生纤闪石化；斜长石发生钠长石化、绢云母化、钠黝帘石化和碳酸盐化。正长岩类和二长岩类岩石的次生变化主要有钠长石化、绢云母化、高岭土化、绿泥石化和碳酸盐化。

中性侵入岩分布较少，独立产出的中性侵入岩岩体几乎没有，中性侵入岩一般与基性侵入岩、酸性侵入岩或碱性侵入岩伴生。常见的闪长岩、二长岩、正长岩地质产状包括：以中性侵入岩为主的岩体；与辉长岩共生；与花岗岩共生；与碱性侵入岩共生。

(四)酸性侵入岩

酸性侵入岩 SiO_2 含量高，大于 65%，组成矿物主要为石英、碱性长石和酸性斜长石，三者占岩石中矿物总量的 90%以上；铁镁矿物含量少，一般小于 10%，矿物种属主要为黑云母，其次为角闪石和辉石；常见的副矿物有锆石、榍石、磷灰石和钛铁氧化物等。酸性侵入岩的代表性岩石是花岗岩(granite)和花岗闪长岩(granodiorite)。花岗岩主要由石英、钾长石和酸性斜长石组成，其中钾长石占长石总量的 2/3 以上，暗色矿物含量较少，一般为 5%~10%。与花岗岩相比，花岗闪长岩含有较少的钾长石和石英，斜长石多为中长石，且常具环带结构，暗色矿物含量较多，一般为 10%~20%，多为角闪石，黑云母也较常见，有时含少量辉石。

酸性侵入岩典型的结构主要为花岗结构(图 2-2-17)。浅成相的花岗斑岩常见斑状结构(图 2-2-18)，其中基质中的碱性长石和石英呈文象交生，形成微文象结构；中深成相的花岗岩中可出现蠕英结构。在更长环斑花岗岩中，可见钾长石斑晶呈卵圆形，边缘镶嵌一圈白色的更长石，这种结构称更长环斑结构。酸性侵入岩多呈块状构造，特别是在侵入体中心相的岩石往往较为均一，而在岩体的边缘，由于常含围岩捕虏体和暗色矿物斑块，易出现斑杂构造。

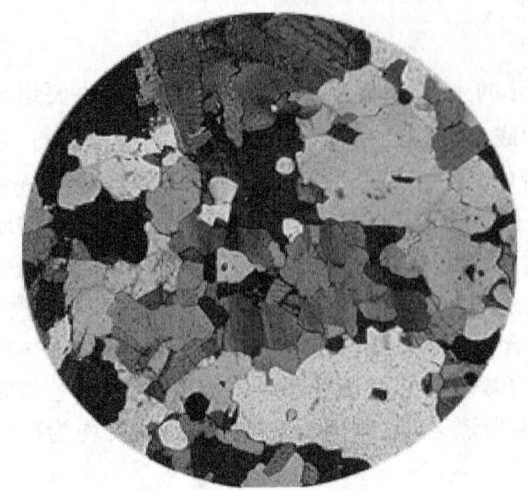
图2-2-17 花岗结构

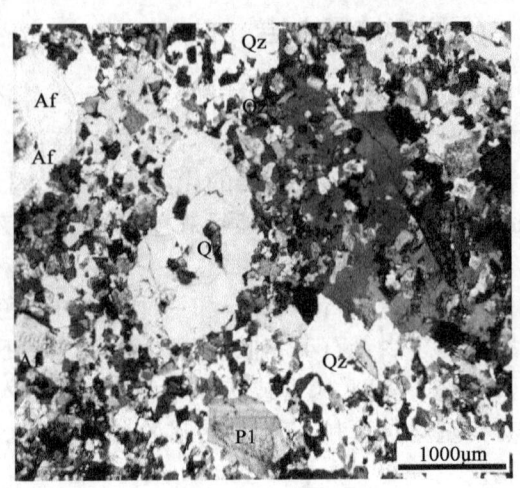
图2-2-18 斑状结构

有时酸性侵入岩的矿物组分会围绕某一中心呈韵律性结晶形成球状构造,且一般球体中间成分较基性。在某些酸性侵入岩内,特别是在岩体的边部或顶部,可见到长石晶体、鳞片状云母、柱状角闪石平行排列,组成条带状构造或火成层理构造,系层流作用所致。此外,由于岩浆结晶最后阶段挥发组分的逸出或岩浆冷却过程中体积收缩,也会形成形状规则的空洞,即晶洞构造。

花岗岩类岩石在岩浆期后气化热液作用影响下,往往会发生不同程度的变化,有些蚀变与矿化作用关系密切。常见的次生变化有钾长石化、钠长石化、云英岩化、高岭石化、绿泥石化和绿帘石化等。钾长石化主要是斜长石被富钾的溶液交代形成钾长石而出现交代斑状结构。钠长石化表现为早期形成的斜长石和钾长石被部分钠长石交代。云英岩化指花岗岩受高温热液作用使钾长石分解形成石英和白云母的蚀变作用。高岭石化表现为花岗岩在低温热水溶液作用或外生作用下,长石被分解形成高岭石和绢云母。绿泥石化和绿帘石化指花岗岩及花岗闪长岩中的暗色矿物黑云母和角闪石等,在热水溶液作用下蚀变为绿泥石或绿帘石,并有金红石、楣石和磁铁矿等析出。动态图16至动态图22展示了一些与热液及岩浆有关的成矿模式。

动态图16 火山热液矿床成矿模式

动态图17 浅成热液矿床成矿模式

动态图18 早期岩浆矿床(铬铁矿)形成模式

动态图19 晚期岩浆分结矿床成矿作用理想模式

动态图20 岩浆热液充填交代矿床成矿模式

动态图21 金刚石矿床形成模式

动态图22 火山块状硫化物成矿模式

花岗岩类岩石的产状多种多样,主要呈岩基和岩株产出。岩基的规模有时很大,面积达数千甚至数万平方千米。除岩基和岩株外,花岗岩也可呈岩盖、岩瘤和厚度不同的岩墙产出。规模较大的花岗岩体,多是由不同时代形成的花岗岩组成的复式岩体。花岗岩的成岩时代延续漫长,从太古宙到新生代均有分布。其中,中生代花岗岩的出露面积最大,约占总面积的40%;而新生代花岗岩出露面积较小,约占12%。花岗岩是构成大陆地壳的主要组成部分,其分布十分广泛,特别是钙碱性的花岗岩和花岗闪长岩,它们总体产于各构造活动带上,且主要分布于陆壳增厚并经历强烈剥蚀的地区;而碱性花岗岩的分布较少,主要沿深大断裂带产出。

第三节 岩浆岩的成因

一、地球的内热

地球内部是热的,是一庞大的热库,以各种方式不断向外散热。火山的喷发、温泉的涌出是地球内热向外散发的表现,然而通过这种途径散发的热量很小,不到地球每年散热量的1%。地球内热通过岩石向外传导是内热散发的主要方式,称大地热流或热流(heat flow)。它不能为人们所感觉,但可以用仪器测定。据研究,全球平均热流为$87mW/m^2$,大陆热流的平均值为$65mW/m^2$,大洋的平均热流值为$101mW/m^2$(Kearey等,2009)。不同地区地表的热流值并不相同。随地壳年龄增大,热流值降低。在大洋内部,从洋中脊向两翼,热流值降低;在大陆地区,最后一次构造运动的年龄越新,热流值越高。因此,构造稳定的前寒武纪地盾区热流值最低,而构造活动地区(如年轻山脉、火山、岛弧等)热流值最高。一般把地表热流值或地温梯度明显高于平均值或背景值的地区称为地热异常区。

地下某深度以上,温度常年不变,此深度称为常温层。在常温层以下,地温随深度增大而增高。深度每增加100 m 地温增加的度数,称为地热增温率(geothermal degree)或地温梯度(geothermal gradient)。在深井和钻孔中的温度测量表明,近地表的地温梯度介于 1~6℃/100m 之间,其中,岛弧火山区可达 3~5℃/100m 或更高一些,而在大洋海沟处,地温梯度仅为 0.5~1℃/100km,稳定大陆区地温梯度的典型值是 2.5℃/100m。但地表的地温梯度不能外推到地壳和地幔深处。在地壳深部,地温梯度减小到每千米只有几摄氏度,而进入地幔几百千米深度之后,温度随梯度升高的势头已大为减弱,估计不到 0.1℃/100m;到了地核,尽管温度仍随深度持续上升,但地温梯度已很小了。

二、地热的成因

关于地热的成因,有重力分异(gravitative differentiation)说与放射热(radioactive heat)说等假说。

重力分异说认为:地球由冷的星际物质相互吸引聚集而成。在地球形成的早期,有大量星际物质向地球坠落,撞击释放出的动能转化成热能。同时,地球在变得越来越致密的过程中,内部物质按密度进行分异,密度大者下沉,密度小者上浮,位能便转化成为热能。这两种热源使地球增温。其中,部分热量已散失,部分热量则储集在地球内部。

放射热说认为:地球的内热是由放射性元素衰变而产生的,地球内部主要的生热同位素是^{40}K、^{238}U 和^{232}Th,放射出来的 α、β 粒子与 γ 射线被周围的物质吸收转变为热,从而提高了物质的温度。由于放射性元素在花岗岩中的含量较高,在中性岩及基性岩中较低,在超基性岩中最低(表2-2-3),而地壳平均成分相当于中酸性火成岩,地幔成分相当于超基性岩,地核成分则为Fe、Ni金属,因此放射性生成热主要集中在地壳,地幔中较少,在地核中甚微(表2-2-4)。这是地热增温率随着深度加大而明显减小的一个原因。此外,由于地壳及地幔上部物质在水平方向上分布不均匀,物质的分布状况也在不断改变,各处生成的热量不一致,因此大地热流和地热梯度各处不同。

表2-2-3 各类火成岩中放射性元素的含量及衰变生成热(据侯德封等,1974)

岩石类型	W_B			衰变生成热 $cal^{①}/(g·a)$
	K	U	Th	
花岗岩	3.34%	3.5%	$1.8×10^{-5}$	$7.05×10^{-5}$
中性岩	2.3%	$1.8×10^{-6}$	$1.0×10^{-5}$	$3.335×10^{-6}$
基性岩	8.3%	$5×10^{-7}$	$3×10^{-6}$	$1.189×10^{-6}$
超基性岩	$3×10^{-4}$	$3×10^{-9}$	$5×10^{-6}$	$1.03×10^{-8}$

① 1 cal=4.1868J。

表2-2-4 地球各层圈的放射性生成热(据侯德封等,1974)

地球层圈	$^{235}U,10^{18}cal/a$	$^{238}U,10^{18}cal/a$	$^{232}Th,10^{18}cal/a$	$^{40}K,10^{18}cal/a$	共计,$10^{18}cal/a$	所占比例,%
地壳	5.4	128.5	130.2	38	302.1	76.3
地幔	1.4	34.5	40.3	11.0	87.2	21.7
地核	0.2	4	3.5	—	7.7	2.0
共计	7	167	174	49.0	397.0	100.0
所占比例,%	1.7	41.7	44.3	12.3	100.0	—

除了上述具有全球意义的热源成因外,还有地热生成的其他途径,如构造运动或岩石断裂会使各岩块相互摩擦而生热等。不过这些方式生成的热一般只具有局部意义。

三、岩浆的形成

岩浆冷凝可形成岩石,那么,岩石熔化就能形成岩浆。岩浆产生的实质就是固态岩石向液态转变的过程。一般来说,只要提供热源,使地壳或地幔的岩石所处环境达到液相出现的条件,岩石就会发生熔融。产生的熔体与残余固相分离后形成原生岩浆(primary magma)。部分熔融过程中,较早被熔融的组分称为易熔组分,较难熔融的组分称难熔组分。在岩石学研究和模拟中,将部分熔融过程分为平衡(批式)熔融(equilibrium melting, batch melting)和分离熔融(fractional melting)。岩石受热到600℃,便开始有少许物质从岩石中熔出。随着温度逐渐增加,熔融物的量逐渐增加,熔融物的成分也逐渐发生改变。一般来说,岩石受热达800℃左右时,产生酸性成分的熔融物;受热达1300~1350℃时,产生中性成分的熔融物;如样品受热超过1400℃且样品的成分符合要求,可以产生基性成分的熔融物。增温的方式主要包括:岩石或岩浆通过热传导或对流增温、剪切增温、放射性同位素的衰变、构造增温。

此外,压力与水分的含量对岩石熔融有很大的控制意义。首先,压力是阻碍岩石熔化的因素。压力增大,能提高岩石熔点;压力降低,能降低岩石熔点。如地幔岩石的减压熔融是洋中脊、大陆裂谷和洋岛等构造伸展区产生大量玄武质岩浆的重要方式。同种成分的岩石因所受压力不同,其熔化所需的温度也不同。另一方面,岩石熔化时如果有足够的水分参加,能降低岩石熔点,起到与压力相反的作用。如在陆壳深部和俯冲带,矿物的脱水反应和变质反应同时发生,可为部分熔融提供水。底垫的幔源玄武质岩浆在结晶的过程中也可释放出 H_2O 和 CO_2。

固相物质的熔融通常与温度升高有关,但压力下降和挥发分的加入也可使体系移至固相线以上,从而引起熔融作用。增温、降压、加入流体作为导致原岩部分熔融的主要因素已得到证实,但三个因素并不是独立发挥作用的。不同的构造环境,这三种因素所起的作用可能不同。例如,幔源玄武质岩浆底侵(magmatic underplating)到下地壳底部,岩浆所携带的热量可使下地壳增温,同时,玄武质岩浆在结晶过程中释放出的挥发分也会加入到下地壳中,进一步降低了下地壳熔融温度,使熔融作用进一步加强。

图 2-2-19 中实线表示某种岩石的干固相线(无水体系),虚线表示湿固相线(含水体系,可能水并不饱和)。B 点表示岩石初始的温压条件,它位于干固相线左侧(晶体稳定区),在该点时岩石不会发生熔融。当温度升高或压力降低时,岩石温压条件将越过固相线(A′和 B′)进入晶体+熔体区域,发生部分熔融。此外,当岩石中加入水时,岩石的熔点降低,固相线整体向左移到湿固相线的位置(图中的虚线),使得岩石进入晶体+熔体区域,发生部分熔融。

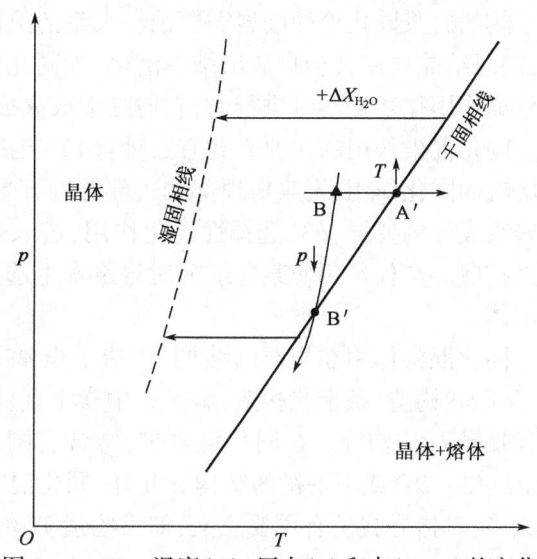

图 2-2-19 温度(T)、压力(p)和水(X_{H_2O})的变化导致岩石部分熔融示意图(据桑隆康、马昌前,2012)

地球岩浆系统主要受两大构造体系控制,一是板块构造,二是地幔柱构造。从经典的板块构造观点来看,洋壳盆地并非永恒存在,一般都经历开裂、扩张、收缩、闭合的发展过程,即威尔逊旋回。板块构造理论对板块边界的火山活动和地震作出了解释,却难以解释板块内部出现的地震与火山活动。Wilson 和 Morgan 通过对广阔的太平洋上夏威夷洋岛—皇帝岛火山链火山岩年代学的研究提出了"热点"和地幔柱构造的认识,现已被广泛认可。地幔柱是一种热的物质流,从核幔边界处上升,在上地幔深度发生减压熔融,热点是地幔柱在地表的表现。

四、岩浆岩多样化的原因

岩浆的起源和演化可以造成火成岩的多样性,从而也有原始岩浆(primitive magma)、原生岩浆(primary magma)、母岩浆(parent magma)和派生岩浆(derivative magma)之分。由原始的地幔岩石经熔融或部分熔融作用产生的岩浆称为原始岩浆。由原先已存在的任何地幔或地壳岩石经熔融或部分熔融作用产生的成分未遭受变异的岩浆称原生岩浆。能够通过各种岩浆作用产生派生岩浆的独立的液态岩浆称为母岩浆。原始岩浆和原生岩浆都可以是母岩浆。在地球上,由部分熔融产生的原始岩浆只有几种,但已知的火成岩种类在数百种以上。为什么少数几种原始岩浆能形成如此种类繁多的火成岩呢?主要是因为新生成的岩浆在其向上升起并逐渐冷凝的过程中要发生以下多种方式的变化。

(一)同化混染作用

同化混染作用是同化作用与混染作用的通称。

同化作用(assimilation)即岩浆对围岩或捕虏体的熔化和反应,从而引起岩浆成分改变的作用。同化作用的规模和程度受岩浆的成分、温度、规模以及围岩的规模和性质控制。一般来说,岩浆如果温度高、规模大,而围岩属于熔点较低的岩石,且规模相对较小,同化作用就易于广泛发生。岩浆如果温度较低、规模较小,且围岩偏基性,难以发生同化作用。此外,如果围岩破碎,则碎块易混入岩浆,则容易促进同化作用的发生。

混染作用(contamination)即如果熔化、反应进行得不完全,部分围岩或捕虏体残留于岩浆中,造成对岩浆成分的污染。混染作用是不完全的同化作用。

热的岩浆同化冷的围岩需要消耗大量的热能,这将会使岩浆的温度快速下降,导致结晶作用,同时结晶作用又会释放出结晶潜热,为同化混染作用补充热能。因此,同化混染作用和结晶分离作用往往是同时进行的,它们是造成火成岩多样化的重要原因。

同化混染作用的主要方式有三种:(1)岩浆与围岩或捕虏体简单混合的同化作用;(2)部分熔融的同化作用,岩浆房顶部和边部的岩石受岩浆热流和围岩中水等活动组分的影响,促进了岩浆成分的变异;(3)选择性同化作用,进入岩浆中的地壳碎块不能全部与岩浆混合,而是通过扩散—交代作用使某些组分对岩浆发生选择性同化与混染,形成具有环带状构造特征的捕虏体。

同化混染作用在岩石的结构、构造上也常有明显的反映,同化混染岩石中常见捕虏晶构造、斑杂状构造、条带状构造,斜长石中常出现反环带构造,碱性长石中常出现交代条纹结构及交代蠕英石结构等。在同化混染带,常含有围岩的捕虏体与捕获晶,出现不平衡的矿物组合(图2-2-20)或不平衡的结构。此外,同化混染作用过程还可由围岩提供某些金属元素而富集成矿,对指导找矿有重要意义,如某些锰矿物是岩浆同化了含锰石灰岩形成的。

(二)分离结晶作用

分离结晶作用(fractional crystallization)又称结晶分异作用(crystallization differentiation),发生于岩浆结晶作用阶段,指早期晶出的高熔点矿物由于某种原因在岩浆不同部位中呈不同程度的聚集,甚至发生分离,而形成各种成分岩浆岩的作用,分离结晶作用会使残余岩浆的成分发生连续的变化。分离结晶作用的主要方式包括重力分异作用、流动分异作用和压滤分异作用。重力分异作用是指早期析出的矿物因密度较大而下沉,晚期析出的矿物因密度较小而上浮,从而形成不同成分的岩浆岩。流动分异作用是指悬浮于岩浆中的矿物由于岩浆流动而聚集的现象。压滤分异作用指早期结晶矿物颗粒间的残余熔体由于压榨挤出的分离作用。

岩浆冷却过程中,在重力分异作用下形成的矿物不是同时从岩浆中结晶的,而是按一定的顺序,最先从熔点高的矿物开始结晶。美国岩石学家鲍文(N. L. Bowen)通过实验证明了矿物在岩浆中结晶分异的先后顺序。实验表明,富含橄榄石成分的玄武岩浆,在其温度逐渐降低的过程中,首先形成由橄榄石组成的超基性岩,继而形成由辉石与基性斜长石组成的基性岩——辉长岩,再形成由角闪石和中性斜长石组成的中性岩——闪长岩,最后形成由黑云母、酸性斜长石、石英、白云母与钾长石组成的酸性岩——花岗岩。在这一过程中,矿物是按两个系列结晶出来的,即斜长石的连续反应系列和暗色矿物的不连续反应系列。连续反应系列反映岩浆岩结晶过程中浅色矿物的生成顺序,该系列的矿物在结晶过程中成分连续变化,但结晶格架不发生改变,即随温度降低,斜长石由基性变为酸性,其原有架状的晶体结构不变。不连续反应系列表示了暗色矿物结晶的先后顺序,结晶过程中成分和结晶格架都发生变化,即依次由岛状的橄榄石变为单链的辉石,再变为双链的角闪石,最后变为层状的黑云母。位于系列上

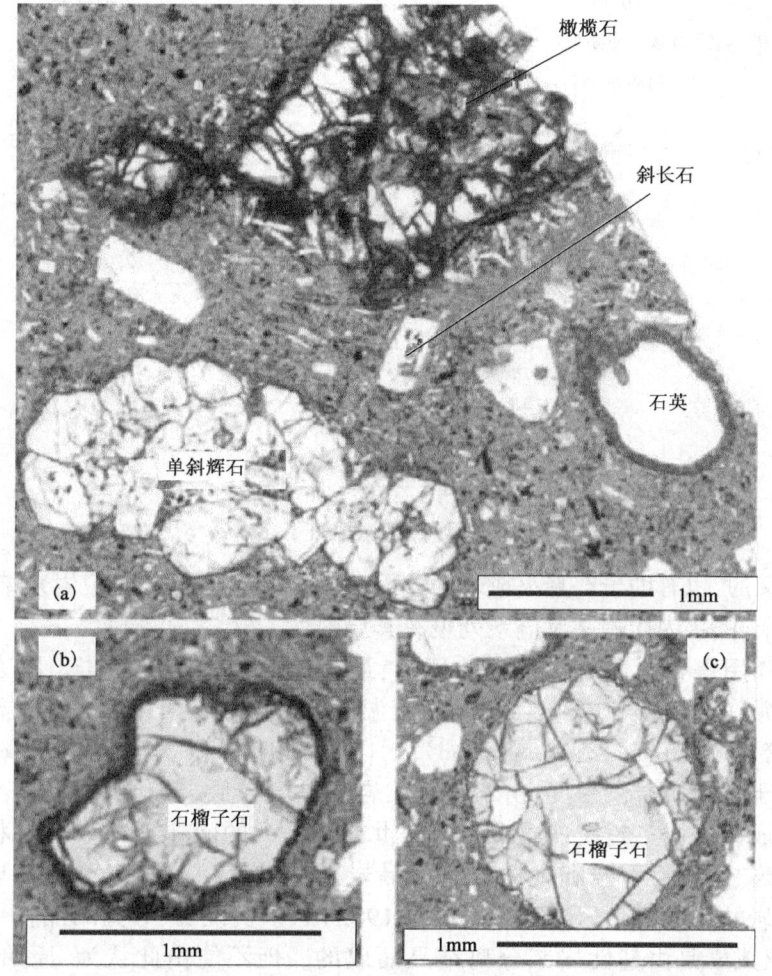

图 2-2-20 岩浆同化围岩形成的不平衡矿物组合(据桑隆康、马昌前,2012)
(a)在英安岩中出现橄榄石和单斜辉石这样的镁铁质矿物,是基性岩和酸性岩浆混合的标志;
(b),(c)在火山岩中出现石榴子石这样的富铝变质矿物,表明石榴子石来自于被混染的变质岩

部的矿物比下部的矿物生成早、结晶温度高。最后,上述两系列又联合形成一个不连续的反应系列,依次结晶出钾长石、白云母和石英。上述反应总过程称鲍文反应(Bowen's reaction)系列(图2-2-21)。

鲍文反应系列能够解释以下岩石学现象:

(1)玄武岩浆经过分离结晶作用可形成较酸性的变种。

(2)岩浆中造岩矿物的结晶顺序及共生规律:位于反应系列上部的矿物早结晶,结晶温度高;位于反应系列下部的矿物晚结晶,结晶温度较低。两个系列中温度相当的矿物如辉石与基性斜长石可以共生,角闪石与中酸性斜长石共生,等等。

(3)同化混染作用:由于温度高低的不同,较基性岩浆能熔化较酸性的捕虏体,反之则不能,除非酸性岩浆处于过热状态。

(4)斜长石的正环带结构及暗色矿物的反应边结构。

鲍文反应系列是火成岩研究中的一项重要成就,对于分析钙碱性岩浆中矿物的一般共生

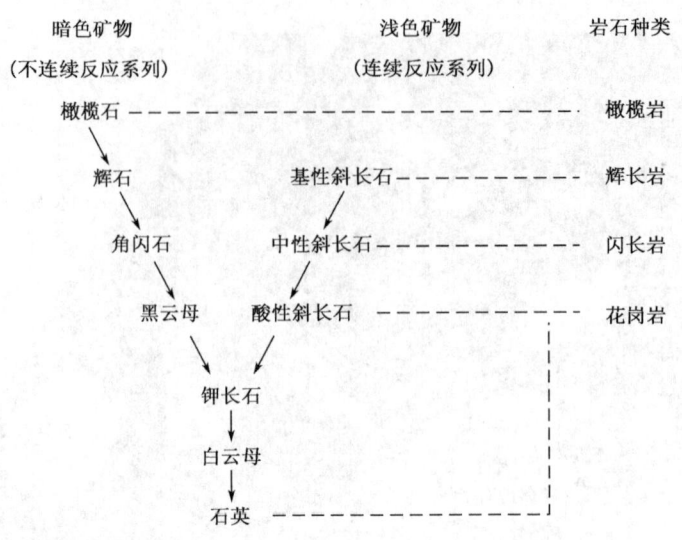

图 2-2-21 鲍文反应系列(据 N. L. Bowen 等,1922)

规律是很有意义的,也有助于解释火成岩的成因和多样性。但自然界中岩浆结晶情况要比鲍文反应系列复杂许多,因而鲍文反应系列也有其局限性。

分离结晶作用得到许多地质事实的证实,最直观的证据是堆晶岩。以玄武岩为例,玄武岩的密度通常在 $2.6 \sim 3.3 \mathrm{g/cm}^3$ 之间,随着温度的下降依次可以结晶出橄榄石、辉石和斜长石,它们的密度分别在 $3.27 \sim 3.48 \mathrm{g/cm}^3$、$3.1 \sim 3.5 \mathrm{g/cm}^3$ 和 $2.62 \sim 2.76 \mathrm{g/cm}^3$。先期结晶的矿物密度大于玄武质岩浆密度,由于玄武质岩浆黏度较低,有利于发生分离结晶作用,在岩浆房底部形成镁铁质—超镁铁质堆晶岩。世界上最大的南非 Bushveld 层状侵入体,底部出现古铜辉石岩、斜方辉石岩和纯橄岩等堆晶岩,向上变为二辉辉长岩、苏长岩,最上部为含少量花岗斑岩的低镁闪长岩(卡迈克尔等,1982)。事实说明,分离结晶作用是存在的,某些中性、酸性火成岩是由基性岩浆分离结晶而成的。但不能由此认为:原始岩浆只有玄武岩浆一种,所有火成岩都是通过玄武岩浆分离结晶作用而成的,如很多花岗岩并不是由玄武岩浆分离结晶形成的。

分离结晶作用的后期,当岩浆温度降低到 $500 \sim 800 \mathrm{℃}$ 时,残余岩浆中长英质物质富集,挥发分的含量也大大提高。残余岩浆聚集在岩浆岩的上部或贯入围岩之中,慢慢冷凝结晶,形成矿物晶体特别粗大而且晶形较完好的岩石,称伟晶岩(pegmatite)。

(三)岩浆混合作用

岩浆混合作用(magma mixing)是由两种不同成分的岩浆以不同的比例混合,产生一系列过渡类型岩浆的作用,它是造成火成岩多样性的主要原因之一。在英文术语中,mixing 指均匀化混合,即在两种岩浆之间发生了明显的化学成分交换,参与混合的端员岩浆完全混合在一起形成均一的岩浆;而 mingling 指不均匀混合,是指两种岩浆的机械混合,可理解为两种岩浆的混杂。岩浆混合作用的程度取决于岩浆的物理和化学性质,以及水和其他挥发分的含量。

产生岩浆混合作用的两种不同岩浆的起源是多种多样的:(1)岩浆房和岩浆通道中均一成分的岩浆由于结晶作用或液态分离作用形成不同成分的层状岩浆,这两种岩浆是同源的,由它们结晶形成的岩石具相同的锶、钕同位素初始值和相仿的矿物组合;(2)地幔起源的玄武质

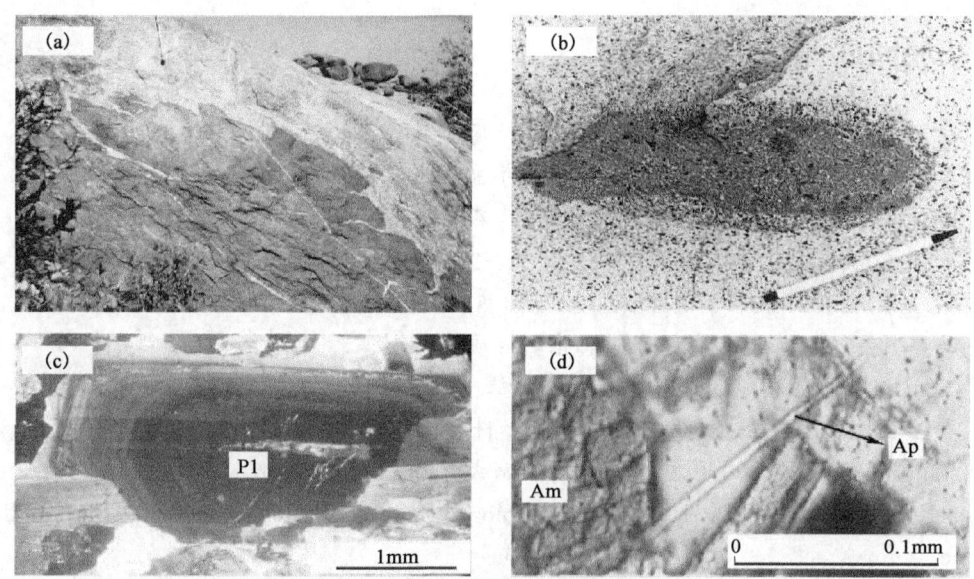

图 2-2-22 岩浆混合作用宏观与微观证据(据康磊等,2009)
(a)在酸性岩中见基性端员的岩石团块(Closepet 花岗岩,产于印度南部,年龄为 2.5Ga);
(b)花岗岩中的微粒包裹体;(c)斜长石的环带结构;(d)少量的针状淬冷磷灰石

岩浆上侵,与壳源的长英质岩浆混合,前者混入后者发生淬冷结晶作用;此外,深部地壳岩石的批式熔融也可能形成两种不同成分的岩浆。

岩浆混合作用的识别标志包括:(1)在酸性岩中见基性端员的岩石团块、微粒包裹体[图 2-2-22(a)、(b)];(2)酸性端员的熔岩中见明显流变特征的基性端员熔岩条带;(3)酸性端员中见基性端员的岩墙及其边缘的机械混合带和成分过渡带;(4)矿物间出现明显的不平衡结构,如成分差别较大的斜长石共存、矿物间的交代结构发育、长石环带结构发育[图 2-2-22(c)]以及环斑结构的形成等结构;(5)微粒包裹体中出现高 Ti 角闪石,发育针状磷灰石[图 2-2-22(d)];(6)化学成分符合混合趋势,例如在成分图解中,两种岩浆的混合产物在元素—元素变异图解(如哈克图解)中形成直线状的趋势。

复习思考题

1. 岩浆的黏度大小由哪些因素决定?
2. 火山喷发的固体产物有哪些类型?其特点是什么?
3. 科马提岩有哪些特征?
4. 解释:侵入作用、围岩、侵入岩、浅成岩、深成岩。
5. 火成岩产状有哪些主要类型?
6. 试用鲍文反应系列解释斜长石的正环带结构。
7. 什么是同化混染作用?同化混染作用对岩浆成分的改变有什么意义?
8. 什么是岩浆混合作用?岩浆混合作用的识别标志包括哪些方面?

拓展阅读

常丽华,陈曼云,金巍,等. 2006. 透明矿物薄片鉴定手册. 北京:地质出版社.
常丽华,曹林,高福红,等. 2009. 火成岩鉴定手册. 北京:地质出版社.
李捷. 2008. 岩浆岩与变质岩简明教程. 北京:石油工业出版社.
柳成志,冀国盛,许延浪. 2010. 地球科学概论. 2版. 北京:石油工业出版社.
路凤香,桑隆康. 2002. 岩石学. 北京:地质出版社.
桑隆康,马昌前. 2012. 岩石学. 2版. 北京:地质出版社.
舒良树. 2010. 普通地质学. 北京:地质出版社.
徐夕生,邱检生. 2010. 火成岩岩石学. 北京:科学出版社.
吴泰然,何国琦. 2003. 普通地质学. 北京:北京大学出版社.
Alexander R, McBirney A. 2007. Igneous Petrology. 3rd ed. Boston: Jones and Bartlett Publishers, Inc.
Decker R, Decker B Volcanoes. 1998. Best M G. Igneous and metamorphic petrology. Malden, Oxford, Victoria and Berlin: Blackwell Science Ltd.

第三章 变质作用与变质岩

地表中已形成的岩石,一旦其所处的物理、化学条件发生变化,那么它的成分、结构构造是否会发生变化呢?当然,肯定会发生变化的,这种变化作用称为变质作用(metamorphism),新形成的岩石称为变质岩。据统计,变质岩占据了地壳总体积的27.6%,它与岩浆岩、沉积岩一起构成固态岩石圈。那么,原来处于固体状态下的岩石是如何发生变质作用的?变质岩究竟是如何形成的呢?这就是本章要讲述的内容。

第一节 变质作用的影响因素

岩石基本处于固体状态下,受到温度、压力和化学活动性流体的作用,发生矿物成分、化学成分、岩石结构构造的变化,形成新的结构、构造或新的矿物与岩石的地质作用,称为变质作用。变质作用形成的岩石称为变质岩(metamorphic rocks)。

这里要特别强调,在岩石的整个变质过程中,被变质的岩石(原岩)基本处于固体状态,岩石未发生明显的熔融。因此,从原岩是否遭受熔融这一角度看,变质作用与岩浆作用的界限是清楚的。但是,如果引起变质作用的温度变得很高,达到或超过岩石的熔点,则变质作用就会质变,转变成岩浆作用,所以变质作用与岩浆作用之间又是有一定联系的。

引起变质作用的温度、压力等因素,主要来自地球内部,因此,变质作用主要发生在地表以下一定深度;而沉积作用只发生在地球的表层,与大气、水、生物等外因相关,这是变质作用与沉积作用的根本差别。然而,沉积物的固结成岩作用是发生在沉积物被埋藏在地下之后才发生的,也是在一定的静压力和温度条件下进行的。因此,变质作用与固结成岩作用都离不开温度、压力的因素,差别只是后者比前者的温度、压力低,埋藏深度小。

在特殊情况下,变质作用不一定由地球内部的因素所引起,也可以发生在地表。如陨石的猛烈撞击可以使地表岩石变质;洋脊附近大洋底部的玄武岩因受地下巨大热流的影响,也能在地表发生变质作用(Bucher等,2002)。

促使和控制岩石发生变质的直接因素主要是温度、压力和活性流体。

一、温度

温度的变化是引起变质作用的主要因素,多数变质作用随温度升高而进行。温度升高可使原岩中一些矿物重结晶。如石灰岩中隐晶质的方解石经重结晶后可成较粗大的晶体,使原岩成为大理岩。更重要的是,温度的变化会使原岩中矿物之间发生变质反应,各种组分重新组合成新矿物。如硅质灰岩中的$CaCO_3$和SiO_2随温度升高可重新组合成硅灰石($CaSiO_3$),所以温度是变质反应过程中最重要的热力学平衡参数。其次,温度升高可为变质反应提供能量,还能使岩石中流体相的活动性增大,这样就会对变质反应起重要的促进作用,使新矿物和新组构能以较快的速度和较大规模形成。此外,温度的持续升高还可使原岩在重结晶和变质结晶基础上进一步发生部分重熔或重溶,其中长英质低熔组分成为流体相,引起混合岩化作用(贺同兴,1988)。

根据某些重要变质反应的实验数据,一般变质作用温度范围为 200~800℃。温度更高时,即使在水不饱和情况下也会出现较大规模的重熔作用,使岩石从整体而言成为非固体状态,此时逐渐过渡为花岗质岩浆作用的范畴。

引起温度升高的地质因素和热源具有多样性。在侵入体周围,岩层发生局部变质作用的热量显然来源于温度较高的岩浆;在大断裂带附近,与岩石碎裂同时,可出现某些重结晶作用,甚至玻璃化,其所需的热量由摩擦过程中的机械能转化而来。至于太古宙变质地区和晚前寒武纪及显生宙造山带中区域变质的热源,据近来大量研究表明,部分是地壳本身由放射性元素蜕变产生的热量,另一部分则为深部上升的热流,它们可能来源于上地幔,与地幔的重力分异作用及活动带地壳和部分重熔的上地幔之间的复杂相互作用有关。在太古宙前期,由于地壳普遍较薄,而且深部上升的热流值较后期高两三倍以上,因此大部分地壳中的岩石都会发生变质作用,且以中高温变质为主。至元古宙以后,热流值较高的地区常限于各时代的某些地壳活动带,因此区域变质作用也只限于这些带中。到了近代,地壳中热流值很高的地区经测定只限于一些岛弧区和大洋中脊附近,那里可能正在发生变质作用。

二、压力

岩石的变质作用通常都是在一定外界压力状态下进行的,所以压力也是控制变质作用的重要物理因素。压力按性质及其所起的作用可分为 3 类。

(一)负荷压力

负荷压力又称围压或固体岩石所承受的压力。这是一种均向性的静压力,相当于岩石在一定深度埋藏时所承受的上覆岩层的重力,通常以 p_1 或 $p_{围}$、$p_{岩}$、$p_{固}$ 等表示,其数值随深度而较均匀地增加(贺同兴,1988)。

负荷压力按国际单位制以 Pa 或 GPa 为单位。在离地表 0~40km 范围内,根据岩石的平均密度计算,每加深 1km,负荷压力增大 0.0275GPa。不同类型变质作用的压力条件变化很大,一般接触变质和动力变质都发生在地表 3~5km 范围内,故压力不超过 0.1GPa;区域变质作用过程中,据近年研究,由成岩作用过渡为埋藏变质的深度一般在 5km 左右,因此压力低限应为 0.1GPa,其高限一般为 0.7~0.8GPa。通常当变质作用压力为 0.1~0.3GPa 时称为低压,压力为 0.3~0.5GPa 时称为中压,压力大于 0.5GPa 时称为中高压。特殊地质环境下,岩层的埋深可达 30~40km 以上,其温度仍在变质作用范畴内,此时压力可达 1GPa 以上,属于更高压。

负荷压力是变质反应重要的热力学平衡参数之一,它和温度都能独立决定岩石中矿物组合的稳定范围及通过特定变质反应形成新矿物组合的可能性。在变质作用过程中,压力的增大,多数情况下可使吸热反应的平衡温度升高,如前述由 $CaCO_3$ 和 SiO_2 形成 $CaSiO_3$ 的反应,当压力由 10^5Pa 增到 0.1GPa 时,发生这一反应的温度将由 470℃ 增加到 670℃。其次,压力的增高有利于形成分子体积较小、密度较大的高压矿物,如硬玉等。

(二)流体压力

变质作用过程中,岩石系统常存在少量流体相,其所据内压则分别以 p_{H_2O},p_{CO_2},…表示,其数值和各自在流体相中的相对摩尔含量成正比,即 $p_f = p_{H_2O} + p_{CO_2} + \cdots$(贺同兴,1988)。

在地壳较深部的封闭条件下,当流体相在岩石系统中又呈饱和状态时,固体岩石所承受的压力能全部传导给流体相,所以一般是 $p_f=p_l$,它们都决定于上覆岩层的重力。此时,若流体相为单一组分,如 $p_f=p_{H_2O}$,则它不是决定变质反应热力学平衡的独立参数;但如 $p_f=p_{H_2O}+p_{CO_2}+\cdots$ 时,对于没有这些组分参加的变质反应,p_f 仍不会影响平衡状态,而对于有这些组分之一参加的变质反应,该组分的分压就成为决定平衡状态的独立参数。在另一些情况下,由于地壳浅部岩层中裂隙发育,且与地表连通,使系统不呈封闭状态,此时 p_f 只等于相应深度该流体相本身的重力,而常小于上覆岩层的重力,即 $p_f<p_l$;在高温变质条件下,有时由于岩层中含水很少,在孔隙和裂隙中未呈饱和状态,也能出现 $p_f<p_l$ 的情况。在这些情况下,p_l 和 p_f 彼此都是独立的变质反应平衡控制因素,故应分别考虑。相反,如在侵入体附近,由于岩浆结晶作用过程析出大量流体相,也可局部出现 $p_f>p_l$ 的情况,此时 p_f 是控制变质反应的独立因素,可以不考虑 p_l。

(三)应力

当一物体遭受定向外力作用,其内部就会产生一种抵抗力,称为应力。定向外力通常和地壳活动带的构造运动有关。在一个地区,定向外力的出现常具有阶段性,其强度在空间上变化也很大,一般在地壳浅部较强,至深部则减弱。其绝对强度的数值变化范围目前尚无确切资料。定向外力只能在固态岩石中起作用。

应力是引起岩石变质和变形的重要因素,首先表现为对岩石和矿物的机械改造。地壳浅部的岩石变形、板状流劈理和碎裂构造的形成显然都和应力直接有关;区域变质岩中的结晶片理多数是与应力作用下的塑性变形或重结晶和重组合作用有关。其次,应力的重要性还在于能通过多种途径增加变质反应和重结晶的速度,促进这些作用的进行。尤其在较低温环境中,它的作用更为明显:首先,因为它所提供的能量可以克服高温组合在低温环境中的过稳定状态,使化学反应能真正开始进行,并形成相应的低温矿物组合;其次,应力的碎裂作用,可使不同矿物之间的接触面增多,岩石中裂隙的发育又使得能更好地流通。这些因素都会有效地促进变质反应的速度,所以应力也是重要的变质作用因素。但另一方面又必须指出,地质观察和大量实验研究表明,应力作为定向力不是变质反应的热力学平衡因素,即它本身不能决定某一矿物或组合的能否出现及其稳定区间(贺同兴,1988)。

地下一定深度岩石应力状态可用图 2-3-1(a)表示,包括垂直方向的主应力(垂直应力)σ_A 和水平方向的侧向直应力 σ_B。当无构造作用时,$\sigma_A=\sigma_B=$ 上覆单位岩石柱的重力,就是负荷压力 p_l。因此,负荷压力是一种各向相等的静水压力,其大小等于上覆单位岩石柱的重力,即:

$$p_l = \sigma g D$$

式中 σ——岩石密度,g/m^3;

g——重力加速度,$981 cm/s^2$;

D——深度。

若深度以 km 计,p_l 以 GPa 计,则:

$$p_l = 9.81 \times 10^{-3} \sigma D$$

当岩石受到来自构造运动的定向压力作用时,其应力状态仍可用一定剖面上的垂直直应力 σ_A 和水平直应力 σ_B 表示,但 $\sigma_A \neq \sigma_B$。总应力状态可看成包括两部分:一部分为平均应力 σ_m (mean stress),$\sigma_m = (\sigma_A+\sigma_B)/2$,它是一种静水应力,引起物体的体积变化,即影响矿物相

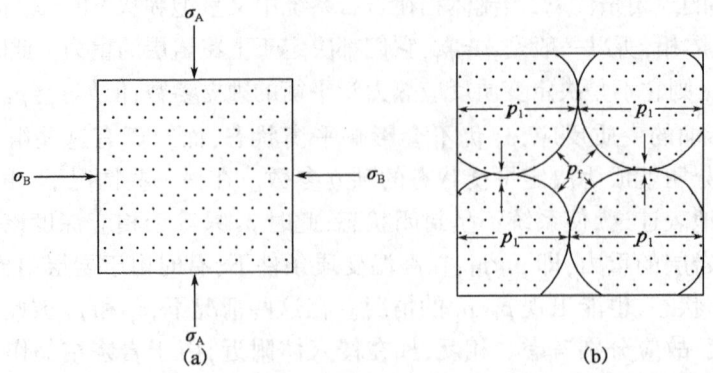

图 2-3-1 作用于单位岩石的不同压力类型简图(据 Yardley,1989;转引自桑隆康、马昌前,2012)
σ_A—垂直直应力;σ_B—侧向直应力;p_l—负荷压力;p_f—流体压力

平衡;另一部分为偏应力(deviatoric stress),是一种非静水应力,与应力差($\sigma_A-\sigma_B$)有关,两个主偏应力大小 $\sigma'_A=\sigma_A-\sigma_m=(\sigma_A-\sigma_B)/2$,$\sigma'_B=\sigma_B-\sigma_m=-(\sigma_A-\sigma_B)/2$。偏应力导致岩石变形,但一般不影响相平衡(桑隆康、马昌前,2012)。

平均应力与负荷压力之差称为构造超压(tectonic overpressure),是构造对总压的贡献。不过,构造超压大小受限于岩石强度,后者本身又因成分、温度、变形速率及其他因素而变化。由于变质作用发生在高温条件下,岩石强度通常不大,因而构造超压通常较小:正常变质条件下小于 0.1GPa(Miyashiro,1994)。

在变质作用 $p-T$ 条件下,岩石经常含流体相,充填于孔隙空间和沿颗粒边界分布。如图 2-3-1(b)所示,负荷压力 p_l 作用于矿物颗粒边界,使颗粒结合在一起。而流体压力 p_f 作用在颗粒表面,起与 p_l 相反的作用,趋向于使颗粒分开。由于温度升高,流体体积膨胀,或由于发生脱 H_2O、脱 CO_2 反应,流体量增大,都可使流体压力 p_f 增大。当增大到其数值等于 p_l 时(即与负荷压力达到平衡),p_f 进一步增加,通常流体会从颗粒间隙扩散流走而保持这个平衡。而在系统高度封闭、不易扩散的情况下,会造成局部 $p_f>p_l$ 的情况,其差值称作流体超压(fluid overpressure),显然它将导致颗粒分离产生破裂。因此,流体超压也受限于岩石强度,在变质作用条件下最多不超过 0.1GPa(桑隆康、马昌前,2012)。

由上述讨论可知,总压 $p=p_l+$构造超压$+$流体超压。但由于构造超压和流体超压都比较小,因此在变质作用的大多数情况下,我们可以假定 $p\approx p_l\approx p_f$。当然,在这个假定基础上,根据矿物组合估计的压力会指示深度的最大值,实际深度可能有时要小 3km(压力约小 1kbar),甚至更多一些(桑隆康、马昌前,2012)。

三、活性流体

变质岩中,含 H_2O 矿物(云母、角闪石等)、碳酸盐矿物及这些矿物包裹体的存在,特别是流体包裹体的存在,是变质作用过程中存在流体相的直接证据。早先,由于高级变质的麻粒岩的无水矿物组合,人们认为下地壳是缺乏流体的。然而,变质岩和上地幔岩的流体包裹体研究证明,即使在麻粒岩和地幔岩中流体也是广泛存在的(徐学纯,1991,1998;郑建平、路凤香,1994)。一般说来,在上地壳中—低级变质岩中,流体成分主要为挥发分 H_2O、CO_2 以及 CH_4,含少量 N_2、H_2S 等,H_2O 和 CO_2 的含量比值变化大。下地壳麻粒岩相变质岩和上地幔岩流体以 CO_2 为主,含少量 H_2O、H_2S、CH_4 等。因此,对整个岩石圈而言,H_2O、CO_2 是流体的最主要成分,可近似看成流体相由 H_2O 和 CO_2 组成(桑隆康、马昌前,2012)。

变质作用 $p—T$ 条件通常大于临界点(CP),因此流体相呈超临界状态(super-critical state)。在这种状态下,区分不出液体和气体。由图 2-3-2,不同成分流体在温度大于 300~400℃可以彼此完全混溶。因此,在通常变质作用 $p—T$ 条件下,流体相为均一的一相,不同成分(H_2O、CO_2)彼此起稀释作用。以摩尔分数表示其浓度,则 $X_{H_2O}+X_{CO_2}=1$。这个表达式可近似表达岩石圈中流体组成(桑隆康、马昌前,2012)。

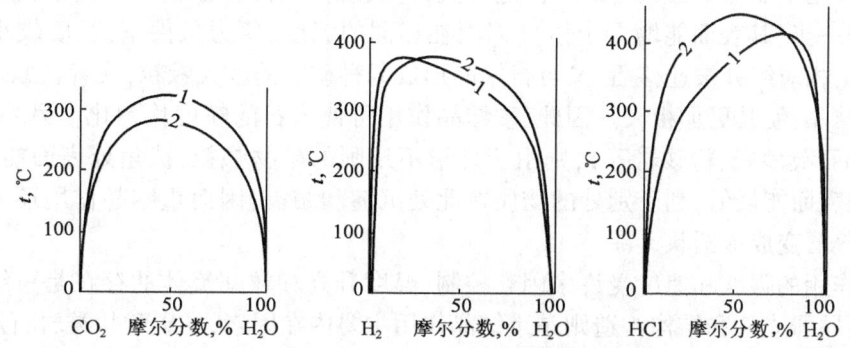

图 2-3-2 0.05GPa(1)和 0.1GPa(2)下随着温度降低流体不混溶图解
(据 Marakushev,1991;转引自桑隆康、马昌前,2012)

变质作用中涉及大量有流体相参加的反应,如脱水反应、脱 CO_2 反应。流体成分对这些反应有强烈影响。根据化学平衡的浓度定律,增加系统中某物质浓度,反应向减少其浓度方向进行。因此,对脱水反应和脱 CO_2 反应,流体的 X_{H_2O} 增加(即 X_{CO_2} 减少),反应将向减少 X_{H_2O}、增加 X_{CO_2} 方向进行,即阻碍脱水反应而促进脱 CO_2 反应进行(提高脱水反应温度,降低脱 CO_2 反应温度)。相反,增加 X_{CO_2}(减少 X_{H_2O})将促进脱水反应而阻碍脱 CO_2 反应进行(降低脱水反应温度,提高脱 CO_2 反应温度)(桑隆康、马昌前,2012)。

除挥发分外,流体中还溶解有 K、Na、Ca、Si 等造岩组分和 Fe、Cu、Ag 等成矿组分,在开放系统条件下,岩石在流体作用下发生元素带入带出与环境发生物质交换,造成岩石的化学成分变化,并可形成矿床。因此,流体对交代作用和成矿作用起促进作用(桑隆康、马昌前,2012)。

流体作为变质作用的重要因素的另一个方面是,流体作为催化剂可大大提高变质反应(包括交代反应)的速率。在没有流体参与的干系统中,反应难以发生或难以反应完全。

变质作用过程中流体主要有下列来源:(1)原岩中的流体,主要是沉积岩中的孔隙流体,在埋藏变质中起重要作用;(2)海水,在洋底变质和俯冲带变质中起重要作用;(3)变质流体,源于变质过程中脱流体反应,广泛出现在各类变质环境;(4)岩浆流体,在接触变质和交代变质中起重要作用;(5)深源流体,主要来自地幔放气作用,是高级变质的流体相主要来源(桑隆康、马昌前,2012)。

第二节　变质作用的方式

变质作用主要有 5 种方式,即重结晶作用、变质结晶作用、交代作用、变质分异作用和碎裂变形作用。

一、重结晶作用

重结晶作用(recrystallization)是变质作用的一种主要形式。它是指岩石在固态下同种矿物经过有限的颗粒溶解、组分迁移,而又重新结晶成粗大颗粒的作用,但并未形成新矿物,最典型的例子是隐晶质的石灰岩(主要成分为方解石)经过温度升高,发生重结晶作用之后,变成颗粒粗大的大理岩(主要成分仍为方解石)。

重结晶作用主要和矿物颗粒的表面能有关,它表现为当同种矿物颗粒越小,表面能越大,(大约粒径小一半,其表面能增大十倍),因而在相同的温度、压力条件下,粒度较小者稳定性较差,易溶解,相应组分被迁移后,又自行结晶形成同种矿物的较大颗粒,或者在原来较大颗粒的表面继续结晶,使其更加粗大。因此,重结晶作用可使岩石的粒度均匀化。另外,当原岩为碎裂岩时(如石英砂岩、粉砂岩等),则由于外形不规则的矿物颗粒,棱角处表面能较高,易被溶解,凹面处表面能最低,利于别处的物质在此处沉淀和结晶,因而重结晶作用还可使形态不规则的矿物碎屑变成浑圆状。

重结晶作用的强度和速度受许多因素控制,温度升高和粒间流体的存在是重结晶作用的必要条件,而原岩成分和结构构造则是重结晶作用主要内在因素,如碳酸盐类岩石及硅质岩石常比砂质岩石易于重结晶,成分相同的沉积岩粒度细者易于重结晶,等等。

二、变质结晶作用

变质结晶作用是指在特定的温度、压力范围内,固体岩石内部的化学成分重新组合,结晶成新矿物的过程。这种作用通常是经过化学反应来完成的,所以又称为变质反应。变质结晶作用,既意味着新矿物的形成,又意味着原有矿物的消失。其最主要的特点是,变质反应前后,岩石的总体化学成分不变,因而一般认为变质结晶作用是在封闭或半封闭系统中进行的,没有物质成分的带入和带出,但多数情况下有 H_2O 及 CO_2 流体直接参与活动。

形成新矿物的变质结晶作用主要有三种类型。

(一)同质多相转变

这种转变是一种不包含 H_2O 及 CO_2 的释放或吸收的固相之间的变质反应。常见的例子是变质矿物红柱石(Al_2SiO_5)、蓝晶石、矽线石之间的转变,这三种变质矿物的化学成分相同(即同质),但是在特定的温度、压力范围内,由于晶体内部元素质点排列组合方式的改变,表现为三种不同的矿物(图2-3-3)。红柱石为低温低压条件下的稳定矿物,在低温和较高压力条件下可转变为蓝晶石;如果温度再升高,蓝晶石又转变为矽线石。

(二)脱水(及水化)反应

脱水反应是指原有矿物或矿物组合随着温度上升,释放出 H_2O 变成另一种新矿物或矿物组合的变质反应,大多数变质反应属于这种类型,因为最常见的泥质岩石中含有大量水分,温度升高后可使它们产生明显的脱水反应,比如高岭石等黏土矿物,经脱水反应后,可形成叶蜡石:

$$Al_4[Si_4O_{10}](OH)_8(高岭石)+4SiO_2(石英) \rightleftharpoons 2Al_2[Si_4O_{10}](OH)_2(叶蜡石)+2H_2O$$

随着温度的持续升高,在特定的温度、压力范围内,叶蜡石又可进一步脱水分解,形成红柱石(或蓝晶石、矽线石)等矿物:

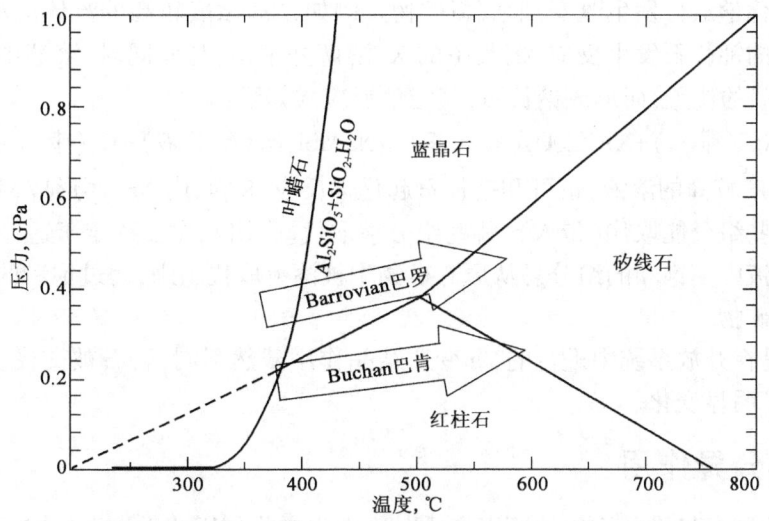

图2-3-3 红柱石(Andalusite)、蓝晶石(Kyanite)、矽线石(Sillimanite)的稳定区间(据 M. J. Holdaway, 1971)

$Al_2[Si_4O_{10}](OH)_2$(叶蜡石) $\rightleftharpoons Al_2SiO_5$(红柱石或蓝晶石) $+3SiO_2$(石英) $+H_2O$

另一方面,大量存在的玄武岩石原来是贫水的,在它们向绿泥石片岩等转化的时候又明显地产生了水化作用。

(三)脱碳反应

钙质沉积岩的变质作用,常有明显的脱碳反应。它意味着随温度的升高,释放 CO_2,形成新矿物。比如,大多数石灰岩是由 $CaCO_3$、$MgCO_3$ 和 SiO_2 三种成分组成的,如果石灰岩由纯 $CaCO_3$ 组成,则只会随着温度升高经过重结晶作用变为大理岩,但如果石灰岩中含有 SiO_2(即硅质灰岩),或者是含有 SiO_2 的白云质灰岩,则随着温度升高,便会发生脱碳反应,而形成硅灰石、透闪石等新矿物,其反应如下:

硅质灰岩:　　$CaCO_3$(方解石) $+SiO_2$(石英) $= CaSiO_3$(硅灰石) $+CO_2$

含硅白云质灰岩: $5CaMg(CO_3)_2$(白云石) $+8SiO_2$(石英) $+H_2O$
$= Ca_2Mg_5(Si_4O_{11})_2(OH)_2$(透闪石) $+3CaCO_3$(方解石) $+7CO_2$

其中,透闪石类矿物,随着温度进一步增加,还会进一步发生脱碳反应形成透辉石或橄榄石等矿物。

由上述变质反应可见,变质岩中每种矿物组合都有特定的稳定区间,当温度、压力等条件发生变化,超过一定范围时,就会发生某种变质反应,变成另一种矿物组合。

三、交代作用

交代作用(metasomatism)是变质过程中,化学活动性流体和固体岩石之间发生的物质置换(交换)作用,其结果是不仅形成新矿物,而且使岩石的总体化学成分发生改变。

在强烈的变质作用下,或因岩浆活动而发生变质作用的条件下,不仅 H_2O 和 CO_2 是活动组分,而且一般造岩组分如 K、Na、Ca、Mg、Fe、Si、Al 等元素也相对活动起来,形成含有上述元素的化学活动性流体。当以 H_2O 及 CO_2 为主的流体在岩石中渗透或扩散时,常和岩石中某些矿物发生化学反应,把其中某些组分溶解、带出,同时又把溶液中的某些组分带入沉淀在原有矿物之中,使其化学成分发生改变,形成新矿物。例如,Na^+浓度较高的流体溶液,在一定条件下,可和岩石中的钾长石发生反应,把其中的K^+溶解并带出,与此同时,溶液中的Na^+则逐步取代钾长石中K^+的位置,而形成钠长石,其定性反应式如下:

$$Na^+(带入)+KAlSi_3O_8(钾长石)\rightarrow NaAlSi_3O_8(钠长石)+K^+(带出)$$

相反,K^+浓度较高的溶液,也可和钠长石起化学反应,K^+取代Na^+而形成钾长石。在交代反应中,究竟哪些组分能取代(带入),哪些组分被取代(带出),主要决定于这些组分在当时溶液中的含量,溶液中不饱和的组分易从原有矿物中被溶解取代出来,而过饱和的组分则易于置换带入,形成新矿物。

交代作用是在开放系统中进行的,和变质结晶作用截然不同,岩石被交代变质的前后,其化学组分发生了明显变化。

四、变质分异作用

变质分异作用是指成分均匀的原岩变质时不发生交代作用或重熔而形成成分不均匀的变质岩的作用。变质分异作用是一种重要的成岩过程,它是在岩石变质时,某些矿物在化学成分上重新调配或重组合而在局部富集。变质分异作用的结果是形成变斑晶、细脉、透镜体、结核和条带等,如泥质岩经热变质后在角岩中出现少量的红柱石和堇青石变斑晶、岩石节理和裂隙中产生的细脉或透镜体、角闪质岩石中出现的以角闪石为主的暗色条带和以长英质为主的浅色条带、磁铁石英岩内出现的透辉石的结核等。

五、碎裂变形作用

碎裂变形作用是指结构完整的原岩在应力作用下发生机械破碎,从而产生具碎裂结构的变质岩,或者原来岩石中的矿物、砾石的形状以及层理构造等发生变形,诸如压扁、拉长或扭曲等。碎裂和变形的程度视应力状况和场所而定,碎裂主要发生在温度、压力较低的地壳表层,而变形则发生在温度、压力较高的地下深部。碎裂和变形过程通常伴随着矿物的重结晶作用,其结晶程度由地表向下逐渐增高。

第三节 变质作用类型及常见岩石

由于变质作用发生的地质条件复杂多样,物理、化学条件变化较大,因此,根据上述因素和变质作用方式以及变质产物等,可将变质作用分为四种主要类型,分别是接触变质作用、区域变质作用、动力变质作用和混合岩化作用(混合变质作用)。

一、接触变质作用

接触变质作用(contact metamorphism)包括接触热变质作用(contact-thermal metamorphism)和接触交代变质作用(contact metasomatic metamorphism)。

接触热变质作用指岩浆侵入围岩后,高温使围岩发生重结晶和变质结晶的作用。温度是接触热变质作用的主要因素。在温度的影响下,围岩发生变质结晶作用及重结晶作用,形成新的矿物组合及结构、构造的变化。挥发性流体在变质过程中一般只起催化作用。岩石在变质前后化学成分基本不变。这种变质作用在岩体周围往往形成一个以岩体为中心的环带状分布,这种环带称为接触变质晕(contact metamorphic aureole)。离侵入体越近,变质作用越强;远离侵入体,变质作用则减弱直至完全没有变质现象。接触变质晕的宽度和形态,显然和岩浆侵入体的成分、温度和大小有关。一般来说,酸性及碱性的岩枝和岩株等,因析出的挥发分较多,易于传递热量,因此往往形成较宽广的接触变质晕。相反,基性侵入体虽然岩浆温度较高,但因析出挥发分少,接触变质现象反而不明显,有时只能形成较窄的接触变质晕。此外,接触变质晕的宽度和形态,还受围岩成分、结构、构造,以及岩体形态和接触面产状的控制。

岩浆侵入围岩,除因温度升高引起热变质作用外,从岩体中析出的挥发组分,在一定条件下还可大量聚集起来,成为化学活动性的气—热液体。在接触变质晕附近,由于这种流体的溶解和搬运作用,可使围岩及岩体边部的岩浆岩发生交代变质现象。这种由岩浆中挥发组分的加入而使岩浆岩和围岩的化学成分发生变化的变质作用,称接触交代变质作用。最常见的是花岗闪长岩等中酸性岩体侵入石灰岩等碳酸盐类岩石中,发生接触交代变质作用,碳酸盐围岩被带出 CO_2 和 CaO,FeO、SiO_2 和 Al_2O_3 等被带入;而中酸性岩体、碱金属及 SiO_2 被带出,CaO 被带入,结果形成以钙镁质辉石、石榴子石为主要矿物成分的接触交代变质岩,一般称为矽卡岩(skarn)。

由接触变质作用形成的岩石称为接触变质岩,包括接触热变质岩和交代变质岩。

(一)接触热变质岩

接触热变质岩中常见的代表岩石有角岩和斑点角岩。

1. 角岩

角岩(hornstone)具有显微粒状变晶结构,主要为块状构造;岩石常很致密,很坚硬;原岩可以是泥质、粉砂质、砂质的沉积岩,也可以是火山岩。因原岩成分不同以及变质程度的差异,角岩中的矿物多种多样。其中,具有变余层理者,称为角页岩(hornfels),由页岩或富含粉砂质的沉积岩变质形成。

角岩致密坚硬,常具有变余层理及变余交错层理等构造;颜色呈暗色,具有灰绿色、灰黑色、肉红色等色调。

2. 斑点角岩

斑点角岩(spotted hornstone)具有斑点状构造及块状构造,岩石重结晶程度低,多为变余泥状—粉砂状结构,有时出现显微鳞片变晶结构,矿物成分的重组合不普遍,仅有少量新生的绢云母、绿泥石等矿物,常呈斑点状,原岩主要为黏土岩、凝灰岩等,变质程度较低。

(二)接触交代变质岩

常见的接触交代变质岩有矽卡岩、云英岩、青磐岩和滑石菱镁岩。

1. 矽卡岩

矽卡岩(skarn)是主要在中酸性侵入岩与碳酸盐岩(石灰岩、白云岩等)的接触带,在接触热变质作用的基础上和高温气水热液的影响下,经接触交代作用所形成的,以钙—镁—铁硅酸盐和铝硅酸盐矿物为主的交代变质岩。

矽卡岩体产在接触带局部地段或其附近一定范围内(不超过热变质晕),产出部位受构造控制,其总长度一般不超过侵入体周长的十分之一。矽卡岩通常分布在倾伏背斜轴部、平缓的接触带、围岩顶板下垂处、小岩枝周围等部位。矽卡岩的形态主要受地质构造及接触带特点的控制,可为似层状、扁豆状、囊状、管状、脉状及其他不规则形态。矽卡岩的矿物既可由火成岩的物质形成,也可由碳酸盐岩的物质形成。在内接触带,以火成岩物质为基础形成的矽卡岩叫内矽卡岩;在外接触带,以碳酸盐岩物质为基础形成的矽卡岩叫外矽卡岩。但通常两者的界限是模糊的。紧靠火成岩的内矽卡岩又称为近矽卡岩。矽卡岩的颜色和其他外貌特征变化很大,主要与矿物成分和粒度有关。矽卡岩常见为暗褐色、暗绿色及浅灰色等。矽卡岩一般矿物晶形较好,具不等粒粒状变晶结构、交代假象结构,块状或斑杂状构造,少数为角砾状、条带状构造,相对密度较大(3.3~3.9)。

按矿物成分,矽卡岩分为镁质矽卡岩和钙质矽卡岩两种类型。两类矽卡岩的特点、成因均有差别。

围岩矽卡岩化分常见动态图23,矽卡岩型铜矿形成模式见动态图24,矽卡岩型锡矿形成模式见动态图25。

动态图 23　围岩矽卡岩化分带　　动态图 24　矽卡岩型铜矿床形成模式　　动态图 25　矽卡岩型锡矿床形成模式

2. 云英岩

云英岩(greisen)是中等深度条件下酸性侵入岩及其顶板长英质岩石在中温酸性热液影响下经交代作用所形成的以石英、白云母及萤石、黄玉、电气石为主的交代变质岩。其他矿物有绿柱石、石榴子石(锰铝—铁铝石榴子石)、磷灰石和金属矿物锡石、黑钨矿、辉钼矿、辉铋矿、毒砂、白钨矿及黄铁矿等。云英岩一般为浅色(灰白、灰绿或粉红等色),中粗粒鳞片变晶结构,交代假象结构,块状构造。云英岩主要矿物含量变化大,一般以石英和白云母为主,有时以黄玉、电气石或萤石为主,它们均可占绝对优势,形成单矿物岩。云英岩根据主要矿物相对含量可分为石英—白云母云英岩、黄玉—白云母云英岩、电气石—石英云英岩、石英—萤石云英岩、石英云英岩、云母云英岩、萤石云英岩等类型。图2-3-4显示了花岗岩在云英岩化过程中矿物成分和结构逐步改造过程。

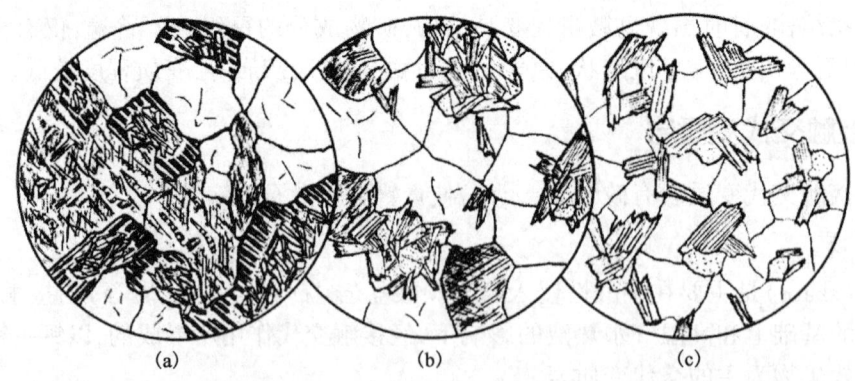

图 2 - 3 - 4　花岗岩在云英岩化过程中逐步改造(据 Маракушев,1986;转引自桑隆康、马昌前,2012)
(a)云英岩化花岗岩,Pl 为 Ms 置换,Kf 和 Ab 未变;(b)Q - Ms 云英岩,长石原始位置为 Ms 集合体所暗示;
(c)完全重结晶的 Q - Ms 云英岩

3. 青磐岩

青磐岩(propylite)是中基性火山岩、火山碎屑岩在中低温热液及火山硫质喷气的作用下形成的绿色致密块状的交代变质岩石,中细粒变晶结构或纤状变晶结构,常见变余斑状、变余火山碎屑结构及交代假象结构,块状、斑杂状及角砾状构造。

青磐岩矿物成分与绿片岩、绿岩和钠长—绿帘角岩相似,主要为钠长石、纤闪石(阳起石)、绿帘石、绿泥石及碳酸盐矿物(方解石、白云石等),其次为绢云母、石英、黄铁矿及其他金属硫化物。钠长石、绿帘石及黄铁矿是青磐岩化的典型产物。绿帘石常为后期低温的绿纤石和葡萄石所交代,钠长石则被冰长石或正长石所交代,这是青磐岩的特征之一。此外,青磐岩常受后期热液影响,进一步发生沸石化、绢云母化及硅化,并同时形成石膏、重晶石及明矾石等。

4. 滑石菱镁岩

滑石菱镁岩(listvenite)是主要由超基性岩、少量由基性岩和碳酸盐岩石在低温富 CO_2 溶液作用下形成的,主要由石英、碳酸盐(铁菱镁矿)、铬云母和黄铁矿以及绿泥石、滑石、蛇纹石和铬铁矿组成的交代岩。滑石、蛇纹石和铬铁矿显然是蛇纹岩滑石菱镁矿化的残留矿物。滑石菱镁岩为浅黄绿色,但由于碳酸盐分解出现氢氧化铁而呈棕褐色。滑石菱镁岩为不等粒变晶结构,块状构造。滑石菱镁岩在裂隙附近呈蚀变带产出,厚度通常小于 1.5m。

二、区域变质作用

区域变质作用(regional metamorphism)是在岩石圈范围规模巨大,体积大于数千立方千米(Raymond,2002)的变质作用,其往往是温度、压力、偏应力和流体综合作用的结果,p/T 比范围很大,高、中、低、很低都有。重结晶和变形是主要的变质机制,有时还伴有明显的交代和部分熔融。在区域变质地区,变质岩与未变质岩石的界线很难区分。区域变质作用地质环境多样,可在大陆地壳、大洋地壳甚至在岩石圈地幔中(Mason,1990;Miyashiro,1994)发生。

一般来说,地下的温度与压力随深度增加而增大。但是,由于各处地壳的结构与构造运动性质不同,温度与压力随深度而增大的速度并非处处相同。有的变质地区压力增加慢,而温度增加快;有的变质地区压力增加快,而温度增加慢。这样便出现了不同的区域变质环境,主要有三类变质环境。

(1)低压高温环境:地温梯度高,约 2.5~6.0℃/100m。在地下 10km 处,温度即可达到 600℃。温度是引起岩石变质的主要因素,以出现红柱石等低压、高温变质矿物为特征。这种地区火成岩相当发育,广泛发生接触变质作用。

(2)正常地温梯度环境:地温梯度正常,约 1.6~2.5℃/100m。随着温度与压力的变化,可以出现不同的变质岩。

(3)高压低温环境:地温梯度低,约为 0.7~1.6℃/100m。在地下 20~30km 深处,温度约为 300℃。高压低温环境以出现高压、低温变质矿物为特征,如蓝闪石、硬玉、多硅白云母等,往往代表岩石圈板块的聚合边界(俯冲带或碰撞带)。

由区域变质作用形成的岩石称为区域变质岩,常见的区域变质岩有板岩、千枚岩、片岩、片麻岩、石英岩、大理岩等。

(一)板岩

板岩(slate)在低级变质条件下形成,具有板状构造,多具变余泥质结构、变余层理构造。

由于板岩变质程度低,原岩没有明显的重结晶现象,新生矿物少。在显微镜下,岩石中大多数为隐晶质的黏土矿物及铁质、碳质成分,偶尔也能见到一些不均匀分布的细粒石英、绢云母或绿泥石等新生变质矿物。板岩中含碳质者,为黑色,称为碳质板岩;其他板岩多根据颜色定名,如黑色板岩、紫红色板岩等。

(二)千枚岩

千枚岩(phyllite)在低级变质条件下形成,具有千枚状构造,多具鳞片变晶结构,它的重结晶程度比板岩高,岩石多由细小的绢云母和绿泥石定向排列而成,因而千枚岩具有极具特征的丝绢光泽。主要矿物组合为:绢云母+绿泥石+石英+钠长石。当FeO较多时,出现硬绿泥石和黑云母。千枚岩可根据其颜色及所含杂质、矿物成分进一步划分:颜色+千枚岩,如紫红色千枚岩;杂质成分+千枚岩,如碳质千枚岩;矿物成分或典型变质矿物+千枚岩,如绢云母千枚岩。

(三)片岩

片岩(schist)在低中级变质条件下形成,具有片状构造,以鳞片变晶、纤状变晶及粒状变晶结构为主,有时出现斑状变晶结构。原岩矿物成分与结构构造已全部重组,新生矿物主要是白云母、黑云母、绿泥石、石英、角闪石、阳起石、滑石及长石等,有时出现石榴子石、矽线石、蓝晶石、十字石、蓝闪石等,肉眼能分辨矿物。片岩可根据其中的主要矿物(或典型矿物)进一步命名,如云母片岩、石英片岩和石榴子石片岩等。岩石中含有两种主要矿物或典型矿物,以多数者在后,少数者在前的原则命名,如云母石英片岩、石榴子石云母片岩和蓝晶石白云母片岩等。

(四)片麻岩

片麻岩(gneiss)在中高级变质条件下形成,具有片麻状构造,中、粗粒粒状变晶结构,并含有较多长石。主要变质矿物是长石、石英、黑云母、角闪石等,有时出现蓝晶石、矽线石、石榴子石等。在片麻岩中,长石与石英的含量必须大于矿物总含量的1/2,且长石含量大于石英。如长石含量减少,石英增加,则过渡为片岩。片麻岩可根据长石的成分进一步命名,以钾长石为主者称为钾长片麻岩,以斜长石为主者称为斜长片麻岩,也可根据片状或典型变质矿物作补充命名,如角闪斜长片麻岩、矽线石钾长片麻岩等。花岗片麻岩指的是其成分与花岗岩相当,由钾长石、酸性斜长石、石英及云母组成的片麻岩。

(五)石英岩

石英岩(quartzite)在低、中、高级变质条件下都可形成,具有块状构造,粒状变晶结构。岩石中石英含量大于85%。当石英含量大于95%时,称为纯石英岩。石英岩中可有少量长石存在,也经常有云母、闪石类、辉石及其他典型变质矿物。定名原则为典型变质矿物或片(柱)状矿物+石英岩,如白云母石英岩。

(六)变粒岩

变粒岩(leptynite)在中高级变质条件下形成,具有块状构造、片麻状构造、条带状构造等,细粒粒状变晶结构或细粒鳞片粒状变晶结构。变粒岩的主要矿物为:长石与石英含量之和大于70%,长石含量/(长石含量+石英含量)>25%,片柱状矿物(云母、角闪石、辉石)含量为30%~10%。定名原则为典型变质矿物+片(柱)状矿物+长石种类+变粒岩。

(七)大理岩

大理岩(marble)主要由方解石组成,为粒状变晶结构,块状构造,常有变余层状构造。原岩为石灰岩、白云岩。几乎不含杂质的大理岩,洁白似玉,称汉白玉(white marble)。多数大理岩因含有杂质,显示不同颜色的条带。如蛇纹石大理岩因含蛇纹石而显艳绿色条带,系由含镁质的石灰岩变质而来。

(八)斜长角闪岩

斜长角闪岩(amphibolite)在中—高温区域变质条件下形成,主要由角闪石和斜长石组成,具有粒状变晶结构,块状构造或片理构造,角闪石等暗色矿物含量大于50%,石英很少。角闪石含量大于85%者,称为角闪岩。

(九)麻粒岩

麻粒岩(granulite)在高温区域变质条件下形成,块状构造、弱片麻状构造、条痕状构造、条带状构造,中—细粒不均匀粒状变晶结构。麻粒岩主要由辉石、石榴子石、长石、石英等粒状矿物组成,很少含黑云母、角闪石等含(OH)的矿物。命名原则为:特殊构造+(除紫苏辉石外)暗色矿物或典型变质矿物+颜色+麻粒岩,如条带状中粗粒石榴子石中色麻粒岩等。

(十)榴辉岩

榴辉岩(eclogite)在极高压力下形成,温度范围变化较大。块状构造,中—粗粒不等粒粒状变晶结构,主要由暗红色的石榴子石(镁铝榴石)与鲜绿色的绿辉石构成,不含斜长石。榴辉岩颜色深,密度大($3.6\sim3.9g/cm^3$),是变质岩中密度最大的岩石,由于它在极大的压力下产生,含柯石英甚至金刚石等超高压变质矿物者,称含柯石英榴辉岩、含金刚石榴辉岩。这种岩石主要出现在岩石圈板块的聚合带中,指示陆壳块体曾经发生过深度大于100km的俯冲作用。

三、动力变质作用

动力变质作用(dynamic metamorphism)是指地壳运动所产生的构造应力使岩石发生的破碎、变形和重结晶等的作用。这种变质作用主要发生在构造运动强烈的断裂带附近,特别在一些经过强烈挤压的构造带最为明显。因此,动力变质岩常沿断裂带呈狭长的带状分布,其规模大小不一,与断裂构造的规模和性质有关。

由于动力变质作用的主要因素是构造应力,因此,变质过程中岩石的力学变形占主导地位,包括使岩石发生破碎、粉碎、粒化、糜棱化及塑性变形等,其结果是形成各种构造角砾岩、碎裂岩、糜棱岩等。同时,由于部分应力转化而来的摩擦热能的作用,以及沿断裂破碎带进行循环活动的水溶液的影响,碎裂变质岩常可发生硅化,并形成一些变质矿物,如绿泥石、绿帘石、方解石、滑石等。在定向压力作用下,岩石碎粒可被压扁拉长,片状矿物也可定向排列,从而形成片理化带。

由动力变质作用形成的岩石称为动力变质岩。在岩石圈不同深度范围内,各类岩石在构造应力的作用下发生不同程度的破裂、粉碎或塑性变形,有时还伴有重结晶。一般地说,当变形以脆性变形为主时,矿物岩石颗粒发生破裂或粉碎;以韧性变形为主时,岩石矿物颗粒之间或在晶粒之内产生塑性行为和流动。动力变质岩是在构造应力引发的较高应变速率下所产生的,在极端情况下,岩石可以因瞬时高温发生熔融。发生动力变质的岩石,多半是已经固结的岩石,但是,在洋底生成的部分固结的岩石经构造变形也能产生动力变质岩。

常见的动力变质岩有构造角砾岩、碎裂岩、假玄武玻璃、糜棱岩等。

(一)构造角砾岩

构造角砾岩具碎裂结构,角砾状构造。构造角砾岩主要由较大的($d>2mm$)的碎块(角砾)组成,角砾碎块呈棱角状,大小混杂、排列紊乱。基质由细小的破碎物(碎基)和铁质、硅质、钙质胶结物组成。若角砾磨圆,则称为构造砾岩。构造砾岩多有一定的定向构造。

(二)碎裂岩

碎裂岩具碎裂结构、块状构造。碎裂岩主要由碎基组成,碎斑含量小于50%[图2-3-5(a)]。当原岩清楚时,可称为碎裂××岩,如碎裂花岗岩;当原岩不清时,则以矿物命名为××碎裂岩,如钾长石—石英碎裂岩。

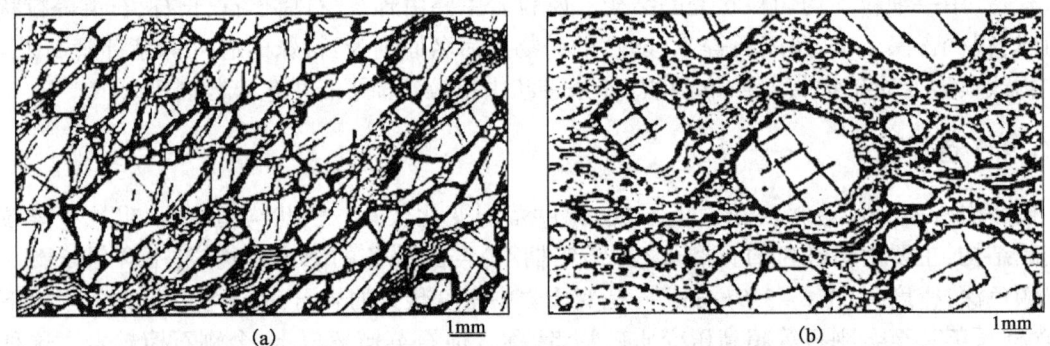

图2-3-5　碎裂岩(a)和糜棱岩(b)(据Bird,1989;转引自桑隆康、马昌前,2012)

当碎基占绝大多数,含量超过90%时,称为超碎裂岩(ultracataclasite)。

(三)假玄武玻璃

假玄武玻璃是一种貌似玄武岩的黑色的特殊动力变质岩,具玻璃质碎屑结构,块状构造。在隐晶质—玻璃质基质中有或多或少残余的石英、长石、石榴子石等晶体碎屑(碎斑)。

假玄武玻璃常呈细脉状、层状沿裂隙或面理产于碎裂岩或糜棱岩之中。湖北大悟芳畈糜棱岩带内即见到细脉状假玄武玻璃。通常认为,假玄武玻璃是高应变速率下强烈变形造成的部分熔融而又迅速冷凝的产物。

(四)糜棱岩

糜棱岩具糜棱结构,定向构造。碎斑通常呈卵圆状、眼球状、透镜状,常发育波状消光、变形纹、变形带、扭折带等晶内和晶界塑性变形结构。基质主要由细小的粉碎或重结晶颗粒组成,具有明显的面理,且常呈条带状(成分层)绕过碎斑,显示塑性流动图像,因而常称为流状构造(fluxion structure)[图2-3-5(b)]。

糜棱岩的进一步命名原则与碎裂岩相同,可冠以原岩名称或主要矿物名称,如花岗糜棱岩或长英质糜棱岩等。由于颗粒细小,糜棱岩外观上常呈黑色、暗灰色燧石状,即使长英质糜棱岩也是如此。根据基质的含量,糜棱岩通常进一步分为初糜棱岩(Protomylonite)(基质含量<50%)、糜棱岩(基质含量50%~90%)和超糜棱岩(ultramylonite)(基质含量>90%)等3类。

从初糜棱岩到糜棱岩再到超糜棱岩,反映粒度随着变形增强而减小的趋势。糜棱岩通常具绿片岩相矿物组合(变形条件相当于绿片岩相)。

(五)千糜岩

千糜岩(phyllonite)是糜棱岩、超糜棱岩具千枚状构造的变种。千糜岩重结晶作用明显,基质中富含水的片状或纤维状矿物,如绢云母、绿泥石、透闪石等,使岩石呈现丝绢光泽,外貌似千枚岩。千糜岩中仅残留少量碎斑,其中可见各种晶内和晶界塑性变形结构[图2-3-6(a)]。这些特征,再加上产于韧性剪切带中的产状,可与普通的千枚岩相区分。

(六)变余糜棱岩

变余糜棱岩(blastomylonite)是一种完全重结晶的糜棱岩,不仅基质已重结晶、碎斑也完全重结晶,而且具变晶结构,以致原有的糜棱结构已很难看出。变余糜棱结构表现在由碎斑重结晶而来的细粒集合体保留原碎斑的外形轮廓和压力影等特征[图2-3-6(b)]。变余糜棱岩具有片状、片麻状构造以及条带状、眼球状构造,包括构造片岩和构造片麻岩两大类型。与普通的片岩、片麻岩一样,变余糜棱岩进一步命名根据主要矿物,如黑云母—斜长石眼球状片麻岩。构造片岩、构造片麻岩可具有绿片岩相直至麻粒岩相各种矿物组合。它们是变质地体中强变形(强面理化)带,与围岩间无绝对的界线。野外实际工作过程中,根据若干变形强度标志(如面理发育程度、包裹体压扁程度等)将其识别、标绘出来。

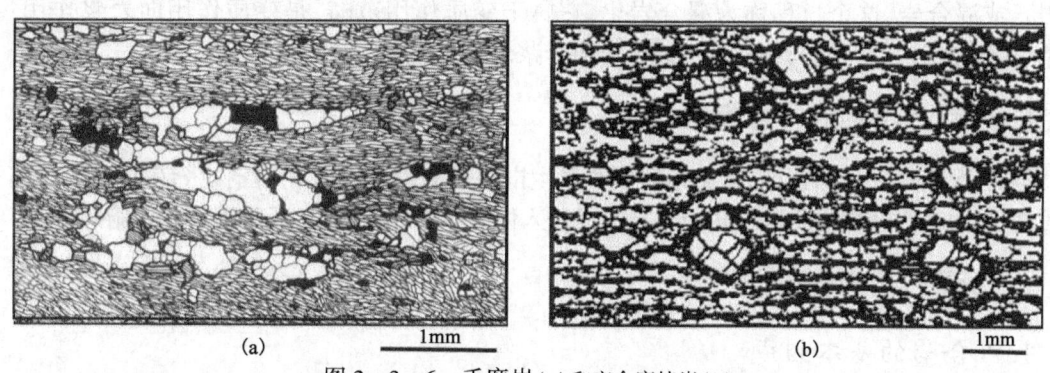

图2-3-6 千糜岩(a)和变余糜棱岩(b)

(a)据Mason、Sang,2007;转引自桑隆康、马昌前,2012;(b)据Bird,1989;转引自桑隆康、马昌前,2012

四、混合岩化作用

混合岩化作用(migmatization)是介于变质作用和岩浆作用之间的一种地质作用,其特征是岩石发生局部的重熔和有种类繁多的流体相出现。熔融的长英质组分和原岩中难熔的组分在新的条件下互相作用和混合,形成不同成分和形态的岩石,统称为混合岩。混合岩的最大特点是由基体和脉体两大部分构成。基体指的是混合过程中残留的暗色难熔的铁镁质变质岩,主要是片麻岩和斜长角闪岩等区域变质岩,颜色一般较深。脉体指的是混合过程中由流体相灌入基体中结晶形成的长英质、花岗质、伟晶质、细晶质部分,颜色较浅。随着混合岩化作用的增强,其中的长英质脉体越来越多。在混合岩化较弱的情况下,新生的长英质脉体占次要地位

(15%~50%)，基体和脉体之间界限清晰，脉体常呈细脉状与基体的片理平行和相间排列，呈条带状构造，称条带状混合岩；脉体有时也可呈眼球状及不规则状，称眼球状混合岩和角砾状混合岩等。在混合岩化进一步增强的情况下，长英质脉体含量可超过基体（长英质脉体含量超过50%），此时，由于交代作用强烈，脉体和基体之间已无明显差别和界线，残留的变质岩基体往往只剩下某些不易变化的暗色矿物残余，显示原变质岩的片理化，整个岩石呈片麻状构造，则称为混合片麻岩。在混合岩化作用最强烈的地段，由于新生长英质矿物的大量增加和强烈的交代作用，可形成混合花岗岩，其矿物成分已和岩浆结晶的花岗岩或花岗闪长岩相当，但其内部往往还保留有原变质岩的残留体，其边缘常和其他混合岩及区域变质岩为渐变过渡关系，而无明显边界，因而和岩浆侵入体有一定区别。

区域性混合岩化作用，是区域变质作用在地热流增高的条件下进一步发展的结果，是变质作用和岩浆作用之间的一种过渡作用。但对混合岩化的成因，特别是对新生的长英质的来源和性质，长期以来一直有较大的争论。一种观点认为长英质流体的形成和岩石组分在高温条件下的选择性重熔有关。在区域变质过程中，当温度升高到700℃左右时，岩石中的长石和石英等低熔点矿物便可首先就地重熔，形成长英质流体，因而发生混合岩化。另一种观点则认为，混合岩是深部上升的含H_2O较多并富含K、Na、Si等组分的稀薄熔浆和区域变质岩石发生交代作用的结果，这种观点是建立在地质观察基础上的，它比较合理地解释了混合岩化过程中普遍发生的交代作用，但对深部熔浆的来源，尚缺乏有力的证据。

作为固体状态下的结晶过程，变质作用原则上是不同于硅酸盐熔体参与的岩浆作用。然而，在高级变质作用的某些区域，当温度足够高时，物质发生部分熔融（即深熔 anatexes），产生通常是花岗成分的液体。如果这些液体保持封闭，并在生成它们的岩体内结晶，从而产生混合的岩石或混合岩，这个过程称为混合岩化，它属于变质作用范畴，是变质作用向岩浆作用过渡的类型，这决定了混合岩具有介于变质岩和岩浆岩之间的地质学、岩石学特征。

（一）混合岩的地质学特征

混合岩大面积分布在前寒武纪地盾区和显生宙岛弧带、大碰撞带、大陆拉张带低—中 p/T 区域变质区，与中高级区域变质岩及花岗岩类深成侵入体共生和相互过渡，通常不出现在俯冲带。

（二）混合岩的岩石学特征

1. 混合岩的基本组成

通常认为，混合岩由暗色的基体（substrate）和浅色的脉体（vein material）两个基本组成部分组成。基体是角闪岩相或麻粒岩相变质岩，代表混合岩原岩，但或多或少受到改造。脉体是长英质或花岗质物质，代表混合岩中新生的部分。Mehnert(1968)把混合岩两个基本组成部分分别称为古成体（paleosome）和新成体（neosome）。他注意到脉体通常具有暗色矿物聚集而成的壁或帮，称为暗色体（melanosome），相应地将主体浅色长英质部分称为浅色体（leucosome）。Johannes(1983)考虑到混合岩成因的复杂性，许多情况下"新成体"并非由"古成体"原地改造形成，因此描述时不宜用"古成体""新成体"这些有成因意义的名词。鉴于与浅色体和暗色体相比，"古成体"具中间色调，可称为中色体（mesosome），因此他建议以"浅色体""中色体""暗色体"这些不具成因意义纯描述性名词描述混合岩（图2-3-7）。目前 Johannes 的混合岩描述方法被越来越多的人采用。

随着混合岩化程度增强，新成体含量增多，古成体改造增强，逐渐过渡为片麻状花岗岩

Mehnert(1968)		照片(长边5cm)	Johannes(1983)	程裕淇等(1963)
古成体Paleosome			中色体Mesosome	基体Substrate
新成体Neosome	暗色体Melanosome		暗色体Melanosome	
	浅色体Leucosome		浅色体Leucosome	脉体Vein
	暗色体Melanosome		暗色体Melanosome	基体Substrate
古成体Paleosome			中色体Mesosoma	

图2-3-7 混合岩基本组成描述术语对照(据桑隆康、马昌前,2012)

(混合花岗岩或深熔花岗岩)。如果把新成体看作部分熔融产生的熔体(通常也是这样),则新成体含量就是通常所说的熔体分数或熔体百分数。研究表明,当其超过临界熔体分数CMF(40%±10%)时,岩石系统流变学性质将从固态行为向液态行为转化,这意味着从变质作用进入到岩浆作用范畴。

2. 混合岩的成分特点

混合岩古成体多为泥质、长英质中高级变质岩,基性变质岩较少见。浅色体为长英质的,在化学成分上,常具有Q—Ab—Or系统共结点或同结线成分(图2-3-8),说明它们是泥质长英质变质岩部分熔融产物。这样,暗色体Bi、Gt等就可能是不熔残余。即使是长英质片麻岩,其成分也往往偏离同结线。

在相同混合岩化条件下,泥质变质岩、长英质变质岩比基性变质岩明显易受混合改造(易熔),而钙质变质岩、镁质变质岩一般不受混合岩化影响(抗熔)。

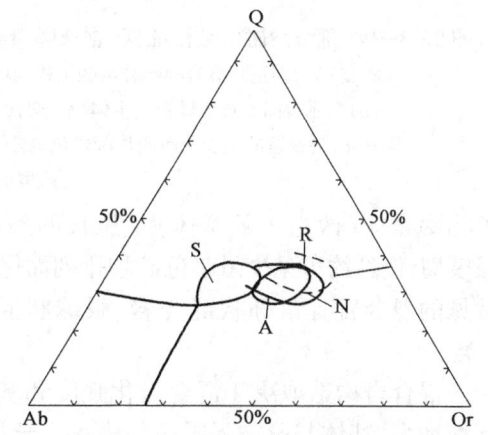

图2-3-8 四个混合岩区浅色体CIPW标准矿物Q—Ab—Or成分对比图(据Johannes,1981;转引自桑隆康、马昌前,2012)
A—产自瑞典Arvika;N—产自挪威Nelaug;
R—产自芬兰Rantasalmi;S—产自德国Schauinsland

3. 混合岩的结构

在结构方面,古成体具鳞片花岗变晶结构等变晶结构和交代结构,往往强面理化。新成体和片麻状花岗岩(深熔花岗岩)通常具半自形粒状结构等熔体结晶结构和交代结构,定向性较古成体弱。普遍发育交代结构是混合岩结构的明显特点。随着混合岩化增强,交代结构趋于更发育。研究表明,混合岩中交代结构常常是部分熔融的结构证据:古成体中交代结构往往是部分熔融结构[图2-3-9(a)、(b)],而新成体和片麻状花岗岩的交代结构往往是熔融残留结构[图2-3-9(c)、(d)]。

4. 混合岩构造

基体与脉体的空间排布方式决定了混合岩构造特点。Mehnert(1968)将混合岩按构造分为角砾状(基体呈角砾状)、网状(脉体呈网状)、碎块状(基体呈碎块状)、细脉状(脉体呈细脉状)、条带状、香肠状(脉体呈香肠状)、褶皱状、肠状(脉体呈肠状)、眼球状(脉体呈眼球状)、斑块状[暗色矿物集合体(改造了的基体)呈黑色斑块分布于脉体中]、析离状[暗色

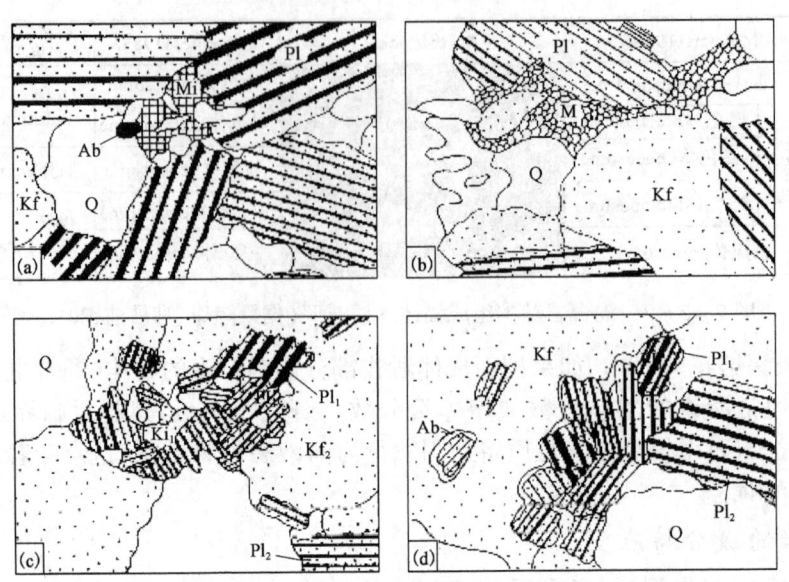

图 2-3-9 部分熔融的结构证据(据桑隆康等,2000)(湖北罗田九资河,正交,长边为3mm,王强素描)
(a),(b)大别正片麻岩的部分熔融结构,其中(a)显示粒间 Q-Mi-Ab 蠕虫状交生体交代熔蚀 Pl、Q,
(b)显示粒间长英质微粒交生体(M)交代熔蚀 Kf、Pl、Q;(c)、(d)片麻状花岗岩的熔融残留结构,
其中(c)为残留的奥长花岗质片麻岩包裹体,(d)为粒间残留的 Pl 集合体和 Kf 内部残留的 Pl 包裹体,
残留的 Pl 具 Ab 反应净边

矿物集合体(改造了的基体)呈拉长的条片(析离体)分布于脉体中]和云染状(基体脉体界限模糊,仅隐约可见少量暗色矿物排列而保存下来的原岩构造残迹)等12类(图2-3-10)。最常见的混合岩有角砾状混合岩、眼球状混合岩、条带状混合岩和云染状混合岩(云染岩)等4类。

混合岩构造取决于混合岩化强度和基体构造。一方面,随着混合岩化强度增强,脉体含量逐渐增多,基体与脉体界限渐趋模糊。云染状混合岩是强烈混合岩化产物,不仅脉体含量高,岩石总体具花岗质成分,而且基体脉体界限模糊不清。云染状混合岩常构成片麻状花岗岩体边部,向岩体内部逐渐过渡为较均质的片麻状花岗岩。另一方面,基体构造特点在很大程度上决定了混合岩构造的形态特点。面理发育的片岩、片麻岩,随着混合岩化增强,出现眼球状混合岩→条带状混合岩→云染状混合岩的岩石系列。而弱面理化的斜长角闪岩,随着混合岩化增强,则出现细脉状混合岩→角砾状混合岩→云染状混合岩的岩石系列。

(三)混合岩的成因

混合岩作为一个特殊岩石类型,一直受到岩石学家的重视,其成因与花岗岩成因密切相关,在历史上有过长期激烈的争论。迄今人们对混合岩形成机制的看法,可归纳为深熔(anatexes,即部分熔融)说、岩浆注入说、交代说和变质分异说四种基本机制。其中,岩浆注入说和深熔说均把混合岩化过程看作岩浆过程,需要有伴生的花岗质岩体。交代说和变质分异说均把混合岩化过程归为变质过程,不需要花岗质岩体伴生。从化学角度,岩浆注入说和交代说均要求开放系统(以 $1m^3$ 尺度为准)。而深熔说和变质分异说均不要求开放系统,即在 $1m^3$ 尺度上,形成混合岩系统是封闭的,要求质量平衡(表2-3-1)。

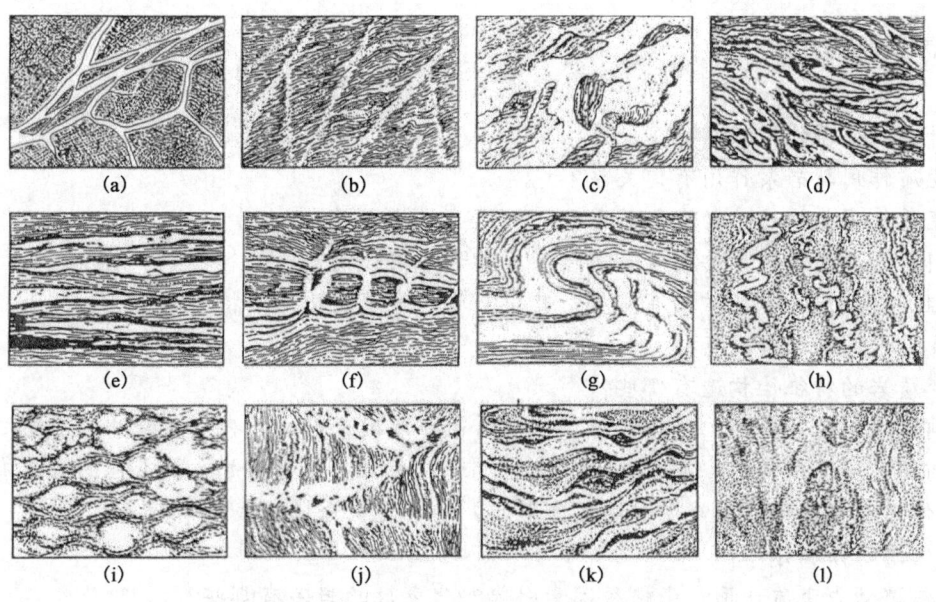

图2-3-10 混合岩构造(据Mehnert,1968;转引自桑隆康、马昌前,2012)

(a)角砾状(agmatitic = breccia);(b)网状(diktyonitic);(c)碎块状(schollen);(d)细脉状(phlebitic = vein);
(e)条带状(stromatic = layered = lit par lit);(f)香肠状(surreitic = boudins);(g)褶皱状(folded);
(h)肠状(ptygmatic);(i)眼球状(ophthalmic = augen);(j)斑块状(stictolithic = mottled);
(k)析离状(schlieren);(l)云染状(nebulitic)

表2-3-1 混合岩形成机制(据Raymond,1995;转引自桑隆康、马昌前,2012)

过程	要求开放系统	不要求开放系统
岩浆过程	岩浆注入	深熔
变质过程	交代	变质分异(化学的或机械的)
联合过程	交代+溶熔;变形+岩浆注入	韧性剪切+深熔;深熔+变质分异

上述四种基本机制并不是互相排斥的。实际上,混合岩化过程往往是多种机制起作用的联合过程,如深熔+变质分异、交代+深熔、变形+岩浆注入、韧性剪切+深熔等。从现有资料看,深熔是混合岩形成最主要、最普遍的方式,其他方式起辅助作用或分布较局限。

除了以上四种变质作用外,还有一种冲击变质作用(impact metamorphism)。冲击变质作用是在陨石冲击地表的强大冲击波作用下产生的变质作用。瞬时的高压、高温条件是其控制因素。变形和伴随的部分熔融是其主要的变质机制。

值得指出的是,火成岩、变质岩、沉积岩三大类岩石具有不同的形成条件和环境,而环境和条件又随地质作用的发生而变化。因此,在地质历史中,总有某些岩石在形成,而另一些岩石在消亡。如火成岩(变质岩、沉积岩的情况相同)通过风化、剥蚀而破坏,破坏产物经过搬运、堆积而形成沉积岩;沉积岩受到高温作用又可以熔融转变为火成岩。火成岩与沉积岩都可以遭受变质作用而转变成变质岩;变质岩又可再转变成沉积岩或熔融而转变为火成岩。因此,三大类岩石是不断相互转化的。

复习思考题

1. 什么叫变质作用？
2. 变质作用与岩浆作用有何关系？
3. 变质作用与构造运动有何关系？
4. 引起岩石变质的主要因素有哪些？各因素作用如何？
5. 组成变质岩的常见矿物有哪些？其中哪些矿物是变质岩所特有的？
6. 变质岩的特征结构怎样？
7. 变质岩的特征性构造有哪些？
8. 何谓接触变质作用？其形成环境如何？由哪些因素引起？代表性的岩石有哪些？
9. 何谓区域变质作用？有哪些区域变质环境？由哪些因素引起？代表性的岩石有哪些？
10. 何谓混合岩化作用？由哪些因素引起？它对花岗岩的形成有何意义？
11. 何谓基体和脉体？
12. 何谓动力变质作用？由何种因素引起？代表性的岩石有哪些？
13. 简述三大类岩石的形成和演化关系。

拓展阅读

贺同兴,卢良兆,李树勋,等.1988.变质岩岩石学.北京:地质出版社.
李捷.2008.岩浆岩与变质岩简明教程.北京:石油工业出版社.
路凤香,桑隆康.2003.岩石学.北京:地质出版社.
桑隆康,马昌前.2012.岩石学.2版.北京:地质出版社.
舒良树,2010.普通地质学.彩色版.北京:地质出版社.
徐成彦,赵不忆,1988.普通地质学.北京:地质出版社.
游振东,王方正,1988.变质岩岩石学教程.武汉:中国地质大学出版社.

第四章 地震作用

在科学不发达的过去,人们常常借助于神灵的力量来解释地震发生的原因。我国民间普遍流传着这样一种传说,说大地底下住着一条大鳌鱼,时间长了,大鳌鱼就想翻一下身,只要大鳌鱼一翻身,大地便会颤动起来。在古希腊的神话中,海神普舍顿就是地震的神。南美还流传着支撑世界的巨人身子一动便引起地震的说法。古印度人认为,地球是由站在大海龟背上的几头大象背负的,大海龟动一动就引起了地震。随着科学的进步,现在谁也不会相信这类迷信的说法了。那么,地震到底是怎样产生的?为什么有些地区地震频发,而另一些地方却鲜有发生?我们该如何预测和预防地震呢?

第一节 地震作用概述

地震(earthquake)是由自然原因引起岩石圈的快速颤动,是一种常见的地质现象,也是构造作用快速运动的一种表现形式。这种由地震引起的地壳结构构造、地表形态及岩石物理性质发生改变的作用称为地震作用(seismic action)。据统计,全世界平均每年发生大大小小的地震约有500万次,也就是说,平均每天要发生上万次地震。不过,它们之中绝大多数太小或离我们太远,人们感觉不到,这种地震只有借助灵敏的地震仪才能观测到。能对地面及建筑物造成破坏的强震约500次,真正能对人类造成严重危害的地震,每年大约仅有一二十次。能造成唐山大地震、汶川大地震这样特别严重灾害的地震,每年大约有一两次。1976年7月28日,河北唐山大地震造成市区内建筑物几乎全部倒毁,部分铁轨扭在一起。离唐山160km的北京城内一些房屋也有的被震坏。

地震一直是危害人类生命和财产安全的最大自然灾害之一。历史上造成死亡人数最多的地震是1556年1月23日发生在我国陕西省华县的8.0级地震,估计死亡人数超过83万(包括震后病死、饿死的人)。20世纪死亡人数的最多的地震是发生在1976年7月28日凌晨3点42分的中国唐山大地震,震级为7.8,死亡人数242769人,重伤164851人。2008年5月12日14时26分发生的汶川大地震导致6.9万人死亡,1.8万人失踪,地震造成的直接经济损失达8451亿元人民币。

地震的发生位置不仅限于陆地,发生于海底的地震称为海震(seaquake),由海震引起的海啸也会给人类生命财产造成巨大的损失。如2004年12月发生于印度尼西亚的里氏7.9级海震,形成了波及印度洋沿岸十多个国家和地区的巨大海啸,沿岸国家和地区死亡约29万人。

地震危害巨大,对地震的研究意义重大。对地震的研究不仅能够帮助我们了解构造运动,认识地球内部结构,同时也是对人民生命及财产的保护。本章主要介绍地震的有关术语、地震的成因及地震的分布规律等。

一、震源、震中、震中距

所谓震源(seismic focus),是指地球内部发生地震时震动的发源地,通常指地震发生时地下岩石最先开始破裂的部位(图2-4-1)。从微观上看,震源是首先发出地震波的地方;从宏观上看,震源是地壳中大量释放地震能的部位。震源一般是具有一定空间范围的区间,故可称为震源区(focal area)。震源区分布受地下发生地震的地质构造的控制,如唐山大地震及其余震震中表现出密集于一个狭长地带的特点,与地下活动断裂带一致。

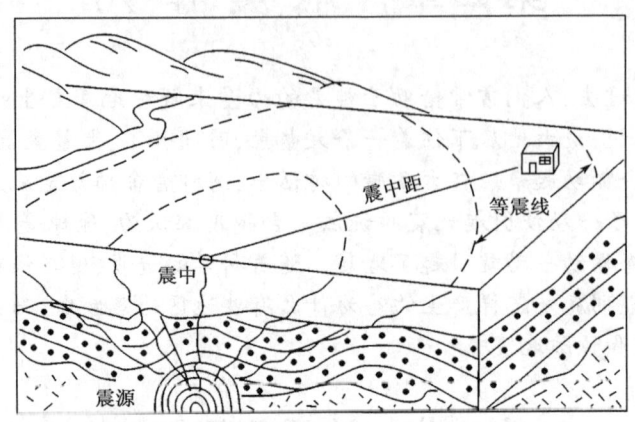

图 2-4-1 地震示意图(据汪新文,1999)

震中(epicentre),原则上是指震源在在地面上的垂直投影位置。这种震中是根据仪器测定来确定的,也称为仪器震中;也可按地震破坏的程度,把破坏程度最大的地方定位为震中,也叫宏观震中。由于震源区的物理状态和地震区的地质条件等因素的影响,地面上破坏程度最大的地点不一定正好位于震源的正上方,因而宏观震中和仪器震中不一定重合。从震中到震源的垂直距离叫震源深度(focal depth)。震源深度一般为几千米至 300km 不等,最大深度可达 720km。按震源深度的不同,可将地震分为浅源地震(≤60km)、中源地震(60~300km)和深源地震(>300km)。

据统计,有 72% 的地震发生于地表以下到 33km 处,24% 的地震发生于 33~300km 范围内,深度大于 300km 的地震仅占地震总数的 4%。浅源地震具有更大的危害性,由于震源浅,对地面造成的破坏更严重,所有灾害性地震均属此类。我国地震多为浅源地震,如唐山地震震源深度约 13km,汶川地震震源深度约 16km。

震中距(epicentral distance),指观测点到震中的地球表面距离,一般用长度表示,也可用它对应的地心张角度数表示。根据震中距的大小,可将地震分为地方震(≤100km)、近震(100~1000km)和远震(>1000km)。

二、地震地质作用

地震主要是地质体沿破裂面急剧错动产生的一种地质现象,是岩石圈内能量积累突然释放的结果。地震虽然发生在瞬间,但其孕育时间却很漫长。在能量积累过程中,会导致其所在地区岩石物理性质的一系列变化,震后又会引起地表形态和地壳结构的变化。地震从孕育到发震的全部过程,引起震源区地壳物理性质、结构、构造发生变化的作用,称为地震地质作用(seismic geological)。地震地质作用过程可划分为孕震、临震、发震和余震四个阶段。在不同阶段,由于震源区物理状态的不断改变,地震作用的特征也是不尽相同的。

(一)孕震阶段

孕震阶段是地应力或应变能量不断积累的阶段。震源区岩石在地应力作用下,岩石物理性质发生变化,缓慢地发生弹性变形,积累着弹性应变能,但由于地应力尚未达到岩石的强度极限,因而震源区岩层处于力学平衡状态,表现比较稳定,所以几乎没有或很少发生地震。这阶段的时限较长,一般要经历几十年甚至上百年,主要取决于各地区地壳运动的速度和强度、地质构造特征及岩石强度等。

(二)临震阶段

在临震阶段,由于地应力的持续作用和不断增强,震源区岩石的弹性变形已经达到和超过其强度极限,处于将要出现大规模断裂的临界状态。由于震源区岩石物理状态的改变,在未来的震中区及其附近的地面上发生许多地震前兆(premonitory symptcms),如震区及附近土壤及岩石的磁性及电阻率的变化、地面高低起伏或水平位置的变化、震情异常,以及地下水的水位、水量和化学成分异常等。总之,在临震阶段,由于震源区物理状态的改变,可引起种种特殊的地震地质现象,各震区临震阶段的时限长短不一,一般几年或几天。各震区的前兆表现也不甚一致。但总的来说,在此阶段所释放的地震能量是很少的,紧接着便向发震阶段过渡。

(三)发震阶段

发震阶段的地应力大小已接近震源区岩石的最大强度,因此导致震源断层大规模错动,释放出大量应变能,发生强烈地震。发震阶段往往只有几分钟甚至几秒钟,但却是应变能量的主要释放阶段,约占全部地震序列能量的90%以上。由于从震源区释放大量能量,因而在震中区地面上常发生许多宏观的地震地质现象,并造成地震灾害。

大地震发生时,地震纵波首先到达地表,引起地面空气震动,造成声波向空间扩散,在高处遇到复杂反射便形成隆隆的地声;横波和表面波引起大地晃动,使建筑物破坏,并造成一些永久变形,常见的地震破坏有:建筑物破坏、地震断层及裂缝、地表喷沙冒水、山崩和滑坡等。

(四)余震阶段

余震阶段又称剩余能量释放阶段或震源断层的弹性调整阶段。这个阶段就像弹簧的弹性反跳不能使其一下复原,必须经过弹性后效作用才能使其慢慢恢复到新的平衡位置一样。震源断层在主震阶段的弹性反跳之后,必须经历弹性调整阶段,才能使其逐渐恢复到新的平衡。在此阶段,弹性后效作用使震源岩石的形变继续进行,因而使许多破裂尚未完全发育的地点继续积累应变能量,到了阻抗力不能承受时,便再次发生小断裂,因而产生余震。其他不稳定地点,上述作用也会连续重复出现,于是余震连续发生,成为余震序列(aftershock sequence)。

地震地质作用经过孕震、临震、发震和余震四个阶段才完成其全部过程。其中,孕震阶段为地应力或应变能量的积累时期,表现为地震的平静期。其余三个阶段则为地应力或应变能量的释放期,表现为地震的活动时期。这三个阶段在不同地震中表现的强弱及时间长短常常是不同的,地震作用并非到了余震阶段就终结。余震阶段之后,由于地壳运动仍然持续不停地进行着,于是就再次进入一个新的地应力或应变能量积累阶段。所以地震作用在时间上具有周期性,其表现就是平静期和活动期交替进行。

第二节 地震的成因类型

地震有多种成因,早在1873年R.海尼斯(Hoernes)按其成因分为构造地震、火山地震、陷落地震三种类型。此外,人工爆炸、水库蓄水、深井注水和矿山开采等也可以诱发频繁的地震活动,属于诱发地震,不属于自然地震。

一、构造地震

构造地震(tectonic earthquake)是由地下深处岩层错动、破裂所引起的地震。岩体受力后先产生弹性变形并储存能量,当岩体变形超过岩石的强度时,岩体发生断裂,破裂的岩体像刚断开的钢片一样"弹回"到原来的状态,快速释放能量产生地震。

关于构造地震的成因,目前比较流行的解释是断层成因的弹性回跳说。其核心思想是:引起构造地震的岩石破裂是由于周围地壳的相对位移产生了大于岩石强度的弹性应变,断层的相对位移一般是在一个比较长的时期内逐渐达到其最大值的,地震时发生的唯一物质运动是破裂面两边的物质向没有弹性应变的地方突然发生弹性回跳(图2-4-2)。这种移动随着离破裂面的距离增大而逐渐变小,延伸距离可以达到几千米到几十千米,地震引起的震动源于断层破裂面。破裂的初始表面很小,但一旦断层发生滑动,破裂面将迅速地变得很大,地震时释放的能量在岩石破裂前以弹性应变能的形式储存在岩石中。

构造地震是数量最多的一类地震,约占地震总数的90%,其特点是活动频繁、分布普遍、延续时间长、影响范围广、破坏性强、造成的灾害大,世界上大多数地震和大的地震均属此类。这类地震与构造运动有密切联系,常分布在活动断裂带及其附近,如四川汶川8级大地震震中就位于龙门山断裂带上。

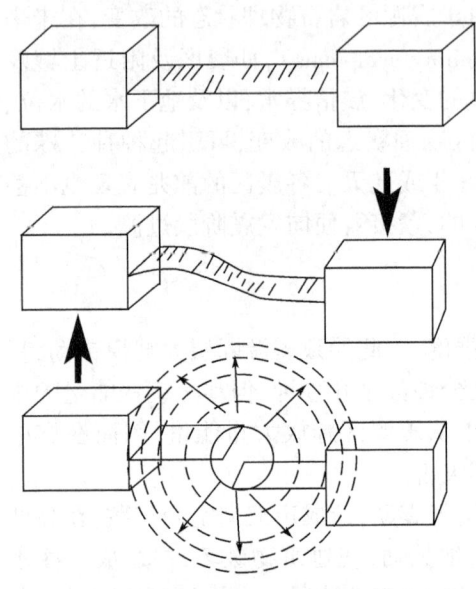

图2-4-2 钢片的"弹性回跳"震源机制示意图(据 H. F. Read,1910)

二、火山地震

火山活动引起的地震称为火山地震(volcanic earthquake),其特点是震源常限于火山活动地带,一般为深度不超过10km的浅源地震,震级较小,多属于没有主震的地震群型,影响范围很小。这类地震只占地震总数的7%,主要分布在现代火山分布区。

三、陷落地震

陷落地震(depression earthquake)是由岩层大规模崩塌或陷落而引起的,一般震级较小,影响范围也不大,主要发生在石灰岩或其他易溶岩石(如石膏岩、岩盐等)地区及大规模地下开采的矿区。这类地震只占地震总数的3%。此外,高山地区的大规模山崩和滑坡,也可导致地震。

四、诱发地震

由某种人为因素的激发作用而引起的地震称为诱发地震(induced earthquake),其中较常见的是水库地震和人工爆破地震等。水库地震是因为水库蓄水而引发的地震。因为水库蓄水后，水体的静压力作用改变了地下岩石的应力状态，加上水库中的水沿岩石裂隙、孔隙和空洞渗透到岩石中，起到润滑剂的作用，从而导致岩层滑动或断裂引起地震。地下核爆炸也可以诱发出一系列的地震活动。一般认为，爆炸诱发地震是爆炸时产生的短暂巨大压力脉冲的影响，使原有的断层发生滑动而造成地震。

20世纪伊始，科学家们开始深入研究地震波，从而为地震科学及至整个地球科学掀开了新的一页，相继提出比较有影响的假说有三种：(1) 1911年里德(H. F. Reid)提出地球内部不断积累的应变能超过岩石强度时产生断层，断层形成后，岩石弹性回跳，恢复原来状态，于是把积累的能量突然释放出来，引起地震，这是所谓"弹性回跳说"；(2) 1955年日本的松泽武雄提出地下岩石导热不均，部分熔融体积膨胀，挤压围岩，导致围岩破例产生地震，这是所谓"岩浆冲击说"；(3) 美国学者布里奇曼提出地下物质在一定临界温度和压力下，从一种结晶状态转化为另一种结晶状态，体积突然变化而发生地震的"相变说"。虽然，地震之谜迄今没有完全解开，但随着物理学、化学、古生物学、地质学、数学和天文学等多学科的交叉渗透、深入发展，地震学科也取得长足的进步。

第三节 地震的强度

一、地震的震级

地震震级(magnitude of earthquake)，是地震本身大小的等级划分，与地震释放能量大小有关。释放的能量越大，震级越大。震级是通过地震仪记录到的地震波的最大振幅值来计算该次地震震源释放的能量。震级标度方法有多种，其中以里氏震级最为常用。

里氏震级的标度最早是美国地震学家里克特(C. F. Richter)于1935年研究加利福尼亚地方性地震提出的，规定以震中距100km处的标准地震所记录的水平向最大振幅的常用对数为该地震的震级。例如，水平向最大振幅为10mm即10000μm时，其常用对数为4，此地震的震级为4级。如果最大振幅为1μm，则该地震为0级。

震级的地震所释放的能量关系为：

$$\lg E = 11.8 + 1.5M$$

式中　E——释放能量，J；

　　　M——震级。

表2-4-1列出了不同震级对应的能量值。

表2-4-1　震级与地震能量关系表(据吴泰然，2003)

震级	能量，J	震级	能量，J
1	2.0×10^6	6	6.3×10^{13}
2	6.3×10^7	7	2.0×10^{15}
3	2.0×10^9	8	6.3×10^{16}
4	6.3×10^{10}	9	3.6×10^{17}
5	2.0×10^{12}	10	1.4×10^{18}

一个1级地震的能量约为2.0×10^6J。震级每增加1级，其能量相差31.6倍；震级相差2

级,能量相差1000倍。试验证明,在地下的花岗岩硐中爆炸一个2×10^4t(TNT)级的原子弹(8×10^{12}J),其结果和一个震源深度与硐相当深度的5级地震(2×10^{12}J)的地震效应差不多。一个7级地震,相当于近30个两万吨级原子弹的能量。小于2级的地震,人们感觉不到;2~4级为有感地震;5级以上的地震开始引起不同程度的破坏,称为强震;7级以上的地震为大震。

二、地震的烈度

地震的烈度(intensity)是地震造成地面及建筑物破坏的尺度。烈度的高低是根据多种标志综合确定的,如人的感觉、家具震动和树林摇晃情况、各类建筑物的破坏程度、地面破坏和变形情况,以及仪器测量的速度和加速度值等。我国及世界上多数国家采用的是十二度的地震烈度表(表2-4-2),地震的烈度以极震区或震中区的烈度为代表。

地震烈度的大小与震级大小、震源深浅以及该地区的地质构造有关。一般情况下,震级越大,地震烈度越大;同一次地震,烈度从震中往外逐渐减小;震级相同的地震,震源越浅,烈度越大;同一次地震,距离震中相同距离的不同地区,由于地质构造不同或地震发生时散发出的纵波、横波和表面波可能发生的叠加和消减,地面的破坏程度也不同,地面上烈度相同点的连线称为等震线(isoseismal line)。此外,表土的性质、地基的好坏以及房屋的结构和质量也影响到地震对地表建筑物的破坏程度。

表2-4-2 我国地震烈度分级表(据李善邦,1981)

裂度数	破坏程度	判据	最大加速度,cm/s²	震级
I	微震	只有仪器记录	2.5	
II	轻震	极少数敏感之人有感	2.5	3.5
III	小震	少数休息之人有感,震动如大型车辆驶过	5	4
IV	弱震	行动中的人有感,吊物摇动	10	4.5
V	强震	人人有感,睡者震醒	25	5
VI	损坏	树木摇动,架上东西掉落,老朽和劣质房屋损坏	50	5.5
VII	轻破坏	人惊逃;房屋普遍掉土,壁面裂;不好的房屋倾倒	100	6
VIII	破坏	砖砌房屋裂缝,烟囱倒塌;一般建筑物严重破坏	200	6.5
IX	重破坏	地裂,喷水带泥沙;水管折裂;建筑物多倒塌	500	7
X	毁坏	地裂成渠,山崩滑坡,桥梁水坝损坏,铁轨轻弯	1000	
XI	毁灭	很少建筑物能保存,铁轨扭曲,地下管道破坏,水泛滥		
XII	大灾难	全面破坏。地面起伏如波浪、大规模变形		

第四节 地震带的分布

一、全球地震带的分布

通过将发生过的地震震中投影于地形图上,可了解全球地震的分布情况(图2-4-3)。从图可以看到,地震并不是均匀分布于地球的各个部位,而是集中分布于某些特定的狭长地带上,这些地带习惯上称为地震活动带,简称地震带(seismic belt)。

世界上主要的地震带有4个,即环太平洋地震带、地中海—印度尼西亚地震带、洋脊地震带和大陆裂谷地震带。

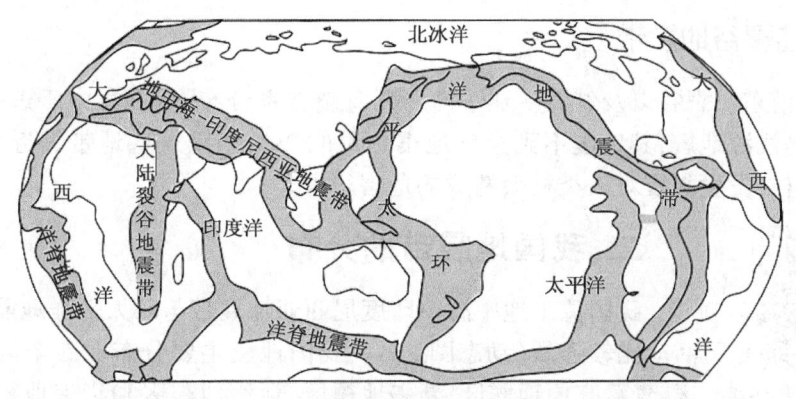

图2-4-3 世界主要地震带分布简图(据中国地震网)

(一)环太平洋地震带

环太平洋地震带位于太平洋周边的大陆或岛弧之上,包括南美洲与北美洲太平洋沿岸、阿留申群岛、堪察加半岛、千岛群岛、日本列岛,经中国台湾再到菲律宾转向东南直至新西兰,是全球最主要的地震带。全球约80%的浅源地震、90%的中源地震和几乎所有的深源地震都发生于此带上。日本地球物理学家上田诚也根据震源带的倾角,划分出两种不同的震源带:(1)马里亚纳型,具有陡倾角,不仅发育中源地震,还发育浅源地震;(2)智利型,具有缓倾角,缺乏深源地震。不同深度的震源在空间上有一定的排列规律:平面上,浅源地震分布于岛弧的外缘、海沟内侧或海沟与山弧之间,中源地震分布于岛弧内侧或沿岸山脉地带,深源地震分布则更靠近大陆或大陆内部;剖面上,震源集中分布于由海沟起约呈45°角下插到大陆下面的一个倾斜带上,这个倾斜带叫贝尼奥夫带(Benioff zone)。板块构造理论认为,环太平洋地震带正分布于与太平洋板块相接的各大陆板块边缘,太平洋板块向周边板块俯冲产生地震。

除了太平洋的边缘之外,超深源的地震带在印度洋里也有很好的表现。在印度洋,伴随着在桑德海沟旁出露于海平面以上的马来岛,震源带的深度超过600km。展布在大西洋中的加勒比和南桑德维奇震源带,可以认为是环太平洋带的伸出部分。所以,环太平洋带是地球主要的地震活动带。

(二)地中海—印度尼西亚地震带

地中海—印度尼西亚地震带主要分布于欧亚大陆的南缘,西起大西洋亚速尔群岛,经地中海到喜马拉雅山系转向南至印度尼西亚,再向东转与环太平洋地震带相接。该带以浅源地震为主,也分布有中源地震、深源地震,全球约有15%的地震发生于此带中。板块构造理论认为,地中海—印度尼西亚地震带正分布于欧亚板块与非洲板块和印度板块相接处,非洲板块和印度板块往北漂移与欧亚板块南缘相碰撞产生地震。

(三)洋脊地震带

洋脊地震带位于拉张型板块边缘,因地幔物质上升引起地震,震级一般不大,为浅源地震,震源机制显示为垂直于中脊走向的引张作用。

(四)大陆裂谷地震带

此带主要沿东非裂谷以及红海—亚丁湾—死海裂谷系分布,地震集中于近代活动的大断裂附近,全部是浅源地震,其地震不到全球地震总量的 2%,但因这些地带靠近大中城市和居民较集中的农村,发生强震对人类社会造成的危害很大。

动态图 26 我国主要地震带及火山分布

二、我国地震带的分布

我国位于地中海—印度尼西亚地震带与环太平洋地震带之间,地震活动比较强烈(动态图 26)。我国地震主要分布在 5 个区域:华北地震区、青藏高原地震区、新疆地震区、台湾地震区和华南地震区共 23 个地震带(图 2-4-4)。

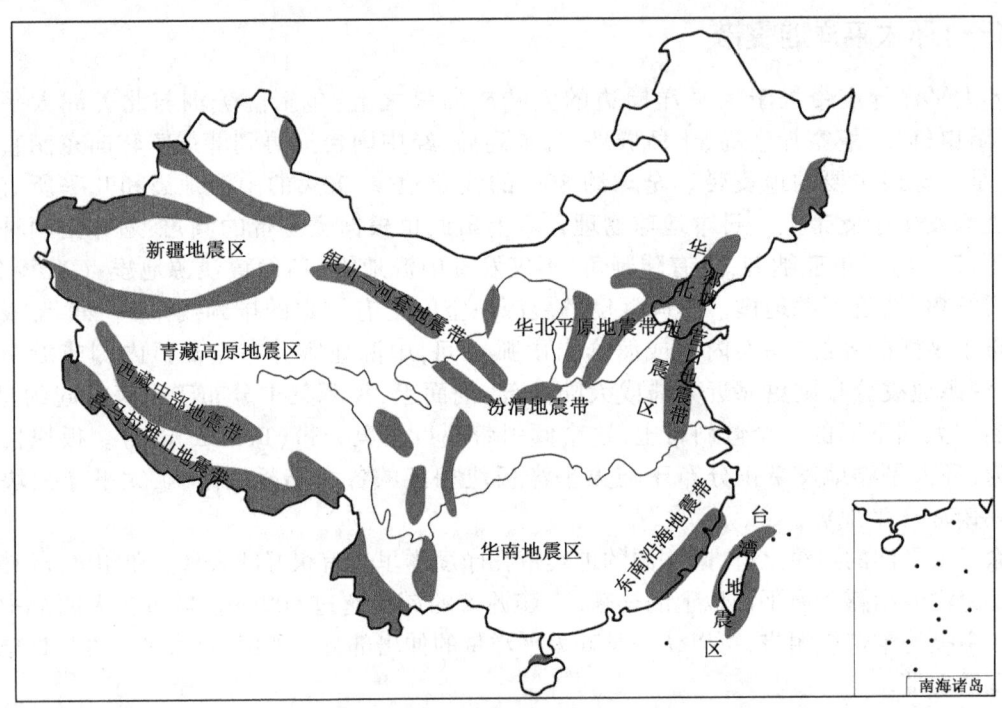

图 2-4-4 中国地震区带分布图(据中国地震网)
审图号:GS(2008)1156 号

(一)华北地震区

华北地震区包括河北、河南、山东、内蒙古、山西、陕西、宁夏、江苏、安徽等地的全部或部分地区。在 5 个地震区中,它的地震强度和频度仅次于青藏高原地震区,位居全国第二。据统计,该地区有据可查的 8 级地震曾发生过 5 次;7~7.9 级地震曾发生过 18 次。加之它位于我国人口稠密、大城市集中、政治和经济、文化、交通都很发达的地区,地震灾害的威胁极为严重。

华北地震区共分 4 个地震带:

(1)郯城—营口地震带:包括从宿迁至铁岭的辽宁、河北、山东、江苏等省的大部或部分地区,是我国东部大陆区一条强烈地震活动带。1668 年山东郯城 8.5 级地震、1969 年渤海 7.4 级地震、1974 年海城 7.4 级地震就发生在这个地震带上。据记载,本带共发生 4.7 级以上地震60余次,其中7~7.9级地震6次,8级以上地震1次。

(2)华北平原地震带:南界大致位于新乡—蚌埠一线,北界位于燕山南侧,西界位于太行山东侧,东界位于下辽河—辽东湾坳陷的西缘,向南延到天津东南,经济南东边达宿州一带,是对京、津、唐地区威胁最大的地震带。1679年河北三河8.0级地震、1976年唐山7.8级地震就发生在这个带上。据统计,本带共发生4.7级以上地震140多次,其中7~7.9级地震5次,8级以上地震1次。

(3)汾渭地震带:北起河北宣化—怀安盆地、怀来—延庆盆地,向南经阳原盆地、蔚县盆地、大同盆地、忻定盆地、灵丘盆地、太原盆地、临汾盆地、运城盆地至渭河盆地,是我国东部又一个强烈地震活动带。1303年山西洪洞8.0级地震、1556年陕西华县8.0级地震都发生在这个带上。有记载以来,本地震带内共发生4.7级以上地震160次左右,其中7~7.9级地震7次,8级以上地震2次。

(4)银川—河套地震带:位于河套地区西部和北部的银川、乌达、磴口至呼和浩特以西的部分地区。1739年宁夏银川8.0级地震就发生在这个带上。本地震带内,历史地震记载始于公元849年,由于历史记载缺失较多,据已有资料,本带共记载4.7级以上地震40次左右,其中6~6.9级地震9次,8级地震1次。

(二)青藏高原地震区

青藏高原地震区包括兴都库什山、西昆仑山、阿尔金山、祁连山、贺兰山—六盘山、龙门山、喜马拉雅山及横断山脉东翼诸山系所围成的广大高原地域,涉及青海、西藏、新疆、甘肃、宁夏、四川、云南全部或部分地区,以及哈萨克斯坦、吉尔吉斯斯坦、阿富汗、巴基斯坦、印度、孟加拉、缅甸、老挝等国的部分地区。

本地震区是我国最大的一个地震区,也是地震活动最强烈、大地震频繁发生的地区。据统计,这里8级以上地震发生过9次,7~7.9级地震发生过78次,均居全国之首。

(三)新疆地震区和台湾地震区

新疆地震区和台湾地震区也是我国两个曾发生过8级地震的地震区。这里不断发生强烈破坏性地震也是众所周知的。由于新疆地震区总的来说人烟稀少、经济欠发达,尽管强烈地震较多也较频繁,但多数地震发生在山区,造成的人员和财产损失与我国东部几条地震带相比,要小许多。

(四)华南地震区

华南地震区的东南沿海外带地震带,历史上曾发生过1604年福建泉州8.0级地震和1605年广东琼山7.5级地震,但从那时起到现在的400多年间,无显著破坏性地震发生。

第五节 地震的预报与预防

地震对人民生命财产和国家经济建设危害极大,因此,掌握地震活动的规律,更好地预报地震发生的时间、地点和强度,以便有所防范,减少灾害损失,是人们所希望的。但是,由于地震是在地下深处发动的,人们无法直接观测到震源的物理状态和其发展变化,加上影响地震发生的地质因素十分复杂,因此地震预报不能像天气预报那样准确、及时。随着科学技术的发展、历史上积累的丰富的地震资料、地震前兆异常的发现,如今的地震预报已收到一定的效果。

1975年2月4日的辽宁海城大地震是我国成功预报的一例。海城地震前,我国地震部门曾作出中期预报和短期预报。早在1970年,全国第一次地震工作会议根据历史地震、现今地震活动及断裂带活动的新特点,曾确定辽宁省沈阳—营口地区为全国地震工作重点监视区之一。由于成功地进行了短期预报,有效地减少了人员伤亡,开创了我国短临地震预报成功的先河,可以说是地震科学史上的一座丰碑。

一、地震的预报

地震预报(earthquake prediction)要确定的三个要素是:地震发生的时间、地点和强度。对于地震发生的地点和强度,根据我国地震地质环境并结合历史地震资料和现代震情监测资料的综合分析,地震部门和科研机构已编制出新一代的全国地震区划图和地方性地震区划图,指出了危险的程度。但要准确地确定地震发生的时间,目前依然是一个世界级的难题,这主要是由三个方面的因素所决定。

首先是地震孕育过程的复杂性,地震是在极其复杂的地理环境中孕育和发生的。地震先兆的复杂性和多变性,与震源区地质环境的复杂性和孕育过程的复杂性密切相关。从技术层面上来讲,地震物理过程在从宏观至微观的所有层面上都很复杂。众所周知,地震是由断层破裂而引起的。仅就断层破裂而言,其宏观上的复杂性就表现为:同一断层上两次地震破裂的时间间隔长短不一,导致了地震发生的非周期性;不同时间段发生的地震在断层面上的分布也很不相同。其微观上的复杂性则表现为:地震的孕育包括"成核"、演化、突然快速破裂和骤然演变成大地震的过程。

其次是震源深部的不可入性。地震震源位于地球内部,而地球和天空不同,它是不透明的。上天容易入地难,人类目前尚不能深入到高温、高压状态的地球内部设置观察仪器来对震源进行直接观测。同时,由于地震在全球地理分布不均匀,震源主要集中在环太平洋地震带、地中海—印度尼西亚地震带和洋脊地震带,因此地震学家只能在地球表面很浅的内部设置稀疏不均匀的观测台站。这样获取的数据很不完整也不充分,难以据此推测地球内部震源的情况。因此,到目前为止,人类对震源的环境和震源本身特点仍知之甚少。

最后就是强震事件具有小概率性(非频发性)。一个地区大地震发生的概率小,复发间隔时间很长,往往要几十年到几百年,这样的时间跨度,与人类的寿命相比,与自有现代仪器观测以来经过的时间相比,要长得多。作为一门科学的研究,必须要有足够的统计样本,而在人类有生之年获取这些有意义的大地震样本是非常困难的。迄今为止,对大地震前兆现象的研究还处在对各个具体震例进行总结研究的阶段,尚缺乏建立地震发生理论所必需的经验规律。因此,及时准确地预报大地震还需要大量的研究和技术的进步。

地震发生时间的预报分为中长期预报、短期预报和震前预报。其中,短期预报和震前预报工作是相互关联、紧密衔接的。

中长期预报是通过对区域地震和地质情况的调查研究来实施。根据历史地震资料,可以建立起对区域中长期地震活动趋势的认识,在一定条件下,作出较好的中长期预报。如我国已建立的全国地震重点监测防御区分布图(图2-4-5),这对科学安排防震减灾对策、服务于国民经济建设、有效减轻地震灾害有重要意义。

短期预报是指1~2年时间内的预报。这既要靠地震和地质情况的调查研究,还要运用各种监测手段。

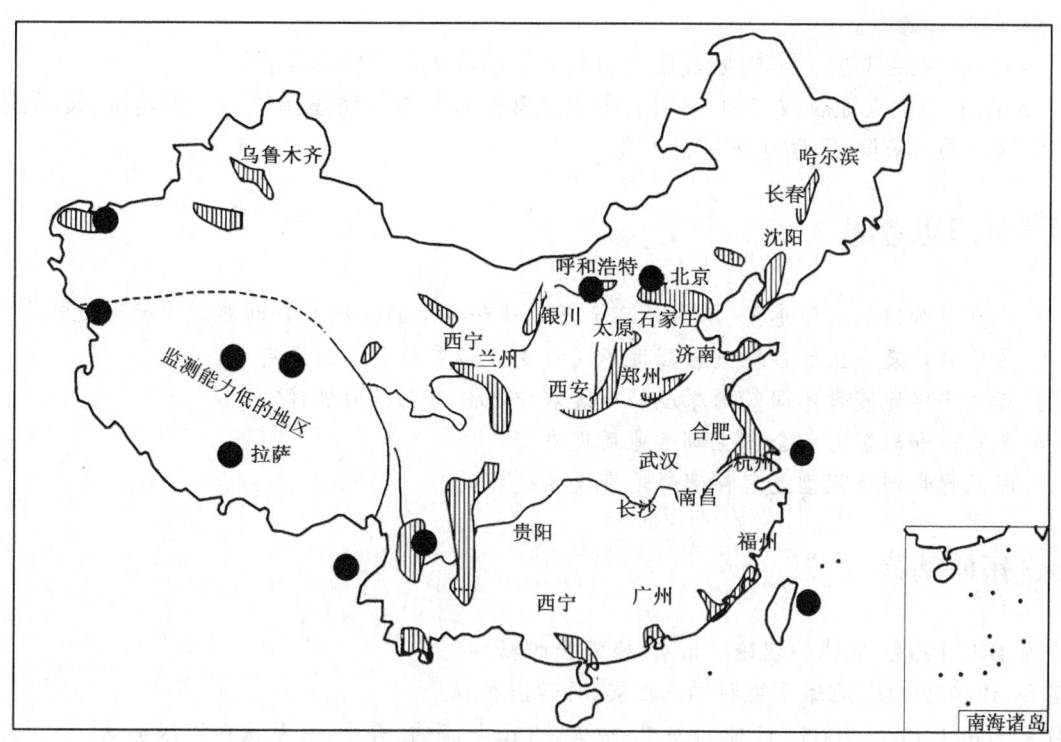

图 2-4-5　全国地震重点监视防御区分布图(据中国地震网)
审图号:GS(2008)1156号

震前预报主要靠各种监测手段,即各种仪器设备测量以研究岩石中正在发生的各种物理变化,如测量地电、地磁、地应力的变化及地壳的变形等。由于地震前地壳应力的变化会引起大地电磁场和地球化学场的变化,观测和研究震区的场的变化规律,从而研究其发震规律,可以较好地预测地震的发生。此外,地下水中氡含量的变化、地下水水质与化学成分的变化、地下水水面变化、泥沙上喷等,也是岩石受力变形的反映。探测水中的氡气和进行 pH 值的监测是目前地震预测重要的手段之一。1966 年,苏联的塔什干发生一次 5.6 级地震。该地区有一口 2000m 的深井,自 1961 年起至震前,井水中氡的含量增加了 3 倍,地震发生后又恢复正常。

此外,地光及地声的产生、天气和动物的异常反应,也是地震将至的预兆。当然,上述这些异常变化都是很复杂的,往往并不一定是由地震引起的。我们必须在首先识别出这些变化原因的基础上,再来考虑是否与地震有关。

二、地震的预防

大震和强震给人类社会造成极为严重的损失。为了减轻这种损失,必须采取一切必要的预防措施,主要有:

(1)在深入研究现代活动断裂与地震活动性等地震地质环境基础上,编制全国性和地区性地震区划图,为我国县级以上城市和居民集中的乡镇提供可靠的基本烈度,以指导各地区和重要工程建设的防震抗震工作。

(2)严格按基本烈度进行设计和施工。实践证明,增强建筑物的抗震能力是减少人员伤亡和财物损失的最有效措施。

(3)做好可能发生中强震地区的地震活动性监测和研究工作,力争能准确预报强震发生的地点、时间和震级。

（4）对居民经常进行预防地震、震时自救和震后救灾的科学知识教育。

（5）政府应建立地震救灾领导机构，平时经常检查各单位防震措施的完善情况，震后能及时组织起抢险救灾队伍，防止灾情扩大化。

复习思考题

1. 地震时如何从人体感觉、房内物品上下震动和摇晃的情况来判断距震中的远近？
2. 为什么地震发生时各地灾害程度不同？受灾轻重与哪些因素有关？
3. 环太平洋地震带不同震源深度的地震震中在分布上有何规律？
4. 地震前和地震时都会发生哪些地质现象？
5. 断层弹性回跳模型是怎样解释地震发生过程的？

拓展阅读

安德森 D L. 1993. 地球的理论. 北京：地震出版社.

毕思文，许强. 2000. 地球系统科学. 北京：科学出版社.

德席克 Schick Rolf. 2005. 地球的怒吼：地震、火山与海啸. 台中：晨星出版有限公司.

傅承义. 1976. 地球十讲. 北京：科学出版社.

李文玉. 1988. 尚待探索的奥秘：地震知识. 呼和浩特：内蒙古人民出版社.

上田诚也. 1970. 新地球观. 中译本. 北京：科学出版社.

斯宾塞 E W. 1981. 地球构造导论. 朱志澄，将荫昌，单文琅，等译. 北京：地质出版社.

舒良树. 2010. 普通地质学. 3版. 北京：地质出版社.

项仁杰，史崇周，冯昭贤. 1991. 地壳和上地幔研究. 北京：地震出版社.

徐开礼，朱志澄. 1989. 构造地质学. 北京：地质出版社.

第五章 岩石圈板块地质作用

你是否想过现今地表的海洋和大陆的分布格局是如何形成的？在地球演化历史的进程中，地壳或岩石圈以何种方式和规律进行演化和发展？

如果仔细观察世界地图，我们就会发现大西洋两岸的轮廓竟如此的相似，特别是巴西东端的直角突出部分，与非洲西岸呈直角凹进的几内亚湾非常吻合。人们还发现在远隔重洋的大西洋两岸，许多生物之间存在着亲缘关系，除了现代生物之外，在地层中保存了类似的古生物化石。而且在遥隔两岸的大陆对应位置上同时代的地质构造可以相互衔接。这些现象的存在并不是偶然巧合，而是大约在2亿年前，地球上现有的大陆——欧亚大陆、美洲、非洲、南极洲和澳大利亚曾是彼此相连的，它们构成一个统一的超级大陆，即联合古大陆。当时大西洋尚未出现，北美东岸紧挨在非洲撒哈拉大沙漠的西缘；我国西藏的南缘，却是一片汪洋大海；印度次大陆远在相距万里以外的大洋彼岸，它与南极洲紧紧相连。之后，这块超级大陆开始四分五裂，美洲相对于欧洲和非洲向西漂移，而印度次大陆脱离南极洲向北漂移。

早在20世纪初期，地质学家们就已知道地球上的大陆处于不断活动的状态，并且已有大陆漂移的思想萌芽。第一次全面、系统地论述大陆漂移假说的是德国气象学家和地球物理学家魏格纳（Alfred Wegener）。魏格纳最初于1912年发表大陆漂移观点，至1915年进一步著成《海陆的起源》一书，系统地论述了大陆漂移（continental drift）的思想。尽管他拥有大量的地质证据，但由于当时缺乏对大陆漂移的动力和机制的科学论证，因而受到传统的海陆固定论者的强烈反对，不久大陆漂移说就渐渐地衰落下来。到了20世纪50年代，由于古地磁学的兴起和海洋地质学的发展，尤其是深海钻探获得的洋底新沉积物、磁异常条带、贝尼奥夫地震带、转换断层、大洋中脊系的研究，人们发现海底在不断地扩张，整个岩石圈是由若干个漂移着的板块组成的。这一发现使偃旗息鼓多年的活动论——大陆漂移学说得到了复兴，从而导致了地球科学的大变革，形成了新的全球构造说——板块构造学说（Plate tectonics theory）的新理论。

大陆漂移过程见动态图27、动态图28。

动态图27 大陆漂移历程

动态图28 大陆漂移动画

第一节 大陆漂移说

一、早期大陆漂移学说

茫茫大陆，就像硕大无比的巨轮，竟然可以一漂千里。它经历过长期的漂移，而且至今仍在不停地漂移着。大陆漂移的概念，今天已广为人们接受，但这一概念从提出到接受并不是一帆风顺的,而是经历了提出、衰落到重新兴起的过程。

当第一张精确的世界地图绘制成功后不久,首先是地理学家注意到,有些大陆,特别是非洲和南美洲大陆正好可以拼合起来,从而开始树立了大陆漂移的思想。但是,这种大陆漂移的地壳活动概念,一直没有人认真地考虑过。大陆漂移的概念首先是由一位美国地质学家佛朗克·B.泰勒(Frank B. Taylor)在1908年提出的。而最完善解释这个概念的是德国一位年轻的气象学家魏格纳(1915年)。魏格纳的大陆漂移学说,不仅建立在大陆形状的相似方面,并且还有古气候、古冰川、古生物以及横跨大陆两侧地质构造的对照等许多多方面的证据。

魏格纳认为,在3亿年前的古生代后期,地球上所有的大陆和岛屿是连在一起的,构成一个庞大的联合古陆,称为泛大陆(Pangea),周围的海洋称为泛大洋(Panthalassa),泛大陆一直持续到三叠纪晚期。从侏罗纪开始,这个泛大陆逐渐分裂、漂移,一直漂移到现在的位置(图2-5-1)。大西洋、印度洋、北冰洋是在大陆漂移过程中出现的,太平洋是泛大洋的残余。

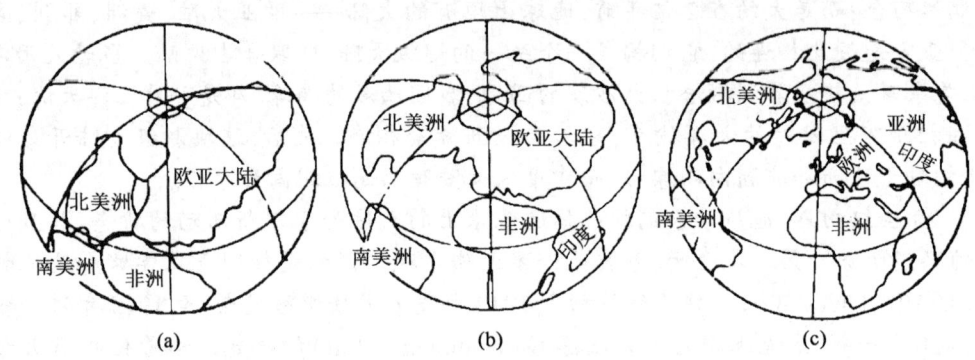

图2-5-1 大陆漂移(据P.T.怀利,1974)
(a)200Ma前大陆体系形成——超级大陆;(b)65Ma前;(c)现在

大陆漂移说认为:密度较小的花岗岩质(sial)大陆是在密度较大的玄武岩质(sima)海底上漂移的,并列举了许多事实来证明这种漂移。如大洋两岸特别是大西洋两岸的轮廓,凹凸相合,只要把南北美洲大陆向东移动,就可以和欧非大陆拼在一起,几乎严丝合缝。大陆漂移说还认为,大陆漂移有两个明显的方向性。一是从两极向赤道的离极运动,是由地球自转所产生的离心力引起的。东西向的阿尔卑斯山脉、喜马拉雅山脉等,就是大陆壳受到从两极向赤道的挤压的结果。二是从东向西的运动,是日月对地球的引力所产生的潮汐(摩擦力)作用引起的。美洲西岸的经向山脉如科迪勒拉山脉和安第斯山脉,就是美洲大陆向西漂移受到硅镁层阻挡被挤压褶皱形成的;亚洲大陆东缘的岛弧群、小岛,是陆地向西漂移时留下来的残块。

早期的大陆漂移学说提出后,引起了强烈的争论。当时确有一些人热烈赞同魏格纳的主张,并从不同角度进一步论证大陆漂移说。但是,另一派属于传统的固定论者,他们认为海陆相对位置在地球历史时期中是固定的,地壳运动主要是垂直升降运动。他们承认海、陆面积有扩大和收缩,但反对海、陆位置可以相对移动。

由于历史条件的限制,当年魏格纳对于地壳内部结构的认识是粗浅的,因此,他不可能对大陆漂移的机制作出准确的解释。另外,当时还缺乏海洋地质的资料,致使大陆漂移的假说对很多大陆的地质事件不能作出完满的解释,所以20世纪30年代以后大陆漂移学说就逐渐衰落了。

到了20世纪50年代,古地磁、海洋物探及海洋地质等学科的研究成果使大陆漂移的证据越来越多,于是大陆漂移学说重又复兴。

二、大陆漂移的证据

从大陆内部研究获到的有关大陆漂移的证据,大多数是魏格纳时代已经提出过的,但以后又有了补充和修正。古地磁及海洋方面的证据将在下一节讨论。

(一)大陆边缘形状的相似性

前面已提到,大西洋两岸的轮廓有惊人的相似性。早期的大陆漂移假说也正是从这一点得到启发,并以此作为主要论据之一的。

魏格纳提出的大陆漂移学说中大陆边界的拼合是以海岸线为标准的,但陆壳与洋壳存在着原则性的区别。陆壳边界并不是以海岸线为界,而应以大陆坡的坡脚附近为基准。如寻找合适的大陆拼合边界,尚需进行大量的地球物理勘测工作。目前,一般采取对大陆坡某一深度的等深线进行拼合。E.C.布拉德及其合作者用数学方法来考察大西洋周围大陆边界的拼合位置,他们发现,用位于大陆坡陡峻部分约915m的等深线来拼合效果最好。他们使用计算机方法拼合了南美洲和非洲(图2-5-2)。按照布拉德的拼合图案,其误差一般不超过1°,总的均方差为30~90km,只有加勒比海有较大的空缺。另外,尼日尔河口附近重叠误差达270km,这显然是近期尼日尔河口三角洲沉积引起的结果。

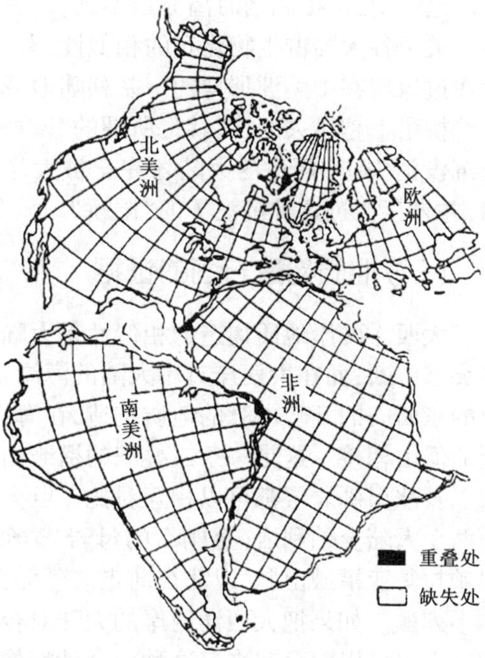

除了大西洋两岸以外,还有人用同样的方法研究了南极、澳大利亚、印度、阿拉伯等大陆外形的拼合情况。

图2-5-2 大陆边界的拼合
(据 E.C. 布拉德等,1965)
黑色地区表示大陆架的重复

(二)古生物学证据

生物学关于物种起源的单祖论观点认为,相同的生物种是不可能在相隔遥远的两个地区分别独立地形成的,它们必定起源于某一地区,然后直接地或者通过第三地区传播到另一地区。目前在远隔大西洋的两岸发现许多相同类型的生物,表明它们之间曾通过某种途经发生过传播和交换。比如,有一种园庭蜗牛既发现于德国和英国等地,也分布于大西洋对岸的北美洲。在北美洲,园庭蜗牛主要生活在邻近大西洋的一些地方。蜗牛素以步履缓慢著称,它每秒只能爬行1.5mm,即每小时5.4m,相当于人步行速度的千分之一。它是不可能跨过大西洋,从一岸迁移到另一岸的。

除了现代生物的分布外,更能说明问题的是保存在地层中的古生物化石。在大西洋两岸找到的某些化石极为相似,如果不考虑这两个大陆曾经相连在一起,是很难解释的。

种子蕨类植物舌羊齿化石在南美洲、南部非洲、澳大利亚、印度以及南极洲(距离南极480km的区域)的晚古生代地层中都已找到。这种植物的成熟种子直径为几毫米,根本不可能被风吹过大西洋。因此,相同时代的舌羊齿在南半球各大陆的地层中出现,被认为是大陆漂移的有力证据。

晚古生代和中生代早期爬行类的分布为大陆漂移提供了同样有力的论据。因为几种爬行类化石在现在的南部大陆都找到了,例如,属于似哺乳动物爬行类的水龙兽属的化石(这是属于2亿多年前的动物),这种生物无疑是陆栖的,它们的化石大量地发现于南美洲、南部非洲和亚洲地区。1969年一个美国考察队在南极洲离南极650km地方相同时代的地层中找到这种生物的化石。所以,在南半球的各大洲都找到了这个种类的成员。很显然,这种爬行动物是不可能游泳越过大西洋和印度洋的,只能认为这些大陆以往必定有过某种联系的。又如,最近在南极洲的南部找到了3块含有热带海洋中才有的20种动物残骸化石的标本,年龄约6亿年。这证明,南极洲当时离赤道不远,以后经历了漂移才到达现今位置。

关于各大陆古生物化石的相似性,有一种"陆桥"说的设想。该设想认为:当时,在大洋中存在过像现在中美洲那样的一系列陆地或岛屿。它们当时是联系大洋两岸的桥梁,生物是从这些桥梁上越过去的,这就是所谓的"陆桥"说。到后来这些起桥梁作用的陆地因为地壳运动而沉没消失了,两边的大陆才完全被大洋隔开。但是,大洋洋底的调查以及地球物理资料表明,并未存在过这种沉没了的"陆桥"。

(三) 地质构造方面的证据

大西洋两岸地质构造的相似性是大陆漂移的有力证据。有许多地质构造在非洲大陆的海岸突然中断,而在大西洋对岸大陆的海岸重新出现(图2-5-3)。例如,位于非洲最南端好望角的东西向的开普山脉的地质构造,在海岸线附近突然中断,但却可与南美洲的布宜诺斯艾利斯的低山相接。这是一条二叠纪的褶皱山系,两处山地中泥盆纪海相砂岩层、含有化石的页岩层以及冰川砾岩层都可以相互对比。巨大的非洲片麻岩高原和巴西的片麻岩高原遥相对应。而两个大陆金伯利岩(金刚石的母岩)岩管的相似性给人极为深刻的印象。横亘美国东部的阿帕拉契亚褶皱山脉,以北东向走向延伸至纽芬兰,中止于大西洋岸,但又重新出现于爱尔兰和不列颠。如果把大西洋两岸的大陆对合在一起,不仅在地形轮廓上,而且在岩石类型和地质构造上也可以对合起来。这种对合就好像把撕碎了的报纸再拼合起来一样(图2-5-4),不仅参差不齐的边缘可以对合起来,而且它的每行字迹也可以联结起来形成一整张报纸。在这个比喻中,两个大陆的地质构造和岩石类型就相当于每一行印刷的文字。

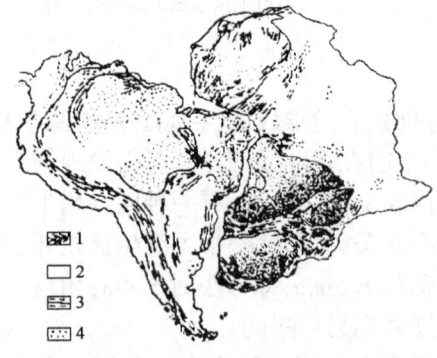

图 2-5-3 南美洲和非洲岩石和构造的拼合
(据 W. K. 汉布林,1980)

1—年龄超过20亿年的变质岩及火成岩地层;2—年轻岩层;
3—褶皱轴等构造走向;4—放射性测定的绝对年龄地点

图 2-5-4 大陆的拼合,好像撕碎的报纸外形和文字都可以拼合
(据 W. K. 汉布林,1980)

(四)古气候证据

冰川作用是古气候的最有力证据。在古生代晚期(约3亿年前),南半球各大陆的大部分地区都普遍发生过冰川作用。这次冰川作用所遗留下来的堆积物及冰川痕迹是极易辨认的,在冰川底下的基岩上,冰川移动所留下的擦痕与沟槽,表明了冰川流动的方向(图2-5-5)。这些确凿的冰川遗迹,广泛地分布于现在的南美洲、非洲、澳大利亚南部和印度半岛,在南极洲也有发现。这些地方除了南极洲现在仍为冰川覆盖之外,其他地方目前都处在热带和温带。另一方面,北半球各大陆并没有见到这个时期的冰川遗迹。而植物化石表明这些地区当时却是热带气候。这些事实都很难用固定的大陆和气候的纬度分带加以解释。

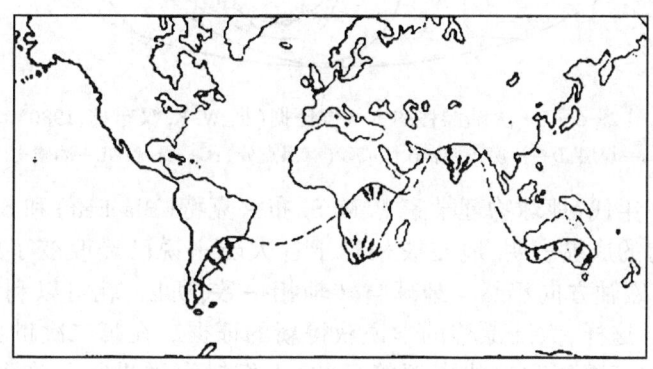

图2-5-5 晚古生代南半球的冰川堆积物(据W.K.汉布林,1980)
箭头指冰川移动的方向

有人解释这些冰川属于山岳冰川,因山岳冰川发育于高山地区,可以散布于远离两极的地方。但这些冰川分布面积之广,冰水沉积物厚度之大,绝不是山岳冰川所能形成的。这样唯一合理的解释,只能是大陆漂移说了。

按照魏格纳的主张,2亿年前各个大陆曾经组合在一起(图2-5-6)。当时各大陆大致以南非为中心靠拢在一起。根据冰川遗迹,南美、印度和澳大利亚的古冰川散布于大陆的近海岸地区,冰川运动是从岸外指向内陆的,反映古冰川不是源于本地区。当时冰川的中心位于南非,所以南美、印度和澳大利亚的冰川运动方向,自然就表现为由岸外向着内陆了。而欧、亚、北美的许多地区在当时远离两极,所以那里没有冰川的痕迹。这样来解释古生代晚期的冰川是较合理的。冰川作用的分布特点是大陆漂移的有力证据。许多南半球的地质学家是拥护这一说法的,因为他们亲眼看到了证据。

除古冰川遗迹外,蒸发盐、珊瑚礁、红层等作为古气候标志,也可用来推断它们形成时产生的古纬

图2-5-6 大陆未漂移前晚古生代冰川分布的位置(据W.K.汉布林,1980)

度。魏格纳等曾将石炭纪蒸发盐、煤等的分布标在联合古大陆上(图2-5-7),其中岩盐、石膏、沙漠砂岩均集中在干燥的亚热带,与它们所要求的古气候条件完全相符,从而为联合古陆的存在提供了佐证。

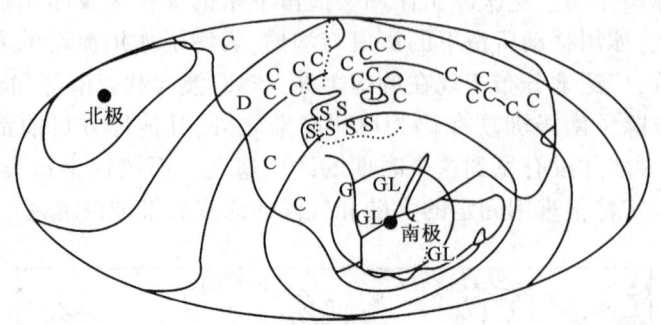

图2-5-7 大陆漂移的古气候证据(据W.K.汉布林,1980)
C—煤层;D—沙漠;S—岩盐风成砂(有黑点处);G—石膏;GL—冰碛物

到了20世纪50年代,地球物理学家P. M. S. 布莱克特(Blackett)和S. K. 朗肯(Runcorn)对古地磁研究所取得的成果表明,地磁极相对于各大陆来说已经改变了原先的位置。因为已有证据说明,地球磁轴方向仍然与地球自转轴相一致,所以,就可以利用大陆的相对运动来解释有关资料了。这样,大陆漂移的学说获得新的证据。在第二次世界大战期间以及20世纪50年代以后,出于军事和寻找资源等目的,人们对海洋进行了许多考察工作,获得了大量有关海洋地质及地球物理的资料,使人类第一次了解到海底的基本情况。科学家用新的精密仪器,能够记录海底的连续剖面,测量深部洋底岩石的各种地球物理性质。海洋地质学者和地球物理学者B. C. 希曾(Heejen)和M. 尤因(Ewing)等在洋底进行的勘测结果说明,大西洋洋中脊平行于大西洋的大陆边界,它几乎把欧洲、非洲与美洲之间的洋底分成了二等份。洋中脊的中间为一条裂谷性质的中央山谷,可能代表联合古陆破裂和分离所产生的痕迹。而从另一些洋底勘察资料来看,海洋盆地是地球表面比较年轻的部分,而且在断陷了的洋脊下面不断发生地幔物质的上涌。这些观点形成了海底扩张的概念。

第二节 古地磁和海底扩张说

一、古地磁

在第一篇中我们已介绍了地球的磁性、岩石的磁化、磁异常和古地磁的概念。近年来,古地磁资料不仅成为大陆漂移的有力证据,而且是海底扩张和板块构造学说的重要基础。

(一)岩石的磁化

地层中所有的岩石都具有磁性,它是在岩石形成时所获得的,并可能在后来有所变更。溢出地面的熔岩大约在900℃时可以完全凝固。岩浆岩是由不同组分的各种矿物组成的,在它们中间有磁铁矿,这是一种铁的氧化物,这种矿物能够发生磁化。然而,在高温下,由于组成磁铁矿的原子活动性大,振动量大,这些原子的走向是杂乱的。在这样的情况下,矿物就不能被地球磁场所磁化。温度进一步降低,可利用的热能较少,原子振动量减小,矿物内部的原子开始按照磁力线的方向互相平行地排列起来。一旦它们排列好了,当温度继续下降时,原子要通过振动而摆脱这种定向方式就变得困难了。当温度降到大约500~450℃时,原子按磁力线方向的排列就固定了,这样岩石就获得了极性与当时地球磁场一致的磁性。这种磁性称为化石磁性或天然剩余磁性。

岩石内的原子排列被固定后,它所获得的磁化是永久性的,并具有稳定性。如果再要使原子团发生振动,离开它们定向的位置,使岩石丧失磁性,则需要加热到一定的温度(一般这个温度叫居里温度,约400~700℃左右。岩石获得磁性的过程可用图2-5-8来表示。

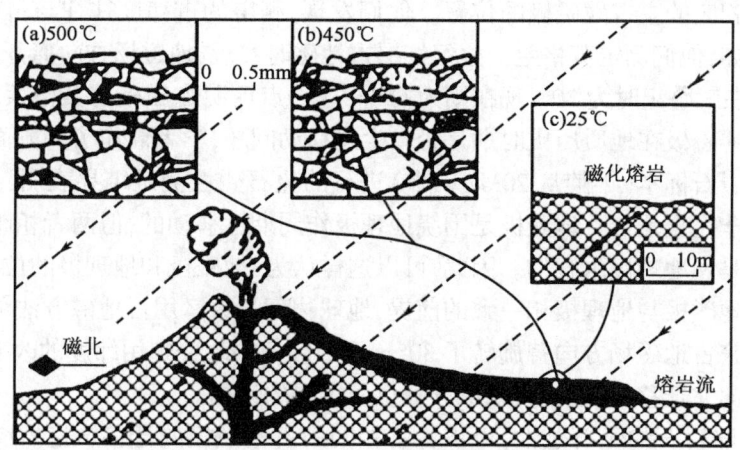

图2-5-8 岩浆岩形成过程中获得磁化示意图(据P.J.怀利,1974)
(a)熔岩凝固后,仍保持炽热状态,矿物未发生磁化;(b)岩石冷却至
450℃矿物按地球磁场方向磁化;(c)岩石总体发生磁化

沉积岩的磁化,是矿物或碎屑在沉积过程中形成的。经过一系列的外力作用后,各种碎屑物质从陆地搬运到海中,其中有许多铁磁性物质在历史上某一较早阶段中已发生过磁化。当这些颗粒降落到沉积物表面时,它们就按照当时的地球磁场方向定向排列,经固结压实成为沉积岩时,地球的磁场方向就被记录下来了(图2-5-9)。

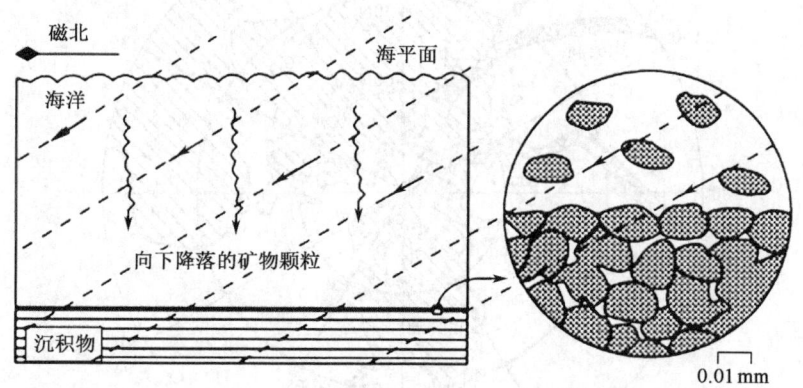

图2-5-9 沉积岩形成过程中获得磁化示意图(据P.J.怀利,1974)

由于岩石的化石磁性具有较大的稳定性,如果通过适当的方法把岩石在形成以后获得的一些磁性消除掉,就可以把岩石的化石磁性测定出来。只要岩石中保存的磁化作用不被后来的事件所改变,岩石中的磁化方向就都保持着岩石形成时间和地点的地球磁力线的方向。第

一章已谈到,每个地点磁力线的方向是与磁子午线平行的,并指向南北磁极。而磁倾角的等值线是相当有规律的,等倾角几乎与纬度线平行。倾角从赤道的0°增加到北(南)极的90°。如果化石磁性被后来形成的磁场干扰了,则可以通过适当的方法把岩石形成以后获得的一些磁性排除掉,就可测定原先的化石磁性,这种化石磁性可以指示岩石生成时期古地磁场的方向,并求算出当时的古地磁纬度以及古地磁极的位置。

  古地磁研究在20世纪50年代时曾盛极一时。英国著名物理学家P.M.S.布莱克特和地球物理学家S.K.朗肯领导的研究小组,测定了大批的岩石化石磁性,求出某一时代岩石标本所在地的古纬度以及相应的主古地磁极的位置。他们发现,测得的古纬度往往与目前所处的纬度有很大的差别。例如,他们测定英格兰三叠纪红层古地磁时发现,地磁场方向离开现代地理北极约30°,它的磁倾角在三叠纪时为30°,现在则为65°。这一点证明古磁极与英格兰之间彼此曾相对地移动过。关于地磁极在地质历史时期是否发生过移动问题,学者们作了多方面的研究,对从世界各地收集到的岩石标本(年龄从20Ma以来)进行的化石磁性测定结果表明,古地磁极位置和地理极的位置并非完全重合。地磁极是围绕地理极作周期性移动的,但两者相距不远,古地磁极的平均位置几乎是和地理极重合的。因此,可以这样认为,地磁极和地理极的位置可能一直是接近一致的。有了地磁极与地理极相一致的前提,地球物理学家运用古地磁方法测定结果表明,英格兰从三叠纪以来古地磁场方向曾旋转了30°。而磁倾角的改变则用纬度的改变来解释,即英格兰三叠纪以来曾向北迁移,这就为大陆漂移提供了重要的证据。

  测定不同大陆岩石的化石磁性,得出各不相同的古地磁极的迁移轨迹。图2-5-10是古地磁学者测出的欧洲和美洲大陆古地磁极的游移轨迹。由图可见,北美洲的极移曲线位于欧洲极移曲线之西,如果把美洲大陆向东转动经度60°,它们的极移曲线就近于重合,这时北美大陆几乎与欧洲大陆相拼合,其间就没有大西洋了,这就恢复了大陆漂移说所提出的联合古陆的情况。

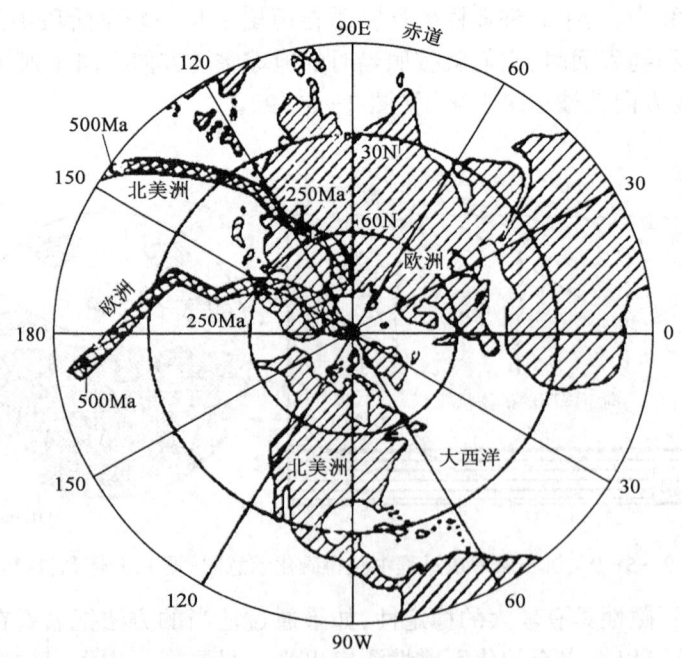

图2-5-10　北美大陆和欧洲大陆极游移轨迹(据F. Press、R. Siever Earlh,1987)

（二）极性反转

20世纪初,人们已经知道某些岩石恰好与现今磁场相反的方向发生磁化。20世纪50年代以来古地磁的研究成果表明,在所研究的岩石中有将近一半是正向磁化,而另一半则是反向磁化。目前已证实,地磁极的周期性倒转是地球历史的一个基本特征。

近来对世界各地大量玄武岩标本的磁性研究证明,在近70Ma到80Ma之中,地球的磁场发生过多次反转,在过去的4.5Ma中至少发生过9次反转。目前的"正常"极性大约开始于0.7Ma以前。较大的极性变换间距(大约相隔1Ma)叫极性期,一般以对地磁学研究有贡献的学者来命名,如布容正向期、松山反向期等。较短的持续间距叫极性事件,以最早采集过地磁岩石标本的地名命名。极性期和极性事件在地球广大面积的许多地区都曾发生过。磁性反转的顺序也被编成资料并测定过它的绝对年龄,这样对近4Ma的磁性反转已经建立了可靠的年表(图2-5-11),而且推算了76Ma以来至少有171次反转的次序。

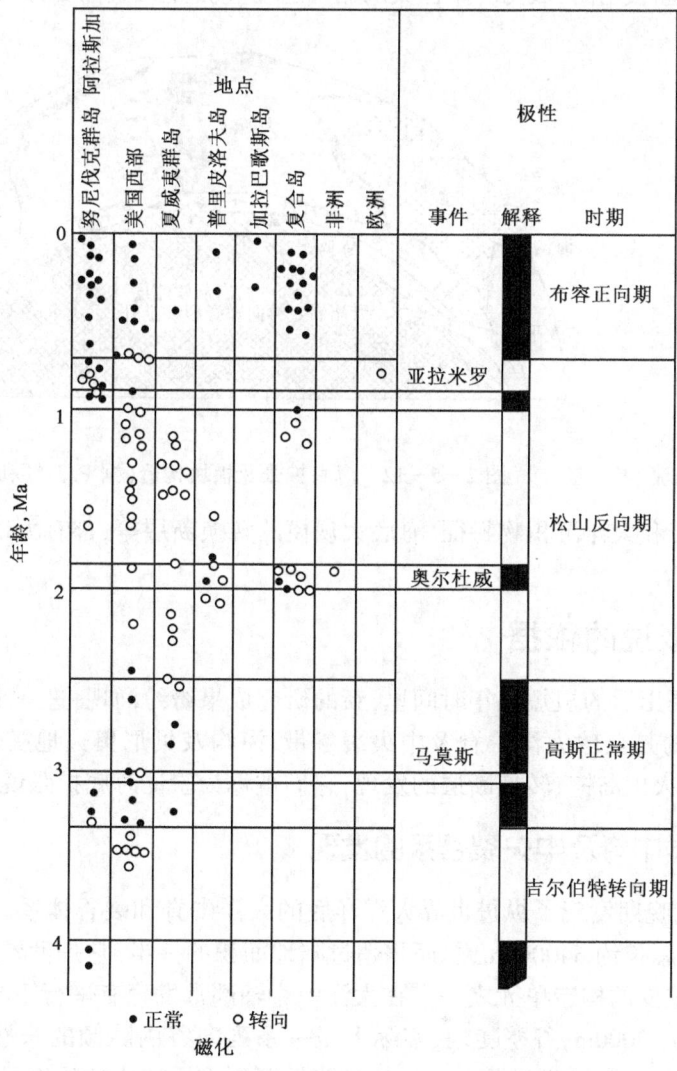

图2-5-11　不同大陆上熔岩磁化的年龄和方向及相应的极性时期和事件(据奥普戴克等,1967)

古地磁研究的成果,尤其是海底磁异常条带的发现,帮助人们建立了海底扩张的理论。

二、海底扩张说及其基本思想

20世纪60年代以后科学家们开始热衷于海洋盆地、海洋物探以及洋底岩石学的研究,发现并证实了大洋中脊和海沟是地球上许多重大地质事件的发源地。例如,利用回声测深等高精度的水深测量方法研究海底地形并绘制出精确的海底地形图,用重力、地震、地磁及地热等地球物理勘探方法研究海底的地质构造特征,等等。到60代初,海底调查已获得了大量的成果与资料,为海底扩张说的建立准备了条件。

在20世纪60年代初期,H. H. 赫斯(Hess)和R. S. 迪茨(Deitz)首先提出了海底扩张(seafloor spreading)的假说,认为一些洋底山脉标志着对流体的上升地点。地幔物质从大洋中脊或大陆裂谷上涌,向两旁溢流并推开旧有的洋底物质,对流物质不断上涌逐渐向两侧对称地扩张,形成新的洋底。大陆地壳与洋底是黏合在一起的,并随着洋底的扩张一起运动,当运行到海沟处,便向下俯冲,插入地幔,重新被熔融,成为一个巨大的循环运动(动态图29、图2-5-12)。

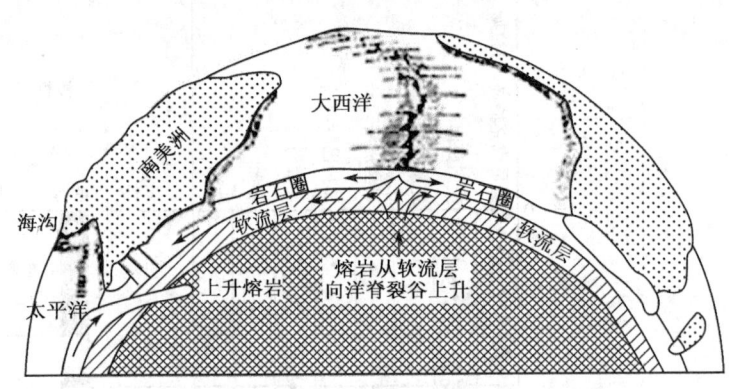

动态图29　地幔对流　　　　图2-5-12　海底扩张及板块构造(据P. J. 怀利,1974)

海底磁异常条带和大洋沉积物特征、海底大规模的转换断层等,都有力地证实了海底扩张的理论。

三、海底扩张说的依据

在海底扩张说提出后的短短几年时间里,新的研究成果纷纷涌现,进一步证实了海底扩张说。其中最有意义的是全球大洋中脊及中央裂谷带、海沟及贝尼奥夫地震带、海底磁异常条带、洋底新沉积物及火山岛链、转换断层的发现,它们被称为验证海底扩张说的5大论据。

(一)全球大洋中脊及中央裂谷系的发现

20世纪50年代晚期发现了纵贯世界大洋洋底的大洋中脊和裂谷体系。大洋中脊在各大洋中互相连接,延伸总长约64000km,总面积超过陆地面积的一半,它是世界上最长大的山系,无疑也是地球上最重要的构造单元之一。在大洋中脊轴部常发育有平行于洋脊的巨大的中央裂谷,谷深可达1000~2000m,谷壁陡峭,实际上是一系列向谷内陡倾的张性断裂。裂谷宽数十至百余千米,窄的谷底宽度不过几千米。这种张性断裂作用造成的谷地,显示大洋中脊附近存在巨大的张力作用。大洋中脊轴部具有很强的构造活动性,常发生浅源地震及火山活动,并且有高的地热流异常,可达(3~5)×41.686mW/m²,反映中脊轴部是地热的排泄口和深部岩浆物质上涌的地方。

(二)海沟及贝尼奥夫地震带的发现

辽阔的大洋中部被高大的大洋中脊占据,而深陷的海沟却分布在大洋的边缘。海沟主要见于太平洋及印度洋东北部边缘,沿大陆边缘的岛弧或海岸山脉线状延伸。海沟的横剖面多呈V形,沟底深度一般大于6000m,深者可达10000m以上(如马里亚纳海沟深达11033m),若计海沟沟底与岛弧或海岸山脉的相对高差,则可达13000m以上。所以,海沟附近是地球上高差最为悬殊的巨型地形单元,其中一定包含着极其重要的地质含义。地球物理调查表明,海沟的重力值相当低,出现负重力异常,这说明海沟下方的物质的密度小,是不是也存在类似于高山之下的地壳"山根"插到地幔之中?但据地壳重力均衡原理,密度低的物质必将上浮形成高的地势,这与海沟的地势相矛盾。所以,可以推测,在海沟处必定有一种向下拉的作用力存在,这种力破坏了该处的重力均衡,使密度小的地壳物质强制下陷。此外,海沟的地热流显著比正常洋盆低,说明海沟下面的物质比较冷。海沟附近是最强烈的构造活动带,例如,沿太平洋边缘的海沟及其附近,形成著名的环太平洋火山带与地震带。在环太平洋地震带中,地震震源深度变化是很有规律的:在海沟附近都是浅源地震,离海沟较远出现中源地震,在更远的大陆内部则出现深源地震,最深达720km,震源排列成为一个由海沟向大陆方向倾斜的带,其倾角一般45°左右(图2-5-13)。海沟附近的这种震源排列形式是20世纪50年代美国学者贝尼奥夫发现的,故称为贝尼奥夫带。这种现象说明,沿着大陆边缘的海沟,存在着倾向大陆的、正在活动的巨大断裂带。

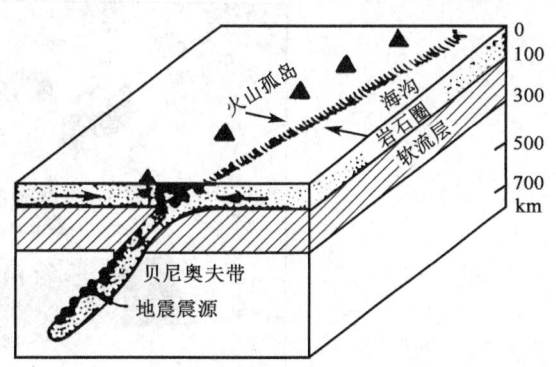

图2-5-13 贝尼奥夫带(据P.J.怀利,1974)

(三)海底磁异常带的发现

海洋地球物理探测表明,大洋磁异常的显著特点,是正负磁异常沿大洋中脊两侧呈条带状的相间排列(彩图61)。单个磁异常条带宽约数千米到数十千米,纵向上延伸数百千米以上而不受地形影响,在遇到洋底断裂带时被整体错开。这种磁异常条带的成因,曾一度使人们困惑不解,有人认为这是洋底岩石磁性强弱不同所引起的,但这种观点不能解释磁条带分布的规律性,也与当时所获得的海底地质资料不吻合。

1963年英国剑桥大学的F.瓦因(Fred Vine)和D.H.马修斯(Matthews)对磁异常条带作了新的解释。他们认为海底磁异常条带不是由磁化强弱不均引起的,而是在地磁场转向的背景下,海底不断新生、不断扩张所造成的。地幔物质向上涌,主要为玄武岩浆沿洋中脊形成一个新的地壳条带,当它冷凝至居里温度以下时,便沿当时磁场方向被磁化。随着地幔物质不断涌出,早先形成的地壳条带便从中脊被推开,海底进行了扩张,新的洋壳占据了它原来的位置。如果这时地球磁场发生转向,产生于大洋中脊的新地壳便具有相反方向的地磁极性,这样就形成了与先前形成的海底磁化方向相反的一条磁异常条带。照此方式,演化和全球范围内相继发生的磁性反转,便在海洋底部地壳中打上了地磁条带的烙印(图2-5-14)。海底磁异常条带实际上记录了洋底演变和地球磁场的演变历史,是海底扩张的有力证据。

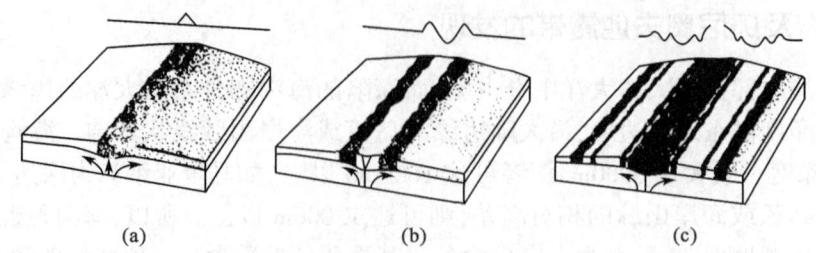

图2-5-14　海底磁异常条带形成示意图(据W.K.汉布林,1980)
黑色代表正向磁化;白色代表反向磁化

人们做了许多洋底磁性调查工作,它们的异常图式已经测制出来。图2-5-15为大西洋底岩石磁性图。图上反映了一个重要的地质资料,可以根据年龄资料测定异常所代表的时间间隔和海底扩张的速度。

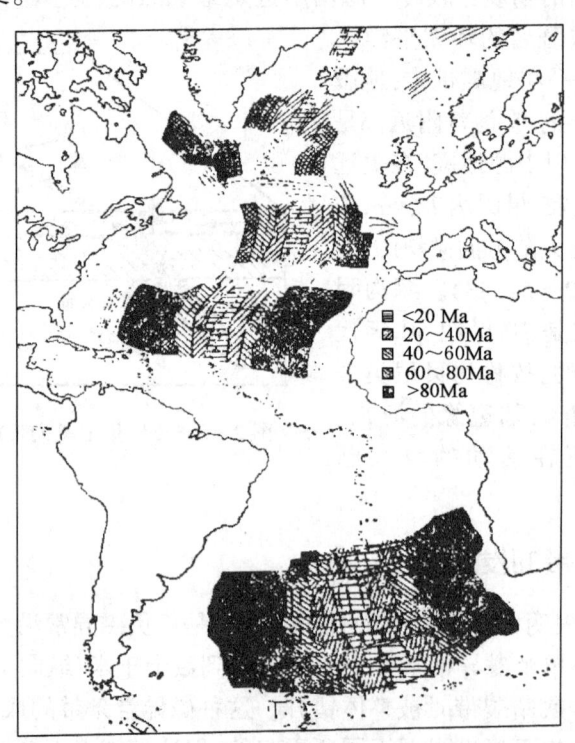

图2-5-15　大西洋底岩石的磁性条带及其年龄简图(据W.K.汉布林,1980)
黑色小点为大西洋中洋脊峰部的地震震源

因为每一个磁异常条带的年龄都可以与地磁场极向年表相对比或运用外推法加以确定,所以,磁异常条带实际上成了海底的年轮,在某种程度上也相当于标志洋底年代的洋底地质图,它记录了洋底扩张的历史和大陆漂移的踪迹。

根据磁异常条带的年龄,并测出它离开洋脊轴的距离,就可以算出那里海底扩张的速度。在太平洋,单侧扩张速度约3~6cm/a;在大西洋和印度洋,大多数为1~2cm/a。

(四)洋底新沉积物及火山岛链的发现

在海底扩张的许多证据中,以洋底地壳钻探的所取得的成果最令人信服。海底钻探计划开始于1968年美国一艘叫"格洛玛·挑战者"号的考察船进行的工作。它曾分别到太平洋、大西洋、印度洋进行了深海钻探。大洋底玄武岩之上不连续地沉积着一层薄薄的沉积物,按照海底扩张理论的推断,最年轻的沉积物应该在洋中脊的地方,因为那里是最新地壳形成的地方。离开中脊越远,沉积物的时代应该越老。海洋钻探的结果确证了这一推断。

"格洛玛·挑战者"号钻探船经过了两年的工作又于1970年在南大西洋布置了垂直于大西洋中脊的锚孔点剖面线,并尽量选在磁异常条带最为清晰的地方(图2-5-16)。钻探的结果令人信服地看到,覆盖在玄武岩基底上的最老沉积物的年龄,与磁异常条带预测得出的年龄几乎一致。洋底地壳的年龄以大洋中脊为对称轴,向远离大洋中脊的两侧有规律地增加。根据这个数字计算,这里的洋底曾以2cm/a的速度扩张。在洋底各地钻孔采得的沉积层以及下部基底的玄武岩,测得它们的年龄都小于160Ma(相当于侏罗纪),而相比之下大陆的最老岩石可达3800Ma。洋底最老的岩石都位于大洋的两侧。例如,在太平洋,年龄最老(侏罗纪)的洋底位于西太平洋日本海沟和马里亚纳海沟以东的地方。在印度洋,最老的洋底则见于它的东北部。另外,深海钻探工作还发现,洋底沉积层的厚度自中脊轴部向两侧逐渐增大,一般由零增加到1.3km左右。

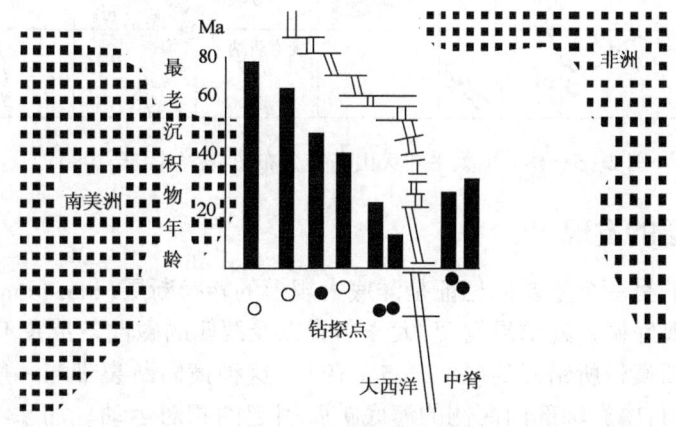

图2-5-16 "格洛玛·挑战者"号在大西洋钻探得到的海底沉积物年龄的成果图(据金性春,1980)

冰岛是大西洋中脊一个巨大的露头,为研究海底扩张的机制提供了一个良好的场所。在冰岛的地质工作表明,这个岛屿正在被其下地壳的海底扩张所拉开,最老的岩层位于此岛的东西两端。越向内部,岩石的年龄越新,而近代的火山喷发则完全限于其中心部分(图2-5-17),这些事实与洋底的情况是完全相符的。

另外一个很有意义的事实,就是大洋底部分布的火山岛链的年龄也证明

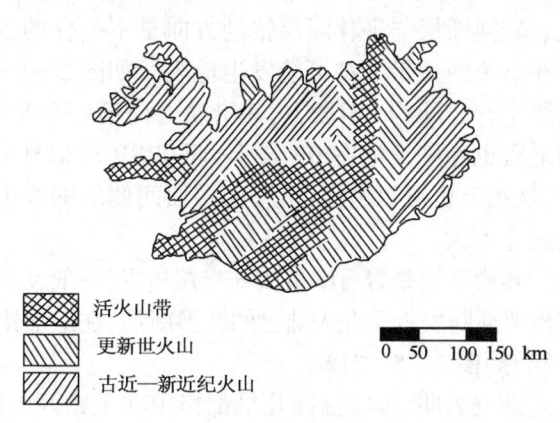

图2-5-17 冰岛地质图(据W.K.汉布林,1975)

了海底的扩张运动。例如,在太平洋中部大致平行排列着三条火山岛链:天皇海岭—夏威夷海岭、莱恩群岛—土阿莫土群岛、吉尔伯特群岛—土布艾群岛(图2-5-18),它们都位于东太平洋海隆的西侧。根据"格洛玛·挑战者"号在天皇岭打钻取得的熔岩样品进行磁性测定,发现天皇海岭形成时的古纬度大致相当于现今夏威夷群岛的纬度,其熔岩的成分也与夏威夷群岛的完全一致。各海山的年龄随着离开夏威夷群岛,向西北方向变老,中途岛为24Ma。在天皇海岭的东南端,海山的年龄约为40Ma,靠近西北端的明治海山则可达70Ma。以上例子说明了从东太平洋海隆溢出的熔岩有自东南向西北扩张的趋势。

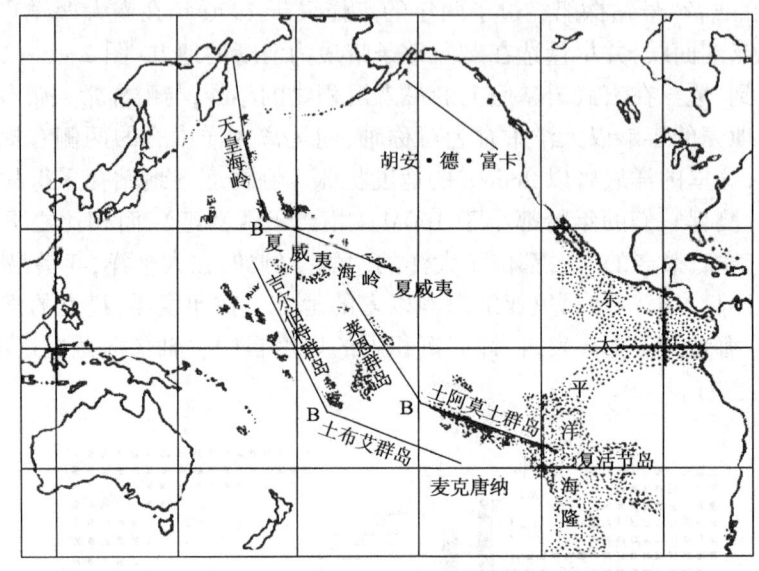

图2-5-18　中太平洋火山岛链分布图(据金性春,1980)

(五)转换断层的发现

海底扩张理论的另一个重要的见证是洋底大规模的转换断层(transform fault)的发现。20世纪50年代以来,海底调查的结果发现,大洋中脊以及两侧的磁性条带并不是连续分布的,而是被一系列的巨大断裂带所错开的(图2-5-19)。这种横向断裂带与一般所称的平移断层是不一样的,而是由自中脊轴部向两侧的海底扩张引起的相对运动。加拿大地质地球物理学家J. T. 威尔逊(Wilson)在1965年创立了"转换断层"这一术语,用来表示这种新型的断层。

转换断层与平移断层错动方向是不一样的。平移断层的错动是沿整条断裂带发生的,所以在整个断裂带上都可能发生地震。如图2-5-20所示的转换断层,其相互错动仅发生在这两段中脊之间的BB'段上,其错动方向恰好和平移断层把中脊错开的方向相反。转换断层带的地震也正好发生在BB'段上,而在BB'段以外由于没有相对错动,所以一般无地震发生。另外,从图上也可以看出,平移断层面两侧的两段中脊越离越远,而转换断层面两侧的两段中脊距离并不大。

转换断层是岩石圈板块的交接边界,一般发育在洋底,但也可以在大陆上出现。如美国圣安德烈亚斯断层就是在大陆上的转换断层,在南部错断了东太平洋海隆,北部切割了胡安·德·富卡洋脊(图2-5-21)。

调查表明,地震活动几乎都集中在被错开的洋脊之间的断层段上,而其余部分一般没有地震发生。而且对来自洋底断裂带上的地震的分析证明,断层错动的方向与转换断层所要求的

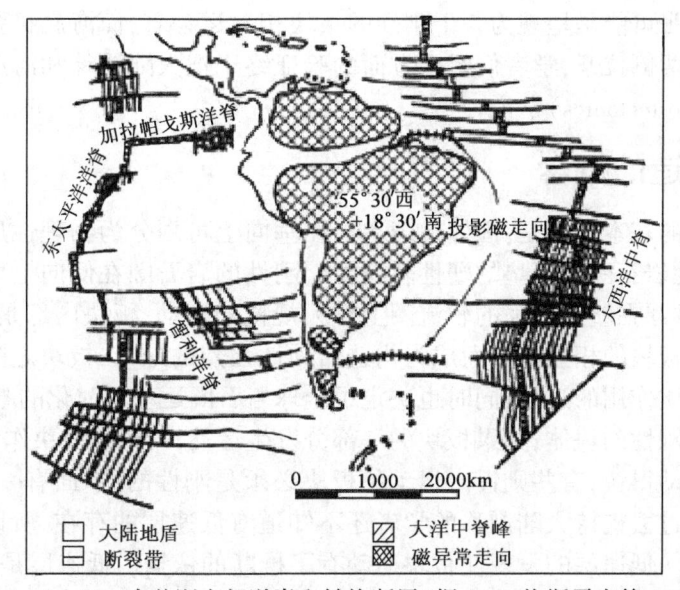

图 2-5-19 南美洲东部洋脊和转换断层（据 A.A.梅斯霍夫等,1972）

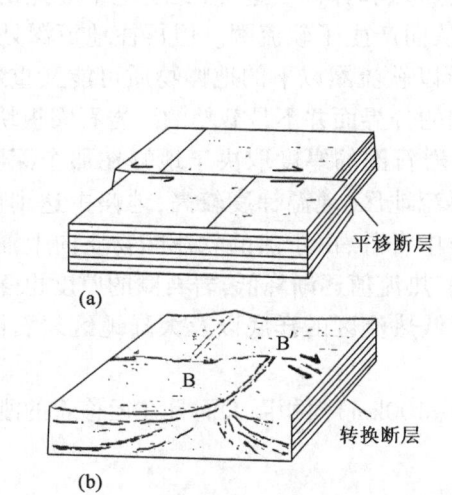

图 2-5-20 平移断层(a)和转换断层(b)对比图
（据金性春,1984）

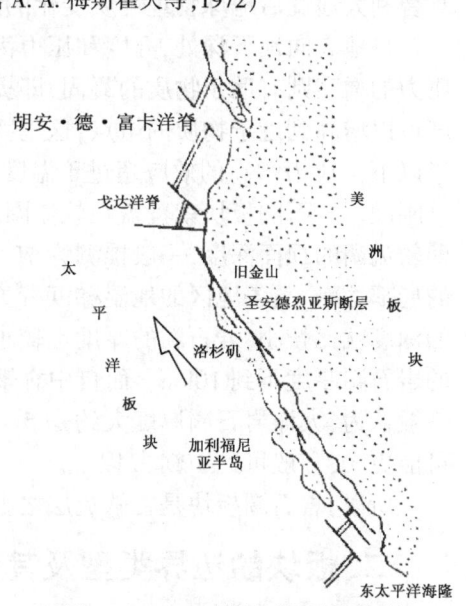

图 2-5-21 美国西部圣安德烈亚斯断层（据 W.K.汉布林,1980）

方向完全相符。这就证实了转换断层是确实存在的。转换断层（动态图 30）是由大洋中脊的海底扩张引起的,转换断层的错动方向也就是海底扩张的方向,所以转换断层的发现和验证,为海底扩张说提供了又一有力的依据。

第三节 岩石圈板块构造学说

动态图 30 转换断层

20 世纪 60 年代以来,大陆漂移的概念已被普遍承认,但是所谓"大陆"的概念并不是地理上的陆地。板块这一概念从威尔逊的转换断层及布拉德的大陆拼接中引申出来的。人们设想大陆漂移和海底扩张可能是呈现为若干刚硬的板块相互运动着,而海底扩张实际上意味着一对板块自中脊轴向两侧拉开,学者们经多方面的验证终于把大陆漂移和海底扩张的概念发展成为板块构造(Plate tectonics)学说。

一、板块构造的概念

板块构造学说的基本思想是:固体地球上层在垂向上可划分为物理性质显著不同的两个圈层,即上部的刚性岩石圈和下垫的塑性软流圈。刚性的岩石圈在侧向上可划分为若干大小不一的板块,它们漂浮在塑性较强的软流圈上作大规模的运动;板块内部是相对稳定的,板块的边缘则由于相邻板块的相互作用而成为构造活动性强烈的地带;板块之间的相互作用从根本上控制着各种地质作用的过程,同时也决定了全球岩石圈运动和演化的基本格局。

岩石圈板块是刚性的块体,如果板块的一部分发生运动,则整个板块作为一个整体也发生运动。有些板块运动得快,有些则慢。运动的板块必须是刚性的,下面有一个可塑性的面,这样才能相互滑动。过去支持大陆漂移的学者还不知道有低速层的存在,所以大陆漂移的机制得不到合理的解释。低速层的发现使板块运动有了推断的依据。低速层是对1960年5月22日智利大地震后地球物理性质变化的研究结果证实的。

自地表向地下深处,温度和压力都趋向增高。温度的增高将促使物质变软和熔融;相反,压力的增高则有助于物质的凝固,即提高物质的熔点和弹性。这样,到了地下一定的深度,温度可以增高到近于物质的熔点,这里物质变软,从而产生了软流圈。但再往地下深处(数百千米以下),压力增高的效应超过于温度的效应,所以软流圈以下的地幔物质可能又重新变得十分刚硬。岩石圈板块就覆盖在软流圈之上,它们的分界面并不是截然的。岩石圈板块的厚度,即软流圈的顶面深度,一般推测为70~100km。岩石圈的厚度取决于地幔在那个深度上出现的局部熔融,与各地区的地温梯度有关。在高热流地区,地温梯度较高,地幔中达到部分熔融的深度就比较小,岩石圈的厚度也较小。如大洋中脊外,由于热的软流圈物质向上涌升,该处的岩石圈厚度不到10km。而自中脊轴部向两侧,热流值逐渐降低,岩石圈的厚度也逐渐加大。一般认为,大洋岩石圈厚度大约是5~60km。而低热流区的洋底以及大陆地区岩石圈的厚度可能更大,一般可达100km以上。

所以,岩石圈板块是在软流层之上(厚度70~100km)面积巨大而且在运移着的刚性地块。

二、板块的边界类型及其划分

板块边界的存在是划分板块的依据。板块的边界常常以具有强烈的构造活动性(包括岩浆活动、地震、变质作用及构造变形等)为标志。随着海底扩张说的提出和验证,有关洋脊扩张、海沟俯冲和转换断层的概念越来越明确,这实际上已经揭示出了板块的边界类型。从板块之间的相对运动方式来看,可将板块边界分为3种基本类型。

(一)板块边界的类型

各板块的边界常与某种性质的构造活动带相邻,根据相邻板块运动的状况以及生长带消减的特征可分为三种类型。

1. 分离型板块边界

分离型板块边界(divergent plate boundary)也称增生型板块边界,即两个板块沿边界相背运动,地幔的熔融物质不断沿边界涌出向两侧形成新的洋底,所以也是板块生长的边界。大洋中脊和大陆裂谷系统就属于这种类型的边界(图 2-5-22、图 2-5-23)。

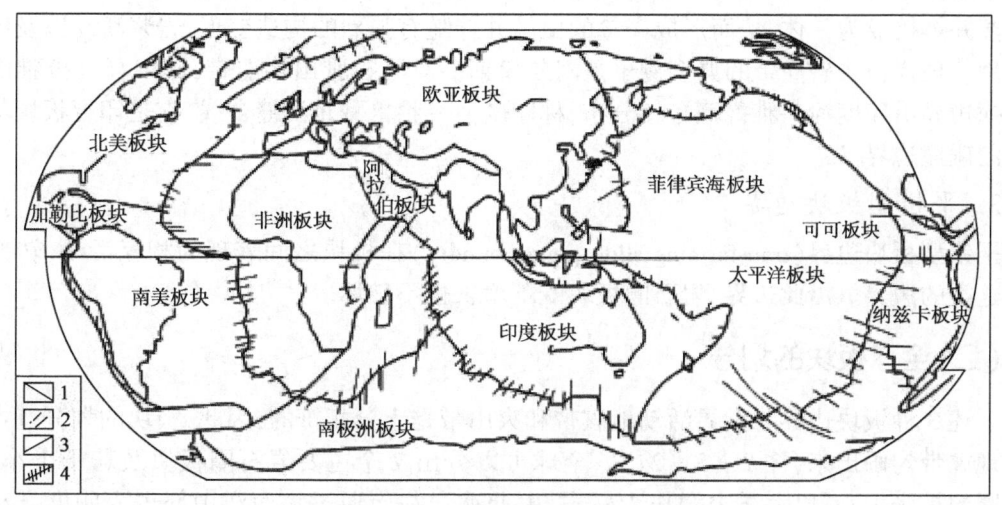

图 2-5-22 全球 12 个主要板块的发布(据金性春,1984)
1—中脊轴线;2—转换断层;3—俯冲边界;4—碰撞边界

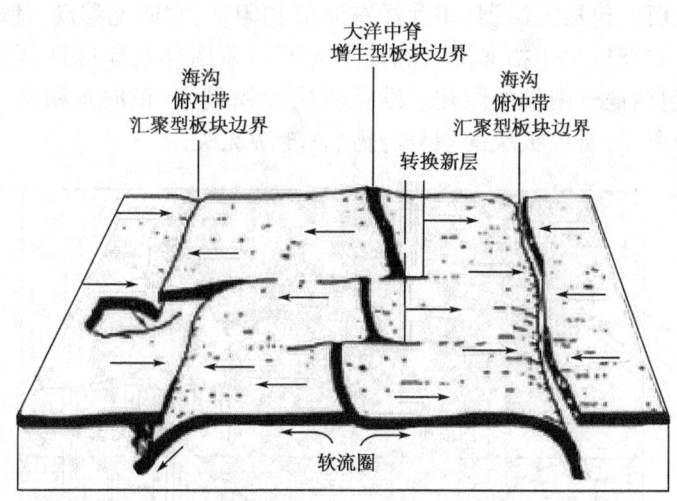

图 2-5-23 板块边界的类型(据 W.K. 汉布林,1980)

2. 汇聚型板块边界

汇聚型板块边界(convergent plate boundary)也称消减型(碰撞型)板块边界。这种类型的边界相当于海沟及板块碰撞带。其两侧板块相向运动,在板块边界造成挤压、对冲或碰撞。汇聚型板块边界是最复杂的板块边界,又可进一步划分为俯冲边界和碰撞边界两种亚型。

俯冲边界相当于海沟或贝尼奥夫带,相邻的大洋板块与大陆板块发生相互叠覆。由于大洋板块比大陆板块密度大、位置低,故一般总是大洋板块俯冲到大陆板块之下。俯冲边界主要分布于太平洋周缘及印度洋东北边缘,大洋板块沿这种边界潜没消亡于地幔之中,故也称为消减带。俯冲边界又包括两类:(1)岛弧—海沟型,主要见于西、北太平洋边缘,指大洋板块沿海沟俯冲于与大陆以海盆相隔的岛弧之下;(2)安第斯型(或山弧—海沟型),主要见于太平洋东南的南美大陆边缘,指大洋板块沿陆缘海沟俯冲于山弧之下。

碰撞边界又称地缝合线，是指两个大陆板块之间的碰撞带或焊接线。当大洋板块向大陆板块不断俯冲时，大洋板块可逐渐消耗完毕，最后位于大洋后面的大陆板块与大陆板块之间发生碰撞并焊接成为一体，从而形成高耸的山脉并伴随有强烈的构造变形、岩浆活动以及区域变质作用。现代板块碰撞带的典型例子是阿尔卑斯—喜马拉雅山构造带，其中喜马拉雅山部分的碰撞边界沿印度河—雅鲁藏布江分布，称印度河—雅鲁藏布江缝合线，它是印度板块与欧亚板块的碰撞边界。

3. 平错型板块边界

平错型板块边界（transforming slide plate boundry）在板块之间表现为相互滑动，转换断层就是这类的边界。沿此边界，岩石圈板块既不增长也不破坏。

（二）全球板块的划分

上述3种板块边界与世界活动地震带和火山带是十分相符的，因此，板块的划分基本上可以由地震带勾画出来（图2-5-24）。全球可以分出7个主要岩石圈板块及若干个小板块。岩石圈的扩张中心，以大洋中脊作为标志，由北冰洋往南通过大西洋中部进入印度洋和太平洋。北美洲板块和南美洲板块除包括南北美洲大陆外，还加上西大西洋，它正向西移动，沿美洲西海岸与东太平洋相遇。太平洋板块全由大洋壳构成，从大洋中脊向太平洋盆地西部的深海沟系移动。印度板块包括大洋洲、印度洋东北部和印度，它向北移动，使印度和亚洲相撞，形成喜马拉雅山脉。非洲板块包括非洲大陆加上大西洋东南部及印度洋西部，正向东和向北移动。南极洲板块，包括地球南端的海陆。欧亚板块面积最大，正向东移动。这7个板块，几乎包括了全部陆地和海洋，所以板块的划分与海、陆轮廓无关。

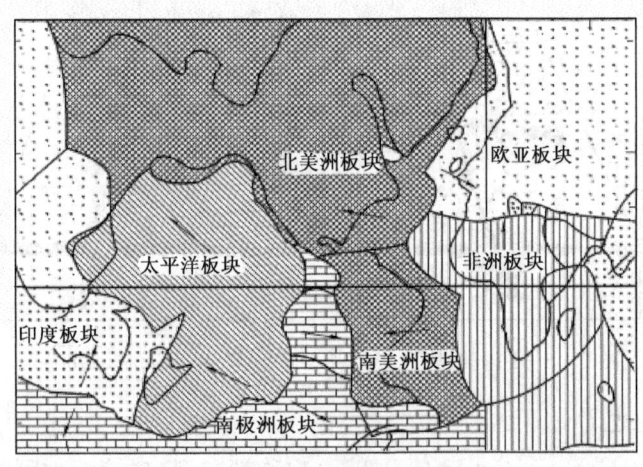

图2-5-24　主要岩石圈板块划分图（据P.J.怀利，1980）

除7大板块以外，根据世界上浅源地震带的集中分布，在琉球、菲律宾岛弧—海沟系和马里亚纳岛弧—海沟系之间划分出菲律宾板块；南北美洲之间划分出了加勒比板块；东太平洋海隆与南美洲之间的太平洋海域，由加拉帕戈斯海岭、西智利海岭划分出可可板块和纳兹卡板块，在印度板块中划出了阿拉伯板块等。所以，整个地球外壳实际上可由10多个板块所组成。

三、板块运动

刚体的板块在地球表面上的运动必定有它一定的轨迹,每一个板块的运动方向、速率以及其成长和消亡也应有它一定的过程和规律。

(一)板块在球面上的相对运动

两百多年以前瑞士数学家欧拉(L. Euler)提出一条几何定律——欧拉定律,他认为任何一种刚体沿着球体表面的运动,必定是一种绕轴的旋转运动,也就是球体上一个薄层的块体可以通过围绕某根过球心的轴旋转,沿着球面移到另一方位。这条定律对于了解板块在球面上的运动有着重要的意义。布拉德等曾运用这一定律把美洲和非洲拼合在一起。

根据欧拉定律,刚硬的板块沿地球表面滑动,也必定是一种绕轴的旋转运动(图2-5-25)。板块绕旋转轴运动并向两侧扩张,所以又叫旋转扩张轴。它与地球自转轴不完全一致,而是与其斜交。板块旋转扩张轴与地球表面相交的一点叫板块旋转极或扩张极。每对板块都有自己的旋转极。一个板块的旋转角速度相同,但各段的线速度并不相同。在旋转极附近线速度最小,而在旋转赤道上线速度最大,即板块在旋转赤道上移动速度最大。

每对板块运动的方向(图2-5-26中的箭头)是以旋转极为圆心的平行小圆即纬线方向,转换断层往往就代表了这个方向的运动。垂直小圆作垂线并通过板块旋转极所作的大圆,就是经线方向。它往往是大洋中脊的方向。

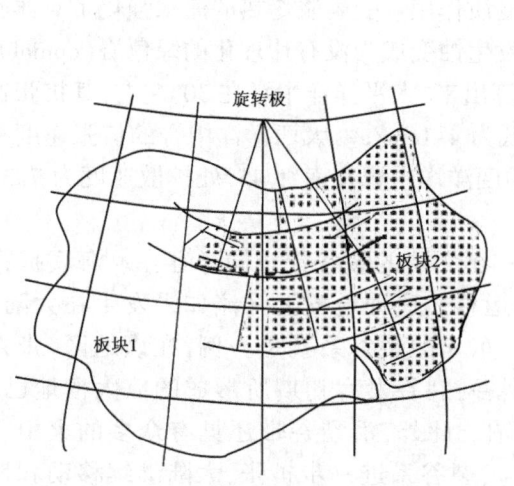 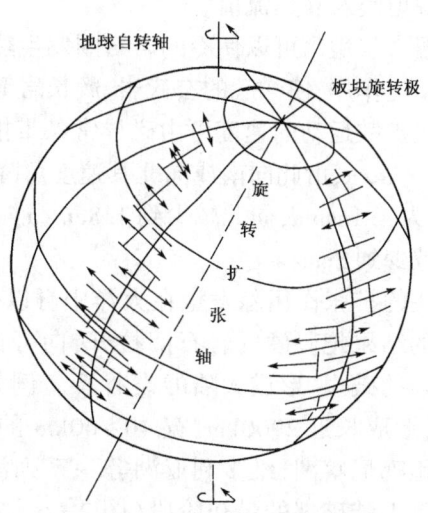

图2-5-25　板块在球面上的旋转运动　　图2-5-26　两个板块绕轴旋转运动
　　　　（据金性春,1980）　　　　　　　　　　　（据金性春,1980）

科学家们在不同板块地区作检验,都证实了板块的绕轴运动。例如,摩根考虑到转换断层代表了板块运动的方向,也就是以板块旋转极为圆心的同心圆弧。他就在地图上沿赤道大西洋的一系列转换断层作垂线,这些垂线应该是通过旋转轴的地球上的大圆。作出的结果是这些垂线都相交于北纬58°西经36°~37°附近(位于格陵兰的南端)。这一交点也就是大西洋中中央裂谷两侧的美洲板块和非洲板块的旋转极。由此可见,这些转换断层确实是以此交点为圆心的同心圆弧,它并不是直线,而是随地球表面呈弧形滑动。

有人通过已知年代的磁异常条带离中脊轴的距离计算出板块的扩张速度,结果证实:扩张速度和扩张弧度随远离旋转极而增大,扩张至赤道处为最大值。这一点也证明了板块运动是一种理想的旋转运动。

(二)板块的运动模式

板块构造的基本观点认为,岩石圈随着软流圈的流动而移动。在地幔物质上升的地方,岩石圈拱起,成大洋中脊,在地幔对流的带动下,两侧板块便产生了相背的扩张运动。板块运移至海沟处向下俯冲形成压性的汇集运动,移动着的板块就互相碰撞,通过下降的对流体在深海沟中进入软流圈而消亡。板块移动、分裂、碰撞以及下降到地幔的过程,会引起地震、火山作用和造山运动。板块运动的动力状况见图2-5-12。

1. 板块的扩张运动

大洋中脊地带是制造新板块的发源地,它引起地球科学家的极大兴趣。在1972—1974年期间,美国和法国派了考察人员乘坐三只特制的深海潜水器对亚速尔群岛西南的大西洋中脊裂谷区进行了详细考察,发现裂谷深达2800m,其底部有许多极深的张性裂隙,裂谷轴部的裂隙宽度较小,向两侧裂隙宽度增大,在裂谷的底部发育了一系列平行于裂谷延伸的正断层。这里有各种奇形怪状的裸露熔岩,顺裂谷散布着盾形和锥形的火山丘。通过实验室分析,裂谷底部有的岩石样品的年龄还不到10000a。

软流圈熔融物质的不断涌出,形成较大规模的火山作用和侵入作用,由于引张作用,还伴随了浅源地震及高热流值。

高温岩浆溢出可以使冷的岩石圈发生热变质作用。受岩浆烤热的海水强化了对洋底岩石的水化反应作用,使洋底的玄武岩、辉长岩等发生蚀变成为没有片理化的绿色岩(ophiolite)。

板块扩散运动的速度可由磁异常条带推算出来,太平洋洋中脊在30°左右,其扩张速度最大为18.3cm/a,由此向南或向北其速度可降低为4.1cm/a。大西洋洋中脊的扩张速度在南纬30°附近为4.1cm/a,向北减少到1.8cm/a。印度洋洋中脊在南纬45°处扩散速度为7.3cm/a,向北则减少到2cm/a。

板块的扩张作用除发生在大洋中脊以外,在大陆的裂谷带也同样存在。海底扩张和大陆漂移的结果把坚硬的岩石圈拉开,向旁侧运移。这种地幔上升流如果发生在大陆,则将引起大陆的破裂,形成大陆的裂谷系。例如,东非的裂谷系就是一例,在该地区,张力使地壳破裂,形成长近2900km、宽40~60km的裂谷,裂谷发育初期所形成的巨大槽地已储水,形成了坦噶尼喀湖、维多利亚湖等一系列湖泊。此外,沿裂谷带还见有众多的火山。东非裂谷系是大陆破裂的最初阶段(图2-5-27),裂谷系进一步扩张,大陆继续移动和地幔物质不断上涌,就有可能形成新的大洋盆地,许多学者认为江海是正在形成的大洋盆地的雏形。

目前的大西洋就是美洲板块和非洲板板分裂后经过充分发育的大洋盆地。

2. 板块的汇聚(俯冲)运动

板块运动过程中与另一板块相碰可发生汇聚或俯冲运动,按照板块汇聚的情况可以分为三种类型。

(1)岛弧—海沟型:由于海底扩张,新生洋壳推动旧洋壳运行至海沟处潜入地幔,产生规模巨大的俯冲运动。这种类型主要分布在太平洋板块的西部边缘,如日本弧沟系、千岛弧沟系

图 2-5-27　东非裂谷系(据 E.W. 斯宾塞,1981)

及汤加弧沟系等。

(2)山弧—海沟型:大陆板块的边缘直接与海沟相邻接,洋壳在海沟俯冲引起大陆边缘巨大山系的形成,如南美的安第斯山脉。

(3)山脉—地缝合线型:两个大陆板块对冲,发生碰撞作用。如印度板块和欧亚板块相碰撞,产生喜马拉雅山脉和雅鲁藏布江地缝合线。

洋中脊扩张运动所形成的新板块,理应使地球体积增加。但据测量,地球的体积没有增大,因此,可推断在全球范围内板块的新生和消亡的总量是相等的,只有这样才能保持地球体积不变。板块的消亡是通过俯冲运动进入消减带而潜没于地幔。因此,俯冲运动的速度可以进行理论上的计算,例如,日本海沟为 7.5~8.6cm/a,阿留申海沟为 5.6~7.0cm/a,智利海沟为 6.1cm/a。板块的俯冲运动的能量很大,地壳上很多地质作用与它有关。

3. 板块的平错运动

两个板块的边界既不分离也不碰撞,而是作相互滑动。在这种情况下,两个板块既不增长也不破坏,转换断层就是这种类型的运动。

美国西部加利福尼亚的圣安德烈亚斯断层就是一条有名的通过大陆的转换断层(图 2-5-21)。经大地测量了解到,两个板块(东盘为北美板块,西盘为太平洋板块)都向北西方向运移,但西盘比东盘运动得快些。西盘相对于东盘移动的总断距达 480km。有人推断:洛杉矶是在太平洋板块上,按照现在这样的平移速度,在几百万年后将要成为阿拉斯加的一个市镇。

(三)板块运动与大洋盆地的演化

从板块运动的观点来看,洋壳盆地并非永恒存在,一般都经历了开裂、扩张、收缩和闭合的发展过程。板块学说认为,大陆板块和大洋盆地在地质历史时期并非一成不变和永恒存在的。大陆板块的分离导致大洋盆地的形成;大洋盆地的萎缩、封闭导致大陆板块的聚合;大陆板块之间的碰撞导致造山带的形成。加拿大地质学家威尔逊(1973)根据现代大陆和大洋的实例归纳了大陆板块离合和大洋盆地演化的发展旋回模式,即威尔逊旋回。

1. 大洋胚胎期——陆内裂谷阶段

地幔热点使地幔物质熔化上升,使大陆地壳上隆、断裂、变薄,形成线形断陷盆地,即大陆裂谷,并伴有喷出的基性火山岩,如东非大裂谷。

2. 大洋幼年期——陆间裂谷(微型大洋)阶段

大陆裂谷进一步拉张、拓宽,地壳进一步变薄,裂谷中央陆壳消失,洋壳出现,大陆裂谷变为大洋裂谷,海水侵入,形成微型大洋,如现代的红海—亚丁湾。该阶段通常伴有碱性玄武岩和流纹质岩石,缺乏中性安山质类岩石。

3. 大洋成年期——被动大陆边缘阶段

微型大洋海底不断扩张,形成广阔的大洋盆地。洋底是拉斑玄武岩和超基性岩,其上覆有远洋泥。大洋中央有大洋海岭及大洋裂谷,大洋玄武岩不断形成,海底不断扩张,大洋不断变宽。在大洋边缘,没有消减带,洋壳与陆壳连接在一起,陆壳随海底扩张而不断向后漂移。大陆边缘有厚度很大的陆源碎屑沉积、浊流沉积。该阶段又称为大西洋型大洋阶段。

4. 大洋衰退期——主动大陆边缘阶段

大西洋型大洋进一步发展,在大洋边缘形成俯冲带,太平洋型大洋形成。大洋板块俯冲消减,形成海沟、岛弧或褶皱山系。大量安山质火山岩喷发、中酸性岩体的侵入、双变质带、混杂岩是这一活动构造带的特征。在这一构造带上,岩石变形、褶皱、推覆构造和逆断层非常发育。海沟和弧后盆地中接受巨厚碎屑沉积和浊流沉积,含大量火山物质该阶段又称为太平洋型大洋阶段。

5. 大洋残余期——有限洋盆阶段

大陆对接,大洋关闭,但仍有部分海盆残余,接受浅海—深海相的各种沉积物,也可能有蒸发岩、安山质火山岩和深成花岗岩类形成,如现代地中海。残余海两侧的大陆边缘形成高大山系。

6. 大洋遗痕期——拼合造山阶段

大陆完全对接,洋盆彻底关闭。由于大陆的挤压上升形成高大山系,如喜马拉雅山、冈底斯山、念青唐古拉山。山间盆地中接受粗碎屑磨拉石沉积。这一阶段的特征有大断裂带、蛇绿岩套、混杂岩、中酸性岩浆岩、双变质带等。

威尔逊旋回客观地反映了大陆板块离合和大洋盆地演化的历史,每个旋回的大致时限为 $(1.5 \sim 2) \times 10^8 a$ 左右。一次大陆板块的分合和大洋盆地离闭过程都伴有板块内部及板块边缘规律性的沉积、生物和构造事件,并在大陆板块之间形成规模宏大的造山带。与此相对应,稳定的板块内部也出现大规模的地壳升降和海平面升降的旋回性变化。需要强调说明的是,地质历史时期的板块离合和洋盆演化情况多变,尤其是地质历史中微板块发育,微板块之间、微板块与板块之间的分裂、闭合和碰撞过程更加复杂,因此威尔逊旋回并非每一个造山带都能发育完整,在实际应用时切忌简单套用。

四、板块构造与地质作用的关系

(一)板块构造与内动力地质作用的关系

1. 板块构造与地震作用的关系

世界上很多较大的地震几乎都与块板的汇聚作用有关。例如,1755年里斯本大地震的震源位于直布罗陀海峡附近,这里正是欧亚板块和非洲板块之间的汇聚边界,这两大板块的对冲导致地震的发生。据统计,全球地震能量大约95%是从板块边界释放出来的,而绝大部分又集中在板块的汇聚边界。地震震源在海沟—岛弧系统中的位置表明,震源最浅的地震发生在海沟附近,而较深的地震则发生在一个以45°倾角伸向岛弧或大陆之下的狭窄地带——贝尼奥夫带上(图2-5-13),在该带呈现出从海沟向大陆方向震源的深度逐渐加大的趋势。这是因为板块从海沟上部开始俯冲时,板块的表层弯曲处于伸张状态,以形成正断层为主,所以在海沟附近主要发生浅源地震。当板块再向下俯冲时(大约10km以下),就发生逆掩剪切运动,主要产生逆冲断层或逆掩断层。板块间产生强的摩擦、挤压,因而积累了大量的能量,当它突然释放时便形成深源地震。所以,从海沟到大陆,则由浅源地震到深源地震作有规律的分布。汇聚型板块边界的地震作用主要表现为环太平洋地震带、阿尔卑斯(地中海)—喜马拉雅—印度尼西亚地震带。前者集中了全球约80%的浅源地震、90%的中源地震以及几乎全部深源地震,后者集中释放了约占全球的22%的地震能量。发生在大洋中脊和转换断层上的地震一般都是浅源地震,地震能量都比较小。

按照地震作用与板块边界之间关系,可将全球划分为以下3个地震带:

(1)环太平洋地震带:这是一条地震活动最强的地震带,全球约80%的浅源地震、90%的中源地震以及几乎全部深源地震都发生在这个地震带内,所释放的地震总能量约占全球地震释放能量的76%。该带地震活动的特点是:地震带宽度大,地震频次高,地震震级大(达8.9级),浅源、中源、深源地震由海沟向大陆一侧有规律分布,构成贝尼奥夫带。很显然,环太平洋地震带的分布与环太平洋板块俯冲带相一致,贝尼奥夫带与向下俯冲的板片相一致。过去,人们虽然相信浅源地震是由岩石破裂(或断层)所引起的,但一直没弄清中源、深源地震的成因。因为按一般情况理解的话,在几百千米的地下深处,岩石已具很强的塑性,不可能发生脆性破裂并引起地震。但板块构造对这一问题作了成功的解释,并得到震源机制资料的验证。当冷的刚性岩石圈大洋板块沿海沟向下俯冲时,由于其下插速度较大,深部物质来不及对它马上加热、同化,因此这种刚性的下插板块常常可以到达很深的地方仍保持较强的弹性或脆性。这样,在俯冲产生的机械力的作用下,俯冲板块内部发生断裂和变形,便可以产生中源、深源地震。

(2)阿尔卑斯(地中海)—喜马拉雅—印度尼西亚地震带:该带为世界上第二大地震带,地震释放总能量约占全球的22%。该带地震活动的特点是:地震带宽度很大,震中很分散;地震频次较高;基本上是浅源地震,深源地震很少,中源地震分布在局部地段。很明显,这个带的分布与欧亚板块、非洲板块、印度板块的碰撞边界(印度尼西亚处为俯冲边界)相一致。板块碰撞造成了比较宽的岩石强烈变形带,因而形成了较强、较宽的地震活动带。由于局部地段具有俯冲性质或保存有俯冲板块的残片以及碰撞后大陆板块之间的陆内俯冲等,这个带存在一些震源较深的地震。

(3)大洋中脊及大陆裂谷地震带:该带主要沿大洋中脊的中央裂谷附近及转换断层分布,

在大陆上则是沿狭长的裂谷系分布,延伸长达60000km,但地震带宽度窄,全部为浅源地震,地震活动频次及震级均不及上述两地震带。该带的地震活动主要与分离型板块边界及一些转换断层有关。

2. 板块构造与岩浆作用的关系

板块边界是世界上火山分布集中的部位。大洋中脊是熔融的地幔物质不断上涌的地方。例如,1963年在冰岛南面正是大西洋中脊通过的海面上升起了一座火山岛,叫苏尔特塞岛,为冰岛共和国增加了一块新的领土。因为冰岛位于大西洋中脊上,它有100多座火山,其中有27座活火山。大洋中脊海底火山的活动虽然看不见,但是露出水面的火山岛还是很多的。

在汇聚型板块边界上,火山活动尤为强烈。例如,在印度板块自爪哇海沟向北俯冲的地方,1815年坦博腊火山喷发,以及1883年克拉克托火山喷发都是世界闻名的。整个太平洋周缘,大部分是板块俯冲的场所,可以说环太平洋带是全球主要的俯冲边界,全世界大多数的岩浆活动和火山活动都发生在这里。

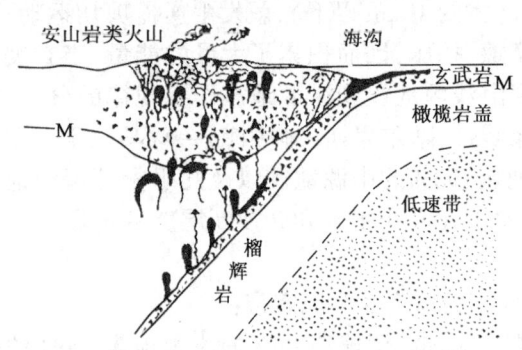

图 2-5-28 板块俯冲带与岩浆作用的关系(据 E.W.斯宾塞,1981)

俯冲带向一侧俯冲,并插入到大陆边缘或岛弧的底下,在浅处温度较低,直至俯冲到一定距离和深度(一般认为到达150~200km),那里已处于高温高压的物理状态,且俯冲过程中不断摩擦加热,导致大洋壳板块及大陆壳板块底部发生局部熔融并产生了岩浆源。大量的岩浆、水分和气体挥发物质,在俯冲带的强大侧压力作用下,向大陆边缘及岛弧带外侧上升。如果俯冲带的倾角为45°,岩浆垂直上升喷出地表,那么所形成的火山就应当位于海沟陆侧150km远的地方(图2-5-28)。

俯冲带所喷出的火山岩中大部分是安山岩,因而沿太平洋周缘的安山岩分布可以划出一条称为安山岩线(andesite line)的带。火山岩成分的分布有一定的规律性,一般随着趋向大陆一侧,喷出的火山岩碱性含量(特别是钾的含量)逐渐增高。

在这里值得提出来的一个问题是夏威夷群岛居于太平洋板块内部,这里既不是大洋中脊,也不是俯冲带,为什么会有一系列火山喷发呢?对于这个问题的解释,板块学者提出了热点的假说。他们认为在这种火山出现的地下有一种柱状的深部地幔物质上升流,根据重力测量以及地震波检验,证实地幔柱的存在。这种地幔柱具有相当高的热流值,它冲破岩石圈的地方,就形成了热点。

这种热点相对于地球自转轴的位置来说大体是固定的。热熔岩上升到地表就形成了火山。先形成的火山随板块运动移开热点,在后面的热点又形成新火山,沿着板块运移的方向,就形成一系列的火山链。所以火山链实际上标出了与板块漂移有关的热点的轨迹。由于太平洋板块向西北方向移动通过这个热点,于是就形成了中途岛到夏威夷群岛的一连串火山岛(图2-5-29)。

按照火山作用与板块边界之间关系,可将全球划分为以下3个带:

(1)环太平洋火山带:集中分布于太平洋西缘和北缘的岛弧及东缘的沿岸山脉,占世界活火山的3/5,火山活动频繁而强烈,素有"火环"之称。

(2)阿尔卑斯(地中海)—喜马拉雅—印度尼西亚火山带:此带横贯欧亚大陆南部,向西延入大西洋中脊,东南端与环太平洋火山带相接,有活火山百余座,占世界活火山的1/5。

(3)大洋中脊及大陆裂谷火山带:主要包括太平洋、印度洋、大西洋洋中脊及红海、东非裂谷带等。

对比上述3个火山带与板块边界的分布就不难得出结论,岩浆活动的空间分布主要集中在板块的边界附近。不仅如此,板块的边界活动还控制着岩浆活动的成分、来源及成因机制等特征。

在分离型板块边界的大洋中脊,主要为基性的岩浆活动,出现大规模的裂隙式火山喷溢,熔岩溢出的方式主要为平静式(如冰岛拉基火山)。大洋中脊实际上是全球最大的火山活动带,沿中脊轴部到处都可以见到新鲜的火山岩,

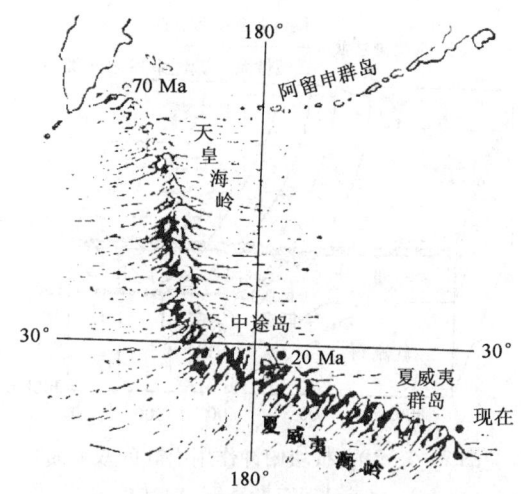

图 2-5-29 太平洋中部火山岛链
(据 E. W. 斯宾塞,1981)

近年来沿中脊轴带采得的大量火山岩的同位素年龄一般不超出第四纪。大洋中脊岩浆的起源位于轴带下方的地幔软流圈中。中脊轴部的拉张作用导致其下压力降低,从而使物质的熔点降低,超基性的软流圈物质分熔出基性的玄武质岩浆,在压力梯度的驱动下沿中脊轴部裂隙上涌。一部分岩浆溢出海底,形成枕状熔岩,构成洋壳第二层;另一部分岩浆未到过地表,以基性岩墙或岩体的形式冷凝成洋壳的第三层。在大陆裂谷系发生的岩浆活动具有与大洋中脊类似的特征。

汇聚型板块边界包括俯冲边界和碰撞边界两种情况,实际上碰撞边界是俯冲边界进一步发展的结果。俯冲板块边界的岩浆活动以中、酸性岩浆为主,也有部分基性岩浆活动,其中以中性岩浆活动为典型代表。这里的岩浆活动均发育于海沟轴部靠大陆或岛弧一侧。环太平洋火山带正是这种俯冲边界附近的火山活动,其火山活动以中、酸性特别是中性安山岩类为主,多为中心式喷发,且因岩浆黏度较大、富含挥发分常表现出强烈爆发性质。俯冲地区岩浆的起源一般较深,大多为幔源和壳幔混源,且与板块的俯冲活动紧密相关。当大洋板块向大陆板块之下俯冲到一定深度(一般超过80km)时,由于地热增温、板块俯冲的摩擦增温及压力的增高,原来洋壳中的含水矿物(如蛇纹石、角闪石及沉积物等)发生大量的脱水,这种热液降低了岩石熔点的温度,使得原来的洋壳发生部分熔融,分异出富硅、铝和碱(K、Na、Ca)的岩浆,这种岩浆由于质轻、体积膨胀和富含挥发分而上升。在其向上的运移过程中,还会进一步同化围岩,最终到达地壳上部形成以中性为主的岩浆活动。当大洋板块俯冲完毕、大陆与大陆发生碰撞时(即碰撞边界),岩浆活动的特征又发生了明显变化。这时期主要为酸性的岩浆活动,岩浆来源主要是地壳本身的局部重熔。其成因大多是:由于强烈的碰撞与聚敛作用,岩石强烈变形、岩块(或岩片)大量冲断推覆,在机械剪切热、地热及流体等因素的联合作用下地壳发生局部重熔。

3.板块构造与变质作用的关系

板块的俯冲作用引起的另一个重要的后果便是变质作用。在俯冲带上明显地可以表现为两种地质环境。

一种是在海沟附近(图2-5-30),由于岩石圈板块向下俯冲的速率和能量都较大,加上

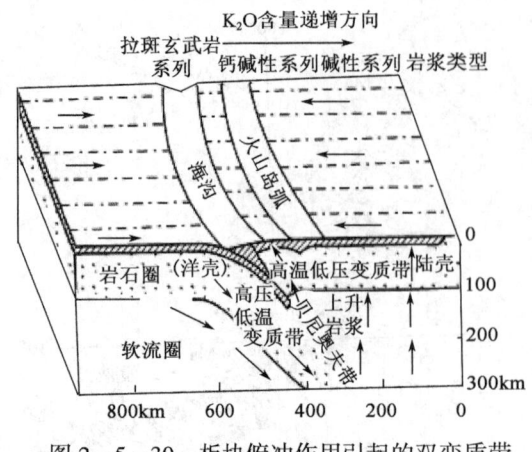

图 2-5-30 板块俯冲作用引起的双变质带
（据 E.W. 斯宾塞,1981）

板块俯冲的压力和上覆岩层的重力,所以压力较高。而此处热流量并不高,因而形成高压低温的环境。所以在海沟近陆侧出现蓝闪石为代表的高压低温变质矿物。在这一带还常常见到洋壳被挤碎的蛇绿岩碎块。

另一种变质条件是在火山岛弧带,为低压高温环境。当板块向下俯冲至一定距离时,温度升高,板块局部熔融产生岩浆,上升至地表压力降低,因此产生了与岩浆运动相伴生的高温低压变质作用。代表性矿物为红柱石、矽线石及沸石等。

这两种地质环境形成两套变质岩带,它们成对出现,所以称为双变质带。如果板块俯冲速度很慢,或者受后来地热事件的改造,可能就不形成或不保存高压相系的矿物。

板块活动与变质作用类型之间有着紧密的联系。在分离型板块边界的洋脊轴部附近,由于岩浆不断上涌形成新的洋壳,因而具有较高的地热梯度及热液作用,使先形成的洋壳岩石发生中—低级变质作用,并随海底扩张分布于整个洋底,都成秋穗(1971)称之为"洋底变质作用"。在平错型板块边界,则主要为动力变质作用。例如,圣安德烈亚斯转换断层就发育一条宽达几千米的动力变质岩带。接触变质作用常常与板块活动引起的岩浆作用伴随。但变质作用中最主要的还是区域变质作用,这种变质作用与汇聚型板块边界的活动关系密切。

4. 板块构造与造山运动的关系

现今地球上年轻的活动山脉都分布在板块的汇聚边界上,例如喜马拉雅—阿尔卑斯造山带、美洲西部边缘的造山带以及现代岛弧或其邻近地区的活动带等。两个板块在俯冲带上碰撞,使大陆壳受到不断地挤压,海沟陆侧的沉积物产生褶皱、断裂,形成了褶皱山脉(图 2-5-31)。所以板块论的观点认为,山脉主要是由水平挤压上升造成的。

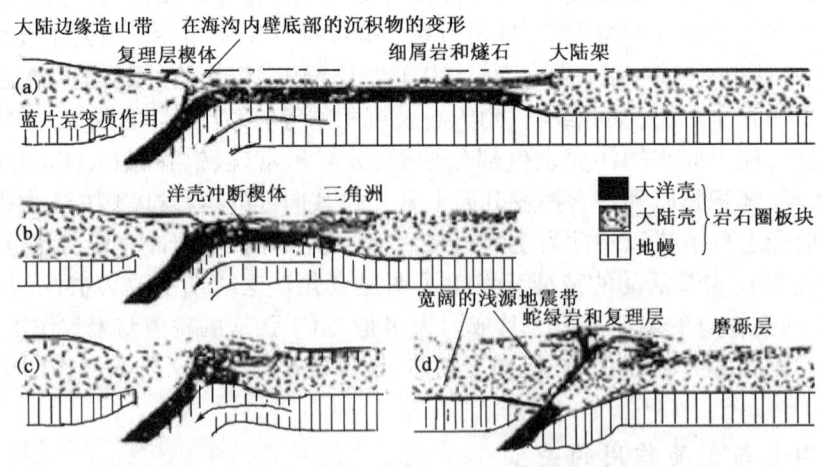

图 2-5-31 板块碰撞与造山作用(据 E.W. 斯宾塞,1981)

板块撞碰所引起的造山作用有三种类型。一是洋壳板块与洋壳板块相撞,在那里引起了海底造山运动。二是大陆壳与大洋壳俯冲或仰冲,例如海沟—岛弧山系,或者山脉—海沟类型山脉沿大陆边缘和海沟俯冲带形成。这种类型现代的例子就是安第斯山脉和北美的科迪勒拉山脉。三是大陆壳与大陆壳相撞，最典型的例子就是喜马拉雅山。喜马拉雅山在25Ma前开始形成，当时是印度板块向北移动，与欧亚板块相撞，俯冲插入亚洲板块之下，使欧亚板块边缘褶皱隆起，形成世界上最高的喜马拉雅山。原来位于印度板块和欧亚板块之间的洋壳板块即特提斯海则闭合消失。

（二）板块构造与外动力地质作用的关系

发生在地壳表部的外动力地质作用与地表的地形及气候条件直接相关。但是，地表地形轮廓的形成及演变受构造运动的制约，与板块活动关系密切；而且板块活动也能引起地表自然条件和气候的变化及变迁。在不同的地形条件下，发育不同类型的表层作用。大陆及山地风化、剥蚀作用强烈，而低洼的盆地及海洋是沉积作用的主要场所。地表最主要的剥蚀源地是高大的褶皱山系，而这些山系的形成一般与汇聚型板块边界的俯冲、碰撞有关。地表最重要的沉积盆地是大陆裂谷系盆地和海洋，它们的形成也是板块活动演化的结果。

板块运动在引起地形巨变的同时，还会引起自然条件和气候的变化，导致外动力地质作用的营力类型及特点发生变化。例如，在汇聚型板块边界形成的高大山系，当其从雪线以下升至雪线以上时，就会出现冰川环境，于是便会从原来的以风化、流水等地质作用为主转变为以冰川地质作用为主，如我国的喜马拉雅地区在第四纪就发生过多次冰川活动。不仅如此，地形巨变还影响到其周围地区的外动力地质作用，如一些学者认为，新生代后期喜马拉雅山和青藏高原的升起，阻挡了印度洋向北吹的潮湿空气，是使中亚广大地区成为荒漠的重要原因。此外，板块的整体水平运动可以引起大陆古地理纬度的变化，从而使气候环境发生变迁，导致外动力地质作用的特点发生变化。例如，原来在极地以冰川地质作用为主的大陆，如果漂移到低纬度地区，将会变为以风化、流水等地质作用为主。

（三）板块构造与成矿作用的关系

自板块构造学说问世以来，矿床的成因问题与板块活动联系起来成为崭新的板块成矿理论。板块的扩散边界、俯冲带以及热点处都是金属矿成矿的有利场所，而大陆边缘地带乃是沉积矿产的有利聚集地带。

大洋中脊是热地幔物质上涌的地方，这里热流值相当高，使海水受热，洋底的玄武岩与热海水之间发生了活跃的元素交换。这样，温度高达数百度的海水便从洋底玄武岩中获取了丰富的铁、铜、锰等元素。当这些富含金属元素而处于还原环境的热海水被重新驱回海底时，遇到含氧的冷海水，铁和锰这些金属元素就会被氧化，成为固体微粒沉落于海底。例如，红海是一个新生的海洋，在红海的底部沉积物中，如铁、锌、铜、铅、银、金等金属元素的含量就很高。

铬铁矿、铂、镍等则是沿大洋中脊直接上涌的地幔物质。

在大洋中脊顶部形成的富含金属的沉积物，随着海底扩张而不断地向两侧推移，因此，在较老的洋底以及俯冲带中也能找到它们。

从大洋中脊涌出来的金属物质，大部分呈分散状态，当大洋板块进入俯冲带时，就被熔融并与岩浆一起上升和带到岛弧或大陆边缘地带。这些金属矿通过岩浆作用在板块的边界上富集，所以这个地带可以找到铜、铁、钼、铅、锌、银、锡、钨等矿产。由于俯冲带的岩浆活动呈有规律的侧向变化，所以金属矿的分布同样出现有规则的变化（图2-5-32）。这种规则性被称为板块构造的成矿模式。太平洋的周围是板块俯冲最显著的地方，因此，形成了一个环太平洋矿

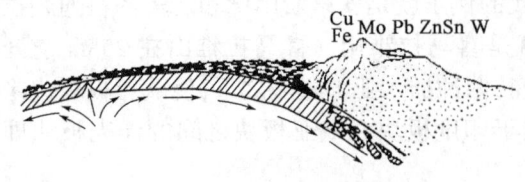

图 2-5-32 板块俯冲带的成矿规律
（据 E.W. 斯宾塞，1981）

带,金属矿的带状分布也是确定古板块的一个标志。

五、板块运动的驱动力

板块运动的驱动力,目前还是一个尚未解决的问题。人们普遍认为地幔对流作用是板块运动的动力。上地幔软流圈中的物质具有塑性,可以流动;而岩石圈板块是刚体,好像放在传动带上的物体一样,软流圈驮着它一起运动。

一般认为对流运动主要是在软流圈中进行。而引起对流运动的动力主要是热能以及重力对流等。上地幔下部物质因温度升高,体积发生膨胀而上升。摩根根据卫星资料测出全球若干重力高的地方,这些地点恰好是火山和板块生长之处,也就是地幔深处圆柱状的上升流所在地。因此,他提出地幔柱的概念。上升热流使洋底隆起,一部分涌入洋脊形成了洋壳,而大部分呈水平方向流动,并带动上面的岩石圈板块运移。软流圈物质在水平流动过程中,逐步变冷,密度加大,到一定地区,形成下降流,带动板块产生俯冲消亡作用(图 2-5-33)。

引起地幔物质温度升高的原因,目前认为是集中在地幔上部的放射性元素的蜕变所释放出来的热能;另一种观点认为是重力分异作用的结果。地幔中炽热的易熔的分异体向上涌升,铁、镍等重物质下沉向地心集中,由重力能转化为热能又使轻的物质上升,因而发生地幔对流。也有人认为两者兼而有之。

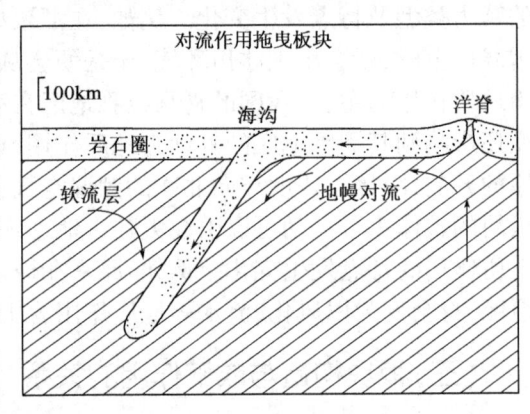

图 2-5-33 地幔对流作用拖拽板块运移图
（据 E.W. 斯宾塞，1981）

上田城也(1975)、哈伯(1975)等人强调重力的作用,认为板块从洋脊到海沟的运动主要是由板块前缘的不断冷却、加重、下沉和顺坡下滑所引起的。他们还通过计算说明这种下沉拖拉力比洋脊的推挤力大得多,足以引起板块产生具有现今速率的运动。

板块驱动力问题尚未能圆满解决,此外,板块活动是否在任何地质时期都存在？目前,最有说服力的证据,如海洋地球物理资料,只能肯定二叠纪以后有板块运动,至于更早期岩石圈的演化规律如何,怎样来确定古板块和古缝合线,这些都是有待研究的问题。

第四节　全球动力地质学发展现状

大陆动力学是继"板块构造学说"之后固体地球科学中新兴的大地构造学说,尽管该学说还处于探索和发展阶段,但它是未来大地构造特别是大陆动力地质学的发展方向。

近代大陆岩石圈流变学、地震反射剖面及大陆科学钻探的成果揭示,不同于简单的大洋刚性块体,大陆岩石圈是一个不均一、不连续、具多层结构和复杂流变学特征的复合体。最新的研究还表明,大陆地壳没有一个共同的成因和起源,它们是由不同物质组成的不同块体拼贴而成,具有大范围变化的构造和热历史,流体和熔融体对其作用又改变了大陆岩石圈流变学的结构;因此大陆流变学结构和演化过程十分复杂,人们越来越发现运用经典的板块理论很难解释大陆地质,具有复杂流变特征的大陆岩石圈使板块构造理论"登陆(解决大陆动力地质问题)"受到很大的阻力(许志琴等,2008)。

1989年3月,美国地球科学家为首提出了1990—2020年为期30年的具有科学导向的"大陆动力学"研究计划,提出大陆动力学科学挑战的基本科学问题。这些问题包括:大陆的特征是什么;大陆如何分裂、分离、重新固结;哪些作用控制着大陆的组成和生长;为什么大陆会保存下来;在大陆变形中出现怎样的物理过程;大陆与板块系统及整个地球系统如何相互作用;岩浆在哪里生成,当它们通过地壳上升是如何演变的;大量的热液又是沿着什么通道堆积成矿以及怎样捕获深埋资源的有效信息;来自板块运动和地幔的作用力是怎样同地壳变形、火山活动和地震现象耦合的;大陆中的哪些动力学相互作用控制了沉积盆地的形成;等等。大陆动力学研究要阐明的问题都涉及了从上地壳到地球的深部,从千年时间尺度到几十亿年时间尺度,从地球表面的几千米到数百千米的范围。这是一个以建立大陆动力学新理论体系为最终目的的新历史阶段的庞大科研计划,是固体地球科学未来发展方向。

地球内部物质在力源作用下重新分异、调整和运动,必须有力对物质的作用。大陆动力学中的作用力是第一位的,而它又必须涉及介质和空间结构,且包括浅表层过程、深层过程、动力机制与它们之间的耦合响应。地球固体介质内部发生的力学现象多种多样,形式复杂,内容丰富,且受到多要素的制约。地球动力学的任务就是分析这些现象,并透过这些现象寻求其力源机理,提取这些现象出现的时空关系和变化异常与规律,以资预期它们的发展势态。为此,必须理解推动和支撑这些现象呈现的力源体系和地球圈(层)介质的力学属性。

由于大陆动力学涉及的问题太多,因此,对于其基本思想和内涵也没有统一的界定。一般认为地球动力学是建立在普通固体变形力学、流体力学、流变力学以及岩石力学等学科的理论基础上,研究地球大尺度或整体运动的各种力学过程、力源作用、介质的力学性质与动力机制的一门边缘学科。它既不同于仅体现运动学作用导致的地质构造样式,也不同于仅体现物质的地球化学组成,它是以物理学的基本理论为依托,数学和计算技术为工具,以实验和观测为主要手段,以高分辨率海量数据采集为基础,并广泛引入和应用现代高新技术,而且是基于其自身的特殊科学体系而发展与前进的一门学科。为了完善其研究体系,必须体现学科交叉,即要与物理学、力学、数学、信息科学以及地球化学和地质学相结合,以研究深部物质在力源作用下的分异、调整与运动的物理—力学—化学过程,物质组成及其对浅表层过程的运动学响应,地表派生现象之间的作用与关联。

复习思考题

1. 大陆漂移学说有哪些证据?
2. 海底扩张说及其基本思想是什么?
3. 海底扩张说的有哪些依据?
4. 板块的边界有哪几种类型? 这些边界是如何形成的?
5. 依据板块边界的类型,全球可以分出哪些主要岩石圈板块?
6. 什么是威尔逊旋回,其各阶段的主要特点是什么?
7. 板块构造与地质作用之间存在哪些关系,其特点是什么?
8. 全球动力地质学将会如何发展?

拓展阅读

陈国能,张珂. 1994. 大地构造学原理简明教程. 广州:中山大学出版社.

怀利 P J. 1980. 地球是怎样活动:新全球地质学导论及其变革性的发展. 张崇寿,等译. 北京:地质出版社.

上田诚也. 1973. 新地球观. 常子文,译. 北京:科学出版社.

魏格纳 A. 1977. 海陆的起源. 李旭旦,译. 北京:商务印书馆.

吴泰然,何国琦,等, 2003. 普通地质学. 北京:北京大学出版社.

谢仁海. 1989. 大地构造学派概观. 徐州:中国矿业大学出版社.

徐开礼,朱志澄. 1989. 构造地质学. 北京:地质出版社.

Brown S, Wilson C. 1981. Scientific revolutions. Milton Keynes:Open University Press.

Davics P A, Runcorn S K. 1980. Mechanisms of continental drift and plate tectonics. London. New York:Academic Press.

Pehier W R. 1989. Mantle convection. New York:Gordon and Breach Science Publishers.

Sychanthavong S P H. 1990. Crustal evolution and orogeny. Rotterdam:Balkema.

第三篇

外动力地质作用与沉积岩形成

外动力地质作用是指由地球的外部能源(太阳能和重力能)所驱动的各种外动力(包括太阳辐射热、大气及各种状态的水)作用于岩石圈所产生的各种地质作用,一般发生于内动力地质作用之后,其类型包括风化作用、剥蚀作用、搬运作用、沉积作用及成岩作用,此类地质作用通常发生于地表或近地表的环境中。

第一章 风化作用

自然界经历沧海桑田的变迁之后,部分岩石从地下抬升裸露于地表,由于环境的变化而发生机械破碎、化学溶解等,形成了一系列风化产物。风化作用不仅为沉积岩的形成奠定了物质基础,而且也造就了自然界千姿百态的地貌,是驱动自然界鬼斧神工的幕后力量之一。

第一节 风化作用的类型

地表气温比地下低,且变化频繁,有大气和生物的作用,特别是具有溶解各种气体及化学组分的水溶液的作用。当岩石、矿物暴露于地表以后,其所处的环境不同于地下。为了适应这种变化,出露地表的岩石、矿物会发生一系列物理、化学性质的变化,直至在地表环境中达到新的平衡,这种变化即为风化。风化作用(weathering)是指在地表或近地表条件下,由于温度、大气、水及生物等的影响,地壳表层的岩石、矿物发生机械破碎、化学分解和生物分解的过程。简而言之,风化作用是各种外动力对地表岩石、矿物的一种破坏作用。风化作用不仅在母岩所在的原地发生,并且可以延续到随后的剥蚀、搬运过程中。

按照风化作用的性质和其对岩石的破坏方式,通常将其划分为物理风化作用、化学风化作用和生物风化作用3种类型。

一、物理风化作用

物理风化作用(physical weathering)是岩石仅发生机械破碎而化学成分不变的一种风化作用,其总的趋势是使岩石发生崩解,形成岩石碎屑和矿物碎屑,又称机械风化作用(mechanical weathering)。物理风化作用主要有以下4种方式。

(一)热胀冷缩

在白天,岩石受太阳光照射,其表面温度升高,表层体积发生膨胀,同时一部分热量向岩石的内部传递,但由于岩石是不良的热导体,热量传播较慢,因而内部的温度上升很慢,体积膨胀的量也较小。到了夜间,岩石表面热量散发较快,温度下降,体积收缩,而内部的热量散发慢,体积还处于膨胀的状态,从而产生了表层收缩、内部膨胀的不协调情况。岩石表层和内部的热胀冷缩(hot expansion and cool contraction)不同步,就会在表层和内部之间产生引张力,在引张力的反复作用下,容易产生平行及垂直于岩石表层的裂缝,从而使岩石发生碎裂、崩解。

另一方面,岩石常由多种矿物组成,各种矿物的膨胀系数不同。在同一温度条件下,不同矿物发生差异膨胀和收缩,导致矿物之间的结合力被削弱,引起岩石最终碎裂。此外,岩石反复发生增温膨胀和失热收缩,导致其内部质点的热运动增强,也会削弱它们之间的结合力,有助于岩石的破裂。

在这种方式的作用下,岩石易从表层开始向内部发生层层剥落,从大块变成小块,以致完全碎裂(图3-1-1)。

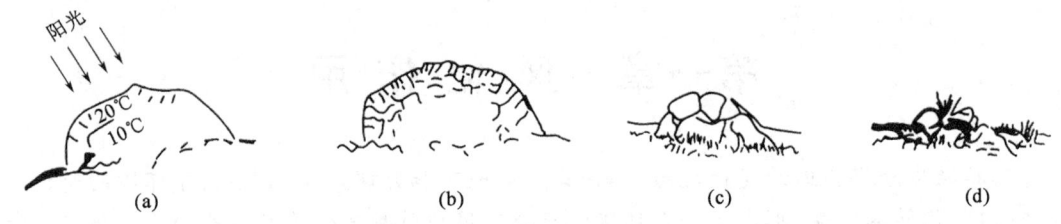

图3-1-1 岩石温差风化过程示意图
(a)白天岩石受热膨胀;(b)夜间岩石冷却收缩;(c)岩石逐渐破碎;(d)岩石进一步崩解

在温度对岩石的破坏作用中,温度的变化幅度越大,频率越高,破坏就越迅速;反之,破坏就越慢。在昼夜温差达60~70℃以上的沙漠地区,这种风化作用最为常见。

(二)冰劈作用

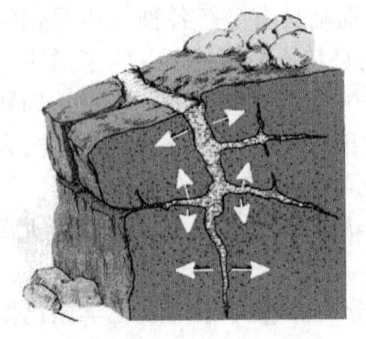

图3-1-2 冰劈作用示意图
(据 W. K. 汉布林,1980)

水结冰后,密度变小,体积膨胀。当岩石裂隙中的水在气温低于0℃时结冰,体积膨胀约9%,从而给周围岩石以96MPa的扩张力,促使岩石裂隙扩大;冰融化后,扩大了裂隙,又有再多的水渗入。当水再次结冰时,裂隙又进一步扩大。由于岩石裂隙中的水反复结冰和融化,裂隙就会不断扩大,达到一定限度后,岩石就会崩裂,这就是冰劈作用(图3-1-2)。冰劈作用(riving)主要发生在高寒地区,尤以温度在0℃上下波动的地区最为发育。

古代人们早已把冰劈作用的原理应用在采石中。采石前,在岩石上凿槽,并往槽中注水,待其冻结,冻结可产生显著的冰劈力量。冻、融反复发生,便能把岩石撑裂。

冰劈作用的发生需具备下列条件:(1)有足够的水供应;(2)岩石有贯通的裂隙,可使水渗入并流动;(3)温度常在冰点上下波动,在过分寒冷的地区,水终年冻结,冰劈作用趋弱。

(三)盐类结晶与潮解

一些岩石含有潮解性盐类,它们在夜间因吸收大气中的水分而潮解,所生成的溶液向下渗入并溶解沿途所遇到的盐类;在白天,因烈日照射,水分蒸发,盐类结晶,结晶时产生的张力作用于周围的岩石。盐类结晶与潮解(swelling of salt crystallization)反复进行,可使岩石崩裂,在崩裂的岩石碎块上能见到盐类的小晶体;在土壤覆盖区的地面上,可形成一个个鼓包。这种作用主要见于气候干旱地区。

(四)层裂作用

埋藏地壳较深处的岩石,都承受上覆岩石重量产生的静压力,一旦由于某种原因(地壳运动、剥蚀作用、人工采石等),上覆岩石被剥蚀掉而出露地表,压力解除,岩石就因卸载而产生向上或向外的膨胀作用,从而形成一系列平行于地表的裂隙,促使岩石层层剥落和崩解,这种现象称为层裂作用(exfoliation),又称卸载作用(unloading)。如果剥裂开来的岩石似洋葱片层层重叠,则称之为洋葱构造。层裂作用常见于花岗岩等块状岩石的出露地区。

二、化学风化作用

在水、氧气及酸的作用下,地表岩石除了发生破碎崩解外,还会发生水解、氧化、溶滤等化学变化,并形成新的矿物,这一过程称为化学风化作用(chemical weathering)。化学风化作用主要分为溶解作用、水化作用、水解作用、碳酸盐化作用、氧化作用等。

(一)溶解作用

自然界的水含有一定数量的 O_2、CO_2 以及其他酸/碱物质,具有一定的溶解能力,可溶解岩石的某些易溶成分,使其松软、破碎、崩解,这一过程即为溶解作用(dissolution)。

常见矿物在水中的溶解度由大到小的顺序为:石盐、石膏、方解石、橄榄石、辉石、角闪石、滑石、蛇纹石、绿帘石、钾长石、黑云母、白云母、石英。溶解度越大的矿物越容易发生溶解,易溶矿物含量越高的岩石越容易溶解。例如,我国南方的喀斯特地貌就是地表水溶解方解石的结果;又如,在开采井盐的过程中,要先向井中注水将固态的盐类溶解形成卤水,再将卤水抽到地表。易溶矿物的流失将导致岩石孔隙加大,坚实程度降低,直至完全解体,只残留一部分难溶矿物。

影响溶解度的因素主要是温度、压力、pH 值、Eh 值等。温度升高,则矿物的溶解度增大,故热带地区岩石的风化速度较快。

(二)水化作用

有些矿物能够吸收一定数量的水并加入到矿物晶格中,转变成含水分子的矿物,称为水化作用(hydration)。如硬石膏经水化后变成石膏,其反应式如下:

$$CaSO_4(硬石膏) + 2H_2O \rightarrow CaSO_4 \cdot 2H_2O(石膏)$$

硬石膏转变成石膏后,体积膨胀约 59%,从而对周围岩石产生压力,促使岩石破坏。此外,石膏较硬石膏的溶解度大、硬度低,能加快风化速度。

(三)水解作用

弱酸强碱盐或强酸弱碱盐遇水会解离成为带不同电荷的离子,这些离子分别与水中的 H^+ 和 OH^- 发生反应,形成含 OH^- 的新矿物,称为水解作用(hydrolysis)。大部分造岩矿物属于硅酸盐或铝硅酸盐类,是弱酸强碱盐,易于发生水解。如钾长石发生水解时,析出的 K^+ 与水中的 OH^- 结合,形成的 KOH 呈真溶液随水迁移,析出的 SiO_2 呈胶体状态流失,铝硅酸根与一部分 OH^- 结合形成高岭石残留原地。其反应式如下:

$$4K[AlSi_3O_8](钾长石)+6H_2O \rightarrow Al_4[Si_4O_{10}](OH)_8(高岭石)+8SiO_2+4KOH$$

在湿热气候条件下,高岭石将进一步水解,形成铝土矿。其反应式如下:

$$Al[Si_4O_{10}](OH)_8(高岭石)+nH_2O \rightarrow 2Al_2O_3 \cdot nH_2O(铝土矿)+4SiO_2+4H_2O$$

如果 SiO_2 被水带走,铝土矿可以富集成矿。

(四)碳酸盐化作用

溶于水中的 CO_2 形成 CO_3^{2-} 和 HCO_3^- 离子,它们能夺取盐类矿物中的 K^+、Na^+、Ca^{2+} 等金属离子,结合成易溶的碳酸盐而随水迁移,使原有矿物分解,这种变化称为碳酸盐化作用(carbonation)。钾长石碳酸盐化的反应式如下:

$$4K[AlSi_3O_8](钾长石)+4H_2O+2CO_2 \rightarrow Al_4[Si_4O_{10}](OH)_8(高岭石)+8SiO_2+2K_2CO_3$$

在这一反应式中, K_2CO_3 和 SiO_2 均被水带走,高岭石残留原地。

斜长石碳酸盐化的过程与钾长石相似。由于长石是火成岩中最主要的造岩矿物,容易被碳酸盐化,从而转变成黏土矿物。

(五)氧化作用

氧化作用(oxidation)表现为两个方面:一是矿物中的某种元素与氧结合,形成新矿物;二是许多变价元素在缺氧的成岩条件下是以低价形式出现在矿物中的,当进入地表富氧的条件时,容易转变成高价元素的化合物,导致原有矿物的解体。

前一方面的典型实例是,黄铁矿经过氧化作用转变成褐铁矿,其反应式如下:

$$2FeS_2(黄铁矿)+7O_2+2H_2O \rightarrow 2FeSO_4(硫酸亚铁)+2H_2SO_4$$

$$12FeSO_4+3O_2+6H_2O \rightarrow 4Fe(SO_4)_3(硫酸铁)+4Fe(OH)_3(褐铁矿)$$

$$Fe_2(SO_4)_3+6H_2O \rightarrow 2Fe(OH)_3(褐铁矿)+3H_2SO_4(硫酸)$$

后一方面的例子如含有低价铁的磁铁矿(Fe_3O_4)经氧化后转变成为褐铁矿。磁铁矿中所含 31.03% 的二价铁的氧化物均变成为三价铁的氧化物,原有矿物则发生解体。

因为铁是地壳中克拉克值极高的元素,绝大部分岩石和矿物中都含有低价铁,它在地表条件下易于氧化形成铁帽,铁帽是寻找地下隐伏矿床的重要标志。另外,地表岩石或古风化壳中多呈黄褐色,也是风化产物中含有褐铁矿的缘故。

三、生物风化作用

由生物的生命活动引起岩石的破坏过程称生物风化作用(biological weathering)。生物风化作用不是孤立进行的,往往伴随有物理风化作用和化学风化作用,因此生物风化作用又可划分为生物物理风化作用和生物化学风化作用。

(一) 生物物理风化作用

生物活动导致岩石机械破碎的过程称生物物理风化作用(biophysical weathering)。植根于岩石裂隙中的植物根须不断变粗、变长和增多,像楔子一样对裂隙两壁施加压力,劈裂岩石,称为根劈作用(彩图62)。这是一种极为常见的生物物理风化作用。

(二) 生物化学风化作用

生物活动引起岩石化学成分变化而使岩石破坏的过程称生物化学风化作用(biochemical weathering)。生物的新陈代谢及生物遗体腐烂分解,引起岩石的解离,即为生物的化学破坏作用。生物在新陈代谢过程中,从土壤和岩石中吸取养分,同时也分泌有机酸、碳酸、硝酸等酸类物质以分解矿物,促使矿物中一些活泼的金属阳离子游离出来,一部分供生物吸收,一部分随水流失(彩图63)。如山区基岩上生长的蓝绿藻、苔藓与地衣等,均能够分泌有机酸与CO_2;菌类能够利用空气中的氮制造硝酸;岩石和土壤中的微生物能够分泌大量的有机酸。土壤中的细菌数量巨大,每克有数百万个之多,对岩石的解离起很大作用。

在还原环境下聚集起来的生物遗体,逐渐腐烂分解,形成暗色和黑色的胶状腐殖质。腐殖质富含钾盐、磷、氮及碳的化合物,这些成分可促进植物的生长。另一方面,腐殖质中的有机酸同样对矿物、岩石起着化学破坏的作用。

物理风化作用、化学风化作用和生物风化作用及其方式都具有独立意义,但是,在更多情况下,它们是相伴而生、相互影响的。物理风化作用能扩大岩石的孔隙,使岩石碎裂,增加其表面积,这就有利于水、大气及生物的活动,促进岩石的化学风化作用;化学风化作用则改变了矿物和岩石的性质,进一步破坏岩石的完整性和坚固性,为物理风化作用的深入进行提供了更有利的条件;而生物风化作用则总是伴随着物理风化作用和化学风化作用的。

第二节　风化作用的影响因素

风化作用的影响因素包括气候、地形、岩石特性,其中气候、地形是外因,而岩石特性为内因,内因在影响风化作用方面显得更为重要。

一、气候

气候因素包括温度、降水量和湿度,它们是控制风化作用的重要因素。温度一方面通过控制化学反应速度来控制化学风化作用的进行,另一方面又直接影响物理风化作用,如岩石的热胀冷缩、冰劈作用。降水量和湿度则是通过介质的温度变化、水溶液成分的变化、植被的生长来影响物理风化作用、化学风化作用和生物风化作用。

在地表的不同气候带,气候条件相差较大,岩石的风化特征差异明显(图3-1-3)。在两极及高寒地区,气温低,植被稀少,地表水以固态的形式存在为主,所以在该地区以物理风化作用为主,冰劈作用较为盛行,而化学风化作用和生物风化作用很弱。在中低纬度沙漠地带,干旱少降雨,植被稀少,昼夜温差大,所以化学风化作用和生物风化作用非常弱,而以物理风化作用为主,岩石的热胀冷缩是这些地区风化作用的主要形式。在低纬度的炎热潮湿气候区,雨量充沛,空气潮湿,植被茂盛,温度较高,化学反应速度较快,以化学风化作用和生物风化作用为主,风化作用的深度往往达数米。如果这些地区气候在较长时间内保持稳定,岩石的风化作用

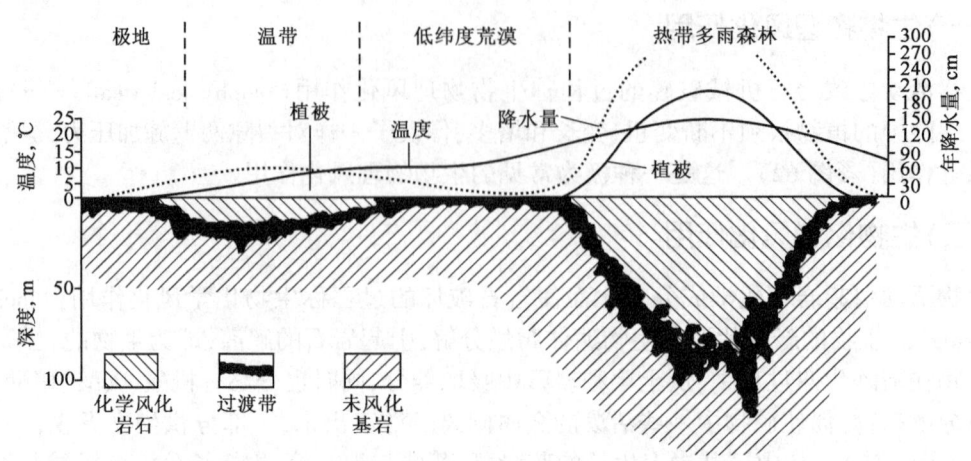

图 3-1-3　不同气候带的风化作用(据 W. K. 汉布林,1980)

便能向纵深方向发展,形成巨厚的风化产物,有利于铝土矿的形成。

二、地形

地形条件包括地势的高度、起伏程度以及山坡的朝向等三个方面。

地势的高度影响到气候。中低纬度的高山区具有明显的垂直气候风带,山麓气候炎热,而山顶气候寒冷,不同高度带的植物群面貌显著不同,从而影响到风化作用的类型和速度。

地势的起伏对于岩石的风化程度与特征具有重要的控制作用。在地势起伏大的山区,特别是在悬崖峭壁上,风化产物易被外动力地质作用搬离,难以在原地残留,因而岩石多裸露,风化速度快,物理风化作用极为活跃。在地势低缓地区,风化产物多残留在原处,或只经过短距离的运移便在低洼处堆积下来,形成较厚的覆盖层,从而减轻温度变化对下伏基岩的影响,降低风化作用的速度。低山丘陵或宽缓的分水岭地区,风化速度中等,对风化产物的发育与保存较为有利。

山坡的朝向决定了其日照强度,从而影响到岩石的风化。例如,在高寒山区,山的向阳坡日照强,冰雪易消融,而山体的背阳坡日照短,冰雪可能常年不融,两者的岩石风化特点显然有别。再如,在干旱的山区,向阳坡比背阳坡的昼夜温差大得多,向阳坡岩石的节理密度更大,深度更深(彩图64),对风化作用更为有利。

三、岩石特性

(一)岩石成分

岩石是矿物的集合体,岩石的抗风化能力强弱取决于组成这种岩石的各种矿物的抗风化能力强弱。岩浆在冷却过程中形成的主要造岩矿物的抗风化能力由弱到强的顺序是:橄榄石、钙长石、辉石、角闪石、钠长石、黑云母、钾长石、白云母、石英。这一序列与其在鲍文反应系列中结晶的顺序有关,结晶越早、结晶温度越高的越不稳定(图 3-1-4)。因而,富含暗色矿物(橄榄石、辉石、角闪石、黑云母等)的超基性、基性侵入岩最容易风化,而富含浅色矿物(石英、钾长石、白云母等)的酸性岩浆岩较难风化,中性岩浆岩则介于两者之间。另外,喷出地表的火山岩和火山碎屑岩中富含不稳定的玻璃质,因此其抗风化能力较差。

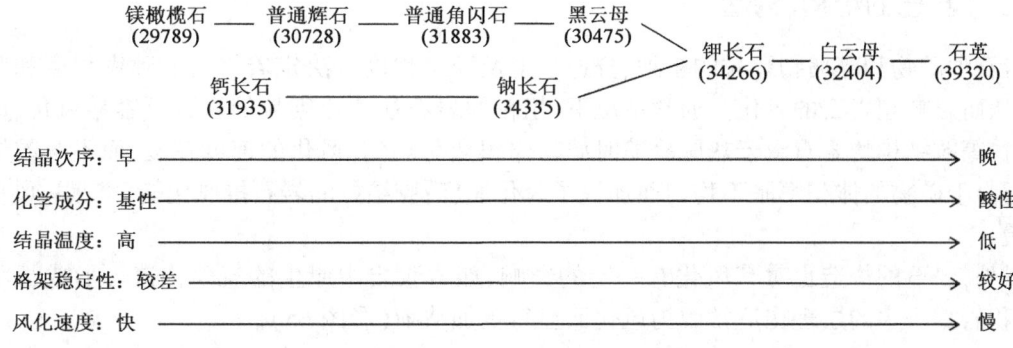

图 3-1-4 岩浆中矿物的结晶次序及其在地表的风化速度(据 S.S.顾迪其,陆景冈修改)
图中数字为矿物原子间键的能量,单位为 4.1868J/mol

另一方面,母岩中各种化学成分的转移性也能在一定程度上影响各种岩石的抗化学风化能力。波雷诺夫(1934,1952)对比了岩浆岩的平均化学成分和流经该岩石分布地区的河流流水溶解物质的平均化学成分,后来又根据其他一些事实对其研究结果进行了修正和补充,拟定出母岩的元素或化合物在风化作用过程中的转移顺序及其数量级别(表3-1-1)。这一结果显示,母岩中各种化学成分在风化作用过程中转移性的差别很大。卤族元素、碱金属元素等很容易从母岩转移到水溶液中,因此主要由这些元素构成的盐岩、石膏岩等极容易因溶解而风化;而 Fe、Al、Ti 和石英中的 SiO_2 的转移则困难得多,相应的黏土岩、石英砂岩、硅岩则难以发生化学风化。

表 3-1-1 母岩中主要造岩元素或化合物在风化作用过程中的转移顺序及其数量级别
(据波雷诺夫,1948;转引自冯增昭,1993)

转移顺序	元素或化合物	数量级别
最易转移的	Cl,(Br,I),S	$n \cdot 10$
易转移的	Ca,Na,Mg,K	n
可转移的	SiO_2(硅酸盐),P,Mn	$n \cdot 10^{-1}$
略可转移的	Fe,Al,Ti	$n \cdot 10^{-2}$
基本不转移的	SiO_2(石英)	$n \cdot 10^{-\infty}$

基于矿物的稳定性和化学成分的转移性,可以得到如下基本结论:

(1)沉积岩的性质总体上比岩浆岩稳定。从最根本的意义和地球发展历史的角度来看,多数沉积岩的最初母岩应该是岩浆岩,即岩浆岩在近地表环境下经过风化、剥蚀、搬运、沉积而形成沉积岩。在形成过程中,抗风化能力较差的不稳定成分已经得到一定程度的淘汰,稳定成分相对富集,因此沉积岩稳定性相对较高。

(2)不同类型沉积岩的稳定性差别较大。硅岩和石英砂岩的主要成分为石英,因此其抗风化能力很强。黏土矿物是在风化条件下形成的,是风化的产物之一,性质相当稳定,因此以黏土矿物为主要成分的黏土岩的化学性质也很稳定,但是因其强度低,容易发生物理风化作用。碳酸盐岩在干寒地区以机械风化作用为主,在湿热地区则由于 $CaCO_3$ 的溶解而化学风化作用突出,在所有沉积岩中,其抗风化能力居中。抗风化能能力最差的是石膏岩和盐岩。

(二)岩石的结构、构造

岩石中矿物和碎屑物颗粒的粗细、分选程度及胶结程度等决定着岩石的致密程度和坚硬程度,从而影响到岩石的风化。通常情况下,粗粒的岩石往往比细粒的岩石更容易风化;成分相同时,等粒结构的岩石由于热胀冷缩时矿物体积变化均匀,风化的速度较慢;而不等粒结构的岩石由于矿物的体积膨胀不均匀而加快了风化速度;胶结好的岩石抗风化能力较强,风化速度较慢。

另外,岩石的构造也对其风化有一定的影响,如岩浆岩中原生的流面构造可形成板状风化,沉积岩露头中的层理构造常因为风化而显得更加清晰(彩图65)。

(三)节理发育状况

节理破坏了岩石的连续性和完整性,使岩石与水溶液、空气的接触面积增大,增强了水溶液的流通性,从而促进风化作用的进行。岩石中节理密集之处,尤其是在两组节理交会处,往往风化速度较快,再加上剥蚀作用,可形成多种多样的地貌。在一些矿物分布较均匀岩石(如砂岩、花岗岩、玄武岩等)中,有时可发育三组近于互相垂直的裂隙,把岩石切成许多大小不等的多面形岩块,岩块的棱和角处自由表面积大,易受温度、水溶液、气体等因素的作用而风化,久而久之,岩块的棱角消失,在岩石的表面形成大大小小的球体或椭球体(图3-1-5、彩图66),这种现象称球形风化(spherical weathering)。

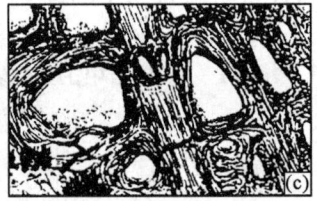

图3-1-5　球形风化形成过程示意图(据W. K. 汉布林,1980)

在相同的风化条件下,由于组成岩石的矿物成分、结构、构造的差异,同一岩层表面或不同岩层之间的风化速度和风化程度不同,常常形成凹凸不平的现象,称为差异风化(differential weathering)(彩图67)。差异风化是形成自然界千姿百态的地貌的重要原因之一。

第三节　风化作用的产物

一、风化产物的类型

地壳表层的岩石经过长期的风化,形成了碎屑残留物质、溶解物质和新生矿物等不同性质的风化产物。

(一)碎屑残留物质

碎屑残留物质主要是物理风化作用形成的岩石碎屑和矿物碎屑。风化作用的初期,机械破碎形成了大量的碎屑残留物质,以岩石碎屑为主,且大多残留在母岩区;风化作用末期,在化学风化作用过程中未完全分解的矿物碎屑(如石英及长石碎屑)是主要的碎屑残留物,且多被各种营力从母岩区搬运走。岩石碎屑和矿物碎屑是碎屑沉积物质的主要来源。

(二)溶解物质

溶解物质是化学风化作用的主要产物之一,包括两部分:一部分是以真溶液形式被水搬运并富含 K、Na、Ca、Mg 等元素的碳酸盐、硫酸盐、氯化物,以及少量 Mn、P 的氧化物;另一部分是以胶体溶液形式随水搬运的物质,代表性物质是 SiO_2。真溶液和胶体溶液将这些物质搬运至远离母岩区的湖泊或海洋中,形成化学沉积物。

(三)新生矿物

岩石中较为活泼的元素及其化合物被带走以后,相对不活泼的 Fe、Al 等元素在原地残留,形成水白云母、高岭石、蒙脱石、蛋白石、铝土矿以及褐铁矿等。这些物质在风化初期大都存在于母岩区,故常被称作"化学残余物质",后期被各种营力搬运走。

风化成因铝土矿的形成模式见动态图 31,风化型铁锰矿床形成模式见动态图 32。

动态图 31 风化成因铝土矿的形成模式

动态图 32 风化型铁锰矿床形成模式

二、风化壳

地壳表层的岩石风化以后,除了一部分溶解物质流失以外,碎屑残留物质和新生矿物大都残留在原来岩石的表层,这个由风化残余物质组成的地表岩石的表层部分,或者说已风化了的地表岩石的表层部分,就称为风化壳(crust of weathering)。

风化壳覆盖在陆地表面,由于表层和下部的岩石所经受的风化强度不一样,表层的风化程度较深,而下部的风化程度较浅,因此,自上而下,风化产物的成分和结构都有明显的差异,在剖面上通常可以分为若干层(图 3-1-6)。

(一)土壤层

土壤层一般呈深褐灰色,质细且疏松,富含腐殖质,植物根系较多;原岩的矿物成分、结构基本消失;厚薄不一,一般以 20~50cm 居多。土壤层是物理风化作用、化学风化作用和生物风化作用的综合产物,尤以生物风化作用为主。

(二)残积层

残积层一般呈黄褐色、褐红色,质细松软。其原岩的结构、构造消失,但因其垂直分带性(底部风化微弱、中部显著、上部强烈)而呈现出假层理。残积层不含腐殖质,主要由黏土矿物组成,原岩中的黑云母风化成蛭石,长石类矿物风化成高岭土等。残积物中抗风化能力强的重矿物如铝、锰、铁可以富集成为残积砂矿床。残积层主要是化学风化作用的结果。

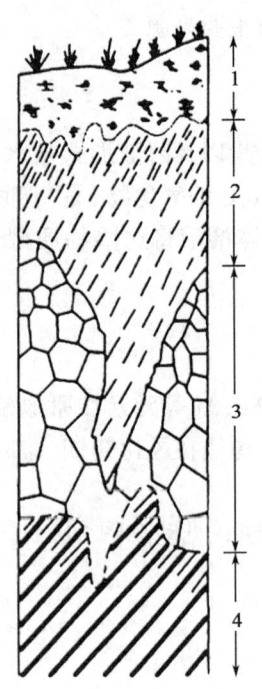

图3-1-6 风化壳剖面
(据汪新文,2013)
1—土壤层;2—残积层;
3—半风化层;4—基岩

(三)半风化层

半风化层呈淡褐色,原岩的结构、构造部分保存,但岩石已松软。岩石的部分矿物成分发生变化。

(四)基岩

基岩就是未风化的原岩。

实际上,不同种类岩石形成的风化壳的分层也不一样,有的分层很完整,如花岗岩、黏土岩等,而有的风化壳只有土壤层、残积层,如石灰岩等。在风化壳剖面上,这4层的界面是不清晰的,呈渐变过渡,且凹凸不平,这主要受岩石的性质及引起风化作用因素的影响。

风化壳的构成(分层)和特点不仅受岩石性质的影响,还受气候条件的影响。在不同气候条件下,影响风化作用的因素不同,从而产生具有不同特征的风化产物,也就构成具有不同特点的风化壳。如寒冷地区形成碎屑型风化壳,湿热地区形成砖红土型风化壳等。

地质历史时期形成的风化壳称古风化壳。古风化壳常保存在岩层或沉积物中,如华北地区下奥陶统与上石炭统之间保存有一古风化壳;黄土高原的黄土中也保存有多个古风化壳。古风化壳由于形成后受到其他地表营力的剥蚀作用,多数保存不完整,厚度也较小。

此外,风化壳中往往富含高岭土、铝土矿、铁和锰的氧化物以及某些重金属矿床。我国华北许多地区中奥陶统与其上覆的中石炭统之间,都发育了数厘米富含铁、铝质的古风化壳。岩石在风化过程中扩大了孔隙和裂隙,有利于大气降水渗流,所以风化壳较厚的地区有利于地下水的储存。另外,古风化壳还是重要的油气储集层,如鄂尔多斯盆地奥陶系顶部的风化壳即为有效的天然气储集层。

三、土壤

土壤(soil)是指地球表面陆地上能够生长植物的疏松表层。土壤之所以能够生长植物,是因为它具有一定的肥力。土壤肥力就是指土壤具有长期不断地供应和调节植物生长过程中所需要的养分、水分、空气和热量的能力。土壤一般是在风化壳(如山区土壤)和松散沉积层(如平原、盆地区土壤)的基础上,经生物及其他风化作用的综合改造而形成的。

土壤的主要组成有腐殖质、矿物质、水分和空气。腐殖质是生物、微生物遗体在风化产物中不断聚集腐烂后变成的,它的存在与否是土壤与其他松散堆积物的主要不同点。土壤中的矿物质由风化过程中形成的和残存的各种黏土矿物以及石英、长石、角闪石、云母等组成,这些矿物质与土壤中的腐殖质、水分和空气相互作用,使土壤性质多变,形成复杂的肥力性状。土壤的厚度一般50~60cm到1~2m,最厚可达10m以上。发育成熟的土壤剖面,根据其成分、颜色和结构特点,自上而下可分为3层(彩图68)。

(一)表土层

表土层有机质丰富,由于腐殖质的积聚常呈暗色,为黑色、灰色、浅灰色,是耕作的对象。该层的上部,腐殖质相对富集,颜色也相对较暗,称为腐殖质层;该层下部,风化和水的向下淋滤作用造成物质的淋溶,颜色较上部要浅,称为淋溶层或淋滤层(彩图68中O+A层)。

(二)淀积层

雨水将上层的氧化铁、氧化铝、腐殖质、石膏和碳酸钙等淋滤下来并沉淀,形成淀积层。本层有机质含量低,很少受到田间作物的影响。本层常常分为两个分层:上部分层中许多易溶成分仍被淋失,色较浅;下部分层则是淋滤物质的主要聚集部位,色较深(彩图68中E+B层)。

(三)母质层

母质层受生物风化(或改造)作用较弱,在基岩风化壳剖面中相当于残积层和半风化层,在松散沉积物剖面中相当于未受生物改造或改造很弱的沉积层(彩图68中C层)。该层与淀积层呈过渡关系。

农业需要改良土壤,而改良土壤就必须研究母岩的性质和风化作用特征。土壤发育程度的特征受母质、气候、植被、地形和人类活动等因素控制,以气候最为重要。如我国北方地区气温低,降雨量少,风化淋滤作用弱,土壤中储存的养分较丰富;相反,南方地区气温高,降雨量大,风化淋滤作用强,土壤中养分含量较少。气候还控制了土壤中新生矿物的成分和数量,对土壤吸收养分的能力和土壤的结构有重大的影响。如我国南方的红壤和黄壤中主要的新生矿物是高岭土,它对养分的吸收能力较弱;而西北及东北的黑土和栗钙土则以蒙脱石为主,吸收养分的能力强。因而两地区土壤的肥力有所不同。

古土壤(paleosol)是地质历史中形成的、已经固化且被上覆地层叠置的土壤。它的识别和研究对探索古气候变化及大气中 CO_2 与 O_2 的含量变化具有重要意义。

四、风化地貌

在岩石表面,由风化作用形成的松散碎屑物容易被流水、风等外力搬运走,使尚未被风化的岩石直接裸露地面,构成一种地貌。主要由风化作用塑造而成的地貌,称为风化地貌(weathering landform)。

风化地貌千姿百态,形态各异,是一种可供开发的旅游资源,其形态取决于岩石性质、地层产状、构造发育程度以及气候条件等。常见的风化地貌有4种类型。

(1)在花岗岩发育区,以圆滑的石蛋地貌为特征,如安徽黄山、江西上饶三清、厦门鼓浪屿等地所见;

(2)在垂直节理发育的红色砂岩区,丹霞地貌非常普遍,如广东丹霞山、江西龙虎山;

(3)在垂直节理发育的杂色砂岩区,多形成壮观的峰林地貌,如湖南张家界;

(4)在发育X节理的砂岩区,则常出现摇摆石、洋葱石等地貌景象,还能形成其他形态奇异的地貌景观。

复习思考题

1. 风化作用发生的内在原因是什么?
2. 水泥路面为什么要做成一块块的?
3. 北方冬季水管为什么容易爆裂?
4. 碳酸盐岩岩溶地貌与什么风化作用有关?
5. 在相同地表条件下,比较花岗岩与石英砂岩的抗风化能力强弱。
6. 相对于岩浆岩,沉积岩中暗色矿物的含量极低,甚至缺少暗色矿物,为什么?
7. 下雨对盐场的生产有什么影响?其原因是什么?
8. 风化壳有什么地质意义?
9. 解释丹霞地貌的形成过程。

拓展阅读

池汝安,田君,罗仙平,等.2012.风化壳淋积型稀土矿的基础研究.有色金属科学与工程,3(4): 1-12.

姜勇彪,郭福生,孙传敏,等.2008.江西弋阳县龟峰丹霞地貌景观特征与形成机制.山地学报,26(1):120-125.

连宾,陈烨,朱立军,等.2008.微生物对碳酸盐岩的风化作用.地学前缘,15(6):90-97.

陆景冈.2006.土壤地质学.北京:地质出版社.

王世杰,孙承平,冯志刚,等.2002.发育完整的灰岩风化壳及其矿物学与地球化学特征.矿物学报,22(1):19-29.

Chan M A, Yonkee A Netoff D I, et al. 2008, Polygonal cracks in bedrock on Earth and Mars: Implications for weathering. Icarus, 194:65-71.

第二章 剥蚀作用

风化作用,可以使地表的矿物、岩石分解、破碎。分解、破碎的物质在运动介质(水、风、冰川等)作用下,可能被剥离原地,这种作用称为剥蚀作用(Erosion)。剥蚀作用是陆地上一种常见的、重要的地质作用,它塑造了地表千姿百态的地貌形态,同时又是地表物质迁移的重要动力。由于产生剥蚀作用的营力特点不同,剥蚀作用又可进一步划分为地面流水、地下水、冰川、风、海洋(湖泊)等的剥蚀作用。按照作用方式,剥蚀作用又可分为机械剥蚀作用、化学剥蚀作用和生物剥蚀作用。

第一节 地面流水的剥蚀作用

地面流水包括片流、洪流和河流,它们在大陆上分布广泛,是塑造陆地地貌形态的最重要的地质营力。其中,片流是大气降水的同时在山体斜坡上出现的面状流水,它随着大气降水的结束而停止流动;洪流是大气降水的同时或紧接其后在山体的沟谷中形成的线状流水,且在大气降水后不久消退。所以,片流和洪流也统称为暂时性流水。河流则是常年性的线状流水。

一、地面暂时性流水的剥蚀作用

片流对山坡松散层产生的破坏作用称为片流的剥蚀作用。片流是发育在斜坡表面上的一种面状水流,流速慢,水层薄,所以它的剥蚀作用弱且具有面状发展的特点,又称为洗刷作用(Sheet wash)。虽然片流的剥蚀作用较弱,但是大量的风化产物剥离原地的最初动力就来自片流,河流所搬运的物质大多数是由片流提供的。片流还是大气降水最初形成的地面流水,剥蚀形成地表形态的雏形,现今许多地区出现的大量水土流失也与片流的剥蚀作用有关。片流洗刷作用的强度主要受降雨量和降雨强度、斜坡坡度、组成斜坡的岩性及植被发育情况等因素的影响,通常降雨量(特别是单位时间内的降雨量)越大,对斜坡的洗刷作用也越强烈。我国的黄土高原,因植被稀少,土质松散,降雨时间较为集中,因而洗刷作用就显得十分强烈,常造成沟壑纵横的恶劣地形。

洪流以其自身的动力和挟带的沙石对沿途沟壁和沟底的破坏作用称为洪流的剥蚀作用。洪流流量较大,流速快,挟带沙石较多,机械的冲击力很强,所以常具较强的剥蚀能力,而且以机械剥蚀为主,故又称冲蚀作用。洪流的剥蚀作用也有加深和拓宽沟谷的作用,形成的冲沟在纵剖面上坡降大,在横剖面上为陡的"V"形。随着洪流冲刷作用不断进行,冲沟逐渐地加长、加深、加宽,在冲沟的两侧可以发育成许多树枝状的小沟——侧蚀沟,构成冲沟系统(Gully system,彩图69)。

二、河流的剥蚀作用

河流在流动过程中,以其自身的动力以及所挟带的泥沙对河床进行破坏,使其加深、加宽和加长的过程称为河流的剥蚀作用。河流的剥蚀作用可以分为机械剥蚀作用和化学剥蚀作用两种方式,以机械剥蚀作用为主。河流对地面的机械剥蚀作用可分为下蚀作用(Vertical erosion)和侧蚀作用(Lateral erosion)两类。河流在局部地区也发育化学剥蚀作用,河水溶解河床两岸的易溶岩石从而破坏河床,这种作用称为溶蚀作用。在石灰岩、石膏等易溶岩石分布的地区,溶蚀作用较为显著。水对岩石的化学溶蚀过程是看不见的,其溶蚀力也很难计算和估计,但河水对河床及谷坡的机械冲蚀和磨蚀作用是很容易观察到的,其宏观效果就是河谷不断加深和拓宽。

(一)河流的下蚀作用

河水及其携带的碎屑物对河床底部产生破坏,从而使河床降低、加深河谷的作用称为下蚀作用。

河流的下蚀作用的强度是由多种因素决定的:(1)顺坡而下的流水在重力作用下产生一个垂直向下的分量,作用于河床的底部,一般坡度越陡,下蚀作用越强;(2)河流挟带的碎屑物在运动过程中对河床底部具有撞击和磨蚀作用,尤其是山区河流,在洪水期尤为明显;(3)涡穴作用是由流水中急速旋转的涡流所引起的,它促使砾石像钻具一样作用于河底,河底上被钻出的坑称为涡穴。

1. "V"形河谷

从整个河床的纵剖面来看,其下游河段通常已经丧失下蚀能力或表现得十分微弱。从中游河段向上,下蚀作用强度逐渐增大。在河流的上游以及山区的河流,由于河床的纵比降(水面沿河流方向的高程差与相应的河流长度之比)和流水速度大,因此河流的动力在垂直方向上的分量也大,从而产生较强的下蚀能力,这样河谷的加深速度快于拓宽速度,从而形成在横断面上呈"V"形的河谷,也称"V"形谷(彩图 70)。我国长江上游的金沙江河谷,谷坡陡、谷底窄,横断面为"V"形;著名的金沙江虎跳峡的江面最窄处仅 40~60m,最陡的谷坡达 70°,峡谷深达 3000m。

2. 瀑布的形成和后退

由于不同河段的岩性差异,其抵抗剥蚀的能力也不同。由坚硬岩石组成的河床,抗剥蚀能力强,下蚀作用的速度较慢,河床相对凸起;而由较软岩石组成的河床,抗剥蚀能力弱,下蚀作用的速度较快,河床相对下凹,从而在河床的纵剖面上形成缓坡与陡坡交替出现的阶梯。在较陡的河床上,流水急,出现水花,形成急流(Rapids),急流常具有更强的剥蚀能力。在长期的下蚀作用下,在河床的陡、缓交界处,陡坡下部岩石(软的岩石)不断地被剥蚀,而上部的坚硬岩石还保存下来,使河床在纵剖面上出现直立的陡坡。河水从陡坎处直泻而下就形成了瀑布(Waterfall),一般在河流的上游较发育。如我国贵州的黄果树瀑布,江水从宽 20m,高 58m 的悬崖上倾泻而下,极为壮观;在瀑布后壁有深 20m 的洞穴,与瀑布构成奇妙的"水帘洞"景色(彩图 71)。

河水从陡坎直泻而下具有很强的下蚀能力,除水落差产生极大的冲击力破坏河床外,还以挟带的沙石磨蚀、撞击河床,跌落后翻起的河水或沙石不断破坏陡坎的基部岩石,使陡坎下部的岩石被淘空,形成壁龛。当壁龛不断扩大,壁龛上部的岩石由于失去支撑力而崩塌,便形成新的陡坎,于是陡坎的位置就不断向上游移动。北美尼亚加拉瀑布以每年 1.3m 的速度向上游移动(图 3-2-1),我国第二大瀑布黄河壶口瀑布平均每年后退 5cm。瀑布后退,河床不断加深,河床纵剖面坡度渐渐变小,瀑布消失。同样的道理,急流也向上游发育并逐渐消失。

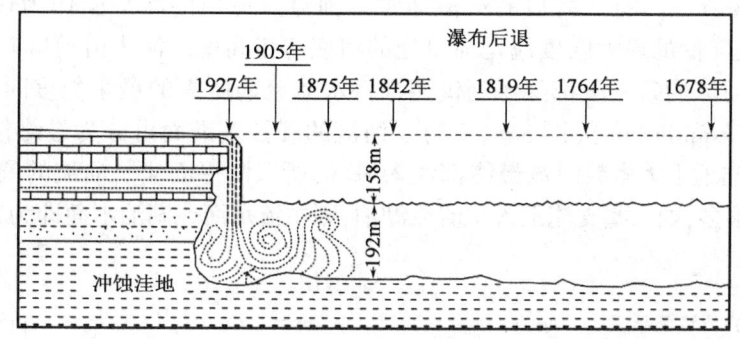

图 3-2-1　北美尼亚加拉大瀑布后退示意图(据 Gilbert,1969)

3. 向源侵蚀作用和河流的袭夺

从瀑布和急流向上游发展并逐渐消失的现象不难看出,下蚀作用在加深河谷的同时,还使河流向源头发展,加长了河谷。我们把河流向源头发展的侵蚀作用称为向源侵蚀作用(Retrogressive erosion,动态图 33)。河流的源头部分大都存在跌水地段,该处下蚀作用最强,与瀑布、急流后退的现象类似。河流形成后,因向源侵蚀作用,河谷不断向源头方向延伸,加长河谷,直至分水岭。由于自然界种种因素(如水量、地形、岩性、构造等)的影响,不同地区的河流下蚀作用强度和速度是不一样的。位于同一分水岭两侧的两条河流,如果其中一侧的河流下蚀作用较强、下蚀速度快于另一侧的河流,其河谷可先发展到分水岭,迫使分水岭不断向下蚀作用弱的河流靠近,最后下蚀能力较强的河流侵蚀到下蚀作用较弱的河流,并夺取了它上游的河水,使其流入自己的河流中,这种现象称为河流的袭夺现象(River capture,动态图 34、图 3-2-2)。当河流袭夺现象发生后,被袭夺河流的上游或支流以急转弯的形式流入新的水系,袭夺处的这个急转弯称袭夺弯(Elbow of capture),被袭夺的河流称为断头河(Beheaded river),它的水量大减,甚至会出现干谷河段。

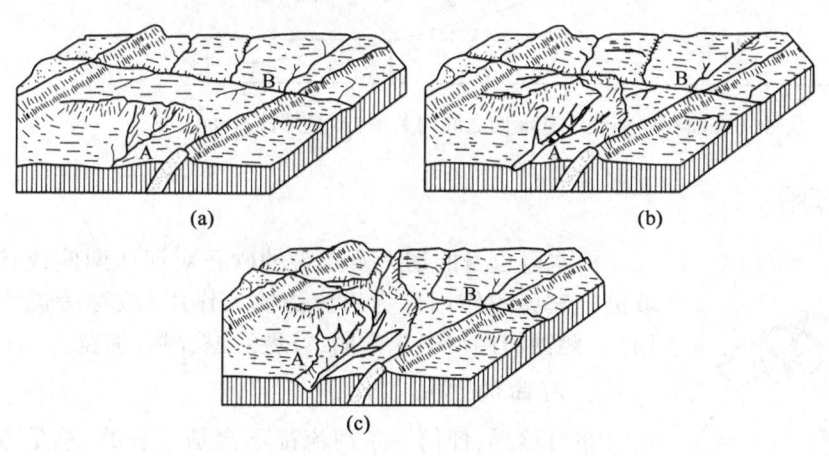

动态图 33　向源侵蚀作用

动态图 34　河流袭夺

图 3-2-2　河流的袭夺原理(据 W. M. Davis,1983)
(a)支流 A 向源侵蚀;(b)B 河被袭夺;(c)A 河谷加深、延长

4. 下蚀极限和河流平衡剖面

河流的下蚀作用不可能无休止进行下去,而是有一个极限,我们把这个极限称为侵蚀基准

面(Base level of erosion),有入海口的河流通常以河流入海口的海平面作为该河的侵蚀基准面。实际上,河底降低的最大限度应是河口处的河底海拔高度。河床由河口向上逐渐抬高,如果河流的下蚀使河床的每一段都降低到仅能维持水体流动所需的最小斜度时,此即河流的平衡剖面(Profile of equilibrium)(图3-2-3)。河流的侵蚀基准面可分为最终侵蚀基准面和局部侵蚀基准面。陆地上大多数河流最终都注入海洋,所以海平面应是河流的最终侵蚀基准面。局部侵蚀基准面很多,如一些支流汇入主流或湖泊,则主流水面或湖泊水面即为其局部侵蚀基准面(图3-2-4)。

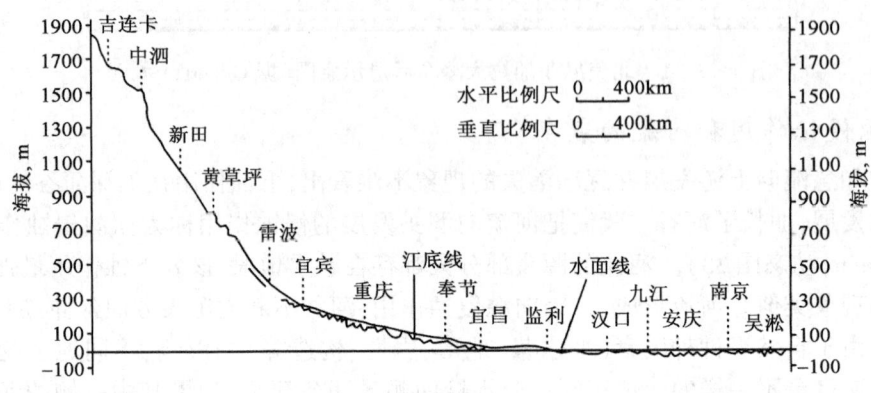

图3-2-3 长江的河床纵剖面(据徐成彦等,1988)

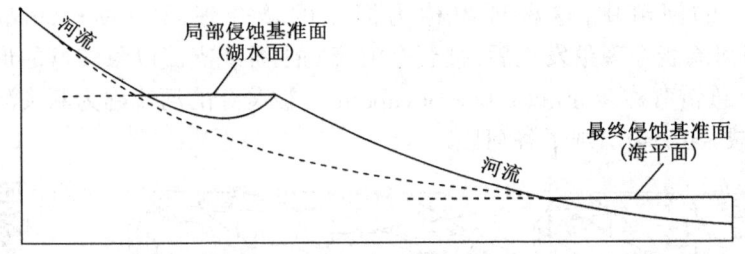

图3-2-4 侵蚀基准面和局部侵蚀基准面之间的关系(据夏邦栋,1984)

(二)河流的侧蚀作用

河水以自身的动力及挟带的砂石对河床两侧或谷坡进行破坏的作用称为河流的侧蚀作用(或称旁蚀作用)。侧蚀作用使河床弯曲、谷坡后退、河谷加宽。

1. 河曲的形成

在自然界,任何一条河流都不会是平直的,总是弯曲的,或者河床凹凸不平。当河水流过弯曲的河道时,在惯性离心力的驱使下,河水的主流线(流速最快点的连线)就会偏向河床的凹岸(河床凹入的一岸),由于受到凹岸的阻挡作用,河水就沿着河床底部流向凸岸,这样就产生了河水的单向环流(图3-2-5)。在单向环流的作用下,凹岸下部岩石不断破碎被掏空,同时上部

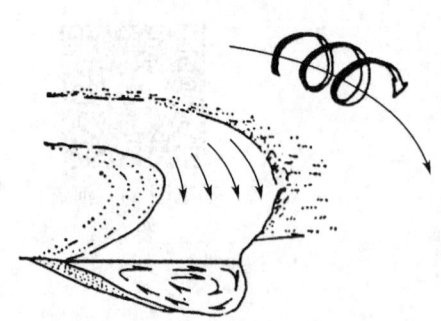

图3-2-5 河水的单向环流
(据 W.K.汉布林,1980)

的岩石也随之崩塌。破坏下来的岩石碎屑被单向环流的底流搬运到河流的凸岸沉积。结果是：河床的凹岸不断向谷坡方向后退，而凸岸不断前伸，河道的曲率逐渐增加，使原来弯曲较小或较平直的河床变得更弯曲，形成河曲（河床的连续弯曲）（图3-2-6）。

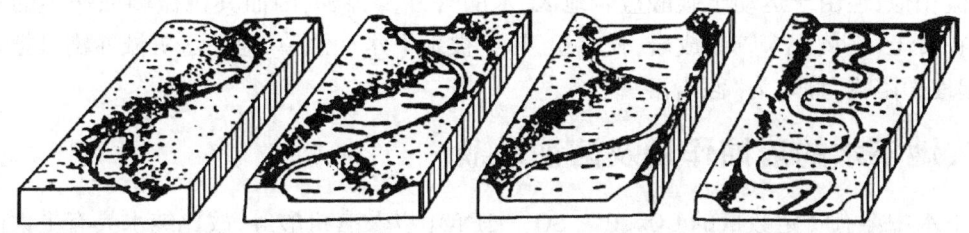

图3-2-6 侧蚀作用使河谷加宽和形成河曲、蛇曲的过程（据C.R.Longwell；转引自徐成彦等，1988）

2. 蛇曲的形成

在凹岸后退、凸岸前伸的同时，由于主流线冲击凹岸的点偏向弯顶的下方，而不是凹岸的最大弯曲点，单向环流又是一种螺旋状的流水，所以河曲的最大弯曲点的位置也不断向下游移动。由于河曲不断向下游移动，河谷的凸出地形不断被削直，其结果使河谷变得越来越宽和越来越直。最后，河床只在宽阔的谷底上迁徙摆动（达不到谷坡），形态变得极度弯曲，这种河流称为蛇曲或自由河曲（图3-2-6）。蛇曲的发育，使河流（床）的长度不断增长，河床的纵坡降渐渐减小，河流的活力逐渐削弱。

3. 截弯取直的发生与牛轭湖的形成

随着河床的摆动，蛇曲河床相邻两个河曲的距离不断靠近。当在洪水期，由于水量猛增，冲击力加大，河水冲溃两河曲之间的河岸，河水从上一个河曲直接流入相邻的下一个河曲，这种现象称为河流的截弯取直。被遗弃的弯曲河道的两个河口，由于河水受阻发生沉积作用，被泥沙淤积、堵塞，演变形成牛轭湖（动态图35）。在黄河和长江的下游，这种现象很常见。

动态图35 牛轭湖的形成

河流的下蚀作用和侧蚀作用几乎贯穿于整条河流中，两者是同时发生的。在河水对河床岩石下蚀的同时，也对河床两侧岩石进行侧蚀作用。但由于不同河流及不同河段的河水流速、河床的纵比降、岩性、地壳运动等因素不同，这两种侵蚀作用的强弱也就不同。有的地区或地段表现出以下蚀作用为主，而有的却以侧蚀作用为主。一般来说，河流的上游常以下蚀作用为主，使河谷横剖面形成"V"形；下游则以侧蚀作用为主，塑造成谷底宽平、横剖面为箱形的河谷。山区河流以下蚀作用为主，而平原区河流则以侧蚀作用为主。

第二节 地下水的剥蚀作用

地下水的剥蚀作用称潜蚀作用（Suffosion或underground corrosion），按照作用方式可分为机械剥蚀作用和化学剥蚀作用两种，其中以化学剥蚀作用（也称溶蚀作用）显著。

一、地下水的机械剥蚀作用

地下水对岩石的冲刷破坏作用称为机械剥蚀作用（或机械潜蚀作用）。地下水流动缓慢、动能小,通常对岩石的冲刷破坏较小,机械潜蚀作用较弱。地下水在非可溶性岩石中作渗透性流动时,基本上不产生机械剥蚀,主要在一些较大的裂缝或洞穴中,如暗河水流集中,能够冲刷带走一些砂砾、黏土。在可溶性岩石中,当地下溶洞系统连通形成地下河流后,其机械剥蚀作用与河流相似,但由于运动于碳酸盐岩地区,水的含砂量很少,因而其机械剥蚀作用的意义也不大。在黄土区,黄土未胶结成岩,较疏松,易于被地下水冲蚀掉,地下水机械冲刷可把黄土淘空,引起地面陷塌,称之为"假岩溶"。

二、地下水的溶蚀作用及溶蚀地貌

地下水中溶有一定数量的 CO_2、Cl^-、SO_4^{2-}、HNO_3 以及有机酸等,故比纯水具有更大的溶蚀能力。地下水的剥蚀作用集中地反映在碳酸盐类岩石发育地区,化学反应式为:

$$CaCO_3 + H_2O + CO_2 \rightleftharpoons Ca(HCO_3)_2$$

$$CaCO_3 + 2HNO_3 \rightleftharpoons Ca(NO_3)_2 + H_2O + CO_2$$

上述化学反应式能够在常温常压下进行,所以地下水的溶蚀作用随时随地都可以发生。

(一)岩溶作用过程和影响因素

地下水通过对岩石、矿物的溶解所产生的破坏作用称化学潜蚀作用,我国称为岩溶作用,国外称为喀斯特作用(Karstification)。这种作用使岩石孔隙、洞穴、裂缝扩大,大洞穴上部岩层因失去支撑而垮塌陷落,形成奇特的地质现象。岩溶作用形成的地形称岩溶地形(国外称喀斯特地形,Karst landform),这种作用及其产生的自然现象可统称为岩溶(或喀斯特)现象。

喀斯特(Karst)是指地下水(兼有部分地表水)对可溶性岩石进行以化学溶蚀为主、机械冲刷为辅的地质作用,以及由这些地质作用所产生的地貌。该词来源于亚得里亚沿海的喀斯特高原,那里碳酸盐岩非常发育,地下水的化学潜蚀作用形成了奇特地貌景观。19 世纪末,J. 司威奇(Cvijic)把这种地貌景观命名为喀斯特。我国岩溶发育地区约占全国的 13%,分布面积之广、类型之多,为世界各国所不及。300 多年前,明代学者徐霞客(1586—1641)在《徐霞客游记》中对滇、黔、桂地区的岩溶作了较详细的研究和描述,他的研究较欧洲学者约早 200 余年。1966 年,在我国第二次喀斯特会议上,决定将喀斯特一词改称为岩溶。

影响岩溶作用的主要因素有两个,即是否具有溶蚀作用的水和可溶性岩石。

1. 水的溶蚀力

水的溶蚀力,即水的化学溶蚀强度,主要决定于水中游离 CO_2 的多少。水中 CO_2 的含量与温度成负相关,高温地区水中的 CO_2 理应较少,但实际上,在湿热的气候条件下,由于大量有机质的分解,土体空气中的 CO_2 分压力较大,另外碳酸钙的溶解又会随温度的增高而加强,因此总的来看,在湿热条件下水的溶蚀力较大。水的溶蚀力还决定于水的流动性,几种浓度不同的饱和溶液相混合,会使饱和的溶液变为不饱和溶液,因此水在流动中会不断获得新的溶蚀力。此外,水的流动还会加强机械侵蚀作用。水的溶蚀强度与气候条件密切有关。在湿热地区,降雨量大,地下水充足,溶蚀作用强,如我国两广、云南、贵州等地普遍发育岩溶地貌。在寒冷和干燥地区,地下水缺乏,溶蚀作用十分微弱,如我国西北、东北,虽然有石灰岩分布,但岩溶作用发育缓慢。

2. 岩石的可溶性

岩石的可溶性，即岩石可被溶解的程度，取决于岩石的成分、结构和构造。在自然界中，卤盐类岩石如石盐、钾盐等溶解度最大；硫酸盐类如石膏、芒硝等溶解度次之；碳酸盐类岩石如石灰岩、白云岩等溶解度虽不如前者，但其分布较广，因此溶蚀现象也最广泛。在碳酸盐岩中，溶解度依次为：石灰岩>白云岩>硅质灰岩>泥质灰岩。在结晶质岩石中，晶粒越小、越均匀，溶解度越大。岩石的可溶性还取决于岩石的透水性，孔洞和裂隙越多的岩石，透水性越强，溶蚀作用也越明显。在厚度较大、构造裂缝又十分发育的碳酸盐岩地区，岩溶作用常常有很好的表现。岩石的结构与可溶性密切相关。实验表明，结晶的岩石晶粒越小，溶解度越大；此外，不等粒结构石灰岩要比等粒结构石灰岩的相对溶解度大。

另外，构造运动对岩溶作用也有影响。构造运动弱的地区，有利于地下水长期作用，潜蚀强。

（二）岩溶地貌

从地面到潜水面之间，地下水主要是竖直方向的下渗或流动，岩溶作用主要也是在垂直方向上进行（图3－2－17）。最初，由雨水或片流对碳酸盐类岩石进行差异溶蚀，可形成无数起伏不大的沟纹，称溶纹；进而起伏加大，形成深为数十厘米甚至数十米的沟槽，称为溶沟（Karren）；纵横交错的溶沟之间的突出部分，称为石芽（Stony sprout）；大的石芽发育区，似剑峰蠹刺林立，称为石林（Stone forest），如云南石林（彩图72）；溶沟通常是循岩石的节理发育而成的，在适当部位可沿一定通道向地下渗流，可溶蚀成垂向发育的管洞系统，称落水洞（Sinkhole），落水洞可深达潜水面附近。落水洞的地面出口处因片流汇聚剥蚀，形成漏斗状，称溶斗（Funnel），又称为岩溶漏斗（Doline），溶斗的斗坡上满布溶沟和石芽。

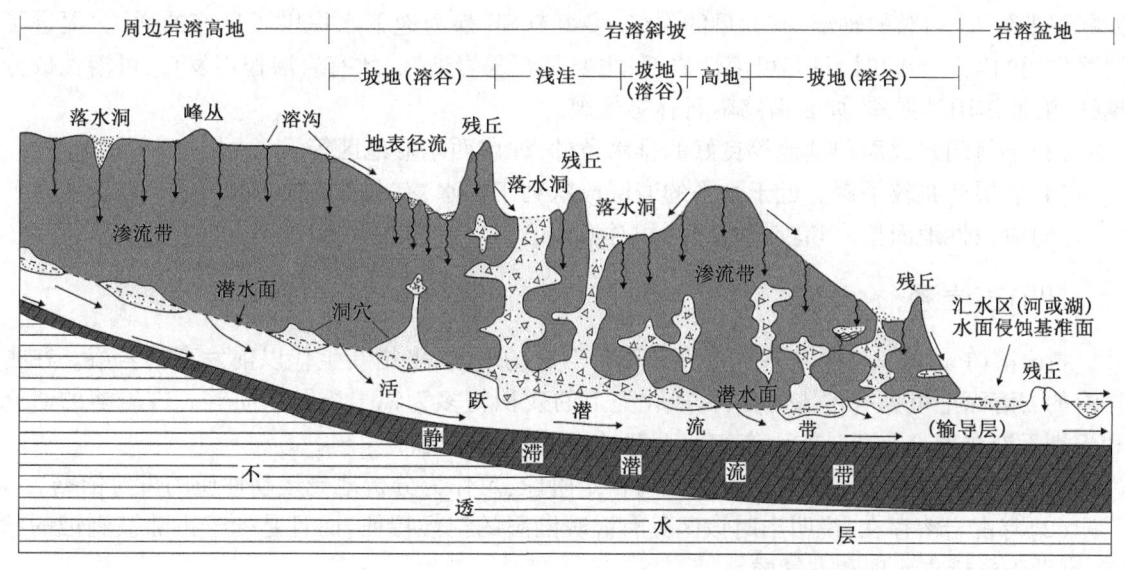

图3－2－7　川东地区石炭系岩溶地貌示意图（据郑荣才等，2009）

大致沿水平方向渗流的潜水，同时也进行着水平方向的溶蚀作用。由于潜水流速以潜水面附近最大，溶蚀作用也最强，因此能在潜水面附近塑造出横向洞穴，称溶洞（Karst cave）。溶洞发育程度视潜水面在固定高度上停留的时间长短而定，潜水面高度保持稳定的时间受该地

213

区地壳运动情况的控制。

随着落水洞和溶洞的扩大和发展(特别是地下的溶洞),将引起溶洞顶层规模不等的岩溶塌陷。陷落部分形成塌陷溶斗,当其继续扩大,底部被泥沙填平形成大型洼地,称溶蚀洼地(Uvala),常呈串珠状连接构成大型溶蚀谷。溶蚀洼地和谷地之间是残留下来的溶蚀残丘、残峰或残山,分别称为孤峰(Disoluted peak)、峰林(Hoodoo)或峰丛(Series of peak)。

一般而言,在地壳相对稳定的条件下,岩溶地貌的形成呈现阶段性。早期,以地表形貌为主。地表水沿着岩层表面的裂缝向下流动,形成大量溶沟和石芽,以及少量落水洞和溶斗,地表水系切入可溶性岩石中,地下河道开始形成。中期,以地下形貌为主,有完整的地下水系。溶斗和落水洞不断产生和扩大,地表密布着大小不同的溶蚀洼地、干谷,地表水流大都进入地下河道,形成完整的地下水系,地面只有主要河道保持水流。晚期,地下形貌不断破坏,地下水系向地表水系转化。地下溶洞进一步扩大,地下河道及溶洞顶部不断坍塌,地面更为破碎,许多地下河道变成明流,形成溶蚀谷及天然桥,此外,还可发育溶蚀洼地以及峰林。末期,地下水系全部转化为地表水系,溶蚀平原形成。地下水长期的岩溶作用以水平为主,溶洞顶部大量坍塌,地下河道均转变为地表水系,地面高程降低,残留少数孤峰或残丘,形成溶蚀平原。

(三)岩溶作用的发育条件

严格来说,岩溶作用可以发生在任何有水的地区,只是强弱程度不同而已。有利于岩溶作用的进行主要条件有:

(1)丰富的地下水。流水,尤其是丰富的地下水,是岩溶作用发育的前提。在湿热地区,降雨量大,地下水充足,有利于岩溶作用发育,如我国两广、云南、贵州等地普遍发育岩溶地貌。在干冷地区,地下水缺乏,如我国西北、东北地区,虽然有石灰岩分布,但岩溶作用发育缓慢。

(2)节理发育厚度大、质地纯的可溶性岩层(主要是石灰岩)。一些地质构造发育的地区,如断层带附近、褶皱的轴部,有大量的裂缝、多组节理,都为地下水提供了良好的通道,促进了岩溶作用的发育。同时,只有可溶性岩石,主要是石灰岩地区,才有岩溶作用发育,可溶性成分越纯,溶蚀作用越强烈,如云南路南石林等景观。

(3)半封闭式大面积盆地等良好的排水条件,如广西乐业地区等。

(4)岩层产状较平缓。近于水平的岩层产状利于保水,有利于岩溶作用发育。

(5)阶段性地面抬升和较长时间的相对稳定。

(四)古岩溶

古岩溶(Paleokarst)系非现代营力环境下形成的岩溶,多指新生代以前发育的岩溶。在古岩溶的岩溶面上可见有古风化壳,古风化壳上的残积物多为铝土质及铁质等。古岩溶的研究和识别无论在理论上还是在生产实践上都具有重要的意义。

(1)古岩溶面代表了地壳抬升的相对稳定阶段,可作为分析地壳运动性质的重要依据。

(2)有古岩溶存在,说明当时该区具有温暖潮湿的气候特征,而且是处于古陆被剥蚀的状态,有助于分析古地理和古气候。

(3)古岩溶储集层为中国深层油气勘探提供了一个新的勘探领域。近年来已发现石油和天然气可储存于古潜山周围和溶洞中,在鄂尔多斯、塔里木、四川等盆地的奥陶系、石炭系、二叠系、三叠系及震旦系等多套地层中均已发现不少典型的古岩溶油气田。

(4)有些金属矿床与溶洞有关,形成"岩溶型矿床",因而研究古岩溶具有一定的找矿意义,例如,我国华南特有的铝土矿矿床类型——桂西岩溶堆积型铝土矿床。

第三节 冰川的剥蚀作用

一、冰蚀作用的方式

冰川在运动过程中,以自身的动力及挟带的砂石对冰床岩石的破坏作用,称为冰川剥蚀作用(Glacial erosion),简称冰蚀作用。冰川有很强的侵蚀力,大部分为机械侵蚀作用。冰川之所以能够破坏岩石,是因为冰体本身具有巨大的质量,而且又处于运动状态,这将产生巨大的动能。$1m^3$ 的冰质量约为 900kg,当冰层厚 100m 时,$1m^2$ 的冰床所受的压力达 90tf(吨力,$1tf=9.8×10^3 N$)。山岳冰川一般厚数百米,大陆冰川则厚达千米以上,如此巨大的冰体从冰床上流过时,必然对其底部和两侧岩石产生强烈的破坏。冰川对冰床岩石的破坏力即冰蚀作用的方式主要有挖掘作用和磨蚀作用两种。

(一)挖掘作用

挖掘作用(Gouging)又称拔蚀作用(Plucking),是指冰川在运动过程中,将冰床基岩破碎并拔起带走的作用(图3-2-8)。

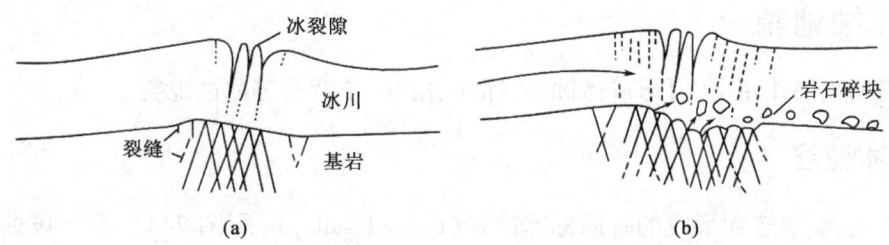

图3-2-8 冰川的拔蚀作用(据柳成志等,2010)
(a)冰川在前进中遇到冰床基岩的突起,突起外有裂缝;(b)冰床将冰川处的基岩压碎崛起,崛起的岩块冻结在冰川底部或边部被带走,并借以进一步腐蚀基岩表面

冰床是指冰川占据的槽、谷。冰川底部的冰在上覆巨厚冰层的压力下,部分融化,冰融水渗入冰床基岩的裂隙中。渗入的水,由于压力的减小而重新结冰,并与冰川冻结在一起,当冰川向前运动时,就把冻结在冰川中的岩石拔起,随冰川带走。挖掘作用的强弱受岩石的性质、冰层的厚度等因素影响。冰床岩石的裂隙越发育,冰层越厚,挖掘作用越显著。挖掘作用在冰床的底部最为发育,两侧次之。在挖掘作用下,冰床岩石不断遭受破坏,其结果是冰床加深。在挖掘作用过程中,自始至终有冰劈作用的参与。冰劈作用不断使裂隙扩大、岩石破碎,利于挖掘作用的进行。

(二)磨蚀作用

磨蚀作用(Abrasion)也称为锉磨作用。冰川挖掘出来的岩石被冻结在冰川底部或侧部,像锉刀一样研磨和刮削冰床的底部及两侧的基岩,其本身同时也被磨损,这种作用称冰川的磨蚀作用。

冻结于冰层中的石块,部分是在挖掘冰床时得来的,更多的则是冰川两侧由冰劈作用崩解并坠入冰流中的岩块。磨蚀作用的强度取决于冰川所携带的岩石碎屑数量、冰层的厚度以及冰川的流速,磨蚀的结果是使冰床受到破坏,并形成细粒的碎屑物(粉砂、黏土等)。冰块的刮锉可以在冰床的基岩面上形成断续的磨光面——冰溜面(Glacial pavement),冰溜面上常见有擦痕(Striation)(彩图73)和刻槽(Groove)。擦痕一般深几毫米至几厘米,长数米,一端粗,另一端细,粗的一端指向上游,它的延伸方向反映了冰川的流动方向。作为磨蚀工具的石块,也可被磨出一个或两个磨光面,冰川砾石整体上呈熨斗状,磨光面上有擦痕和刻槽,故称条痕石(Striated pebble)。

挖掘作用和磨蚀作用是同时进行的,但在冰床的不同部位,这两种方式作用的强度不完全相同,以挖掘作用的破坏力最大。一般在冰床的凸起部位与迎流面,磨蚀作用较强,而在冰床的背流面、冰床底部及冰川后缘,挖掘作用较为发育。

通常情况下,挖掘作用和磨蚀作用是同时进行的,冰川剥蚀力强弱同下列因素有关:
(1)冰层的厚度和重量:厚重者侵蚀力强。
(2)冰层移动的速度:速度大者侵蚀力强。
(3)携带石块的数量:携带石块数量越多,侵蚀力越强。
(4)地面岩石的粗糙程度:粗糙地面较易受冰川的侵蚀。
(5)底岩的性质:底岩松软者较易受侵蚀。
(6)岩层倾斜方向与冰川移动方向一致者,易遭侵蚀。

二、冰蚀地貌

在冰川的剥蚀作用下,可形成冰蚀谷、冰斗、角峰、羊背石等冰蚀地貌。

(一)冰蚀谷

经冰川挖掘、改造而形成的谷地称冰蚀谷(Glacial valley)(彩图74)。由于拔蚀作用和磨蚀作用的联合效应,谷地受到强烈的挖掘与刨蚀,不断加深和扩宽,而且突出的山嘴被切去,成为平直开阔的"U"形谷,也称为槽谷(Trough)。槽谷底因岩性差异,软弱岩层处形成冰盆,坚硬岩层处则形成冰坎。大陆冰流、岛屿冰盖或山谷冰川入海处,因冰床蚀低,冰川消融后将形成峡湾(Fiord)。槽谷谷坡上发育的支冰川,因其侵蚀能力远逊于主冰川,其谷底常比主谷高数十米到百余米,这类谷底称为冰川悬谷(Hanging valley)。

冰蚀谷的纵剖面常呈阶梯状,这是由组成冰床岩石的抗蚀力所决定的,坚硬的岩石常突起呈冰坎,易蚀岩石因易被深掘而成洼地。冰川后退,洼地可以积聚冰融水而成冰蚀湖或称冰湖(Ice lake)。谷底和谷壁经长期磨蚀后,可形成十分光滑的冰溜面,面上常有钉子形的冰川擦痕。

(二)冰斗

冰斗为山谷冰川重要冰蚀地貌之一,形成于雪线附近。在平缓的山地或低洼处,积雪最多,积雪的反复冻融造成岩石的崩解。在重力和融雪水的共同作用下,雪窝后壁和侧壁不断后退,将岩石侵蚀成半碗状或马蹄形的洼地,形成藤椅状的冰斗(Cirque)。冰斗的三面是陡峭岩壁,向下坡有一口,若冰川消退后,洼地积水成湖,即冰斗湖。

(三)角峰

若冰斗因为挖蚀和冻裂的侵蚀作用而不断扩大,冰斗壁后退,相邻冰斗间的山脊逐渐被削薄而形成尖锐的锯凿状山脊,称为刃脊或鳍脊。几个方向的冰斗同时进行溯源侵蚀,后壁可围成锥形的孤峰,形状很尖,称角峰(Horn)。在刃脊之间的底下鞍部处,则为冰垭。

应该特别指出的是,冰斗主要形成于雪线附近,因而古冰斗是当时雪线位置的标志,角峰的生成也在雪线上部不远处。然而,当地处强烈上升运动的山区,冰斗和角峰也随之升至高处;相反,若在低处发现冰斗,表明是地壳下降的结果。

(四)羊背石

在广阔的冰床上,由于岩石软硬不同,受冰川剥蚀作用的程度也有差异,可形成起伏不平的地面,其中由基岩组成的小丘常成群分布,远望如匍匐的羊群,故称为羊背石(图3-2-9)。

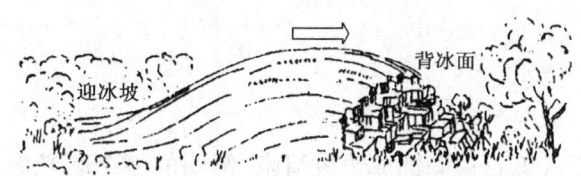

图3-2-9　羊背石(据 A. N. Strahler,1987)

羊背石平面为椭圆形,长轴方向与冰川流动方向一致,向冰川上游方向的一面由于冰川的磨蚀作用,坡面较平,坡度较缓,并有许多擦痕;而在另一侧,受冰川的挖蚀作用,坡面坎坷不平,坡度也较陡。羊背石的形成,是由于岩层是软硬相间排列的,当侵蚀作用与风化作用并行时,软的岩层会被侵蚀得较多、较深;而硬的岩石抵抗侵蚀、风化的能力较强,则形成隆起的椭圆地形,一面受磨蚀,一面受挖蚀。

第四节　风的剥蚀作用

一、风蚀作用的方式

风的剥蚀作用简称风蚀作用(Aeolian erosion),是指风以其自身的力量和所携带的沙石进行冲击和摩擦,致使地表岩石遭受破坏的作用。它是一种纯机械的破坏作用,按作用方式风蚀作用可分为吹蚀作用和磨蚀作用。

(一)吹蚀作用

风把地表的松散沙粒或尘土扬起并带走的作用,称吹蚀作用(Deflation),也称为吹扬作用。因为空气流动和水体流动一样,在达到一定速度及速度发生某种改变的情况下,都会发生紊流及涡流并产生上举力,从而引起吹蚀。吹蚀作用的强弱程度主要取决于风力的大小、松散颗粒的大小、地面的植被情况,在风速大、地面干燥、植被稀少及松散物覆盖区吹蚀作用尤其强烈,所以吹蚀作用主要见于沙漠及海滩等地。

最容易被风吹走的颗粒直径为 0.1mm 左右,直径小于或大于 0.1mm 的碎屑启动风速急剧增加。极为细小的粉尘因粒间黏结力以及地面光滑而使其启动风速增大。

(二)磨蚀作用

随风运移的风沙流对地面岩石的撞击与磨损作用,称磨蚀作用(Abrasion)。风力扬起的碎屑物冲击和摩擦地表,风速大,则扬起的碎屑物多且颗粒大,磨蚀能力强,如地面岩石松软,则易遭受磨蚀。

磨蚀是风依靠其吹扬起的坚硬矿物(大多为石英)对基岩表面的撞击和摩擦作用,使基岩受到破坏。磨蚀作用的强度显然与风沙流中的含沙量、沙粒的大小及风速有关,也与磨蚀对象的岩性、结构和构造有关。

二、风蚀地貌

由风挟沙通过侵蚀作用形成的地貌叫风蚀地貌,主要包括风棱石、风蚀洼地、风蚀谷、风蚀残丘、风蚀城堡等。

(一)风棱石

由于磨蚀作用,卵石或砾石被磨蚀成边棱清晰、鲜明的多个磨光面,这种石块称为风棱石(Ventifacts)(彩图75)。嵌在泥质物中的卵石因泥质物被蚀去而裸露,其上部先受磨蚀,形成光滑面,后来由于风向改变或卵石转动,另一部分又受磨蚀并形成另一磨光面,两个磨光面之间可形成一个明显的棱,这样的石块称单棱石。类似作用可因风向改变或卵石转动从不同的方向上多次进行,可形成三棱石、多棱石等。

(二)风蚀洼地

风蚀洼地(Blowouts)是地面因长期吹蚀作用使地面降低而形成的洼地。如果风蚀洼地的底部深达地下水面,这里的地面上会出现水草丰茂的沙漠中的绿洲,成为人们生产、生活的聚集地。

(三)风蚀谷、风蚀残丘和风蚀城堡

在干燥地区,暴雨洪流强烈冲刷而产生的冲沟后来经过风的地质作用改造、扩大而形成的谷地,称为风蚀谷(Wind valley)。风蚀谷可为狭长的壕沟,也可为宽广的谷地,常常蜿蜒曲折,沿主要风向延伸。风蚀谷长可达数十千米,谷底崎岖不平,谷壁一般较陡,因而导致谷壁时常发生崩落作用。

在风蚀谷地中残留的原始岩层的孤立高地称为风蚀残丘(Deflation unaka)(彩图76)。风蚀残丘由基岩组成,其形态各异,主要受岩石的岩性和构造控制。水平岩层常形成平顶山丘,可高达几十米;单斜岩层常形成单面山。

当裸露的基岩是水平岩层时,因岩层软硬不一且垂直节理发育,在风的长期吹蚀作用下可形成层层叠叠的平顶状残丘,宛若古城堡,故称风蚀城堡(Wind-eroded castle)(彩图77)。我国新疆吐鲁番盆地的库姆达格沙漠北部以及柴达木盆地西部都有由古近系—新近系砂岩、页岩及泥岩组成的风蚀城堡。

(四)石蘑菇和风蚀柱

风蚀作用所形成的上大下小的蘑菇状岩石露头称为石蘑菇(Mushroom rock)(彩图78)。近地面处风沙密集,磨蚀作用强烈,一些孤立突出的岩石露头下部受到强烈的风蚀,常形成石蘑菇。如果下部岩性较上部岩性软,或因水平节理发育,在差别风蚀作用下,更易形成石蘑菇。

垂直节理发育的岩石经长期风蚀后,易形成表面圆滑的石柱,称为风蚀柱(Wind erosion column)(彩图79)。它可以成群分布风蚀柱群,也可以单个耸立。

(五)蜂窝石与风蚀洞

干燥地区的岩石因其矿物成分复杂、硬度不一,物理风化作用强烈,加之风沙的磨蚀,可在陡峭石壁上形成大小不等且形状各异的蜂窝状凹坑,称为蜂窝石(Honeycomb rock)(彩图80)。在硬度较低的矿物岩石中,凹坑形成后随风沙的磨蚀作用会进一步加深扩大,当其达到洞穴规模时,称为风蚀洞(Wind erosion cave)。我国大同、敦煌和库车等地的千佛洞和大佛寺等,多半是由风蚀洞改造而成的。

(六)风蚀垄槽

在泥漠地上,泥土失水干裂,风沿裂隙吹蚀,裂隙扩大,可使平坦的泥漠地面变成不规则的、高宽可达几米、长达数十米至数百米的垄与沟,称风蚀垄槽。这样一种由不规则的垄与沟构成的支离破碎的泥质地面称雅丹(维吾尔语音),意即垄槽。风蚀垄槽在我国罗布泊地区广泛分布。

(七)风蚀洼地和风蚀盆地

风吹蚀地面松散物质后形成直径9~100m、深1m、平面呈圆形或马蹄形的洼地,称为风蚀洼地(Wind erosion blowout),蓄水后则可形成风蚀湖(Wind erosion lake)(彩图81)。洼地达一定深度或遇坚硬岩石或地下水位,都不利于加深,故风蚀洼地通常很浅。风蚀盆地则是由风蚀作用形成的盆地,规模比风蚀洼地要大得多。

第五节 海洋(湖泊)的剥蚀作用

一、海蚀作用的概念

海洋的剥蚀作用(Marine erosion)是指由海浪、海水的溶解作用和海洋生物的活动等因素引起的海岸及海底岩石的破坏作用,简称为海蚀作用。海蚀作用可分为机械剥蚀作用、化学剥蚀作用(又称溶蚀作用)、生物剥蚀作用三种形式,往往共同作用,但以机械方式为主。

(一)机械剥蚀作用

海洋的剥蚀作用以机械剥蚀为主,它对海岸的改造起着决定性作用。海水的机械剥蚀作用是由海水运动引起的,其动力以波浪为主,发生于海岸带及海水运动所能影响到的海底部分,其中海岸带是发生海蚀作用的主要地带。冲蚀作用和磨蚀作用是海水机械剥蚀作用的两种方式。冲蚀作用是指海水在运动过程中对岩石进行冲击并导致其发生破坏的过程;磨蚀作用则是指运动着的海水所携带的砂砾对岩石摩擦、碰撞而引起的破坏作用。若海水的动能大,则冲蚀作用增强;若海水携带的砂砾多,则磨蚀作用增强。

(二)溶蚀作用

海水的化学剥蚀作用又称溶蚀作用。海水因为含有较多的二氧化碳等成分,具有一定的溶蚀能力,可对海岸及部分海底岩石进行溶蚀破坏。

(三)生物剥蚀作用

生物剥蚀作用是由海洋生物的生命活动引起的。生活在滨海区的生物多为营钻孔生活的生物,它们可以通过分泌某些有机质来溶蚀岩石或用壳刺钻凿岩石,形成一些孔道和凹坑,破坏滨岸带的岩石。

二、滨海区的剥蚀作用

滨海及海岸带是海蚀作用最强烈的地带。海蚀作用的结果是使海岸从陡岸向缓岸转化,使曲折的岬湾岸变为平直海岸,使以剥蚀作用为主的海岸向以堆积作用为主的海岸转化。海岸按岩性可分为基岩海岸、砾质海岸、砂质海岸、泥质海岸四类,其中后三类是由松散碎屑物组成的海岸,它们遭受海蚀作用的改造过程以及其所形成的剥蚀地形都具有一定差别。

(一)基岩海岸的海蚀作用

由基岩组成的海岸一般地形比较陡峭,在岸壁基部与海平面的接触处,因受波浪的频频冲击,可形成沿水平方向展布的凹穴,称海蚀槽(Sea notch),也可形成洞穴,称海蚀穴(Sea cave)(图 3-2-10)。它们是在拍岸浪长期作用下形成的,在拍岸浪对海岸岩石冲击时,可将海水和空气强行挤入裂隙中,造成很大的压力,在冲击间隙海水退出时,又形成强大的负压,这样长期反复作用可导致岩石破碎,裂隙不断扩大,形成凹槽。波浪所携带的砂、石对岩石的磨蚀作用也是使岩石破坏的原因之一。在海湾转折处或岬角处,因波能集中,局部侵蚀能力加强,则易形成海蚀穴。海蚀穴常可深数米至数十米,洞内常有磨圆的砂砾;海蚀槽的深度可自数十厘米至数米。当海蚀槽不断向内扩大时,其上悬空的岩石因失去支撑而发生重力塌落,形成陡峭的崖壁,称海蚀崖(Sea cliff)(彩图 82)。

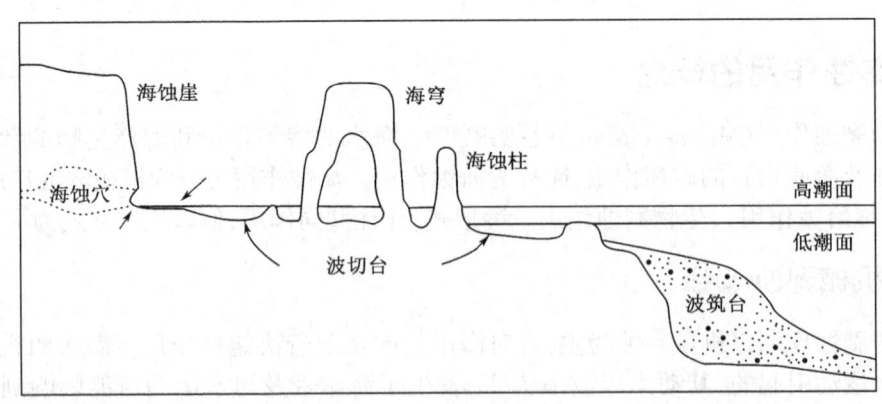

图 3-2-10 基岩海岸海蚀地形示意图(据 K.W. Butxer,1976)

海蚀崖的基部将继续受浪击,形成新的海蚀槽,并发生新的重力塌落。如此反复进行,加上风化作用的联合破坏,会使崖壁节节后退。侵蚀海岸后退的平均速度为1cm/a,波罗的海海岸(因由冰碛物构成)的后退速度为1cm/a,经常受暴风袭击的海岸可达2~5cm/a。崖壁后退在崖前形成一个表面平坦、高度几乎接近海平面、微向海洋方向倾斜的平台,称为波切台(Wave cut bench)。波切台在横剖面上呈微向上凸的曲线形,宽度自数米至数十米,甚至可达数百米。浪蚀作用和海蚀崖坍落的岩块、砂粒则由底流带至水下堆积,形成由堆积物构成的平台,称波筑台(Wave built bench)。在海蚀崖后退和波切台扩展的过程中,岩性和裂隙发育程度不同,导致海蚀作用程度的差异,可形成海穹、海蚀柱等海蚀地形。如突出的海岬两侧同遭浪击,可同时发育海蚀洞。一旦洞穴彼此相通,即可形成一座海蚀天生桥,称海穹(Sea arch)。当洞穴增大致使顶板塌落,则可形成孤立的海蚀柱(Sea stack)。

海蚀平台因海蚀作用而不断展宽,使波浪冲击崖基时要经过越来越长的距离,致使波能的消耗也越来越大。当海蚀平台宽度大到使波浪的全部动能消耗殆尽时,海蚀作用即趋于停止,此时基岩海岸的横剖面成上凸形曲线,线上各点的侵蚀强度趋于零,此剖面称为岩岸海蚀平衡剖面(图3-2-11)。

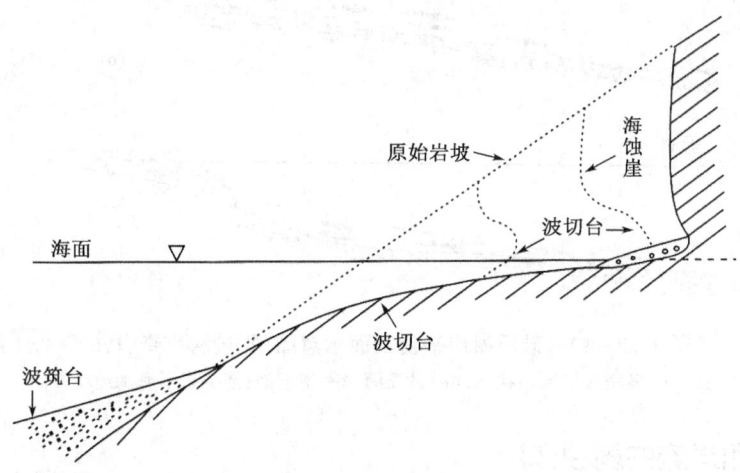

图3-2-11 滨岸海蚀平衡剖面示意图(据徐成彦等,1988)

(二)砂质海岸的改造

砂质海岸的改造是由波浪和潮流引起的,进浪可携带砂粒向海岸方向运动,海水退回时底流又把部分砂粒带回海中。

海底沉积物受到的作用力有波浪力、重力和底流作用力等,海底沉积物的移动方向和距离取决于其所受到的作用力的合力及相对大小。在浅水区,波浪的作用使海底的水质点作椭圆状或近似直线状往复运动,底面上砂粒也随之作向岸和向海的往复运动;波浪的冲击力使砂粒在每次往复运动中并不回到原地,而是稍微向波浪前进方向(即海岸方向)移动。同时,海底是一斜面,由于砂粒受重力沿海底产生一指向海洋的切向分力,加上底流作用力的影响,导致砂粒向海一侧移动。在中立点,波浪力与重力(或底流作用力)几乎相等,砂粒向岸和朝海的移动距离相等,纯运动等于零;中立点以上,水较浅,波浪力较强,致使砂粒向岸一侧移动;中立点以下,水较深,波浪力弱,且有底流的影响,导致砂粒朝海一侧移动。

在波浪的作用下,即使原来是均一的坡度也会发生变化。中立点以下,由于砂粒不断向海一侧推移而形成侵蚀凹地,并把砂粒堆积到更深一点的波浪作用微弱的海底,使这段剖面变得平坦;中立点以上,则因砂粒被带向海岸一侧,也出现侵蚀凹地,被推移的砂粒堆积在岸边高处,使这段剖面变陡;经过长期的波浪作用,海滩的剖面形态变为一条下凹形的曲线,剖面上各点的砂粒都只能作等量的往复运动,处于这种状态的海滩剖面称砂质海岸的平衡剖面(图3-2-12)。砂质海岸的平衡剖面是一个理想的平衡剖面,由于各种因素(如气候、风力、潮差、波能等)的不断变化,现实中是达不到的,但它却能反映砂质海岸的演化趋势,对了解波浪、潮流对砂质海岸的改造过程有重要意义。

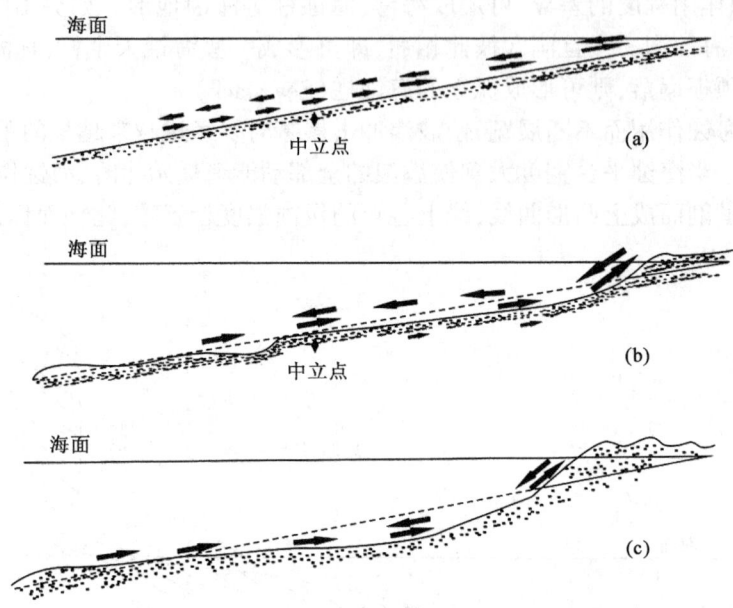

图3-2-12　砂质海岸平衡剖面示意图(据曾科维奇,1962)
(a)、(b)砂质海岸原始状态;(c)砂质海岸平衡剖面;箭头指示海水运动方向

(三)潮流和洋流的剥蚀作用

潮流的剥蚀作用主要发生于大陆架上一些地形狭窄并有强潮流通过的地方,以及以潮汐作用为主的潮坪海岸,如我国海南岛与雷州半岛之间的琼州海峡、日本濑户内海的明石海峡、东南亚巽他群岛各岛屿之间的水道等。潮流的剥蚀作用可形成潮流侵蚀谷,在形态上呈孤立的槽形,两端变浅,中间较深。潮流侵蚀谷在纵剖面上的这种起伏,反映了潮流经过海峡时流速由小增大再减小的变化过程。潮流侵蚀谷的谷底常由粗砂砾或基岩组成。在潮汐作用为主的粉砂—泥质海岸上,往复流动的潮流可在浅滩上侵蚀形成细长的潮水沟,其大致与海岸相垂直,向陆一端往往呈树枝状分叉。潮水沟中落潮的流速可达1.5m/s,因而具有较强的侵蚀力,沟底常分布有潮流侵蚀泥滩而形成的泥砾。

洋流的剥蚀作用主要分布在大洋底流分布区,深海谷是大洋底流的主要剥蚀地形。在大洋盆地中分布着许多深海谷。从大西洋的深层海流(底流)及深海谷的分布图(图3-2-13)可以看出,两者的分布大致吻合,它们的延伸与大陆海岸线近于平行。在冰岛以南的深海谷中,通过海底摄影曾发现谷壁遭受剥蚀的痕迹。在大西洋近赤道附近的海洋中,大洋底流自西往东流动,横穿大洋中脊,这一段深海谷位置与"罗曼奇断裂带"的位置恰巧一致,无疑此谷具有构造成因,但又受大洋底流侵蚀的改造。

(四)海平面的变动与海岸线变迁

海平面是衡量陆地地形的高程和海底地形深度的基准面,是陆地上河流的最终侵蚀基准面,也是影响海陆分布的基本因素。海平面的变动可分短期变化和长期变化两种。海平面的短期变化是由波浪、潮汐、海流、水温等因素而引起的。海平面的长期变化是由全球性因素引起的,主要有地壳的升降运动、地球上冰川的消长、海盆容积的变化、地球自转速度的变动等全球性因数。如第四纪更新世末期的玉木冰期全盛时,由于大陆冰盖面积扩大,大量液态水转变为固态冰,全世界海平面曾下降了100~135m。

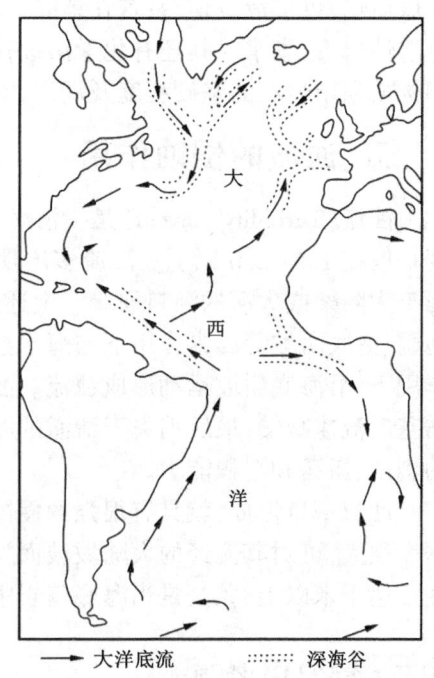

图3-2-13 大西洋深层洋流与深海谷分布示意图(据谢帕德·列昂捷夫等,1979)

若海平面变动,不论是升高还是降低,都必然引起海岸线的变化,也会影响海蚀作用和沉积作用的进行。海平面相对上升时,出现海侵,海岸线向大陆方向推进;海平面下降时,出现海退,海岸线向海洋方向后退。海平面保持相对稳定时,海岸线附近刻下了海蚀作用的痕迹或留下了沉积记录;当海平面下降、海岸线后退时,它们可上升成陆地,海蚀平台上升成为高出海面的海蚀阶地,海滩转变为堆积阶地;当海平面上升、海岸线前进时,原来的滨海区乃至海滨平原都会沉入海下,现在大陆架上分布的溺谷、侵蚀面和堆积面,以及陆生动物化石等都是因为海面上升而被淹没的原滨海平原上的遗迹。

海岸带的海洋地质作用也可以独自改造海岸线,使海岸线前行或后退。海蚀作用加强,可使海岸线向大陆推进,沉积作用占优势时,则发生海岸线向海洋后退。我国黄河自1855年北迁注入渤海后,苏北废黄河口附近海岸从此便出现强烈冲刷,海岸线向陆每年前进100m左右;射阳河口以南的海岸以接受沉积为主,海岸线平均每年向海洋方向推进100m左右。最近百余年来,全球海平面是稳定的,并无明显升降,因此完全可以认为苏北海岸的变迁是海洋地质作用引起的。

三、浅海、半深海和深海的剥蚀作用

近几十年来对海底的调查发现,潮流风暴流通过浅海底大陆架地形狭窄的地方,形成有深浅不同的槽形谷,它们垂直于海岸线分布;在半深海大陆坡上,分布着下切深度达数百至数千米的"V"形峡谷,大多数学者认为是浊流侵蚀造成的;在深海海底,强海流可冲刷沉积物,并在构造成因的沟谷中留下冲刷痕迹。

四、湖泊的剥蚀作用

湖泊是陆地上的积水盆地,其特征与海洋相似,只是在规模上较小。湖泊水对湖泊的破坏作用称为湖泊的剥蚀作用(湖蚀作用)。湖泊的剥蚀作用包括机械剥蚀作用(冲蚀、磨蚀)和化学溶蚀作用等方式,以机械剥蚀作用为主。较大的深水湖中,在强大的风力作用下可形成较大的湖浪,对湖岸发生冲蚀和磨蚀作用,可形成湖蚀洞、湖蚀凹槽和湖蚀崖,使湖岸遭受破坏。湖蚀崖后退,可形成波切台;若在地壳运动作用下波切台被抬高,可形成湖成阶地。如果湖岸有可溶性岩石,湖水对其还有化学溶蚀作用,使湖岸破坏。湖泊剥蚀作用的强弱决定于湖浪大小和构成湖岸岩石的坚硬程度及湖岸的倾斜度。软性岩石和坡度较大的地带较容易遭受湖蚀。

五、浊流的侵蚀作用

浊流(Turbidity current)是指清澈水体中沿底部运动的一股被泥沙搅和的水团,其相对密度一般在1.5~2.0以上。浊流多出现于海洋,在一些大型湖泊也可见到。一般认为,浊流发源于大陆架或大河的河口前缘。上述地区堆积了厚度大的松散沉积物,它们可能在强风暴或地震、海底滑坡等因素作用下与海水混合,形成相对密度大于海水的一股水团,经汇聚,在重力作用下,沿海底斜坡运动形成浊流。浊流沿大陆坡而下,开始流速较慢,之后逐渐加快,流到大陆基后流速减慢,最后消失于清澈的海水之中。浊流的流速每秒可达20~30m,因而具有较强的剥蚀、搬运和沉积能力。

浊流一旦形成,就具有很强的侵蚀能力。浊流的厚度一般在20~200m之间,因其流速和密度很大,可对其流经的大陆坡坡面发生强烈的侵蚀作用,形成崎岖的海底峡谷,谷壁陡峭,深度常达千米以上,尤其是当海底基岩中断裂发育时,更有利于浊流的侵蚀和海底峡谷的形成。

复习思考题

1. 简述河流剥蚀作用的类型和特征。
2. 比较片流和洪流侵蚀作用的特点及其影响因素。
3. 什么是河流的侵蚀基准面?它与河流的平衡剖面有何关系。
4. 河流的向源侵蚀作用是如何使河谷加长的?
5. 河流的袭夺是怎样产生的?
6. 河流的上游、中游和下游的侵蚀作用方式相同吗,为什么;河谷形态有什么不同?为什么?
7. 冰川的剥蚀作用有何特点?冰蚀地貌主要有哪些?它们是如何形成的?
8. 冰川刨蚀作用形成哪些地形?各有何特点?
9. 冰川的磨蚀作用和挖掘作用在冰床的不同部位,其作用有何不同?
10. 我国北方每年多次出现沙尘暴天气,有无办法不使沙尘暴天气发生?
11. 试比较V形谷、U形谷、风蚀谷的特点,并分析其成因。
12. 地下水对石灰岩的溶蚀作用是怎样发生的?溶蚀作用的强弱与哪些条件有关?
13. 地下水的剥蚀作用与地面流水的剥蚀作用是如何改造地表形态的?它们的相互关系如何?
14. 通常岩溶作用的发生需要具备哪些基本条件?
15. 为什么我国南方地区岩溶地貌发育,而北方发育较差?
16. 海水的剥蚀作用各有哪些类型?可形成哪些地貌?
17. 海蚀凹槽在什么部位最发育?它的形态有什么特征,有何地质意义?
18. 波切台是如何形成的,有什么特征?古波切台有什么意义?
19. 波浪是如何改造基岩海岸的?
20. 波切台与波筑台是一回事吗?两者的关系如何?

21. 海岬和海湾处的侵蚀作用有何不同？为什么？
22. 分析不同气候区剥蚀作用的类型及特点。
23. 试分析不同类型剥蚀作用的相互关系。

拓展阅读

黄定华. 2004. 普通地质学. 北京:高等教育出版社.

柳成志,冀国盛,许延浪. 2010. 地球科学概论. 2版. 北京:石油工业出版社.

马建良,王春寿. 2009. 普通地质学. 北京:石油工业出版社.

舒良树. 2010. 普通地质学. 北京:地质出版社.

汪新文,林建平,程捷. 1999. 地球科学概论. 北京:地质出版社.

吴泰然,何国琦. 2003. 普通地质学. 北京:北京大学出版社.

夏邦栋. 1995. 普通地质学. 北京:地质出版社.

徐成彦,赵不忆. 1986. 普通地质学. 北京:地质出版社.

雅库绍娃 AΦ,哈茵 BE,斯拉温 BN,著. 1995. 普通地质学. 何国琦,等译. 北京:北京大学出版社.

杨伦,刘少峰,王家生. 1998. 普通地质学简明教程. 武汉:中国地质大学出版社.

杨桥. 2004. 地球科学概论. 北京:石油工业出版社.

第三章 搬运作用

母岩的风化产物从物源区转移到沉积区沉积，必须借助于水、空气、冰川等介质的搬运，或推移，或跃移，或悬移，或载移，或溶运。在搬运过程中，各种介质对风化产物进行了不同程度的改造，正如"滚滚长江东逝水，浪花淘尽英雄"（杨慎《临江仙·滚滚长江东逝水》），在很大程度上决定了沉积岩的基本特征。

地表风化和剥蚀作用的产物主要是碎屑物质和溶解物质，它们除少量残留在原地外，大部分都要被运动介质搬运走。运动介质包括地表流水、地下水、海洋、湖泊、空气、冰川等。运动介质将自然界中的风化、剥蚀产物从一个地方转移到另一个地方的过程，称为搬运作用（transportation）。

第一节 搬运作用的方式

搬运作用的方式包括机械搬运、化学搬运和生物搬运三种。其中，生物搬运与前两种类型相比，意义较小。

一、机械搬运作用

机械搬运作用（mechanical transportation）是各种运动介质搬运风化、剥蚀所形成的碎屑物质的过程。流水、海（湖）水、风、冰川等介质均能进行机械搬运，但是不同介质有不同的运动特点，所搬运的各种碎屑本身的特点（颗粒大小、形状、密度等）也不尽相同，因此，机械搬运作用搬运碎屑物质的方式也存在差异。概括起来，机械搬运碎屑物质的方式可分为推移、跃移、悬移和载移四种。

碎屑物质的搬运方式取决于颗粒在介质中的受力状况。流体作用于碎屑颗粒上的力主要有浮力（F）、重力（G）、水平推力（P）和垂直上举力（R）。水平推力（简称推力）是流体作用于颗粒上的顺流向的力，垂直上举力则是由紊流的扬举作用和流体由于不同深度的速度差异而产生的一种向上的力。

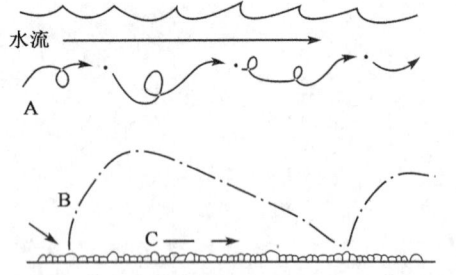

图 3-3-1 水流对碎屑物质的三种搬运方式
（据 R. C. Selly，1982；转引自陈建强等，2011）
A—悬移；B—跃移；C—推移

（一）推移

流体在运动过程中，对碎屑物质有一个向前的推力。当 $P \geq f \cdot (G-F-R)$ 时（f 为摩擦系数），碎屑颗粒开始沿介质底面滑动或滚动，这种搬运方式叫推移（traction transportation）（图 3-3-1）。被推移的物质一般为粗碎屑物质，如粗砂和砾石。颗粒的重量与颗粒半径的立方成正比，如果碎屑颗粒成分相同或相似，显然粗大的颗粒需要较大的推动力才能克服摩擦力而移动，细小的颗粒只需较小的推动力便可向前移动。简言之，砂比砾石更容易搬运，这和自然界中见到的情况一样。如果碎屑颗粒的成分不同,则密度大者需较大推力才能移动,而密度小者需较小的推力就能移动。碎屑颗粒的形态也是重要的影响因素,球形颗粒容易被推移产生滚动,椭圆形颗粒次之,扁圆形或球度低的颗粒在较大的推力条件下才能产生滚动,一般多产生滑动。

(二)跃移

在搬运过程中,碎屑物质沿地面呈跳跃方式向前移动的过程叫跃移(saltation transportation)(图3-3-1)。一般来说,细砂、粉砂的搬运方式以跃移为主。当碎屑颗粒受到垂直上举力(R)达到或超过其在流体介质中的有效重力($G-F$)即 $R \geqslant G-F$ 时,碎屑颗粒就会从地面上跃起,并在推力作用下向前移动。当颗粒上升到一定高度时,上举力就会大大减小,在重力作用下,颗粒再次落到地面上。上举力减小的原因是:颗粒跃起后,颗粒上下的绕流线呈对称状,并且颗粒上下流体的速度差也明显变小,导致压力差减小。颗粒跃起、降落,再跃起、再降落,这一过程反复地进行,碎屑颗粒就不断地跳跃前进。跃移主要与受力状况和流体速度有关,还与碎屑颗粒大小、形状、密度等特征有关。

(三)悬移

细小的碎屑颗粒在流体中,由于其受到的垂直上举力(R)与浮力(F)之和总是大于本身的重力(G),即 $R+F \gg G$,故不易沉到底部,总是呈悬浮状态被搬运(图3-3-1),这种搬运方式称悬移(suspension transportation)。悬移主要发生在紊流中,流体的紊流作用使得上举力大于碎屑颗粒的重量,其结果使细小的物质悬浮在流体中搬运。碎屑颗粒是否以悬移方式搬运,除与紊流作用和颗粒大小等因素有关之外,还与颗粒形状、密度及流体黏度有密切关系。在相同的流速条件下,粒径小、密度小的颗粒易于悬浮,而粒度大、密度大的颗粒则不易于悬浮。

(四)载移

冰川在运动时,一方面对冰体之下的冰蚀谷基岩进行刨蚀,另一方面接收冰蚀谷两侧掉落在冰体之上的碎屑物,同时推移冰体前端的碎屑物质,并逐渐将这些碎屑物质冻结在冰体中,随冰体一起向前运动。无数冰川形成的冰河恰似一条传送带载运物质,故将冰川的这种搬运过程称为载移。载移与载体有关,与碎屑物质自身的特征关系不大。

河流的搬动方式见动态图36。

动态图36 河流的搬运方式

二、化学搬运作用

母岩经化学风化、剥蚀作用分解的产物(溶解物质)呈胶体溶液或真溶液的形式被搬运称化学搬运作用(chemical transportation),有时被称为"溶运"(solution transportation)。化学搬运作用可分为胶体溶液搬运和真溶液搬运两种方式。Al、Fe、Mn、Si 的氧化物难溶于水,大部分以胶体溶液的形式搬运;Ca、Mg、Na 等元素所组成的盐类,绝大部分以真溶液的形式搬运(图3-3-2)。

(一)胶体溶液搬运

低溶解度的金属氧化物、氢氧化物和硫化物,常呈胶体溶液被搬运。胶体溶液的性质介于悬浮液和真溶液之间,在普通显微镜下不能识别。胶体质点极小,直径为1~100nm,多呈分子状态,

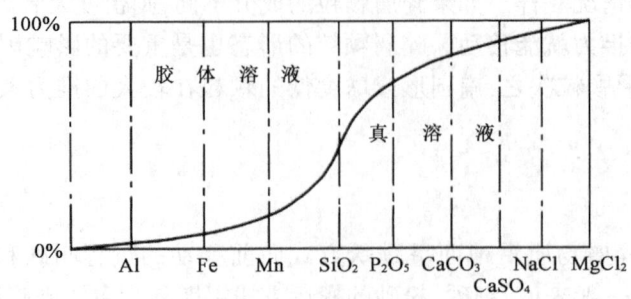

图 3-3-2　自然界中胶体溶液与真溶液分布情况示意图（据刘宝珺，1980）

作布朗运动，因此重力影响微弱，能够被长距离搬运；胶体质点常带电荷，当带有相同电荷的胶体质点相遇时，因同种电荷之间的排斥力而避免胶体质点聚集成大质点，有利于搬运；有机质的护胶作用可使胶体在搬运中保持稳定。当胶体进入海洋或湖泊中，由于化学条件发生变化，特别是遇到异种电荷的胶体质点，电荷被中和，胶体质点聚集成大质点，并在重力作用下发生沉淀。

（二）真溶液搬运

母岩风化、剥蚀产物中，Cl、S、Ca、Na、K、Mg 等成分多呈离子状态溶解于水中，即呈真溶液状态被搬运，有时 Fe、Mn、Al、Si 也可以部分呈离子状态在水中被搬运。可溶物质能否溶解、搬运或者沉淀，与其溶解度有关。可溶物质的搬运或沉淀还与水介质的酸碱度（pH 值）、氧化—还原电位（Eh 值）、温度、压力以及 CO_2 含量等一系列因素有关。

三、生物搬运作用

生物搬运作用（biological transportation）有两种方式。

一种方式是生物通过新陈代谢作用，在其生活的过程中不断从周围介质中吸取一定物质成分，从而把一些元素富集起来。在生物的机体中，大量地集中了如 C、O、N、S、P、K、F 等元素，在动物的骨骼和介壳中，特别富集了 Ca、Mg、Si 等元素。当生物死亡以后，其遗体的堆积就可以形成特定的有机岩或有机矿产。

另一种方式是由于生物作用而引起的周围介质条件的改变，从而影响某些物质的搬运。例如，生物排出的 CO_2，对碳酸盐的溶解有很大影响。又如，原生沉积物包含大量细菌，而细菌的生命活动释放出 NH_3、H_2S 等，改变着介质的 pH、Eh 等物理化学条件，从而影响了原生沉积物的溶解。

相对于第一种生物搬运方式而言，第二种方式对物质的搬运起间接作用。

第二节　不同介质的搬运作用

在地面流水、地下水、海洋、湖泊、风和冰川等介质中，有些介质既能进行机械搬运，又能进行化学搬运，而有些介质只能进行机械搬运。不同介质各具特点，因此它们的搬运作用也存在明显差异。

一、地面流水的搬运作用

地面流水主要是指地表的河流，其搬运作用既有机械搬运，也有化学搬运，但以机械搬运作用为主,包括推移、跃移和悬移3种方式。

(一)河流中机械搬运方式的影响因素

碎屑颗粒在流水中的搬运方式与流水的流动状态(主要是流速)密切相关。在洪流中,推移、跃移和悬移三种方式往往同时存在;河流上游水急、颗粒较大,推移、跃移和悬移三者共存,且推移、跃移更重要一些,在中下游则是跃移和悬移更重要。碎屑颗粒的搬运方式不是固定不变的,随着流速增大,推移可变为跃移,跃移也可变为悬移;流速降低时,则发生相反的转变。

碎屑颗粒本身的特点(颗粒大小、形状、密度等)也能影响其搬运方式。河流中较粗大的砾石多是以推移方式搬运。它们在河水推动下,其长轴总是垂直水流方向,并沿河底向前移动。一旦水流推力减小时,它们就停积下来,砾石的最大扁平面倾向河流上游,并呈叠瓦状排列。位于主流线附近的砾石,长轴方向可与水流平行,最大扁平面仍倾向河流上游,据此可以判断古代河流的流向。颗粒中等的砂粒搬运方式很复杂,由于水流是不均匀的运动,砂粒也就会不均匀地运动,发生推移与跃移相交替的现象。粉砂及更细的颗粒通常以悬移为主。另外,密度大的圆球形、椭球形颗粒更多地以推移方式搬运,而密度小、呈片状的颗粒,如云母,多以悬移方式搬运。

(二)河流搬运能力的影响因素

河流的搬运能力与流速有关。根据艾里定律:被搬运碎屑颗粒的粒径与流速的平方成正比,即 $R \propto v^2$(R 为颗粒直径,v 为流速);而颗粒重量与其半径的立方成正比,即 $G \propto r^3$(G 为颗粒重量,r 为半径);所以被搬运颗粒的重量与流速的6次方成正比。如果流速增加1倍,则能被搬运的颗粒重量将增大64倍。因此,在山区河流或上游河段中,常可见到直径 2~3m 的石块被搬运走。

除了流速以外,河流的搬运能力还与河流流量有关。长江中下游在一般的流速下携带的仅是黏土、粉砂和砂,但数量巨大。相反,一条快速的山间河流可以携带巨砾,但搬运量很小。流量越大,搬运能力越强。

河流的搬运能力还与流域内自然条件有关。气候干燥、风化强烈、地面缺少植被的地区,进入河流的泥沙多;反之,进入河流的泥沙则少。全世界河流每年能将约 2×10^{10}t 的碎屑物运入海洋。我国黄河在流经黄土地区以前,其机械搬运量不大,而进入黄土地区后,含砂量猛增。黄河的最大含砂量为42.29%,其支流无定河最大含砂量竟达78%,故有"黄河斗水七升砂"之说。长江流域因植被覆盖较好,输砂量比黄河小得多。

二、地下水的搬运作用

(一)地下水的一般特征

地下水是指赋存在松散沉积物和岩石孔隙、裂缝、洞穴中的水体。根据地下水储集空间的性质,可以将地下水划分为孔隙水、裂隙水和喀斯特水。

孔隙水赋存于沉积物和岩石的孔隙中,多呈均匀而连续的层状分布,构成具有统一水力联系的含水层。裂隙水赋存于岩石裂缝中,由于岩石不同部位裂缝的规模、密度、张开程度、连通性存在差别,因此裂隙水的分布不均匀,且水力联系较差。孔隙水和裂隙水通常是相伴而生的,在孔隙和裂缝中流动时摩擦阻力大,以致流速较小,机械搬运很弱,化学搬运是主要的。喀斯特水主要赋存于碳酸盐岩洞穴、溶洞、暗河中,其分布具有局部性、集中性,水量丰富,流速较快,机械搬运的能力可与地表河流相比较。

(二)地下水的化学搬运和化学成分

除喀斯特水有较强的机械搬运能力外,其他地下水主要是以真溶液及胶体溶液两种方式进行化学搬运。

地下水一方面在补给,一方面在排泄,故地下水是流动的。分布于孔隙、裂隙中的地下水,与岩石充分接触,溶解岩石中的部分矿物直至饱和。饱和的地下水被排泄掉,同时不饱和的补给水又补充进来继续溶解岩石,因此,地下水通过流动(补给—排泄)而不断地对岩石进行溶解和化学搬运。

地下水化学搬运物的成分和数量,取决于地下水渗流区的岩石的性质和风化程度。流经石灰岩地区的地下水,含 HCO_3^-、Ca^{2+}、Mg^{2+} 较多。在干旱及半旱地区,因化学风化较弱,只有极易迁移的 K^+、Na^+、Cl^-、SO_4^{2-} 等离子,易被地下水搬运走。在湿热气候区,化学风化作用强烈而彻底,地下水搬运的物质除上述物质以外,可有较多的 SiO_2、$Al(OH)_3$、$Fe(OH)_3$ 等胶体物质。

(三)地下水的化学搬运能力及其影响因素

地下水的化学搬运能力,与水温、压力、运移速度、pH 值及 CO_2 含量有关。一般来说,温度高、压力大、流速快、CO_2 和酸类物质含量高时,其溶运能力强;反之,则较弱。据统计,全世界每年由河流搬运入海的溶解物质多达 $49\times10^8 t$,其中大部分由地下水搬运而来。

三、海洋和湖泊的搬运作用

海洋和湖泊是碎屑物质和溶解物质沉积的最终场所。刚进入海洋和湖泊的碎屑颗粒和溶解物质在沉积之前还要进一步被搬运,其中碎屑颗粒的机械搬运是主要的。

引起海洋中碎屑颗粒搬运的主要营力是波浪和潮汐,其次是海流。在滨海地区,通常以波浪为主要搬运营力;在峡湾或潮汐通道附近,潮流的搬运作用明显;在半深海与深海,则以海流为主要营力。

(一)波浪的搬运作用

1. 波浪的一般特征

波浪(wave)主要是由风摩擦海水而引起的,也可因潮汐、海地地震以及大气压的剧烈变化而产生。波浪的大小依风速和传播时间而定,如风速达到 1.1m/s 且持续吹动,便产生波浪。在外海,波浪发生时,波形沿水平方向向前传递,而水的质点则是在原地作上下旋转运动而无实质性位移(图 3-3-3)。

一般情况下,波高不超过 4m,波长不超过数十米。大风暴时,波高可达 15~30m,最大波长可达 800 多米。由于水的内摩擦作用,水质点的圆周运动半径是随深度增加而减小乃至消失的。波浪向深部传导一般不超过波长的 1/2,在深度达 1/2 波长时,波浪几乎停止,这一深度界面称为浪基面或波基面(图 3-3-4)。

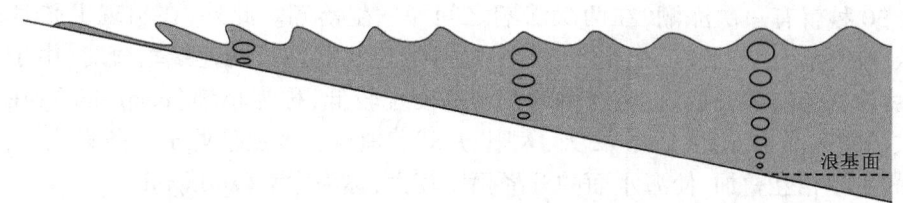

图 3-3-3　滨海地带波浪运动示意图(据任明达,1985,有修改)

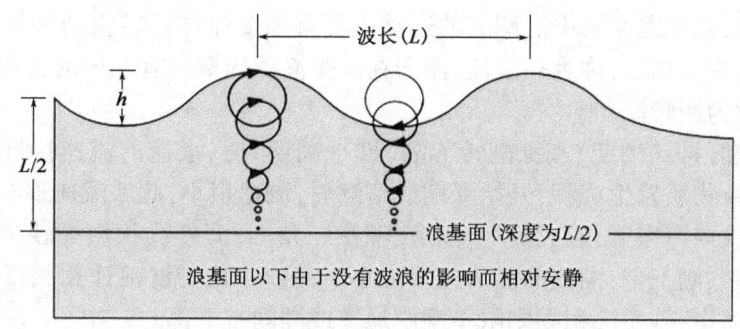

图 3-3-4　浪基面与波浪中质点运动示意图
(据 http://www.tulane.edu/~sanelson/Natural_Disasters/coastalzones.htm)

2. 波浪的搬运作用

波浪对碎屑物质的搬运主要发生在浪基面以上的海底,即滨海地带。浪基面以下的海底不受波浪的影响。波浪可以沿垂直于海岸的方向运动,也可以沿平行于海岸的方向运动,大部分是处于这两种极端情况的过渡类型,即沿与海岸斜交的方向运动。

当波浪运动方向垂直于海岸时,进流将较粗的碎屑推向岸边,回流则将较细的碎屑带向深水区。这种碎屑物质在与海岸方向垂直的移动称为横向搬运,它可使碎屑物质产生良好的分选,并造成碎屑物质由岸向海呈带状分布,即砾石、粗砂在岸边,较细的物质向海一侧。由运动方向与岸垂直的波浪形成的滨海砾石的长轴大致与海岸线平行,其最大扁平面倾向海洋。

在特殊的地形条件下,波浪运动方向可以平行于海岸,形成沿岸流(longshore current),碎屑物质沿海岸分布,形成湾口坝和沙嘴。

当波浪斜向冲击海岸时,波浪的运动方向可以分解为垂直于海岸和平行于海岸方向的两个分量。垂直于海岸方向的分量形成回流,把碎屑物质向海搬运;平行于海岸方向的分量则形成沿岸流,碎屑物质被沿岸搬运。

(二)潮汐的搬运作用

在月亮、太阳等天体的影响下,地球上的海平面发生周期性升降的现象,称为潮汐(tide)。海水(含地球上的一切物体)恒受月地引力及地月系统围绕其质量中心旋转而产生的离心力的共同作用:在地球的向月端,引力大于离心力,合力指向月球,海水鼓起,发生涨潮;在地球的背月端,离心力大于引力,合力背向月球,海水也鼓起,也发生涨潮。与此同时,在距离向月点90°的地面上,海水面相应降低,发生潮落。日地距离远大于月地距离,月球对地球潮汐的影响远大于太阳。

潮汐具有周期性,月球绕地球旋转一周所需的时间为 24 小时 51 分,故同一地点每隔 12

小时 25 分 30 秒就有一次涨潮,在两次涨潮之间即发生落潮。此外,在出现上弦月或下弦月(农历初八、初九及廿二、廿三)之后 1~2 天,地月的连线同地日的连线垂直时,由于太阳和月亮对地球潮汐的影响部分抵消,所产生的潮汐高度也较低,称为小潮(neap tide);在出现新月和满月(农历初一和十五)之后 1~2 天,太阳、月球和地球三者近乎处于一条直线上,月球和太阳能引起的潮汐相互叠加,使海水面的升降幅度较大,称为大潮(springtide)。

潮流具有双向性。受潮汐影响周期性涨落的水位称潮位(tide level),而由潮汐引起的海面高度变化迫使海水作大规模水平运动,形成潮汐流,简称潮流(tide current)。涨潮时,潮水涌向陆地;落潮时,潮水退回海中。潮流的运动主要有往复流和回转流两种形式:涨潮与落潮的潮流路径相同、方向相反,称为往复流;流向在一个潮汐周期内有规律的变化,涨潮与落潮路径不同的潮流,称为回转流。

在落潮转涨潮(即停潮期)和涨潮转落潮(即平潮期)时,潮流的流速接近或等于零,这时大部分悬浮的细粒物质发生沉积;开始涨潮或落潮时,流速很小,此后流速逐渐增加,冲刷部分海底沉积物向岸或向海搬运,形成潮坪、潮道、潮汐三角洲、滨外线状坝等砂质沉积物。因此,从潮下带到潮间带、潮上带,潮流的能量逐渐减小。潮汐作用与波浪作用相反,它趋向于把细粒沉积物搬运到海岸,砂质沉积物则限于潮汐通道或潮间带下部。

另外,海洋中的深海浊流、等深流、内潮汐流、冷流、暖流、赤道洋流和上返洋流等对碎屑物质的搬运和沉积均有一定的作用。

湖泊中主要的搬运营力是波浪,其搬运作用与海洋中的波浪类似,不过其动能比海洋波浪要小得多。此外,一般湖泊水体的体积比海洋小很多,其与天体之间的万有引力也非常小,不足以形成一定规模的潮流。

(三)深水重力流搬运作用

重力流(gravity flow)不是特定沉积环境的产物,除了陆相环境中可以见到外,在半深海和深海环境中大量出现,是半深海和深海沉积物搬运的重要方式之一。它是一种在重力作用下发生流动的弥散有大量沉积物的高密度流体,也可称其为沉积物流、块体流。重力流驱使沉积物发生流动的动力是重力,确切地说是重力沿下坡方向的分力驱使沉积物流动,这种力来自于沉积物本身,与水无关。这种驱动明显有别于牵引流,牵引流搬运沉积物的机制是通过水体的流动来牵引、裹挟沉积物向前移动,即水推着沉积物移动,其动力来源于水。

在足够的水深、足够的坡度、充沛的物源供应条件下,通过洪水、地震、海啸、巨浪、风暴潮、火山喷发等突发事件的触动、诱发,沉积物沿斜坡下滑、流动,形成碎屑流(debris flow)、颗粒流(grain flow)、液化流(liquefied flow)和浊流(turbidity current)等重力流(米德尔顿、汉普顿,1973,1976)。碎屑流是一种砾、砂、泥和水混合的高密度流体,泥和水相混合组成的杂基支撑着砂、砾,使之呈悬浮状态搬运。颗粒流中颗粒之间的基质很少,颗粒相互碰撞产生分散压力,以此支撑颗粒向前搬运。液化流以饱含水的细粒碎屑物为主,在沿斜坡快速流动的同时,松散的构造格架被破坏,变为紧密格架,内部流体向上运动,支撑着非黏性沉积物。浊流是靠液体的湍流来支撑碎屑颗粒,使之呈悬浮状态,在重力作用下发生流动。

另外,海洋中的等深流、内潮汐流、冷流、暖流、赤道洋流和上返洋流等对碎屑物质的搬运和沉积均有一定的作用。

湖泊中主要的搬运营力是波浪,其搬运作用与海洋中的波浪类似,不过其动能比海洋波浪要小得多;此外,一般湖泊水体的体积比海洋小很多,其与天体之间的万有引力也非常小,不足以形成一定规模的潮流;重力流也是湖泊中重要的搬运载体,其特征与半深海、深海中重力流的特征类似。

四、风的搬运作用

风是碎屑物质在空气中搬运的主要营力,特别是在干旱地区,风的搬运作用更加突出。与流水的搬运相比,风的搬运具有以下特点:

(1)风只能搬运碎屑物质,而不能搬运溶解物质。

(2)风可以把碎屑物质从高处搬到低处,也可以将其从低处搬到高处。

(3)空气的密度比水小得多,所以风的搬运能力远比水小。在相同速度下,风的搬运能力约为水的1/300。正常情况下,风只能吹动砂级以下的颗粒,只有在特大风暴时,才能搬运砾石。

(4)风搬运的能力虽小,但由于风沿地面吹动,常波及几万平方千米的范围,因此,风沙流所携带的砂量往往是很大的。在沙漠地区,一次大风暴形成的风沙流所搬运物质的总量可达几十万到几百万吨。

(5)由于正常情况下风的搬运能力有限,所以它对搬运碎屑的选择性较强,形成的沉积物的粒度分选性较好。

(6)由于空气的密度较小,碎屑颗粒在搬运过程中相互之间的碰撞、碎屑颗粒与地表之间的磨蚀都很强烈,因此风成沉积物的球度较好(彩图83),多具霜状表面。

与流水搬运碎屑物质一样,风的搬运能力主要取决于风速(表3-3-1)。地面风速很小时,只能吹动微尘;当风速大于4m/s时,就能将0.1~0.25mm的沙粒吹动。随着风速加大,搬运沙粒的粒径也就加大,风沙流中的含沙量也随之增加。据观测,在干燥的沙漠地区,风速大于30m/s时,可将地面的细砾吹走,造成飞沙走石的现象。此外,风的搬运能力还与搬运物的颗粒大小、密度、形状以及地面状况有关。

表3-3-1 风力大小与搬运砂粒粒径的关系(据舒良树,2010)

风级	风的名称	风速,m/s	搬运砂粒直径,mm
3	微风	4.5~6.7	0.25
4	和风	6.7~8.4	0.5
5	劲风	9.4~11.4	1
6	强风	11.4~13.0	1.5

风力推移下的砾、砂运动速度较慢(低于2.5cm/s),推移物质数量较少,大部分颗粒以跃移、悬移为主,具体表现为悬浮搬运、跳跃搬运和蠕动搬运三种方式(图3-3-5)。

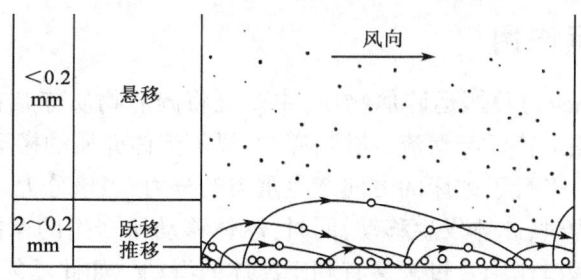

图3-3-5 风的三种搬运方式(据张宝政,1983)

(一)悬浮搬运

在紊流及涡流的上举力作用下,细而轻的砂粒悬浮于气流中前进。风速达 5m/s 时,就能使粒径小于 0.2mm 的砂粒悬移。但是,粒径小于 0.05mm 的粉砂颗粒因沉降速度很低(表 3-3-2),一旦进入悬浮状态就不易降落而长期随风飘扬。

表 3-3-2 空气中碎屑颗粒的大小与其自由沉降速度的关系(据舒良树,2010)

碎屑颗粒直径 mm	0.01	0.02	0.05	0.06	0.1	0.2	2
沉降速度 cm/s	2.8	5.5	16	50	167	250	500

(二)跳跃搬运

砂粒在气流中以跳跃方式前进,跃移物往往是粒径 0.2~0.5mm 的中砂、粒砂。粗砂颗粒的跳跃通常是由飞跃的颗粒降落时碰撞地面而产生的弹力所引起,其初始能量则来源于受到其他颗粒的撞击,这是风力搬运所特有的现象。当风速达到某一临界速度时,砂粒开始以滚动或滑动方式移动,移动的砂粒相互撞击,两个碰撞颗粒或其中之一粒在冲击力与弹力的作用下跃入空中,并在重力作用下以与地面成 10°~16°交角的平缓轨道下落。如果地面岩石硬,则砂粒撞击地面后会跳回空中,继续向前移动;如果地面是松散的沙地,则下落砂粒的撞击力会消减,下落砂粒和地面散砂就会紧靠地面向前移动。通过这种形式,一个个跳跃着的砂粒带动着整个地表的松散沉积物向前移动。

(三)蠕动搬运

当风速较小或者地面砂粒较大时,砂粒不能跳到空中,而是沿着地面慢慢滚动或滑动,称为蠕移,其动能来自于其他跳跃砂粒的撞击。

在正常地面风条件下,上述三种搬运方式以跃移为主,其搬运量约为总搬运量的 70%~80%;蠕移量次之,约占 20%;悬移量最小,一般不超过 10%。随着风速的变化,这三种搬运方式可以相互转化。但根据现代沙漠沉积观察,发现一般情况下搬运方式与粒度之间的关系相对稳定。占搬运量 90% 的跃移和蠕移的物质主要是 0.2~2mm 的砂,它们主要富集在离地面高度 30cm 以下,尤其是在 10cm 以下,紧贴着地面运行,故搬运距离较近。悬移的物质主要是小于 0.2mm 的碎屑,其搬运距离远,且颗粒越细则搬运越远。如我国西北的尘土可被搬运到长江中下游地区,蒙古中部的尘土被吹送到西北的黄土高原,美国西部的细微尘土竟远扬 3200 多千米到达美国东部。

五、冰川的搬运作用

冰是固体,冰川(glacier)只搬运碎屑物质,主要是将碎屑物质冻结在冰体中,通过冰川的移动实现固体搬运,其搬运特征与河流、波浪、潮汐、风等流体介质的搬运明显不同。

冰体发生倾斜时,沿平行于冰床的方向产生重力的分力,当该分力超过冰川与冰床之间习上、下冰层之间的摩擦力时,冰体发生移动;同时,冰体移动所产生的摩擦热,可促使底层的冰进一步融化,冰融水的润滑作用发过来又有利于冰体的滑动。如此反复,众多冰体在冰蚀谷中移动形成冰川。

冰川搬运碎屑物质通常有3种方式:冰川在运动时推移前端的碎屑物质,冰川刨蚀源区和冰蚀谷基岩并将刨蚀的碎屑物冻结在冰川中进行搬运,冰蚀谷两侧谷壁基岩经冰劈等作用而塌落下来的碎屑物堆积在冰川表面随冰川移动。

冰川搬运的主要方式是载移。冰川的搬运物都是碎屑物,在冰川中呈固着状态,除因冰体不同部分的运动速度有所差异而导致某些粗大碎屑物之间发生局部摩擦,以及位于冰川底部和边侧的碎屑物和冰床发生摩擦外,大多数搬运物在冰体内不能自由转动和位移,不能相互作用,因此,在搬运过程中,大部分碎屑物质不会发生形态的变化。

一般情况下,冰川运动的速度非常慢,普通河流的流速约为0.5m/s,而冰川若要移动0.5m,则需要几昼夜甚至几十昼夜。例如,绒布冰川最大年流速为64m,东绒布冰川为164m;再如,南极冰体流经200km的距离用了8000年,而从南极大陆中部运移到海岸的冰山年龄已达10万年。但冰川偶尔也会发生阵发性的快速运动,其流速可增加至每昼夜十几米甚至几十米以上。如1950年8月15晚,西藏南迦巴瓦峰西坡的则隆弄冰川发生快速运动,数小时内,冰川前缘由高程3650m处快速降落到高程为2750m的雅鲁藏布江河谷,其水平移距达4.8km。

尽管冰川的运动速度慢,但其搬运能力很强。由于冰川移动的主要动力是其重力的分力,因此,冰川上叠加再大的岩块、再多的岩屑,不但不会阻止冰川的流动,而且还有利于冰川的流动。故冰川的机械搬运能力巨大,可将体积达几百立方米、重几十吨到几万吨的石块搬走。当然,冰川的搬运能力还取决于冰川类型、流经区岩石的性质和冰冻风化作用的强弱等因素。

冰川运动到雪线以下的山坡或平原后发生消融,冰面上的巨大石块可抵挡阳光照射,保护其下面的冰体,延迟其消融过程,而周围冰体则快速消融,形成冰蘑菇,即一个冰柱托着一块大漂砾。冰蘑菇上的石块跌落后,冰柱将逐渐消融变细,可形成状如尖塔的冰林,称为冰塔。冰川也可以以冰山的形式运动到高纬度海洋中,当冰山发生消融后,冰川中冻结的碎屑物质就与海水中的细粒碎屑物或溶运物共生,在海底形成分选与磨圆均差的冰川堆积体。这种类型海底沉积物的分布现象成为判识古冰川搬运作用的一项证据。

第三节　碎屑物质在搬运过程中的变化

碎屑物质在长距离搬运过程中,由于颗粒间的碰撞和摩擦、流体对颗粒的分选作用,以及持续进行的化学分解和机械破碎,成分、粒度、分选性和外形都要发生变化。

一、矿物成分的变化

搬运过程中的化学分解、破碎和磨蚀作用实际上也是风化作用的延续。随着搬运距离增长,不稳定组分如长石、铁镁矿物等就会逐渐减少,而稳定组分如石英、燧石等含量就会相对增加。

搬运过程中的破碎和磨蚀作用对矿物成分有明显影响。一般来说,软的、耐磨性低的、易劈开破碎的矿物,容易磨损甚至消失;反之,就易于保存而相对含量增加。随远离侵蚀区,重矿物含量明显减少。

二、粒度和分选性的变化

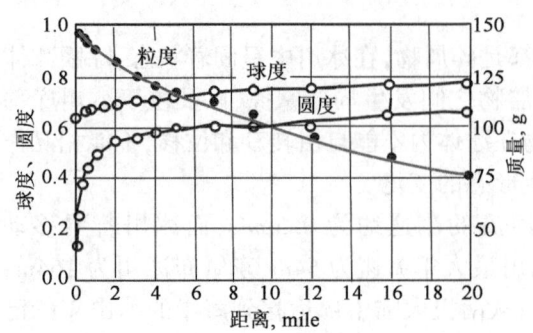

图3-3-6 石灰岩碎屑在流水搬运过程中的变化
（据克鲁宾,1941;转引自冯增昭,1993）

粒度(grain size)是指碎屑颗粒的大小。在流体介质中,被搬运的碎屑颗粒相互碰撞、磨蚀,同时碎屑颗粒还要与河床底部发生碰撞、磨蚀,因此随搬运距离的增长,沉积颗粒越来越细。河流上游因距离母岩区较近,河床中砾石、粗砂等含量较高;下游搬运距离远,河床中细砂、粉砂等居多(图3-3-6)。

另外,随着搬运距离的增加,颗粒分选性(sorting)也越来越高,即颗粒大小越趋向于一致。分选性与粒度有一定关系,即越趋向于细砂级,分选就越好。因为细砂最活跃,易于沉积也易于搬运。同时应该注意,分选性与营力的性质有密切关系,风的搬运能力有限,故风积物分选性好,而冻结在冰川中的碎屑物质之间几乎不发生碰撞,故冰碛物分选性极差。

三、圆度和球度的变化

圆度(又称磨圆度,roundness)是指碎屑颗粒在搬运过程中原始棱角被磨圆的程度。球度(sphericity)则是碎屑颗粒接近于球体的程度。由于磨蚀作用,随着搬运距离的增长,圆度和球度一般是越来越高(图3-3-7)。特别在搬运初期,圆化较为迅速。破碎作用的存在,可部分地抵消颗粒的圆化。碎屑颗粒的圆化还受到矿物物理性质、搬运方式等因素的影响。硬度低者易于磨圆,粒状矿物易于磨圆。推移、跃移易使颗粒圆化,悬移难使颗粒圆化,载移则不能使颗粒圆化,故冰碛物多为棱角状。

📚 复习思考题

1. 风的搬运作用、冰川的搬运作用与流水的搬运作用有何不同?
2. 潮流的搬运与波浪的搬运有何不同?
3. 水体中 CO_2 的浓度对碳酸盐岩溶解有什么影响?
4. 通常情况下,同样的碎屑物质被哪种介质(波浪、潮汐、河流、冰川、风)搬运改造后稳定成分含量最高,被哪种介质搬运改造后分选性最好?

📚 拓展阅读

范代读,蔡国富,尚帅,等.2012.钱塘江河口北边滩涌潮沉积作用与特征.科学通报,57(13):1157-1167.

林炳尧,黄世昌,毛献忠,等.2002.钱塘江河口潮波变化过程.水动力学研究与进展,17:665-675.

孙继敏.2004.中国黄土的物质来源及其粉尘的产生机制与搬运过程.第四纪研究,24(2):175-183.

第四章 沉积作用

被运动介质搬运的物质到达适宜的场所后，由于条件发生改变而发生沉淀、堆积的过程称为沉积作用(deposition)。沉积作用按沉积环境可分为大陆沉积作用与海洋沉积作用两类；按沉积作用方式又可分为机械沉积、化学沉积和生物沉积三类沉积作用。沉积物搬运和沉积的介质主要有水和大气，其次还有冰川、生物等。不同的沉积介质、不同的沉积作用方式，其沉积作用的特点是不相同的。地壳中的各种沉积岩层和沉积矿产都是沉积作用的产物，此外，保存在沉积岩层中的各种沉积现象反映着各个地质时期的地质环境，是研究全球变化的重要物证，因此，研究沉积作用对于人类的生存和发展有重要意义。

第一节 地面流水的沉积作用

地面流水是沿陆地表面流动的水体，它是地球水圈的一部分。据估计，地面流水的总量为2100km³，它在大陆上分布非常广泛，是陆地上一种重要的营力，在塑造陆地地貌形态上居有突出的作用。地面流水不停地把陆地上的物质运送到海洋和其他洼地，改造着地表物质的分配状况。

地面流水的水源主要有雨水、冰雪融水和地下水，有些河流以湖水为水源。大河的水源往往是多方面的，例如长江，发源地在唐古拉山主峰格拉丹冬雪山一带，由冰川融化的雪水供给，沿途还不断有雨水、地下水及各支流水的补给，最终汇成举世闻名的长江。

地面流水的沉积作用包括暂时性的洪流沉积作用和常年流水的河流沉积作用。

一、洪流沉积作用

由于洪流的流量和流速都较大，因而具有较强的搬运能力。洪流所搬运的大量碎屑物流出沟口后，因地形开阔，水流分散，流速骤然减弱，洪流的活力急剧降低，碎屑物迅速堆积下来，形成洪积物。因流速是沟口方向向外渐次降低的，故洪积物的粒径从沟口向外逐渐由粗变细。洪积物从沟口向山外堆积成倾斜的扇形，称为洪积扇。洪积扇实际上是一个由山口向前方及两侧倾斜的半锥体，扇体可在每一个山口形成和加大，相邻的许多洪积扇可以连接起来，形成洪积裙。由于地壳运动或水量的变化，老的扇体可被冲开并在其上或前方生成新的扇形体，称为联合洪积扇(图3-4-1)。

洪积物在搬运途中因不断与沟壁和沟底发生撞击和摩擦，使其中的粗大碎屑物遭到磨损，因而具有一定磨圆度。洪积物的分选性虽较差，但因从沟口向外，洪流的活力是逐渐减小的，因此可以依次堆积粗大砾石、砂和黏土物质，粒径的分布有从沟口到洪积扇边缘呈带状分布的特点。其中，粗大砾石的扁平面往往向沟口方向倾斜，呈叠瓦状排列。

二、河流沉积作用

因水动力状态的改变，河水的搬运能力降低，致使搬运物堆积下来的过程称沉积作用。河流的溶液物质在搬运过程中一般不具备沉积条件，故河流的沉积作用主要以机械沉积作用为

图 3-4-1 四川炉霍县的洪积扇、多级联合洪积扇（据胡承祖,1973）

主,河流的沉积物称为冲积物。冲积物常具有分选性、磨圆度较好的特点,且搬运距离越远,碎屑物的分选性、磨圆度越好。因河流的水动力条件多变,所以单层延伸不远,可在短距离内变薄或尖灭。

不同河段的沉积作用特点和沉积物特征是有差别的。一般来说,河流上游及河源地带,坡降较大,河道较平直,谷坡较陡,河流以侵蚀作用为主,沉积作用不甚发育,只在河床沉积粒径粗大的砂砾;在中、下游河段,河道较平缓且弯曲。在河谷展宽的地段,河道常有时分时合的现象,可形成辫状河道。在弯曲段,由于单向横向环流的作用,凸岸堆积形成边滩。在辫状河道内,河道频繁分叉,河谷中的心滩不断出现(视频1)。在河口地区,则因河道平缓,地形开阔,水流分散、流速骤减,沉积作用极为发育,形成顶尖朝陆、向海展开的三角洲沉积。

视频1 辫状河沉积过程模拟实验

(一)谷底沉积作用

在河流谷底所发生的沉积作用称为谷底沉积作用,常见的谷底沉积物类型有河床沉积、堤岸沉积、河漫沉积和牛轭湖沉积。

1. 河床沉积

河床是河谷中经常流水的部分,其横剖面呈槽形,上游较窄,下游较宽,流水的冲刷使河床底部显示明显的冲刷界面,构成河流沉积单元的基底。河床沉积以砂岩为主,其次为砾岩,碎屑粒度是河流沉积相中最粗的,层理发育,类型丰富多彩。河床沉积缺少动植物化石,仅见破碎的植物枝干等残体,岩体形态具有透镜状,底部具有明显的冲刷界面,冲刷面之上有残余的粗碎屑物质,集中堆积成不连续的透镜体,为河床滞留沉积,向上过渡为边滩或心滩砂岩沉积。

边滩(marginal bank 或 Point bar)是河床一侧由砾、砂堆积而成的斜坡。它是河流弯道环流将其在凹岸剥蚀的产物带到凸岸沉积的结果。边滩分两部分,一部分被水淹没,称水下边滩;一部分露出水面,称水上边滩,又称滨河床浅滩。水上边滩在洪水期变为水下边滩,因而不会长草。砾、砂大部分是上一次洪水退去后沉积下来的,其形体不固定,下一次洪水过后就可能被重新塑造。

心滩(river island)多发育于辫状河或网状河中,而且多半形成于洪水期。此期间,河水形成双向环流,表流从中央向两侧流,底流从两侧向中心汇聚,然后上升。由于水流的相互抵触和重力作用,碎屑在河心发生沉积。每一次洪水期,心滩扩展、加高,最后露出水面,造成河流分叉。这种分叉过程在河道内反复进行,即形成了心滩密布的、网状的游荡性河流。心滩沉积物成分复杂。粒度变化范围比边滩大得多,也更粗一些,可以有砾石、粗砂,有时还有粉砂和黏土夹层。心滩沉积物中的层理发育,常见大型槽状交错层理,层理的底界面常为明显的冲刷面,并有砾石分布。大面积的心滩表面也能发育成河漫滩,随着河漫滩的形成,心滩也可被固定下来。河床水面因下蚀而降低后,心滩可演变为江心洲。

2. 堤岸沉积

堤岸沉积垂直方向上常发育在河床沉积的上部,相对河床沉积而言,属顶层沉积。与河床沉积相比,堤岸沉积岩石类型简单,粒度较细,以小型交错层理为主。堤岸沉积可进一步分为天然堤和决口扇两个沉积微相。

河流在洪水期因水位较高,河水携带的细砂、粉砂级物质溢出河道,沿河床两岸堆积,形成平行河床的沙堤,称为天然堤。天然堤主要由细砂岩、粉砂岩、泥岩组成,粒度比边滩沉积细,比河漫滩沉积粗,垂向上突出的特点是砂岩、泥岩组成薄互层,层理构造以小型波状交错层理、上攀交错层理、槽状交错层理为特征,其垂向序列是下部砂质岩发育交错层理,上部泥质岩则发育水平纹层。

如果天然堤不被破坏,河床随沉积物迅速增厚而升高,最后反而高出旁侧的河漫滩,洪水期河水冲决天然堤,部分水流由决口流向河漫滩,砂、泥物质在决口处堆积成扇形沉积体,称为决口扇。决口扇沉积主要由细砂岩、粉砂岩组成,粒度比天然堤沉积物稍粗,具有小型交错层理、波状层理及水平层理,冲蚀与充填构造常见,岩体形态呈舌状,向河漫平原方向变薄、尖灭,剖面上呈透镜状。

3. 河漫沉积

河漫沉积位于天然堤外侧,地势低洼而平坦。洪水泛滥期间,水流漫溢天然堤,流速降低,使河流悬浮沉积物大量堆积。由于河漫沉积是洪水泛滥期间沉积物垂向沉积的结果,故又称为泛滥盆地沉积。

河漫沉积主要为粉砂岩和黏土岩,粒度是河流沉积中最细的,层理类型单调,主要为波状层理和水平层理,平面上位于堤岸沉积外侧,分布面积广泛。

河漫滩(flood plain)是河床外侧河谷底部较平坦的部分,以粉砂岩为主,也有黏土岩的沉积;平面上距河床越远,粒度越细,垂向上也有向上变细的趋势;以波状层理和斜波状层理(洪水层理)为主,也可见水平层理,可见不对称波痕;河漫滩常因间歇出露水面而在泥岩中保留干裂和雨痕;化石稀少,一般仅见植物碎片。

河漫滩上长期积水的低洼地带就是河漫湖泊,以黏土岩沉积为主,并有粉砂岩出现,是河流相中最细的沉积类型;层理不发育,有时可见到薄的水平纹层;泥岩中泥裂、雨痕常见;干旱气候条件下,常形成钙质及铁质结核。在潮湿气候区的河漫湖泊中,生物繁茂,可形成丰富的有机质沉积,并可保存较完整的动植物化石。在气候干旱地区,蒸发量增大,河漫湖泊可发展成盐湖,形成盐类沉积。

河漫沼泽(flood swamp deposit)又称为岸后沼泽,它是在潮湿气候条件下,河漫滩上低洼积水地带植物生长繁茂并逐渐淤积而成,或是由潮湿气候区河漫湖泊发展而来。河漫沼泽沉积的突出特征是有泥炭沉积,其他特征与河漫湖泊相似。

4. 牛轭湖沉积

弯曲河流的截弯取直作用使被截掉的弯曲河道废弃,形成牛轭湖。牛轭湖沉积(oxbow lake deposit)主要为粉砂岩及黏土岩,粉砂岩中具有交错层理,黏土岩中发育有水平层理,常含有淡水软体动物化石和植物残骸,岩体呈透镜状,延伸最大可达数十千米,厚可达数十米。

(二)山口区的沉积作用

山区河流流出山口后,由于地势平缓、水流分散,搬运物发生大量堆积,常形成规模不等的扇形堆积体,称冲积扇(Alluvial fan)。冲积扇的扇体巨大,可达数百至数千平方千米;扇面坡度平缓,水流网十分发育;沉积物包括河床沉积、河漫滩沉积、山口洪积等多种类型,它们呈横向渐变或相互交错重叠在一起。

(三)河口区的沉积作用

河流的入海口(或入湖口)因坡度减缓、水流扩散以及受海水(或湖水)的阻滞,流速迅速降低甚至停止,所以这里是河流沉积作用最主要的场所。在这里沉积作用进行很快,河床淤高,分流很强烈,沉积物堆积成巨大的三角形,故称三角洲(Delta)。

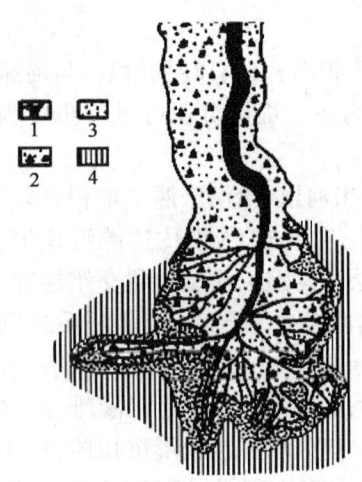

图3-4-2 密西西比河鸟足状三角洲(据斯考特,1969)
1—分支河道、堤、决口扇;2—三角洲平原(沼泽、湖泊、分支间湾);3—三角洲前缘(包括河口沙坝、席状砂);4—前三角洲

三角洲的实际形态可以是扇形、鸟足形等,它们是长期发育的结果,而且不断向外伸展。尼罗河三角洲每年向海洋增长4m;密西西比河三角洲每年增长330~350m(图3-4-2)。我国长江三角洲每年增长40m;黄河三角洲仅从1855年以来,面积就扩大了5450km²,每年增长约400m。三角洲的增长速度与该河的输沙量有关。

1. 入海三角洲沉积

入海三角洲沉积可分为三角洲平原沉积、三角洲前缘沉积和前三角洲沉积(图3-4-3)。

三角洲平原沉积是河流入海时发生分流而大量沉积形成的,包括河床、河漫滩、天然堤以及沼泽的沉积物等。三角洲前缘沉积是河流送入海岸带水底的物质快速沉积的产物,实际上是一个海水下面的扇形沙体,由水下分流河道、河口沙坝、远沙坝、席状砂等组成;它们由内向外大体成半环状分布,粒度由砂至粉砂,其分选性及磨圆度均良好;随着三角洲的推进,沙坝也向前伸展;不同粒度的

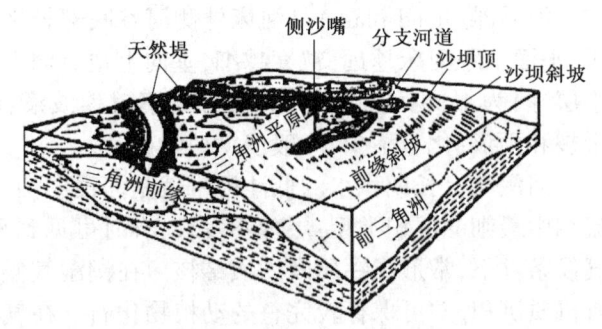

图3-4-3 三角洲的沉积模式(据Shannon,1971)

砂层呈透镜体交错分布,但原始倾斜一般较小,波痕、斜层理发育,常含有海生动物化石。

前三角洲位于三角洲的外侧,沉积物主要由暗色黏土和粉砂质黏土组成,本质上已属于海洋沉积。

入海三角洲因受海面升降及地壳运动的影响,常呈阶段性的发育和伸展,老的三角洲上面或前方常叠加新的三角洲,或者由于河口改道在旁侧形成新三角洲。

2. 入湖三角洲沉积

在河流入湖的河口处,流速降低,水流携带的沉积物便在河口处堆积下来,形成平面上呈三角形或舌状、剖面上呈透镜状的沉积体,称入湖三角洲。

入湖三角洲沉积在平面上也分为三部分,即三角洲平原、三角洲前缘及前三角洲,在纵剖面上由顶积层、前积层和底积层组成(图3-4-4)。顶积层实际上是三角洲平原及三角洲前缘的水下分流河道沉积,包括河床、河漫滩以及天然堤及河岸沼泽等的沉积物;前积层是河水带入的碎屑在前方堆卸而成,以砂质为主,具有较大的原始倾斜,实际上由河口沙坝、远沙坝、席状砂等组成;底积层是更细的物质在湖底散开后沉积而成的,具水平层理,相当于前三角洲沉积,从沉积物之间的关系看,它与前积层是相连接的,但是当新的前积层不断推进时,老的底积层被覆盖在下面。在湖水面变动的情况下,前积层常作为透镜体夹于另外两层之间。

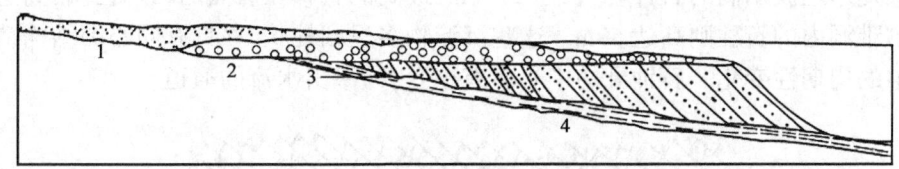

图3-4-4 三角洲的结构示意图(据伦纳克,1973)
1—水上顶积层;2—水下顶积层;3—前积层;4—底积层

(四)河流的化学沉积作用

河流的化学沉积极为罕见,因为河水的盐度小于1‰,溶运物均随水流走,因此,在河流的中、下游不会发生任何元素的过饱和沉淀,但在高山区河流的源头地区则另当别论。我国四川省九寨沟、黄龙地区的河床中正进行着强烈的碳酸盐沉积作用,其产生碳酸盐沉积的原因可归纳如下:

(1)河流源头为海拔5000m以上的雪山,而且山体由石灰岩组成(石炭—二叠系);
(2)冰融水温度低具有较强的溶蚀能力;
(3)黄龙寺沟为一冰蚀谷,谷底开阔,沟中常年有水但水量不大,河床很宽而且很浅;
(4)水流由海拔5000m迅速下降至3000m,加之高原阳光充足,使水温逐渐升高,促使碳酸钙沉淀;
(5)山谷中植被发育,有丰富的植物残枝腐叶,当其在浅处搁浅则为碳酸钙沉积提供了骨架,故而形成天然梯池。

第二节 地下水的沉积作用

地下水的沉积作用以化学沉积为主,但也有一定数量的机械沉积,按照沉淀方式可分为化学沉淀、溶解残余堆积、重力崩塌或机械潜蚀产生的碎屑堆积,并可有地下河、湖的碎屑沉积。

一、化学沉积

地下水所溶运的各种矿物质,如在渗流过程中因水温、压力等物理条件的改变,可使溶液迅速达到饱和状态,并发生沉淀。如富含$Ca(HCO_3)_2$的地下水,在压力骤然降低、温度升高的情况下,由于水中的 CO_2 逸出及水分蒸发,水中的 $CaCO_3$ 会迅速达到饱和状态,发生沉淀。

有利于化学沉淀的场所是溶洞中深水裂隙的出口处、泉水的溢出口,以及某些渗水裂隙或孔隙内。

(一)溶洞沉积物

当饱和 $Ca(HCO_3)_2$ 的地下水,由裂隙渗入溶洞,便由一个压力较高的环境进入压力相对较低的环境,水中 CO_2 逸出,水分蒸发。过饱和的 $CaCO_3$ 在渗出口附近会不断沉淀。悬挂在洞顶的锥状 $CaCO_3$ 沉积物称石钟乳(stalactite);滴至洞底后向上增长的竹笋状沉积物称石笋(stalagmite);两者相连便形成石柱(stalactoatalagmite);三者通称为钟乳石(彩图84),其形成过程见图3-4-5。若水沿洞壁裂隙渗出,可以形成帷幕状的沉淀物,称为石幔。世界上最长的石钟乳是爱尔兰波尔洞的石钟乳,长达11.6m;最高的石笋在法国的阿尔芒洞,高达29m;西班牙的内尔雅洞内的石柱则高达59m。这些沉淀物多呈圆柱状,并具有同心圆结构,它反映了沉淀过程中的周期性变化。石钟乳的中心多有小孔,为渗出水流的通道。

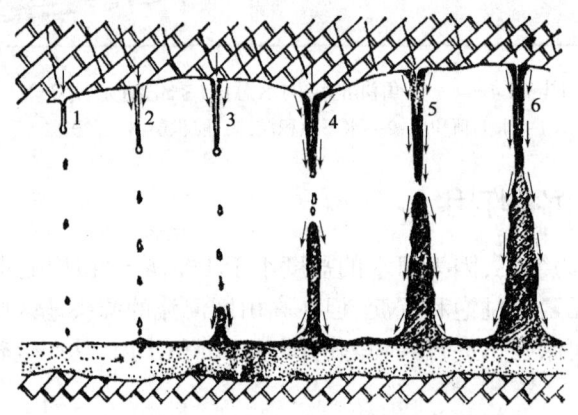

图3-4-5 石钟乳、石笋、石柱的形成过程
(据R. Kettner;转引自徐成彦、赵不忆,1988)

(二)泉华沉积物

泉华(sinter)是泉水附近的沉积。泉水出口处也和溶洞中渗水裂隙的出口处的情况类似,包含矿物质的泉水溢出地面时,因 CO_2 大量逸出,溶液中的矿物质迅速达到过饱和而沉淀下来,形成泉华。以 $CaCO_3$ 为主的称为石灰华(travertine);以硅质为主的称为硅华(silica sinter)。泉华在形态上多为大片分布的台阶状或孤立出露的锥状。我国岩溶地区的泉水和不少温泉附近都有泉华的沉积。四川康定有半个城就是坐落在石灰华上的。

(三)渗水裂隙和孔隙中的沉淀物

饱含矿物质的地下水在裂隙中渗流,若温度、压力发生变化,水分蒸发,也可使矿物质发生沉淀。常见的有 $CaCO_3$ 沉淀形成的方解石脉;SiO_2 沉淀形成的石英脉;铁、锰质在紧密裂隙和层面中的沉淀。渗流与岩石和松散堆积物孔隙中的水,也会发生类似的沉淀。例如,部分岩石颗粒间的胶结物就是地下水的沉淀物。矿物质沉淀物如围绕某些颗粒凝结,则可形成结核(Nodule),常见的有钙质结核、铁质结核、硅质结核等。若岩石中有较大空隙,在地下水的沉积作用下,其沉淀物也可以结晶成为晶体,并可发育成良好的晶洞。从晶洞的特点看,可以说有一部分晶洞与地下水的沉淀有关。地下水还可以通过物质置换作用,把埋藏在沉积物中的生物遗体置换成矿物质。例如,硅化木原是古代树木,经置换作用后其成分已全被硅质所置换,但其外形及内部结构却保持原来树木的特征。

二、溶蚀残余堆积物

碳酸盐岩被溶蚀后,常在溶沟、溶洞、溶洼、溶原等负地形及洞穴的底部残留富含 FeO_3 及 Al_2O_3 的红色黏土,称为赭土。赭土中常能发现溶蚀后残留的石灰岩砾石。

三、碎屑沉积

地下水的碎屑沉积包括洞穴崩塌堆积物和地下河、湖的碎屑沉积两类。

洞穴崩塌堆积物是指溶洞洞顶及洞壁崩塌下的岩块和钟乳石碎块的堆积。砾石多呈大小不等的棱角状,表面有溶蚀的痕迹,经过胶结可形成溶洞角砾岩。

地下河、湖碎屑沉积物的特征与地面河湖的碎屑沉积物类似,是具层理的砂、砾和泥质沉积。暗流中沉积的砾石多数是从洞外带入的,常有较好的磨圆度,但也常常混杂有溶洞崩塌下的砾石。由于受溶洞所限,沉积物分布范围较局限。

此外,溶洞常是古代动物和人类的栖息场所,洞内堆积物中常能发现动物化石及古人类化石,有时还保存着人类活动的文化遗迹(如石器、骨器、灰烬层等)。这是研究地质历史、人类发展及岩溶发育历史的珍贵资料,因此,要倍加小心地保护。如北京周口店龙骨山的溶洞内就发现了世界著名的中国猿人北京种化石及山顶洞人化石,还发现了相应的文化层。

第三节 冰川的沉积作用

冰川的沉积作用发生在它消融的时候,沉积位置多半在雪线以下冰川的前端和大陆冰盖的边缘地区。雪线以上冰川局部融化时,冰碛也可以暂时堆积下来。冰川的沉积作用按其介质条件的变化情况可分为冰川沉积、冰水及冰湖沉积两大类。

一、冰碛物

冰川流至消融区,或因雪线上升,冰川退缩,冰川前端冰体融化时,冰川所携带的大量岩石碎屑便可以堆积下来,称冰碛物(Moraine)。

冰碛物的分选性极差,可有巨砾、粗砾、中砾、细砾,乃至砂、粉砂、黏土等各种粒级,而且常是大小混杂的,但以砾石为主。由于冰川搬运距离短,碎屑物的成分与冰川发育地带的基岩成分一致。据统计,山岳冰川搬运的冰碛物90%都堆积在离源区30km以内的地带,只有特殊的情况下(如冰川规模大)才能搬运较长的距离。冰碛物中的碎屑多数未经风化,常含有易风化的成分。冰碛物中的砾石多数未经磨圆,但有时也能发现个别棱角磨钝的砾石,这是在搬运途中砾石间或与基岩碰撞、摩擦变钝的结果。砾石表面常有磨光面及几组相互交错的钉头形擦痕。冰碛砾石因长期互相挤压,表面常变形并形成凹面,甚至碾压成凹坑,称为"压坑";有时砾石因挤压而形成放射状的裂隙。

堆积在冰川不同部位的冰碛物,因堆积条件的差异,可以形成不同的冰碛地形,冰碛物的特点也有差异。气候条件稳定、冰川前端停滞、冰的消融量与补给量基本平衡时,冰川携带的碎屑物可在冰川前端大量堆积,形成终碛。终碛常在冰舌外构成一个弧形的长坝,称为终碛堤(图3-4-6)。山岳冰川的终碛堤通常短而高,最高可达100～300m。大陆冰川的终碛堤长而矮,一般高度不超过30～50m。终碛堤一般具有外侧陡、内侧缓的特点。冰碛物粗细混杂,既有经磨光的砾石,也有棱角分明的角砾。冰川前端冰融水多,可把细粒物质带走,使终碛堤内侧常为粗砾石层,而在外侧则常夹有冰舌沉积的砂、砾层。如冰川间歇性退缩,冰川前端可以形成多个平行的终碛堤。当冰川缓慢向前推进时,形成的终碛堤一般比较低而宽。

大陆冰川还可以在终碛堤内形成一系列椭圆形的小丘,它的长轴方向常与冰川流动方向平行。小丘往往由冰碛物的表壳与羊背石的基

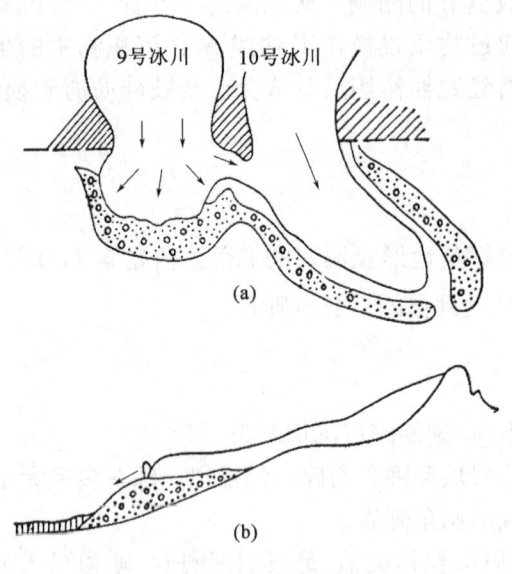

图3-4-6 祁连山疏勒南山9号、10号冰川终碛堤(据李吉均,1963)
(a)平面示意图;(b)9号冰川纵剖面示意图

岩核心组成,称为鼓丘。鼓丘一般高数米至数十米,长在几百米至千米以上。一般认为鼓丘是冰川剥蚀和堆积作用的综合产物。它是在冰川运动中,因受冰床中突起的基岩(如羊背石)的阻挡,冰碛物堆积在羊背石上形成的。个别规模较大的山岳冰川,偶尔也能形成鼓丘。

在冰床上堆积的冰碛物,称为底碛。底碛是在冰床的供应量小于消融量时冰川不断后退形成的堆积物,也可以是冰川底部载运的岩石碎屑的堆积。底碛一般含泥质较多,并经过冰川的压实致使结构致密,砾石与泥质紧密胶结在一起。

山谷冰川表面上运载的冰碛多集中于两侧,称为侧碛。当冰层融化坠落后便沿谷壁堆积成垄岗状地形。复式冰川汇合时,侧碛汇合于冰川中部,称为中碛。中碛坠积后可在冰床中部形成垄岗状地形。

底碛、侧碛、中碛的分布见图3-4-7。

二、冰水及冰湖沉积

冰水沉积是指以冰融水为主要营力经过再搬运而形成的沉积物。在冰川的运动过程中,底部和两侧可因摩擦而融化成水,表面消融的冰水都汇聚于冰下,成为冰下河。冰下河从冰下隧道渗出或冲决终碛堤便成为冰前河。冰下河水可冲刷底碛中的砂、砾。它可在冰下适当的地点沉积或带至冰前地带堆积下来。冰下河的搬运量是相当可观的,如在珠穆朗玛峰北坡

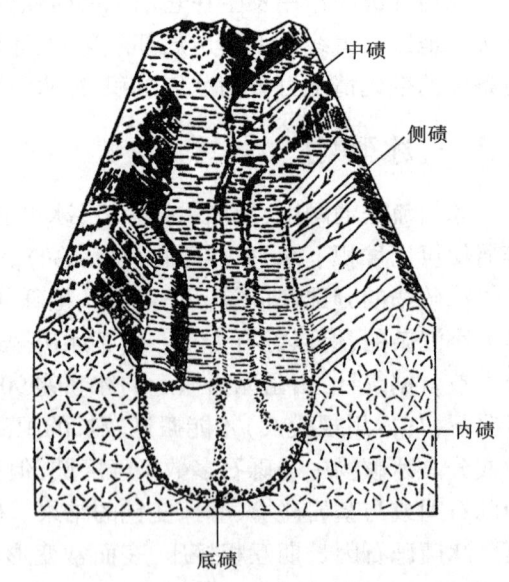

图3-4-7 冰碛物的类型(据徐成彦、赵不忆,1988)

的绒布冰川,每年由冰水带出的系列碎屑物质可达 20×10^4 t。

冰水沉积物既有冰川沉积的特点,又有地面流水沉积作用的某些特点。其沉积物中可有带擦痕和溜光面的冰川砾石,又有一定成层性、分选性,磨圆度也较冰碛物好,但一般比冲积物要差。

冰前河注入平坦地带后,因坡度骤然变缓,流速减慢,携带的碎屑物质逐渐形成扇形堆积体,称为冰前扇地。几个扇地相连可形成平缓的冰水平原。冰下河堆积可构成蜿蜒延伸的隆起地形,称为蛇丘。蛇丘长可达数千米至数十千米,高可达几十米,顶部平缓,边缘较陡。通常蛇丘的延伸方向与冰川运动方向一致。

冰川的终碛堤常会阻滞冰水的外流,因而可以在冰前形成冰水湖。冰水带来的碎屑物在这里沉积下来,形成冰湖沉积。冰湖沉积物受季节和气候影响较大。在春、夏季节,冰融水可将大量碎屑物质带入湖中,砾石及粗砂在湖滨沉积,细砂及粉砂被搬运至湖中心沉积,形成具交错层理的小型三角洲堆积,而淤泥则可长期保持悬浮状态。在秋、冬季节,冰融水减少或重新冻结,冰湖不能获得新的物质补给时,在原来沉积的砂层之上,仅沉积一些色较深的淤泥,结果在湖底形成了粗细相间、深浅交替的纹泥或称季节泥。纹泥由粗至细的变化,代表了一年的沉积,形成年层。根据年层的数目,便可推算冰湖沉积的时代和沉积速率。

第四节 风的沉积作用

一、风的沉积作用的特点

当风速减弱、紊流的上举速度低于沙粒的沉速时,沙粒和尘土便堆积下来,形成风积物(Eolian deposit)(包括风成砂和黄土),这就是风的沉积作用。

在风盛行区,由中心向外有岩漠、砾漠、沙漠和黄土塬呈环带状分布,其中岩漠和砾漠主要是风的剥蚀区,沙漠和黄土塬为风的沉积区。干旱地区的低凹部分积水成湖,湖水干涸后表面为满布干裂纹的泥质层,称泥漠。

悬浮于气流中的颗粒,因风停止或风速减弱,沉速大于紊流的上升分速时就会降落堆积,称沉降堆积。这是黄土形成的重要方式。

颗粒的沉速与其重量有关,粒径越大的颗粒,沉速越快,在风速逐渐减弱的情况下,碎屑按粒度能够很好地完成分选作用。风沙流遇到障碍物阻拦,风因分散或越过障碍时在其后方产生涡流造成风运物的部分堆积,称遇阻堆积。

二、风的沉积物

(一)风成砂沉积

1. 风成砂的主要特征

风成砂(Eolian sand)多数是其他外动力地质作用形成的松散堆积物经反复吹扬、堆积而成的。风成砂的主要特征有:

(1)砂粒的磨圆度较好,即使是粒径为 0.1~0.15mm 的砂粒的磨圆度也很好,但是其颗粒表面常因撞击而成为毛玻璃状;

(2) 分选性很好,90%左右为粒径为 0.25~0.05mm 的砂粒,粒径超过 0.5mm 的砂粒数量很少;

(3) 大多数砂粒是由最稳定和最坚硬的矿物颗粒如石英等组成的,一般不存在云母;

(4) 较粗的砂粒表面上常因强烈的氧化只是氧化锰和氧化铁析出,并附于地表或颗粒表面上形成鲜艳色彩(橙红色或者红色)具有油脂光泽的被膜,俗称"沙漠漆";

(5) 风成砂一般不含有任何生物遗迹。

风成砂常可组成各种风积地形,如沙波纹、沙堆和沙丘等。

2. 风成砂的各种堆积形态

沙波纹和沙堆是风积地形的原始形态。当沙地表面稍有起伏,因风蚀的结果可形成相互平行、微有起伏的洼槽和垄脊,即沙波纹。沙波纹的脊高通常十余厘米,脊线间距多为数十厘米。与流水形成的沙波纹的差别在于粗砂多被风力推移至脊线附近,而流水形成的沙波纹粗砂则多集中于洼槽。沙波纹通常与风向垂直并顺风迁移。

沙波纹在迁移过程中,若遇障碍物使风沙流受阻,背风面则产生涡流,消耗气流的能量,风沙相对减弱,砂粒大量积聚形成沙堆。沙堆在平面上呈圆形或椭圆形。在沙源不丰富、沙地潮湿且多植被时,沙堆可暂时固定下来。若沙源丰富,植物被覆盖或因根系不能到达给水层而无法生长时,沙堆可不断扩大、增高并向前移动,形成各种形态的沙丘。

沙丘是由沙堆逐渐扩大和加高而形成的,是在风力作用下由砂粒堆积而成的圆丘形地形。沙丘形成后就成为风沙流的障碍物,风力把迎风面的砂粒带走,并在背风面堆积下来,使沙丘顺风向前移动,沙丘内部也形成顺风方向倾斜的斜层理。因供砂量、风速、风向的变化及风沙流所经过的地表特征的差异,可以形成各种形态的沙丘。常见的沙丘有新月形沙丘、纵向沙丘和角锥状沙丘等。

新月形沙丘(Barchan dune)是一种平面上呈弯月形、两侧有顺风向延伸且向内弯曲的翼角的沙丘。新月形沙丘的排列方向多与风向垂直,常可单个存在。一般高度为数米至数十米。新月形沙丘的迎风面较缓,背风面较陡并呈向内弯的凹面(彩图85)。

新月形沙丘多发育于沙源较少、地形较平坦、风向较稳定的沙漠边缘地区。雏形沙丘形成后,使地面气流结构也发生变化。如风被沙丘阻挡可发生分流,部分越沙丘脊而过,沙层被风力推至脊部,使迎风坡逐渐变缓,越过脊部的气流形成涡流,使背风面成马蹄形洼地;另一部分气流则成为绕沙丘两侧运动的分流,因与正常气流汇合而使风速加大,引起两翼沙层移动较快而形成翼角,背风面与两翼气流的压力差,产生向内的回流,使顺风的翼角向内弯曲。通过上述的过程,沙堆便演变成为新月形沙丘(图3-4-8)。

新月形沙丘形成以后,受风力作用还会顺风向前移动,移动速度与供沙量、风速及沙丘角度等因素有关,一般速度为 5~50m/a。多个新月形沙丘顺风向前移动时,其翼部相互衔接就形成延伸方向与盛行风向垂直的新月形沙丘链(Barchan chain)(图3-4-9)。沙丘或沙丘链在移动过程中,随着沙层陆续在背风面堆积,可形成顺风向倾斜的斜层理。如果风向或风力有改变,原有沙丘被剥蚀或被另外的沙丘所叠置,则使原有斜层理部分被破坏,在剥蚀面上可叠加上相反方向或倾角上有差异的斜层理,构成风积物特有的高角度(20°~30°)、厚度较大的交错层理。

纵向沙丘(longitudinal dune)是轴向与主要风向平行的垄岗状风沙堆积地形,常发育于供沙量中等、有强烈的单向风的沙漠地区。单向风形成的水平流动涡流,把低处砂粒卷起并带至垄岗顶部,洼地则为气流通道,形成与风向一致的垅状沙丘。纵向沙丘也可以由新

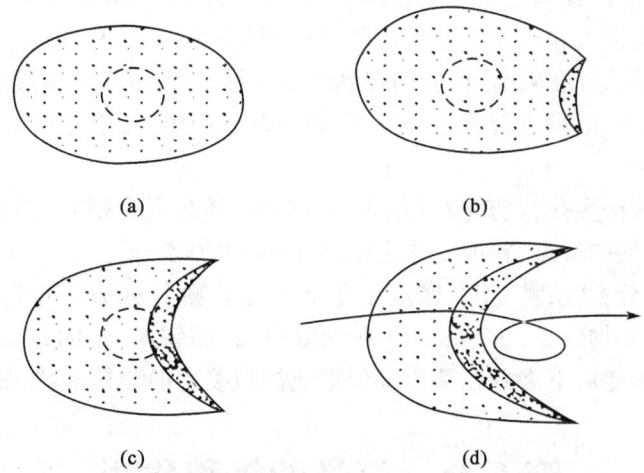

图 3-4-8 新月形沙丘的形成过程(据巴格诺尔德,1941)

月形沙丘链演化而来,当其一翼因有较强的风吹而不断延伸,或因翼角散开,就可以演变成纵向沙丘。

3. 古代风成砂的沉积

古代风成砂多已固结成岩,风蚀或风积地形早也荡然无存,但仍可以据风成砂自身的特征,以及风积物内部结构特征来识别。风成砂埋藏后,被压实、胶结形成风成砂岩。识别古代风成砂岩及研究其分布特征,有助于恢复古气候、古地理情况,进而为了解地壳演变砾石提供依据。识别古代风成砂岩的主要标志有:

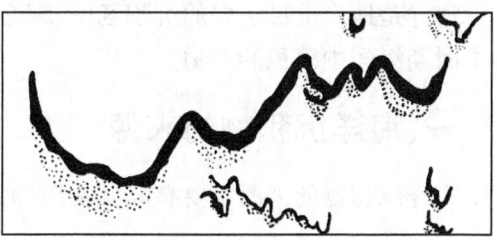

图 3-4-9 新月形沙丘链
(据徐成彦、赵不忆,1988)

(1) 风成砂的分选性、磨圆度较好,矿物成分主要是石英等稳定矿物,也有一定数量的不稳定矿物,但很少含云母质矿物;

(2) 常发育大型交错层理,纹层的倾角一般较陡,可达 30°~34°;

(3) 没有海生生物化石及煤的存在,其他生物痕迹也少见;

(4) 有时与石膏、盐岩等蒸发岩共生。

(二)黄土沉积

在风的作用下,一些粉砂和尘土等质轻的碎屑物可以长期悬浮空中,作远距离搬运。由风堆积的粉砂和尘土沉积物称黄土(Loess)。风成黄土被流水搬运再沉积后,称次生黄土,或称黄土状岩石。

从全球地理位置来看,黄土主要分布在中纬度干燥的大陆性气候环境内,以及暂时性流水地质作用比较强烈的地区,覆盖面积约 $1000 \times 10^4 km^2$,常分布在沙漠地区的外围,与季风活动有直接关系。

我国是世界上黄土分布面积最广、厚度最大的国家,分布面积有 $63 \times 10^4 km^2$,厚 100~200m,主要分布在秦岭大别山以北、阳山以南的广大地区。陕、甘、宁、晋、冀、鲁、豫、皖都有黄土沉积。尤其是黄土高原,厚度可达 250m。黄河水之所以混浊,就是因为其流经的黄土高原使河水中挟带大量泥土。我国的黄土主要是由于西北风(季风)将西伯利亚、蒙古及新疆内陆干旱地区的粉砂、尘土带入并堆积下来形成的,总的趋势是西北厚、粗,东南薄、细。我国的黄土是近4Ma以来(新近纪)堆积的,目前仍在继续以大约每年1mm的速度堆积。

黄土不具层理构造,但垂直裂隙十分发育,因而既易垮塌,又峭壁林立,形成一些独特的黄土地形。

黄土胶结不好,疏松多孔,其孔隙度达44%~55%;其磨圆度很差,但分选性良好,并有由中心向外粒度逐渐变细的特点,粒度变化主要在0.05~0.005mm。

黄土中含矿物成分50余种,相对密度小于2.9的矿物占90%~96%,以石英、长石为主;相对密度大于2.9的矿物较少,占4%~10%,如绿帘石、磁铁矿、角闪石等。黄土中还有黏土矿物和钙质,钙质经淋滤后下渗并在适当部位形成貌似姜块的结核形状,故称姜结石。

第五节 海洋的沉积作用

海洋是地表上最主要的沉积场所,现今大陆上见到的沉积岩和沉积矿产大部分来自地质历史时期海洋中沉积的产物。

一、海洋沉积物的来源

海洋沉积物的来源主要有陆源物质、海洋物质、火山和宇宙物质等。

(一)陆源物质

海洋沉积物主要来源于大陆(以河流搬运为主,其次为风的搬运物),因而称陆源物质,其次是来自海蚀作用的物质,极少量是火山喷发物、冰山载运物和宇宙坠落物。沉积物中以碎屑物的数量最多。

据统计,全世界每年进入海洋的陆源物质超过2×10^{10}t。其中绝大部分是由河流输入的,其他方式输入的仅占少数。如黄河输入的泥沙每年约为16×10^8t。

风从干旱地区卷起的尘土,可随风飘向海洋。据估计,每年全世界落入海洋的风运物约16×10^8t。全球海岸线总长约44×10^4km,其中约有25×10^4km为海蚀作用占优势的地段,总剥蚀量约等于河流输入量的1%。

(二)海洋源物质

海洋生物的遗体,在海洋中形成的化学物质等统称海洋源物质。海洋生物的分布与海洋的深度及地理位置有关。如前所述,浅海的生物数量多,约占海洋生物总量的80%,而在深海区,生物仅占总量的1%。大陆边缘海、暖流流经海域及寒流、暖流汇合地段,因在海水中营养物多,生物相当繁盛。由于生物具有区域分布的特点,因而海底生物遗体的堆积也有明显的地域差别。

海水对海底基岩进行的风化作用、溶蚀作用,也是海洋沉积物的物源之一。如海底玄武岩经风化作用和溶蚀作用后可提供的SiO_2、Fe、Mg等元素和化合物;大陆准平原化后,若沉入海底,覆盖其上的风化壳中Fe、Mg、Al等元素也可部分溶入海水中。

(三)火山和宇宙物质

喷至高空处的火山灰可飘扬几千千米。全世界一年约有 3×10^9 t 火山喷出物落入海洋。宇宙尘的数量虽少,但在深海沉积物中也可以发现。

海洋的沉积作用受海水运动、海底地形、海洋生物以及海水的物理化学性质等因素的影响,在不同的海区沉积环境不同,沉积作用及沉积物也各有不同的特点。

二、滨海区的沉积作用

滨海区的海水动荡,潮汐和波浪作用交替进行,地面时而出露,时而又被淹没。潮汐和波浪不仅可以侵蚀海岸岩石,同时还可将大量陆源碎屑物搬运至海湾和平直海岸较为平静的海域中沉积下来。滨海沉积以陆源碎屑物为主。碎屑物因经反复的搬运和磨蚀,其磨圆度和分选性都较好。生活在滨海的坚壳或钻孔生物,它们的贝壳常被浪击成碎片并混杂于碎屑物中沉积。通常只在特殊条件下,滨海区才出现化学沉积。滨海碎屑沉积可形成海滩、沙嘴、沙堤、潮坪、潟湖等环境,并具有不同沉积特点。

(一)海滩沉积

海滩(Beach)是由沉积物堆积而形成的平坦海滨地带,根据其主要组成物质分为砾滩、沙滩、泥滩三类,其分布特点取决于碎屑物的来源和海水运动的动力状态。

1. 砾滩

砾滩(Pebble beach)多分布于山区河流的河口区或陡峭的海岸附近。砾石多来自海岸及其附近的岩石,经过反复磨蚀,具有良好的磨圆度。其形状多呈扁圆形或球形,扁圆形砾石常具定向排列,其扁平面倾向海洋,长轴大致与海岸线平行。

2. 沙滩

沙滩(Sandbeach)分布最广,在海湾及平直海岸均可形成。部分沙滩是在波切台上发展形成的,也有些是沉积作用形成的。由于波浪的长期作用,砂粒的分选性和磨圆度均较好,其成分比较单一,以石英砂最为常见。其成分有时与周围的岩性有密切关系,如夏威夷沿岸沙滩上的"黑沙"来自附近的玄武岩;我国南海某些沙滩上的白色钙质沙则来自于生物碎屑。由于浅水波浪底部水质点的摆动,或因底流和潮流的单向流动影响,潮间带中砂质沉积物表面可形成波状起伏的波痕(Ripple mark)。潮间带的波痕常为不对称波痕,浅海带的波痕则为对称波痕。此外,沙滩上还常可发现泥裂、雨痕、足迹、流痕等动力地质痕迹。这些流痕可作为鉴别滨海环境的重要标志。

3. 泥滩

泥滩(Mud beach)是由黏土或粉砂为主要组成物质的海滩。它多分布于以潮汐作用为主的平缓海岸或海湾,河流或海流携带的黏土、粉砂被涨潮潮流带至地形平缓、波浪作用微弱的海岸地带,并在落潮前的间隙沉积而成。由于落潮时水流多汇聚于潮沟附近并流回海里,水流较湍急,造成泥滩上沉积物粒度具有自陆向海由细至粗的趋势(图3-4-10)。泥滩上常分布有泥裂、雨痕、足迹、流痕等沉积构造。

水动力状况的差别是形成不同类型海滩的重要因素之一。如舟山群岛的普陀岛,其东岸朝向外海,因无屏障,所以风浪大,该岸的海滩以砾滩、沙滩为主;向西岸则因风浪小,地势平坦，泥滩广布。

(二) 沿岸堤、沙坝和沙嘴沉积

沿岸堤(Beach ridge)是在高潮线附近，由波浪引起的泥沙横向移动形成的大致平行于海岸的堤状地形。它通常是由粗大的碎屑物、海生贝壳碎片和重矿物等碎屑组成，常发育有双倾向的、缓倾斜的交错层理，按其主要组成物质成分可分为沙堤、砾石堤、贝壳堤等。当滨海沉积量增多、海岸线向海推进、沿岸堤逐渐远离高潮线时，即成为古沿岸堤。古沿岸堤是确定古海岸线的标志。如天津至渤海湾的海滨平原上分布有四条与现代海岸线大致平行的贝壳堤，它反映了全新世以来天津附近海岸线变迁的轨迹。古沿岸堤经过海风的改造可形成海岸沙丘，河北昌黎海岸上分布有高十几

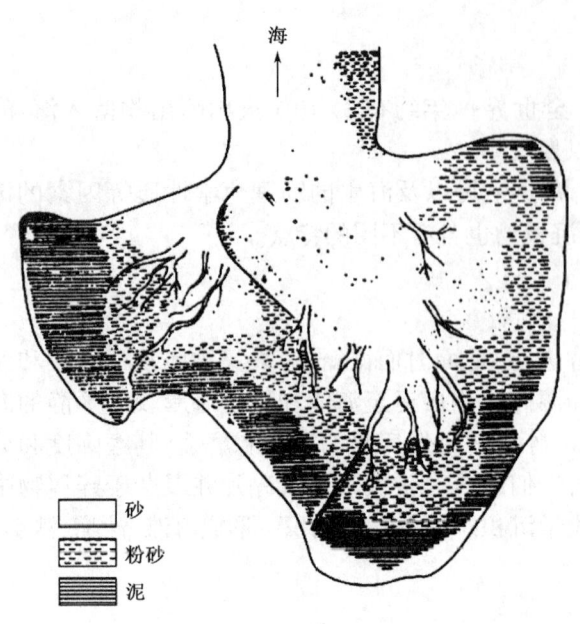

图 3-4-10　泥滩沉积物粒度的平面分布
（据赖内克，1971）

米的海岸沙丘。

沙坝(Barrier)是离岸有一定的距离、平行于海岸、由砂质沉积物组成的垅岗地形，其顶部可露出海面或被海水淹没。被淹没的沙坝称水下沙坝。沙坝是当波浪向海岸推进，因与底流相遇或因波浪破碎波能减弱，导致所携带的砂粒堆积下来形成的。

沙嘴(Spit)是在海湾外由砂粒组成的、一端与陆地相连、尾部伸入海中的垅岗地形。沙嘴是当沿岸流由海岸岬角部分进入海湾，因水域变宽、流速下降，所携带的砂粒堆积下来而形成的，其尾端因波浪的折射而成弧形。我国台湾西海岸面向澎湖水道的毗邻地区，沙嘴较发育。当岸外有岛屿时，岛影区因波能变弱出现沙嘴沉积。沙嘴延伸可使岛屿与陆地相连，形成连岛沙洲(Tombolo)（图 3-4-11），如山东烟台附近芝罘岛的连岛沙洲长 7.5km。沙嘴延伸或沙坝露出海面，形成一个外海半隔绝的海域，称泻湖(Lagoon)。

(三) 潮坪沉积

潮坪(Tidal flat)是发育在无强烈的波浪作用而以潮汐作用为主的平缓海岸地带，包括潮上带、潮间带和潮下带，其主体主要位于潮间带。潮坪沉积发生良好的机械沉积分异作用，潮流可把泥沙带至潮坪，退潮时则沿潮沟把较粗的碎屑带至海中，细粒碎屑则在潮坪上堆积下来。潮坪的沉积物以黏土、粉砂、细砂沉积为主，依次分布于潮上带、潮间带和潮下带，故又称潮上带为泥坪、潮间带为泥沙混合坪、潮下带为沙坪。由于潮汐的反复作用，在其沉积物中可形成羽状交错层理、波痕、泥裂等沉积构造，潮坪上具有海生生物与陆生生物混杂的现象。若气候潮湿，潮坪可发展为海滨沼泽，并形成泥炭沉积；若气候干旱，因滩上积聚的海水蒸发，盐类结晶沉淀，形成盐沼地或称"萨布哈"(Sabkha)，中东海湾地区的海滩上就发育有较多的"萨布哈"。在低纬度地区某些缺乏陆源物质、海水较清、气候温暖、生物繁茂的潮坪上，可以发生碳酸盐的沉积。

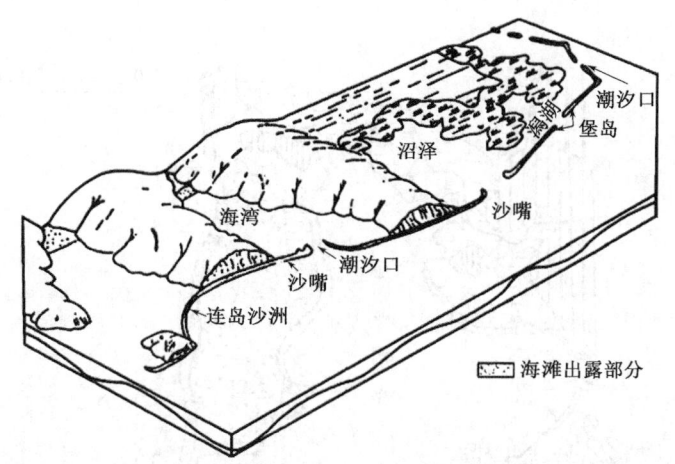

图 3-4-11 沙嘴、潟湖、堡岛和连岛沙洲(据 R. F. Flint 等,1977)

(四)潟湖沉积

潟湖是一个与外海呈半隔绝的海域(图 3-4-11)。潟湖海水可通过一定的水道(潮汐口)与外海交流,或在高潮时外海海水越过障壁岛灌入潟湖中。沙坝和沙嘴长高与伸长,常常连接起来构成滨岸带的障壁,在其内则形成潟湖(图 3-4-12)。潟湖的地质作用以沉积作用为主,不同的气候区潟湖的含盐度不同,其沉积有不同的特点。依据湖水含盐度,潟湖可以分为淡化潟湖和咸化潟湖两类。

淡化潟湖发育于潮湿气候区,因地表径流大量注入潟湖,水面高于外海海面,仅在高潮时有少量海水入湖,淡水年注入量大于湖面年蒸发量,致使海水逐渐淡化。在规模比较大的潟湖中,可形成上层为淡水、下层为咸水的双水层结构。淡化潟湖的沉积以碎屑沉积为主,发育生物沉积。在缺乏对流的潟湖底,常可形成黄铁矿、菱铁矿、碳酸钙等化学沉积。

咸化潟湖发育于干旱气候区,因淡水注入量较少及湖水过量的蒸发,湖水面常低于海面,因而导致海水周期性补给潟湖,因为淡水年注入量小于湖面年蒸发量致使海水逐渐咸化,咸水因密度大而下沉,使水体按密度分层,其上下对流相对减弱。咸化潟湖的沉积以化学沉积为主,其次为碎屑沉积,不发育生物沉积。咸化潟湖的化学沉积发育良好的化学沉积分异作用,即随着湖水的蒸发,湖水含盐度由小变大,各种盐类物质依据溶解度由小到大先后发生沉淀的过程。常见盐类矿物先后沉淀的次序是方解石→白云石→石膏→芒硝→石盐→钾盐→光卤石,以上沉积顺序可简化为碳酸盐→硫酸盐→氯化物。

三、浅海区的沉积作用

浅海的海水深度小、海底平缓、离大陆近、生物繁茂,是海洋中最主要的沉积区,陆源物质丰富,所以浅海的碎屑沉积、化学沉积和生物沉积都很发育。

(一)浅海的碎屑沉积作用

浅海碎屑沉积物主要来源于大陆,部分来自滨海。沉积物中砾石较少,以砂质和泥质为主。沉积动力主要是波浪,其次是潮流和洋流。

影响碎屑沉积作用的因素首先是碎屑物的来源、数量以及其粒度。如山东半岛南侧古黄

图 3-4-12　潟湖（据黄金森，1964）

河口附近的海域，因黄河带来大量的粉砂和黏土在此沉积，使得附近浅海沉积物以泥质为主。海流、潮流的流速也对浅海碎屑沉积有重要影响。碎屑物在被推移和悬移过程中与河流沉积类似，沿水动力强度减弱的方向会按颗粒大小发生分选，依次沉积砾、砂、粉砂和黏土等，具有良好的机械分异作用。

在开阔的大陆架区，通常以波浪分选为主，碎屑沉积物沿平行海岸线方向呈带状分布。在近岸区通常为砂质沉积带，一般宽度不大，仅几千米，其外缘水深约 20～30m。这个深度以下常出现泥质沉积带。在海峡及其他强潮流分布地段，因以潮流作用为主，沉积带的分布并不与海岸平行，而且是与潮流的流向相垂直的。如在西北欧的圣乔治海峡中，因潮流较强，侵蚀近岸地区，在朝海峡开口方向往外依次沉积了砾石、砂和泥，沉积物粒度的递变方向与潮流一致，分异明显。

如果地壳抬升或海面下降，或浅海沉积不断向海方向推进，均可导致海水退却，就会造成粗粒的沉积物直接覆盖在先前沉积的细粒沉积物上，从剖面上看，沉积物粒度呈向上变粗的海退层序（图 3-4-13）。相反，如果地壳下沉或海面上升，导致海水向岸推进，就会造成细粒的沉积物直接覆盖在先前沉积的粗粒沉积物上，从剖面上看，沉积物粒度呈向上变细的海进层序。从一次海进开始到海退结束，叫一次沉积旋回。海退层序容易遭受破坏而不易保留下来。

浅海碎屑沉积物的分选性和磨圆度通常较好；因有深水波浪影响，可形成对称的波痕，发育交错层理，并可形成清晰的水平层理。

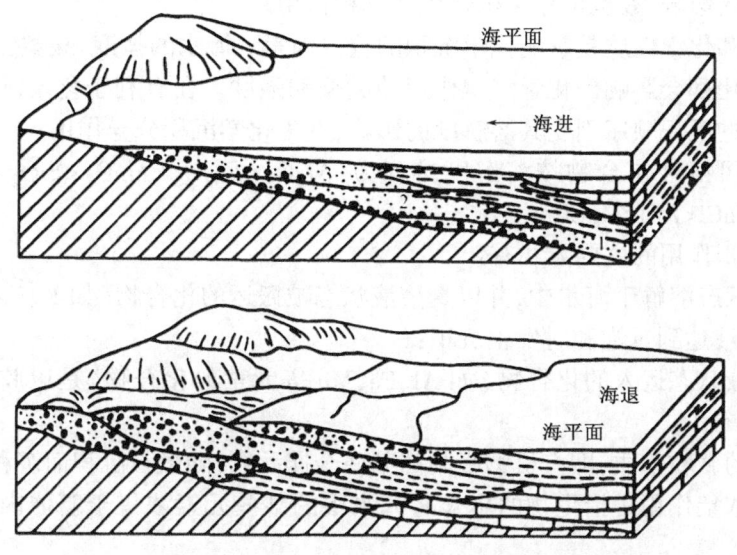

图3-4-13 海进层序与海退层序示意图(据温献德,1998)

在研究现代大陆架沉积物的分布特点时,往往发现离岸较远的大陆架上广布着以砂为主的粗碎屑物;内陆架上却覆盖着大片的粉砂和淤泥,近岸又有较窄的粗碎屑物分布。大陆架沉积物呈带状分布的特点在东海大陆架上也有反映(图3-4-14)。显然,这种分布与近岸沉积的粒径较粗、远岸较细的传统概念不符。现已查明,远岸的粗碎屑物是大陆架上存在的残留沉积。残留沉积是指大陆架上那些与现代浅海环境不相适应的沉积,是该地在成为浅海以前形成的沉积物。据埃默里(Emery,1952)统计,残留沉积的分布面积占世界大陆架面积的70%。

滨海和浅海的碎屑沉积物中常可发现由密度较大的有用矿物质组成的砂矿,它们也是残留成因形成的。如印度尼西亚和泰国内陆架上的砂锡矿即位于掩埋河谷中。

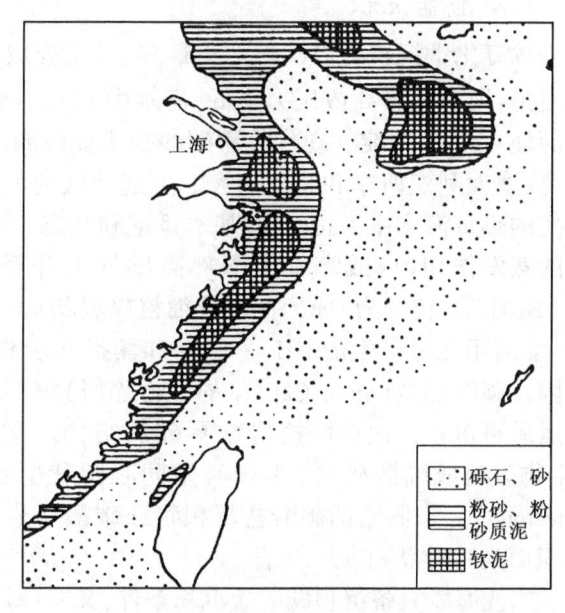

图3-4-14 东海大陆架沉积物分布略图
(据秦蕴珊等,1978)

(二)浅海的化学沉积作用

浅海区是化学沉积和生物化学沉积的有利环境,在形成各类化学沉积物的同时,还形成了各种沉积矿产。现代浅海化学沉积主要发育于低纬度(南北纬30°之间)陆源碎屑来源少的海域。地史时期,浅海区曾发生过大量的化学沉积。在湿热气候条件下,与准平原化的大陆毗邻的浅海区,是最有利于化学沉积和生物化学沉积的古地理环境。自然界纯粹的化学沉积较少,多半有生物作用的影响,故也可称为生物化学沉积作用。

海水的物理和化学性质是影响化学沉积的重要因素。海水的盐度、酸碱度、温度、压力、氧化还原电位的变化都会影响到化学沉积作用的类型和强度。在有利于化学沉积的条件下,各种可溶性化合物的沉积顺序则受其溶解度的影响,发生化学沉积分异作用。

海水中主要可溶性化合物按溶解度排列为:$Al_2O_3 < Fe_2O_3 < MnO_2 < SiO_2 < P_2O_5 < CaCO_3 < CaSO_4 < MgSO_4 < NaCl < KCl < MgCl_2$。

海水化学沉积作用的主要方式有:

(1)以离子状态溶解于海水中,并以真溶液状态被搬运的化合物(如 K、Na、Ca、Mg 等元素的化合物),当溶液达到过饱和时发生沉积;

(2)胶体溶液状态运入的化合物(如 Al、Fe、Mn 等元素的化合物)是以胶体电解质中和、发生凝聚的方式沉积;

(3)海水中的微粒物质,即有机物吸附的某些金属元素,随微粒沉积而沉积;

(4)生物的浓集作用是指生物的生长将海水中的某些元素浓集于躯体内,随生物的新陈代谢而发生沉积。

浅海的化学沉积物主要有碳酸盐类,燧石,铝、铁、锰的氧化物和氢氧化物,以及胶磷石等。

1. 碳酸盐沉积

浅海化学沉积物以碳酸盐类最多,其主要成分是 $CaCO_3$ 和 $MgCO_3$。碳酸盐的化学沉积原因是:因温度增高或压力降低,海水中 CO_2 含量减少,导致海水中 $Ca(HCO_3)_2$ 的过饱和,从而使 $CaCO_3$ 沉淀。现代浅海碳酸盐主要分布于南北纬30°之间,主要地区为加勒比海、波斯湾、澳大利亚西岸和我国南海。上述地区的气候温暖、水浅、水质清洁,含碎屑物质极少。现代的热带海水中 $CaCO_3$ 已基本呈饱和状态,在正常海水($pH=8$)中,当温度升高、发生强烈的蒸发作用时,或海水由深部高压气上升至浅部低压区时,可使海水中的 CO_2 析出,$Ca(HCO_3)_2$ 转变为 $CaCO_3$,形成细粒碎屑状(灰泥)沉淀。在这个过程中,生物起着重要作用,细菌死亡后产生的 $NH_3 \cdot H_2O$ 和藻类光合作用放出的 CO_2,是促使 $CaCO_3$ 沉淀的重要原因。碳酸盐类(包含 $CaCO_3$ 的生物碎屑)沉淀后常含灰泥、灰屑等 $CaCO_3$ 碎屑的形式,经搬运后再沉积。故碳酸盐岩常具碎屑结构。在海水动荡的条件下,$CaCO_3$ 以一定的质点(生物碎屑或陆源碎屑)为核心呈同心圆状生长,形成鲕粒,成岩后形成鲕粒灰岩(oolitic limestone)。未固结的碳酸盐沉积物或碳酸盐岩,被波浪、潮汐、风暴等破碎、搬运、磨蚀、再沉积而成竹叶状石灰——岩。

当浅海既具备沉积碳酸盐沉积条件,又有一定量的陆源碎屑供应时,就出现近岸以碎屑沉积为主、远岸则以碳酸盐沉积为主的分异现象。如南海北部广东沿海大陆架上的沉积物自浅水往深水,碳酸盐的含量由小于 10% 增加到 60%。

2. 硅质沉积

海水中的 SiO_2 除来自大陆(呈胶体状态搬运的)以外,海底火山喷发、生物的生命活动等都会造成 SiO_2 的局部富集而沉积下来。当海水中的 SiO_2 达到足够的浓度时,SiO_2 常以胶体凝聚的方式沉淀,并以水温较低、海水处于偏碱性环境最为有利。SiO_2 的凝胶体形成非晶质矿物蛋白石($SiO_2 \cdot nH_2O$),并进而形成燧石。

3. 铝、铁、锰沉积

海水中的 Al、Fe、Mn 等主要来自大陆。大陆上湿热气候区化学风化作用使 Al、Fe、Mn 可以胶体状态随地表径流迁入毗邻的海洋中,通常在近岸地带以胶体凝聚方式沉积,或受碎屑吸附包裹于其表面沉积。近岸地区因海水动荡,易形成鲕粒状结构,鲕粒加大可形成豆状或肾状结构。海成铝土矿由铝的氢氧化物组成,其成分中 50% 为 Al_2O_3。Al_2O_3 主要沉积于浅海近岸地带,但也可在滨海、潟湖环境中形成。浅海中形成的铁质沉积物主要由赤铁矿(Fe_2O_3)和褐铁矿($Fe_2O_3 \cdot nH_2O$)组成;锰质沉积物主要以氢氧化锰(水锰矿、硬锰矿)的形成出现。据研究,Al、Fe、Mn 虽然都在与大陆湿热气候区毗邻的浅海地带沉积,但一般铝质沉积物位置离岸更近。Fe、Mn 这种沉积分异现象并非截然,它们在沉积范围上常有一定的交替或重叠。

4. 磷质沉积

磷主要以 HPO_4^{2-} 形式存在于海水中,部分则以碎屑悬浮于海水中,表层海水中含磷量较低,难以沉积。磷的富集与生物作用有关。富含磷质的生物死亡后,尸体下沉至深部,磷质析出,使某些海域的深层海水富含磷质。富含磷质的低温海水随上升流自大陆坡上升至浅海后,因压力减小、温度升高和 CO_2 含量降低,磷以磷酸钙[$Ca_3(PO_4)_2$]的形式沉淀,形成胶磷石。胶磷石可与其他沉积物共同组成磷灰岩。当磷达到一定含量并具一定规模时,便形成磷矿床。我国南方某些地区寒武系底部的含磷沉积层,即可形成大型磷矿床,如湖北荆襄磷矿、云南昆阳磷矿即属于此类矿床。

5. 海绿石沉积

海绿石是海洋中的自生矿物,是海成沉积物的标志矿物。海绿石是一种绿色黏土矿物,由海水中硅、铝、铁的胶体吸附钾离子而成。我国东海大陆架外缘常在沉积物中发现海绿石,大陆坡上也有分布。海绿石含钾量可达 2%~9%,规模大时可作钾肥开采。

(三)浅海的生物沉积作用

生物除通过产生气体、分泌有机质等影响沉积作用外,其遗体本身可构成沉积物。浅海区生物繁盛,因而生物沉积量多,沉积物中有机质的含量也较高,是深海的 2.5 倍。浅海生物沉积主要有生物礁的堆积、生物碎屑的堆积等。

1. 介壳灰岩和生物碎屑岩

生物硬体可直接构成沉积物。硬体成分主要是钙质,其次为硅质和磷质。生物硬体沉积时可与其他沉积物混杂,或集中堆积。如由大量底栖生物的贝壳与灰泥混杂沉积,可形成介壳灰岩(shelly limestone);生物贝壳或骨骼的碎片可与碎屑沉积物或其他化学沉积物混杂,形成生物碎屑岩。生物的软体容易分解,通常形成有机质分散在其他沉积物中,只在沉积速率较快、数量大的情况下因被迅速掩埋才可大量保存,并可能转化为石油。

2. 生物礁

生物礁(reef)是指在海底原地增殖、营群体生活的珊瑚、海藻、苔藓虫、层孔虫、海绵等造礁生物的骨骼、外壳的堆积物,以及这些生物通过造礁作用,促使水中某些矿物的堆积。造礁生物往往是以固着增生的方式,可与其他沉积物在海底形成呈隆起状的堆积体。生物礁中以珊瑚礁最为常见。珊瑚礁形成的礁灰岩多孔。礁灰岩的孔隙可达 30%,是储藏石油和天然气的良好场所,世界上已知有 12 个大油田的储油岩石是礁灰岩,近年还发现古珊瑚礁是形成层状多金属矿床和锰、铝等矿的有利场所。

珊瑚是一种海生腔肠动物,它固着在海底基岩上营群体生活。珊瑚骨骼是由软体分泌形成的,其成分是碳酸钙。珊瑚生活在温暖清澈的海水中,对生活环境的要求严格。现代珊瑚主要分布在南北纬30°之间的热带浅海。最适合它们生长的地区是水温25℃左右、自低潮线至水深20m的浅海海底。因为那里阳光充足、营养丰富,海水的盐度适中(海水盐度在34‰~36‰时最适合生物生存),过淡或过咸的海水都对珊瑚发育不利,甚至会引起其死亡。海水浑浊也会抑制珊瑚的繁殖,如海南岛沿海普遍有珊瑚繁殖,但在万泉河口因有浑浊的淡水注入,因而河口附近的海域没有珊瑚繁殖。

珊瑚礁通常由礁核、礁前、礁坪三部分组成(图3-4-15)。礁核是礁体的生长带,是珊瑚成长发育的地点,位于潮下浅水处;礁前位于礁体朝海一侧,由礁体被风浪冲击破碎形成的碎屑构成;礁坪是礁体靠岸一侧地势较平坦的地带,通常堆积有分选较好的生物碎屑。

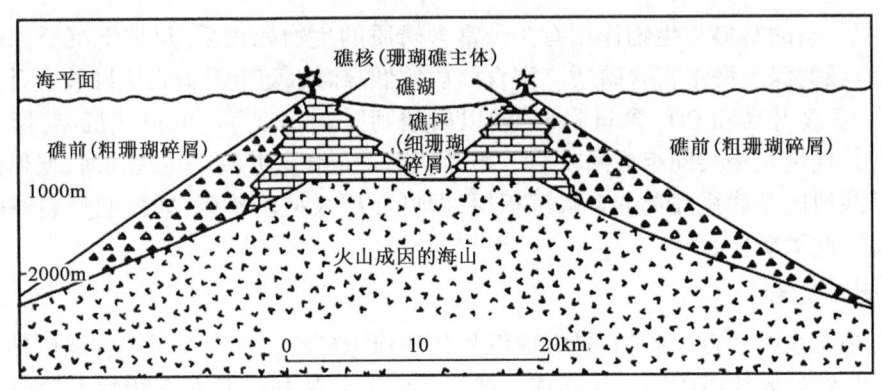

图3-4-15 珊瑚礁剖面构造示意图(据徐成彦、赵不忆,1988)

按照生物礁与海岸的关系,珊瑚礁可分为岸礁、堡礁和环礁(图3-4-16)三类。

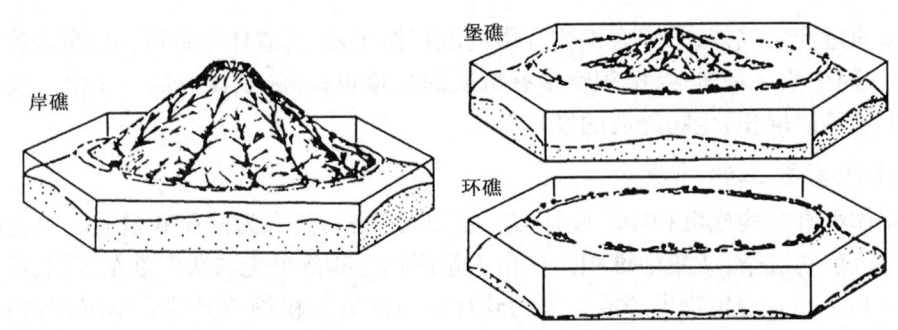

图3-4-16 岸礁、堡礁和环礁示意图(据D. Sayner,1977)

1)岸礁

岸礁(Fringing reef)沿海岸边呈带状分布,多发育于陡峭海岸附近,与海岸之间有一较窄的水道分隔。现代最长的岸礁分布于红海沿岸,长约2700km,向海一侧向水下延伸达40m。

2)堡礁

堡礁(Barrier reef)离岸较远,平行于海岸分布,与海岸间有一较宽的水道与之相隔,有时则有潟湖分布于堡礁与海岸之间,多发育于平缓的海岸。现代最大的堡礁是澳大利亚东北岸的大堡礁,长达2000km,向岸外延伸达50~145km。古代已知最大的堡礁是美国新墨西哥州与得克萨斯州之间二叠纪盆地中的"船长礁",其厚度达360m以上,长可达644km,其埋藏地下部分已找到油气藏。

3) 环礁

环礁（Atoll reef）围绕海底较大隆起的边缘生长，连接成环状，中央部位多凹下成潟湖，多出现于外滨广海中，现代在太平洋、印度洋及我国南海中均有发育。墨西哥已发现白垩纪的大型环礁。

四、半深海区的沉积作用

半深海是水深200~2000m的海域，是指浅海向深海海底过渡的斜坡地带。大陆坡并非平坦的斜坡，它的地形崎岖，常发育有海底峡谷。波浪已不能影响其海底，海洋底流是其主要的地质营力。在水深400~500m以上阳光能及的地带，有大型软体动物存在，更深处则以放射虫、有孔虫、海百合为主，这些生物为半深海沉积作用提供了物质来源。

半深海离大陆较远，一般粗粒的碎屑较难搬运到这里，故其沉积物通常以陆源泥质成分为主，也可有少量化学沉淀和生物沉积。在浊流和海底滑塌发育区，浊流等可将浅海的粗碎屑物及部分碳酸盐运进本区；局部有冰川碎屑和火山碎屑的沉积。

半深海分布最广的沉积物是软泥，有蓝色软泥、红色软泥和绿色软泥三类；其他有珊瑚及生物碎屑、火山碎屑、冰川碎屑和浊流沉积。

（一）蓝色软泥

蓝色软泥这种沉积物广布于大陆坡，呈蓝黑色、深蓝色或浅蓝色，有硫化氢味，成分以黏土和粉砂为主，生物成因的碳酸盐约占10%，常见黄铁矿。蓝色软泥以其特有的颜色、气味和矿物，表明它在还原环境中形成的，通常形成于弱海流或无海流的半深海海域。

（二）红色软泥

红色软泥的分布局限于热带、亚热带的海岸以外，如南美亚马孙河口外、中非一些大河口外、我国长江口外等。大陆上的红色风化产物被搬入半深海，使这里的软泥成为红色。

（三）绿色软泥

绿色软泥主要形成和分布在大陆架和大陆坡的接壤地带，其特征是含有较多的海绿石矿物，致使软泥呈绿色。绿色软泥中除海绿石外，还有少量石英、云母和碳酸盐矿物。

（四）其他沉积物

珊瑚碎屑沉积广布在低纬度区的大陆坡上部，由珊瑚砂和珊瑚泥组成。珊瑚碎屑多来自大陆架边缘的堡礁。

火山碎屑堆积多发育在火山作用强烈地区附近的海域。

冰碛物主要在高纬度海区由冰山带入半深海中沉积。

浊积物发育于海底峡谷，因该地段地形陡峻，沉积物受重力流的影响，常发生滑塌作用，形成具有各种扭曲、揉皱的沙层和泥层交互堆积层，有时含有一些形态不规整的大小石块，因而常被称为滑塌沉积物。

视频2至视频5展示了半深海沉积作用的一些模拟实验。

视频2 浊流　　　视频3 重力流　　　视频4 中等碎　　　视频5 低密度
　　　　　　　　　　扇体的形成　　　　屑流过程　　　　浊流的缓慢移动

五、深海区的沉积作用

深海(是指水深2000m以下的海域)水域辽阔,是海洋的主体部分(约占海洋面积的75%)。深海海底地形复杂,海水运动一般不强烈,以缓慢流动的洋流为主,不仅机械作用微弱,化学作用也很缓慢。由于离大陆远,深海通常陆源物质稀少,浮游生物遗体的堆积占重要的地位,成为深海堆积的重要特征。整个深海区的沉积速度缓慢,平均为0.1~10cm/ka。深海沉积物分深海陆源沉积物、深海生物源沉积物和深海黏土(褐色黏土)三大类,在深海还发育大量锰结核和多金属软泥等。

(一)深海陆源沉积物

深海陆源沉积物包括浊流沉积物、冰川沉积物和风运物等,此外,尚有宇宙来源的物质,如陨石等,但数量极少。

1. 浊流沉积物

浊流沉积物主要由具有浅水沉积特征的深海砂组成。大量浊流沉积物以深海扇的形式堆积在大陆坡上,少量进入深海平原;深海扇的沉积物厚度大,深海平原的沉积物一般厚度小。

2. 冰川沉积物

高纬度海域的冰川和海冰一旦融化,即可将冰运物散布在海底,量多时可形成海洋冰川沉积物。它多环绕两极分布,以南极附近的分布面积最大。其特征与大陆上的冰碛物基本相同,但混有海洋生物(如硅藻等)的遗体。其堆积量则随离大陆距离增大而减小,而硅藻体的数量却相对增多。

3. 风运物

风运物以泥质为主,其组成成分主要为石英、长石。风运物的分布与气候带有关,一般量小,多与其他类型沉积物混杂,但局部地区含量可高达30%以上。

(二)深海生物源沉积物

深海生物源沉积物以生物软泥为主,软泥中生物组分的含量超过50%,或某些生物群组分超过30%。能形成大量堆积的生物有硅藻、放射虫、有孔虫、抱球虫、翼足虫和颗石藻。生物软泥按化学成分分成硅质软泥和钙质软泥两类。

1. 硅质软泥

硅质软泥主要由硅藻软泥和放射虫软泥构成。它们都是硅质浮游生物,在其遗体下沉过程中,大部分溶于海水,只有少量到达深海底。

1)硅藻软泥

硅藻软泥湿时呈淡黄色,干时呈白色,疏松,孔隙大,密度小,主要分布在高纬度海洋冰川沉积物的外围,占硅质软泥分布面积的75%。

2)放射虫软泥

放射虫软泥由暗灰色放射虫残骸与棕色黏土混合而成,堆积于氧化环境,主要分布于太平洋赤道附近碳酸钙沉积物少的海底。

2. 钙质软泥

钙质软泥的主要成分是碳酸钙,其平均含量达65%。深海沉积的碳酸盐有75%分布在钙质软泥里,其余分散在硅质软泥和深海黏土中,少量以浊流沉积物形式存在。钙质软泥主要分布在热带、亚热带水深小于5000m的海底。有孔虫软泥、翼足类软泥和颗石软泥等含钙质为其主要成分。

1)有孔虫软泥

有孔虫软泥也称抱球虫软泥。有孔虫的壳体由方解石组成。有孔虫以浮游生物为主,底栖生活的极少。有孔虫软泥主要由有孔虫壳体组成,呈乳白色,分布广,约占洋底面积的三分之一。

2)翼足类软泥

翼足类软泥在深海中的数量低于有孔虫软泥,由壳体文石组成,分布面积小,呈斑状散布在有孔虫软泥区,多见于水深小于3000m的海底。

3)颗石软泥

颗石软泥又称白垩软泥。颗石是颗石藻上的鳞屑,当颗石含量占软泥总量的30%以上时,称为颗石软泥。

(三)深海黏土

深海黏土以褐色黏土为主。褐色黏土质纯、粒细,黏土组分占80%以上,有机质很少,其中夹有大量锰结核。褐色黏土分布广,仅次于有孔虫软泥。它分布在远离大陆的大洋,三大洋中以太平洋最多,占太平洋洋底面积的49%。

深海黏土广布于深水(4500m及以上)的海底,在各类沉积物中其分布深度最大。

深海黏土的成因尚无定论。有人据其分布在深度最大的海底,推测它是钙质软泥下沉过程中碳酸钙的成分被溶掉,由留下的不溶组分形成的;另一种意见根据深海黏土中的铁、锰、钴、铜、铅等金属元素含量高于其他深海沉积物,并从中找到了火山灰、陨石碎片等的事实,认为它应是宇宙成因或火山成因的。

(四)锰结核

锰结核(图3-4-17)由多种矿物组成,常见矿物有水针铁矿、钠水锰矿和钡镁锰矿等。其主要成分为MnO_2和Fe_2O_3,分别占31.7%和24.3%。锰结核中含30多种元素,

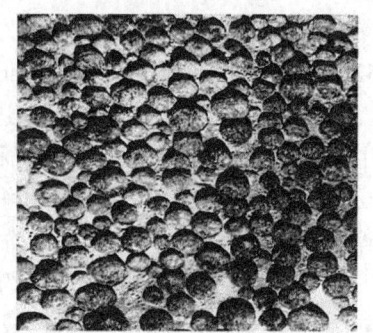

图3-4-17 深海锰结核
(据李叔达,1983)

以Mn、Fe的含量最多。锰结核中Mn、Ni、Co、Cu的含量均已达到可供工业利用的品位(表3-4-1),而且储量可观,总储量约为$3×10^{12}$t。据估计,仅太平洋底锰结核中Mn的金属

储量为 $4×10^{11}$t,Ni 的储量为 $64×10^8$t,Co 的储量为 $58×10^8$t,Cu 的储量为 $88×10^8$t。锰结核中 Mn 的储量为陆上的 200 倍,Cu 则为 40 倍,所以锰结核的经济意义很高。锰结核的另一特点是它还在不断形成,因而有"永远资源"之称。

表 3-4-1　锰结核中几种金属的平均含量(据 Cronan,1977)

元素	Mn	Ni	Co	Cu
平均含量,%	16.17	0.488	0.298	0.256

锰结核的外形多为球状、团块状,颜色主要为黑褐色,含锰多时呈暗黑色,含铁多时呈棕红或红褐色。锰结核大小不一,一般为 0.5~25cm,平均直径 8cm,个别大于 1m(达 850kg)。锰结核一般由核、杂质和含锰矿物三部分构成。含锰矿物形成纹层以同心圆形式包在核外。

锰结核主要分布于水深 4000~6000m 的深海底,以太平洋海底为最多,绝大多数散布在深海黏土和放射虫软泥中。

(五)多金属软泥

多金属软泥是一种富含多种金属(铁、锰、铝、锌、银、金等)的未固结泥质沉积物,分布在深海底较浅处(2000~3000m),已发现的分布区有红海、东太平洋海隆等。多金属软泥中各种金属主要以硫化物的形式存在。其金属含量很高,已达工业开采的品位,其水深比锰结核的深度浅,是未来有前景的矿产。

多金属软泥是一种多成因矿产,其形成理论众说纷纭,但通常认为是沿海底断裂(中央裂谷或中心式火山口)上升的热液与海水或海底沉积物发生化学反应,生成了多金属硫化物和氧化物。多金属软泥的研究不仅有潜在的经济意义,而且为研究大陆上古代层状多金属硫化矿床的成因提供了新的依据。

六、浊流的沉积作用

浊流的发现是海洋地质学的重要发现之一。1929 年美国纽芬兰大浅滩发生的著名的深海电缆折断事件,就是浊流作用的典型实例。由于当地发生了 7.5 级地震,震中附近的电缆在震后立刻折断,位于震中上方大陆架上的电缆则未受损伤,而其下方大陆坡、大陆裙和深海平原上的电缆在震后按离震中的距离依次折断,最后折断的一条电缆距震中为 480km,位于水深 5230m 的深海平原上。当时人们无法解释这一现象,后来用浊流说才比较满意地给予了解释。

当浊流流出海底峡谷谷口进入平缓、开阔的大陆裙时,其流速骤减,浊流搬运物便随之发生沉积(图 3-4-18)。浊流沉积物简称浊积物(Turbidite),由典型的陆源碎屑组成,以岩屑和石英为主,含少量长石、云母和海绿石等,常含浅海生物群的遗体,但缺少远洋生物群的遗体;碎屑粒度以砂级为主,其次为粉砂级,也有泥和砾石;碎屑的磨圆和分选中等至较好。

一次浊流沉积物的厚度大约 0.8m,分布面积可达千余平方千米,剖面上由浊流沉积的浅水陆源碎屑与深海沉积的页岩构成韵律。韵律是沉积物质按粒度和密度从大到小的顺序先后分层沉积成岩层的规律。在一个韵律中,粒度向上变细,沉积构造也随之发生变化(图 3-4-19)。多次浊流沉积形成的扇形地貌称浊积扇,又称深海扇。深海扇大小不一,扇面坡度一般小于 2‰,扇顶水深平均约 2000m,扇缘水深可达 5000m。印度洋的孟加拉深海扇和阿拉伯深海扇是世界上已知的大型深海扇。前者在海底延伸逾 2000km,面积约 $2×10^6 km^2$,体积达 $5×10^6 km^3$。浊积物经成岩作用形成的岩石叫浊积岩,浊积岩可以成为良好的生油层和储油层,世界上一些大油田的储油层即为古近纪和新近纪的浊积层。

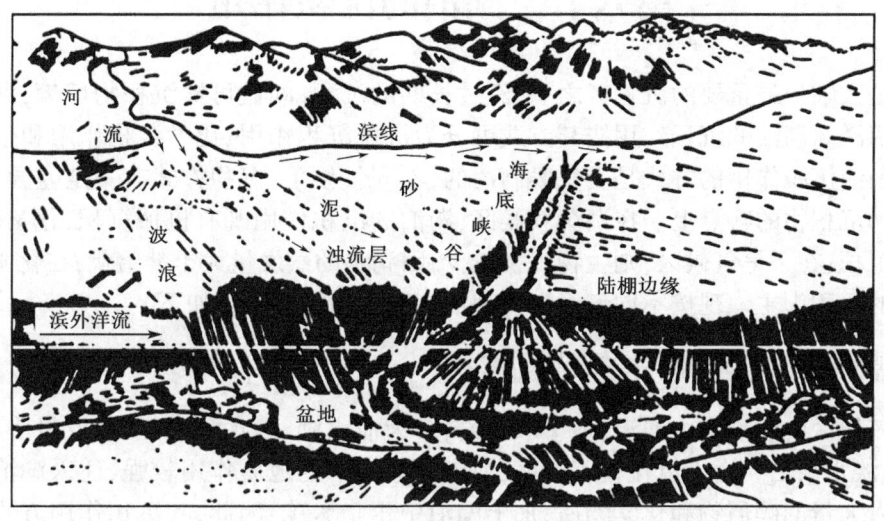

图 3-4-18 浊流的来源、搬运和沉积作用示意图(据里丁,1985)

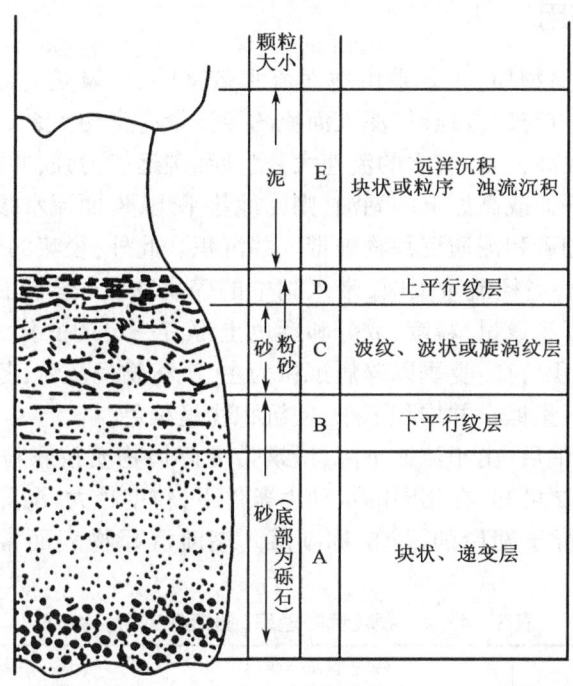

图 3-4-19 鲍马层序及其解释(据鲍马,1962,略有修改)

辽阔的海洋,蕴藏着丰富的矿产资源。目前世界所需的溴,大部分是从海水中提取的,所需的镁和镁化合物的相当部分也来自海水。海底还蕴藏有丰富的石油、天然气、煤、盐类矿产以及砂矿、锰结核、多金属软泥等矿产。全世界已探明的石油储量中近四分之一是在海底,石油产量中约五分之一采自海上油田。大陆边缘的海盆是目前海洋油气勘探和开发的主要地区,我国相继进行了海上勘探,并已取得显著效果,证明我国的渤海、东海、南海是世界上重要的油气远景区之一。

第六节 湖泊的沉积作用

湖泊是大陆上最重要的沉积区之一,经过长期的沉积,湖盆可被沉积物填满,湖泊会消失或演变为沼泽。湖泊的沉积作用按其方式可分为机械沉积作用、化学沉积作用和生物沉积作用几种。湖泊沉积作用的方式是受气候制约的,不同气候下,沉积方式有一定差异,并反映在沉积作用和沉积物的特点上。在潮湿气候区,湖泊的沉积作用既有机械沉积、化学沉积,也有大陆生物沉积;在干旱气候区,则生物沉积较少,因湖水的蒸发量大于补给量,在化学沉积过程中以盐类的沉积为主。现按不同气候区将湖泊沉积作用特点分述如下。

一、潮湿气候区湖泊的沉积作用

潮湿气候区的湖泊多由河流、地下水补给,多为泄水湖,因水量充足,蒸发量小,故含盐量低,一般为淡水湖泊。由于风化作用彻底,河流和地下水的地质作用较强,注入湖泊的地面流水中常带入大量的碎屑物和化学物质,加上湖泊中生物繁茂,因此,其沉积作用方式既可有机械沉积,也可有化学沉积和生物沉积。

(一)机械沉积作用

沉积于湖泊中的碎屑物质,主要是由地面流水带来的,少量是有湖浪对湖岸的冲蚀产生的。沉积物的数量及特点与周围地形、注入河流的径流量有密切关系。例如,位于山间盆地中的湖泊,由于四周地形较高,地面流水的流速大,侵蚀和搬运能力强,常把大量磨圆度较差的碎屑物带入湖中;而位于平原或高原上的湖泊,则因地势平坦,地面流水缓慢,带入湖泊中的物质经长距离的搬运,只有细砂和泥质沉积物被带入并沉积。此外,径流的流量大小也影响着带入湖中的碎屑物质的数量,当径流量大时,带入湖中的碎屑物质较多。由于径流量有季节性变化,反映在不同季节的沉积数量、粒度、成分和颜色上都有一定的变化,因而,湖泊沉积物常具有这种季节性变化的沉积特征:夏季以碎屑沉积为主,沉积物呈灰色;冬季因动植物大量死亡,有机物分解缓慢,因而大量保存并堆积下来,使沉积物呈黑色。

当地面流水流入湖泊后,由于流速下降,所携带的碎屑物质按颗粒粗细、密度大小而先后沉积下来。由表3-4-2可知,在相同的水动力条件下,粒度越大,沉降速率越快,因而易于在近岸地带沉积,形成平行于湖岸的浅滩,称湖滩。湖滩沉积物表面常有波痕和泥裂等沉积构造。

表3-4-2 颗粒沉降速率(据斯托克斯,1850)

颗粒直径,mm	沉降速率,mm/s	每下沉1m所需时间
10.0	950	1.05s
1.0	85	11.8s
0.1	7~9	平均2.38min
0.01	0.14	约2h(119.08min)
0.001	0.0015	约184h(7.5昼夜以上)
0.0001	0.000014	约700昼夜

由于上述原因,湖泊的碎屑沉积物常呈环带状分布(图3-4-20),即一般湖滨沉积物较

粗,湖心则沉积较细的碎屑物;近河口的沉积物也较粗,湖湾处则较细。随着由湖滨至深湖湖底,由氧化环境转向还原环境,沉积物的颜色也相应发生变化。湖泊碎屑沉积物中以黏土质为主,其次为砂质及粉砂质,砾质沉积物较少。如武汉东湖,在滨湖多为灰黄色、褐灰色粗砂或细砂,向内渐变为褐灰色或褐绿色粉砂,然后为褐灰色、黑绿色软泥(有机质含量10%,黏土含量50%),湖心为灰绿色、黑绿色黏土质腐泥(有机质含量大于10%,黏土含量70%),这些沉积物呈环带状分布。现代青海湖是位于干旱气候区以碎屑沉积为主的咸水湖,沉积物也有明显的分带性(图3-4-21),砾石零星沉积在湖的南部和北部,湖滨至水深12m处以砂质沉积为主,湖深12m以下的地带则以淤泥或黏土质灰质沉积为主。

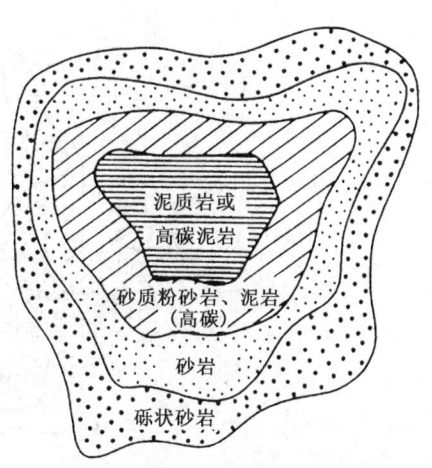

图3-4-20 陆源碎屑湖泊沉积的理想模式(据特温霍费尔,1932)

河流注入泄水湖后流速减慢,河流携带的泥沙可以大量沉积在湖中,部分泥沙也可在出口处被水流带出湖泊。因此,泄水湖实际上形成了河流冲积物的中转站和暂时停积场所。随着碎屑物质的不断沉积,湖泊逐渐淤塞变小,最终成为被河流所贯通的湖积三角洲平原。在这样的湖泊沉积物湖中(即湖泊沉积的晚期或湖泊沉积层的上部),很难区分是河流还是湖泊的沉积物,常统称河—湖沉积物。在地壳比较稳定的情况下,湖泊会逐渐被沉积物填满而消失(图3-4-22)。例如,洞庭湖曾是我国的第一大淡水湖,据20世纪30年代出版的《辞海》记载,当时面积有5000km^2,1954年时尚有3915km^2,但至1978年时仅为2740km^2,与20世纪30年代相比较,其面积几乎减少一半,平均每年约缩小88.6km^2。按照目前的淤塞速度,如果没有人工疏浚,洞庭湖不出百年即会被淤满。湖面的缩小的另一原因是盲目的围湖造田。由于这一原因,自20世纪50年代以来,江汉平原的湖泊由原来的1066个减少到326个,湖面积由8300km^{2}缩小到2300km^2。

被淤塞的湖泊可以发展成为沼泽,湖泊的沉积过程实际上就是湖泊逐渐淤塞和消亡的过程。因此,在地质历史中,湖泊的寿命是短暂的。

(二)化学沉积作用

潮湿气候区,气温较高,水量充沛,化学和生物化学作用显著,元素的活动性也较强,不但组成易溶盐类的元素如Cl、S、K、Na、Ca、Mg等能呈离子状态被地面流水和地下水带入湖中,就是一些活动性不强的元素,如Si、Mn、P、Fe、Al等,以及某些微量元素,也可以呈胶体或被吸附的状态由各种水体带入湖泊中。

在淡水湖中,湖水的含盐量低,易溶盐类如K、Na、Mg等的碳酸盐、硫酸盐、氯化物等都因不能达到饱和状态而难以沉淀。在泄水湖泊中,它们可以被河水带走,只有Fe、Mn、Al等的氧化物、碳酸盐以及部分碳酸钙可以沉积下来。湖泊中各种化合物的沉积方式也是不同的。例如,碳酸钙主要是通过生物化学方式沉积的,而Fe、Mn、Al的化合物则多以胶体凝聚的方式沉积。

1. 碳酸钙的沉积

碳酸钙的沉积带与生物的活动有关。碳酸氢钙[$Ca(HCO_3)_2$]溶液被带入湖后,在适当的

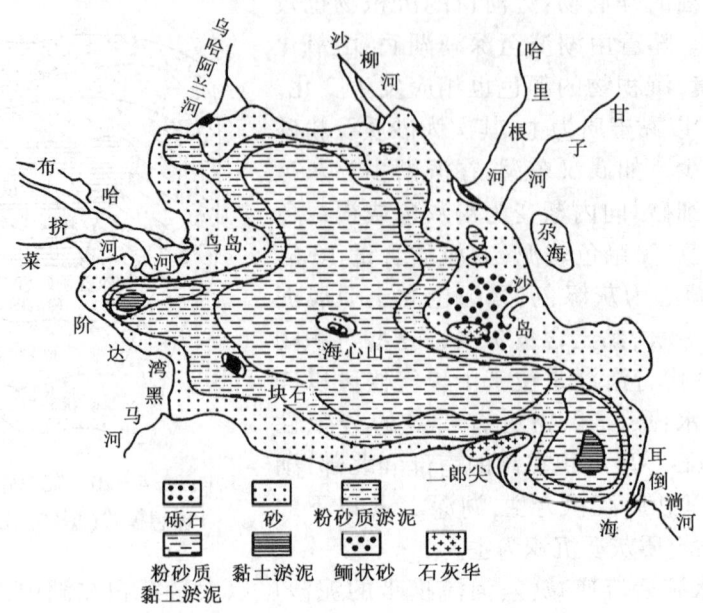

图 3-4-21 青海湖底沉积物分布图(据中国科学院兰州地质研究所,1979)

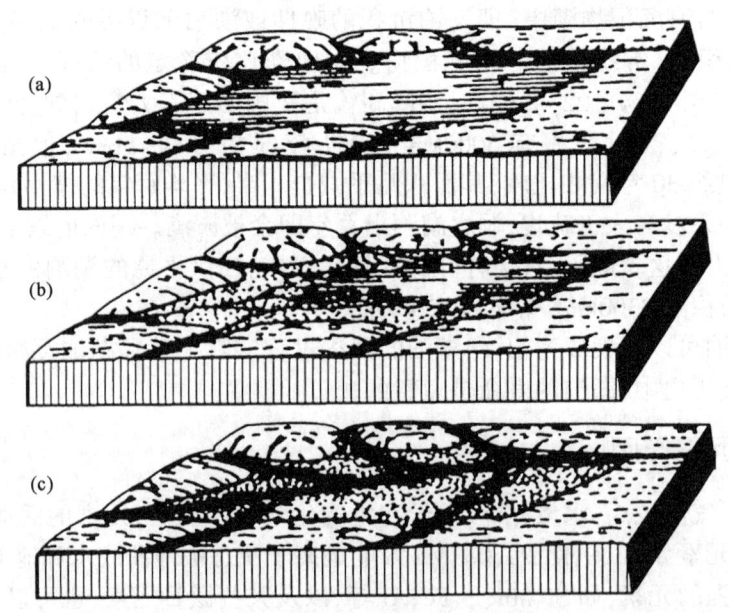

图 3-4-22 潮湿气候区湖泊发展成湖积—三角洲平原过程示意图(据 C. R. Longwell,1956)
(a)湖泊盛期;(b)半淤塞期;(c)全淤塞期

温度、压力条件下,并因生物吸收了水中的 CO_2,使碳酸钙过饱和而沉积下来。

$$Ca(HCO_3)_2 \rightarrow CO_2\uparrow + CaCO_3\downarrow + H_2O$$

此外,碳酸氢钙与生物遗体所分解出来的铵盐如氢氧化铵[$NH_4(OH)$]等发生反应,也会使一部分碳酸钙沉淀下来,并与湖底淤泥混合沉积在一起,形成钙质泥(碳酸钙含量达50%~90%)。这些泥质沉积物经过成岩作用后就形成湖成泥灰岩。因常混入杂质,泥灰岩可有多种颜色,多为灰色、白色、浅蓝色,也有红色或黑色的。碳酸氢钙与铵盐的反应过程是:

$$Ca(HCO_3)_2 + 2NH_4(OH) \rightarrow CaCO_3 \downarrow + (NH_4)_2CO_3 + 2H_2O$$

若碳酸钙沉淀较少,则集中成钙质结核,形成含钙质结核的黏土层。

2. 铁的沉积

地下水带着呈胶体状态的氧化铁水化物或呈溶解状态的碳酸氢亚铁[$Fe(HCO_3)_2$]进入湖水后,会因化学作用或生物化学作用而发生沉淀。温带、亚热带湖泊中的湖湾或湖滨是铁的有利沉积场所。

在湖滨浅水区(尤以湖湾地带),呈胶体状态的氧化铁进入湖泊后,因湖水 pH 值与河水不同,或因电荷中和导致胶体凝聚而沉积,形成鲕状的赤铁矿或肾状、钟乳状、致密块状的褐铁矿。当以 $Fe(HCO_3)_2$ 形式进入湖水时,则因生物作用形成褐铁矿,其反应过程如下:

$$4Fe(HCO_3)_2 + O_2 + 2H_2O \rightarrow 4Fe(OH)_3 \downarrow + 8CO_2 \uparrow$$

褐铁矿常呈层状、团块状或透镜状夹于碎屑沉积物中,有时还与锰、铝及碳酸盐沉积物共生。

菱铁矿多在较冷且湿润的气候条件下,在氧化作用较弱的环境中沉积,通常与生物作用有关。最有利的沉积环境是沼泽化的湖湾。造铁细菌往往吸取了[$Fe(HCO_3)_2$]中的 CO_2,导致 $FeCO_3$ 的沉积。我国地质历史时期中湖泊沉积的菱铁矿常夹于含煤的岩层中。

$$Fe(HCO_3)_2 \rightarrow FeCO_3 \downarrow + H_2O + CO_2$$

黄铁矿常在深水湖底的缺氧条件下沉积。在深水湖底,由于生物遗体分解导致 H_2S 的聚集,形成还原环境。湖泊沉积的黄铁矿与生物作用有关,其中的硫主要来自有机质分解而形成的 H_2S,这一推论,可以由湖成黄铁矿常夹于煤层或碳质页岩中,以及伴生的沉积物所含有的有机质数量与黄铁矿的含量常有一定比例等事实得到证实。导致黄铁矿沉积的反应过程是:

$$Fe(HCO_3)_2 + H_2S \rightarrow FeS_2 \downarrow + 3H_2O + CO_2 + CO \uparrow$$

或

$$FeSO_4 + 2H_2S \rightarrow FeS_2 \downarrow + 2H_2O + SO_2$$

菱铁矿和黄铁矿是低价铁的化合物,形成后若处于氧化环境,还可以转变为褐铁矿。

3. 锰、铝的沉积

潮湿气候区湖泊的化学沉积还有锰、铝的沉积,它们大都呈胶体状态的氢氧化铝、氧化锰被带入湖泊,并在湖滨地带沉积。一般认为,它们的沉积过程与腐殖质的作用有关。

(三)生物沉积作用及石油和油页岩等的形成

潮湿气候区湖泊中有大量生物滋生,主要是生长在湖滨的乔木及浅水中的草本植物,以及生活在淡水或微咸水中漂浮生物、游泳生物和底栖生物。这些生物死亡后,它们的遗体大量堆积在湖底,与泥质沉积物等混杂在一起,成为富含有机质的沉积层。这种沉积层是形成煤、石油、油页岩等可燃有机矿产的原始物质。

堆积在湖底的生物遗体,在缺氧和富含 H_2S 的还原环境下,经过细菌的分解作用,富含脂肪和蛋白质的有机质遗体分解成富含碳的有机物质,并与泥质混合形成腐泥。腐泥中含碳约 40%~50%,含氢约 6%~7%,含氧约 34%~44%,含氮小于 6%。它常具有褐色、灰色和橄榄绿色等,是一种富弹性的胶状黏泥。若腐泥中矿物质含量大于 33%,经过成岩作用后可以形成油页岩。油页岩中含油 5%~20%,干馏后可提炼出石油和其他化工原料。

埋藏于深处并被大量沉积物覆盖的厚层腐泥,在还原条件下,经细菌的分解作用,和在地

动态图37 油气生成过程

温(一般认为约50~200℃或者小于300℃)以及压力约为$3×10^7$Pa左右的环境下,有机质逐渐分解和合成碳氢化合物(烃类),之后经历了复杂的物理、化学作用,可转化为石油和天然气(动态图37)。油气形成以后,由于地层的压力差,地下水的驱使和分子的扩散作用,使油气向外运移,直至遇到适当的构造条件,则能聚集成有工业价值的油气藏。我国目前已开发的大庆油田、长庆油田、胜利油田和大港油田等,主要是在陆相湖沼或湖成三角洲环境中生成的。地质历史中的滨海、浅海和三角洲环境同样是具有有利的生油、储油环境,而且占有更重要的地位。

在温带较寒冷的冷水湖中,有时可繁殖大量的硅藻。硅藻死亡后并大量堆积,可形成疏松多孔的硅藻土。硅藻土在工业上具有广泛的用途,可作为化工原料,隔热、隔音的建筑材料,等等。随着湖泊逐渐淤塞和向沼泽演化,在湖沼中可大量堆积植物遗体。这些植物遗体经泥炭化作用可转变为泥炭。经过多次反复,泥炭层可与泥质层或细砂层互层,泥炭层多堆积在腐泥层的上面。

二、干旱气候区湖泊的沉积作用

干旱气候区的湖泊多属于不泄湖泊,湖水的补给来源除大气降水外,还有地面流水(其中部分与高山冰雪融水有关)和地下水,河流多为随季节变化的间歇性河流。

干旱气候区湖泊中的碎屑沉积物主要由地面流水带入,多为粉砂和黏土,它们沉积在湖心部位。暴雨或洪水季节,洪流和河水可以带入磨圆度较差和较粗的碎屑物。此外,风的搬运作用可把风沙带入湖中沉积。

干旱气候区的生物作用较弱,在湖泊中生物的沉积作用居极次要地位,仅在某些湖泥沉积中含少量的有机质。

干旱气候区湖泊中化学沉积作用占显著地位。由地面流水和地下水搬运至湖中的物质以易溶盐类为主,如K、Na、Ca、Mg的氯化物、硫酸盐、碳酸盐等。随着湖水的不断蒸发,湖水的含盐度会逐渐加大,可演变为咸水湖或盐湖。在盐湖中,由于水分不断蒸发,湖水浓缩,使某些盐类达到过饱和状态,盐类便可析出并沉淀在湖底形成盐层。如果气候继续变干,加上湖泊的机械沉积作用,湖水会逐渐变浅以至干涸,形成季节性有水的干盐湖。每当旱季,湖水蒸发、盐类结晶沉淀,形成一定厚度的盐层;洪水来时,带入的泥沙覆于盐层之上。如此反复,便形成盐湖沉积中盐与泥质互层的特点。

盐类从溶液中结晶出来的顺序与其溶解度有关。一般难溶的盐类先达到过饱和状态并先发生沉淀;易溶的盐类则相对较迟沉淀。盐湖沉淀的盐类矿物成分受湖水中所含的化学成分控制,盐湖的化学成分又受湖盆周围的岩性及注入湖盆的河流流经地段的岩性的影响。此外,盐类沉积还受湖水物理、化学性质(如水温、含盐度等)及其变化的影响。即使是同一盐湖,不同季节沉积的盐类、矿物种类也可以不同。若湖水含有多种盐类成分,其沉淀的顺序大致为碳酸盐、硫酸盐、氯化物,据此可把盐湖沉积分为以下四个阶段。

(一)碳酸盐阶段

湖水在逐渐咸化过程中,溶解度较低的碳酸盐可先达到过饱和而结晶沉淀,形成以方解石为主的碳酸盐软泥,继而发生沉淀的是Mg、Na的碳酸盐,形成白云石[$MgCa(CO_3)_2$]、苏打($Na_2CO_3·10H_2O$)、天然苏打($Na_2CO_3·NaHCO_3·2H_2O$)等碳酸盐矿物。若湖水中含有硼砂,则可有硼砂等硼酸盐矿物沉积。此类湖泊称碱湖或苏打湖。这一类湖泊的面积常较宽广,湖水较深,多属半咸水湖,常同时有较多的碎屑物带入湖中沉积,形成含钙质的黏土及泥灰岩。我国内蒙古西部鄂尔多斯市有不少现代的苏打湖;黑龙江、吉林西部也有苏打湖分布,如吉林乾安县大布苏碱泡子每年冬季结冰时,湖面可出现天然苏打结晶。在西藏地区见有硼砂湖。

(二)硫酸盐阶段

湖水进一步咸化,深度变浅(一般深度为 0.05~0.5m),溶解度较大的硫酸盐也可以达到过饱和并沉淀下来,形成石膏($CaSO_4 \cdot 2H_2O$)、芒硝($Na_2SO_4 \cdot 10H_2O$)、无水芒硝(Na_2SO_4)等硫酸盐矿物。此类湖泊在我国新疆、青海及内蒙古东部都有分布,如新疆乌鲁木齐东南的达坂城东盐湖已沉积的固体芒硝层厚达 5~8m,哈密以西的七角井盐湖芒硝、无水芒硝矿层最厚可达 10m 以上。

(三)氯化物阶段

湖水不断浓缩可以形成天然卤水(含盐量大于 50‰),这种卤水可以直接开采。当氯化物达到过饱和时可析出石盐($NaCl$)、钾盐(KCl)和光卤石($KMgCl \cdot 6H_2O$)等氯化物矿物。此类湖泊称盐湖或氯化物湖。它通常在潮湿季节有盐水,干旱季节盐类结晶,湖水可完全干涸,形成干盐湖。这种盐湖在我国新疆、青海、陕西及内蒙古分布。仅青海柴达木盆地中就有大小盐湖 20 余处,青藏公路的某些路段就建筑在盐层之上。其中,茶卡盐湖目前已探明的储量达 4.5×10^8 t;察尔汗盐湖面积达 $5856 km^2$,储量达 421.4×10^8 t,其中石盐为 420×10^8 t,钾盐和光卤石 1.4×10^8 t,可供年产百万吨的化肥厂生产一百年以上。

(四)沙下湖阶段

当湖泊全被固体盐类填满,全年都不存在天然卤水,盐层之上通常被碎屑沉积所覆盖,成为埋藏的岩矿床,盐湖的发展即停止。

以上的发展阶段可以图 3-4-23 表示。

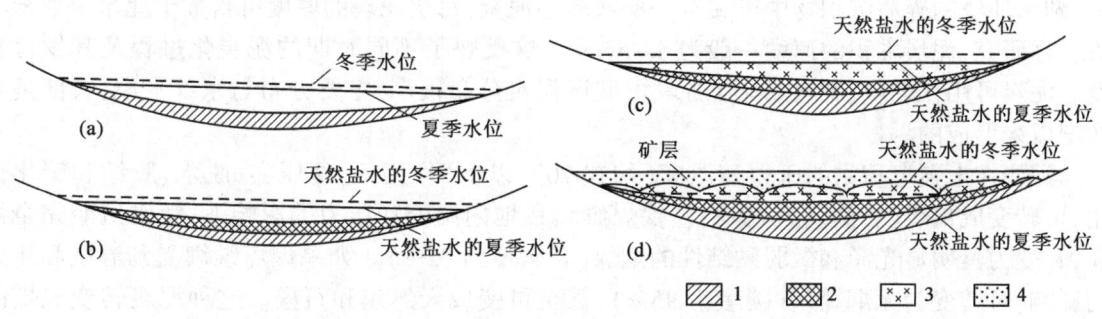

图 3-4-23 干旱气候区湖泊的发展阶段(据 M.T. 瓦良什科,1983)
(a)半咸水湖;(b)天然盐水湖;(c)干湖;(d)沙下湖;1—碳酸盐沉积物;
2—硫酸盐沉积物;3—氯化物沉积物;4—砂层

上述的盐湖发展过程只是一个理想的过程,并不是所有的湖泊都能达到的。决定盐湖发展的因素很多。上述过程只有在气候条件长期不变、湖水中有多种化学成分而且供给来源稳定、地壳也长期稳定下降保存湖泊状态等各方面的条件均适宜的情况下才能达到。例如,柴达木盆地各盐湖是自新近纪上新世(距今200万年以上)才开始形成盐湖的,至第四纪的中—晚更新世,已经发展至硫酸盐阶段,盐湖沉积以盐层、石灰岩、石膏、芒硝与碎屑沉积互层为特征;至晚更新世后(距今2万年左右),因冰川发育,盐湖普遍淡化,沉积物便以碎屑物质和碳酸盐为主;尔后,又因气候持续干旱,湖水咸化,上面又覆盖了较厚的盐层。因此,在剖面上呈现底部以石膏与泥砂质沉积互层为主,过渡为石盐与泥砂质沉积互层,顶部为厚2m以上的光卤石、石盐、钾盐层。上述例子可以说明气候条件的变化对盐湖发展阶段起着重要影响。此外,湖泊水温的差别,也会影响到盐湖发展的程度。据新疆100多个盐湖的资料分析,一般在寒冷地带的盐湖多属碳酸盐湖或硫酸盐湖,以天然苏打、芒硝、石盐沉积为主;在冷热交替地带硫酸盐湖为主,兼有氯化物湖,如准噶尔盆地著名的玛纳斯湖和艾比湖(面积1070km^2)都以芒硝、石盐等沉积为主;在干旱炎热地区,如塔里木盆地边缘的盐湖以氯化物湖为主。同一湖区在不同季节有时也可以沉积不同的盐类矿物。如新疆天山北麓的达坂城盐湖,每当夏季蒸发量大时,可沉淀石盐,而冬天却沉积芒硝。周围补给地区岩性的化学成分也会对盐湖沉积的盐类矿物产生影响。例如,柴达木盆地的察尔汗盐湖之所以有钾盐的沉积,就可能与周围岩性以花岗岩、花岗片麻岩为主(钾含量为3%~4%)有关,因为这些岩石风化后使其中的钾析出,因而使注入湖泊的水含钾量较高;新疆昆仑山中段的博斯腾湖附近有现代火山活动,因而湖水中KCl和B_2O_5的含量都较高,为形成钾盐和硼砂的沉积创造了条件。

第七节　沼泽的沉积作用

沼泽的沉积作用以生物沉积为主,同时也有碎屑沉积。在沼泽中生长的嗜湿植物不断地繁衍和新陈代谢,植物遗体不断在湖底或沼泽中堆积,有些部分被泥沙掩埋,处于下部的有机质在还原环境和空气不足的条件下受到细菌的菌解作用,可以形成多水和富含腐殖酸的腐殖质。腐殖质进一步分解,氢、氧相继挥发后,碳的含量相对增高,最后可形成含碳量达59%的泥炭。由植物遗体到形成泥炭的这一过程称为泥炭化作用。泥炭是一种褐色或黑色多孔状的有机质堆积,它含水较多,并保留若干纤维质。通常在地质剖面上可以观察到,温湿气候条件下,湖沼环境的碎屑沉积物中可夹有一层或多层泥炭,每层泥炭的厚度可自数十厘米至数米不等。据研究,泥炭堆积的速度一般为4~5cm/a,这反映了不同时期的泥炭化过程及其发育程度。泥炭可用作燃料、肥料或化工原料。我国泥炭分布很广,主要分布与东部平原,大部是第四纪以来形成的。

泥炭在上覆沉积物的压力和温度(约在70℃以下)作用下,经压实、脱水、胶结和碳化作用,可转变成褐煤(含碳量为69%)。褐煤继续在地内温度和压力的影响下,使腐殖酸完全消失,转变为具明显光泽和微弱黏结性的烟煤(含碳量为82%)。如果烟煤继续受到温度和压力的影响,可转变为无烟煤(含碳量为95%),甚至可变成天然焦和石墨。这种泥炭转变成煤的作用过程,称为成煤作用。由泥炭转变为褐煤、烟煤、无烟煤的过程中,碳的含量是逐渐增高的,而挥发分则逐渐减少。

从植物遗体的堆积到形成煤层,经历了泥炭化作用和成煤作用两个阶段。从泥炭到无烟煤的变化过程可以是连续的,也可能终止到某一阶段。因而,从地层中可以见到从泥炭到无烟煤各个阶段的产物。

我国是煤炭资源极为丰富的国家之一。从成煤的时代来看,一般说来,具有大规模开采的煤层始于石炭纪(距今约350Ma),石炭纪、二叠纪、侏罗纪、古近纪、新近纪为主要成煤时期。

煤质在时代上也有一定的规律,古近纪、新近纪的煤层,除辽宁抚顺等一些地区外,多为褐煤;中生代以烟煤为主;古生代则以烟煤和无烟煤为主。这也符合成煤作用的一般规律。从成煤环境来看,有一类是滨海沼泽煤田,如河北的开滦煤田、安徽的淮南煤田等,其成煤期主要是石炭纪至二叠纪;另一类是内陆湖泊沼泽煤田,它的分布很广,遍布于华北、东北及西北等许多地方,如北京西山煤田、辽宁阜新煤田、江西萍乡煤田等,其成煤时代主要是从侏罗纪至新近纪。

复习思考题

1. 何谓河流的沉积作用？简述河流沉积作用的特点。
2. 地下水沉积作用的主要方式是什么？
3. 简述石钟乳、石笋、石柱的形成过程。
4. 何谓冰碛物？简述冰碛物的主要特征。
5. 简述新月形沙丘的形成过程。
6. 海洋沉积物来源的类型有哪些？
7. 何谓潮坪沉积？简述潮坪的主要沉积特点。
8. 浅海的化学沉积作用主要有哪些类型？
9. 按照生物礁与海岸的关系,生物礁可以划分几种类型？
10. 简述陆源碎屑湖泊沉积的主要特点。

拓展阅读

陈君慧. 2013. 中国地理探秘. 长春:吉林出版集团.
何起祥. 2006. 中国海洋沉积地质学. 北京:海洋出版社.
何幼斌,王文广. 2007. 沉积岩与沉积相. 北京:石油工业出版社.
姜在兴. 2010. 沉积学. 2版. 北京:石油工业出版社.
沈吉,薛滨,吴敬禄,等. 2010. 湖泊沉积与环境演化. 北京:科学出版社.
中国地质科学院岩溶地质研究所. 2006. 中国岩溶环境地质图. 北京:地质出版社.
朱筱敏. 2008. 沉积岩石学. 4版. 北京:石油工业出版社.

第五章 成岩作用与沉积岩

经过沉积作用形成的沉积物,必须经过成岩作用过程才能形成沉积岩。沉积岩在地壳表层分布甚广,它们覆盖了陆地面积的约四分之三以及几乎全部海底。沉积岩主要分布在岩石圈的上部和地壳表层部分,约占岩石圈体积的5%。至于沉积岩在地壳表层的具体厚度,变化很大。有些地方可达几十千米,如高加索地区,仅中生代和新生代的沉积岩厚度就达20~30km;但有的地方则很薄,甚至没有沉积岩的分布,直接出露岩浆岩和变质岩。沉积岩中蕴藏着大量矿产资源,世界资源总储量的75%~85%是沉积和沉积变质成因的。石油、天然气、煤、油页岩等可燃有机矿产以及盐类矿产,几乎全部是沉积成因的。铁矿的90%、铅锌矿的40%~50%、铜矿的25%~30%、锰矿和铝矿的绝大部分,以及其他许多金属和非金属矿产,也都是沉积或沉积变质成因的。可见,沉积岩及沉积矿产在国民经济中占有极为重要的地位。

第一节 成岩作用

由松散的沉积物转变为沉积岩的过程称为成岩作用(Diagenesis)。各种沉积物一般原来都是松散的,在漫长的地质时期中,沉积物逐层堆积,较新的沉积物覆盖在较老的之上,沉积物逐渐加厚。由于上覆沉积物的压力,下部的被深埋的早期沉积物逐渐被压实;同时,由于孔隙水的溶解、沉淀作用,颗粒互相胶结,而且部分颗粒发生重结晶和交代现象,最后松散的沉积物固结成为坚硬的岩石。

成岩作用的方式是多样的,在不同阶段也不一样,这里侧重介绍压实作用、胶结作用、重结晶作用和交代作用。

一、压实作用

压实作用(Compaction)是沉积物在上覆沉积重荷压力下,发生的水分排出、孔隙度降低和体积缩小的作用。压实作用只有物理的变化,它减少了岩石的孔隙度和渗透性,其影响随岩石埋藏深度的增加而增加。压力是压实作用的外在因素,决定压实作用影响大小的内在因素是沉积物本身的成分和颗粒大小。一般来说,软泥、黏土等沉积物最易被压实,如黏土转变成黏土岩,其孔隙度由原来的50%减少至20%以下;软泥压实固结成页岩后,其孔隙度由原来的80%降低到20%以下。而砂、砾等粗粒沉积物在压实作用下,其孔隙度变化比黏土小,所以压实作用主要对未固结的沉积物发生影响,是碎屑物质特别是黏土沉积物成岩的主要作用。

二、胶结作用

压实作用只能引起碎屑沉积孔隙度的降低和强度的增加,还不能使砾、砂和粉砂固结成岩。有些沉淀在颗粒孔隙内的化学成因或生物化学成因的矿物,不管是否压实,都可将颗粒胶结在一起使碎屑物质固结成岩,这就是胶结作用(Cementation)。胶结作用是碎屑沉积物成岩的主要作用。起胶结作用的矿物(简称胶结物)种类很多,数量最多的是氧化硅和碳酸盐两类,其他较常见的胶结物有氧化铁、石膏和硬石膏、重晶石、萤石、磷灰石、黏土矿物、黄铁矿、海绿石、沸石等。胶结物的生长方式多种多样。有的是在同成分的底质上形成次生加大,如氧化硅在碎屑石英颗粒上的次生加大胶结;有的是在不同成分的底质上沉淀,如碎屑颗粒边缘的黏土薄边胶结、碳酸盐晶粒的粒间胶结等。胶结作用可使岩石的孔隙度和渗透性降低,特别是对那些彼此连通的孔隙影响较大。

三、重结晶作用

重结晶作用(Recrystallization)是指沉积下来的矿物质在温度、压力的影响下所进行的结晶作用。如非晶质的蛋白石($SiO_2 \cdot nH_2O$)脱水之后变为隐晶质的玉髓,最后变为显晶质的石英,石膏脱水变为硬石膏;褐铁矿脱水结晶成赤铁矿以及方解石由小颗粒结晶成大的颗粒等。重结晶作用在化学成因或生物成因的沉积物中进行很普遍,结果使沉积物内部更趋紧密,小晶体变为大晶体,矿物变得更稳定。

四、交代作用

交代作用(Metasomatism)是指一种矿物被另一种矿物替代的作用。交代作用在砂岩中最常见,如氧化硅与方解石的相互替代,黏土矿物被氧化硅或方解石替代等。当碎屑岩中的胶结物(如方解石、黏土矿物)被二氧化硅交代时,则这种交代作用称为硅化作用。碳酸盐在成岩阶段,沉积物内方解石($CaCO_3$)中的Ca^{2+}被水溶液里的Mg^{2+}交代,形成新矿物白云石[$MgCa(CO_3)_2$],这一交代作用称为白云石化。此外,还常见黄铁矿化、重晶石化等交代现象。

第二节 沉积岩的特征

沉积岩(Sedimentary rock)是组成岩石圈的三大类岩石(岩浆岩、变质岩、沉积岩)之一。它是在地壳表层的条件下,由母岩的风化产物、火山物质、有机物质等沉积岩的原始物质成分,经过搬运作用、沉积作用以及沉积后作用即成岩作用而形成的一类岩石。沉积岩仅占地壳岩石总体积的5%,但由于它广泛分布于陆地表面及海洋盆地中,由沉积作用形成,因而它占据了地表的75%面积。沉积岩最显著的特征是成层性,在山区常常可以看到一层层的岩石,这就是沉积岩。沉积岩完整的形成过程通常包括前期的搬运、沉积过程,以及后续的深埋压实和脱水固化过程。

一、沉积物的来源

组成沉积岩的原始物质的来源有四类:(1)母岩风化作用形成的沉积物——陆源碎屑及黏土物质;(2)生物成因的沉积物——生物残骸及有机质;(3)深部来源的沉积物——火山碎屑物、深部来的卤水、温泉水、喷气物质等;(4)宇宙来源的沉积物——陨石及宇宙尘埃。

(一)母岩风化作用形成的沉积物

风化作用按其因素和性质分为物理风化作用、化学风化作用和生物风化作用(详见第一章)。风化作用的产物是沉积物的重要来源。地壳表层的风化作用是十分复杂的地质作用,母岩的风化产物类型主要有:碎屑残留物质、新生成的矿物和溶解物质。碎屑残留物质主要是指母岩的岩石碎屑或矿物碎屑。碎屑残留物质是碎屑沉积岩的主要原始物质成分。新生成的矿物主要是指在风化作用过程中新生成的一些矿物,如水云母、高岭石、蒙皂石、蛋白石、铝土矿、褐铁矿等。这些物质在初始阶段也大都存在于母岩的风化带中，所以也常称为"化学残留物质"或"化学风化矿物"。后来，它们也将被各种地质营力搬运走，是构成黏土岩以及其他沉积岩的主要原始物质成分。溶解物质主要是指母岩在化学风化作用过程中被溶解的那些成分，如氯、硫、钙、钠、镁、钾、硅、铁、铝、磷等，这些物质大都呈真溶液或胶体溶液状态被水搬运，转移到远离母岩区的湖泊或海洋中去，常形成各种类型的化学岩、生物化学岩或生物岩。

(二)生物成因的沉积物

生物通过其生命活动可营造生物体。生物死亡后遗体可在原地堆积，也可搬运到沉积盆地中沉积下来，成为沉积岩的一部分。生物遗体包括两部分：

(1)无机成分为主的生物残骸，即动物的外壳和骨骼、藻类、植物的钙化遗体，属生物的硬体部分，常保存为化石或生物碎片，其成分多为碳酸盐、磷酸盐和硅质，它们是内源岩的主要成分之一。

(2)有机生物残体，即植物体和动物的软体部分，主要是 C、H、O、S、N、P 等元素组成的碳氢化合物，一般叫有机质。它们除部分转化为石油、天然气、油页岩、煤外，大量呈分散状态存在于沉积岩中。

(三)深部来源的沉积物

由火山爆发作用带到地表或水下的火山碎屑物，可直接堆积成火山碎屑岩，也可以混入正常沉积碎屑岩中。沿深大断裂流出地表或水下的热卤水、温泉、热气液等，数量也是可观的，它们对形成某些岩石(如某些硅质岩、铁质岩等)和矿床(如铅、锌、膏盐等)也有较大的意义。

(四)宇宙来源的沉积物

从宇宙空间落到地球上的陨石及其尘埃，大小悬殊，从几十克到1770kg(1976年吉林陨石雨中最大的陨石)以至数十吨或更大，小至微粒、尘埃。每年降落至地球的较大陨石的数量有几千吨，小的尘埃无法统计。陨石也可加入到沉积物、沉积岩中。

二、沉积岩中的矿物

形成沉积岩的物质绝大部分来自大陆，其物质成分与构成大陆地壳主体的中酸性岩浆岩及变质岩密切相关。目前在沉积岩中已经发现的碎屑矿物约有 160 种，最常见的约 20 种(表 3-5-1)。

表 3-5-1　沉积岩中常见矿物组成(据曾允孚等，1986)

矿　　物	沉积岩	
	利思与米德(1915)	克里宁(1948)
橄榄石	—	—
普通角闪石	—	—
普通辉石	—	—
长石	15.57%	7.50%
石英	34.80%	31.50%
云母+绿泥石	20.40%	19.00%

续表

矿 物	沉积岩	
	利思与米德(1915)	克里宁(1948)
氧化铁矿物	4.10%	3.00%
玉髓	—	9.00%
黏土矿物	9.22%	7.50%
碳酸盐矿物	13.63%	20.50%
石膏	0.97%	—
碳质	0.73%	—
其他	0.58%	3.00%

碎屑岩中主要碎屑矿物通常不超过3~5种。碎屑矿物按照相对密度可分为轻矿物和重矿物两类。前者相对密度小于2.86,主要为石英、长石;后者相对密度大于2.86,主要为岩浆岩中的副矿物(如榍石、锆石)、部分铁镁矿物(如辉石、角闪石),以及变质岩中的变质矿物(如石榴子石、红柱石)。此外,重矿物还包括沉积和成岩过程中形成的相对密度较大的自生矿物(如黄铁矿、重晶石),但它们属于化学成因范畴。黏土岩中的成分以黏土矿物为主,大多来自母岩的风化产物,并以悬浮方式搬运至汇水盆地,以机械方式沉积而成。

碳酸盐岩主要由方解石和白云石矿物组成,还常有菱铁矿、菱镁矿等碳酸盐岩矿物。碳酸盐岩中除上述碳酸盐矿物外,也有一些非碳酸盐的自生矿物,即在沉积环境中生成的非碳酸盐矿物,如石膏、硬石膏、天青石、重晶石、萤石、石盐、钾石盐、玉髓、自生石英、黄铁矿、海绿石、胶磷矿等。另外,一些陆源矿物如黏土矿物、石英、长石、云母、绿泥石以及一些重矿物等也常混杂在碳酸盐岩中。

三、沉积岩的结构

沉积岩的结构是指其组成物质(碎屑、晶粒等)的形状、大小、结晶程度及组合方式等。常见的沉积岩结构类型有:

(1)碎屑结构是指各种碎屑物被胶结物黏结起来形成岩石的基本结构,根据碎屑物颗粒的大小还可细分为:①砾状结构,多数碎屑粒径大于2mm;②砂状结构,多数碎屑粒径为2~0.1mm;③粉砂状结构,多数碎屑粒径为0.1~0.005mm。

(2)泥质结构是由粒径小于0.005mm的泥质物质形成的沉积岩所具有的结构。

(3)晶粒结构是由化学沉积作用形成的结晶岩石所具有的结构,按晶粒大小又可分为巨晶结构(晶粒粒径大于4mm)、粗晶结构(晶粒粒径4~0.5mm)、中晶结构(晶粒粒径0.5~0.25mm)、细晶结构(晶粒粒径0.25~0.05mm)、粉晶结构(晶粒粒径0.05~0.01mm)、微晶结构(晶粒粒径0.01~0.001mm)和隐晶结构(晶粒粒径小于0.001mm)。

(4)生物结构是由生物遗体或生物碎屑形成的岩石所具有的结构,岩石中所含生物遗体或碎屑的含量应达30%以上,为石灰岩和硅质岩的常见结构。

(5)火山碎屑结构绝大部分由火山碎屑物所构成的岩石所具有的结构,根据碎屑粒径的大小又可分为集块结构(碎屑粒径大于64mm)、火山角砾结构(碎屑粒径64~2mm)和凝灰结构(碎屑粒径小于2mm)。

沉积岩的结构在一定程度上反映了沉积岩的成因,是沉积岩的鉴定标志之一,也是沉积岩分类命名的主要依据。

四、沉积岩的主要构造

沉积岩的构造是指岩石各个组成部分的空间分布和排列方式,它是沉积物在沉积期或沉积后通过物理作用、化学作用和生物作用形成的。其中,沉积期形成的构造称原生构造,如层理、波痕等流动成因构造。沉积后形成的构造,有的是在沉积物固结成岩之前形成的,如负荷构造、包卷层理等同生变形构造;有的是沉积物固结成岩以后产生的,如缝合线、叠锥等化学成因构造(表3-5-2)。

表3-5-2 沉积岩构造的分类(据朱筱敏,2008)

成因类型	沉积岩的构造类型
流动成因构造	波痕:流水波痕、浪成波痕、风成波痕、干涉波痕与改造波痕、孤立波痕、皱痕; 层理:水平层理、平行层理、交错层理、上攀沙纹层理、波状层理、压扁层理和透镜状层理、递变层理、韵律层理、块状层理; 流动侵蚀痕:槽模、沟模、刻蚀、冲刷—充填构造、叠覆递变构造
同生变形构造	层面变形构造:干裂和脱水收缩裂隙、撞出坑、雨痕及冰雹痕; 层内变形构造:负荷构造、砂球和砂枕构造、包卷层理、滑塌构造、泄水管和碟状构造、碎屑岩脉
生物成因构造	生物活动痕迹:停息迹、爬行迹、觅食迹、搜索迹、层位迹; 生物扰动构造:弱扰动、中等扰动、强扰动、极强扰动; 生长遗迹:叠层构造、植物根迹
化学成因构造	结核、缝合线、叠锥构造
其他成因构造	鸟眼构造、示顶底构造等

(一)层理构造

层理(Bedding)是沉积岩中最普遍的一种原生构造,是指岩石性质沿垂向变化的一种层状构造,它可以通过矿物成分、结构、颜色的突变和渐变而显现出来。岩石因层理的存在而显出岩石的非均质性。

层理的基本术语有(图3-5-1):

纹层(Lamina):组成层理最基本的、最小的单位。纹层之内没有任何肉眼可见的层,也称细层。

层系(Set):由许多在成分、结构、厚度和产状上近似的同类型纹层组合而成。

层系组(Coset):由两个或两个以上岩性(成分、结构)基本一致的相似层系或性质不同但成因上有联系的层系叠覆组成,其间没有明显间断,也称层组。

层(Bed):组成沉积地层的基本单位,由成分基本一致的岩石组成,它是在较大区域

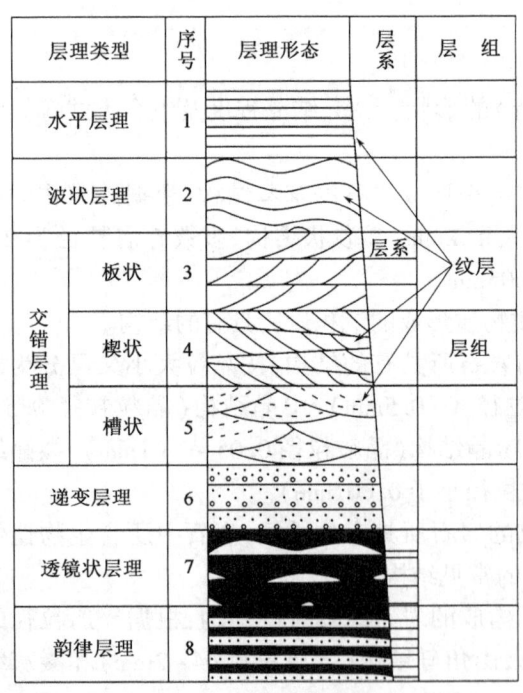

图3-5-1 层理类型及有关术语(据冯增昭,1993)

内,在基本稳定的自然条件下沉积而成的。一个层可以包括一个或若干个纹层、层系或层系组。层没有限定的厚度,其厚度变化范围很大,为几厘米至几十米,通常是几厘米至几十厘米。层按厚度划分为块状层(厚度大于1m)、厚层(厚度0.5~1m)、中层(厚度0.1~0.5m)、薄层(厚度0.1~0.01m)、微细层或页状层(厚度小于0.01m)。

在沉积层序的描述中,按照层内组分和结构的性质把层理一般划分为4种类型:非均质层理、均质层理、递变层理和韵律层理。其中,非均质层理再按照几何形态进一步分为水平层理、平行层理、波状层理、交错层理、压扁层理、透镜状层理等等。

1. 水平层理和平行层理

这两种层理的特点是纹层呈直线状互相平行,并且平行于层面。

水平层理(Horizontal bedding)主要产于泥质岩、粉砂岩以及泥晶灰岩中,是在比较弱的水动力条件下由悬浮物沉积而成,出现在低能环境中,如深湖、潟湖、深海等环境。

平行层理(Parallel bedding)主要产于砂岩中,是在较强的水动力条件下高流态中由平坦的床沙迁移而成的,一般出现在急流或高能环境中,如河道、湖岸、海滩等环境。

2. 交错层理

交错层理(Crossbedding)是由一系列斜交于层系界面的纹层组成的层理,又称斜层理。按层系厚度,交错层理可分为小型交错层理(层系厚度小于3cm)、中型交错层理(层系厚度3~10cm)、大型交错层理(层系厚度10~200cm)和特大型交错层理(层系厚度大于200cm)。根据层系与上下界面的形状和性质,通常可以将交错层理分为三种基本类型:板状交错层理、楔状交错层理和槽状交错层理(图3-5-2)。

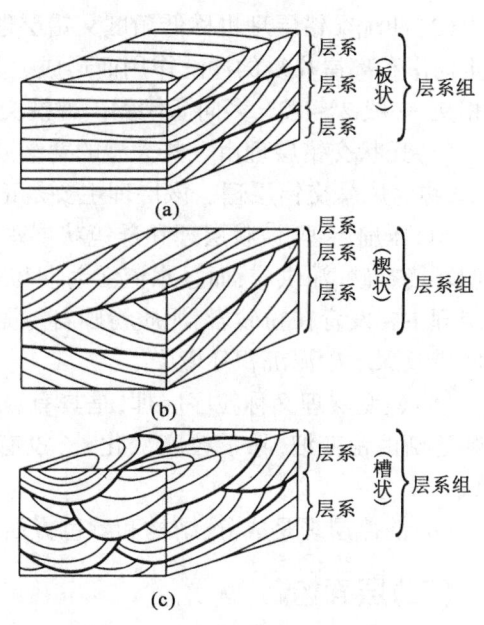

图3-5-2 交错层理基本类型
(据曾允孚等,1986)
(a)板状交错层理;(b)楔状交错层理;
(c)槽状交错层理

1)板状交错层理

板状交错层理(Tabular cross bedding)是指纹层与层系界面斜交,层系之间的界面为平面而且彼此平行的交错层理。在河流沉积中,大型板状交错层理最为典型,常具如下特征:层系顶界具直脊波纹,底界有冲刷面;垂直水流方向显示平行沙纹,顺水流方向倾斜;纹层内常呈下粗上细的粒度变化,有的纹层向下收敛,呈切线状。

2)楔状交错层理

楔状交错层理(Wedge-shaped cross bedding)是指纹层与层系界面斜交,层系之间的界面为平面,而且彼此不平行,层系厚度变化明显呈楔形的交错层理。在与水流垂直或与水流平行方向,层系间常彼此切割,纹层的倾向及倾角变化不定。楔状交错层理常见于海、湖浅水地带和三角洲沉积区。

3) 槽状交错层理

槽状交错层理(Trough cross bedding)是指纹层与层系界面斜交,层系底界为槽形冲刷面,纹层在顶部被切割的交错层理。在横切面上,层系界面呈槽状,纹层与之一致也呈槽状;在顺水流的纵剖面上,层系界面呈弧状,纹层向下倾方向收敛并与之斜交。顶层曲脊沙纹为重叠的花瓣状。大型槽状交错层理层系底界冲刷面明显,底部常有泥砾,多见于河流环境中。

4) 其他流水型交错层理

爬升波纹交错层理:也称上叠波纹交错层理,是沙波迁移的产物。在沙波向前迁移的同时,有大量沉积物特别是悬浮物供给,沙波依顺流方向沿其背部向上爬升增长,使后一层爬叠在前一层系之上,形成具有爬升特点的交错层理。下面简要介绍其中几种。

(1) 羽状交错层理是一种特殊类型的交错层理,其特点是纹层平直或微向上弯曲,相邻斜层系的纹层倾向相反,延伸至层系界面,且彼此呈锐角相交,呈羽毛状。羽状交错层理常见于河流入湖、海的三角洲、潮坪沉积地带。羽状交错层理在海洋潮汐环境中具有代表性,通常称为潮汐层理。

(2) 冲洗交错层理也称低角度交错层理,当波浪破碎后继续向海岸传播,在海滩的滩面上产生向岸和离岸往复的冲洗作用而形成。其特点是层系界面和纹层平直,层系呈楔状以低角度相交,一般2°~10°,多向海倾斜。冲洗交错层理主要出现于前滨环境中。

(3) 丘状交错层理由一些大型的宽缓波状层系组成,外形上像隆起的圆丘状,向四周缓倾斜,又称为风暴交错层理。该层理主要是正常浪基面以下风暴浪的震荡作用形成的。

(4) 压扁层理、波状层理和透镜状层理是在砂、泥沉积中的复合层理。复合层理的形成,说明环境有砂、泥供应,而且水流活动期与水流停滞期交替出现。压扁层理、波状层理和透镜状层理主要发育在粉砂岩、泥质粉砂岩与泥岩、粉砂质泥岩互层的地层中,主要形成于潮下带、潮间带及深水砂泥沉积环境中。

(5) 递变层理又称粒序层理,是具有粒度递变的一种特殊层理。其特点由底向上至顶部颗粒逐渐由粗变细,除了粒度变化外,没有任何内部纹层。递变层理主要由浊流、风暴流等形成。

(6) 韵律层理是成分、结构和颜色方面不同的薄层有规律地重复出现而组成的。

(二) 层面构造

在岩层表面呈现出的各种不平坦的沉积构造痕迹,统称为层面构造。有的层面构造保存在岩石顶面上,如波痕、剥离线理、干裂纹、雨痕等;有的层面构造在岩层底面上,特别是砂岩底面的铸模构造,如槽痕、沟模等。层面构造可分为流动成因和暴露成因两种类型。下面简要介绍几种层面构造。

1. 波痕

波痕(Ripple mark)是由风、水流或波浪等介质的运动在沉积物表面所形成的一种波状起伏的层面构造。为了对波痕进行定量研究,需要了解各种波痕的要素(图3-5-3):(1)波长L,相邻波峰或波谷间的水平距离;(2)波高H,

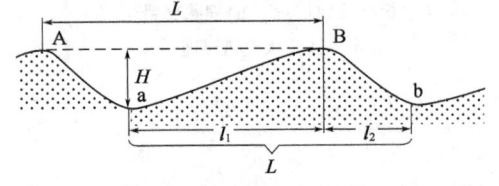

图3-5-3 组成波痕要素及流动方式示意图
(据冯增昭,1993)
A,B—波峰;a,b—波谷;H—波高;
L—波长;l_1,l_2—缓坡和陡坡的水平投影距离

波峰与波谷之间的距离;(3)波痕指数 L/H,波长与波高的比值,表示波痕相对高度及起伏情况;(4)不对称度 $RSI = l_1/l_2$,缓坡水平投影与陡坡水平投影距离的比值,表示波痕的不对称度。波痕按照成因大致可以分为浪成波痕、流水波痕和风成波痕3种类型(图3-5-4),也可根据不对称度分为对称波痕($RSI ≈ 1$)和不对称波痕($RSI>1$),其中流水和风成波痕为不对称波痕,浪成波痕有对称波痕和不对称波痕。

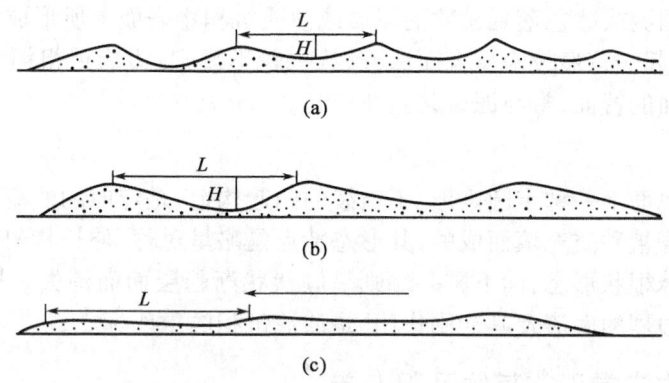

图3-5-4 不同类型波痕示意图(据冯增昭,1993)
(a)浪成波痕;(b)流水波痕;(c)风成波痕;L—波长;H—波高

1) 浪成波痕

浪成波痕一般由产生波浪的动荡水流形成,常见于海湖浅水地带,其特点是波峰尖锐,波谷圆滑,形状对称,不对称度近于1,波痕指数一般为4~13,多数为6~7。拍岸浪的波痕指数可达20,并可呈不对称状,其陡坡朝向岸的方向。

2) 流水波痕

流水波痕由定向流动的水流形成,见于河流和存在底流的海湖近岸地带,其特点是波峰、波谷均较圆滑,呈不对称状,不对称度大于2,波痕指数大于5,大都为8~15。波长大于60cm的大型流水波痕,波痕指数一般大于15,陡坡倾向指示水流方向。在海、湖滨岸,波峰走向大致与岸的延伸方向平行,陡坡朝向陆地。

3) 风成波痕

风成波浪由定向风形成,常见于沙漠及海、湖滨岸的沙丘沉积中,其特点呈极不对称状,不对称度比流水波痕更大,波痕指数也高(10~70),一般在15~20以上。波峰、波谷都较圆滑、开阔,但常常谷宽峰窄,陡坡倾向与风向一致。

研究波痕的意义在于:根据波痕类型,可以了解岩石的形成条件,不对称波痕能指示介质的流动方向,浪成波痕可指示岩层的顶底,海、湖波痕在平面上的分布有与滨线平行的趋势。

2. 剥离线理构造

剥离线理构造是一种原生流水线理构造,主要出现在具有平行层理的砂岩中,沿层面剥开出现大致平行的线状沟或脊,镜下可见长形颗粒定向排列,常代表古流向。因为该构造是在层理剥开面上比较清楚,通常称为剥离线理构造。它是沙粒在平坦底床上连续迁移时所留下的痕迹,所以常与平行层理共生。

3. 泥裂

泥裂也称干裂,是未固结的沉积物露出水面,受曝晒而干涸时,发生收缩所产生的裂缝。

泥裂常见于黏土岩和碳酸盐岩中。泥裂在平面上发育成不规则的多边形，把岩石切割成多角形。泥裂在横剖面上，其形态常为"V"形，但有时也呈"U"形。泥裂的规模不一，裂缝上部宽度通常小于2~3cm，深度几厘米到几十厘米。泥裂通常是潮坪或漫滩沉积物露出水面时形成的，对指示沉积环境具有重要的意义。泥裂的尖端总是指向底面的，据此可以指示地层的顶底面。

4. 雨痕及雹痕

风痕及雹痕是雨滴或冰雹落到松软的泥质或沙质沉积物表面上所形成的圆形或椭圆形凹穴，凹穴边缘略微高起。雹痕较雨痕宽而深，形状也较不规则，边缘更粗糙些。雨痕或雹痕也代表沉积物露出水面的特征，常与泥裂共生在一起。

5. 槽模

槽模是分布在底面上一种半圆锥形、不连续的凸起构造，是定向的浊流在尚未固结的软泥表面侵蚀冲刷的凹槽被砂质充填而成的，其形态特点是略呈对称、伸长状勺形，起伏明显，向上游一端具有圆滑的球根状形态，向下游一端则呈倾伏状渐趋层面而消失。槽模的出现说明当时的沉积环境中有强烈的底流及其冲刷作用，是浊流沉积的重要标志。

（三）碳酸盐岩中常见的其他沉积构造

1. 叠层石构造

叠层石构造也称叠层构造或叠层藻构造，简称叠层石。

叠层石由两种基本层组成：(1)富藻纹层，又称暗层，藻类组分含量多，有机质高，碳酸盐沉积物少，故色暗；(2)富碳酸盐纹层，又称亮层，藻类组分含量少，有机质少，故色浅。这两种基本层交互出现，即成叠层石构造。

2. 示顶底构造

在碳酸盐岩的孔隙如鸟眼孔隙、生物体腔孔隙以及其他孔隙中，常见两种不同特征的充填物。在孔隙底部或下部主要为泥晶或粉晶方解石，色较暗；在孔隙顶部或上部为亮晶方解石，色浅，且多呈白色。两者界面平直，且同一岩层中各个孔隙的类似界面都相互平行。

3. 鸟眼构造

鸟眼构造指鸟眼孔或雪花状、窗格状构造，主要产出于低能条件下所形成的泥晶、团粒、藻团粒等沉积碳酸盐纹层中。

4. 缝合线构造

缝合线构造占主导地位的成因说是压溶说。它的理论是：在压力作用下，颗粒接触的化学势（溶度积常数）升高，造成溶液中离子活化度的增大，形成浓度梯度，于是溶质离子就从浓度高的接触处扩散到浓度低的溶液所占据的孔隙中去，并使 $CaCO_3$ 沉淀在未应变的颗粒表面上。溶质的扩散速度是缓慢的，所以主要是通过溶解面进行，并为流动的液体所大量搬运。溶质迁移有两种方式，一是沿缝合线或从平行于线应力轴的面迁移，二是向缝合线周围的围岩中扩散。因此，造成缝合线周围岩石的孔隙度和渗透率明显降低。

5. 帐篷构造

这是一种碳酸盐潮坪环境形成的脊形背斜构造。这种构造具有柱状裂隙和极大的干裂状多角形断面，略呈不谐和的褶皱和类似尖顶状的褶皱或倒转岩层。此外，还有受压变低的V形裂缝和角砾岩层的伴生。

6. 硬地面构造

硬地面是同沉积的黏结层，是一种特殊类型的层面构造。硬地面形成于海底，它经常被固着的海底生物（如珊瑚、龙介、牡蛎、有孔虫类和海百合）所钙化，容易被多毛环节动物、瓣鳃类和海绵所钻孔。硬地面构造有两类：一类是光滑的、平坦的由于海蚀作用形成的面；另一类为不规则的、成棱角状的由溶解作用形成的面（即溶蚀的硬地面）。第一种类型在浅海沉积物中很常见，浅海的波浪和水流能够移动鲕粒状或骨架状的砂岩跨过岩化的沉积物，形成平坦的侵蚀面；第二种类型（溶蚀的硬地面）在深海沉积物中常见，在深海没有沉积时期，形成海底固结和溶解。

第三节 沉积岩的常见类型

国内外对于沉积岩的分类方案有多种，本书根据沉积岩的形成作用来划分沉积岩的基本类型（表3-5-3）。本节仅介绍碎屑岩、碳酸盐岩、火山碎屑岩。

表3-5-3 沉积岩基本类型划分（据冯增昭,1993）

划分依据	岩石类型	
原始物质不同来源	主要由母岩风化产物组成的沉积岩	碎屑岩
		砾岩
		砂岩
		粉砂岩
		黏土岩
	化学岩	碳酸盐岩
		硫酸盐岩
		卤化物岩
		硅岩
		其他化学岩
	主要由火山碎屑物质组成的沉积岩	火山碎屑岩
	主要由生物遗迹组成的沉积岩	可燃生物岩
		非可燃生物岩
	主要由宇宙物质来源组成的沉积岩	陨石岩

一、碎屑岩

（一）砾岩

砾岩（Conglomerate, Rudite）是由粒径大于2mm的陆源碎屑组成且其含量大于50%的沉积岩，属于粗碎屑岩。

砾岩主要由粗大的碎屑颗粒——砾石组成。绝大部分碎屑都是岩屑而不是矿物碎屑；碎屑的颗粒粗大，便于在野外或岩心上进行研究，可以直接度量它的大小，详细地观察和描述其外形和表面特征并确定其成分，测定扁平的或伸长的砾石在空间的方位等。

作为填隙物质的杂基几乎总是存在的。与砂岩相比，杂基的粒度上限有所提高，通常为细粒的砂、粉砂和黏土物质，它与粗粒碎屑同时或大致同时地沉积下来。胶结物常是从真溶液或胶体溶液中沉淀出的一些化学物质，如方解石、二氧化硅、氢氧化铁等。

砾岩的沉积构造常见大型交错层理和递变层理，有时由于层理不明显而呈均匀块状，在这种情况下，层面往往极难分辨，甚至需要借助与其互层的其他岩石才能确定。另外，砾石排列常有较强的规律性。扁形砾石排列的规律性尤其明显，其最大扁平面常向源倾斜，彼此叠覆，呈叠瓦状构造。这是因为在强烈水流冲击下，砾石只有呈叠瓦状排列才最为稳定。

（二）砂岩

砂岩的分布远较砾岩广泛，在沉积岩中仅次于黏土岩而居第二位，约占沉积岩的1/3左右，它是最主要的储集油气的岩石之一。砂岩（Sandstone）是指主要由含量大于50%、粒径0.1~2mm的陆源碎屑颗粒组成的碎屑岩，根据粒径大小可进一步划分为巨砂岩（粒径1~2mm）、粗砂岩（粒径0.5~1mm）、中砂岩（粒径0.25~0.5mm）和细砂岩（粒径0.1~0.25mm）。

砂岩的碎屑成分较为复杂，通常砂级碎屑组分以石英为主，其次是长石及各种岩屑，有时含云母和绿泥石等碎屑矿物。从结构上看，砂岩由砂粒碎屑、基质和胶结物三部分组成。基质和胶结物对砂岩都起胶结作用，但成因不同。基质是细粒的机械成因组分，粒度上限一般为0.03mm。基质含量的多少反映岩石分选的好坏，是介质流体性质（密度和黏度）的一种标志。胶结物是指直接从溶液中沉淀出来的化学沉淀物，主要反映形成阶段的物理和化学条件。

不同砂岩的化学成分不同，这取决于碎屑组分和胶结物的成分。与岩浆岩的平均化学成分相比较，砂岩中的SiO_2含量很高，而Al_2O_3含量则大为减少。这是因为砂岩是机械沉积作用的产物，不稳定组分（如长石和岩屑）已被大量破坏、淘汰，而稳定石英却相对富集。砂岩的矿物成分越复杂，其化学成分越近于岩浆岩，如岩屑砂岩和杂砂岩。由于砂岩中存在成分变化很大的胶结物，如钙质、铁质、石膏质等，自然就增加了CaO、Fe_2O_3的含量。

砂岩成熟度包括成分成熟度和结构成熟度，它是指砂岩中碎屑组分在风化作用、搬运作用和沉积作用的改造下接近最稳定的终极产物的程度。一般来说，不成熟的砂岩是靠近物源区堆积的，岩屑、长石和铁镁矿物等不稳定的组分含量较高；高成熟的砂岩是经过长距离搬运、遭受改造的产物，几乎全由石英组成。砂岩颗粒的分选性、磨圆度及砂岩基质含量都影响其结构成熟度。砂岩的结构成熟度随搬运次数和搬运距离的增加而增加。

（三）粉砂岩

主要由粉砂粒级（含量超过50%）的碎屑颗粒组成的细粒碎屑岩称粉砂岩（Siltstone）。通常按颗粒大小又可将粉砂岩分为粗粉砂岩（粒径0.05~0.1mm）和细粉砂岩（粒径0.01~0.05mm）两种。从外貌和性质上看，粗粉砂岩很像砂岩，可以作为油气的储集岩；而细粉砂岩，尤其是富含黏土物质的细粉砂岩，都或多或少具有黏土岩特性，甚至可以成为生油层。

在粉砂岩的碎屑物质中，稳定组分较多，成分较单纯，常以石英为主；长石较少，多为钾长石，其次为酸性斜长石；岩屑极少或不存在，常含较多白云母；重矿物含量比砂岩多，可达2%~3%，多为稳定性高的组分，如锆石、电气石、石榴子石、磁铁矿、钛铁矿等；黏土杂基含量一般相当多，常向黏土岩过渡形成粉砂质黏土岩；碳酸盐胶结物较常见，铁质和硅质较少；磨圆度不高。和砂岩相比，在相同的搬运条件下，粉砂碎屑具有更低的磨圆度，特别是细粉砂多呈悬浮负载，故几乎总是棱角状的。粉砂岩的分选性一般较好，当有较多砂粒混入时可以变差。

粉砂岩常见薄的水平层理及波状层理;交错层理较少,多为小型的,且斜层倾角比相邻的砂岩小得多。粉砂岩饱含水后易于流动,故常见水平滑动所形成的包卷层理等变形构造。

(四)黏土岩

黏土岩(Claystone)是指以黏土粒级物质为主(含量超过50%)的沉积岩。黏土岩的粒度组分大都很细小,这主要是黏土矿物的粒度细小所致。黏土矿物的粒径一般都在0.005mm(或0.0039mm)以下,甚至在0.001mm以下。因此,就粒度组分而论,粒径小于0.005mm(或0.0039mm)的组分含量超过50%的岩石才称为黏土岩。根据有无页理一般可以将黏土岩划分为泥岩和页岩。

构成黏土岩主要组分的黏土矿物大多数来自母岩风化的产物,并以悬浮方式搬运至水盆地,以机械方式沉积而成。由水盆地中SiO_2和Al_2O_3胶体的凝聚作用形成的自生黏土矿物,以及由火山碎屑物质蚀变形成的黏土矿物,在黏土岩中所占比例较少。因此,就形成机理而言,黏土岩类应归属陆源碎屑沉积岩。

黏土岩是沉积岩中分布最广的一类,约占沉积岩总量的60%。它又是重要的烃源岩,世界上许多大型油气田的生油岩多是黏土岩,而且它的渗透性极差,可作为油气储集的良好盖层。因此,黏土岩的研究不仅对沉积岩成因、沉积环境分析起重要作用,而且还具有重要的石油地质意义。黏土岩常具有一些独特的物理性质(如可塑性、耐火性等等),有些黑色页岩和碳质页岩还含有一些稀有及稀土元素,这就使黏土岩具有更广泛的工业使用价值。

二、碳酸盐岩

碳酸盐岩(Carbonate rock,Carbonatite)是指主要由沉积的碳酸盐矿物(方解石、白云石等)组成的沉积岩,主要的岩石类型为石灰岩(方解石含量大于50%)和白云岩(白云石含量大于50%)。它们经常还和陆源碎屑及黏土组成各种过渡类型的岩石。

据统计研究,碳酸盐岩约占沉积岩总量的20%,它在地壳中的分布仅次于黏土岩和砂岩。在我国,沉积岩占全国总面积的75%,而碳酸盐岩占沉积岩覆盖面积的55%。南方的震旦系、古生界及三叠系,北方的元古宇及古生界,都是以碳酸盐岩为主,碳酸盐岩分布比较广泛。

碳酸盐岩中的矿产非常丰富,其中层状矿床有铁、铝、锰、磷、硫、石膏及硬石膏、岩盐、钾盐等。碳酸盐岩本身包括的石灰岩、白云岩、菱镁岩等也是很有价值的资源,广泛用于冶金、建筑、化工、农业等各方面。碳酸盐岩中蕴藏的石油及天然气资源也很丰富,世界上与碳酸盐岩有关的油气储量约占世界总储量的50%,与碳酸盐岩有关的油气产量占世界总产量的60%。总之,碳酸盐岩的研究,与许多矿产特别是与能源的开发和利用有着密切的关系。

(一)石灰岩

石灰岩是一种主要由方解石矿物组成的碳酸盐岩,质纯者一般为灰白色,含有机质及杂质时色较深,呈浅红色、灰黑色以至黑色。石灰岩有多种成因,因此具有不同的结构类型,如鲕状结构、竹叶状结构、晶粒结构和生物结构等。当石灰岩中泥质成分含量增至25%~50%时,则称为泥灰岩,它是石灰岩与泥岩之间的过渡型岩石。石灰岩可用于烧制石灰、水泥等。

(二)白云岩

白云岩是一种主要由白云石矿物组成的碳酸盐岩,岩石常为灰白色,具晶粒结构或鲕状结构,遇稀盐酸不剧烈起泡,表面常具刀砍纹。白云岩形成于高盐环境(咸化潟湖或内陆盐湖)中,常与蒸发岩、石灰岩互层。质纯的白云岩是一种有用的冶金熔剂及化工原料。

三、火山碎屑岩

火山碎屑岩(Pyroclastic rocks)主要是由火山碎屑物质组成的岩石,火山碎屑含量应大于50%。火山碎屑岩是介于火山岩与沉积岩之间的岩石类型,兼有两者的特点,又与两者相互过渡。在沉积岩中,它属于碎屑岩中的一种特殊类型。火山碎屑岩在自然界中分布十分广泛,从前寒武纪至第四纪均有分布。火山岩和火山碎屑岩可作为油气储集层,目前已是我国中生代、新生代陆相含油气盆地重要油气储集层类型之一。

复习思考题

1. 沉积岩中常见哪些成岩作用类型,其基本特征时是什么?
2. 何谓风化作用?风化作用的类型和主要方式是什么?
3. 沉积岩的基本概念是什么?
4. 沉积岩的物质组成及结构类型是什么?
5. 沉积岩的构造类型及其特点是什么?
6. 何谓层理?层理的基本类型有哪些?试述每种层理的形态特点、成因及环境意义。
7. 波痕的成因类型有哪些?试举例说明波痕的研究意义。
8. 试述沉积岩分类的原则和依据及岩石类型。

拓展阅读

黄定华. 2004. 普通地质学. 北京:高等教育出版社.

刘志强. 2007. 地球科学通论. 武汉:中国地质大学出版社.

姜在兴. 2010. 沉积学. 2版. 北京:石油工业出版社.

汪新文,林建平,程捷. 1999. 地球科学概论. 北京:地质出版社.

徐成彦,赵不忆. 1986. 普通地质学. 北京:地质出版社.

杨伦,刘少峰,王家生. 1998. 普通地质学简明教程. 武汉:中国地质大学出版社.

杨桥. 2004. 地球科学概论. 北京:石油工业出版社.

朱筱敏. 2008. 沉积岩石学. 4版. 北京:石油工业出版社.

第四篇

地质灾害与资源环境

在学习普通地质学基本原理的基础上,本书把关注地质灾害与资源环境以及人类可持续发展等民生问题作为最后的学习内容,以达到我们学习普通地质学的学习目的。

自古至今,人类就不断地利用地球上的各种资源,地质学的形成和发展与人类对地球各种资源的渴望和索取紧密相关。另一方面,高度文明和物质发达的人类又被其居住的地球环境日益恶化所困扰。各种自然灾害的频繁发生,使人类每年都要蒙受3000亿美元以上的损失。事实上,许多自然灾害又与人类生命活动及其对自然的改造有关。如工业化导致了废气、废水、废渣对大气和地表环境及地下水的污染;采矿、采油、抽取地下水导致地面塌陷和沉降;过分地开垦土地,导致森林和草场的减少、水土流失及沙漠化面积扩大。

随着人类对地球环境的高度重视,作为地球表层环境主要部分的地质环境,已成为地质学家研究的主要课题之一。本篇主要论述与人类可持续发展紧密相关的地质灾害、地质资源与地质环境等内容。

第一章 地 质 灾 害

地质灾害是地球系统演化过程中的正常事件,但却成为直接影响和制约社会经济发展的不可忽视的重要因素。重大地质灾害不仅造成人员伤亡和直接经济损失,还会进一步导致生产网络和社会结构的破坏,衍生出各类间接损失。地质灾害的孕育和发生往往涉及多种因素,是一种复杂的系统行为。因此,需要依靠现代科学技术,多学科、跨部门联合攻关,全面、系统、深入地开展地质灾害保护研究对保护人民生命财产安全,减轻地质灾害损失,实现社会、经济的持续发展。

第一节 地质灾害类型与防治

地质灾害是指由于地质营力或人类活动而导致地质环境发生变化,并由此产生各种危害或重大灾害,使生态环境受到破坏、人类生命财产遭受损失的现象或事件。地质灾害按成因可以划分为两类:一类是自然地质灾害,即自然条件下形成的地质灾害,如地震、火山喷发、崩塌、滑坡、泥石流等;另一类是人类活动影响诱发的地质灾害,如地面沉降、沙漠化与水土流失等。

一、地震和火山喷发

（一）地震灾害

地震是因地球内动力作用而发生在岩石圈内的一种物质运动形式，它是由积聚在岩石圈内的能量突然释放而引起的。据统计，全世界每年大约发生几百万次地震，人们能够感觉到的仅占1%左右，七级以上的灾害性地震每年多则二十几次，少则三五次。

强烈的地震可以在瞬间给人类带来巨大的灾难，是一种破坏性很强的地质灾害。1000多年来，全世界约500万人在大地震事件中丧生。在地震灾害中，以构造地震最具有普遍性，危害也最大。地震造成的破坏可分为直接地震灾害和间接地震灾害。

直接地震灾害是指由强烈地面震动及震动产生的地面断裂和变形引起建筑物倒塌和损坏，造成人身伤亡及大量社会物质的损失。例如，1976年7月28日发生的唐山7.8级地震，造成24万多人死亡，16万多人重伤，震区的工业建筑物70%~80%倒塌或受到严重损坏，整个唐山市变成一片废墟。2008年5月12日14时28分04秒，四川省阿坝藏族羌族自治州汶川县发生里氏8.0级地震，地震造成69227人遇难，374643人受伤，17923人失踪。此次地震破坏地区超过$10×10^4 km^2$。地震烈度可能达到11度。这次地震波及大半个中国及亚洲多个国家和地区。北至辽宁，东至上海，南至香港、澳门、泰国、越南，西至巴基斯坦，均有震感。汶川地震是中华人民共和国成立以来破坏力最大的地震，也是唐山大地震后伤亡最惨重的一次。这次汶川8.0级地震造成的直接经济损失8452亿元人民币，其中四川损失最严重，占到总损失的91.3%，甘肃占到总损失的5.8%，陕西占总损失的2.9%。

间接地震灾害是指因强烈地震引起的山体崩塌形成滑坡、泥石流，水坝、河堤决口或者发生海啸而造成水灾，以及未熄灭的火源、燃气管道泄漏或电线短路引起火灾等。地震火灾很容易发生，造成的损失往往也比较大。例如，1923年9月1日日本关东大地震（8.2级），在离震中100km的东京，震后半小时内，有136处起火，全东京房子被烧掉三分之二。在这次地震中破坏的57万所房屋中有44万所是被大火烧掉的，丧生的10万多人中有5万多人是被大火烧死的。1933年8月25日在四川叠溪发生的7.5级地震造成水灾，地震导致崩塌下来的岩土堵塞岷江，形成了4个地震堰塞湖，震后45天，湖水堵体溃决，造成下游水灾，洪水泛滥，冲毁的房屋难以计算，有2万多人被淹，5万多亩农田被冲毁。2011年3月11日，日本东北部海域发生里氏9.0级地震并引发海啸，造成重大人员伤亡和财产损失。地震震中位于宫城县以东太平洋海域，震源位于海面下10km。东京有强烈震感。地震引发的海啸影响到太平洋沿岸的大部分地区。地震还造成了日本福岛第一核电站发生核泄漏事故。

地震预报是人类与地震灾害作斗争的一项重要工作，是防震抗震的依据。地震预报应该包括何时、何地及震级大小3个方面。对于后两者而言，根据发生地震的地质条件的调查并结合历史地震的分析，可以获得较好的认识。通常是编制出全国或地方性地震区域划分图，把地震危险区划分出来，表明地震带的分布和各个地方未来地震的最大烈度值，从而推测地震可能发生的地点和强度。研究未来地震发生的时间，应包括中长期和短期（或临震）预报。地震的区域划分实际上是一种地震的中长期预报。

临震预报是一项非常艰巨的任务，目前主要是通过地震前兆的分析进行的。因为地震是地下的地应力高度集中后使岩石或岩块发生快速破裂并释放能量而产生的，岩层或岩体在地应力的作用下，应变能逐渐积累，当其达到一定量值时，会引起震源区的物质发生一系列的物理、化学等异常变化,即地震前兆现象,包括地形形变、前震(大地震之前的一系列小震)以及地下水、地磁、地点、地温及气象和生物等方面的异常反映。1975年2月4日辽宁海城地震,是我国临震预报的成功的实例。在主震的前三天,小震达527次,同时地下水、地磁、地电等也有明显异常,据此成功地预报了海城地震。然而很多破坏性地震并无明显的前兆现象,这正是临震预报的困难所在。

地震已被联合国教科文组织列为世界上仅次于洪水的第二种自然灾害。地震作为一种地质过程人类尚无法控制。预测地震,减少地震灾害所造成的损失,是一项艰巨而繁重的任务,目前还只是处于探索阶段。

(二)火山喷发灾害

地球具有明显的圈层结构,从地表向地心由地壳、地幔和地核三部分构成。莫霍面以下地幔上部由于压力大、密度大,局部呈熔融状态。在地球内动力作用下,地幔物质不断运动。当岩浆中气体成分游离出来使内压力增大到一定极限时,岩浆就顺地壳裂隙或薄弱地带喷出地表,形成火山喷发。火山活动是岩浆活动的一种形式,也是地球内能和热量释放的途径之一。

火山喷发是一种危害严重的地质灾害。从公元1000年以来,全球已有几十万人直接或间接死于火山喷发。大规模的火山喷发还对人类赖以生存的自然环境造成不可估量的破坏和影响。目前,占全球1/10的人口生活在有潜在喷发危险的火山阴影之下,而世界上大部分最危险的火山都处于人口稠密的发展中国家。

根据火山活动的状况,火山可分为死火山、休眠火山和活火山三种类型。在地质历史时期有过活动,而在人类历史中没有活动的火山,称为死火山,它对人类不会造成危害。在人类历史时期曾经有过活动,近代长期没有活动的火山,称休眠火山。现在仍在活动或周期性活动的火山称活火山,它对人类具有极大的危害性,是人类研究最多的一种火山。

火山喷发的时间长短不一,短的只有几个月甚至几天,长的可达数年、数十年甚至数百年。火山喷发的规模和危害程度也不相同,喷发酸性熔岩(如流纹岩)的火山,因熔岩黏性大、气体含量多、爆发力强,常喷出大量气体、熔岩、火山碎屑物和火山灰,这种火山称为爆炸式火山。它破坏力大,对人类危害严重。喷发基性熔岩(玄武岩)为主的火山,熔岩黏性小、温度高,气体和熔岩流常慢慢逸出,很少产生火山碎屑物,称宁静式火山。这种火山对人类危害相对较小。

火山活动以多种形式造成伤亡和破坏,包括熔浆流、灼热的火山灰流、蒸气喷发以及火山爆发引起的地震、海啸、气候变化、火山灰的降落和火山泥流等。由于火山喷发往往突然发生,特别是猛烈式的火山喷发,常常造成极大的灾难。如1883年印度尼西亚的喀拉喀托火山爆发,同时引起了强烈的地震和海啸,毁坏了原有岛屿的三分之二,约5万人死亡。火山爆发后,喀拉喀托岛被厚达30m的熔岩和火山灰所覆盖,一切生命活动都结束了。

火山除了以固态、液态喷出物造成损害外,还以有毒气体危害人畜。在俄罗斯堪察加半岛上一个火山正在活动的山谷中,常可见到熊、狐狸、老鼠等野生动物的尸体。这是由于该山谷地形低洼,SO_2等有毒气体因密度较大靠近地面聚集,容易造成动物窒息而死亡。

近几十年来,随着科学的发展,人们已逐步掌握了火山活动的规律,火山灾害在一定程度上可以预测和预防。宁静式火山喷发,人们已经可以有把握地对其进行监测和预报,因而危害不大。猛烈式火山喷发一次危险活动期的开始可以通过地震仪、地倾斜仪、温度监测器和气体探测器等提出预报。如果气体喷出量越来越多,硫质成分越来越浓,温度越来越高,这就表明大规模火山喷发即将发生。各国地震监测也可以进行火山预报,如美国夏威夷群岛的莫纳罗亚火山,1959年8月开始发生一连串小地震,当年11月就发生了一次巨大的火山喷发。1980年美国西部圣海伦斯火山猛烈爆发,由于科学家事先作了预报,当地政府及时疏散了居民,关闭了旅游区,因此没有造成人员伤亡。

同大多数自然灾害不同的是,火山喷发还为人类提供了一定的可以开发利用的资源。虽然我们更重视与火山活动有关的灾害,但实际上它对人类的好处要比危害大得多。撇开火山灰的肥沃成分不谈,它可以提供能源、建筑材料,促进旅游业的发展。如意大利、新西兰能源需求的1/3、1/10分别是由地热资源提供的。冰岛雷克雅未克居民的热水供应几乎都是由地热水提供的。玄武岩熔岩是用途广泛的石材。火山地貌常常可以形成重要的风景资源,许多国家公园都是以火山为中心的,如埃特纳、富士山等。

火山活动还可形成对人类有用的矿床。金矿、银矿、铜矿等内生矿产均与火山活动有关。据统计,在我国火山岩地区已探明的铜矿和铁矿储量分别占全国中储量的28%和6%以上。许多重要的宝玉石资源基本上都与火山作用有着直接或间接的联系,如与火山期后热液作用有关的欧珀、紫水晶、玛瑙、鸡血石、寿山石等。天然硫、石棉、硅藻土等非金属矿床也是火山活动的产物,火山灰、浮岩等是良好的建筑材料。坍塌的破火山口、富含SiO_2的地下裂隙系统对某些矿床的形成起着决定性的作用。火山下部岩浆房对循环的地下水加热是许多主要矿床建造的基本特征。火山活动强烈的地区通常也是温泉和矿泉密集分布的地区,中国的长白山、五大连池、阿尔金山、腾冲及台湾地区都是温泉集中地。

此外,火山喷发后沉降下来的火山灰是有效的自然肥料,特别是当它们富含钾、磷和其他基本元素时更是这样。

二、崩塌、滑坡和泥石流

斜坡上的岩土块体在重力作用下,由于自身重量及某些外因(如地震、人工爆破、暴雨等)的触发,沿着斜坡下移或坠落的作用,称为块体运动。块体运动可分为崩塌、滑坡和泥石流等3种类型。

崩塌、滑坡和泥石流每年都造成巨额的经济损失和大量的人员伤亡。20世纪70年代早期,全球每年约有600人死于这些地质灾害,其中90%发生在环太平洋边缘地带。环太平洋地带地形陡峻、岩性复杂、构造发育、地震活动频繁、降水充沛,为崩塌、滑坡和泥石流等地质灾害提供了必要的物质基础和条件;而全球人口在这一地带的高度集中与大规模的经济活动都使得这类地质过程更为普遍和强烈。除了直接经济损失和人员伤亡外,崩塌、滑坡和泥石流灾害还诱发多种间接灾害而造成人员伤亡和财产损失,如交通阻塞,水库大坝上游滑坡导致洪水泛滥、水土流失等。

(一)崩塌

陡坡上的岩土体在重力作用下,突然、迅速地向坡下垮落的现象,称为崩塌。规模巨大的岩体或山体发生崩塌称为山崩。崩塌时块体运动速度一般为5~200cm/s。崩塌往往发生在很陡的斜坡地带,如具悬崖的峡谷地带或海、湖岸地带,坡度常大于60°~70°。这些陡坡通常由坚硬而裂隙发育的岩石组成,尤其是在垂直节理发育或层理、劈理倾向与坡向一致的地方更易发生崩塌。岩石中已有的构造裂隙和释压裂隙随着风化作用的不断进行而进一步扩大和发展,使陡坡处于极不稳定状态,一旦遇到地震、暴雨或不合理地开挖坡脚、地下采空等因素的触发,岩体即会发生崩塌。崩塌下来的岩土体堆积于山麓地带,主要为粗碎屑物,棱角明显,大小混杂。崩塌的主要特征为:下落速度快,发生突然;崩塌体脱离母体而运动;下落过程中,崩塌体自身的整体性遭到破坏;崩塌物的垂直位移大于水平位移。

崩塌的运动形式主要有两种:一种是脱离母岩的岩块或土体以自由落体的方式坠落,另一种是脱离母岩的岩体顺坡滚动而崩落。前者规模一般较小,从不足 $1m^3$ 至数百立方米;后者规模较大,一般在数百立方米以上。

山崩或大规模崩塌会严重破坏铁路、公路、矿山、村镇和良田,危及人民生命财产安全,造成巨大灾害。例如,在宝成线 K293+365m 处,1981 年 8 月 16 日当 812 次货物列车经过时,突然有 $720m^3$ 的岩块崩落,将电力机车砸入嘉陵江中,并造成 7 节货车车厢颠覆。1983 年 3 月 29 日在云南马关县山车乡老皮垭口,千吨巨石从 200m 高的后山崩塌下来,击毁民房 36 间,死亡 6 人,伤 15 人,还砸死一些家禽和牲口,掩埋粮食 3 万多千克。

(二)滑坡

在自然地质作用和人类活动等因素的影响下,斜坡上的岩土体在重力作用下沿着一定的软弱面或软弱带整体或局部保持岩土体结构而向下滑动的过程和现象及其形成的地貌形态,称为滑坡。滑坡的特征表现为:

(1)发生变形破坏的岩土体以水平位移为主,除滑动体边缘存在为数较少的崩离碎块和翻转现象外,滑动体上各部分的相对位置在滑动前后变化不大。

(2)滑动体始终沿着一个或几个软弱面(带)滑动,岩土体中各种成因的结构面均有可能成为滑动面,如古地形面、岩层层面、不整合面、断层面、贯通的节理裂隙面等。

(3)滑坡滑动过程可以在瞬间完成,也可能持续几年或更长的时间。规模较大的整体滑动一般为缓慢、长期或间歇的滑动。

滑坡由滑坡体、滑动面(带)、滑床、滑动台和滑坡壁等组成。滑坡体是整体下滑的岩土体,以其体积大小来表示滑坡的规模。滑坡体移动时与不动体之间形成一个界面并沿其下滑,此界面叫滑动面。滑动面以下的不动体叫滑床。任一滑坡都具有滑坡体、滑动面和滑床三个要素(图 4-1-1)。

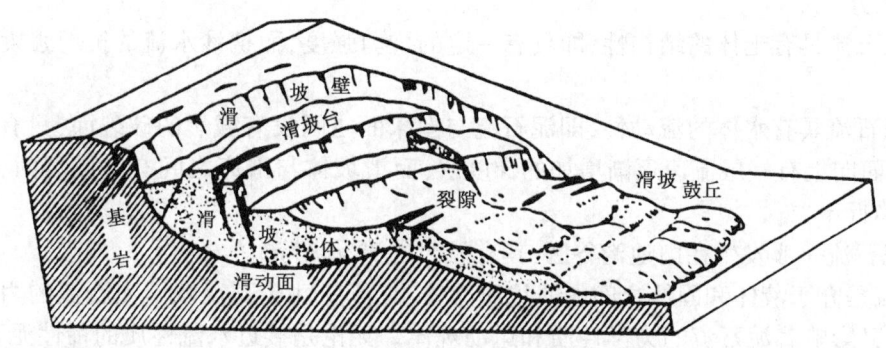

图 4-1-1 滑坡立体图解(据李叔达,1983)

滑坡一般发生在以黏土质为主的土层或泥质岩及其变质岩的分布区。滑动面大多沿着岩层面、破裂面或透水层与不透水层之间的分界面发育。冲刷形成的陡岸或人工开挖的陡坎最易形成滑坡。地震、降雨和融雪等时诱发滑坡的重要因素。地震不仅破坏斜坡上岩土体的内部结构,而且会产生新的软弱面或促使原有的软弱面重新活动。雨水和雪水渗入岩土体的孔隙或裂隙中,使岩土的抗剪强度降低,并且造成地下水位抬升而对滑坡体产生浮托作用,降低抗滑力。因此,常有"大雨大滑,小雨小滑,无雨不滑"的现象。

滑坡的形成过程,从初期的岩土体缓慢蠕动至快速滑动一般需较长时间,有的历时几个月或几年,但也有突然爆发的滑坡。滑动速度通常较缓慢,但滑动中期中可出现短时间的据滑阶段,速度可达每秒几十米。

大规模的滑坡常常掩埋村镇、摧毁厂矿、中断交通、堵塞江河、破坏农田、毁坏森林。1983年3月7日傍晚,甘肃东乡洒勒山南坡发生了国内罕见的超大型滑坡,在一两分钟内形成了一个面积约 $1.4km^2$、体积约 $5×10^7m^3$ 的滑坡体。滑坡体带着刺耳的呼啸声,以 30m/s 的高速度扑向山脚,毁坏耕地 2500 亩、灌溉设施 4 处、公路及高压电线 1.3km,掩埋致死 237 人、重伤 27 人。1985 年 6 月 12 日发生于长江西陵峡北岸的一次滑坡将位于江边的新滩镇尽行摧毁,幸好这次滑坡在发生前成功地进行了预报,无人员伤亡。

滑坡灾害不仅直接危害受灾地区,还常常引发一系列的次生灾害,如洪水、涌浪、淤积及有毒废石渣污染等,造成更大范围的影响和更严重的损失,次生灾害损失有时远远超过灾害本身的直接损失。1963 年意大利瓦伊昂水库滑坡死亡约 3000 人的特大灾难就是滑坡诱发形成的洪水造成的。1967 年 6 月 8 日,我国四川省雅砻江唐古栋滑坡本身并未造成任何直接损失,但 $6800×10^4m^3$ 土石滑入江中,形成 355m 高的涌浪并越过坝顶,猛烈的洪水将下游沿岸 600km 范围内所有土地、房屋、公路、桥梁等一扫而光,危害极其严重。1963 年 9 月,甘肃舟曲县泄流坡滑坡,堵断白龙江,使上游水位升高 18.5m,回水达 6.5km,淹没上游大片土地、房屋。

(三)泥石流

泥石流是山区特有的一种突发性的地质灾害现象。它常发生于山区小流域,是一种饱和大量泥沙石块和巨砾的固液两相流体,呈黏性层流或稀性紊流等运动状态,是地质、地貌、水文、气象、植被等自然因素和人为因素综合作用的结果。

泥石流暴发过程中,有时山谷雷鸣、地面震动,有时浓烟腾空、巨石翻滚;混浊的泥石流沿着陡峻的山涧峡谷冲出山外,堆积在山口。泥石流具有如下三个基本性质,并以此与携沙水流和滑坡相区分。

(1)泥石流具有土体的结构性,即具有一定的抗剪强度,而携沙水流的抗剪强度等于零或接近于零。

(2)泥石流具有水体的流动性,即泥石流与沟床面之间没有截然的破裂面,只有泥浆润滑面,从润滑面向上有一层流速逐渐增加的梯度层;而滑坡体与滑床之间有一破裂面,流速梯度等于零或趋近于零。

(3)泥石流一般发生在山地沟谷区,具有较大的流动坡降。

泥石流是介于液体和固体之间的非均质流体,其流变性质既反映了泥石流的力学性质和运动规律,又影响着泥石流的力学性质和运动规律。无论是接近水流性质的稀性泥石流,还是与固体运动相近的黏性泥石流,其运动状态介于水流的紊流状态和滑坡的块体运动状态之间。泥石流中含有大量的土体颗粒,具有惊人的输移能力和冲淤速度。携沙水流几年甚至几十年才能完成的物质输移过程,泥石流可以在几小时甚至几分钟内完成。由此可见,泥石流是山区塑造地貌最强烈的外营力之一,又是一种严重的突发性地质灾害。

泥石流现象几乎在世界上所有的山区都有可能发生。中国是一个多山的国家,山地面积广阔,又多处于季风气候区,加之断裂构造发育、地形复杂,从而成为世界上泥石流最发育、分布最广、数量最多、危害最重的国家之一。

泥石流的形成条件概括起来主要有三个方面:地表大量的松散固体物质、充足的水源条件和特定的地貌条件。特大暴雨或连续降雨后的暴雨,都是触发泥石流的重要条件。在冰川发育区和融雪区,泥石流的暴发还与气候突然增温或雪崩有关。

泥石流中固体物质的体积含量一般大于15%,最多时可达80%;密度常大于$1.3t/m^3$,最大时可达$2.3t/m^3$。泥石流的流速通常为$5\sim7m/s$,极快时可达$70\sim80m/s$。由于泥石流密度大、流速快,因此不仅有极其强大的搬运能力,而且其侵蚀、搬运和沉积过程极为迅速。有些泥石流甚至可搬走重达数百吨、直径达数十米的巨砾。泥石流往往在较短时间内(几分钟至几小时)就可把几十万乃至几千万立方米的固体物质沿沟谷搬运至沟口,使周围地形顷刻间发生变化。泥石流具有发生突然、来势凶猛、历时短暂、大范围冲淤、破坏力极强的特点,常给人民生命财产造成巨大损失。1981年7月9日凌晨,四川甘洛大渡河支流利子依达沟暴发了一次大型的灾害性泥石流。这场泥石流是有连日暴雨所触发的,固体物质输移量达$84×10^4m^3$,冲毁了沟口的铁路桥,有一列客车不幸与泥石流相遇,两辆机车、一节邮政车、一节客车及一批旅客被泥石流推淹入大渡河中,死亡275人,伤数十人,造成了我国铁路史上罕见的泥石流事故。这场泥石流还堵江断流达4小时,向上游回水5km,又造成了严重的损失。2010年8月7日22时左右,甘南藏族自治州舟曲县城东北部山区突降特大暴雨,降雨量达97mm,持续40多分钟,引发三眼峪、罗家峪等四条沟系特大山洪地质灾害,泥石流长约5km,平均宽度300m,平均厚度5m,总体积$750×10^4m^3$,流经区域被夷为平地。舟曲特大泥石流灾害导致1481人遇难,284人失踪。

(四)崩塌、滑坡、泥石流的防治

1. 崩塌的防治

崩塌灾害具有高速运动、高冲击能量、多发性、在特定区域发生,以及时间和地点的随机性、难以预测性和运动过程的复杂性等特征。因此,发生在道路沿线、工业或民用建筑附近的崩塌落石,常会导致交通中断、建筑物毁坏和人身伤亡等事故。

1)防治原则

对于崩塌而言,在整治过程中,必须遵循标本兼治、分清主次、综合治理、生物措施与工程措施相结合、治理危岩与保护自然生态环境相结合的原则。通过治理,最大限度降低危岩失稳的诱发因素,达到指标又治本的目的。

许多崩塌区都是山清水秀的自然风景区,是游人观赏自然景观的理想场所。危岩本身既是崩塌灾害的祸根,也是一种自然景观。因此,危岩崩塌整治工程必须兼顾艺术性和实用性,把治岩、治坡、治水与开发旅游资源结合起来,达到除害兴利的目的。同时,治理危岩、防止崩塌应采取一次性根治不留后患的工程措施;开辟为观光游览区的危岩地带,采取生物措施治理时,应慎重选择植物种类,宜种草不宜种树,防止根系发达的树种对危岩的稳定性产生副作用。

此外,应加强减灾防灾科普知识的宣传,严格进行科学管理;合理开发利用坡顶平台区的土地资源,防止因城镇建设和农业生产而加快危岩的形成,杜绝发生崩塌的诱发因素。

2)防治措施

崩塌本身仅涉及少数不稳定的岩块,它们通常并不改变斜坡的整体稳定性,也不会导致有关建筑物的毁灭性破坏。因此,防治落石造成道路中断、建筑物破坏和人身伤亡是整治崩塌危岩的最终目的。这就是说,防治的目的并不是一定要阻止崩塌落石的发生,而是要防止其带来的危害。因此,崩塌的防治措施可分为防止崩塌发生的主动防护和避免造成危害的被动防护两种类型。具体方法的选择取决于崩塌落石历史、潜在崩塌落石特征及其风险水平、地形地貌及场地条件、防治工程投资和维护费用等。

图4-1-2列出了主要的崩塌防治措施,图中SNS为安全网系统(safety netting system)的简称。SNS系统是利用钢绳网作为主要构成部分来防护崩塌危害的柔性安全网防护系统。它与传统刚性结构防治方法的主要差别在于该系统本身具有的柔性和高强度,更能适应于抗击集中荷载和高冲击荷载。当崩塌能量高且坡度陡时,SNS钢绳网系统不失为一种十分理想的防护方法。

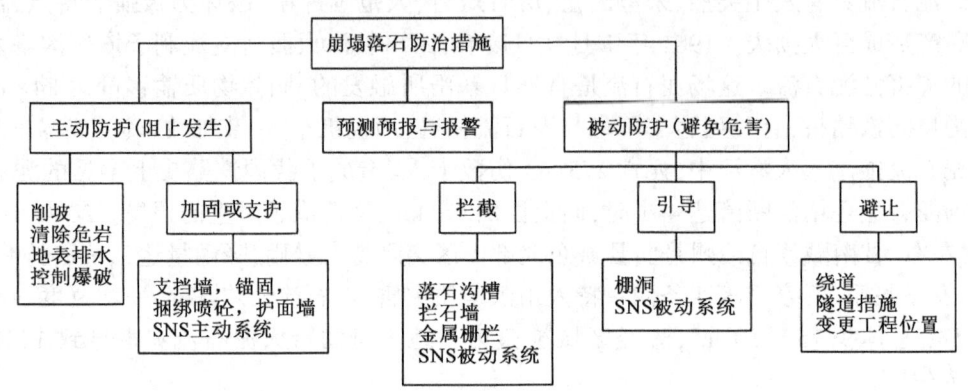

图4-1-2 崩塌落石防治主要措施(据阳友奎,1998)

SNS系统包括主动系统和被动系统两大类型。前者通过锚杆和支撑绳固定方式将钢绳网覆盖在有潜在崩塌危害的坡面上,通过阻止崩塌落石发生或限制崩落岩石的滚动范围来实现防止崩塌危害的目的。后者为一种栅栏式拦石网,采用钢绳网覆盖在潜在崩岩的边坡面上,使崩岩沿坡面滚下或滑下而不致剧烈弹跳到坡脚之外,它对崩塌落石发生频率高、地域集中的高陡边坡的防治既有效又经济。

2. 滑坡的防治

滑坡的防治较崩塌更加复杂,必须在查明工程地质条件的基础上,深入分析其稳定性和危害性,找出影响滑坡的因素及相互关系,综合考虑,全面规划,才能有针对性地采取相应的防治措施。

1)防治原则

滑坡的防治原则主要有以下四条:

(1)以长期防御为主,防御工程与应急抢险工程相结合;应急抢险工程应尽可能与防御工程衔接、配套。

(2)根据危害对象及程度,正确选择并合理安排治理的重点,保证以较少的投入取得较好的治理效益。

(3)生物工程措施与工程措施相结合,治理与管理、开发相结合。工程治理的方法很多,如蓄水工程、分水工程、排水工程、拦挡工程、爆破工程、锚固工程、反压工程、护坡工程、停淤工程、排导工程、洞体工程等。工程治理作用明显、见效快,缺点是成本高、专业性强且效果不易持久。生物工程治理是指通过喷撒草种、移植草皮等增加植被覆盖,应用先进的农牧科学技术对山地资源开发利用,以减少水土流失,削减地表径流和控制松散固体物质补给,进而抑制滑坡的发生并促进生态环境的良性发展。生物治理功效持久、成本低、方法较简单,容易广泛开展,能较好地与经济开发相结合。因而生物治理与工程治理可以互为补充。

(4)因地制宜,讲究实效,治标与治本相结合。大、中型滑坡一般以搬迁避让为主,对不能采取搬迁避让措施的,才进行工程治理。在治理过程中,应针对滑坡形成的诱发因素,分清主次,合理选择治理方案。

2)防治措施

一般来讲,滑坡的治理方法主要有"砍头"、"压脚"和"捆腰"等三项措施。"砍头"就是利用爆破、开挖等手段削减滑坡上部的重量;"压脚"是对滑坡体下部或前缘填方反压,加大坡脚的抗滑能力;"捆腰"则是利用锚固、灌浆等手段锁定下滑山体。

滑坡的防治措施可归纳为"拦、排、稳、固"四个字。

"拦"即拦挡、拦截,如挡土墙等拦挡工程。

"排"即排水,包括拦截和旁引可能流入滑坡体内的地表水和地下水;排除滑坡体内的地表水和地下水;对必须穿过滑坡区的引水或排水工程,进行严格的防渗漏处理;避免在滑坡区内修建蓄水工程;对滑坡区地表进行防渗处理;防止地表水对坡脚的冲刷等。

"稳"即稳坡,包括降低斜坡坡度,滑坡后部削方减重及滑坡前缘回填压脚;以生物工程和湖泊工程来保护边坡等。

"固"即加固,包括采用各种形式的抗滑性、预应力锚索和预应力抗滑桩、抗滑明洞等工程,或采用灌浆、电化学加固、焙烧等方法以改变滑带岩土的性质来进行加固,增大滑面的抗滑力。

滑坡治理措施按施工方式、适用条件和主要作用,可分为防御避让、护坡护岸、削坡卸载、排水防渗、排引地下水、拦挡抗滑、固结加固和生物工程等类型。

3. 泥石流的防治

泥石流的活动和危害几乎遍及全球各个山区,尤其是在北回归线到北纬50°之间的山区显得更为活跃。随着各国山区经济的日益发展、人类活动的日趋频繁,泥石流灾害不断加剧。有效防治泥石流灾害,已成为发展山区经济、保障山区人民生命财产安全的一项重要任务。

1)防治原则

泥石流的防治原则主要有以下四条:

(1)全面规划,突出重点。泥石流治理需要上、中、下游全面规划,各沟段有所侧重。如上游水源区通过植树造林、修筑水库以减少水量、削减洪峰,抑制形成泥石流的水动力;中游修建拦沙坝、护坡、挡土墙等固定沟床、稳定边坡,减少松散土体来源;下游修建排导沟、急流槽和停淤场,以控制灾害的蔓延。

(2)工程措施与生物措施相结合。泥石流治理的工程措施与生物措施各有优缺点,在治理方案的选择上应综合考虑,各有兼顾。工程措施工期短、见效快、效益明显,但超过使用年限或出现超标准设计的流量时,工程将失效甚至遭受破坏。生物措施见效慢、稳定土层厚度浅,但时间越长效果越好,同时可恢复生态平衡。因此,在治理前期以工程措施为主,可稳定边坡、促进林木生长;治理后期以生物措施为主,生态效益明显,也可延长工程措施的使用年限。

(3)分清类别,因害设防。泥石流的形成机理不同,造成的危害方式也不同,治理对象的主次也应有所不同。对土力类泥石流,宜以治土、治山为主,采用拦挡工程、固床工程和水土保持措施来稳定山坡,调节沟床纵坡,消除或减少松散土体来源。对水力类泥石流,则以治水为主,采用引水、蓄水工程和水源涵养来调节径流,削减洪峰。

鉴于泥石流危害状况和保护对象不同,治理方案和措施也应有所侧重。如保护对象集中分布于泥石流流域内的某一局部地带,则以排导工程为主,控制泥石流流势。对全流域的保护对象而言,需进行全流域综合治理,控制泥石流形成,消除泥石流危害。如果泥石流治理费用高于被保护建筑物的造价或使用价值,从经济效益的角度讲,则应搬迁或放弃受灾建筑物。

(4)因地制宜,合理设计。泥石流防治工程的合理设计取决于对泥石流性质、形成过程、冲淤规律、流态特征和冲击过程的研究。一般说来,稀性泥石流的侧蚀和侧向堆积比黏性泥石流强烈,而黏性泥石流的局部下切和堆积能力又比稀性泥石流强。因此,稀性泥石流的导流堤须采用浆砌块石护面的土堤;而对于流体规模不大的黏性泥石流,在沟道顺直时可采用土堤。

此外,在选定设计方案时,还需注意区域工程地质条件、材料条件、施工条件和技术条件等。

2)防治措施

泥石流综合治理措施很多,一般归纳为两大类,即工程措施和生物措施。也有学者将保护森林植被、合理布局建筑物和进行预警预报等方法归为预防措施。

泥石流治理的工程措施几乎适用于各种类型的泥石流防治,尤其是对急需治理的泥石流可有立竿见影之功效。目前所采用的主要工程措施有排导工程、拦挡工程和综合整治工程。

泥石流治理的生物措施主要是指保护与营造森林、灌丛和草本植被,采用先进的农牧业技术以及科学的山区土地资源开发措施等。生物措施既可减少水土流失、削减地表径流和松散固体物质补给量,又可恢复流域生态平衡,增加生物资源产量和产值。因此,生物措施符合可持续发展的要求,是泥石流治理的根本性措施。

三、地面沉降

地面沉降是指在自然因素和人为因素影响下形成的地表垂直下降现象。导致地面沉降的自然因素主要是构造升降运动以及地震、火山活动等,人为因素主要是开采地下水和油气资源以及局部性增加荷载。自然因素所形成的地面沉降范围大,速率小;人为因素引起的地面沉降一般范围较小,但速率和幅度比较大。一般情况下,把自然因素引起的地面沉降归于地壳形变或构造运动的范畴,作为一种自然动力现象加以研究;而将人为因素引起的地面沉降归于地质灾害现象进行研究和防治。

(一)地面沉降的特征

地面沉降的特点是波及范围广,下沉速率缓慢,往往不易察觉,但它对建筑物、城市建设和农田水利危害极大。

地面沉降灾害在全球各地均有发生。由于工农业生产的发展、人口的剧增以及城市规模的扩大,大量抽取地下水引起了强烈的地面沉降,特别是在大型沉积盆地和沿海平原地区,地面沉降灾害更加严重。石油、天然气的开采也可造成大规模的地面沉降灾害。

(二)地面沉降的分布规律

1. 世界地面沉降分布概况

地面沉降主要发生于平原和内陆盆地工业发达的城市以及油气田开采区。如美国内华达州的拉斯维加斯市,自1905年开始抽取地下水,由于地下水位持续下降,地面沉降影响面积已达1030km^2,累计沉降幅度在沉降中心区已达1.5m,井口超出地面1.5m;同时还伴生了广泛的地裂缝,其长度和深度均达几十米。

日本在20世纪50—80年代,地面沉降已遍及全国的50多个城市和地区。东京地区的地面沉降范围达1000多平方千米,最大沉降量达到4.6m,部分地区甚至降到了海平面以下。

开采石油也造成了严重的地面沉降灾害。美国加利福尼亚州长滩市的威明顿油田,在1926—1968年间累计沉降达9m,最大沉降速率为71cm/a。

此外,英国的伦敦市、俄罗斯的莫斯科市、匈牙利的德伯勒斯市、泰国的曼谷、委内瑞拉的马拉开波湖、德国沿海等地区,以及新西兰和丹麦等国家也都发生了不同程度的地面沉降。

2. 中国地面沉降分布规律

从成因上看,中国地面沉降绝大多数时因地下水超量开采所致。从沉降面积和沉降中心最大累积降深来看,以天津、上海、苏州、无锡、常州、沧州、西安、阜阳、太原等城市较为严重,最大累积沉降量均在1m以上;如按最大沉降速率来衡量,天津(最大沉降速率80mm/a)、安徽阜阳(年沉降速率60~110mm/a)和山西太原(最大沉降速率114mm/a)等地的发展趋势最为严峻。中国地面沉降的地域分布具有明显的地带性,主要位于厚层松散堆积物分布地区,具体有以下几个区域。

(1)大型河流三角洲及沿海平原区:主要是长江、黄河、海河及辽河下游平原和河口三角洲地区。这些地区的第四纪沉积厚度大,固结程度差,颗粒细,层次多,压缩性强;地下水含水层多,补给径流条件差,开采时间长、强度大;城镇密集、人口多,工农业生产发达。这些地区的地面沉降首先从城市地下水开采中心开始形成沉降漏斗,进而向外围扩展,形成以城镇为中心的大面积沉降区。

(2)小型河流三角洲区:主要分布于东南沿海地区,第四纪沉积厚度不大,以海陆交互相的黏土和砂层为主,压缩性相对较小。地下水开采主要集中于局部的富水地段。地面沉降范围一般较小,主要集中于地下水降落漏斗中心附近。

(3)山前冲洪积扇及倾斜平原区:主要分布于燕山和太行山山前倾斜平原区,以北京、保定、邯郸、郑州及安阳等大中城市最为严重。该区第四纪沉积层以冲积、洪积形成的砂层为主;区内城市人口众多、城镇密集、工农业生产集中;地下水开采强度大、地下水下降幅度大。地面沉降主要发生在地下水集中开采区,沉降范围由开采范围决定。

(4)山间盆地和河流谷地区:主要集中在陕西的渭河盆地及山西的汾河谷地以及一些小型山间盆地内,如西安、咸阳、太原、运城、临汾等城市。该区第四纪沉积物沿河流两侧呈条带状分布,以冲积砂土、黏土为主,厚度变化大;地下水补给、径流条件好;构造运动表现为强烈的持续断陷或下陷。地面沉降范围主要发生在地下水降落漏斗区。

(三)地面沉降的危害

地面沉降所造成的破坏和影响是多方面的。其主要危害表现为地面标高损失,继而造成雨季地表积水,防泄洪能力下降;沿海城市低地面积扩大、海堤高度下降而引起海水倒灌;海港建筑物破坏、装卸能力降低;地面运输线和地下管线扭曲断裂;城市建筑物基础下沉、脱空、开裂;桥梁净空减小,影响通航;深井井管上升,井台破坏,城市供水及排水系统失效;农村低洼地区洪涝积水,使农作物减产等。

(四)地面沉降的防治

地面沉降与地下水过量开采紧密相关,只要地下水位以下存在可压缩地层,就会因过量开采地下水而出现地面沉积,而地面沉降一旦出现则很难治理,因此地面沉降的防治主要在于预防。

目前,世界各国预防地面沉降的主要技术措施大同小异,主要包括建立健全地面沉降监测网络,加强地下水动态和地面沉降监测工作;开辟新的替代水源,推广节水技术;调整地下水开采布局,控制地下水开采量;对地下水开采层位进行人工回灌;实行地下水开采总量控制、计划开采和目标管理。

除上述措施外,还应查清地下地质构造、对高层建筑物的地基进行防沉降处理。在已发生区域性地面沉降的地区,为了减轻海水倒灌和洪涝等灾害损失,还应采取加高加固防洪堤、防洪潮堤以及疏导河道,兴建排涝工程等措施。

四、沙漠化与水土流失

(一)沙漠化

沙漠化,又称沙质荒漠化,是指在沙质地表产生的土壤风蚀、风沙沉积、沙丘前移及粉尘吹扬等一系列过程和现象。其结果是土地退化、生物生产量降低、可利用土地资源丧失及生态环境恶化,从而严重干扰人类的正常生活和经济活动。

1. 沙漠化的分布特征

中国的沙漠化灾害主要发生在干旱、半干旱地区及部分湿润、半湿润地区,在农牧区交错地带尤为严重。中国现有沙漠及沙化土地主要分布在北纬35°~50°之间的内陆盆地、高原,形成一条西起塔里木盆地,东至松嫩平原西部,东西长4500km,南北宽约600km 的沙漠带。沙漠化涉及内蒙古、新疆、青海、甘肃、宁夏、陕西、山西、河北、辽宁、吉林和西藏等12个省、自治区。中国现有沙漠化土地 $33.76 \times 10^4 km^2$,占国土总面积的3.5%,占全国耕地、草地总面积的7.2%;其中已发生沙漠化的土地约 $17.96 \times 10^4 km^2$,潜在沙漠化农田 $15.8 \times 10^4 km^2$、草场 $4.67 \times 10^4 km^2$。此外,在我国湿润、半湿润的广大地区还零星分布有岛状沙漠化土地 $3.7 \times 10^4 km^2$(张伟民等,1994)。

根据沙漠化土地的分布特征,可将中国沙漠化土地分为干旱地带沙漠化区、半干旱地带沙漠化区和半湿润地带沙漠化区(朱震达,1997)。

1)干旱地带沙漠化区

干旱地带沙漠化区主要分布在一些沙漠边缘的绿洲附近及内陆河中、下游沿岸地区。前者与绿洲地区人为采樵活动破坏沙漠边缘半固定、固定沙丘上的植被有关,后者与河流中、上游过度利用水、土资源有关。其分布多为各不相连的小片状,如塔克拉玛干沙漠西南边缘诸绿洲、河西走廊诸绿洲附近的沙漠化。

2)半干旱地带沙漠化区

半干旱地带沙漠化主要分布在内蒙古中东部以及河北、山西、陕西的北部地区,常见于草原和固定沙地的外围地区,是中国沙漠化扩展最严重的地区。草原周边的沙漠化是过度采樵、放牧或垦草种地造成的,如河北的坝上、内蒙古的后山及科尔沁草原等。由于不合理开发水资源而导致固定沙地或沙丘活化,是其外围地区沙漠化的主要因素,如科尔沁、毛乌素及呼伦贝尔等沙地周边的沙漠化。

3)半湿润地带沙漠化区

半湿润地带沙漠化呈斑点状分布在嫩江下游、松花江中游平原上,在黄淮平原及滦河下游平原地区也有分布,均系沙质古河床、阶地及漫滩等因过度采樵、植被遭受破坏而形成的。

从沙漠化发生的性质来看,有42.2%的沙漠化土地属于非沙漠地区发生类似沙化土地。另有52.3%面积的沙漠化土地是过度放牧及采樵导致沙丘活化而造成的,如浑善达格沙地、科尔沁沙地和毛乌素沙地等。其余的5.5%系原生沙漠边缘的沙丘在风力作用下前移入侵所造成,如塔克拉玛干沙漠西南(皮山)和东南(且末)边缘沙地(朱震达,1997)。

此外,在中国华南和西南地区还存在着与沙漠化类似的砾质荒漠化和石质荒漠化,如广西石灰岩山地表面松散风化壳因水蚀作用而形成的石质荒漠化,江西花岗岩区、红砂岩区的砾质荒漠化。

2. 沙漠化的危害

沙漠化灾害是中国北方地区特定自然环境下产生的地质灾害。据有关部门统计,全国60%的贫困县集中分布在沙漠化区(段永侯,1993)。沙漠化所造成的危害是多方面的,涉及农业、牧业、水利设施、交通道路、工矿建设及生态环境。但从实质而言,沙漠化灾害主要是毁损土壤肥力,使人类丧失赖以生存的土地资源。

沙漠化的危害主要是破坏土地资源,使可供农牧业生产的土地面积减少;土地滋生能力退化,造成农牧业生产能力降低和生物生产量下降。沙漠化的蔓延与发展使全球丧失的可利用土地资源在逐年增加。

沙漠化灾害一方面造成可利用土地面积缩小,另一方面造成土地质量逐渐下降。由于风蚀作用,耕地表层的有机质和养分被大量吹蚀,土壤肥力不断降低。由于沙漠化灾害,旱作农业生态系统的有机质、营养元素、水分等物质严重损失而得不到补偿,导致农田单位面积产量下降。农牧交错地带旱作农田与开垦初期相比,产量平均下降50%~60%。

沙漠化还会对工矿建设、交通运输业、水利设施及河道造成影响和危害。例如,位于毛乌素沙地及周围地区的东胜煤田、准格尔煤田、神府煤田、磁窑堡煤田和平朔煤田,是国家正在兴建并深受风沙危害的重要的优质煤炭基地,每年因沙漠化而增加的开发成本约9000万元。全国有1500km铁路、30000km公路由于风沙危害造成不同程度的破坏,沙漠化严重影响了边疆地区与内地交通大动脉的正常运行。沙漠化对水利设施及河道的危害主要表现为风沙对各种水利工程及河道的淤积,造成水利工程设施难以发挥正常效益。

此外,沙漠化还加剧了生态环境的恶化。在干旱、半干旱甚至部分半湿润地区,受天气过程的热力效应及冷锋侵入的影响,造成大风天气状况下土壤吹蚀、流沙前移及粉尘吹扬等一系列沙尘暴过程。沙尘暴不仅是一种灾害性天气过程,而且是沙漠化灾害的一种表现形式,其影响范围广、危害严重,成为严重威胁中国北方地区人民生产和生活的重要环境问题。

3. 沙漠化的防治

防治沙漠化的根本途径在于保护天然植被、建立人工植被,坚持正确的生产经营方针,合理调整农业生产结构和布局,加强农牧业基本建设、改善经营管理,逐步建立现代化的农业生态系统,加强人工草场生态系统的建设,合理开发利用水资源。对于已经发生沙漠化的土地,要采取有效措施进行治理,防止其扩大蔓延。

中国对防沙治沙工作历来十分重视。新中国成立伊始,就组织开展了群众性防沙治沙工作。特别是1991年正式实施防沙治沙工程化治理以来,治沙速度明显加快。截至1998年,累计治理沙化土地 $7\times10^4 km^2$,使局部地区生态环境显著改善。但是,由于多种因素的影响,我国土地沙化的总体状况仍在恶化,"沙进人退"的局面未得到根本扭转,形势依然十分严峻。

沙漠化防治的措施主要有林草措施、农业耕作措施、水利措施与工程固沙措施等。

林草措施包括营造农田防护林网和防沙林带、封沙育草、造林固沙、退耕还林还草等方法。荒漠地带、半荒漠地带和草原地带的沙漠治理,应采取不同的方法,根据地形地貌特征和风力特征选取合理、高效的生物措施。在中国北方,灌溉绿洲和旱作地区,营造农田防护林网、防沙林带是防止土地沙化的一项重要措施。对大面积的沙区采取封沙育草、造林固沙,是防治流失的根本途径。实践证明,在沙漠前缘种植胡杨林防风御沙作用极强。

农业耕作措施包括覆盖耕作、粮草结合耕作,以及调整农业结构、不同作物间作等措施。覆盖耕作是指通过增加地面覆盖物来增强地表抗蚀力的农业技术措施,主要有保留作物残茬覆盖、秸秆粉碎铺地覆盖、果园和茶园裸地种植豆科作物覆盖以及利用地膜覆盖地面等方法。粮草结合耕作是指采用粮食作物与豆科牧草轮作、间作、套种、复种等不同措施,改良土壤结构,增加土壤有机质,增强土壤的抗蚀力。调整农业结构、不同作物间作也可有效防止沙漠化的扩展,如在垂直风向上和绿洲外围外缘地带间隔种植玉米、高粱、向日葵等高秆作物,达到降低风速、固结土壤的目的。

水利措施是指发展水利、建设基本农田,彻底改变广种薄收的轮荒耕作,这也是防止沙漠化危害的主要措施之一。利用灌溉水增加土壤水分、增强土壤颗粒的黏结力,可减少风沙危害。河流谷地土壤比较肥沃,可蓄水引水进行自流灌溉。滩地、甸子地、壕地等土层较厚,地下水较丰富,可进行井灌。

工程固沙措施即设置沙障、防止流沙的措施,它是干旱沙区生物防沙不可缺少的先期辅助措施。对流动沙丘,先在其迎风坡设置黏土或沙蒿沙障;对工程沙障保护下的沙丘,播种固沙植物,以防快速移动的沙丘掩埋尚未形成固沙能力的植物沙障。

(二)水土流失

水土流失又称土壤侵蚀,是一种渐进性地质灾害,其形成与生态环境恶化密切相关。水土流失除破坏水土资源、降低土壤肥力、恶化环境质量外,还破坏工程设施,造成经济损失,危害非常严重。为有效防治水土流失,必须加强管理、合理利用土地资源,植树种草,保护斜坡。

1. 水土流失发育状况

由于人口压力以及不合理的耕作方式,水土流失已成为全球环境中十分突出的问题,在世界各国普遍存在而且尚未得到有效的控制。在过去的100年内,地球上有 $2\times10^6 km^2$ 的土地遭受侵蚀,约占可耕地面积的27%。据联合国粮农组织统计,水的侵蚀和水涝灾害造成的土地损失占各种土地类型总损失的30%。现有耕地的表土流失量每年约 $230\times10^8 t$,远远超过了新形成的土壤量。

中国也是水土流失比较严重的国家之一,各省区均有不同程度的水土流失现象。其中大兴安岭、阴山、贺兰山、青藏高原东缘一线以东的地区是我国水土流失严重的地区,黄土高原、华南山地丘陵地区最为严重。黄土高原水土流失面积达 $43\times10^4 km^2$。

由于水土流失,黄河的泥沙含量高居世界各河流之首。在黄河下游,每年要淤积泥沙 $4\times$

10^8t，黄河河床每年以 8~10cm 的速度淤高，大堤被迫不断加高，黄河已经由中华民族的摇篮变成为中原地区的心腹之患。随着中上游森林覆盖率的下降，长江流域水土流失面积也在逐年增加。长江流域面积约为 $180×10^4km^2$，水土流失面积达 $56.2×10^4km^2$，其中中等强度流失面积 $10.3×10^4km^2$，高强度流失面积 $4.07×10^4km^2$，剧烈流失面积 $1.87×10^4km^2$。长江流域内年土壤侵蚀量 $22.4×10^8$t。我国主要江河流域水土流失情况见表 4-1-1。

表 4-1-1　中国主要江河流域水土流失情况（据毛文永等，1992）

名称	流域面积 km²	水土流失面积 km²	年均降水量 10⁸m³	年均降水深 mm	年均径流量 10⁸m³	年均输沙量 10⁸t
长江	1808500	562000	19162	1060	96	5.24
黄河	752443	430000	3719	468	688	16
淮河	237447	67100	2839	867	766	0.126
海河	319029	123500	1775	556	292	1.75
珠江	450000	57000	8915	1547	3458	0.862
辽河	345207	75000	1915	555	486	
松花江	545653	64400	578		706	

2. 水土流失的类型

根据流失的动力，可将水土流失分为水力侵蚀、风力侵蚀和重力侵蚀。水力侵蚀是指降水或径流（包括降水径流和融雪径流）对土壤的破碎、分离和冲蚀作用而引起的水土流失；风力侵蚀是指风力吹蚀地表，带走表层土壤中细粒物质和矿物质的过程，风力侵蚀的结果是使大片土地沦为沙漠；重力侵蚀是指在水的作用下，因重力而发生的陷落、滑塌等。

3. 水土流失的危害

水土流失造成土壤肥力降低；水旱灾害频繁发生；山地石化、土地沙漠化；河、湖、库、塘淤塞，江河通航能力降低；地下水位下降；农田、道路和建筑物受损；生态平衡遭到破坏，环境质量严重恶化。

水土流失，常常使坡耕地土壤出现既不保水又不耐旱的现象，耕地水旱灾害不断加剧。水土流失还使土壤肥力下降，表现为土壤养分贮量低、养分富集率低、养分富集层浅，土地极度贫瘠化。水土流失还使山地石化、土壤沙化、土地资源遭到破坏。在水土流失的过程中，土壤结构发生巨大变化，细黏土粒越来越少，粗骨架相对增多，山地逐渐石化。水土流失的发展还易形成大型冲沟，使耕地由大块变成小块，给机械化作业造成极大困难。水土流失还使现有坡耕地越来越贫瘠，产量越来越低，燃料、饲料和肥料短缺，迫使农民为了解决温饱问题到其他的地方继续开垦荒地，从而又出现新的水土流失，形成越垦越穷、越穷越垦的恶性循环。具有一定覆盖度的山坡因垦荒种地成为砂砾质山坡或裸岩坡地后，植被很难恢复，水土流失将更加严重。同时，水土流失对气候、生物、水文等自然因素也带来不利影响，使生态的恶性循环更为剧烈。

由于水土流失，大量泥沙被带入河流、湖泊或水库而发生淤积，致使河道过水断面减小，水库库容减少，湖泊面积缩小。严重的水土流失使坡地表层土壤损失殆尽，沟壑纵横，基岩裸露，各种树木难以存活生长，原有森林生态系统遭受严重破坏。

水土流失还会引发洪水灾害增加，不仅冲毁、冲垮水利设施，下泄的泥沙还造成江河的河床抬高，桥（涵）、行洪道淤积，河道通航能力降低。

4. 水土流失的防治对策

作为一种地质灾害,水土流失的发生原因既有自然因素,更有人为因素。治理水土流失不仅涉及自然地理系统、经济系统,还与社会系统相关。水土流失的防治应因时、因地制宜,贯彻"预防为主,防治结合"的原则,对全流域统一规划、综合治理,采取"上游保、中游挡、下游导"的措施,有效减轻水土流失的危害。水土流失综合治理包括保水固土工程、土地利用工程和脱贫致富工程。科学指导下的土地利用工程,也是水土保持工程的重要的内容。

1) 以防为主,加强管理

按《中华人民共和国水土保持法》及《中华人民共和国水土保持法实施条例》,一方面坚决制止乱垦滥伐、乱挖滥采,防止因开矿、建厂、修路等造成新的水土流失,贯彻谁破坏谁治理的原则;另一方面落实谁治理谁受益的方针,调动各方面的治理积极性。通过对水土保持正反两方面经验教训的宣传及法规的宣传,使社会各有关方面部门及广大干部群众提高认识,转变观念,变被动水土保持为主动自觉的水土保持。建立健全各级预防监督网络,提高执法人员素质和执法水平;健全完善生产建设中的水土保持方案申报制度、审批制度、检查检验制度、收费制度等,依法进行管理。

2) 改造坡耕地,合理利用土地资源

坡耕地是造成水土流失的主要土地类型。改造坡耕地、修建水平梯田,使坡面变平、坡度变缓或缩短坡长,从而减少径流、增加降水入渗,是拦蓄径流、控制水土流失、保持水土、提高生物生产力的最有效措施之一。坡改梯也是实现土地合理开发利用,促进农、林、牧各业协调发展的重要基础条件。

在坡度小于15°的坡耕地上,采取改顺坡耕作为沿等高线横坡耕作、沟壑种植、套种、间种和地膜覆盖等方式,改变局部小地形,减少径流或延长作物对地面覆盖时间,可有效防止水土流失,提高保水、保土、保肥能力。

3) 兴建保水固土工程,蓄水拦沙

工程措施要采取因害设防、除害兴利、分段拦蓄、小型为主、防护与利用相结合的原则进行布局。坡面工程主要包括布设截水沟、拦水沟、排水渠、沉沙池、蓄水塘等,应做到沿山有沟、沉沙有池、蓄水有塘、排水有渠、地边有埂,使沟、池、塘、渠、埂形成能排能灌的坡面水系工程,充分发挥水土保持工程蓄水、灌溉、拦沙、防洪等多功能的作用。在沟道之中布设拦沙坝,层层拦蓄泥沙,尽量减少泥沙流出支流沟道。

生物措施的配置应贯彻适地适树的原则,选择适合当地生长的树种进行栽种,形成防护林、水源涵养林、用材林、薪炭林合理搭配的格局。

同时,为加速恢复林草植被,在营造林草的同时,还应采取封、管、补、造及节能互补的措施。狠抓封山育林工作,对原有的稀林、疏林进行补植;积极稳步地建设沼气池,提高生物质能的综合利用率,改善农村生活用能结构;因地制宜开发水力资源;保护森林资源,防止新的水土流失。

第二节　发生地质灾害的影响因素

发生地质灾害的影响因素诸多,主要有地形因素、地质因素、气象因素和人类工程活动等四个方面。

一、地形因素

地形地貌主要表现在斜坡坡度上。从区域地貌条件看,崩塌形成于山地、高原地区,从局部地形来看,崩塌多发生在高陡斜坡处,如峡谷斜坡、冲沟岸坡、深切河谷的凹岸等地带。崩塌的形成要有适宜的斜坡坡度、高度和形态,以及有利于岩土体崩落的临空面。这些地貌条件对崩塌的形成具有最为直接的作用。

斜坡的高度、坡度、形态和成因与斜坡的稳定性有着密切的关系。高陡斜坡通常比低缓斜坡更容易失稳而发生滑坡。斜坡的成因、形态反映了斜坡的形成历史、稳定程度和发展趋势,对斜坡的稳定性也会产生重要的影响。如在山地的缓坡地段,由于地表水流动缓慢,易于渗入地下,因而有利于滑坡的形成和发展。山区河流的凹岸易被流水冲刷和淘蚀,当黄土地区高阶地前缘坡脚被地表水侵蚀和地下水浸润时,这些地段也易发生滑坡。

中国是一个地质灾害频发的国家,这和我国特殊的地形密切相关。我国地形总体是西高东低,在地形变化上大致可分为三个台阶:东部为第一个台阶,以平原为主,发生的地质灾害主要为地面沉降,如上海、天津、宁波等沿海和平原城市都发生了不同程度的地面沉降;向西以大兴安岭、太行山、伏牛山、雪峰山为界,形成第二个台阶,以高原为主;第三个台阶为有世界屋脊之称的青藏高原。在各个台阶转换处,地形陡峭,最易发生滑坡、泥石流、崩塌等地质灾害。

泥石流的发生、发展和分布也受到山地地貌特征的影响。全球泥石流频发带主要分布于环太平洋山系和阿尔卑斯—喜马拉雅山系。这两大山系的新构造运动活跃,地震强烈,火山时有喷发,山体不断抬升,河流切割剧烈,地形相对高差大,为泥石流提供了必需的地形条件。中国的泥石流比较集中地分布于全国性三大地貌阶梯的两个边缘地带。这些地区地形切割强烈,相对高差大,坡地陡峻,坡面土层稳定性差,地表水径流速率和侵蚀速率大。这些地貌条件有利于泥石流的形成。

二、地质因素

地质因素主要包括地层岩性和地质构造两个方面。

(一)崩塌发生的地质因素

1. 地层岩性

地层岩性对岩质边坡的崩塌具有明显的控制作用。一般来讲,块状、厚层状的坚硬脆性岩石常形成较陡峻的边坡,若构造节理和(或)卸荷裂隙发育且存在临空面,则极易形成崩塌;相反,软弱岩石易遭受风化剥蚀,形成的斜坡坡度较缓,发生崩塌的机会小得多。

沉积岩岩质边坡发生崩塌的概率和岩石的软硬程度密切相关。若软岩在下、硬岩在上,下部软岩风化剥蚀后,上部坚硬岩体常在发生大规模的倾倒式崩塌;含有软弱结构面的厚层坚硬岩石组成的斜坡,若软弱结构面的倾向和坡向相同,极易发生大规模的崩塌。页岩或泥岩组成的边坡极少发生崩塌。

岩浆岩一般较为坚硬,很少发生大规模的崩塌。但当岩浆岩垂直节理(如柱状节理)发育并存在顺坡向的节理或构造破裂面时,易产生大型崩塌;岩脉或岩墙与围岩之间的不规则接触面也为崩塌落石提供了有利的条件。

变质岩中结构面较为发育,常把岩体切割成大小不等的岩块,所以经常发生规模不等的崩塌落石。片岩、板岩和千枚岩等变质岩组成的边坡常发育在褶曲构造,当岩层倾向与坡向相同时,多发生沿弧形结构面的滑移式崩塌。

高陡边坡有时高达上百米甚至数百米,在不同部位、不同坡段发育有方向、规模各异的结构面,它们的不同组合构成了各种类型的岩体结构。各种结构面的强度明显低于岩块的强度;因此,倾向临空面的软弱结合面的发育程度、延伸长度和该结构面的抗拉强度是控制边坡产生崩塌的重要因素。

2. 地质构造

区域性断裂构造对崩塌的控制作用表现为:当陡峭的斜坡走向与区域性断裂平行时,沿该斜坡发生的崩塌较多;几组断裂交会的峡谷区,往往是大型崩塌的潜在发生地;断层密集分布区岩层较破碎,坡度较陡的斜坡常发生崩塌或落石。

褶皱构造对崩塌的控制作用主要体现在:位于褶皱不同部位的岩层因遭受破坏的程度各异,发生崩塌的情况不一样。褶皱核部岩层变形强烈,常形成大量与层面垂直的张节理,在多次构造作用和风化作用的影响下,破坏岩体往往产生一定的位移,从而成为潜在的崩塌体,如果崩塌体受到震动、水压力等外力作用,就可能产生各种类型的崩塌落石;褶皱轴向与坡面垂直方向时,一般多产生落石和小型崩塌;褶皱轴向与坡面平行时,高陡边坡就可能产生规模加大的崩塌;在褶皱两翼,当岩层倾向与坡向相同时,易产生滑移式崩塌,特别是当岩层构造节理发育且有软弱夹层存在时,可以形成大型滑移式崩塌。

(二)滑坡发生的地质因素

1. 地层岩性

地层岩性是滑坡产生的物质基础。虽然不同地质时代、不同岩性的地层都可能形成滑坡,但滑坡产生的数量和规模与岩性有密切关系。容易发生滑动的地层和岩层组合有第四系黏土、黄土等细粒沉积物,古近系、新近系、白垩系及侏罗系的砂岩与页岩、泥岩的互层,煤系地层,石炭系的石灰岩与页岩、泥岩互层,泥质岩的变质岩系,质软或易风化的凝灰岩等。这些地层岩性软弱,在水和其他外营力作用下因强度降低而易形成滑动带,从而具备了产生滑坡的基本条件。因此,这些地层往往称为易滑地层。

2. 地质构造

地质构造与滑坡的形成和发展的关系主要表现在两个方面,一是滑坡沿断裂破碎带往往成群成带分布,二是各种软弱结构面(如断层面、岩层面、节理面、片理面及不整合面等)控制了滑动面的空间展布及滑坡的范围,如常见的顺层滑坡的滑动面绝大部分是有岩层层面或泥化夹层等软弱结构面构成的。断层与节理发育地带,容易形成滑坡,这是因为断层与节理使完整的岩体破碎,使岩体强度降低。此外,断层面、节理面和岩层的层理面又容易形成滑坡的滑动面或切割面,易使岩体产生位移和滑动。岩石破碎再遇到暴雨就易形成泥石流。

三、气象因素

目前中央电视台综合频道将天气和地质灾害放到一起预报,称为"地质灾害气象等级预报",这说明两者关系非常密切。一般说来,当某地的地形和地质条件有利于地质灾害形成时,称之为地质灾害隐患点。当暴雨、大雨等强降水来临时,往往会促使这些隐患点地质灾害的发生,这称之为气象因素,是地质灾害发生的诱发或触发因素。

(一)气象因素诱发地质灾害的特点

(1)区域性:一般在数百至数千平方千米内出现。
(2)群发性:崩塌—滑坡—泥石流等在某一区域多灾种呈群体出现。
(3)同时性:巨大灾难在数十分钟—数小时内先后或同时出现。
(4)暴发性:滑坡特别是泥石流的发生具有突然暴发性,宏观上完好的坡体突然滑塌或"奔流"。
(5)后续性:大型滑坡一般出现在降雨过程后期,甚至降雨结束后数天。
(6)成灾性:造成重大人员伤亡和各种财产损失。

(二)气象因素诱发地质灾害的成因

(1)区域性持续降雨或暴雨使松散堆积层达到过饱和状态。
(2)成灾地区的地形陡峻,坡形变化复杂,坡度达到25°~70°。
(3)地质上具备二元结构,上为松散堆积层,下为坚硬基岩,容易在两者的接触处形成强大渗流带。
(4)松散堆积层厚度1~10m,一般1~4m。
(5)一般植被覆盖率较高,在强烈暴雨持续作用下起到滞水作用。
(6)居民防灾意识薄弱,防灾基本知识缺乏。房屋结构简易,抗灾强度低。房屋大多建在溪沟出山口地段,属于泥石流的流通路径。
(7)对大型滑坡滞后于降雨过程的机理缺乏科学认识。

崩塌、滑坡和泥石流等地质灾害的发生条件可分为两类:一是内因,主要指地质和地貌条件;二是外因,包括地震、降雨、融雪和人类工程活动等。外因对地质灾害的发生起到触发作用,降雨是最主要和最常见的触发因素。以下以滑坡为例简要介绍降雨触发地质灾害作用原理。

雨水降在斜坡表面,对这个面上的岩、土进行侵蚀、软化,使其强度降低,从而形成滑移面。如果处于极限平衡状态的斜坡继续接受雨水,雨水增大滑体上岩土的重量,当滑体重量大于其下伏软结构面抗剪能力时就产生滑动,从而形成滑坡。滑坡发生之前的前期降雨的主要作用是加快滑移面的形成,而滑坡发生当日的降雨则具有触发作用。一些滑坡在受到降雨诱发因素作用后就立即活动,而有些滑坡的发生时间则晚于降雨诱发作用时间,这类滑坡多发生在暴雨、大雨或长时间的连续降雨之后,滞后时间的长短与滑坡体的岩性、结构及降雨量的大小有关。一般来说,滑坡体越松散,降雨量越大,则滞后时间越短。所以说,降雨的渗透水作用,是产生滑坡的最主要外因。其作用机理一是渗透水进入土体孔隙或岩石裂缝,使土石的抗剪强度降低;二是渗透水补给地下水,使地下水位或地下水压增加,对岩土体产生托浮作用,岩土体软化、饱和,也造成整体抗剪强度的降低。所以,降雨会对滑坡起到诱发或促进的作用。

四、人类工程活动

随着科技的日益进步,人类的工程活动范围和规模也日益增大,诸如公路、铁路、水利工程等的规模和范围都是空前的。当人类进行工程活动时,破坏了原来形成的平衡,就容易发生不平衡现象。坡脚变陡、边坡失稳、水土流失加重是最常见的由人类工程活动引起的不平衡现象。

修建铁路或公路、采石、露天开矿等人类大型工程开挖常使自然边坡的坡度变陡,从而诱发崩塌。如工程设计不合理或施工措施不当,更易产生崩塌,开挖施工中采用大爆破的方法使边坡岩体因受到振动破坏而发生崩塌的事例屡见不鲜。宝成线宝鸡至洛阳段因采用大爆破引起的崩塌落石有7处,其中一处是在大爆破后3小时产生的,崩塌体积约$20 \times 10^4 m^3$。1994年4月30日,发生于重庆市武隆县境内乌江鸡冠岭山体崩塌虽然是多种因素综合作用的结果,但在乌江岸边修路爆破和在山坡中段开采煤矿等人类活动是重要的诱发因素。

人类开挖边坡或在斜坡上部加载,改变了斜坡的外形和应力状态,增大了滑体的下滑力,减小了斜坡的支撑力,从而引起滑坡。铁路、公路沿线发生的滑坡多与人工开挖边坡有关。人为破坏斜坡表面的植被和覆盖层等人类活动均可诱发滑坡或加剧已有滑坡的发展。

此外,诱发地震也是一种较为常见且危害性较大的由人类工程活动所诱发的地质灾害。

诱发地震是指由人类工程活动引起的地震。在一定条件下,人类工程活动可以诱发地震,如修建水库、城市抽采地下水、油田采油与注水、矿山坑道岩爆以及人工爆破、地下核爆炸等都能引起局部山区出现异常的地震活动,这类地震活动统称为诱发地震。诱发地震的形式主要取决于当地的地质条件、地应力状态和地下岩体积聚的应变能,人类工程活动作为一种诱发因素,在一定程度上改变了地应力场的平衡状态。

诱发地震的震级比较小,对人类的影响也比较小。但是,由于诱发地震经常发生在城镇、工矿等人口稠密区,所造成的社会影响和经济损失却不容忽视。水库诱发地震还对水库大坝的安全造成威胁,可能导致比地震直接破坏更为严重的次生灾害。

诱发地震按其主要诱发因素可分为流体诱发地震和非流体诱发地震两类。前者包括水库诱发地震和抽、注液体诱发的地震等,其中水库诱发地震是较为常见的形式。非流体诱发地震包括采矿诱发地震和爆破诱发地震等。岩石地下开挖扰动了岩体的原始应力状态,在某些部位出现应力集中,当应力达到或超过岩石强度时,岩石出现破坏而发生地震;或强烈的地下爆炸引起岩体崩塌或造成新的破裂以及强烈的弹性振动,诱发已累积的应力释放而发生地震。

水库诱发地震最早发现于希腊的马拉松水库,伴随该水库蓄水,1931年库区就产生了频繁的地震活动。1935年美国的胡佛坝截留蓄水,1936年9月库区产生了频繁的地震活动,主要震级达5级,地震活动一直持续到20世纪70年代。

20世纪50—60年代,世界各地修建的大中型水库急剧增加,诱发地震的水库数量也随之呈现出上升趋势。尤其是进入20世纪60年代以后,全球水库诱发地震的频度和强度都到达了高峰,几座大型水库相继发生了6级以上的地震,造成大坝及库区附近建筑物的破坏和人员的伤亡。

水库诱发地震的特点是,在时间上,初震时间和地震震级与水库蓄水时间和水位有明显关系;在空间上,震中主要分布于水库大坝附近;在地震序列上,前震极为丰富,属于前震余震型,而同一地区的天然地震往往属主震余震型;在震级上,多数为微震,中强震很少。但由于震源深度很浅,所以有时会造成很大的灾害。

人类工程活动中的抽、注流体也会诱发地震。深井注液诱发地震最早发现于美国科罗拉多州的丹佛。位于丹佛东北的洛杉矶军工厂为了处理化学污染液而钻了一口深3671m的井,

1962年3月开始用高压将废液注入深井底部(3648~3671m)高度裂隙化的花岗片麻岩中。注液开始后47天，处置井附近就发生了此前80年未曾有过的3~4级地震。在整个注液过程中，地震持续不断，引起了社会上的普遍关注。

石油天然气的开采也会诱发地震。位于中国华北地台冀中坳陷中部的任丘油田投产采油后，不断发生2~3级的有感地震。1977年至1985年间先后记录到油田附近2级以上的地震约30次。1986—1987年又发生过一次群震，最大震级4级左右。南北两个主要地震活动区与采油、注水的两个强度中心相符。美国、意大利等国家也都出现过开采石油和天然气诱发的地震，一些震例还伴随地面沉陷和地裂缝。

矿坑排水也会诱发地震。中国湖南常宁水口山矿和涟源恩斗桥煤矿，由于抽排高压岩溶水，先后诱发地震。这些地震一般为微震，但在井下也可造成坑木折断、岩石冒落，甚至导致矿工伤亡。此外，开采地下卤水、开发利用地下热水(汽)或处理石油钻井井漏事故诱发地震的事例也曾发生过。

采矿诱发地震是一种由采掘活动引发的地震，它是地壳浅部岩石圈对人类活动的一种反作用现象。采矿诱发地震，简称矿震，常发生于巷道或采掘面附近，并伴有岩块强烈的爆裂与抛出，西方矿业界称之为岩爆，东欧国家则称为冲击地压。中国采矿诱发地震分布甚为普遍，尤其在煤矿区。辽宁省北票—阜新地区、山西省大同、陕西省铜川、北京门头沟、山东省枣庄—临沂、江苏省徐州、湖南省恩斗桥以及长江三峡工程周边等地区均发生过采矿诱发地震。煤矿诱发地震是矿震类型中最多的一种，所造成的损失也相当严重。如1977年至1991年间，山东省陶庄煤矿发生破坏性矿震180余次，摧毁巷道3000余米，伤亡90人。山西省大同煤矿自1956年以来发生较大地震40~50次，最大震级4级左右。辽宁省北票煤矿1977年4月28日4.3级矿震使巷道冒落、井下钢轨严重扭曲，地面造成113间砖木民房受损，几十家烟囱扭裂或倒塌，12人受伤。北京门头沟煤矿1959年8月3日4.3级矿震破坏地面房屋67间，井下600根支柱折断，矿山被迫停产；1994年5月19日的4.2级矿震惊动了全北京市。

复习思考题

1. 简述地质灾害的概念及成因类型。
2. 何为块体运动？块体运动的主要类型有哪些？
3. 简述崩塌、滑坡和泥石流的概念。
4. 简述崩塌、滑坡和泥石流等地质危害的防治措施。
5. 简述地面沉降的概念及其特征。
6. 中国沙漠化地质灾害的分布地区有哪些？
7. 水土流失的主要危害有哪些？
8. 发生地质灾害的影响因素主要有哪些？

拓展阅读

曹杰，陶云. 2014. 印太海气相互作用对中国低纬高原降水及地质灾害的影响. 北京：科学出版社.

陈飞. 2007. 长江流域地质灾害及防治. 武汉:长江出版社.
陈祥军,王景春. 2011. 地质灾害防治. 北京:中国建筑工业出版社.
黄润秋. 2009. 汶川地震地质灾害研究. 北京:科学出版社.
刘传正. 2009. 重大地质灾害防治理论与实践. 北京:科学出版社.
民政部紧急救援促进中心. 2008. 应急救援知识小百科:地质灾害. 北京:科学普及出版社.
潘懋,李铁锋. 2012. 灾害地质学. 北京:北京大学出版社.
潘学标,郑大玮. 2010. 地质灾害及其减灾技术. 北京:化学工业出版社.
乔恩·埃里克森. 2010. 地球的灾难:地震、火山及其他地质灾害. 李继磊,杨林玉,袁瑞场,译. 北京:首都师范大学出版社.
项伟. 2013. 地质灾害100问. 武汉:中国地质大学出版社.
徐光黎,马霄汉. 2013. 地质灾害治理工程设计参考图集. 武汉:中国地质大学出版社.

第二章 地 质 资 源

地球拥有人类赖以生存发展的一切宝贵资源。了解地球的资源,目的在于珍惜资源,保护和科学、合理地利用地球上的有限资源,以保持人类社会的持续发展。

第一节 资源的类型

地质资源的种类较多,其中最主要的是矿产资源、能源、土地资源和水资源等,以下分别介绍上述资源的特征。

一、矿产资源

矿产资源(mineral resources)是指自然界产出的有用矿物资源。它是一种基本的生产资料和劳动对象,是人类社会赖以生存和发展的重要物质基础。矿产资源的开发和利用,在社会生产的发展过程中起着极其重要的作用。人类早期社会就是以矿产或矿产制品来命名的,如石器时代、青铜器时代、铁器时代,这说明矿产对人类社会发展的巨大影响。随着社会生产力的发展和社会生活的进步,人类使用矿产的种类和数量在急剧增长。据统计,半个世纪以来,全世界的矿产开采总量已超过人类过去开采历史的总和,所利用的矿产种类已达140种以上。人类目前使用的95%以上的能源、80%以上的工业原材料和70%以上的农业生产资料都是来自于矿产资源。在当今,对矿产资源的开发规模和利用程度,已成为衡量一个国家物质财富、科学技术和经济发展水平的重要尺度。

资源分为自然资源和社会资源两大类,前者如阳光、空气、水、土地、森林、动物、矿产等;后者包括人力资源、信息资源以及经过劳动创造的各种物质财富。自然资源是指从自然环境中得到的、可以采取各种方式被人们使用的任何东西,通常是指在一定技术经济环境条件下对人类有益的资源。自然资源可进一步划分为可再生资源和不可再生资源。

可再生资源(renewable resources):是指被人类开发利用后,在一定时间(一年内或数十年内)通过天然或人工或太阳能动可以循环地自然生成、生长、繁衍,有的还可不断增加储量的物质资源,它包括地表水、土壤、植物、动物、水生生物、微生物、森林、草原、空气、阳光(太阳能)、气候资源和海洋资源等。但其中的动物、植物、水生生物、微生物的生长和繁衍受人类造成的环境影响的制约。

不可再生资源(non-renewable resources):指被人类开发利用后,在相当长的时间(千百万年以内)不可自然形成或产生的物质资源,它包括自然界的各种金属矿物、非金属矿物、岩石、固体燃料(煤炭、石煤、泥炭)、液体燃料(石油)、气体燃料(天然气)等,甚至包括地下的矿泉水,因为它是雨水渗入地下深处,经过几十年,甚至几百年与矿物接触反应后的产物。这些自然资源是在地球自然历史演化过程中的特定阶段形成的,质与量是有限定的,空间分布是不均匀的。

(一)有关矿床的基本概念

1. 矿床与矿体

矿床(deposit)是指地壳中由地质作用形成的综合地质体,其值与量符合工业要求,并在现有的经济技术条件下能被开采和利用。矿床的基本组成单位是矿体和围岩。矿床首先是综合地质体,由两个以上独立地质体组成。其二是矿床是质量符合工业要求,每一种矿产,在一定的时期和开采条件下,均有不同的工业要求,只有达到工业要求才能称之矿床。其三,矿床必须是在现有的技术条件下能被开采利用,这也是很重要的先决条件。矿体与围岩是矿床的基本组成单位,而且关系非常密切,根据两者的形成先后关系矿床可分为同生矿床和后生矿床两类。同生矿床是指矿体与围岩在同一地质作用下,同时或近于同时形成的矿床;与之相对,后生矿床是指矿体形成晚于围岩,两者是在不同的地质作用下形成的。

矿体(ore-body)是由矿石堆集体和脉石组成的独立地质体,是矿床的主要组成部分。矿体具有一定的形状、大小、产状,占有一定的空间位置,被无经济价值的围岩所包围。一个矿床由多个矿体组成。因为矿体是组成矿床的基本单元,因此对矿体的研究非常重要。在对矿床进行研究工作中,最常做的工作就是对矿体形状及产状的研究。

2. 矿石与品位

矿石(ore)是矿体的基本组成部分,是从中可以提取有用组分(元素、化合物、矿物)的矿物集合体。除了矿石中可以利用的有用组分(矿石矿物)外,矿石中还包含了一些无用组分,称为脉石矿物。所以,矿石就是由矿石矿物和脉石矿物组成的。

品位(grade)是指矿石中有用组分的百分含量,一般用质量分数表示,如铜、铁、铅、锌等。有一些元素,由于其在地壳中含量很低,往往使用克/吨或毫克/吨来表示其品位。而一些砂矿是采用克/立方米表示品位。

3. 母岩与围岩

母岩(parent rock)是指在矿床形成过程中,提供主要成矿物质的岩石,它与矿床成因上有着密切的联系。如岩浆矿床的基性—超基性岩浆岩石就是矿床的母岩。围岩(country rock)泛指矿体周围的岩石,即矿体赋存的岩石。矿体与围岩的界限可以是清楚截然的,也可以是渐变过渡的。围岩不一定矿体的母岩,反之,母岩也不一定是矿体的围岩。

4. 成矿作用

与国民经济有关的各种金属和非金属元素在地壳中的平均含量一般很低,当它们分散存在时,不能直接为人类所利用。以铁为例,克拉克值为 5.8%,但作为有工业意义的铁矿石最低品位为 25%~30%,必须将地壳中 Fe 的平均含量增加 5~6 倍,才能达到工业要求。铜也一样,要达到铜矿石的工业品位,必须将铜富集到克拉克值的 80 倍以上(Cu 的克拉克值为 0.0063%,工业品位为 0.4%~0.5%),因此要形成具有工业意义的矿床,地壳中的元素必须经过集中富集作用。矿床的形成过程实际上也就是成矿元素在各种地质作用和条件下由分散到集中的过程,这一过程称为成矿作用(mineralization)。

成矿作用就是在地球的演化过程中,使分散在地壳和上地幔中的成矿元素,在一定的地质环境中相对富集而形成矿床的作用。按作用的性质及能量的来源,成矿作用可分为内生成矿作用、外生成矿作用和变质成矿作用,相应也就形成内生矿床、外生矿床、变质矿床。

内生成矿作用是由地球自身的内热和内力而引起成矿元素富集形成矿床的作用。其能量来源包括地球内部的动能与热能、地幔及岩浆的热能、地球重力场中物质调整过程中释放的位能以及放射性元素蜕变能等。它是在地壳不同深度、压力、温度、地质构造条件下通过结晶、分异、交代、充填等方式进行的成矿作用。

外生成矿作用是在太阳能的影响下，在岩石圈上部岩石与水、大气和生物的相互作用过程中，使成矿物质在地壳表层聚集的各种地质作用。其能量主要来自太阳辐射热和部分生物能和化学能，它是在地表的常温常压下，通过表层岩石圈与水圈、大气圈和生物圈的相互作用过程中进行的成矿作用。

变质成矿作用是在内生作用或外生作用中形成的岩石或矿床，由于地质环境和温度、压力等物理化学条件的改变（特别是经过深埋或其他热动力事件），其矿物成分、化学成分、物理性质、结构构造等发生改变，最终形成矿床的作用。其能量来源包括地球内部的动能、热能和岩浆的热能等。

（二）矿产资源的种类

与动物和植物资源不同，矿产资源属于不可再生资源，其储量是有限的，同时，矿产资源随着人类科技进步在数量和概念上具有可变性。矿产资源按其产出状态可分为气体矿产、液体矿产和固体矿产三种，根据矿产的性质及其主要工业用途又可分为金属矿产、非金属矿产、可燃有机矿产和地下水资源四类。

1. 金属矿产

（1）黑色金属，包括 Fe、Mn、Cr、V、Ti 等。

（2）有色金属，包括 Cu、Pb、Zn、W、Sn、Ni、Sb 等。

（3）轻金属，包括 Al、Mg 等。

（4）贵金属，包括 Au、Ag、Pt、Os、Ir 等。

（5）放射性金属，包括 U、Th、Ra 等。

（6）稀有金属，包括 Nb、Ta、Li、Be、Cs、Rb、Sr 等。

（7）稀土金属，包括原子序数 39 和 57~71 的 16 种元素组成的矿产。

（8）分散金属，包括 Cd、Ga、Ge、In、Se、Te、Re、Tl、Sc 等。

目前世界上已探明的金属矿产有 59 种，工业上应用最广泛的有铁、铜、铅、锌、金、钨等。金属矿产资源的地理上分布是不均匀的。如铁矿主要分布在原苏联、巴西、加拿大、澳大利亚和美国，铜矿主要分布在智利、美国、哈萨克斯坦、俄罗斯、赞比亚和加拿大，金矿主要分布在南非、原苏联、美国和澳大利亚。

我国已探明的金属矿产有 50 多种，其中钨矿、锡矿的储量分别列世界的第一、二位。我国金属矿产在分布上也不均衡。如铁矿主要分布在辽宁、冀东、川西等地，铜矿主要分布在川滇、西藏昌都、山西中条山和长江中下游等地区，铅锌矿主要分布在南岭、川滇和秦岭—祁连山一线，金矿主要分布在山东、小秦岭、青海等地，钨矿主要分布在南岭地区。

2. 非金属矿产

非金属矿产按其工业用途可分为：

（1）冶金辅助原料，如白云岩、石灰岩。

（2）化学工业原料，如盐类（钾盐、岩盐）磷灰石、磷块岩。

（3）制造工业原料，如石墨、金刚石、云母、石棉。

(4) 光学仪器制造原料,如水晶、萤石。

(5) 陶瓷、玻璃工业原料,如长石、石英砂、高岭土等。

(6) 建筑及水泥原料,如砂岩、砾岩、石灰岩、石膏、花岗岩等。

(7) 宝石及工艺美术材料,如玛瑙、软玉、水晶、蔷薇辉石、琥珀、绿松石、孔雀石、绿柱石、电气石等。

非金属矿产具有与金属矿产不同的特点,表现为:

(1) 组成非金属矿产的主要元素 O、Si、Al、Fe、Ca、Na、K、Mg 等的克拉克值高,因而矿种多、分布广、储量大。

(2) 利用方式多。除少数矿种用来提取非金属元素或化合物外,大多数矿种可以直接利用某些矿物、矿物集合体和岩石的某些物理、化学性质和工艺特性。

(3) 可一矿多用。如膨润土、高岭土等黏土矿物,既可作耐火材料和陶瓷原料,又可作填充料、涂料等;石灰岩可依据其不同性能,用作电石、水泥、化工、熔剂、建材等原料。

我国是世界上非金属矿产种类比较齐全的少数国家之一,目前,已探明储量的非金属矿产约 80 种,产地 4500 多处,其中硫铁矿、石墨、重晶石、高岭土、叶蜡石、石膏、硅藻土、玻璃原料、大理石和花岗岩等 20 多种在国际上占优势。金刚石、天然碱和钾盐也有较好的发展前景。

3. 可燃有机矿产

可燃有机矿产(燃料矿产)按其产出状态可分为固体、液体和气体三类,固体如煤、石煤、油页岩、地蜡、地沥青等,液体如石油等,气体如天然气等。

可燃有机岩矿产在世界国民经济中占有极为重要的地位,尤其是被人称为"工业的粮食"的煤,以及被人称为"工业的血液"的石油,不仅是重要的能源,而且是国防工业、化学工业、轻工业、医药工业等不可缺少的原料。已知从石油中提炼出的产品就有 1000 多种。现代能源主要由石油、煤、天然气提供。世界上每年开采的矿产,就产值而言,约 70% 来自可燃有机岩矿床。

4. 地下水资源

地下水资源包括地下饮用水、医疗用矿泉水、地下热卤水(有用元素含量达到提取标准)、地下热泉水。地下水资源在我国水资源中占有举足轻重的地位,由于其分布广、水质好、不易被污染、调蓄能力强、供水保证程度高,正被越来越广泛地开发利用。尤其在中国北方、干旱半干旱地区的许多地区和城市,地下水成为重要的甚至唯一的水源。据计算,我国可更新地下淡水资源总量为 $8700 \times 10^8 m^3$,占我国水资源总量的 31%,其中地下淡水开采资源为 $2900 \times 10^8 m^3$。平原区(含盆地)地下水储存量约 $23 \times 10^{12} m^3$,10m 含水层中的地下水储存量相当于 840mm,水层厚度,略大于全国平均降水量 648mm,这个比例与世界地下水储存量的平均值相近似。

(三)我国矿产资源概况

我国地大物博,矿产资源比较丰富,是世界上仅有的矿产较为齐全的几个国家之一。我国矿产资源的主要特点可以概括为:

(1) 矿产资源总量丰富,但人均资源相对不足。我国已探明矿产地 20 多万处,有 20 多种矿产的储量居世界前列(如煤、稀土、钨、锡、钼、汞、锑、钛、铌、钽、石膏、膨润土、芒硝、菱镁矿、硫铁矿、磷块岩、重晶石、萤石、滑石、石墨等),探明储量潜在价值居世界第3位,但人均占有矿产资源量只占世界平均量的58%,排名第53位;按1km²矿产潜在价值排名第24位。

(2)优劣质矿并存,品位贫富不均,贫矿多,富矿少。我国的优势矿种如钨、锡、稀土、钼、锑、滑石、菱镁矿、石墨等矿产资源品质较高,而铁、锰、铝、铜、磷等矿产资源贫矿和难选冶矿多。如我国铁矿的资源量450多亿吨,位居世界第4~5位,但绝大多数为品位小于30%的贫矿,大于55%的铁矿石仅占约3%,主要从澳大利亚、巴西、印度、南非、秘鲁进口。我国锰矿石中贫矿占94%;铝土矿中耗能大的一水硬铝石型占98%;铜矿石中Cu含量超过1%的仅占36%;金矿石中Au含量小于6g/t的低品位矿石占83%。

(3)共生矿、伴生矿多,单矿种矿床少。在探明的矿产资源中80%以上的矿床是由2~10多个元素组成,选冶难度大。例如,我国900多个铜矿床中,多组分的综合矿占73%;金矿总储量中,伴生金占28%;银矿总储量中,伴生银占60%。

(4)中小型矿床多,大型—超大型矿床少。我国已探明的15000个矿床中,66%为小型,23%为中型,大型以上矿床仅占11%。

(5)紧缺矿种的资源形势十分严峻。我国的劣势矿产包括富铜、富铁、金、铂族、铀、铬、钾盐、金刚石等。我国矿石进口持续增加。根据2003国土资源部统计,铁矿石进口$14813×10^4 t/a$,铜矿石进口$267×10^4 t/a$,锰矿石进口$286×10^4 t/a$,铬铁矿进口$178×10^4 t/a$,钾肥进口$657×10^4 t/a$;铁50%、铜60%、铝50%依靠进口资源,对外依存度的增加,将严重威胁国家安全和经济发展。

二、能源

能源资源是指为人类提供能量的天然物质,它包括煤、石油、天然气、水能、太阳能、风能、核能等(表4-2-1)。世界能源委员会推介能源的分类为固体燃料、液体燃料、气体燃料、水能、核能、电能、太阳能、生物能、风能、海洋能和地热能。这些能源概括起来,可以分为四大类。

第一类是与太阳能有关的能源,包括直接利用的太阳光和热的辐射能,以及间接利用的如风能、水能、生物能、波浪能、海流能等由太阳能转换来的多种能源。各种植物通过光合作用把太阳能转变成化学能在植物体内储存下来,为人类和动物界的生存提供了能源。煤炭、石油、天然气、油页岩等化石燃料也是由古代埋在地下的动植物经过漫长的地质年代形成的,它们实质上是由古代生物固定下来的太阳能。

第二类是与地球内部的热能有关的能源。地球是一个大热库,从地面向下,随着深度的增加,温度也不断增高,温泉和地下岩浆就是地热的表现。科学家估计,地热能资源总量相当于世界年能源消费量的400多万倍。

第三类是与原子核反应有关的核能。原子核反应主要有裂变反应和聚变反应,目前在世界各地运行的440多座核电站就是使用铀原子核裂变时放出的热量。世界上已探明的铀储量约$490×10^4 t$,钍储量约$275×10^4 t$,这些裂变燃料足够人类使用到迎接聚变能的到来。聚变燃料主要是氘和锂。海水中氘的含量为0.03g/L,据估计,地球上的海水量约为$138×10^{16} m^3$,所以世界上氘的储量约$40×10^{12} t$。按目前世界能源消费的水平,地球上可供原子核聚变的氘和氚,能供人类使用上千亿年。

表 4-2-1 世界主要能源的特点及分布（据国际能源网，2010）

能源	主要特点	分布 世界	分布 中国
煤炭	不可再生能源；分布广、储量大，开发和利用难度不大，发热量和燃烧效率不高，输送和使用不方便，灰渣、粉尘多，易污染环境	北半球的亚洲和欧洲、北美洲的美国和加拿大；南半球的澳大利亚和南非	主要分布在华北地区，以山西、内蒙古、陕西、河南等地分布较丰富
石油	不可再生能源；发热量高，开采、运输、使用方便，属于高质量的能源；会产生污染	主要分布在波斯湾沿岸、委内瑞拉和墨西哥、利比亚和埃及、俄罗斯、中国和印度尼西亚、加拿大和美国、西欧的北海地区	主要分布在东北和华北地区
水能	可再生能源；不污染环境，为清洁能源，是比较理想的能源	中国水能资源居世界首位，以下依次为俄罗斯、巴西、美国、加拿大等国	主要分布在西南、中南（长江三峡、长江中上游）和西北黄河上游地区
核能	能量集中、巨大，地区适应性强；但投资大、建设周期长，运转费用低、收益大	铀矿资源主要分布在美国、加拿大、俄罗斯、澳大利亚和南非，美国核发电量最多	我国已建成的核电站有秦山核电站和大亚湾核电站
太阳能	能量比较分散，投资大、效率低、占地广、储能难，但有广阔的前景	雨水较少的沙漠地区，如非洲的撒哈拉沙漠、美国的西部沙漠、澳大利亚的西部沙漠地区	主要分布在大兴安岭向西南经北京西侧、兰州、昆明，再折向西藏南部一线以西、北地区

第四类是来自于天体引力的能源。地球、月亮、太阳之间有规律的运动，造成相对位置周期性的变化，它们之间产生的引力使海水涨落而形成潮汐能。

在上述 4 类能源中，人们能利用的 90% 以上是煤、石油和天然气，它们是不同地质年代由动植物遗体或残骸等有机质经地质作用转化而成。

（一）煤

煤（coal）是一种固态的可燃有机岩，是指在地史时期沼泽盆地中堆积的大量植物（包括高等植物和低等植物）的遗体残骸，经过沉积成岩作用形成的固态可燃矿产。煤不是一种矿物，而是主要由碳、氢、氧、氮等元素组成的有机成分和少量矿物杂质一起构成的复杂混合物。

煤由有机质和无机质两部分构成。有机质主要是 C、H、O、N、S、P 等元素，其中 C 和 H 构成可燃的有机质的主要成分，而 S 和 P 在工业利用上属于有害元素。无机质包括水分和矿物杂质，它们构成煤的不可燃部分。其中，矿物杂质经燃烧残留下来，称为灰分。灰分超过 45% 时就不再称为煤，而称碳质页岩或油页岩（oil shale）。

煤是一种主要的燃料，也是一种十分重要的化工原料，例如通过煤的热解作用得到煤焦油、煤气等。煤是化肥、人造化学纤维、塑料、医药等工业的重要原料。另外，煤（或煤灰）中常含有 V、U、Ga 等稀有、稀土、放射、分散元素，所以又是发展尖端工业、国防工业的重要原料。煤中有机成分可以改良农田土壤。近年来，人们用煤灰与黏土混合烧制砖瓦，既经济又减少了环境污染。中国煤炭资源十分丰富，储量和产量均居于世界前 3 名。煤在能源结构中占有很大的比例，是国民经济建设中的重要资源。

要形成有经济价值的煤层,必须具备以下几个条件:

(1)植物条件。大量的野外地质观察和煤岩薄片显微镜下鉴定表明,古植物是成煤的原始物质,有了植物才有成煤的可能。成煤的植物种类很多,大约有 50 多万种,按其生活方式和结构的不同,可分为低等植物和高等植物两大类。低等植物多数生活在水中,是由单细胞构成的丝状和片状植物体,如细菌和藻类等。高等植物生活在陆地上或沼泽中,包括苔藓植物、蕨类植物、裸子植物、被子植物。地史上除苔藓外,其他各类常能形成高大的乔木。它们具有粗壮的根和茎,主要由纤维和木质素组成,为重要的成煤原料。从全球煤的形成历史看,只有在植物大量繁殖时期才有大规模煤层的形成,如中国的石炭纪—二叠纪、侏罗纪和古近纪分别是孢子植物、裸子植物和被子植物繁殖的极盛时期,相应也是最主要的 3 个聚煤时期。

(2)气候条件。潮湿、温暖的气候最有利于植物的生长和繁殖。潮湿气候又加快植物的腐烂,同时迅速被沼泽水淹没,使植物遗体与大气隔开,避免遭受完全氧化而得以保存。

(3)地理条件。要形成大面积的煤层,必须具备发生大面积沼泽化的自然地理条件。宽缓的低洼地区最为理想,主要有滨海平原、内陆大湖泊、宽广河谷的河漫滩、大河口三角洲、海湾潟湖和山间盆地等。

(4)构造条件。地壳保持长时期平稳缓慢下降,是形成较厚煤层的重要构造条件。地壳下降速度与植物埋藏和聚积速度大致平衡最为理想,此状态持续的时间越长,形成的泥炭层也越厚。同一沼泽中能形成多个煤层的条件是地壳在总体下降过程中能发生多次升降或间歇性下降。地壳下降过快或过慢都不利于成煤。下降过快使沼泽环境不宜长期保持,下降过于缓慢又会使堆积的植物遗体暴露在水面受风化而被破坏掉。

从植物遗体的堆积到形成煤层的转化过程称为成煤作用(coal-forming process)。这是一个漫长而复杂的变化过程,通常分为泥炭化和腐泥化作用两个阶段。泥炭化作用(peatification)是指高等植物死亡后堆积形成泥炭的生物化学作用过程。高等植物的遗体暴露在空气中或堆积在沼泽浅部的多氧条件下,由于大气、氧和喜氧细菌的作用,会遭受一定的氧化和分解。但随着植物遗体的不断堆积及埋藏深度的增加,则逐渐与空气隔绝,氧化环境转变为还原环境。在厌氧细菌的作用下,氧化分解产物之间及分解产物与植物残体之间发生复杂的生物化学变化,形成多水相富含腐殖酸的腐殖质,这就是泥炭。相似的过程发生于低等植物或浮游生物,称为腐泥化作用(saprofication)。

在泥炭和腐泥形成后,随着地壳不断下降,在温度升高、压力增大的影响下,逐渐转入成煤的第二个阶段,它包括成岩作用和变质作用两个亚阶段。当泥炭或腐泥被泥沙等沉积物覆盖后,在上覆沉积物的静压力作用下,泥炭、腐泥逐渐失水、压实、固结,挥发分相对减少,含碳量相对增高,泥炭和腐泥分别逐渐转变成褐煤(brown coal)和腐泥褐煤。这一作用过程,称为煤的成岩作用(coal diagenesis)。当褐煤层沉降到更深处时,受到继续升高的温度和不断增大的压力的作用,褐煤的内部分子结构、物理性质和化学性质发生变化,如颜色加深、光泽增强、挥发分减少、含碳量增高,结果褐煤就逐渐转变为烟煤(bituminous)、无烟煤(anthracite)。这一变化过程就是煤的变质作用(coal metamorphism)。

我国主要的成煤时期为石炭纪、二叠纪、三叠纪、侏罗纪、白垩纪和古近纪,其中以晚石炭世—早二叠世、侏罗纪和古近纪最为重要,主要聚煤期、地理分布及主要特点见表 4-2-2。

表 4-2-2　中国主要聚煤期地理分布及主要特点

聚煤期	主要聚煤地区	主要特点
古近纪	东北、广东、广西、云南、台湾	属陆相煤系,煤层厚,产状平缓,多为褐煤或低级烟煤,一般北方含煤层较南方多
白垩纪	东北、内蒙古	属陆相煤系,煤系与煤层较不稳定,零星分布,规模小,主要在早白垩世
侏罗纪	东北、内蒙古、西北、华北、华南	属陆相煤系,煤系与煤层较不稳定,多为孤立煤盆地,一般南方含煤层较北方多,总储量约占全国的1/2
晚二叠世—早三叠世	华南、北方局部地区	以海陆交互相为主,少量陆相,煤系与煤层较稳定,以华南晚二叠世煤系较重要
晚石炭世—早二叠世	华北、东北南部	海陆交互相,煤系与煤层稳定,煤层厚,为各种级别的烟煤,煤质优良,总储量占全国的1/3
早石炭世	华南、西北	海陆交互相,分布局限,规模小,极少数具工业规模

(二) 石油及天然气

石油(oil)和天然气(gas)是极为重要的能源资源,具有燃烧完全、发热量高、运输方便等优点。石油还是一种十分重要的化学工业原料。石油化工产品,如橡胶、塑料、农药、化肥、医药、炸药、染料、合成纤维、合成洗涤剂等,已达 5000 种以上。

石油是以液态形成存在于地下岩石孔隙中的可燃有机矿产,是一种成分复杂的碳氢化合物的混合物。天然石油(又称原油)一般是黑绿色、棕色、黑色或浅黄色的油脂状液体。石油的相对密度介于 0.75~0.98 之间。石油颜色愈深,相对密度愈大。相对密度大于 0.9 的石油称为重质油;反之,颜色浅、相对密度小于 0.9 的石油称为轻质油。石油黏度较大,不溶于水,但溶于有机溶液。石油具有荧光性,即在紫外光照射下可产生荧光,据此可作为鉴定岩石是否含油的标志。石油的电阻率极高,在电测井工作中,该指标用作寻找油藏和确定生油层的依据。石油的化学成分很复杂,主要由多种碳氢化合物混合组成。纯粹由碳和氢两种元素组成的化合物,叫碳氢化合物,简称为烃。石油除烃类组成外,还有硫、氯、氧等非烃类物质,它们对石油的质量影响很大。硫在石油中是一种有害成分,它会腐蚀炼油设备,降低石油产品质量。含硫量小于 0.5% 的原油为低硫原油,大于 0.5% 的原油为高硫原油。

天然气通常是指储集在地下岩石孔隙中的以烃类为主的可燃气体。它的基本组成是甲烷,其次是乙烷、丙烷、丁烷等,还有少量液态烃类及微量非烃类组分,如 N_2、CO_2、H_2S 等。天然气无色无味,但含一定量的 H_2S 时会有臭味,相对密度在 0.6~1.5 之间。天然气发热量一般在 $(33.49 \sim 54.33) \times 10^6 J/m^3$ 之间。天然气易溶于石油(在高温、高压下 1t 石油可溶解数十到数百立方米的天然气),从而降低石油的黏度,减小毛细管力,使石油容易在地层中流动。

多年来,关于石油和天然气成因,一直存在有机成因说和无机成因说两种观点。随着生产实践和科学研究的进一步深入,目前有机成因说得到了广泛的承认,主要依据是:(1)迄今已发现的油气田绝大部分分布于沉积岩中,油气中主要化学成分各种烃类与沉积岩中分散的烃类十分相似;(2)主要成油时代往往是地史中生物大量繁殖的时期。人们普遍认为石油和天然气直接起源于水圈中的生命物质,如浮游生物、菌类、藻类、低等植物类(包括高等植物的部分组织)及动物类。海洋生物,特别是海洋中通过光合作用产生的大量藻类,被认为是最佳的生油物质。细菌是促使烃类化合物转变为各类石油烃的主要营力。生物死亡后的遗体经生物或生物化学分解作用而产生类脂、蛋白质、碳水化合物等,或者混合在隙间中,或者被沉积物所吸附,或者呈聚集物形式存在沉积物中,并在成岩作用及变质作用过程中形成油气母质——干酪根及烃类。干酪根指存在于沉积岩和沉积物中不溶解于有机溶剂的有机质。干酪根可以从脂肪、碳水化合物、蛋白质以及腐殖酸的一部分产生出来。

形成石油与天然气的地质条件主要取决于:

(1)物源和保存条件:大量的有机质来源和保存有机质的还原环境是成油的必要条件之一。沉积物中的有机质是生油的物质基础,其含量主要取决于沉积在水底的有机质的数量和保存条件。浅海潟湖、海湾、三角洲地带和内陆大而深的湖泊等是有利环境;滨海区海浪作用强,不利于有机物堆积和保存;深海区水体深,有机物质含量少。

(2)促使有机质向石油转化所需的温度和压力条件:当有机质在埋深过程中温度升高达到一定程度时,就会有大量烃类产生,因此,合适的深度和适宜的温度的还原环境有利于有机质发生生油化学变化。这种环境还要有稳定性,因为生油化学反应需要足够的时间。

(3)构造条件:长期稳定缓慢下降的深坳陷是形成石油的最主要地质构造条件。长期缓慢下降的沉积盆地才能有大量有机质的带入,并和同时形成的沉积物一起埋藏起来。只有当沉积物下沉到相当大的深度,才能保证温度和压力升高到足以使有机物热解转化成为石油。含油盆地沉积厚度一般很少小于 1~2km,中国东部含油盆地沉积厚度都在 6~7km 以上。强烈的地壳运动对石油的生成和保存都不利。但地壳长期缓慢下沉过程中伴随着周期性的振荡运动可以造成有利于生油层和储油沉积层的交替,形成有利的生油层、储油层和盖层的组合。

世界油气资源分布具有一定的规律性。目前全世界已发现工业油气盆地约 160 个,其中 25 个盆地集中了已知石油总量的 86%,按照其形成的动力学背景,可分为复合型盆地、坳陷型盆地、裂谷型盆地、弧前和弧后型盆地 4 种类型。从世界范围看,主要的成油时代集中在古生代、中生代和古近纪—新近纪。世界油气资源分布的一个明显特点是地区上的极不均匀性。石油最丰富的是沙特阿拉伯、科威特、伊朗、伊拉克等海湾国家。天然气最丰富的是俄罗斯、伊朗和美国。目前世界上已有 70 多个国家产油气。

我国是世界上油气资源较丰富的国家之一。中国油气形成时代主要为中生代和古近纪—新近纪,少数为古生代,盆地类型包括复合型、裂谷型及坳陷型等,以陆相油气盆地为主。我国的油气田主要分布在华北、鄂尔多斯、松辽、四川、新疆等地,著名的油田有大庆、胜利、辽河、大港、中原、克拉玛依等。近年来,在广大海域及许多大盆地都开展了油气勘探工作,已在渤海、南海等海域发现了海相油气田;在西部塔里木等大盆地中也取得了良好效果。

三、土地资源

土地是指地表某一地段内地质、地貌、气候、水文、土壤、植物等多种自然地理因素组合的自然综合体。土地资源通常包括耕地、林地、草地、滩涂、沼泽、湖泊等,它是宝贵的自然资源,是人类进行生产和生活的物质基础和场所,也是生物生命活动的物质基础和场所。

土地资源有如下的基本特征:

(1)土地具有一定的生产能力。土地是自然历史发展的产物,具有生产能力。人类通过劳动和经营管理,在土地上生产出各种各样的粮食、油料、木材、药材等等有机物质产品,创造出人类所必需的基本物质财富。只要合理地利用和保护土地,其生产能力是能长期保持甚至逐步提高的,因为土地生产力的高低不但取决于土地自身的性质,而且还取决于人类的生产和科学技术水平。土地不仅有生产能力,而且特征不同、类型多样的土地能够满足人类的不同要求。性质优良的肥沃土地是理想的农业用地;具有一定平整地面和水文地质条件的土地为建设新工厂提供有利条件;荒无人烟的大沙漠为原子弹试验提供损失不大的场所。

(2) 土地面积是一定的、不可增加的。地球的表面积是一定的,其中陆地面积也是一定的。虽然在漫长的地质历史上发生过大规模的海侵和海退,从而使陆地面积有明显的变化,但是相对于人类在地球上出现的两百万年而言,陆地面积的变化是不大的。在当今科学技术高度发达的时代,人类可以采取各种措施来提高土地的生产力,极个别地方可以增加土地面积。然而,从根本上说,人类是不可能使土地面积增多的。另外,土地这种生产资料不能用其他生产资料来代替,对于全世界来讲是这样,对于一个国家或地区来说也是如此。工厂占地多、住房用地增加,耕作地就会减少。充分认识土地面积的这种有限性是十分重要的,只有人人都认识到土地资源的珍贵性,才能在实践中更有效地保护土地资源,特别是耕地资源。

(3) 土地资源在空间上具有固定不变性。土地资源和其他生产资料不同,它具有一定的位置,这个位置是固定的、不能变动的,既不能调拨,也不能转移。显然,土地资源具有严格的地域,每一块土地都处于一定的纬度和高度位置,处于一定的地形部位和气候条件下。因此,对土地资源的利用和保护必须从具体的自然环境条件出发,农业耕作必须因地制宜、合理安排,才能既保护好土地,又取得良好的收益。

(4) 土地资源具有时间性和季节性。由于土地资源具有严格的区域性,因而也具有一定的时间性或季节性。一定区域内的气候条件通常有明显的季节性变化,这种变化和农业生产有密切的关系。作物布局、品种选择、种植制度、灌溉施肥、轮作的安排、作物的收获等都要考虑到土地资源的季节性。如果盲目地进行农业活动,无视土地资源的季节性,农业就会受到损失,甚至失败。

按土地与人类经济活动的关系,可以把土地资源大致分为农林牧用地、城镇工业交通用地和其他土地三种类型。农林牧用地可分为农耕地、林地和草地,城镇工业交通用地可分为工业用地、交通用地和居住用地,而所谓"其他土地"包括荒山、荒地、沼泽、海滩、沙漠等。各类土地资源在世界上的地理分布差异很大,各国家各地区土地利用的特点和程度也不尽相同。因此,依照气候、地貌条件划分土地类型,正确选择宜林、宜农、宜牧的土地,合理选择工业用地、交通用地、城乡居民用地,对于发展社会生产和保障人民生活具有重要的意义。

地球总面积为 $5.1 \times 10^8 km^2$,其中,陆地面积占 29.2%,而耕地仅占地球陆地面积约 11%。据联合国粮农组织统计,在全球土地面积中,耕地占 11.29%,草地占 24.58%,森林及林地占 30.98%,其他土地占 33.15%。尽管全球的土地面积巨大,但其中真正适合人类居住的"适居地"只占 30%。

全球土地资源问题主要是:土地资源的有限性、土地荒漠化、浪费土地现象严重、土地污染加剧,以及人口的不断增加等因素,造成人均耕地面积的减少,人类将在几十年内面临土地不足的问题。据统计,全球土壤侵蚀十分严重,每年约流失土壤 $250 \times 10^8 t$,耕地土壤的损失速度超过成土速度的 10 倍,其中中国和印度总量最大。由于土地退化,全球每年要损失至少 260 亿美元。

四、水资源

地球上的水资源,从广义来说,是指水圈内水量的总体;从狭义来讲,水资源是指可供人类经济社会利用或有可能被利用,具有足够的数量和可用的质量,并能满足一定地区一定用途可持续利用的水(联合国教科文组织)。通常所说的水资源主要是指陆地上的淡水资源,如河流水、淡水湖泊水、地下水和冰川等。

同其他资源相比较,水资源具有以下特点:(1)补给的循环性,水在循环过程中不断得到恢复和更新,但是每年更新的水量是有限的;(2)变化的复杂性,地区分布的不均衡和变化的不稳定性,给开发利用和管理带来一定的困难;(3)利用的广泛性,不论是生产和生活都离不开水;(4)利与害的两重性,人类生活离不开水,但过多的水又会给人类带来灾难。

地球上水的总量大约有 $14\times10^8 km^3$,广泛分布于大气圈、水圈、岩石圈和生物圈中,其中 97.5% 是海水;陆地上的淡水资源只占地球上水体总量 2.53% 左右,其中近 70% 是固体冰川,即分布在两极地区和中低纬度地区的高山冰川,很难加以利用。目前人类比较容易利用的淡水资源主要是河流水、淡水湖泊水,以及浅层地下水,储量约占全球淡水总储量的 0.3%,只占全球总储水量的十万分之七。

全球淡水资源不仅短缺而且地区分布极不平衡。按地区分布,巴西、俄罗斯、加拿大、中国、美国、印度尼西亚、印度、哥伦比亚和刚果等 9 个国家的淡水资源占了世界淡水资源的 60%。约占世界人口总数 40% 的 80 个国家和地区(约 15 亿人)淡水不足,其中 26 个国家约(3 亿人)极度缺水,特别是在中东和非洲,长期存在严重缺水的危机。预计到 2025 年,世界上将会有 30 亿人缺水,40 个国家和地区淡水严重不足。

我国水资源总量为 $2.8\times10^{12} km^3$,仅次于巴西、俄罗斯和加拿大,居全球第四位。但人均水资源仅 $2200 m^3$ 左右,是世界人均水平的 1/4,名列第 111 位,是全球 13 个人均水资源最贫乏的国家之一。水资源短缺的问题已经成为中国经济社会发展的主要制约因素。

第二节 资源的开发与利用

如何使有限的资源能够合理配置和高效利用,来保证经济的健康、持续发展,是摆在我们面前的重要课题之一。因此,合理地开发与利用资源是提高资源利用水平的基础。

一、资源的开发

2008 年 10 月,世界自然基金会(WWF)发布的《地球生命力报告》指出,人类对地球自然资源需求不断增加,耗用地球资源的速度较地球能持续供应资源的速度快出三成,即超出了地球承载力的近 1/3;数据显示,全球的自然资源和生物多样性持续减少,越来越多的国家陷入永久或季节性食、水短缺,全球 3/4 以上的人口目前生活在"生态负债"国家,这些国家的国民消费量已经超出了其国家的生物承载能力。报告预示,到 2030 年,需要两个地球的资源,方能满足人类的需求。

最具有里程碑意义的就是 1992 年在巴西里约热内卢召开的联合国环境与发展大会,会议通过了《里约宣言》和《21 世纪议程》等重要文件,确定了相关环境责任原则以及可持续发展(sustainable development)的新理念。可持续发展就是既能满足当代人的需求,又不危及后代人满足其需求的发展,确保自然资源的可持续利用,包括:(1)切实保护水资源,特别是饮用水资源(地面水、地下水及海洋等);(2)切实保护土地资源,特别是耕地资源;(3)切实保护森林资源,严禁对森林的乱砍滥伐;(4)切实保护生物的多样性,严禁对稀有、濒危动物的捕猎;(5)合理开发利用矿产资源,提高资源的利用率。自从 20 世纪 90 年代可持续发展战略以来,发达国家正在把发展循环经济、建立循环型社会看作实施可持续发展战略的重要途径和实现方式。我国经济发展和资源环境间的矛盾不容乐观。2008 年 6 月中国环境与发展国际合作委员会和 WWF 共同发布的《中国生态足迹报告》指出,中国当前人均生态足迹(Ecological footprint)为 1.6gha(全球公顷),人均生物承载力为 0.8gha,也就是说,平均每人需要 1.6ha 具有生态生产力的土地和水域面积,才能满足国人目前生活方式的需要,资源消耗则是承载能力的两倍。为了应对如此严峻的形势,《中华人民共和国循环经济促进法》于 2008 年 8 月 29 日颁布。这部法律以"减量化、再利用、资源化"为主线,规定了一系列包括综合运用财政、税收、投资、市场准入、价格、信贷等手段在内的法律规范,其重点在以下几个方面:循环经济的规划制度;抑制资源浪费和污染物排放总量控制制度;循环经济的评价和考核制度;以生产者为主的责任延伸制度;对高耗能、高耗水企业设立重点监管制度;强化经济措施,建立激励机制,鼓励走循环经济的发展道路。

循环经济是一种最大限度地利用资源和保护环境的经济发展模式。《中华人民共和国循环经济促进法》的颁布与实施,是 21 世纪我国现代化建设的里程碑,对于资源的科学合理开发,提高资源利用效率,保护生态环境,走新型工业化道路,加快建设资源节约型和环境友好型社会具有重要的意义。

二、资源的利用

资源利用应致力于推动可再生能源领域技术进步和先进技术的推广,加强可再生能源行业与政府部门的沟通,促进国际交流,加强企业间的联系,建立资源利用与环境整治规划体系。随着我国经济的高速发展和工业化进程的不断深入,日益严重的环境污染和资源能源危机已对人类的生存和社会的发展构成威胁。生态工业和循环经济成为综合解决资源、环境和经济发展的一条有效途径。

生态工业是从区域范围应用生态学和系统工程原理仿照自然界生态过程物质循环的方式对企业生产的原料、产品和废物进行统筹考虑,通过企业间的物质循环、能量利用和信息共享,使得现代工业实现可持续发展。生态工业追求的是系统内各生产过程从原料、中间产物、废物到产品的物质循环,达到资源、能源、投资的最优利用。生态工业倡导园内企业进行产品的耦合共生,大大提高资源利用率,同时通过副产物和废弃物的循环利用,既降低了园区的环境负荷,又减少了企业废物处理成本和部分原料成本,提高了企业的经济效益,改变了环境污染和经济发展的矛盾,达到资源、环境和经济发展的多赢。

循环经济是在一个更广的社会经济层面,包括生产领域、消费领域及其支持保障体系,应用 3R 原则(减量化、再利用、资源化)实现社会、经济、生态环境的协调发展。循环经济可以在企业层次、城市层次和区域层次开展,生态工业是其核心环节。

节约与保护矿产资源,要全面落实科学发展观,加快矿业的循环经济发展,建立以人为本,人与自然和谐,经济持续发展的和谐社会为目标,以政策创新和技术创新为动力,努力提高矿产资源开发利用效率,减少废弃物的排放,建设资源节约型、环境友好型矿业,基本原则是要着力保护和合理开发资源。提高矿产资源利用率,减少废弃物的排放,有效地保护生态环境,实现以最小的资源消耗和环境代价,实现资源最大的经济效益、社会效益和环境效益,它的本质就是要以资源的可持续利用促进经济又快又好发展。

复习思考题

1. 什么是自然资源? 如何理解可再生资源及不可再生资源?

2. 简述自然资源的基本属性。

3. 为什么必须限制对自然资源的开发和利用？对可再生的自然资源限制开发和利用是否必要？

拓展阅读

刘胤汉. 1988. 自然资源学概论. 西安：陕西人民出版社.

王松霈. 1992. 自然资源利用与生态经济系统. 北京：中国环境科学出版社.

中国科学院国情分析小组. 1992. 开源与节约：中国自然资源与人力资源的潜力与对策. 北京：科学出版社.

Mitchell B. 1990. Geography and Resource Analysis. 2nd ed. New York：Longman Scientific and Technical.

Rees J. 1990. Natural Resources：allocation, economics and policy. 2nd ed. London：Routeledge.

第三章 地质环境与社会地质作用

人类是生存于地球上最高级的生命,其生命活动过程与地表环境之间关系最为密切,而人类的生存环境究其本质是地质环境,它广泛存在于大气圈、水圈、生物圈和岩石圈四个相互联系与制约的圈层之中。由于社会经济突飞猛进的发展,尤其是全球人口激增和人类经济活动日趋频繁,人类与地质环境间的矛盾日益突出,使地球面临着接近人类生活生态极限承载的危险,严重地破坏了全球生态平衡。面临如此严峻的挑战,处理人与地球之间的和谐关系是地质科学的使命和发展任务。为了减轻自然灾害给人类带来的灾难,减轻人类自身经济技术活动给人类生存环境带来的破坏,人类必须采用科学、合理的方法开发利用自然资源,以实现人类社会与地质环境的和谐统一。

在20世纪60年代末,一门研究人类与地质环境相互作用、相互影响的新学科——环境地质学(Environmental geology),在前西德和北美应运而生。它是在地质科学基础上发展起来的介于地质科学与环境科学之间的综合性学科。环境问题日趋尖锐,可以预言,环境地质学将是21世纪发展最迅速的地质学分支之一。

那么什么是地质环境?地质环境和人类活动、特别是工业活动之间有什么样的关系?人类社会的活动对地质环境产生什么样的影响呢?本章将回答上述问题。

第一节 环境地质学概述

环境地质学是应用地质科学、环境科学以及社会经济学等相关学科的理论和方法,阐述人类赖以生存的环境地质现象,以及各种地质作用对人类社会影响一门学科。

一、环境与地质环境

环境(environment)是相对于某一中心事物而言的,与某一中心事物相关的周围、条件和状况的总和就是这一中心事物的环境。中心事物的不同,环境也随之发生改变。环境不是许多孤立的事物和现象的简单集合体,而是一个巨大的、有内在联系的、相互制约的有机系统。

人类的环境是指人类周围的自然和社会的全部条件及情况,以及影响这些外界因素的条件和物质。人类赖以生存的地球环境包括大气、水、土地、岩石、矿产、森林、山脉、动物和植物等等。环境的范围也随着科学技术的进步而不断扩大,向下可至地壳深部,向外可达遥远的宇宙空间。

地质环境(geological environment)是指大气圈、水圈、生物圈和科学技术研究可及的岩石圈之总称,它又称为自然环境。人类在地质环境中诞生、繁衍,又从地质环境中直接或间接获取各种资源,加工成为人类必需的生产和生活资料。因而从这一意义看,地质环境就是资源。人类生活在地质环境中,有赖于地质环境,因而必须保护和改造地质环境。

二、环境地质学的研究内容

随着地球环境的日益恶化和自然灾害的频繁发生,人们已经意识到所有的环境问题都与地质环境密切相关。一方面,大地构造循环、岩石循环、地球化学循环、水循环对大陆与海洋的分布和全球性气候变化起着决定性作用,控制着地貌、岩石、矿物、土壤、水体的空间分布;另一方面,人类的生存离不开地质环境,人类的活动又在改变着地质环境。人类与地质环境之间存在着相互作用、相互制约的密切关系。

环境地质学是地质科学中一门新兴的应用地质学学科,也是环境科学的重要组成部分。它是应用地质科学、环境科学以及社会经济学等相关学科的理论和方法,阐述人类赖以生存的环境地质现象,以及各种地质作用对人类社会的影响,以便采用一定的科学技术方法,对其进行定量评价和预测,提高人类的环境质量。环境地质学较其他地质学分支学科有更广泛的社会性,因此,它也是重要的地质学分支学科之一。

环境地质学研究内容应该包括一切与环境有关的地质现象(包括自然的和人为的)、地质问题,以及解决这些问题的方法、手段。环境地质学研究对象不仅包括地质现象实体,也包括地质环境信息、评价、管理、预测等。有些研究内容还在生产实践中不断发展,如新近发展起来的环境矿物学,它不仅研究地质环境实体,而是研究寻找减少环境污染的矿物材料。因此,广义地讲,凡是环境问题中涉及地质学,都属于环境地质学的研究内容。根据国外已趋定性的模式,环境地质学应包括以下分支学科和研究方向。

(一)城市地质学

城市是人口高度密集之地,城市中居民生活、工业和地质环境之间具有极其密切的依赖关系,例如,发展城市时地域的选择、高层建筑物地基的选择、建筑材料的供给、供水水源的探求、废物的处置等;城市居民还可能遭受地震、滑坡、海啸、洪水、地面沉降等地质灾害的袭击和威胁。因此,环境地质学首先在城市管理中诞生,城市地质学(urban geology)这一术语在最早实际上是环境地质学的同义词。目前,世界上许多国家都十分重视城市规划和建设中的环境地质评价与论证工作。

(二)灾害地质学

人类正面临着日益严重的自然灾害的威胁,许多自然地质现象,例如地震、火山喷发、洪水和雪崩等,便是自然灾害(也称自然地质灾害,natural geological hazards);同时,人类的生存活动又在不断地改变大自然和人类周围环境,并导致诸如地下水污染、地面沉降、咸水入侵等人为地质灾害(Man-made geological hazards)。人类为了保护赖以生存的周围环境,抵御自然灾害,在与自然灾害作斗争的实践中,创立了灾害地质学(hazardous geology)。所以,没有地质灾害,也就没有环境地质学。现代灾害地质学研究的最重要内容之一,仍是掌握地质灾害发生与发展规律,最大限度地减轻地质灾害对人类安全的威胁和对社会经济的破坏。

(三)资源地质学

资源是人类生存、繁衍的物质基础。环境地质学研究的基本任务之一,是保护和充分利用地质资源。地质资源包括水资源、土地资源与矿产资源(包括能源资源)。防止水土流失,防止水资源和矿产资源短缺,是环境地质学的重要研究内容。例如,P. H. Moser(1969)在首次对环境地质学给出的定义中提出:它是运用地质学、水文地质学、工程地质学、地球物理学及其有关学科的原理,研究周围环境,以便更有效地利用天然资源的一门学科。可见在环境地质学创立时,就将利用与保护地质资源视作该学科研究的重要内容。

(四)废物处置地质学

合理处置城市垃圾、工业废物和放射性废物(radwaste)等,是净化人类环境的重要措施。据报道,全世界 400 余个大城市每年排放 30×10^8 t 固体废物和 500 km³ 废水。对于固体废物和危险性废液,一般采用地质处置技术,即把它们掩埋或注入土壤、岩石等地质介质中,借此使之与人类环境暂时或永久隔离。在废物处置场址选择时,需综合运用构造地质学、水文地质和工程地质学、地球化学、岩石学、矿物学等学科理论和方法。

(五)医学地质学

研究人体健康与地质环境(第一地质环境和第二地质环境)关系的学科称为医学地质学(medical geology, geomedicine),它主要研究环境中的岩石、土壤、矿物以及水中微量元素对人体健康的影响。地方病(例如克山病、大骨节病、甲状腺肿病、氟骨病、癌症、心血管病等)的分布有明显的区域性,受一定地质环境的制约。这是因为由不同类型岩石风化而成不同化学成分的土壤,影响到植物中微量元素成分、含量及水的成分,造成进入食物链和人体中微量元素的种类和含量不同,导致地方病的发生。

(六)旅游地质学

恶劣的地质环境给人类带来灾难,优美的地质环境就是旅游资源。环境地质学不仅要研究给人类带来苦难的地质灾害,而且还要研究给人类带来欢娱的地质环境,即运用地球科学的基本理论、方法,探求和研究各种旅游地质的形成机制和分布规律,对旅游区与旅游景点进行评价与规划,进而开发、利用并保护地质旅游资源。

(七)军事地质学

军事地质学(military geology)研究地质环境如何影响军事施工和作战部署,为军队修路与架桥选址,获取饮用水,编制、判读和解释各种图件,以及索取军事施工物资等服务。德国在第一次世界大战中,美国在第二次世界大战中,都配有军事地质学家,美国还成立了军事地质部队,在战争中发挥了重要作用。

(八)环境法规

为了保护环境,每个国家都需要制定一系列环境法规(environmental law),例如矿山开采法、水资源法、土地使用法等,以限制有损环境的行为。水资源法规定,不允许过量开采地下水,以免引起地面沉降及咸水入侵等环境灾害;矿山开采法规定,矿山开采前应预先提出可行的土地复填方案,违反者轻则处以罚款,重则受法律惩罚。西方国家于 20 世纪 60 年代后期率先制定这类法规。我国的环境法规正在逐步制定和完善中。

环境地质学的任务是在分析地质环境组成要素的特征和变化规律的基础上,研究人类活动与地质环境的相互关系,揭示环境地质问题的发生、发展和演化趋势,全面评价地质环境质量,提出地质环境合理开发、利用和保护的对策与方法,为实现人类社会、经济的可持续发展提供科学的依据。

第二节 城市兴衰与地质环境

城市兴衰与地质环境之间存在着辩证的关系。良好的地质环境不仅提供了城市发展的条件,而且在一定程度上还能影响城市社会的生活方式;反之,则严重影响城市的发展。另一方面,城市兴衰又反过来影响地质环境的质量。因此,城市兴衰与地质环境之间关系日益受到国际社会和各国政府的重视。由此可见,正确处理好城市兴衰与地质环境之间关系非常重要。

一、城市兴衰的地质因素

城市是人口密集之地,又是现代文明的象征。自第二次世界大战后,全世界城市人口激增。目前,我国正处在前所未有的经济高速发展时期,也正在大规模向城市化发展,有近 1/3 的人口居住在大小城市。随着世界经济发展,世界也正经历大规模向城市化过渡的进程,估计今后 10 年,世界将有一半人口居住在城市。目前发达国家约有 70%~80% 的人居住在城市。城市是区域经济文化政治的中心。城市的发展将带动一个地区经济的发展与人民生活水准的提高。目前我国城市化水准还不高,随着经济的稳步高速发展,今后 10~20 年我国城市化进程也将有大规模的发展。据预测,到 2050 年,世界城市人口比例将高达 90%。

城市兴衰与其所处地质环境密切相关。地质环境优者长盛不衰,劣者则逐渐衰亡或毁于一旦。城市的崛起早在 2000 年前就已开始,例如出现于中东、远东、埃及、印度、中国等地的古代城市,它们首先出现在水资源丰富的洪泛平原上。美国波士顿的第一批移民从 1630 年起,曾三易其址,最后在优质矿泉水丰富的贝科山西侧定居(即今波士顿)。希腊雅典之所以长盛不衰、著称于世,皆因其地质环境优越,如水源充足,地势居高临下便于防卫,以及盛产黏土和银矿等。良好的地质环境不仅提供了城市发展的条件,而且在一定程度上还能影响城市社会的生活方式。与此相反的是,西印度群岛所属马西尼克岛上那样美丽的圣佩尔城即被培雷火山的一次喷发而全部摧毁。持续而缓慢的地壳沉陷与海平面上升等已使一些城市从陆地上消失,埋藏于现代沙漠和大陆架的古城堡已发现的有数十座之多。

我国主要城市按期兴衰史及其与地质环境的关系,可初步划分为五种类型:(1)地质环境变化较小、稳定兴盛的城市,例如苏州市,它是始建于春秋时的吴国都城,到今已有 2000 余年历史,在地面以下有 6~7 层各时代的文化层,吴国城门的名称一直沿用至今;(2)随地质环境演变而迁移的城市,例如西安市与洛阳市,它们因新构造运动,及与其相关的山间盆地和河流地貌的演变而多次发生迁移;(3)随地质环境变化多次兴衰并重建的城市,例如因最新的构造沉降,曾多次遭泥沙掩埋,洪水淹没的开封及徐州等城市,其古城遗址深埋地下;(4)因地质环境巨变而衰亡的城市,例如由于新构造沉降于康熙十九年(公元 1680 年)沉没于洪泽湖底的泗州城、因河流干涸及土地沙漠化而湮没的甘肃省楼兰古城和统万城等;(5)因发现丰富的地质资源而诞生的现代化城市,例如从戈壁滩上兴起的甘肃省金昌市(号称中国镍都)、从北大荒崛起的石油城——大庆市等。

在选择新城址以及城市建设方面,人们越来越重视地质环境的制约作用:从历史上讲,秦代开始修筑长城,隋朝以来开挖大运河,明清以来兴建钱塘江海堤;国外,古罗马修建道路和城堡等。这些古老的建筑工程都要了解地质、掌握地基、石料以及工程所及的地质环境情况。意大利的比萨斜塔,并不是建筑时设计的,也不是建筑物本身结构上的缺陷,而是因为它建筑在不稳定的地基上,一部分土层发生松动,使它发生倾斜。英国在 1946—1970 年间规划和建设了28座新城市,对所有的新城址都从地质环境角度作了充分论证与筛选,并对城市建设进行了规划。

二、城市规划的地质因素

城市用地选择是城市规划的重要工作内容,而地质环境因素又是决定城市用地选择的主要因素。具体来讲,城市规划的地质因素包括以下几个方面。

(一)岩土体类型

城市的任何建筑工程都离不开岩土,或以其为地基,或以其为建筑材料。由于地质构造和岩石成因的复杂性,在一个城市的范围内可能分布有多种岩土体,它们的物质成分、结构构造及物理性质等均有差异。在城市规划时,应根据城区范围内岩土体的分布及其工程性质,合理安排建筑物(尤其高层建筑物)的布局和市政设施,做到既充分发挥岩土体的潜力,又安全与经济地实施城市工程建设。

(二)水文地质条件

水是城市的血液。地下水作为城市主要供水水源,它与确定工程建设项目及城市发展规模密切相关。在城市规划时,应从地下水水量、赋存形式、矿化度及径流条件,并结合其他自然条件,统筹安排工农业布局及城市规模。

(三)地形及地貌条件

不同地形及地貌条件,对城市规划的布局、平面结构、道路走向、建筑组合形式以及城市轮廓等都有制约作用。

(四)城市地质作用

地表水冲刷、泥石流、滑坡以及岩石崩落等多种地质作用均可在城市范围内发生。因此,在选择城市用地时,应分析潜在的城市地质灾害,采取相应的防治措施。

此外,在规划现代城市时,还要考虑风景资源,如充分利用起伏多姿的山丘和蜿蜒曲折的河湖海岸,创造优良的环境,以便给人们提供优美的城市自然景观,使城市轮廓分明、景色秀丽,例如倚钟山、临长江的南京。

三、城市建设的地质因素

地质环境因素不仅对城市规划影响较大,更重要的是影响城市建设,主要表现在地基的稳定性、地质的安全性以及地下水的供水条件。

(一)地基的稳定性

所有建筑物都由地基承载。地基由岩层或土层构成。岩层或土层的岩性及结构不同,具有不同的承载力。岩性主要是指岩层的结构面性质,包括层面、不整合面、断层、节理面等。要分析结构面及它们的组合关系。当前城市高层建筑增多,还有地铁等地下工程,这些对岩体稳定性均有较高的要求。未固结沉积层的承载力(表4-3-1),是当前城市规划与建设中要普遍关注的。

表 4-3-1　未固结沉积物的承载力

类　别	承载力,t/m²	类　别	承载力,t/m²
碎石(中密)	40~70	细砂(很湿,中密)	12~16
角砾(中密)	30~50	大孔土	15~25
黏土(固态)	25~50	沿海地区淤泥	4~10
粗沙、中砂(中密)	24~34	泥炭	1~5
细砂(稍湿,中密)	16~22		

一个城市所占的区域,可能具有多种地质地貌类型,如山地、平原、河谷等。由于地质环境的演变,目前平原地区,其地下可能有不同类型的埋藏古地貌——古河谷、湖泊、埋藏山丘等,其结果是平坦的地面下部因沉积物不同,其地基承载力差异甚大。地基承载力的地区分布也将成为规划城市用地的重要参考。

有些土层能在一定条件下改变其物理性状,从而对地基的承载力带来影响。例如,湿陷性黄土,在受湿后引起结构面下陷,必然导致建筑的损坏;膨润土受水膨胀、失水收缩的性能,也给工程建设带来影响,在城市用地规划中需作出相应安排,采取防湿或疏干等措施。

沼泽地区,由于经常处于水饱和状态,地基承载力较低。当必须选作城市用地时,须采取降低地下水位、排除积水的措施,以提高地基承载力并改善环境卫生状况。

城市建设对工程地基的考虑,不仅限于地表的土层,也必须通过勘探掌握确切的地质资料。在具有可溶性岩石(如石灰岩、盐岩、石膏等)地区,由于水的溶蚀作用而形成地下溶洞,它将造成水工构筑物的渗水和建筑物的塌陷,需查清溶洞的分布及其构造特点,然后确定地面建筑的布局。条件适当的溶洞还可以考虑作为城市库房或地下活动和游乐场所。此外,开掘矿藏所形成的地下采空区会波及地面,致使地面塌陷,对地面的建筑和设施的荷载带来限制条件。

区域稳定性,主要是由地球内动力地质作用引起的构造活动,特别是断裂活动、地震活动等对一个地区的影响程度。区域地质构造稳定性对城市的建设与兴衰至关重要。例如,2008年我国汶川地震对当地城市产生了巨大的破坏作用。我国45%大中城市处在七度以上的高烈度区内,地震经常威胁这些城市的安全,影响城市的正常生活。因此,对新建城市来说,应尽量避开区域稳定性较差的地区。

区域稳定性评价以活动性断裂研究为基础。活动的构造体系为控震构造,活动性断裂带为发震构造。区域活动性断裂通常构成发震断裂。活动性断裂不仅可引起地震,还常以错动、蠕动的方式引起地面破坏(例如地面破裂等)。此外,由于断裂带本身特殊的物理学介质特性,活动性断裂常常引起其他地质灾害的发生(例如滑坡、崩塌、泥石流、地面塌陷等)。因此,在城市大型工程选址时,应尽可能避开活动性断裂。美国的圣安德烈亚斯断层是一条长期活动并引起多次地震的深大断裂,从20世纪70年代起,当地政府就规定,在该断裂两侧20km范围内不再兴建城镇、工厂等。当工程建筑不能避开活动性断裂时,应对其发震、错动、蠕动等分别进行评价,以便在工程规划设计时采取相应措施。

避开在强震区建设城市。地震烈度九度以上不宜选作城市用地,烈度七度以上,要有防震措施。在城市规划时,要按照地震烈度及地质、地形情况安排城市设施。例如,重要工业不宜放在软地基、古河道或易于滑塌的地区。建筑物要尽量避开断裂破碎地带,以减少破坏。另外,随着地基岩性的不同,地震烈度会有增加量(表4-3-2)。因此,在地震多发地区进行城市规划与建设,要多注意小区域沉积层的分布变化。

表 4-3-2　不同岩性地区地震烈度的增加量

类　　别	地震烈度局部增加量,度	类　　别	地震烈度局部增加量,度
花岗岩	0	石灰岩和砂岩	0~1
半坚硬土	1	粗碎屑土(碎石、卵石、砾石)	1~2
沙质土	1~2	黏质土	1~2
疏松堆积土	2~3		

(二)地质的安全性

地质的安全性主要指现代地质作用,如岩石风化、冲沟、泥石流、滑坡、崩塌、海岸与湖岸的冲刷与堆积、多年冻结等,对城市的影响。由于城市常占据较大的地域,因而各种现代地质作用均可能发生。在城市规划、用地选择时,应对这些现代地质作用进行研究,了解它们的分布和发育规律,以便采取相应的防治措施。山区或丘陵地区的城市选择建设用地时,应避开不稳定的坡面,确定滑坡地带与稳定用地边界的距离。选用有潜在滑坡危险的地段时,须采取工程防治措施,例如疏干地下水或地表水、设置保护坡脚等。

地表受水流冲刷形成冲沟会破坏用地,使之支离破碎,对土地使用造成不利影响。道路的选线会因此而增加土石方工程、桥涵、排洪工程等,所以在用地选择时,应分析冲沟的分布、坡度、活动程度,查明冲沟的发育条件,采取相应的治理措施,例如导流地表水、植树造林修筑护坡工程等。

(三)地下水的供水条件

地下水是城市用水重要的来源。在干旱区域,地下水是城市的主要水源。地下水储存条件,水量、水质、水温对城市建设开发均有很重要的关系。

水是城市的血液。当一个城市地区水源充足、水质良好时,可以安排耗水量大的工业项目,这也是城市规模不断扩大的基本保证;否则,就要限制城市发展规模,尽量安排耗水少的工业项目,以免引起一系列的问题,例如水源枯竭、水体污染、地面沉降等。当城市地位重要,必须扩大规模而水源又不足时,就要未雨绸缪,及时规划饮水工程。

在进行城市规划、布局时,还要从地下径流条件结合其他自然条件(例如地貌、河流、风向等),一并考虑工农业项目的布局,防止地下水受到工业排放物污染,影响到工业民用用水水质,对污染源应严加管制。但也必须注意到,有的规划虽然合理,然而因地下漏斗的形成,水质会恶化,并导致地面沉降。合理开采利用地下水,也是城市建设中重要项目之一。

第三节　废物处置的地质环境

随着全球工业化和城市化发展的不断推进,废物处置已成为城市规划者面临的最大问题之一。废物是工农业生产或生活中的废弃物,俗称垃圾。尤其在中国,尽管人均垃圾量远少于美国等国家,但研究报告显示,我国每年垃圾总量已超过 $3×10^8$ t,是世界上制造垃圾最多的国家,而且这个数字还在不断增加。例如,拥有 2000 多万人口的北京每天产生 $2.3×10^4$ t 垃圾,相当于 9 个注满水的奥运会游泳池的重量。由于收入增多和生活水准的提高,中国产生垃圾的速度是过去几十年人口增长速度的两倍。数量庞大的各类废物严重地污染环境,威胁人类的正常生活。安全处置日益增多的各类废物,已成为当今世界急待解决的最重要的环境问题之一。

废物按物理状态可分为固体、液体、气体三类;按来源可分为城市废物、矿石选冶废物、工业废物、农业废物、疏浚废物等;按危险性可分为危险性废物和非危险性废物;按有无放射性可分为放射性废物和非放射性废物。无论何种废物,处置场(库)址的合理选择,是安全处置的首要因素。废物处置场(库)选址是环境地质学的研究课题。

一、城市废物处置的地质环境

目前,世界上广泛采用的城市生活垃圾卫生填埋方式是厌氧式卫生填埋,原因是厌氧式卫生填埋结构简单、操作方便、施工费用低,同时还可回收沼气。通常把运到卫生土地填埋场的废弃物在限定的区域内铺撒成 40~75cm 的薄层,然后压实以减少废弃物的体积,每层操作之后用 15~60cm 厚的土壤覆盖并压实。压实的废弃物和土壤覆盖层共同构成一个单元,具有同样高度的一系列相互衔接的单元构成一个升层。完整的卫生土地填埋场是由一个或多个升层组成的。当土地填埋达到最终的设计高度之后,再在填层之上覆盖一层 90~120cm 厚的土壤,压实之后就得到一个完整的卫生土地填埋场。

选择卫生填埋场址是关键一步,除应考虑当地人口密度、交通、土地资源、工业设施、气候等因素外,尤其应重视场地水文地质条件,其中包括:

(1)地下水潜水面应较深,至少低于场地基底 10~15m。
(2)浅层潜水流动方向不致污染附近供水水源。
(3)尽量使填埋场远离当地地下含水层位。
(4)地形稍高,排水条件较好。
(5)在场地附近不存在石灰岩溶洞。
(6)场地基底不存在断裂、滑坡、泥石流、崩塌等潜在危险。
(7)宜选择黏土、致密页岩作废物掩埋介质。如在基岩中填埋,则基岩顶部必须有厚度超过 10m 的相对不透水黏土或页岩层。
(8)场地基底岩石中裂隙不发育。
(9)场地地下水流速小于 30cm/a。

对于城市生活污水,可采用污灌、斜地漫流或快速入渗等方法处置。对于危害较大的工业废液,我国采用先净化处理再将浓缩残浆固化后作为固体废物填埋处置;西方国家常采用深井灌注法置于地下数百米深处岩层中,使其与人类环境永久隔离(我国禁用此法处置)。至 1973 年,美国已有这类处置井 300 口。包容废液的岩层一般为产状稳定、层位延伸范围较大的砂岩、石灰岩等透水性岩石,其上、下盘中存在相对不透水的页岩、黏土岩、岩盐、石膏层、板岩等。废液处置的宿主岩层应位于地下淡水层之下,以免废液污染地下水。供处置废液的透水岩层厚度不应小于 60m。处置场址一般应选择在向斜盆地内或沿海平原地区,地下水流速应小于 1m/a。

二、放射性废物处置的地质环境

放射性废物处置的根本目的就是要以地质观点选择合适的处置场所,使被处置的废物在处置后数百年(中低放废物)乃至上万年的时间(高放废物)跨度里,被封闭在一个有限的地质空间内,不致危及人类的生存环境和生命健康。其中涉及的地质问题主要有地质构造、水文地质、水文地球化学、地球物理、矿物岩石、岩土工程和地质灾害等。

随着各国大力发展核电事业,核废物的安全处置成为世界上一个特殊的环境保护问题。由于核废物对环境的特殊危害性,近20余年间,诞生了一门独立的学科——放射性废物管理学,专门研究核废物处理、处置理论和技术。核废物按放射性比活度和毒性大小可分为低放废物、中放废物和高放废物三大类(美国则分低放废物和高放废物两大类),按物理状态则分为固体核废物、液体核废物和气载核废物三大类。不同核废物的处置技术不同。我国一般是将气载核废物及液体核废物先转化为固体核废物,然后加以陆地浅埋(低、中放固体废物)或深埋处置(高放固体废物),使其与人类环境暂时或永久隔离。在处置前,需对液体及固体废物作焚烧、压缩、浓缩、固化(水泥固化、沥青固化、玻璃固化等)和包装处理。

核废物陆地处置场(库)址选择的一般原则是:

(1)地质构造稳定,场地在核废物安全处置期间(低、中放废物300~500年,高放废物大于10万年)不出现升降运动、断裂、地震、火山喷发、滑坡、泥石流等灾变事件。

(2)处置介质(黏性土壤、花岗岩、岩盐、凝灰岩、黏土岩、玄武岩等)的透水性差,对放射性核素具有较强的吸附与阻滞能力。

(3)场地的地下水不丰富,流速小于1m/a。

(4)处置场(库)应远离供水水源,地表水体和地下含水层,且无遭受洪水袭击的潜在危险。

(5)远离城镇和人口聚居地。

供高放废物海洋处置的海域应具备海底地质构造稳定、海底黏土沉积厚度较大、海水较深(超过4000m)等条件,此外人类活动(极少)、洋流方向、流速、海浪、风力和风向等环境因素也应重视。

第四节 社会地质作用

人类与地球相互作用是一个古老且持续存在的课题。从自然科学角度看,一部人类文明史,也是一部人类与地球相互作用的历史。人类社会的进步和发展,不仅与其对地球物质系统演变规律的认识程度同步,而且与人类改造地表环境、抗御自然灾害、开发利用自然资源活动能力的不断增强息息相关。与此同时,人类对自身与地球之间相互作用关系的认识也不断深入。

19世纪以来,人类社会工业化、机械化得到前所未有的发展,人类对地球的破坏性掠夺几乎达到登峰造极的地步,采矿、建筑、交通、水利、军事、制造等人类活动急剧地改变着地表的面貌,给人类自身带来了巨大的环境危害——森林毁灭、洪水泛滥、水土流失、土壤侵蚀、气候干旱、全球变暖,以及陆地、水体、空气的严重污染。人类活动已成为地球演化过程中的巨大地质营力,人类社会对地球的作用称为社会地质作用(Social geological processes),其作用范围和强度在短时间内常常超过自然地质作用的结果。而学习地质学的目的之一正是要协调人、资源和环境三者间的关系,不仅要评价、预测自然地质作用对人类可能造成的危害,而且要防治由人类活动对环境造成的危害。社会地质作用恶化环境的主要表现如下。

一、地面沉降

地面沉降(ground subsidence)又称为地面下沉或地陷,它是在人类工程、经济活动影响下,由于地下松散地层固结压缩,地壳表面标高降低的一种地质现象,是一种对城市建设、经济发展和人民生活构成威胁的地质灾害。目前,全球有 50 多个国家和地区发生了地面沉降,较为严重的有美国、日本、墨西哥和意大利等。我国已有 50 多座城市发生地面沉降,其中沉降中心累计最大沉降量超过 2m 的有上海、天津、太原等。

地面沉降涉及范围常为数平方千米至数千平方千米,其宏观形态呈蝶形。地面沉降主要是过量抽取地下水,以及因地下矿藏采空后,地下静压力失去平衡,导致上覆岩层下沉。

由过量抽取地下水引起地面沉降的实例有:墨西哥城在 1920—1980 年间下沉 9.0m,美国圣华金在 1925—1970 年间下沉 8.5m,日本东京在 1948—1980 年间下沉 4.58m;中国上海在 1921—1965 年间下沉 2.63m,天津在 1950—1985 年间下沉 2.3m,台北在 1966 年已下沉 2.0m;美国休斯敦—加尔维斯地区在 1948—1973 年间下沉 2.75m。我国的华北平原是全世界过量抽采地下水最严重的地区,地下水位不断下降,形成全世界最大的地下水位降落漏斗,造成地面沉降,农业灌溉成本大幅度提高,破坏了自然平衡。

由地下矿藏采空引起地面沉降的实例有:美国加州长滩市在 1940—1974 年间下沉 9.0m;美国鲍德温在 1925—1960 年间下沉 3.0m。

地面沉降可造成城市建筑破坏、地下管道断裂、咸水入侵、加剧海岸侵蚀等破坏性后果。

目前,预防或控制地面沉降的根本方法就是要合理地开发利用城市的地下水资源及矿产资源。

二、咸水入侵

地下水位下降或咸水侵入地下淡水层,使地下淡水咸化,称为咸水入侵(saltwater intrusion)。它包括陆地淡水层和咸水层的窜层,以及海水入侵两种现象。地下淡水咸化后不再能被利用,同时可造成农田盐碱化。咸水入侵主要由过量开采地下水引起,是一种长期地质灾害。上海、大连、宁波、天津等滨海城市,已出现海水入侵及土地盐碱化。我国有大陆海岸线 18000 多千米,约有 1/6 的海岸地下水受到不同程度的海水入侵。其中,大连市自 1968 年以来,海水入侵范围不断扩大,1978 年接近 $50km^2$,已影响到工业用水和居民用水。

三、地下水污染

地下水水质因人为因素而恶化称为地下水污染(ground water pollution)。一般将水质变坏的程度超过饮用水水质标准(或其他水质标准)的地下水称为被污染的地下水。地下水污染主要由工农业和生活污染源(污水、废物、农药、化肥、粪便等)直接入渗,以及人工开采地下水不当(如开采地下水时使淡水、咸水窜层污染,过量开采地下水使咸水、海水入侵,人工回灌不洁净水等)造成。我国的水(含地表水)污染较为严重。

中国水资源总量的 1/3 是地下水。中国地质调查局的专家在国际地下水论坛的发言中提到,全国 90% 的地下水遭受了不同程度的污染,其中 60% 污染严重。有关部门对 118 个城市连续监测数据显示,约有 64% 的城市地下水遭受严重污染,33% 的地下水受到轻度污染,基本清洁的城市地下水只有 3%。

四、海平面上升

研究表明,全球大部分海平面在上升。在近 100 年间海平面上升约 12cm,预测至 2050 年将再上升 20~30cm。引起海平面上升的人为原因有:(1)温室效应使全球气温升高,导致极地冰雪快速消融,温室效应是人类活动产生大量 CO_2、甲烷、NO 等气体进入大气的结果;(2)过量开采地下水及地下矿产,使沿海城市地面沉降;(3)人类经济活动使陆地上大量岩土碎屑随水流进入海域;(4)海水因温度升高而体积膨胀。海平面上升是一种持续性的地质灾害,造成海岸后撤、陆地面积缩小。世界上某些著名的"黄金三角洲"(如泰国湄公河三角洲)面积正在缩小。海平面如再上升 1m,大多数岛国将从地球上消失;同时,海水将淹没大量沿海城市,导致洪灾顿生、沿海海岸侵蚀加剧等,其后果十分严重。

五、土地沙漠化

在干旱及半干旱地区的脆弱生态条件下,人们过度的经济活动,如过度农垦、过度放牧及过度樵采,破坏了生态平衡,极易导致和加剧土地沙漠化(desertification)。它危及农田、牧场、交通,造成土地生产力下降、环境恶化。到 1996 年为止,全球荒漠化的土地已达到 $3600×10^4 km^2$,相当于俄罗斯、加拿大、中国和美国国土面积的总和。现在全世界沙漠化土地每年平均达 $(5~7)×10^4 km^2$。由于土地退化,全球每年要损失至少 260 亿美元。对于受荒漠化威胁的人们来说,意味着他们将失去最基本的生存基础——有生产能力的土地。我国 60% 以上的贫困县集中在风沙区,因此,防治土地沙漠化已刻不容缓。

为了减少荒漠化带来的影响,2007 年,联合国大会宣布 2010—2020 年为"联合国荒漠及防治荒漠化十年",应对土地荒漠化,提高世界旱地的保护和管理,从而解决不断恶化的荒漠化和土地退化问题。我国对沙漠化的防治措施,主要是广种植被,退耕还草,建立防护林体系,减少地面剥蚀,防止风的吹蚀、搬运和堆积作用发育。中国的"三北地区"防护林体系对减少水土流失、防止土地沙漠化已初见成效。

六、土壤盐碱化

盐(可溶盐类)和碱(钠离子)在土壤表层迅速积累的过程,称为土壤盐碱化。土壤盐碱化导致土壤肥力衰退,甚至丧失生产力。导致土壤盐碱化的原因除了自然因素外,人类活动也能造成,如不适当蓄水、灌溉、排水、乱伐森林及过度放牧等。该灾害常出现在灌溉区,不正确的灌溉方式,如只灌不排、灌溉水量过大、灌溉水水质不好等均可导致潜水位提高,引起土壤盐碱化。由于人类不合理的农业技术措施而发生的土壤盐化,称为土壤次生盐化。土壤次生盐化是干旱区土地资源农业利用中最易产生的重要问题之一。例如,华北平原的土壤盐碱化问题便是新中国成立初期大搞引黄灌溉而忽视排水,使得地下水位猛升,土壤次生盐强化迅速扩展。据联合国粮农组织(FAO)统计,全世界每年数百万公顷灌溉地因盐碱化而弃荒;我国内蒙古、宁夏、山西、陕西等地,均有较严重的土壤盐碱化问题。

七、诱发地震

诱发地震是指由人类活动诱发的地震,水库蓄水、采矿、废液深井处置和核爆炸等都能造成(详见第一章)。

八、矿产资源枯竭

具有工业价值的矿产资源需要经历一个漫长的地质历史过程(以百万年为单位)才能形成。与此相比,人类开采、消耗这些矿产却十分迅速。一个大型矿山仅要十几年、数十年或上百年即开采完。对于人类来说,矿产资源是有限的和不可再生的。由于世界人口快速增长,矿产资源被急剧消耗,因而矿产资源枯竭已是人类面临的大问题。

我国矿产资源人均占有量仅为世界平均水平的58%,大型和超大型矿床比重很小,贫矿、难选矿和共伴生矿多,尤其是铁、铜、铝土、铅、锌、金等多为贫矿,难选比重大,开采成本普遍比较高,实际可供利用的资源比例较低。我国45种主要矿产资源人均占有量不足世界人均水平的一半,石油、天然气、煤炭、铁矿石、铜和铝等重要矿产资源人均储量分别相当于世界人均水平的11%、4.5%、79%、42%、18%和7.3%。据国家发改委预测,到2020年,我国重要金属和非金属矿产资源可供储量的保障程度,除稀土等有限资源保障程度为100%外,其余均大幅度下降,其中铁矿石为35%、铜为27.4%、铝土矿为27.1%、铅为33.7%、锌为38.2%、金为8.1%。我国石灰石可采年限为30年,磷可采年限为20年,硫可采年限为不到10年,钾盐现在已是需远大于供。我国能源供需方面煤炭、天然气大体供需平衡,而主要是石油资源已远不能满足国内建设需要。1993年,我国石油由净出口国转化为净进口国,进口量在逐年增长。

在矿产资源供需形势严峻的情况下,我国的矿产资源浪费惊人,综合利用率极低。我国矿产资源的综合回收率平均不超过50%,综合利用率约为30%。目前我国共(伴)生组分综合回收率在40%~70%的国有矿山企业不足40%,有色金属矿产资源综合回收率为35%,黑色金属矿产资源综合回收率仅为30%,比发达国家低20%。我国现有2000多座矿山尾矿库存尾矿约$50×10^8$t,每年新增排放固体废弃物$3×10^8$t,而平均利用率只有8.2%。目前我国国有矿山完全没有进行综合利用的占45%,全国20多万个集体个体矿山基本上不搞综合利用。根据我们的国情,我们应该比世界上其他任何大国更加珍惜矿产资源,更加严格地保护和合理利用、综合利用矿产资源。这是我们的根本出路。

工业革命推动人类社会的发展,人们的生活水平不断提高。但随着人类的不断开采开发,一些矿产资源已面临着枯竭。我们需要从资源枯竭的角度来认识岩石、矿物与我们的关系,认识到科学在不断发展的同时也给人类带来了一些负面的影响,认识到科学技术的双刃剑作用。

人类对岩石和矿物的开采活动,导致矿物资源的日益枯竭。矿产资源正在不断地被开采,开采后留下的一片废墟让人感到心酸。部分矿物资源的枯竭时间表为:煤炭200年,石油40~50年,铁矿21世纪中叶,银、锌、汞、铅、硫20~30年。矿物资源在不断地减少,是不可再生的资源;今天多用一点,多开采一些,将来就减少一些,我们的子孙也就少用一些。如果我们再不节约使用矿物资源,若干年后,我们的子孙将生活在一个"一毛不拔"的世界里。

我们需要为保护岩石和矿物资源作出种种努力,例如放慢开采的进程,开发新能源;尽量利用风能、太阳能等安全无污染能源,而且它们是最廉价的能源。

复习思考题

1. 什么是环境和地质环境?环境地质学主要研究哪些方面问题?
2. 环境地质学与传统的地质学各分支学科的主要区别是什么?
3. 试述地质环境对城市诞生、发展和消亡的制约作用。
4. 发生地质灾害的影响因素有哪些?
5. 人为地质作用恶化环境主要表现在哪些方面?

6. 地面沉降、土地荒漠化及盐碱化对人类生存和发展的影响是什么？该如何防治？
7. 我国在保护环境和减轻地质灾害方面已采取了哪些措施？为什么要采取这些措施？
8. 谈谈你对环境保护的认识和责任。

拓展阅读

黄文辉,曾溅辉. 2011. 环境地质学. 北京:石油工业出版社.
舒良树. 2010. 普通地质学. 3版. 北京:地质出版社.
夏邦栋. 1995. 普通地质学. 2版. 北京:地质出版社.
李鄂荣,姚清林. 1998. 中国地质地震灾害. 长沙:湖南人民出版社.
朱大奎,王颖,陈方. 2000. 环境地质学. 北京:高等教育出版社.

参 考 文 献

阿莱格尔 C J. 1989. 陨石、行星、太阳系. 北京:地质出版社.
安德森 D L. 1993. 地球的理论. 北京:地震出版社.
毕思文,许强. 2002. 地球系统科学. 北京:科学出版社.
柴之芳. 1998. 从宇宙大爆炸谈起:元素的起源与合成. 长沙:湖南教育出版社.
常丽华,陈曼云,金巍,等. 2006. 透明矿物薄片鉴定手册. 北京:地质出版社.
常丽华,曹林,高福红,等. 2009. 火成岩鉴定手册. 北京:地质出版社.
陈国能,张珂. 1994. 大地构造学原理简明教程. 广州:中山大学出版社.
陈君慧. 2013. 中国地理探秘. 长春:吉林出版集团.
池汝安,田君,罗仙平,等. 2012. 风化壳淋积型稀土矿的基础研究. 有色金属科学与工程,3(4):1-12.
德席克 Schick Rolf. 2005. 地球的怒吼:地震、火山与海啸. 台中:晨星出版有限公司.
弗兰克·普内斯,等. 1990. 地球. 中译本. 重庆:重庆出版社.
傅承义. 1976. 地球十讲. 北京:科学出版社.
何高义,等. 2001. 西太平洋富钴结壳资源. 北京:地质出版社.
何起祥. 2006. 中国海洋沉积地质学. 北京:海洋出版社.
何幼斌,王文广. 2007. 沉积岩与沉积相. 北京:石油工业出版社.
贺同兴,卢良兆,李树勋,等. 1986. 变质岩岩石学. 北京:地质出版社.
怀利 P J. 1980. 地球是怎样活动的:新全球地质学导论及其变革性的发展. 张崇寿,等译. 北京:地质出版社.
黄定华. 2004. 普通地质学. 北京:高等教育出版社.
黄文辉,曾溅辉. 2011. 环境地质学. 北京:石油工业出版社.
姜勇彪,郭福生,孙传敏,等. 2008. 江西弋阳县龟峰丹霞地貌景观特征与形成机制. 山地学报,26(1):120-125.
姜在兴. 2010. 沉积学. 2版. 北京:石油工业出版社.
李鄂荣,姚清林. 1998. 中国地质地震灾害. 长沙:湖南人民出版社.
李捷. 2008. 岩浆岩与变质岩简明教程. 石油工业出版社.
李金斯,等. 1982. 地球的演化. 中译本. 北京:地震出版社.
李文玉. 1988. 尚待探索的奥秘:地震知识. 呼和浩特:内蒙古人民出版社.
李亚美,陈国勋,等. 1994. 地质学基础. 北京:地质出版社.
连宾,陈烨,朱立军,等. 2008. 微生物对碳酸盐岩的风化作用. 地学前缘,15(6):90-97.

刘本培，蔡运龙. 2000. 地球科学导论. 北京：高等教育出版社.

柳成志，赵荣，赵利华. 2006. 地球科学概论. 北京：石油工业出版社.

柳成志，冀国盛，许延浪. 2010. 地球科学概论. 2版. 北京：石油工业出版社.

陆景冈. 2006. 土壤地质学. 北京：地质出版社.

路凤香，桑隆康. 2002. 岩石学. 北京：地质出版社.

马建良，王春寿. 2009. 普通地质学. 北京：石油工业出版社.

美国国家航空和宇航管理局地球系统科学委员会. 地球系统科学. 1992. 陈泮勤，马振华，王庚辰，译. 北京：地震出版社.

桑隆康，马昌前. 2012. 岩石学. 2版. 北京：地质出版社.

上田诚也. 1970. 新地球观. 中译本. 北京：科学出版社.

史蒂芬·霍金. 2001. 时间简史. 长沙：湖南科技出版社.

舒良树. 2010. 普通地质学. 3版. 北京：地质出版社.

斯宾塞 E W. 1981. 地球构造导论. 朱志澄，将荫昌，单文琅，等译. 北京：地质出版社.

宋春青，张振春. 1996. 地质学基础. 北京：高等教育出版社.

苏宜. 2009. 天文学新概论. 北京：科学出版社.

陶晓风，吴德超. 2007. 普通地质学. 北京：科学出版社.

汪新文. 1999. 地球科学概论. 北京：地质出版社.

王世杰，孙承平，冯志刚，等. 2002. 发育完整的灰岩风化壳及其矿物学与地球化学特征. 矿物学报，22(1)：19-29.

魏格纳 A. 1977. 海陆的起源. 李旭旦，译. 北京：商务印书馆.

吴泰然，何国琦，等. 2003. 普通地质学. 北京：北京大学出版社.

夏邦栋. 1995. 普通地质学. 2版. 北京：地质出版社.

项仁杰，史崇周，冯昭贤. 1991. 地壳和上地幔研究. 北京：地震出版社.

肖传桃. 2007. 古生物学与地史学概论. 北京：石油工业出版社.

谢仁海. 1989. 大地构造学派概观. 徐州：中国矿业大学出版社.

徐成彦，赵不忆. 1988. 普通地质学. 北京：地质出版社.

徐开礼，朱志澄. 1989. 构造地质学. 北京：地质出版社.

徐夕生，邱检生. 2010. 火成岩岩石学. 北京：科学出版社.

雅库绍娃 A Ф，哈茵 B E，斯拉温 B N. 1995. 普通地质学. 何国琦，等译. 北京：北京大学出版社.

杨伦，刘少峰，王家生. 1998. 普通地质学简明教程. 武汉：中国地质大学出版社.

杨桥. 2004. 地球科学概论. 北京：石油工业出版社.

殷鸿福，徐道一，吴瑞堂. 1988. 地质演化突变观. 武汉：中国地质大学出版社.

游振东，王方正. 1988. 变质岩岩石学教程. 武汉：中国地质大学出版社.

中国地球科学发展战略研究组. 1999. 中国地球科学发展战略的若干问题:从地学大国走向地学强国. 地球科学进展, 14(2): 105-109.

中国地质科学院岩溶地质研究所. 2006. 中国岩溶环境地质图. 北京:地质出版社.

朱大奎, 王颖, 陈方. 2000. 环境地质学. 北京:高等教育出版社.

朱筱敏. 2008. 沉积岩石学. 4版. 北京:石油工业出版社.

朱志澄, 宋鸿林. 1990. 构造地质学. 武汉:中国地质大学出版社.

Alexander R, McBirney A. 2007. Igneous Petrology. 3rd ed. Boston: Jones and Bartlett Publishers, Inc.

Best M G. 2003. Igneous and metamorphic petrology. Malden, Oxford, Victoria and Berlin: Blackwell Science Ltd.

Brown S, Wilson C. 1981. Scientific revolutions. Milton Keynes: Open University Press.

Chan M A, Yonkee A, Netoff D I, et al. 2008. Polygonal cracksin bed rock on Earth and Mars: Implications for weathering. Icarus, 194: 65-71.

Davies P A, Runcorn S K. 1980. Mechanisms of continental drift and plate tectonics. London, New York: Academic Press.

Decker R, Decker B. 1998. Volcanoes. New York: W. H. Freeman.

Morris S P, Rigby J K. 1999. Interpreting earth history: a manual in historical geology. Boston: WCB McGraw-Hill.

Pehier W R. 1989. Mantle convection. New York: Gordon and Breach Science Publishers.

Sychanthavong S P H. 1990. Crustal evolution and orogeny. Rotterdam: A A Balkema.

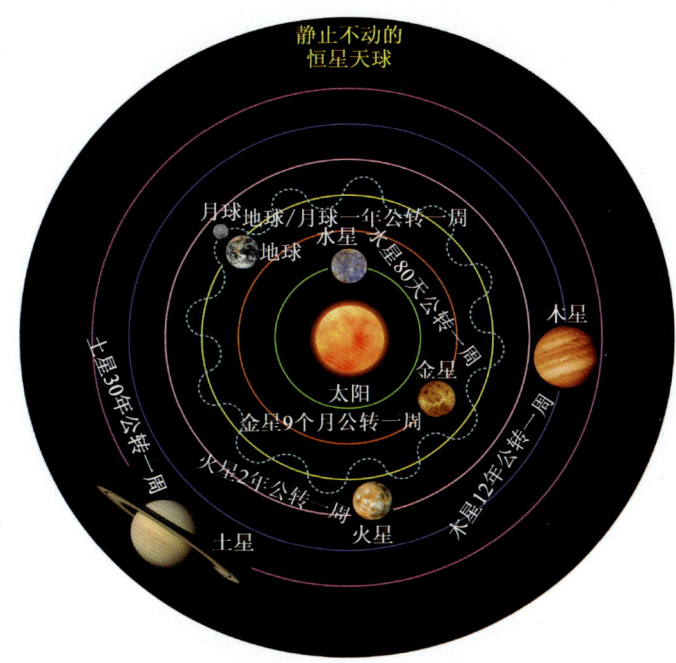

彩图1 日心说示意图

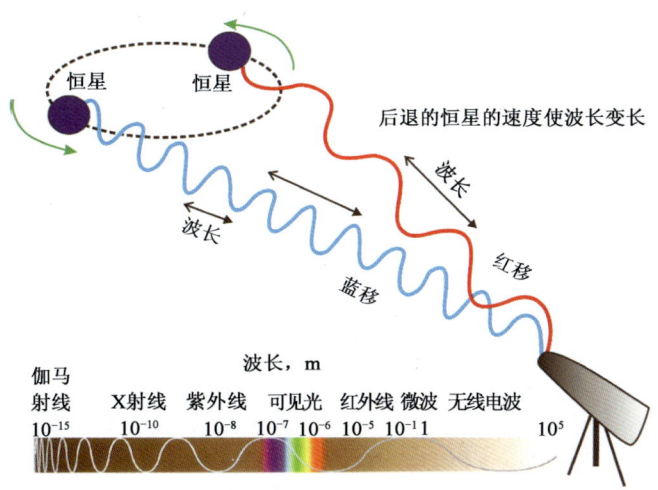

彩图2 红移效应与恒星的后退

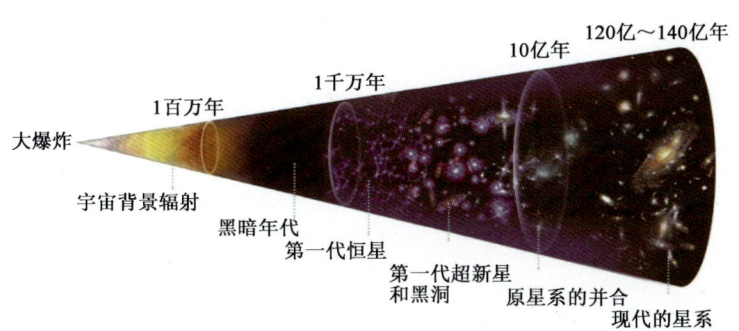

彩图3 宇宙演化过程(据苏宜,2006)

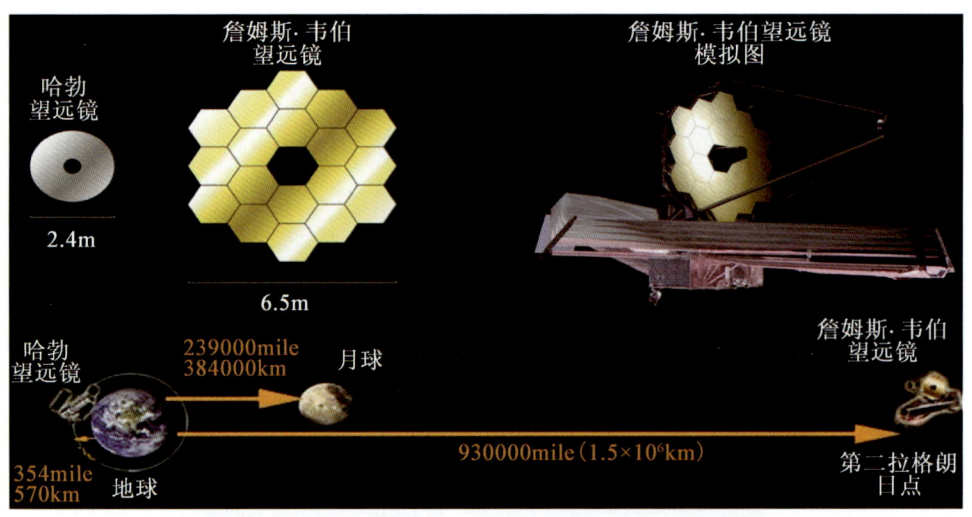

彩图 4　詹姆斯·韦伯太空望远镜模拟图及与哈勃望远镜对比（据 NASA，2015）

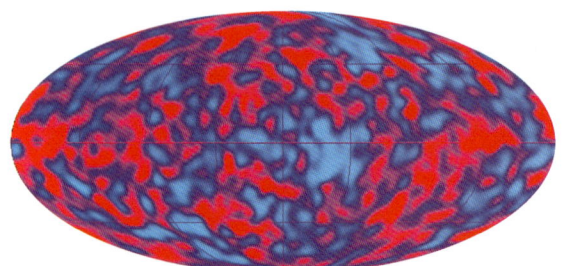

彩图 5　COBE 卫星所测微波
背景辐射（据 NASA，1992）

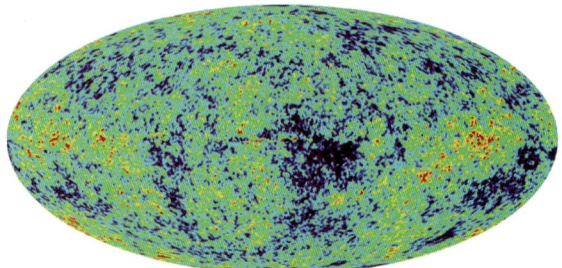

彩图 6　威尔金森探测器（WMAP）
观测结果（据 NASA，2003）

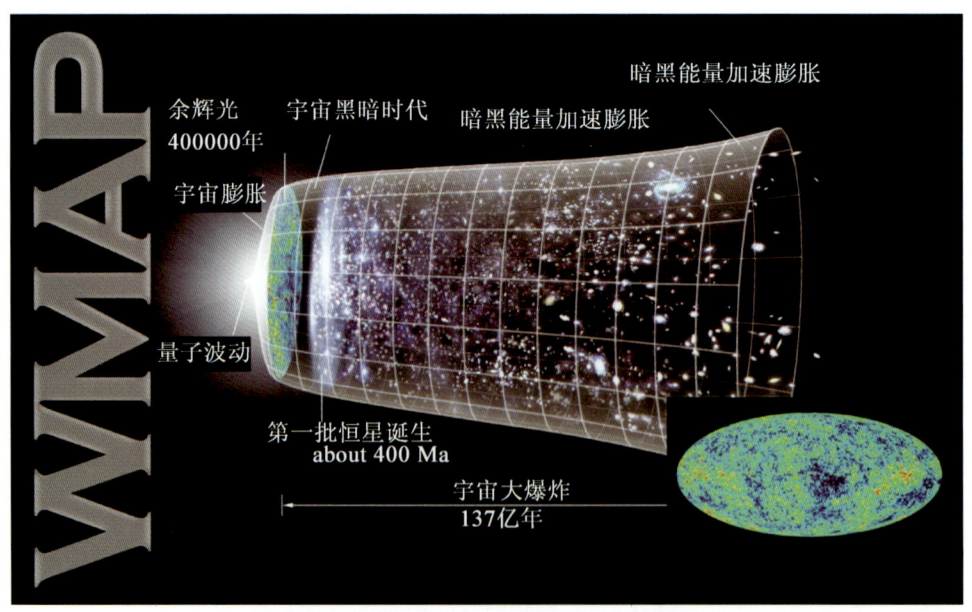

彩图 7　威尔金森探测器（WMAP）测算的宇宙大爆炸（据 NASA，2003）

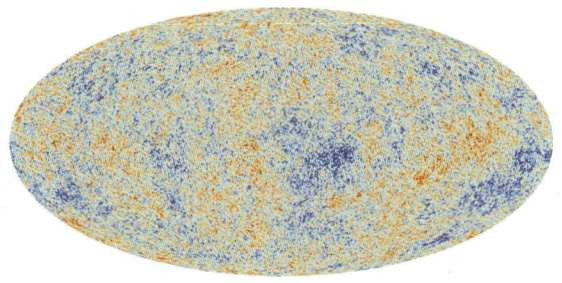

彩图 8　普朗克(Planck)卫星发布的婴儿宇宙的照片(据 ESA, 2013)

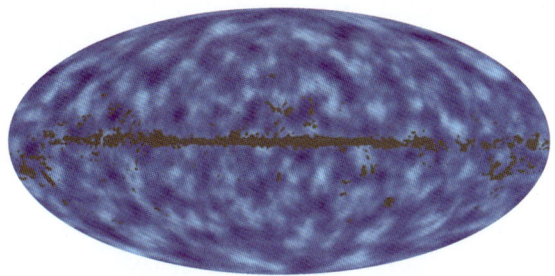

彩图 9　普朗克卫星绘制的宇宙中所有物质的分布图(据 ESA, 2013)
　　　中间的暗条是由于银河系内亮光的干扰而扣除的部分

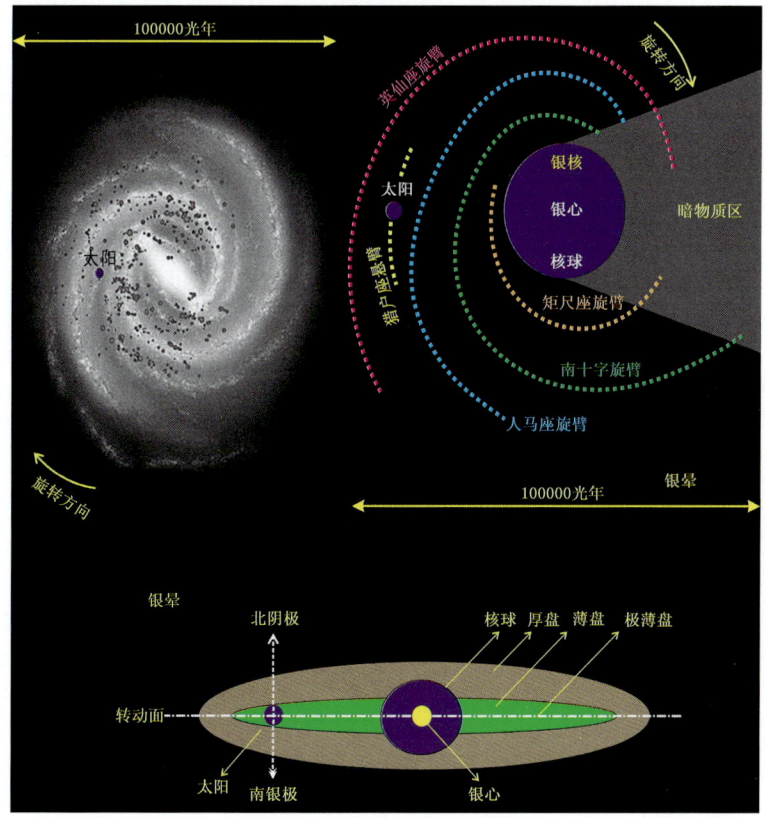

彩图 10　银河系结构示意图

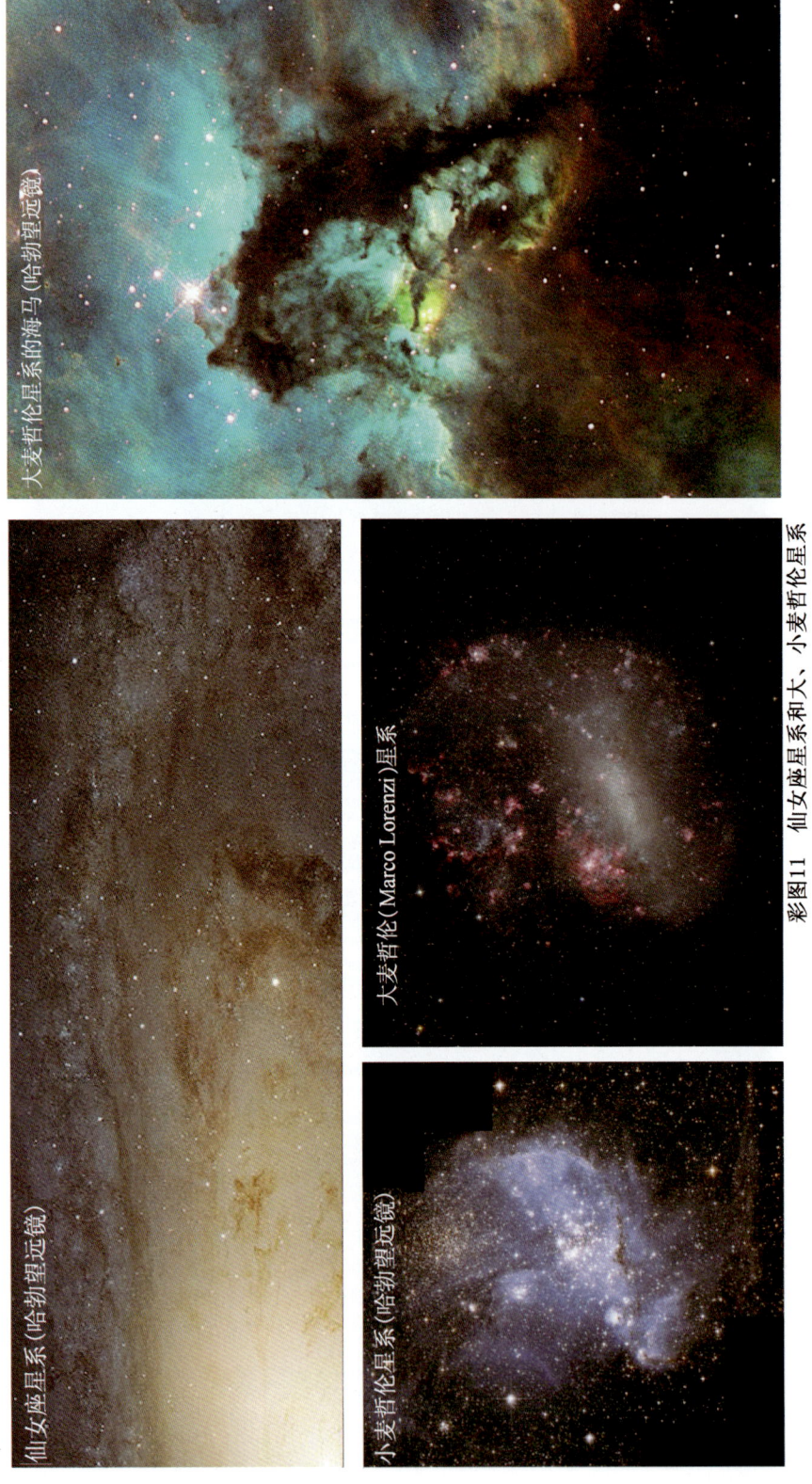

彩图11 仙女座星系和大、小麦哲伦星系

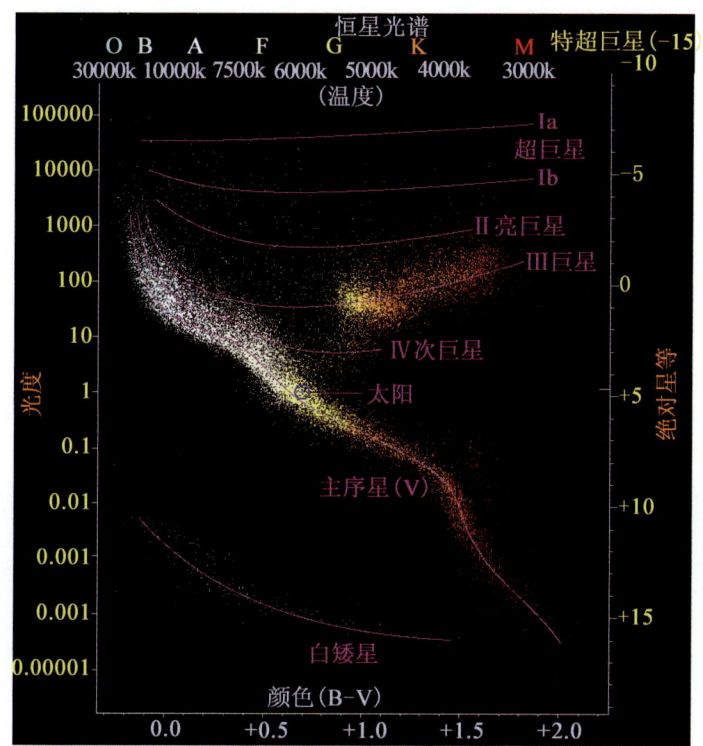

彩图 12　主序星在赫罗图中的分布
（据 Hertzsprung、Russel,1911）

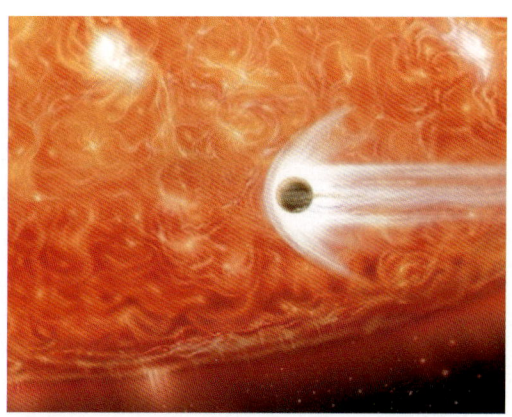

彩图 13　红巨星 BD+48740 酷似 50 亿年后的
太阳将行星吞没（据 Wolszczan,2014）

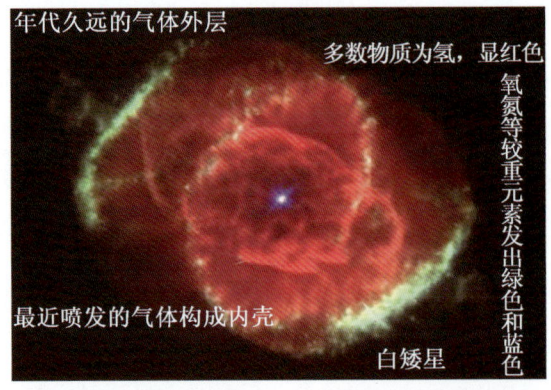

彩图 14　红巨星内部所诞生的白矮星（据中国科普网，2005）

彩图 15　编号为 SN2011fe 的超新星爆炸前(a)、后(b)的风车星系（据伯克利国家实验室，2011）

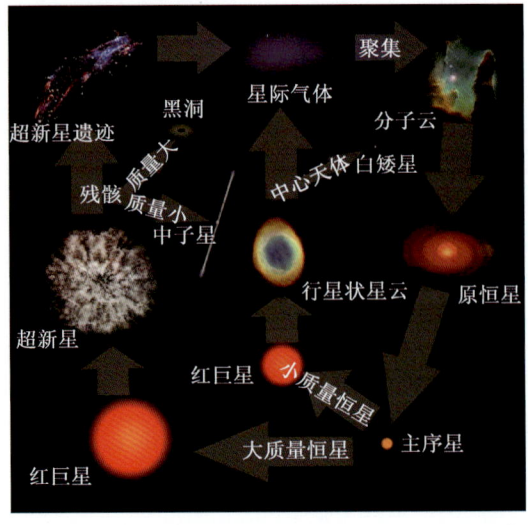

彩图 16　恒星的演化（据 space.lamost.org，2002）

彩图 17 太阳系星体及其他大恒星对比

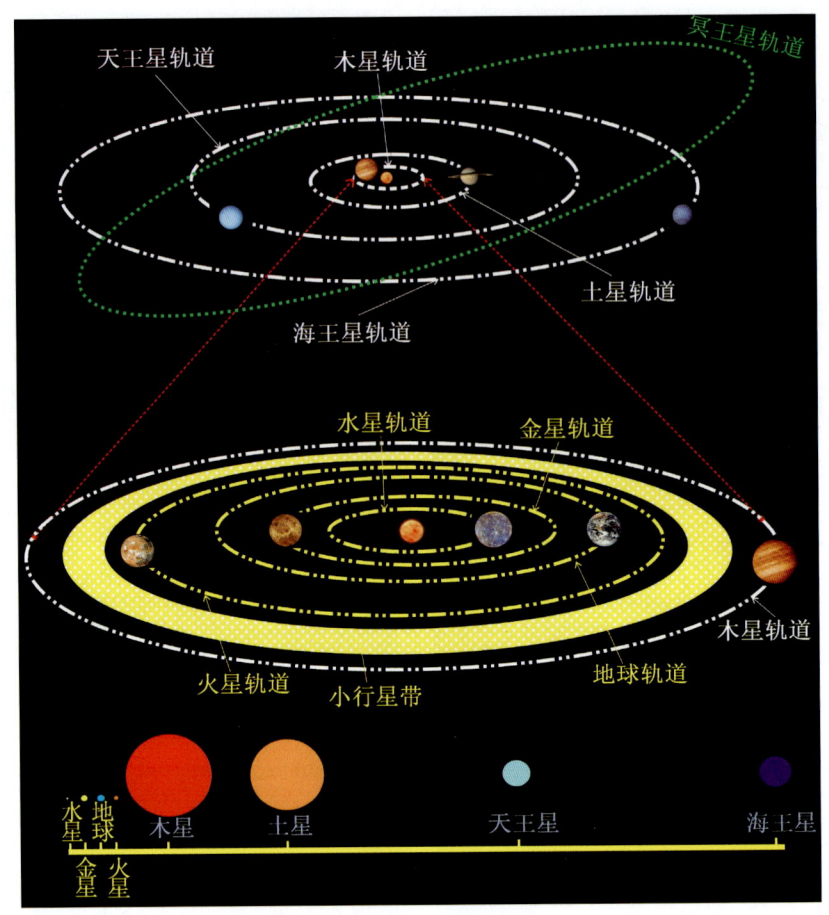

彩图 18 太阳系构成与行星比较

彩图 19 强化色彩的卡洛里盆地(据 NASA 信使号;转引自苏汉宗,2015)

彩图 20 金星半球照片 (据 NASA 麦哲伦号,2011)

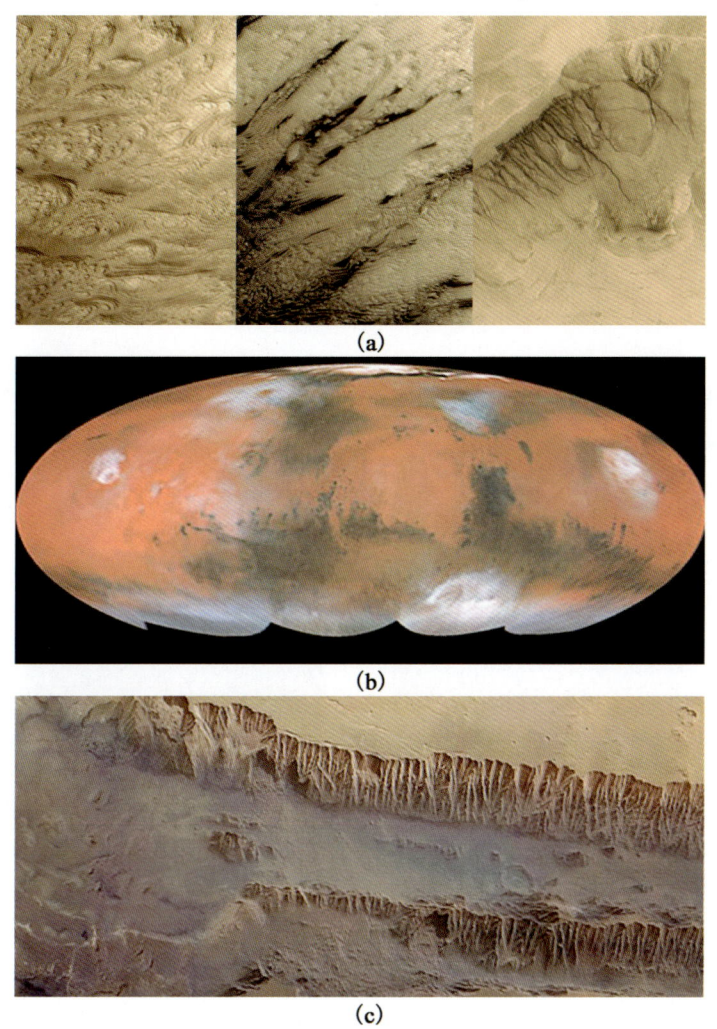

彩图 21　人类捕捉到的火星特征（据 NASA，2001；ESA"火星快车"探测器，2012）
(a)火星表面的流水地貌；(b)哈勃望远镜拍摄的火星上的沙暴照片；(c)火星上的"大峡谷"——水手号峡谷

彩图 22　木星和正在缩减的大红斑（据 NASA、ESA，2014）

彩图 23　哈勃望远镜拍摄的土星及其光环和卫星（据 NASA，2013）

彩图 24　海王星大暗斑（据 NASA，1989）

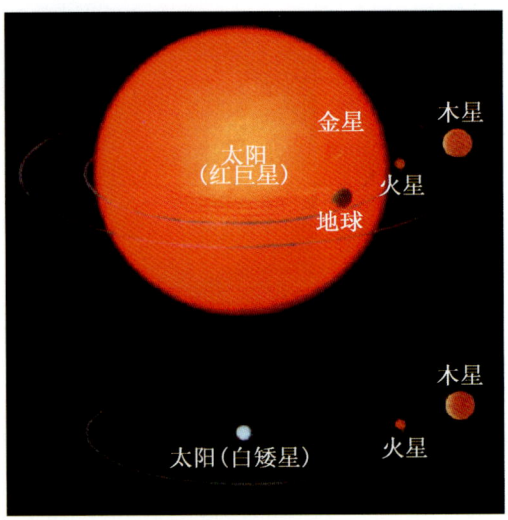

彩图 25　太阳的弥留之际（据徐士进，2009）

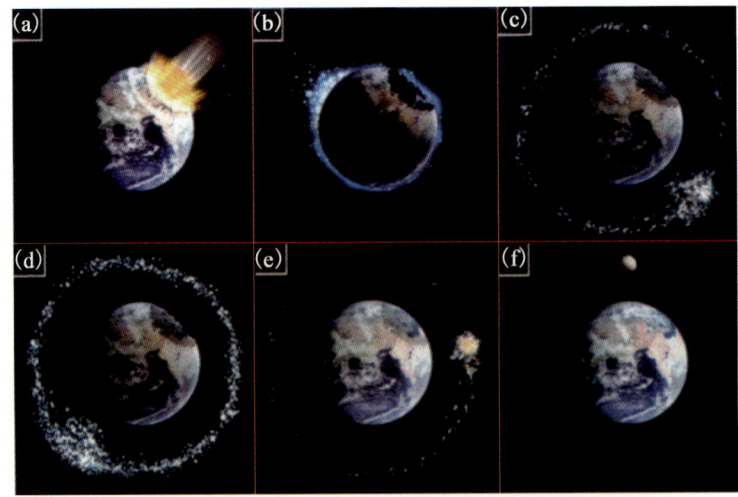

彩图 26　撞击成因说绘制的月球形成示意图
（据中科院大地测量与地球动力学国家重点实验室，2010）

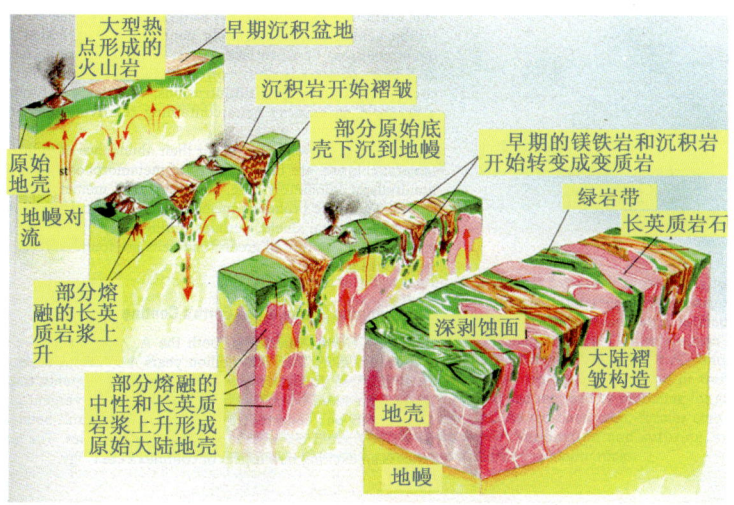

彩图 27　现代地幔、地壳的形成过程（据黄定华，2004）

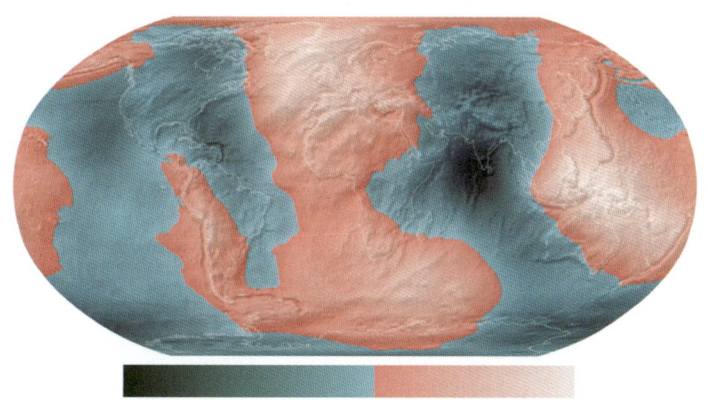

−107.0m　　　　　0m　　　　　+85.4m
大地水准面位于参考椭球面之下　　大地水准面位于参考椭球面之上

彩图 28　全球大地水准面波动（基于 WGS−84 地心坐标系和 EGM96 水准模型）

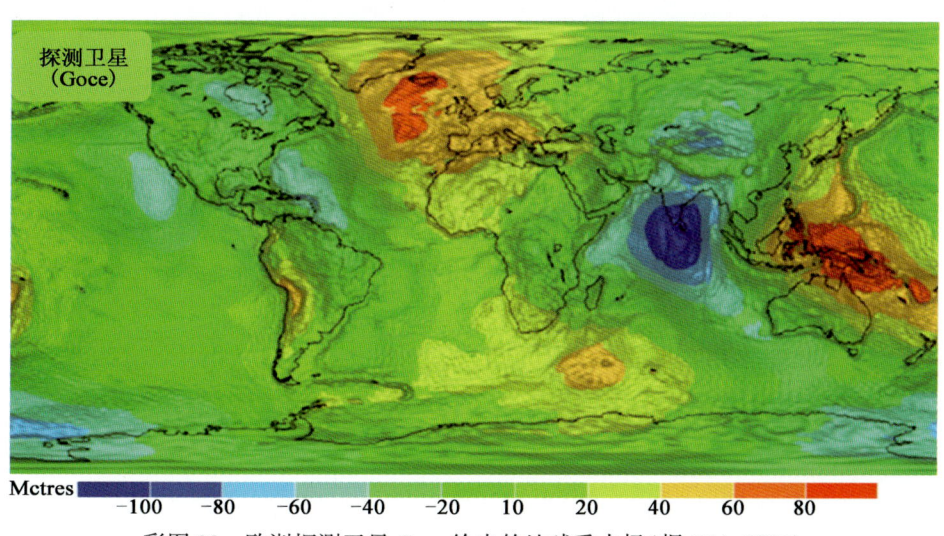

彩图 29　欧洲探测卫星 Goce 绘出的地球重力场（据 ESA，2010）

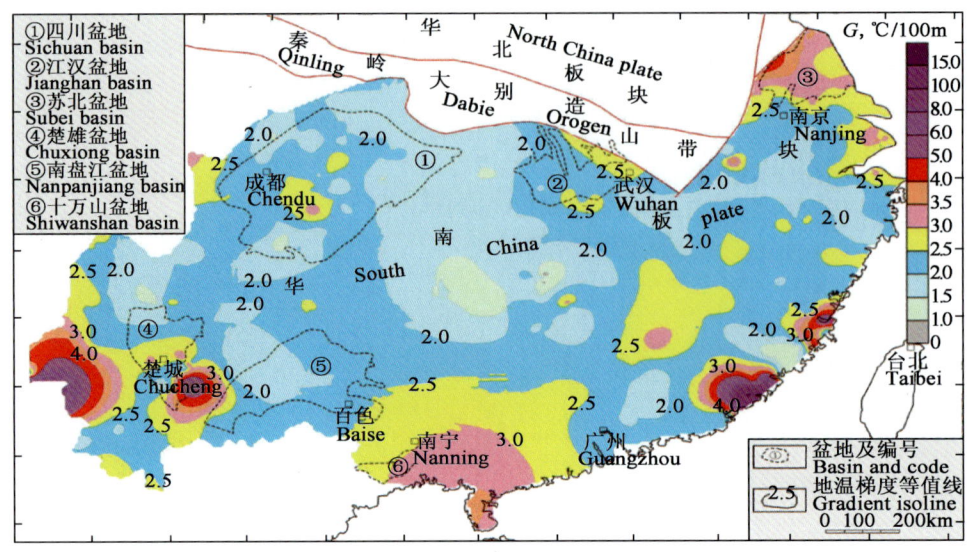

彩图 30　中国南方大陆地温梯度图(据袁玉松等,2006)
审图号:GS(2008)1156 号

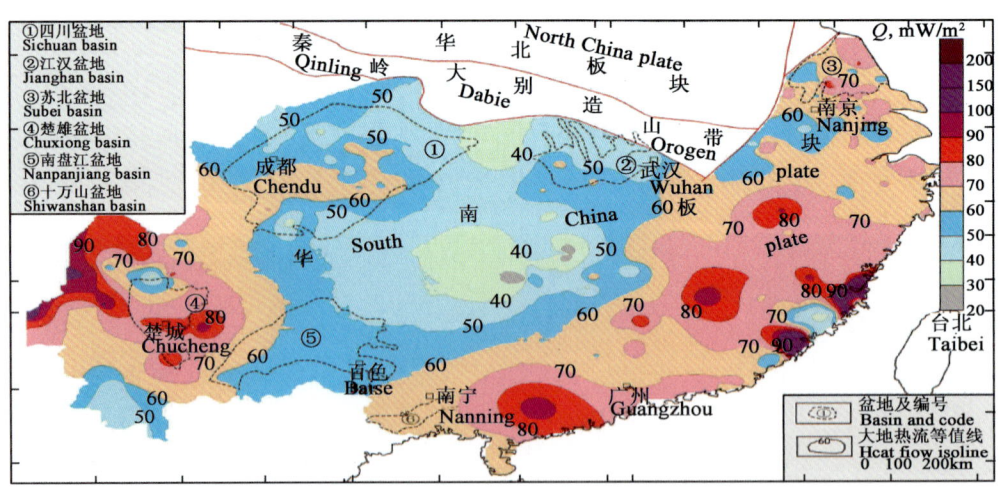

彩图 31　中国南方大陆大地热流图(据袁玉松等,2006)
审图号:GS(2008)1156 号

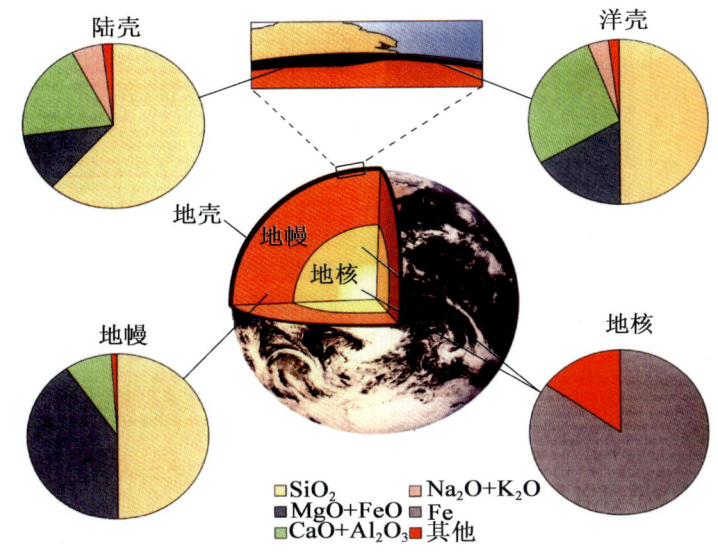

彩图 32 地球各圈层组成物质成分对比

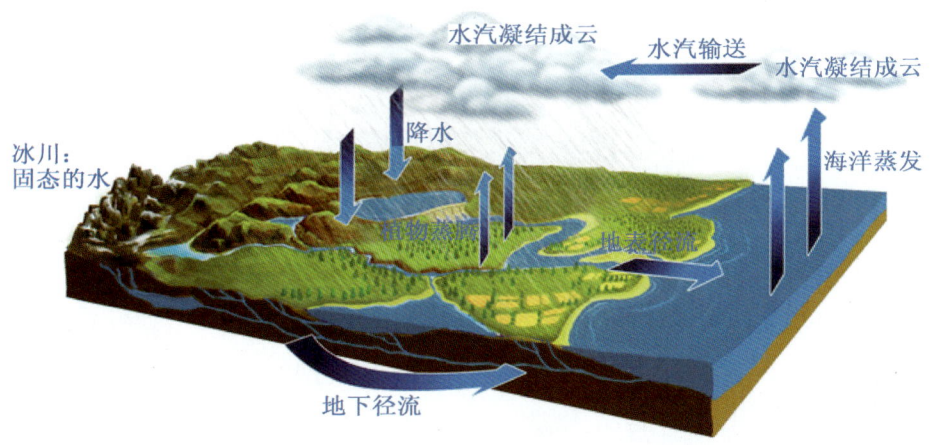

彩图 33 水的循环(据 www.zcool.com,2013)

彩图 34 石盐的离子组成和堆积(据 Prentice Hall,2012)

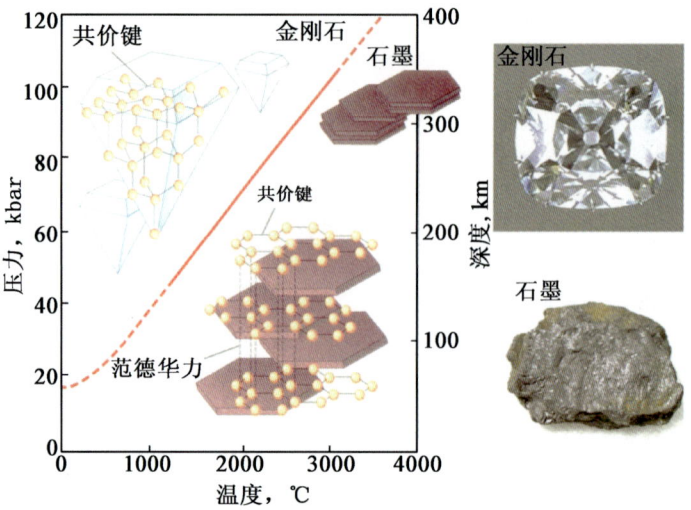

彩图 35　石墨与金刚石的晶体结构(据 Davidson,1997)

彩图 36　自然界中矿物三种晶体习性

彩图 37　胶体集合体形态
(a)分泌体(玛瑙晶腺);(b)结核体(赤铁矿);(c)钟乳状体

彩图 38 矿物不同成因的颜色

透明　　　　　　　　半透明　　　　　　　　不透明

彩图 39 矿物的透明度

金属光泽　　　　　　半金属光泽　　　　　　玻璃光泽

金刚光泽　　　　　　油脂光泽　　　　　　珍珠光泽

彩图 40 矿物的光泽

彩图 41　摩氏硬度矿物一览

彩图 42　自然界中的长石家族

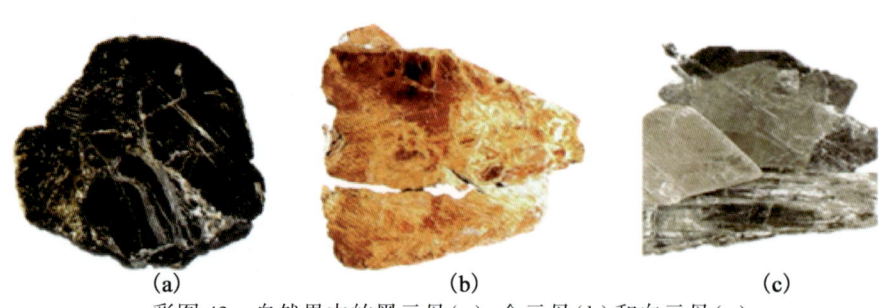

彩图 43　自然界中的黑云母(a)、金云母(b)和白云母(c)

彩图 44　自然界中的橄榄石

彩图 45　自然界中的石榴子石

彩图 46　自然界中的方解石(a)和白云石(b)的遇酸情况

彩图 47　自然界中的黄铁矿(a)和黄铜矿(b)

彩图 48 主要成分为石膏的沙漠玫瑰石(Desert Rose Stone)

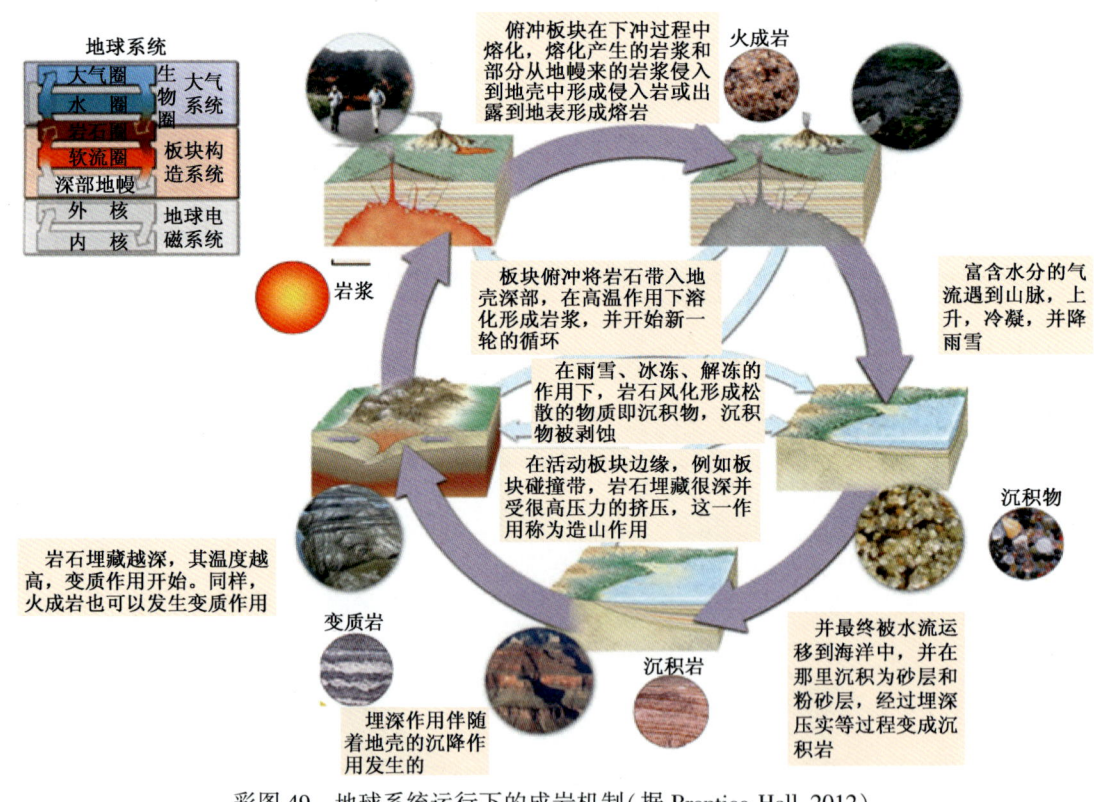

彩图 49 地球系统运行下的成岩机制(据 Prentice Hall,2012)

彩图 50　中国三峡元古宙陡山沱组中的宏体藻类化石(直立空岭藻)

彩图 54　始祖鸟化石

彩图 51　澄江动物群复原图

彩图 52　奥陶纪群落复原图

彩图 53　二叠纪生物礁群落

彩图 55　意大利古罗马废墟塞拉比斯古庙石柱

彩图 56　褶皱构造野外露头照片(陕西镇安县金龙山)

彩图 57　闪长岩
东昆仑,正交偏光,$d=3mm$,半自形粒状结构,主要矿物为普通角闪石和斜长石,具少量的石英及磁铁矿

彩图 58　正长岩
宁芜地区,正交偏光;$d=3mm$,半自形粒状结构,主要矿物为钾长石,具少量的石英及斜长石

彩图 59　正长岩
苏格兰 Loch Borrolan,正交偏光,$d=5.5\ mm$,似粗面结构,主要矿物为钾长石,具有明显的定向排列特征

彩图 60　二长岩
正交偏光,$d=3mm$,二长结构,主要矿物为斜长石、钾长石、条纹长石、黑云母,具少量的石英

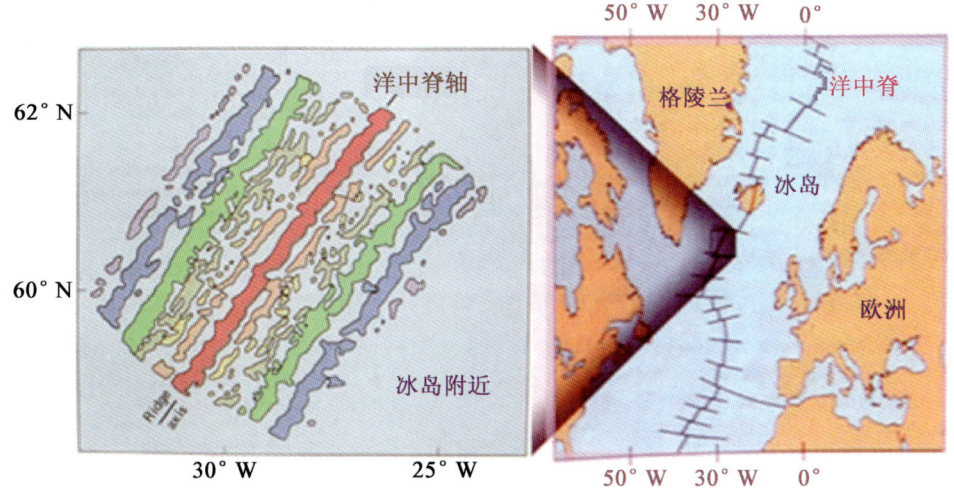

彩图 61　冰岛附近越洋中脊的磁性反转图（根据 W. K. 汉布林,1980,修改）

彩图 62　根劈作用

彩图 63　生物化学风化作用——细菌分解促使砂岩发生化学风化形成的白斑

彩图 64　向阳坡的节理极为发育（胡光明摄于 Snow Canyon State Park,2013）

彩图 65 平行层理中的差异风化
（胡光明摄于 Uinta basin，2013）

彩图 66 二叠系山西组球形风化
（胡光明摄于石门寨，2010）

彩图 67 差异风化（胡光明摄于 Uinta basin，2013）

O层：疏松且部分腐烂的有机质

A层：与腐殖质混合的矿物质

E层：浅色淋滤带

B层：黏土矿物聚集带

C层：弱风化的母质层

未风化的母质层

彩图 68 土壤剖面分层
（据 https://www.uvm.edu/place/analyze/soil_horizons.html）

彩图 69 斜坡上的冲沟系统（新疆奎屯大峡谷）

彩图 70 "V"形谷（承天氡泉大峡谷）

彩图 71　黄果树大瀑布

彩图 72　云南石林

彩图 73　青藏高原上的冰溜面与擦痕

彩图 74　热松措冰蚀谷

彩图 75　克拉玛依西部山区的风棱石（据吕洪波，2012）

彩图 76　敦煌地区的风蚀残丘

彩图 77　新疆克拉玛依魔鬼城——风蚀城堡

彩图 78　石蘑菇

彩图 79　风蚀柱

彩图 80　蜂窝石

彩图 81　敦煌月牙湖——风蚀湖

彩图 82　澎湖姑婆屿海蚀崖

彩图 83　风成沉积中具有较好球度的细砾（胡光明摄于花土沟，2007）

彩图 84　重庆武隆芙蓉洞钟乳石

彩图 85　新月形沙丘（秘鲁帕拉卡斯国家公园）

（照片源于 http://dp.pconline.com.cn/dphoto/list_535406.html）